プレイバックTVガイド

その時、テレビは動いた

Japanese TV History with TV Guide

TVガイドアーカイブチーム・編

はじめに

１９５３年に日本でテレビの本放送が始まったとき、テレビは見に行くものでした。人々は街頭テレビで番組をたのしみました。

……１９６６年

やがて、一家に一台の時代。そして一人に一台の時代。テレビは私たちの情報や娯楽の中心として、暮らしに欠かせないものになっていきました。テレビはその日その時の時代を映し、私たちもテレビと一緒にたくさんの時間を過ごしました。数々の思い出がテレビとともにありました。そんなテレビが映し出してきた時代のかけらたちを「TVガイド」の番組表とともに振り返ったのが本書です。

見ていたテレビの話をすれば、おたがいに通じ合える時代がありました。みんなが同じテレビの記憶を共有していた時代。世紀のスポーツイベントや衝撃のニュース、ドラマ、アニメやこども番組、笑顔を振りまく人気者たち。テレビに夢中だったあの時代を思い出していただければ幸いです。

2019年

目次

夜

⑧フジテレビ

6

00 新忍者部隊月光
画水木襄，石川進ほか

30 カラーバットマン「ナゾラのあわれな敗北」（後編）

7

00 フォークソング合戦
（司会）志摩夕起夫
画ザ・シャデラックスほか

30 しろうと寄席
（司会）晴乃チック，タック
（審査員）桂文楽，一竜斉貞丈ほか

8

00 勢ぞろい清水港「仇討ち珍商売」
（作・演出）淀橋太郎
囫良庵…森川信，お玉…東山明美，法印坊…由利徹，牛五郎…谷村昌彦，早耳佐助…佐々十郎，お若…若水ヤエ子，次郎吉…曽我廼家明蝶，お蝶…三原葉子ほか
（ゲスト）都はるみ，大村崑

56 N

9

00 カラーブルーライト作戦「果しなき激闘」
声マーチ…納谷悟朗，スーザン…北浜晴子ほか
ドイツ軍の新型ジェット機の機密を盗もうとするマーチとドイツ軍の攻防戦。

30 ダイヤモンドグローブ
藤田洋光（日本Jミドル級3位）――中野勝也（日本ウェルター級4位）"
10回戦～後楽園ホール

10

15 三匹の侍「修羅妖心」再
（作）柴英三郎 （演出）藤井謙一 囫桔梗鋭之助…平幹二朗，橘一之進…加藤剛，桜京十郎…長門勇

11

15 こちら報道部
画長谷川恵一アナ

30 中央競馬ダイジェスト

50 天

⑩NETテレビ

00 N :25 芸N

30 ミノルフォン青春スターパレード
（司会）宮尾たか志

00 アップダウンクイズ
（司会）小池清，長田淑子

30 歌のタイトルマッチ「芸能人物まね大会」
（司会）ロイ・ジェームス
画大村崑，林家三平，柳亭痴楽，清川虹子ほか

00 プロ野球「東映―東京」～神宮
〔東京地方雨のとき〕
「南海―近鉄」～大阪
〔野球中止のとき〕
映画「ふり袖侠艶録」
（監督）佐々木康
囫お初…美空ひばり，稲垣伊織…東千代之介，尾上…千原しのぶ，岩藤…浦里はるみ，関野…八汐路恵子，宍戸丹左衛門…沢村国太郎 松ヶ枝主水守…三島雅夫

26 N

30 花の歌謡ショー「星空のデイト」
画山田太郎，笹みどり，手塚しげお，美川憲一，倍賞美津子 （ゲスト）三遊亭小金馬，ピーチク・パーチク

00 嵐のなかでさよなら
（原作）松浦健郎 （脚本）大和久守正 （監督）永野靖忠
画愛京子，高城丈二，ジェリー藤尾，清水元，岩城力也，黒岩三代子ほか
郷右衛門の死後，あすか屋は畳田のものとなった。芦屋を追われた鮎子は名古屋で芸者になった。

00 大相撲ダイジェスト

30 N

40 スポN

45 話題の医学

12:00 外N

③NHK教育テレビ

00 社会福祉の時間「医制百年史」画近藤文二ほか

30 世界の窓「ジャイプール地方」（インド大使館提供）

00 若い世代「異性」
（司会）加藤登紀子ほか
世は変れど，いつの世にも変らぬのが男女の仲。思春期のさ中にある高校生の異性観をさぐり，青春時代の意義を考える。

00 現代科学講座「21世紀への設計・国民生活の基盤」⑮～21世紀の社会組織
画東京工大教授・川喜田二郎，東大教授・時実利彦，東大教授・渡辺茂ほか
これまで検討してきた21世紀の国民生活をまとめながら，21世紀の社会で人間はどういう物の考え方，態度をとるかを話し合う。

00 テレビリサイタル
モーツァルト作曲「すみれ」「夕暮れの情緒」ほか
ブラームス作曲「ふたりはさまよい歩き」「むなしいセレナード」ほか
R・シュトラウス作曲「あすの朝」「献身」
（ソプラノ独唱）加藤綾子 （ピアノ伴奏）北村潤二，（バイオリン独奏）前橋汀子

00 芸術劇場「赤と黒」②～東京芸術座 （脚色）大岡昇平 （演出）菊田一夫 画中村万之助，草笛光子，岸田今日子，市川染五郎，益田喜頓，志村喬，有馬昌彦ほか
この10月，二代目中村吉右衛門を襲名する中村万之助が，主役のジュリアン・ソレルを演じるのが話題。

物語は1830年代のフランス社会を舞台に，木挽の末息子として生まれたジュリアンが，美貌と才智を武器に富名や権力への反抗，征服を試みるが，破滅の道を歩んでしまうまでを描く。

1966年7月17日日曜日

夜	①NHKテレビ	④日本テレビ	⑥TBSテレビ
6	00 カラーサンダーバード「火星人の来襲」声小沢重雄，中田浩二，宗近晴見，大泉滉，剣持伴紀ほか :54 天	00 3ばか大将 （ナレーター）谷幹一 30 カラーシャボン玉ホリデー 出ザ・ピーナッツほか	00 てなもんや三度笠「発荷峠の惨劇」出清川虹子ほか 30 バックナンバー333「ゆがんだ青春」(後編) 出大瀬康一
7	00 きょうのN スポN 外N 30 カラー歌のグランドショー 出こまどり姉妹，西田佐知子，新川二郎，井沢八郎，二宮ゆき子，藤村有弘，一竜斎貞鳳，金井克子，中尾ミエ，アントニオ古賀ほか	00 カラー大爆笑 （司会）桂米丸 出あひる艦隊，東京あんみつ娘 30 カラープロ野球「巨人―サンケイ」〜後楽園 〔野球中止のとき〕 7:30 サマー・フォーク・フェスティバル「西郷輝彦と歌おう」〜都市センターホール出西郷輝彦 8:00 青春とはなんだ「風が見ていた」 出夏木陽介，藤山陽子，岡田可愛，豊浦美子，矢野間啓治，木村豊幸，十朱久雄 8:56 N 9:00 カラーミュージックプレゼント「詩の灯」 出坂本博士，佐藤暉子ほか	00 カラーウルトラマン「ウルトラ作戦第1号」 出小林昭二，黒部進ほか (102頁参照) 30 オバケのQ太郎「オバ級チャンピオンの巻」「クリーニング屋開業」声曽我町子
8	15 源義経「扇の的」 (作)村上元三 出尾上菊之助，緒形拳，中村竹弥，田中春男，高橋悦史，東千代之介，波野久里子ほか 海上に逃げた平家と，陸の源氏とのにらみあいが続いた。ところが，平家の御座船から小舟が出され，女子がひとり扇を立てて義経の陣を招きはじめた。		00 泣いてたまるか「ああ・誕生」 (脚本)早坂暁 (監督)真船禎 出渥美清，春川ますみ，笠置シヅ子，殿山泰司，渡辺文雄，松島トモ子ほか ポンコツ自動車解体会社に勤める文吉夫婦に子どもが出来る。この十カ月間の夫婦の悲哀をユーモラスに描く。 :56 N
9	00 N 天 :15 ニュースの焦点 30 報道特集 討論「建国記念日はいつがよいか」(仮題) 出評論家・小田善一，奈良薬師寺管長・橋本凝胤，作家・林房雄ほか さきの国会で祝日法案が成立したが，建国記念日をいつにするかは決定していない。2月11日をめぐって賛否両論をたたかわす。	26 N 30 エイモス・バーク「ティファニーで毒ガスを」 声バーク（ジーン・バリー）…若山弦蔵，ザ・マン（カール・ベントン・リード）…大木民夫ほか 徴兵を拒否して懲罰委員会にかけられ，国外追放処分にあったニューヨークの夜の帝王ミスター・アイの恐るべき復讐計画。それを阻止するためにバークは，自ら宝石強盗になって，敵地に乗り込む。	00 愛妻くん「妻とは女なり」 (脚本)津田幸夫 (監督)堀池清 出南原宏二，横山道代，野末陳平ほか 野末陳平が作家に扮してゲスト出演する。 30 日曜劇場「ふたりぼっち」 (500回記念)(102頁参照) (脚本)平岩弓枝 (演出)山東迪彦 出山田五十鈴，小夜福子，山口崇，瀬戸口夏春日井佳子，青野平義ほか 二号上がりの女主人と，その女中との奇妙な関係をコメディータッチで描いている。
10	10 スラッタリー物語「ネロは今もリングサイドに」 出リチャード・クレンナ ウエルター級の人気ボクサージョーイは，試合の最終ラウンドでKOされ，意識不明となる。日頃ボクシング廃止をとなえるスラッタリーは，この際ボクシング界にメスを入れるが…。	30 N 35 未来をつくる「未来都市をさぐる・メタボリズム・グループ」(102頁参照) 過密都市東京の未来図	30 サンセット77「身代金の謎」 画 声スペンサー（ロジャー・スミス）…園井啓介，クーキー（エド・バーンズ）…高山栄ほか
11	00 N 天 スポN 外N 20 夢のセレナード 出芥川比呂志，中村邦子，外山滋，秋満義孝クインテットほか 50 N 天	00 きょうの出来事 :10 スポN 15 東映スクリーン・アワー「一万三千人の容疑者」 出関川英雄，芦田伸介 30 テレビ医学研究講座「低体温麻酔」	30 N :40 スポN :45 陳清波のワンポイントゴルフ :50 天 55 カリプソ野郎 出デーン・クラークほか 12:25 捜査検事画 出根上淳，北沢彪ほか

昭和41年

1966年

7月17日 日曜日

日本の男の子のDNAには『ウルトラマン』のスピリットが染み込んでいる

今回取り上げる中で最も古い日付です。『週刊TVガイド』創刊からまだ4年。NHK教育テレビが右端にありますね。NETテレビは日本教育テレビの略称で、現在のテレビ朝日です。東京12チャンネル（現在のテレビ東京）も開局していますが、別ページに1週間分まとめて掲載されていました。

1966年7月22日号
表紙・由美かおる
日本テレビ『11PM』のカバーガールとして15歳でデビュー。その抜群のスタイルと美貌に注目が集まった。当時、夏は水着の表紙が結構あった。

この日から約半月ほど前の6月末にビートルズが初来日し、日本武道館で公演を行いました。またジョン・コルトレーンもこの時期、最初で最後の来日公演を実現させています。そんな日曜日、ある世代にとっては忘れられない、歴史に残る番組がスタートしました。TBSテレビ夜7時、空想特撮シリーズの金字塔『ウルトラマン』の第1回放送がこの日でした。現在まで連綿と作り継がれ、世界中に大きな影響を与えてきた日本のいわゆる特撮ヒーローものの原点。それまで半年間放送していた『ウルトラQ』の大ヒットを受けて、まさしく日本中の子供たちの期待を受けてスタートしたわけです。何度も再放送されているので覚えている方も多いでしょうけれど、あの主題歌にあのタイトルバック、まあカッコイイことといったらなかった。今考えれば、もやっとしたスモークに怪獣のシルエットが出てくるだけの簡単なタイトルバックなんだけどね。でも主題歌を聴いてるだけでとにかく胸躍る時間でしたね。『ウルトラQ』と違ってカラーだったしね（まあ、当時はほとんどの人が白黒で見てたんですけど）。

この『ウルトラマン』に限らず、このころの子どもたちにとってのテレビは、今のスマホ以上の影響力を持っていたはずです。いや大人にとってもかな。すべてのカルチャー、すべての刺激をテレビが運んできて、それがまたある意味DNAに組み込まれるくらいに浸透していったんですね。この年はＮＨＫの連続テレビ小説『おはなはん』が大ヒットした年。日曜夕方の人気番組『笑点』がスタートしたのもこの年。この日千秋楽だった大相撲名古屋場所では横綱・大鵬が14勝1敗で優勝（2度目の6場所連続優勝の3場所目です）。夜7時半から日本テレビで中継されたプロ野球『巨人×サンケイ』戦は、ルーキー堀内が開幕から13連勝を飾って巨人が勝利。秋には日本一に輝きます（V9の2年目です）。音楽は先ほどのビートルズ来日をはじめ、加山雄三『君といつまでも』や荒木一郎『空に星があるように』が大ヒットします。そういう時代の番組表です。

6時台がまずスゴい。ＮＨＫは『サンダーバード』、日本テレビは『3ばか大将』（いつのシーズンかは不明）と『シャボン玉ホリデー』、ＴＢＳは『てなもんや三度笠』『バックナンバー333』と共に朝日放送制作の実写もの、フジテレビは『新忍者部隊月光』と『バットマン』（もちろんアダム・ウエスト主演、広川太一郎の吹き替え版。日本語版主題歌は元祖ジャニーズ！）。これで一つしか見られないんだもの。チャンネル争いも起こりますよね。

7時はＮＥＴテレビが『アップダウンクイズ』（毎日放送制作）、ＴＢＳ7時半がこちらも大人気だった藤子不二雄原作のアニメ『オバケのＱ太郎』（曽我町子が声を当ててました。主題歌は石川進でした）。ここの『ウルトラマン』～『オバＱ』ラインは、子どもには鉄壁の強さでした（考えてみると『ウルトラＱ』の時はＱ＆Ｑコンビだったんですね）。

そして8時台。ＮＨＫ大河ドラマは『源義経』でした（このころはまだ公式に大河ドラマとは呼ばれていませんでしたし、開始時間も8時15分からでした）。義経役は四代目尾上菊之助（現在の七代目尾上菊五郎）、弁慶役に前年『太閤記』で秀吉を演じた緒形拳が連投、静御前役に藤純子が扮しました。菊之助と藤純子はこの共演をきっかけに結婚します。ＴＢＳ夜8時は、こちらもこの年の4月にスタートした伝説のドラマ『泣いてたまるか』。渥美清主演で、毎週違う脚本家、違う演出家でドラマを作るという豪華かつ冒険的な企画です。この日の脚本は早坂暁です。

夜	⑩NETテレビ	東京⑫チャンネル	③NHK教育テレビ
6	07 こども世界N :12 天 15 カラー魔法使いサリー 声平井道子，加藤みどり 45 N 55 芸N	00 忍者部隊月光「第二の仮面作戦」（前編） 30 カラータキシード・ペンギン 声山崎唯，仲村秀夫 45 カラーマンガのくに	00 中国語講座「沈まぬ太陽」①（講師）相浦杲 30 カラーみんなの科学「なぜだろう」 ～棒の長さ
7	00 特別番組 カラー月をとらえた人類 月着陸船から月への第一歩をふみ出す飛行士の姿や，月面への機械類設置，岩石採集など月面活動のハイライト特集。 （一部，モノクロ放送）	00 トリオ・クイズ （司会）一竜斎貞鳳 （アシスタント）佐野まさみほか 30 あつまれ！ ジャポップス 出オックス，ヴィレッジ・シンガーズ，パープル・シャドウズほか	00 英語会話「初級」再 （講師）田崎清忠 30 技能講座「テレビジョン技術」～カラー受像機の調整① （講師）向井政昭
8	00 俺は用心棒「迎えに来る武士」（監督）河野寿一 （原作・脚本）結束信二 役浪人…栗塚旭，品田…左右田一平，田島…島田順司，妙…鷲屋真知子，おのう…中村芳子，津村…水島直哉，作市…山本清，お梅…小島恵子，お島…牧淳子，お米…美松艶子，嘉平…永井柳太郎 56 N	00 プロレス・アワー「タッグマッチ」クッキー・スター，地上最大の悪党グレート・東郷――ハリー・ルイス，ミネソタの猛虎バーン・ガニア （解説）田鶴浜弘 地上最大の悪党グレート東郷，リッキー・スター悪党コンビにミネソタの猛虎組が挑戦する。 56 スタート・ピックス	00 婦人学級「物価のしくみ」～公共料金の背景 出京都国立近代美術館長・河北倫明ほか 国鉄運賃，郵便料金，電信電話料金，生産者および消費者米価，電気代タバコ代など，国や政府が関与するものは公共料金という。この料金を例に政府の物価対策を消費者の立場から考える。
9	00 結婚Uターン「ガリ勉で恋しよう！」 出梓英子，左時枝，うつみみどり，石浜朗ほか 少し頭の弱い久恵は，頭山に一目惚れ。 41 N 45 カラー皇室アルバム「新宮殿のお客様」	00 カラープレイガール「女は悪魔に首ったけ」 （脚本）津田幸夫（監督）山田達雄 出沢たまき，応蘭芳，桑原幸子，ハンザ麻耶，高毬子，八代万智子，梅宮辰夫，近藤正臣，高倉みゆきほか 56 ひとくち演芸	00 通信高校講座「現代国語Ⅰ」～ことばの働き③ （講師）越智治雄 30 通信高校講座「現代国語Ⅰ」～近代の文章（個性について」① （講師）大河原忠蔵 "個性についての雑感"から思想のエッセンスを
10	00 新番組花れんこん （脚本）向田邦子 （演出）須田雄二 役八重…池内淳子，文五郎…新藤英太郎，竜岡…児玉清，恭…松山英太郎時江…一色美奈，川久保…高橋悦史，はなこ…園佳也子，喜よ…賀原夏子	00 カラーアポロ11号・ホモ・サピエンス月を征服 （ゲスト）奥田教久ほか （司会）野坂昭如（予定） 宇宙中継で送られて来た月面の録画を中心に科学的な分野ばかりでなく文明評論的な視野を加えて放送。 :56カラー天	00 通信高校講座「古典乙Ⅰ・漢文」～詩（秋冬）① （講師）石川忠弘 漢詩の表現や修辞の技巧について学ぶ。 30 通信高校講座「物理A」～波の運動 波の反射と屈折について学習。
11	00 ミステリー・ゾーン「人形は囁く」 30 夜のワイドニュース 53 スポN :58 天 12:01 映画「ネスとカポネ宿命の対決」 2:00カラー地球へ噴射開始	00 お笑いリレー寄席 出三遊亭歌奴 15 世界のなかの日本人 45 N :50 スポN 55 ゴルフ虎の巻 12:00 映画「パリ祭」出ジョルジュ・リコーほか	00 やさしいドイツ語再 （講師）早川東三 30 大学講座「社会学」再～近代化と伝統 （講師）中井信彦

▶1969年 7月21日 月曜日

夜	①NHKテレビ	④日本テレビ	⑥TBSテレビ	⑧フジテレビ
6	00 カラー 月面の宇宙飛行士(1:25からひきつづき放送します) 45 おしらせ 50 カラー 天	00 快傑ゾロ 画ガイ・ウイリアムズ，H・カルビン 30 カラー 天 :35 カラー 夕やけ番長 :45 カラー N 55 カラー アポロレポート	00 カラー シースプレー号の冒険「消された乗客」声小林修，森功至ほか 30 カラー ニュースコープ 50 カラー N :55 カラー 天	00 カラー ちびっこ月世界作戦 (ゲスト)中村光輝 阿部進，柴野拓美ほか 30 FNNニュース :45 N 55 そばかすプッチー
7	00 カラー N スポN 外N 30 カラー 新日本紀行「谷川岳の人々」(仮題) 500人以上の人間の生命を奪った谷川岳。それでも登山者は絶えない。谷川岳のどこにそんな魅力があるのか。	00 カラー あなた出番です (ゲスト)スパイダーズ，トワ・エ・モア (ホステス)伊東ゆかり 30 カラー スターと飛び出せ歌合戦 画菅原洋一，倍賞美津子，カルメン・マキ，横山ノックほか	00 カラー キックボクシング〜日本武道館 斎藤天心――ポンサク・ソパート 30 カラー 胡椒息子「兄の縁談」画中村光輝，中畑道子，高千穂ひづる，酒井修，蔵忠芳，土田早苗	00 カラー ちびっこのどじまん (司会)大村崑 (ゲスト)山本リンダ (審査員)水の江滝子ほか 30 カラー スター千一夜 画大相撲優勝者 45 お茶の間寄席 画佐々木つとむ
8	00 カラー アポロアワー アポロ11号は7月21日の午前5時19分に月面に着陸する。いよいよ月面に人間が歴史的な第1歩をふみだしたのだ。月面にそなえたテレビカメラによって月の岩石や土など克明にとらえる。このほか月を調査するためのさまざまな新兵器も紹介する。(9:30まで放送)	00 カラー 世紀のノンフィクション「月着陸を拡大して見よう」〜野外劇場 画野末陳平，石坂浩二，野坂昭如，田中角栄，ジュディ・オング，高島忠夫，鳳啓助，京唄子ほか 月面歩行までのすべてを完全に整理して，VTRで再現する。 56 カラー N	00 カラー S・Hは恋のイニシアル(第13回) (監督)平山晃生 画布施明，石立鉄男，梓英子，ジュディ・オング，大坂志郎ほか :56 カラー N おことわり この日オールスター第1戦の時は⑥が東京球場から，第2戦の時も⑥が甲子園球場から放送。	00 もうれつ大家族(第8回) (脚本)北村篤子 (演出)戸国浩器 役きくえ…森光子，善造…北村和夫，勇造…江守徹，大作…宍戸錠，石原…井川比佐志，次郎…平野康，進…井上順，ふじ子…三宅邦子，はな…飯田蝶子 敦子…藤田みどり，みどり…岡田可愛ほか 56 待ッテマシタ！
9	00 カラー アポロアワー (8:00からひきつづき放送します) ヒューストンからおくる宇宙中継。 30 カラー N 天 55 カラー ニュースの焦点	00 カラー ひげとたんぽぽ (第15回) (原作)松山善三 (脚本)西沢裕子 (監督)久松静児 役浩蔵…松村達雄，まさ…沢村貞子，三郎…山内賢，秋子…東山明美，紀子…珠めぐみほか 56 カラー N	00 おんなみち(第16回) 画樫山文枝，岸田森ほか 亮介はせつと生活していて，彦栄の三回忌にも姿を見せない。 30 お金がこわい！(第12回)画林美智子，伊丹十三 草平さんの記憶が，やっともどったが。	00 カラー スパイ大作戦「ガラスの監房」声ジム…若山弦蔵，ローラン…納谷悟朗，シナモン…山東昭子，バーニー…田中信夫，ウイリイ…小林修，ゼリンコ…中村正，グルカ…中田浩二，バルセネス…羽佐間道夫
10	10 世界のドキュメンタリー「ハチャトーリヤン」(モスクワ映画制作) "剣の舞"で知られるハチャトーリヤンはソビエトの作表的作曲家。"剣の舞"が作曲されるまでの過程を追う。 35 経済展望	00 カラー ダイナミック・グローブ ジャガー柿沢(東洋ライト級チャンピオン)――パーシー・フェイルス(英連邦ライト級チャンピオン) 10回戦〜後楽園ホール (実況)本多当一郎アナ 45 そこが聞きたい	00 カラー 月面第一歩の記録 (司会)草下英明 画村山定男，横堀栄，井戸剛ほか 月面第一歩と月面作業の模様を再放送。また月の生物，岩石，構造についての発見などを解説。 56 天	00 カラー 夜のヒットスタジオ「九重佑三子の恋人判断」「園まりのご対面」(司会)前田武彦，芳村真理 画梓みちよ，扇ひろ子，大木英夫，美川憲一 菅原洋一，ザ・キャラクターズ，東京ロマンチカ 九重佑三子，園まり
11	00 カラー N 天 スポN 外N 20 カラー 現代の映像 再 50 カラー N 天 12:00 カラー 宇宙船月面発進 画NHK解説委員・村野賢哉ほか (明朝4:00まで放送)	00 カラー きょうの出来事 10 カラー 六法やぶれクン 15 カラー 大宇宙への挑戦状 画三木鮎郎，松岡きっこ，三遊亭小円遊，小川ローザ，坂本九，真鍋博 12:25 夜のしおり	00 カラー ニュースデスク 25 スポN :30 カラー 芸N 35 カラー ゴルフ :40 天 45 カラー OK捕虜収容所 12:20 映画「出世鳶」 2:00 カラー アポロ11号月面離陸 (3:15まで放送)	00 N :10 カラー テレビナイトショー 画九重佑三子，東京ロマンチカ，前田武彦ほか :55 スポN 12:00 カラー 月よ！さようなら〜月面離陸の模様を中心に (3:30まで放送)

昭和44年

1969年

7月21日 月曜日

史上最大のTVショー「人類月に立つ！」その日も地球上では多くの営みが…

1953年のテレビ放送開始から約70年、テレビの歴史を語る上で絶対に欠かせない重要な一日というのが何日かありますが、この日は確実にカウントされるでしょう。日本時間のこの日、アポロ11号が月に着陸しました。いわゆる突発的な事故や事件ではないので、『TVガイド』の番組表にも、〝アポロ〟や〝月着陸〟の文字が躍っています。

実はこちらに掲載していない午後6時以前、あさ〜ひるの番組表の方がアポロの存在感は大きいです（この時期の『週刊TVガイド』はサイズの関係もあり、1日を3〜4見開きにわたって掲載していました。なのでこの本では、主にプライムタイムから深夜にかけての番組表を掲載しています）。事前情報ではアポロ11号は日本時間の21日午前5時頃に月面に着陸し、それから飛行士たちの休憩を挟んで約10時間後の日本時間午後3時に月への第一歩が中継される予定でした。各局もそれに合わせてスケジュールを組んでいて、NHK総合とNETテレビは午後1時から、TBSは午後1時45分から、日本テレビとフジテレビは午後2時から、東京12チャンネルも午後2時半から特別番組を編成していました。各局ゲストにも工夫を凝らしていて、学者メインのNHK、坂本九、水前寺清子、堺正章、古今亭志ん朝とタレント勢を揃えた日本テレビ、ニクソン米大統領、ローマ法王パウロ六世、英エリザベス女王と国際色豊かなTBSなど、局の特色が出ていました。

が、実際は休憩時間を大幅に短縮、日本時間の午前11時35分にハッチが開き、同11時56分20秒、アームストロング船長の左足が月を踏みしめたのでした。NHKの実際の放送時間が残っていますが、午前9時40分に特別番組に切り替わり、そのまま午後4時

1969年7月25日号
表紙・緒形拳、松原智恵子
ドラマ『颱風とざくろ』（日本テレビ）で共演する2人が表紙を飾った。松原は恋人の死を乗り越え、その弟と恋仲になっていく女子大生を演じた。

まで放送が続いています（当時の朝ドラ『信子とおばあちゃん』の再放送が夕方4時45分からになってます）。当時の記事を読んでも「やっと出てきた」という感想が多いので、おそらく朝9時40分の時点でそろそろ出てきますという感じで、そこから2時間経って出てきたという感じだったんでしょう。各局対応にあわてたでしょうね、きっと。

まあでもテレビ局からすれば遅れるより早まった方がよかったのではないでしょうか。プライムタイムは、いくつか特番をはさみつつも比較的落ち着いた編成になっています。NHK夜8時の『アポロアワー』は、7月14日～25日、アポロ11号の打ち上げから帰還まで毎日放送していた番組で、この日は第8回目。民放も日本テレビが夜8時、TBSと12チャンネルが夜10時、フジテレビは夕方6時、NETは夜7時にそれぞれ〝月〟番組を編成しています。

もちろんそんな一日でも地球の人々の生活は続きます。TBS夜8時はドラマ『S・Hは恋のイニシアル』。泉麻人さんが〝かなり真剣に見た最初期のドラマのひとつ〟として挙げていたりもする一部で人気のあるドラマです。「S・H」の刺繍のハンカチの持ち主を巡って展開するラブロマンスで、主演は布施明。友人役の石立鉄男はこれが初めての二・五枚目役で、のちのコメディー路線のきっかけになりました。そして登場する女性たち（梓英子、ジュディ・オング、小山ルミほか）のイニシャルが、みんなS・Hというのがミソでした。企画したのは、のちにこのTBS月曜8時枠で『水戸黄門』などの大きなヒットを飛ばす逸見稔プロデューサーです。

9時台はNHK以外は全局ドラマです。日本テレビは松山善三原作の大家族ホームドラマ『ひげとたんぽぽ』。TBSが、平岩弓枝作、樫山文枝主演の『おんなみち』と、早坂暁ほか脚本、林美智子主演の『お金がこわい！』の2本立て、フジテレビが海外ドラマ「スパイ大作戦」。ピーター・グレイブス主演の第3シリーズです。NETが毎日放送制作の『結婚Uターン』。そして東京12チャンネルは、伝説のセクシーアクションドラマ『プレイガール』。この年の4月にスタートしたばかりですから、いよいよ人気が出始めたころですね。ここから74年9月まで約5年続き、その後も続編が放送されました。

夜	⑩NETテレビ	東京⑫チャンネル	③NHK教育テレビ
6	00 ひみつのアッコちゃん「夢みるる白鳥」再 30 みんなのスポーツ 35 こども世界N :40N 55 スポN 芸N	00 ◪おそ松くん「チカ子ちゃんとチビ太」 15 怪盗プライド 27 キッド・ボックス 45 マンガのくに	00 ◪中国語講座 (講師)藤堂明保 30 ◪ピアノのおけいこ (講師)深沢亮子
7	00 ★魔法使いチャッピー「栄光への500メートル」声増山江威子，富田耕生，津田まり子ほか 30 ドボチョン一家の幽霊旅行「ドロンパ怪盗ケムケム大魔王」 声人見明，石川進，坂本新兵ほか	00 ハレンチ学園「校庭大安売の巻」再 出児島美ゆき，小林文彦 26 スポN 30 映画「熊の大脱走・天才ゴーシャの冒険」 (1970年度ソビエト作品) (監督)A・メチェレット 役コーリャ…イワン・クドリヤフツェフ，イワン…V・ピーシェクほか 天才的な芸当のできる熊のゴーシャ。巡業先に向う途中，田舎の駅にとり残された。人間の世界にも野生の王国にも入って行けないゴーシャ。が，やがて，森の中に自分の本当の世界を築く。	00 ◪英語会話「初級」～人を紹介しようとするとき再 (講師)田崎清忠 30 技能講座「テレビジョン技術」～映像中間周波増幅 (講師)長谷部茂
8	00 ワールド・プロレスリング「第14回ワールド大リーグ」～小松市体育館 (日本側)G・馬場，坂口征二，マサ・サイトウ，吉村道明，大木金太郎ほか (外人側)アブドラ・ザ・ブッチャー，ゴリラ・モンスーン，ディック・マードック，ホセ・ロザリオ，キラー・ブルックス 56 ANNN	56 スタートピックス	00 市民大学講座「日本の詩歌」～王朝の美意識・貫之をめぐって⑧ 出成城大学教授・中西進 詩歌の歴史も達成と沈滞の繰り返しである。正岡子規以来，紀貫之は，あるいは古今集は非常に評判が悪いが，果してそうなのか。和歌をとおして王朝期の詩精神を再検討する。
9	00 にっぽんの歌「ビッグ4・藤山一郎を唄う」 (司会)加東大介，松任谷国子 出藤山一郎，春日八郎，小林旭，青江三奈，都はるみほか 56 ANNN	00 ★プレイガール「覗きのライセンス」 出多々良純，三谷昇，岡崎二朗，白石奈緒美，山村圭次，西尾三枝子，沢たまき，高毬子，太田きよみ，渡辺やよいほか 56 天	00 ◪通信高校講座「現代国語I」～羅生門① (講師)加藤淳二 小説の味わい方を学ぶ 30 ◪通信高校講座「現代国語II」 ～山月記⑧ (講師)岡本豊
10	00 ★まぼろしの橋（第2回）(演出)久野浩平 役霞五郎…中山仁，香織…松原智恵子，蔚島…二谷英明，満美子…小山明子，魔子…水野久美，鐐太郎…花木章吾，橋場…田村亮 56 ANNN	00 ダイヤモンド・サッカー「イングランド・プロリーグ戦」ウルブス――ウエスト・ハム」(前半戦) (解説)岡野俊一郎 45 クルマ社会への提言 「名古屋の道路は大正8年生まれ？」出松井達夫 (司会)八木治郎	00 ◪通信高校講座「古典乙I・漢文」 ～虎威 (講師)田部井文雄 30 ◪通信高校講座「物理A」～運動の法則・物体にはたらく力① (講師)尾科実
11	00 23時ショー「突撃！浮気の告白コンテスト」 (仮題)(司会)広川太一郎 50 ANNN 12:00 スポN 12:05ゴルフ 12:10 ぐんまの旅 歌 12:20 さむらい飛脚「闇から闇へ」再 出大友柳太朗，若林豪ほか	15 プレイガイド:26歌謡曲 30 お好み名人会 12:00 フラッシュ・奇術 12:10 情報 :15 レジャー 12:20 夜の歌声 12:25指圧 12:30 ◪映画「天国への階段」 出デビット・ニーブンほか(2:00まで放送)	00 やさしいドイツ語再 (講師)早川東三 30 ◪大学講座「法学」再 (講師)潮見俊隆

▶1972年 5月15日 月曜日

夜	①NHKテレビ	④日本テレビ	⑥TBSテレビ	⑧フジテレビ
6	00 こどもニュース 05 ネコジャラ市の11人 [声]熊倉一雄ほか 20 歌はともだち 45 今晩の番組から :50[天]	00 タイガー・マスク 「肉弾メガトンおとし」[再] 30 [天] 35 まんがジョッキー 45 [N] :55 [外N]	00 帰ってきたウルトラマン「二大怪獣の恐怖・東京大龍巻」[再] [出]団次郎 30 ニュースコープ 50 [N] :55お天気ママさん	00 スペクトルマン「モグネチュードンの反撃」[再] [出]成川哲夫, 大平透ほか 30 ニュース6:30 :50[N] 55 カバトット
7	00 [N] [スポN] [外N] 30 [特別番組]沖縄還る 現地の喜びの表情とそのかげにある復帰不安, 本土との一体化の問題点そして米軍と日本の安全保障など〝沖縄返還以後〟の問題点を多角的にとりあげる。那覇と東京を結んでの二元中継。	00 ★月光仮面 「哀しみのムカデ男」 [声]池水通洋, 丸山裕子, 沢田和子, はせさん治 30 全日本歌謡選手権 「沖縄特集」 (ゲスト)フォー・リーブス (司会)長沢純	00 キックボクシング ～後楽園ホール (解説)寺内大吉 30 ★刑事くん「いつかあの人のように」 [役]河辺…徳久比呂志, 千代…森桃江, 鉄男…桜木健一, 時村…名古屋章ほか	00 国松さまのお通りだい!「黒いサッカー野郎」 [声]国松…大山のぶ代, アー坊…山本嘉子ほか 30 クイズ・グランプリ (司会)小泉博 (アシスタント)岩崎美智子 45 スター千一夜
8	30 ★明智探偵事務所 「二十七年の履歴書」 (脚本)中島貞夫 (演出)山田勝美 [役]順子…井原千寿子, 四村剛…加東大介, 詩人…高橋長英, 村越…不破潤 明智小五郎…夏木陽介 (9:30まで放送)	00 紅白歌のベストテン ～渋谷公会堂 [出]南沙織, 尾崎紀世彦, 堺正章, 和田アキ子, 五木ひろし, 天地真理, 布施明, 欧陽菲菲, クール・ファイブ, 青い三角定規ほか 「話題コーナー」 [出]ニール・リード (曲目)ママに捧げる歌 56 ニューススポット	00 ★水戸黄門「狙撃者・天草」 (脚本)葉村彰子(監督)小野登 [役]お美濃…金井由美, 下げ針の金作…武藤英司, 新作…小川真司, 鬼塚甚八…菅貫太郎, 戸塚郷右衛門…植村謙二郎 与茂作…千葉保ほか東野英治郎, 里見浩太朗, 横内正, 宮園純子, 中谷一郎 56 フラッシュ[N]	00 ★青春をつっ走れ「ケーキがむすんだあの子とあいつ!」(脚本)桜井康裕 (監督)水川淳三 [役]大次郎…森田健作, 道子…紀比呂子, 田所…石田信之, 池田…高田直久, 広岡…小林文彦, 山本…[illegible]谷孝嘉, 古川…郷ひろみ 徳田…川代家継, いづみ…熱田洋子ほか大和[illegible] 56 待ッテマシタ!
9	00 ★明智探偵事務所 「二十七年の履歴書」 (8:30からひき続き放送) [役]明智小五郎…夏木陽介 小林青年…斎穏寺忠雄, 詩人…高橋長英ほか 30 [N] [天] 45 ニュース解説	00 ★あの橋の畔で 「逢いよれどなお」 (原作)菊田一夫 [出]葉子…御影京子, 光晴…近藤正臣, 信介…津川雅彦, トキ…日色ともゑ, しのぶ…珠めぐみほか 56 ニューススポット	00 映画「何かいいことないか子猫ちゃん」 (1965年度アメリカ作品) (脚本)ウディー・アレン (監督)クライブ・ドンナー (音楽)バート・バカラック [声]マイケル(ピーター・オトゥール)…広川太一郎, フリッツ(ピーター・セラーズ)…根本嘉也, キャロル(ロミー・シュナイダー)…池田和歌子, ルネ(キャプシーヌ)…来宮良子ほか (66頁参照)	00 ★ただいま浪人(第8回) (脚本)鴨三七 (演出)真船禎 [役]石井真里子…宇津宮雅代, 信也…荒谷公之, ロバート・オーキィ…アイバン・ホールほか関根恵子 56 スターはつらつ
10	00 ★楡家の人びと (第31回) (原作)北杜夫 [役]徹吉…内藤武敏, 龍子…岡田茉莉子ほか 15 芸能百選「沖縄の古典舞踊」 ①御前風 ②かなよー天川 ③女踊・諸屯 ④組踊・人盗人	00 ご両人登場 [出]熊倉一雄, 正子夫妻 (ゲスト)キノ・トール, ドクトル・チエコ, 藤村俊二 30 金田正一のゴルフツアー ～瀬田G・コース [出]関水利晃 56 美女の空もよう	56 お天気メモ	00 夜のヒットスタジオ (司会)前田武彦, 芳村真理 [出]小柳ルミ子, 沢田研二, 東京ロマンチカ, にしきの・あきら, 美川憲一, 青江三奈, 南沙織ほか 56 歌のスポットライト
11	00 [N] [天] [スポN] 15 ドキュメンタリー 「筑豊のモニュメント」[再] かつては石炭の産地として栄えた筑豊の記録を残そうとする人々の活動を軸に, 変わりゆく筑豊の昨今をルポ。 45 [N] [天] :53 おしらせ	00 きょうの出来事 10 [スポN] 15 11PM「棄てられた島沖縄の証言」～返還後の沖縄の防衛を考える 12:23 ベストボウル 12:30 映画「鉄火場の風」 [出]石原裕次郎, 赤木圭一郎ほか (2:00まで)	00 JNNニュースデスク 40 [スポN] :45ミュージック&ボウル 12:00[芸N] 12:05 パトロール隊出動 「偽装殺人事件」[再] 12:35 陳清波のゴルフ 12:40 [天] 12:45 洋画案内 12:50 映画「青い街の狼」 [出]二谷英明 (1:55まで)	00 FNN[N] :10 [スポN] 15 [特別番組]沖縄県よみがえる日に ～フィルム構成 12:11 洋画の窓 12:16 ゴルフ 歌 [天] 12:31 ◪映画「次郎長三国志・旅がらす次郎長一家」 [出]小堀明男 (2:01まで)

昭和47年

1972年

5月15日 月曜日

戦後日本史上歴史的な一日 各局で特別番組が編成された

この日は歴史的な一日となりました。戦後27年アメリカの占領下にあった沖縄が、日本に帰ってきた日です。午前中の復帰記念式典は、東京と沖縄ほかからの多元中継を軸とした特別番組が東京12チャンネルを含む全局で編成されており、ゴールデンや深夜にも関連番組が放送されています。またテレビ的ミニ情報としては、2001年に放送された連続テレビ小説『ちゅらさん』で国仲涼子が演じた主人公・古波蔵恵理が、八重山列島の小浜島でこの日に誕生したという設定になっています。

まずはNHK総合夜8時半、沖縄復帰の特別番組に続いて放送されているのが『明智探偵事務所』。（番組表がヘンな感じになっていますが、当時の『TVガイド』は9時のところから別ページになっていたんです）。江戸川乱歩の明智小五郎作品のドラマ化で、基本的に1話完結。時々オリジナルストーリーが入ってくるのが特徴でした（この日も中島貞夫のオリジナル脚本です。タイトルが「二十七年の履歴書」ですから、戦後がらみのストーリーでしょう）。明智小五郎もののドラマ化は、少年探偵団ものか、怪奇的側面を強調したものが多く、こういう謎解きメインの連続ドラマ化はあまり例がありません（最近の満島ひかり主演のシリーズも、やはり乱歩的エキゾチシズムの印象が強いです）。明智小五郎には夏木陽介、怪人二十面相（？）に米倉斉加年、『太陽にほえろ！』出演前の萩原健一や『おさな妻』の麻田ルミもレギュラー出演してました。なかでもこの2週間後に放送した「うらおもて心理試験」の回が印象に残ってます。面白かった。

続いて、NETテレビの夜8時『ワールド・プロレスリング』。ジャイアント馬場の試合がNETで生中継された大変貴重な回です。

1972年5月19日号
表紙・皆川おさむ、三田佳子
ドラマ『女ですもの』（日本テレビ）で親子役を演じた2人の表紙。皆川は1969年にリリースされた『黒ネコのタンゴ』が260万枚の大ヒットを記録した。

1972年はまさにプロレス界激震の年でした。このころ日本テレビがジャイアント馬場の試合中心、NETがアントニオ猪木の試合中心と色分けされていたのですが、猪木が日本プロレスから追放されてしまい、困ったNETが馬場のカードの放送を要求。4月から馬場戦がNETでも放送されるようになると、今度は約束が違うと日本テレビ側が怒り、『日本プロレス中継』の打ち切りを決定します。その記者会見が行われたのがまさにこの日、1972年5月15日でした。長い間日本テレビの看板だった金曜8時のプロレス中継はNETテレビに移動することになります。その後日本テレビの金曜8時枠を引き継いだのが、この年の7月21日にスタートした『太陽にほえろ！』。日本テレビはこの年10月に、ジャイアント馬場が新たに旗揚げした「全日本プロレス中継」を土曜夜8時枠でスタートします。

NHK総合夜10時は、それまでの〝銀河ドラマ〟のタイトルを改題してスタートした〝銀河テレビ小説〟枠の第1弾『楡家の人びと』。北杜夫の代表作で、青山の大病院を舞台に3代にわたる楡一族の興亡を壮大かつユーモラスに描く自伝的大河小説を、週5日、3カ月にわたってドラマ化した大作でした。宇野重吉扮する初代院長・楡基一郎が亡くなった後の昭和期を描く第2部がこの日からスタート。父に代わって病院を切り盛りする長女・龍子に岡田茉莉子が扮しました。いまの50代以上の人には、このドラマの配役が登場人物のイメージになっている人が多いと思います。

そしてやはり子ども番組が記憶に残ります。NHK夕方6時5分は人形劇『ネコジャラ市の11人』。スタッフ・キャストとも『ひょっこりひょうたん島』の直系後継的番組でしたが、設定がどことなくシュールで大人っぽくて、クールな印象がありました。主人公のガンバルニャンというネーミングが、ジャン・バルジャンのパロディーだと気づいたのもしばらく経ってからでした。TBSの『帰ってきたウルトラマン』とフジの『スペクトルマン』はともにこの年の3月まで本放送していたホヤホヤ再放送組。いわゆる〝第2次怪獣ブーム〟の中核をなす2作品で、再放送でも常に人気を得ていました。そして7時台も子ども番組の天下です。日テレ7時の『月光仮面』は実写ではなくアニメ作品。フジの『国松さまのお通りだい！』も『ハリスの旋風』のリメイク。1972年にして、すでにかつての名作頼みの傾向が見えますね。

夜	⑩NETテレビ	東京⑫チャンネル	③NHK教育テレビ
6	00 魔法使いサリー「サリーのふるさと」再 30 ANN N 50 ANN N レーダー 55 スポN 芸N	5:55 ニュースレポート 15 世界の絵本 27 キッド・ボックス 42 セレクトコーナー 45 マンガのくに	00 ◪スペイン語講座「あなた達もいかない？」(講師)フェリス・ロボ 30 ◪バイオリンのおけいこ (講師)石井志津子
7	00 青春ライバルマンション「モデルほどステキな商売はない!?」 出南沙織，ダニエル・ビダルほか 30 カリメロ ①歌えギャング ②インチキ大地震 声三輪勝恵，野村道子ほか	00 悟空の大冒険「ベロクベロベロ物語」 声右手和子，増山江威子 永井一郎，滝口順平ほか 30 闘え！ドラゴン「空手チャンピオンを狙え!!」 出倉田保昭，赤塚真人ほか 55 スポN	00 ◪英語会話「中級」～クリスマスの買い物再 (講師)小浪充 友達同士の対話。 30 ◪中国語講座「理論と実践を結びつける」再 (講師)藤堂明保 給の使い方。
8	00 ★ちょっとしあわせ (第7回) (脚本)森崎東 (演出)久野浩平 役鈴子…酒井和歌子，文久…郷ひろみ，理子…高沢順子 綾子…司葉子，馬場…植木等，紋平…嵐寛寿郎，ちどり…林美智子，忠基…田中春男ほか結城美栄子 丹阿弥谷津子，芹明香 55 ANN N	00 ザ・マジシャン 「欲望の銃撃」 声アンソニー・ブレイク(ビル・ビックスビー)…矢島正明，マックス・ポメロイ(ケン・カーチス)…藤木譲，ジェリー・アンダーソン…川部提ほか トニーの友人スザンナの誕生パーティで殺人が 55 スター・こんにちわ	00 ◪市民大学講座「私塾・その思想と構造」②～石田梅巌と明倫舎 (司会)中野光，石川松太郎 出お茶の水女子大教授・勝部真長ほか加藤秀俊 社会教育の開祖といわれる梅巌の庶民教化の思想を明らかにし，〝師弟のかかわり〟〝学問と実践〟の問題を考える。
9	00 ★破れ傘刀舟・悪人狩り「鉄火花怨み節」 (脚本)津田幸夫 (監督)村山三男 役刀舟…萬屋錦之介，お菊…江波杏子 おちか…真山知子，小菊…小野千春，島崎…中村孝雄，万助…村田雄ほか 55 ANN N	00 映画「早射ちガンマン」(1966年度アメリカ作品) (監督)ウィリアム・ヘイル 声キャル・ウェイン(ボビー・ダーリン)…羽佐間道夫，エミー（エミリー・バンクス）…池田昌子，グラント（レスリー・ニールセン）…小林修ほかD・ローズ 勢力争いの渦に巻き込まれる名保安官。	00 ◪通信高校講座「数学Ⅰ」(第1部)～二次関数のグラフのまとめ (講師)岩波裕治 二次関数の例。 30 ◪通信高校講座「数学Ⅰ」(第2部) ～順列 (講師)礒野幸
10	00 ★華麗なる一族（第11回） (原作)山崎豊子 役大介…山村聡，相子…小川真由美，二子…島田陽子，鉄平…加山雄三，四々彦…大和田伸也，芥川…菅原謙次ほか佐藤慶 55 ANN N	25 天 30 ダイヤモンドサッカー「ウルグアイ――ブルガリア」 (解説)岡野俊一郎 (実況)金子勝彦	00 ◪通信高校講座「世界史」 ～第1次世界大戦 (講師)大江一道 30 ◪通信高校講座「数学ⅡA」～確率の復習 (講師)小林一雅 順列，組合せなど。
11	00 スタジオ23「ミス美女美女美女！ミス大集合」(仮題) (司会)なべおさみ 50 ANN N 12:00ゴルフ 12:05 映画案内 歌 ゴルフ 12:30 世なおし奉行「空に消えた五千両」再(1:25)	15 シリーズ・特集 ～フィルム構成 45 艶談ジョッキー 12:00 N シネマ情報 12:15 ゴルフ 12:20 謎の円盤UFO 1:15 旅 歌 (1:25で放送終了)	00 ◪たのしいフランス語「読めないよ」再 (講師)林田遼右 pouvoir の活用，所有形容詞 son, sa, ses について。 (11:30で放送終了)

1974年 12月10日 火曜日

夜	①NHKテレビ	④日本テレビ	⑥TBSテレビ	⑧フジテレビ
6	00 こどもニュース 05 アルプスのスキーボーイ（第8回） 30 新八犬伝（第396回） 45 今晩の番組から :50天	00 サスケ 声サスケ…雷門ケン坊, 大猿…外山高士ほか 30 NNN N 50 NTV N :55 天	00 おもちゃ屋ケンちゃん「小さな約束」再 出宮脇康之, 永春智子ほか 30 ニュースコープ 50 N :55お天気ママさん	00 ドロロンえん魔くん「大怪獣ゾウワシ」再 声野沢雅子, 坂井すみ江 30 ニュース6:30 :50 N 55 ウリクペン救助隊
7	00 N スポN 外N 30 NHK特派員報告「楽園の日系人」〜ニューカレドニア島 明治, 大正期ニッケル発掘のため移民した日本人たち。残された子孫たちの生活ぶりを紹介。	00 スターアクション！「無念, 残念, 涙の直美！」出坂上二郎, 湯原昌幸, 三善英史, 安西マリア 30 家族そろって三つの歌「亭主関白!!月亭可朝一家」（ゲスト）園まり（司会）三波伸介	00 ★家なき子「名のりでた母」声陽子…坂口良子, 薫…桜木エミ, 加奈子…岡田可愛, 綾子…磯野洋子ほか時本和也 30 55号決定版！（ゲスト）けい子とエンディルイス	00 おらぁガン太だ「おらたちも団結すべえ」声ガン太…簾内滋之, 雄吉…玉川良一ほか河内桃子 30 クイズ・グランプリ（司会）小泉博 （アシスタント）川口真有美 45 スター千一夜
8	00 歌のゴールデンステージ〜NHKホール（ゲスト）沢田研二, 八代亜紀, 由紀さおり, いしだあゆみ, 三善英史, 黒木憲（歌の招待席）曾根史郎（レギュラー）左とん平, 江夏ルミ, ポピーズ・シャルマン（司会）中江陽三アナ 55 ローカルN 天	00 ★伝七捕物帳「兄いずこ涙の辻占」（脚本）内田弘三 （監督）山田達雄 配伝七…中村梅之助, 勘太…高橋長英, 文治…今村民路, 小春…和田幾子 赤っ鼻の五平…瀬川新蔵 ちょろ松…稲吉靖司, 藤助…中村靖之介ほか田中春男, 夏川かほる, 山田太郎 55 ニューススポット	00 歌謡最前線（司会）高橋圭三, 玉置宏（予定される出演者）森進一, 西城秀樹, グレープ, 和田アキ子, 山口百恵, 麻丘めぐみ, 藤圭子, 浅野ゆう子, ハッピー&ブルーほか（曲目）北航路, 追伸, 涙と友情, 雪の中の二人 55 フラッシュN	00 ワイド・スペシャル「発表!'74音楽大賞下期賞・第2回FNS歌謡祭」〜帝国ホテル（司会）小川宏, 吉永小百合（予定される出演者）森進一, 沢田研二, 五木ひろし, 布施明, 殿さまキングス, 八代亜紀, 梓みちよほか（9:25まで放送）
9	00 ニュースセンター9時（ニュース・キャスター）磯村尚徳 40 黄色い涙（第12回）（原作）永島慎二 （演出）松沢健 出森本レオ, 下条アトム, 岸部シロー, 長澄修ほか （131頁参照）	00 ★鞍馬天狗「人斬り」（脚本）成沢昌茂（監督）森谷司郎 配鞍馬天狗, 倉田典膳…竹脇無我, 桂小五郎…中村賀津雄, 幾松…本阿弥周子ほか嵐寛寿郎, 高岡健二, 水野久美, 小池朝雄 55 ニューススポット	00 ★家族あわせ（第11回）（脚本）楠田芳子（演出）脇田時三 配喜久代…山岡久乃, 建次…千秋実, 達也…篠田三郎, 洋子…丘淑美, たみ…杉村春子, 幸一…杉浦直樹, てる子…結城美栄子ほか 55 いこいのファッション	8:00 ワイド・スペシャル「発表！'74音楽大賞下期賞・第2回FNS歌謡祭」〜帝国ホテル 25 FNN N 30 ミュージック・フェア'74 出エレン・ニコライセン, 浜田良美, ファラ・マリアほか （68頁参照）
10	00 ニュース解説 15 1億人の経済「成長は終った」出元日銀理事・吉野俊彦 経済学者・伊東光晴（司会）河辺洌子アナ 高度成長の上に繁栄を築いてきた日本経済。だが, そのひずみが露呈。過去の問題点を明らかにし今後の行方を考える。	00 ★献身（第11回）（脚本）茂木草介 （演出）田中知己 配瀬川朝子…山本陽子, 柏木…近藤正臣, 一条…久富惟晴, 美雪…梢ひとみほか宍戸錠, 渡辺文雄, 小松方正, 加納竜 55 われら夫婦	00 '74国際選抜体操競技大会 ①女子 出ドロノワ（ソ）, ツリシェワ（ソ）, ヘルマン（東独）, 林田房美ほか ②男子 出アンドリアノフ（ソ）, マルチェンコ（ソ）, 監物永三, 笠松茂 55 お天気メモ	00 ★どてらい男「あゝ兵隊」（演出）山像信夫 配猛造…西郷輝彦, 茂子…梓英子, 昭吉…田村亮ほか高田次郎, なべおさみ, 多々良純, 森次晃嗣, 藤岡重慶 55 ある日のヨーロッパ
11	10:50 ふるさとのアルバム「霊山」 11:00 N 天 （11:15で放送終了）	00 きょうの出来事 スポN 15 11PM「第七回輝く！夜のレコード大賞」出渡哲也ほか （68頁参照） 12:21 天 北から南から 12:30 家光が行く「仮名草紙の娘」再（1:25で終了）	00 JNNニュースデスク（キャスター）村形貞彦 25 スポN 30 テレサG「集団告白！夜の意識調査」（司会）土居まさる （12:00で放送終了）	00 N スポN 今日の視点 25 洋画の窓 ゴルフ 30 映画「太陽がいっぱい」（監督）ルネ・クレマン 出アラン・ドロン, マリー・ラフォレ, M・ロネほか 12:55 天（1:00で放送終了）

昭和49年 1974年 12月10日 火曜日

『新八犬伝』『黄色い涙』『どてらい男』名作・傑作・話題作が目白押しの一日

「わが巨人軍は永久に不滅です」の名ゼリフとともに長嶋茂雄が現役を引退した年。オイルショックの影響も少しずつ和らぎ始めていたころですが、NHK総合が11時15分で放送終了しているあたりに、影響の根強さを感じます（なんたって直前の番組のサブタイトルが「成長は終った」ですからね）。

名作・傑作・話題作が目白押しです。まずはNHKの夕方夜6時半、人形劇『新八犬伝』。『チロリン村とくるみの木』『ひょっこりひょうたん島』から続くNHK人形劇における中興の祖的存在で、現在でも一、二を争う人気作です。原作である滝沢馬琴の『南総里見八犬伝』の骨組みは、『アストロ球団』や『ドラゴンボール』など、後年までさまざまな形で繰り返し使われているモチーフですが、そのモチーフがこれだけ一般に広がったのも、この『新八犬伝』の成功にあったといえると思います。辻村ジュサブロー製作の人形の迫力、坂本九の軽妙な語り、とにかく強烈かつ痛快でした。そばに50代前後の方がいたらぜひ耳元で「われこそは玉梓が怨霊～」とつぶやいてみてください（「われこそはたまずさがおんりょう～」と読みます）。

続いて銀河テレビ小説の中でも名作の誉れ高い『黄色い涙』。この時期『傷だらけの天使』も放送中と、絶好調だった市川森一脚本作品。当時一部の若者に大きな影響力を持っていた漫画家・永島慎二原作の群像劇で、悩みを抱えながらも夢を追う主人公たちの姿が鮮烈な印象を残します。出演は森本レオ、下条アトム、岸部シロー。後年やはり市川森一の脚本、嵐の主演で映画化もされました。

1974年12月13日号
表紙・森進一
この年、森進一は吉田拓郎作曲の『襟裳岬』で日本レコード大賞を受賞、『紅白歌合戦』では大トリを務めた。フォーク系が歌謡曲に進出する先駆けとなった楽曲。

プライムタイムのドラマに目を移します。8～9時台で時代劇が3本というのもすごいですが、忘れちゃいけないのが、フジテレビ夜10時『どてらい男（やつ）』（関西テレビ制作）。関西で数々のヒット作を持つ作家・花登筐作品の中でも最大のヒット作でしょう。西郷輝彦扮する通称〝モーやん〟の不屈の根性が支持を集めました。従軍時代を描くこの回では、モーやんが鬼軍曹・坂田にトコトンしごかれるという展開。坂田に扮するのは藤岡重慶。声優として出演した『あしたのジョー』の丹下段平と並ぶ当たり役になりました。

NETテレビ夜10時は、山崎豊子原作『華麗なる一族』。のちに何度もドラマ化されますが、これが最初のテレビドラマ化です。主人公の万俵大介には山村聰、長男・鉄平に加山雄三、大介の妻・寧子に久我美子、大介の愛人・高須相子に小川真由美（現・小川眞由美）が扮しました。2007年のTBS版では鉄平役で木村拓哉が主演。大介には北大路欣也。2021年のWOWOW版では、中井貴一が万俵大介を演じました。

そして夜8時台にあろうことか音楽番組が3本。フジテレビの『第2回FNS歌謡祭』は年の瀬ならではの特番でしょうけど、よりによってここの時間帯に持ってこなくても、という気はします。てゆーか、NHKとTBSは火曜8時にレギュラーでずーっと音楽番組を編成してたんですよね。ホームビデオなんてもちろん存在しなかった時代、いろいろ事情もあったんでしょうが、音楽ファンにはいい迷惑だったと思います。

『FNS歌謡祭』が始まったのは1974年の夏。当時は今と違って賞レース番組でした（各局が自前の音楽賞を持つようになる最初が、フジテレビの『FNS歌謡祭』でした）。上期と下期に分けて賞を選出するというのがこの賞の特徴で、従って1974年の上期が「第1回」で、下期が「第2回」ということになります。しかもこの日は予選という位置づけで、翌週本選考が行われるという2週にわたる編成でした。当時はこういう形式は結構あって、それだけ音楽賞が注目されていたということでしょう。いずれにしても歌手の人たちは大変ですよね、裏番組にも出なきゃいけないし。

夜	⑩NETテレビ	東京⑫チャンネル	③NHK教育テレビ
6	00 魔法使いサリー 「ちびっ子大騒動」再 30 ANN N 50 ANN Nレーダー 55 スポN 芸N	5:55 ニュースレポート 15 世界の絵本 27 キッド・ボックス 42 セレクトコーナー 45 マンガのくに	00 ◪中国語講座「解放前はいかがでした？」 (講師)藤堂明保 30 ◪ピアノのおけいこ (講師)弘中孝
7	00 '75びっくり人間登場 「決定版残酷人間特集!!韓国の鉄人男対日本の怪力人間」(68頁参照)出陳玉龍，李玉嬌，横田寿一ほか 30 ベスト30歌謡曲 (司会)愛川欽也，五十嵐じゅん	00 ガール・ガール・ガールズ「チャーミングな話し方入門」出海援隊ほか (司会)海原千里，万里ほか 30 カムイ外伝 「抜忍」 声中田浩二，池田昌子ほか 55 スポN	00 ◪英語会話「初級」〜まちがい電話 (講師)田崎清忠 その他伝言を残す場合 30 ◪技能講座「自動車整備」〜オートマチック・トランスミッションの整備 (講師)前田正節
8	(予定される出演者) アグネス・チャン，野口五郎，敏いとうとハッピー&ブルー，フィンガー5，南沙織，五木ひろし中条きよし，浅田美代子八代亜紀，ジャニーズ・ジュニア・スペシャル，三善英史，ちあきなおみずうとるびほか 55 ANN N	00 世界ビックリアワー〜銀座・クラウン(69頁) ①アクロバット…ブランコ・キッズ・ショー（フィリピン） ②ヘッド・バランス…渋谷敬太郎（北海道） ③バランス・アクロバット…ニコライ&シルビア（イギリス） ④韓国民族舞踊 55 スター・こんにちわ	00 市民大学講座「コンピュータ再考」①〜アポロを支えたもの (司会)早大助教授・広瀬健 出東大教授・後藤英一，東大教授・赤木昭夫 あらゆる分野に浸透したコンピュータを再度みなおすシリーズ。一回目は，誕生した歴史的過程を探り，有用性を考える。
9	00 ★右門捕物帖「炎の罠」(脚本)宮川一郎 (監督)西山正輝 役右門…杉良太郎，お京…珠めぐみ，小頭の参次…大門正明，卯助…坂本長利，半田…久富惟晴ほか土田早苗，田辺靖雄，高品格，東八郎 55 ANN N	00 心で歌う50年「涙唱／岸壁の母・還らざる子」出近江俊郎，竹山逸郎，二葉百合子，殿さまキングス (ゲスト)吉田正 (曲目)皇国の母，上海だより，ほんとにほんとにご苦労ねほか (69頁参照) 55 天	00 ◪通信高校講座「英語AⅠ」〜小さな男の子の役目② (講師)松居司 関係副詞whenについて 30 ◪通信高校講座「英語AⅡ」〜ネス湖のなぞ① (講師)鈴木博 分詞構文について。
10	00 ★特別機動捜査隊「三船刑事死す」(脚本)五条勢津子ほか(監督)中村経美 役三船主任…青木義朗，佐和…風間千代子，新村…武藤英司，丈二…池田駿介，大山…中庸介ほか 55 ANN N	00 世界名作ドラマ「ワセックス物語」(第1回)(監督)マイク・ニュウエル 声フィリス(マリー・ラーキン)…沢田敏子，グローブ（エムリス・ジェイムズ）…大木民夫ほか 55 テレビプレイガイド	00 ◪通信高校講座「英語AⅢ」〜ネックレス① (講師)中村敬 〜と知り合うの言い方 30 ◪通信高校講座「日本史」〜第2次世界大戦 (講師)黒羽清隆 世界大戦の原因と過程
11	00 スタジオ23「全日本双生児美女コンテスト」(仮題) :50 ANN N 12:00 ゴルフ スター 歌ほか 12:30 荒野の素浪人「みな殺し，棚倉城襲撃」再 (1:25で放送終了)	00 さすらいのライダー 「情感あふるる曲」 55 歌 12:00 N 12:10シネマ 12:15ゴルフ 12:20 秘密指令S 1:20 歌謡スポット (1:25で放送終了)	00 ◪やさしいドイツ語 「良いときに来た」再 (講師)早川東三 〝そのことは良いことだ〟と表現する場合の構文。 (11:30で放送終了)

▶1975年2月5日水曜日

夜	①NHKテレビ	④日本テレビ	⑥TBSテレビ	⑧フジテレビ
6	00 こどもニュース 05 マッティと愉快な仲間たち（第3回） 30 新八犬伝（第427回） 45 今晩の番組から :50天	00 天才バカボン再 ①時の記念日はねむいのだほか 声山本圭子，雨森雅司ほか 30 ジャストニュース 50 NTVN :55天	00 走れ！ケー100「それ行け登れ二千段」再 出大野しげひさほか 30 ニュースコープ 50 N :55お天気ママさん	00 赤胴鈴之助「やったぞ赤胴真空斬り」再 声山本圭子，小鳩くるみ 30 ニュース6:30 :50N 55 ウリクペン救助隊
7	00 N スポN 外N 30 職人の世界②「砂漠のなかの職人芸」 世界最古の職人芸はメソポタミアの銀細工といわれる。ペルシャ帝国の栄光を伝えるイランに，中東の古い職人芸を探る	00 新・底ぬけ脱線ゲーム「物の包み方を教えます？」 出笑福亭鶴光，大泉滉，大石悟郎ほか(68頁) 30 特ダネ登場!? ①怪奇女医!!霊力治療公開 ②高圧3万V感電の恐怖!! 出中条きよし(68頁)	00 日本一のおかあさん 出三遊亭金馬一家，東京板橋・塚田きよさん一家 (司会)萩本欽一 30 みんなで歌おう'75「人気コーラスグループ話題の大競演！」 出グレープ，ダ・カーポほか	00 小さなバイキング・ビッケ「フラーケ族は畑仕事が大きらい」 声栗葉子，富田耕生ほか 30 クイズ・グランプリ (司会)小泉博 (アシスタント)森奈々子 45 スター千一夜
8	00 ★四季の家（第17回） (脚本)橋田寿賀子 (演出)岡田勝 配ふゆ…毛利菊枝，秋子…赤木春恵，夏枝…京マチ子，春美…長谷直美，勇気…柴俊夫，陽子…関根世津子 町田老人…加藤嘉，沢野医師…名古屋章，俊三…佐藤允ほか 堀雄二，吉田次昭 55 N 天	00 マチャアキのガンバレ9時まで!! ～東京・中野サンプラザ (司会)堺正章，研ナオコ (レギュラー)小林麻美，車だん吉，クシャおじさん，プリティー・アトム (予定されるゲスト)郷ひろみ，殿さまキングスほか 55 ニューススポット	00 ★夜明けの刑事「宝くじブーム殺人事件」 (脚本)山浦弘靖 (監督)国原俊明 配鈴木…坂上二郎，池原…石橋正次，久保…市原清彦，夏代…小田マリ，三井…大石悟郎，知子…竹井みどり，大沢…桜井センリ，相馬…石立鉄男ほか 55 フラッシュN	00 ★銭形平次「浮世絵女双六」 (脚本)梅林貴久生 (監督)荒井岱志 配平次…大川橋蔵，お静…香山美子，万七…遠藤太津朗，八五郎…林家珍平，[illegible]さ代…北城真記子 春太郎…小林芳宏，銀次郎…小林勝彦，源太…北条清ほか 池信一 55 FNNN
9	00 ニュースセンター9時 (ニュース・キャスター)磯村尚徳 40 夜の王様（第3回） (原作)坂口安吾(137頁) (脚本)石堂淑朗 (演出)山内暁 出緒形拳，武原英子，山谷初男，岡本信人	00 映画「機関車大脱走・北西戦線」(1959年度イギリス作品)(57頁参照) (監督)リー・トンプソン 配スコット…ケネス・モア，キャサリン…ローレン・バコール，バン・ライデン…ハーバート・ロム，ブリディー…ウィルフリッド・ハイド・ホワイト，ウィンダム夫人…アーシュラ・ジーンス (解説)水野晴郎 動乱のインド北西部を舞台に，三百マイルの脱出作戦。	00 ★時間ですよ・昭和元年（第17回） (脚本)柴英三郎 (演出)久世光彦 配てる…森光子，平八郎…荒井注，忠治…千昌夫ほか 池波志乃，浅田美代子 悠木千帆，左とん平 55 天	00 ★春ひらく（第9回） (演出)河村雄太郎 出笠智衆，東山千栄子，芦田伸介，久我美子，松坂慶子 児玉清，鳳八千代，加東大介，草笛光子，あおい輝彦 仁科明子，荻島真一，小倉一郎，あべ静江，新克利ほか 55 くいしん坊！万才
10	00 ニュース解説 15 文化展望「琵琶のひびき」 (司会)丹羽正明 出東京芸大教授・小泉文夫，作曲家・武満徹 (琵琶演奏)鶴田錦史，平山万佐子，田中雪男ほか 紫絃会 (平家琵琶)井野川幸次 (荒神琵琶)高木清玄 (琵琶製造)上村勝男 (モダンダンス)加藤よう子 (ギター)楠辺真知子 (曲目)武満徹作曲「エクリプス(日食)」ほか(63頁)	55 N	00 ★華やかな荒野（第19回） (脚本)石松愛弘 (演出)桜井秀雄 (70頁) 配滝村…古谷一行，野見山…植木等，絢子…香山美子，博子…中野良子ほか 紀比呂子，篠田三郎 55 旅の手帳	00 ★運命峠「斬風・闇を裂く」 (脚本)高岩肇 (監督)河野寿一 配六郎太…田村正和，運天…渡辺篤史ほか 太田博之，渡辺やよい，和田恵利子，山岡徹也，村田正雄 55 ある日のヨーロッパ
11	11:00 N 天 (11:15で放送終了)	00 きょうの出来事 スポN 15 11PM (司会)愛川欽也，立木リサ 12:21 天 12:26 尾崎のワン・アップ・ゴルフ再 12:30 旗本退屈男「むすめの大漁節」再(1:25まで)	00 JNNニュースデスク (キャスター)新堀俊明 25 スポN 30 テレサG「風流お座敷寄席」 (司会)二瓶正也 (12:00で放送終了)	00 N スポN 今日の視点 20 洋画の窓 ゴルフ 30 映画「殺し屋がやって来た」(監督)アルフォンゾ・バルカザール 出カール・メイナーほか 12:55天 (1:00で放送終了)

昭和50年
1975年
2月5日 水曜日

忘れられない音楽番組『ベスト30歌謡曲』大らかさとワサワサした空間が好きでした

新幹線が博多まで開通し、エリザベス女王来日に沸いた1975年のテレビ界最大の話題は、俗に〝腸ねん転〟と呼ばれた、大阪のABCとMBSのネット系列交換でした。3月まで「TBS系=ABC」「NET（現テレビ朝日）系=MBS」だったネットワークが、4月から「TBS系=MBS」「NET系=ABC」に逆転したのです。関西はもちろん、東京をはじめとしたほかの地方でも大阪局制作番組を中心に数多くの番組が放送局を移動しました。なかなか珍しい体験だったと思います。

さてこの日は2月なので、まだ〝腸ねん転〟解消前となる番組表です。まずはプライムタイムにズラリと並んだドラマの多さに唖然とします。夜8時台に3本、9時台に4本、10時台にも4本。もちろんホームビデオなんてない時代、ドラマ好きの人はさぞ悩んだことでしょう。どれかを選べば裏のドラマは見られないのです。当時の人々がどれだけ真剣に番組を選んでいたか、今の若い方たちに想像できるでしょうか。逆に言えば、番組を作っている側も、自分の作った番組をどれくらいの人が見てくれているのか不安だったでしょうね。制作サイドの当時と今とのコンプライアンス意識の違いが何かと取りざたされますが、どうせ誰も見てないよ、というのも感覚としてはあながち間違っていなかったのかもしれません。

そんなドラマの中でも注目したいのは、TBS夜9時のおなじみ「水曜劇場」枠。人気シリーズの第4弾『時間ですよ・昭和元年』です。『寺内貫太郎一家』に続いて放送されたドラマで、レギュラー陣もこれまでとはかなり入れ替えて挑んだ異色作。昭和元年の銭湯が舞台ということで、スタッフの苦労も並大抵ではなかったようです。『時間ですよ』といえば、『水色の恋』『赤い風船』など

1975年2月7日号
表紙・デニス・ウィーバー
アメリカのドラマ『警部マクロード』で主演。カウボーイハット姿で大騒動を引き起こしながらも、事件を解決に導いていくドラマが人気を集めた。

多くのヒット曲を生んだことで知られますが、この作品からも、さくらと一郎の『昭和枯れすゝき』という大ヒットが生まれています。

その他のドラマも、ホームドラマ、時代劇、刑事ものと、バランスよく揃ってます。NHK夜8時の『四季の家』は橋田壽賀子脚本。フジの夜9時『春ひらく』はフジテレビ開局15周年記念番組で、小津安二郎の原作が元になっているようです。TBS夜10時の『華やかな荒野』は古谷一行の初主演ドラマ。紀比呂子、中野良子、香山美子と人気のキレイどころをそろえています。古谷一行の上司のプロジェクト室長役には植木等が扮しました。NET夜10時は、1961年スタートの長寿刑事ドラマ『特別機動捜査隊』。長い間番組の顔として活躍した青木義朗演じる三船主任がこの日命を落としました。

そしてドラマだらけのプライムタイムに、バラエティーで孤軍奮闘しているのが日本テレビです。『新・底抜け脱線ゲーム』『特ダネ登場!』と歴史に残る名バラエティーに続き、夜8時に放送されたのが『マチャアキのガンバレ9時まで!!』。歌とコントを中心にした正統派劇場バラエティーで、あごをはずして(!)顔をクシャッと縮める通称〝クシャおじさん〟がレギュラー出演していて人気を博しました(水曜8時の日テレといえば『気になる嫁さん』や『パパと呼ばないで』、『俺たちの勲章』や『気まぐれ天使』など、名だたる名ドラマを輩出した時間枠ですが、74年10月〜75年3月の半年間だけバラエティーだったんです)。

そしてもうひとつ、忘れられない音楽番組がNETの『ベスト30歌謡曲』です。生放送で歌をたっぷり聴かせてくれる、音楽ファンにはうれしい番組でした。一応ベスト30を発表するのですが、順位で興味を引くのではなく、先に順位を発表して、そこから何曲か紹介する、という進行なんですね。それも下位から順にカウントダウンしていくわけでもなく、11〜20位から発表したり、ベストテンからだったり、週によってまちまち。そのおおらかさがとてもよかった。もともと1時間番組だったのが、こちらも74年10月〜75年3月の半年間だけ1時間半に枠が拡大してました。曲を紹介するパネルの尋常じゃない大きさと、ワサワサッとした空間で雑然と歌われていくスタイルが楽しかった。スタジオにお客さんを入れた生放送で、今の『ミュージックステーション』にもどことなくその遺伝子が感じられます。

夜	⑩NETテレビ	東京⑫チャンネル	③NHK教育テレビ
6	00 魔法のマコちゃん 「制服はいやよ」再 声杉山佳寿子，丸山裕子 30 ANNニュースレーダー :50 ANN首都圏N	00 ニュースレポート 20 カバトット 27 キッド・ボックス 42 セレクトコーナー 45 マンガのくに	00 ◪スペイン語講座「わたしの友達はどこ？」 (講師)寿里順平 30 ◪フルートとともに (講師)宮本明恭
7	00 クイズ・タイムショック (司会)田宮二郎，丹羽節子 30 ★お笑い他流試合 出山本直純，和田浩治，東八郎，林家こん平，天地総子，江利チエミ，キャシー中島，黒沢洋子	00 7時のナマナマ歌謡曲 (司会)落合恵子 出ガロ 浅野ゆう子，今陽子，藍美代子ほか ①性格テストほか 25 スターとデイト 30 バットマン 55 スポN	00 ◪英語会話「中級」 ～The Painting①再 (講師)ケン・マクドナルド，有吉欣子 30 ◪中国語講座「これはあなたのカバンですか？」 再 (講師)藤堂明保 指さすことばほか。
8	00 ★ドカドカ大爆笑 「闘うマッハ／」 出ラッキー7，レッツゴー三匹，青空球児，好児，由美かおる，麻丘めぐみ，横山ノック，ケーシー高峰 大泉滉，高松しげお，ジャンボ宮本，マッハ文朱 三鷹市公会堂から「世界WWWA選手権」ほか。 55 ANNN	00 ★きんきんギラギラ大放送 (ゲスト)南沙織，フィンガー5 ①今週の新婚さん ②電話リクエスト ③きんギラ人形劇 ④きんギラクイズ (司会)愛川欽也，児島美ゆき 55 N 天	00 ◪市民大学講座「生活文化の交流」③～かるた・世界をめぐる遊び 出学習院大学教授・加藤秀俊，かるた研究家・森田誠吾 (聞き手)遠藤敦子 安土・桃山時代にさかのぼる"かるた"。その歴史を中心に，珍しいかるたを紹介しながら，生活文化を遊びの面から探る
9	00 ★さやえんどう「嫁さんみせろ」 (脚本)松木ひろし (演出)大村哲夫 役さつき…佐久間良子，あやめ…宇津宮雅代，すみれ…いけだももこ，たつ…菅井きん，誠太郎…松山英太郎ほか原田大二郎 55 スポーツ芸能ニュース	00 映画「クレージー爆撃隊・キャッチ22」 (1971年度アメリカ作品) (監督)マイク・ニコルズ 役ヨサリアン…アラン・アーキン，キャスカート大佐…マーチン・バルサム，コーン中佐…バック・ヘンリーほかジャック・ギルフォード，オーソン・ウェルズ，ジョン・ボイドほか (解説)南俊子 (64字) 人間愛，豊かな生命力そして愚かしい戦争をパロディー化。	00 ◪通信高校講座「生物Ⅰ」～生物を学ぶには… (講師)松本信義 入門講座。 30 ◪通信高校講座「化学Ⅰ」～物質の分類 (講師)大森泰弘 分類の手がかり，構造。電導線の調査。
10	00 ★非情のライセンス 「兇悪の入試」 (脚本)国弘威雄(監督)吉川一義 役会田…天知茂，松野…山形勲，大和田…速水亮 なおみ…飯島洋美，橘…渡辺文雄，矢部…山村聡 55 ANNN	55 天	00 ◪通信高校講座「物理A」 ～力のはたらき (講師)犬丸章門 30 ◪通信高校講座「地学Ⅰ」～ふしぎな星地球②・地球と太陽 (講師)竹内均
11	00 スタジオ23「珍奇／真夜中のテレビ結婚式」 (司会)高島忠夫ほか :50N 12:00 スポN 12:05くらし 12:10 歌 12:15ゴルフ教室 12:25 素浪人天下太平「山のお寺の怖い鐘」再(1:20)	00 勝ぬき腕相撲 05 おらんだ左近事件帖 「尼になった姉妹」 12:00 東京12N 12:10 シネマ 12:20ゴルフ 12:25 電撃スパイ作戦 (1:25で放送終了)	00 ◪たのしいフランス語「Qu'est-ce que c'est?(これは何？)」再 30 ◪大学講座「社会学」～現代日本の社会と人間⑧再 (講師)湯沢雍彦 (12:00で放送終了)

▶1975年 4月24日 木曜日

夜	①NHKテレビ	④日本テレビ	⑥TBSテレビ	⑧フジテレビ
6	00 こどもニュース 05 ぼくらチャレンジャー 画岡崎聡子，池田敬子 30 真田十勇士(第14回) 45 NHKガイド :50天	00 奥さまは魔女「こんがらがった，とんがらがった」再 画E・モンゴメリー 30 ジャストN 50 NTVN :55天	00 ど根性ガエル再 ①空とぶくじらくんの巻 ②誓いのホームランの巻 30 ニュースコープ 50 N :55お天気ママさん	00 アルプスの少女ハイジ「お陽さまをつかまえた」声杉山佳寿子ほか 30 ニュース6:30 :50N 55 冒険ロックバット
7	00 N スポN 外N 30 ★未来への遺産「壮大な交流」②〜陶磁の道 (構成)吉田直哉 (音楽)武満徹 (ナレーター)和田篤アナ 画佐藤友美 東ドイツのマイセンをはじめ，イスタンブールのトプカピ美術館，イランのミナブ，インドなどに陶磁の道をしのぶ。	00 驚異の世界・ノンフィクションアワー「南米ジャングルの探検・殺し屋ジャガーの正体」 30 ★木曜スペシャル「ゴッドファーザーとマフィアの世界」(仮題) ①「ゴッドファーザー」の名場面 ②「ゴッドファーザーⅡ」の名場面 ③実録マフィアの世界 アメリカの影の政府ともいわれるほどの影響力を持つマフィア。その実態は，関係者の証言で明るみに出てはいるが，はっきりとはわかっていない。さて，その世界とは。	00 新・せんみつ湯原ドット30「ひろみ，ずうとるびドラゴンに挑戦／」 30 ★おそば屋ケンちゃん「こわれた電球」 役ケン一…宮脇康之，ケンジ…岡浩也，チャコ…斉藤ゆかりほか岸久美子	00 ゲッターロボ「大爆発／くたばれ恐竜帝国」 声リョウ…神谷明，ハヤト…山田俊司ほか 30 プロ野球「中日—巨人」〜中日 (解説)杉下茂，岡本伊三美 (実況)小野俊和 〔野球中止のとき〕 7:30 映画「座頭市千両首」(1964年度大映作品) (監督)池広一夫 画勝新太郎，若山富三郎，島田正吾，石黒達也ほか
8	30 ★おしゃべりオーケストラ「もうすぐ5月号」(ゲスト)聖心女子大学教授・島田一男，トランペット奏者・松田次史，ピアニスト・伊藤京子 55 ローカルN 天	55 ニューススポット	00 ★ありがとう(最終回) (脚本)平岩弓枝 (演出)川俣公明 役治香…京塚昌子，吉…佐良直美，格二…石坂浩二，文…山岡久乃，金吾…佐野浅夫，一心…藤岡琢也，七生…井上順，若子…上村香子ほか音無美紀子，大和田伸也，金田竜之介，沢田雅美 55 フラッシュN	55 FNNN
9	00 ニュースセンター9時 (ニュース・キャスター)磯村尚徳 40 霧の視界(第14回) (原作)大原富枝 (演出)伊予田静弘 画星由里子，内藤武敏，高沢順子，石田信之ほか	00 北都物語(第16回) (原作)渡辺淳一 (脚本)市川森一 画金沢碧，二谷英明，木村功，渡辺美佐子，沖雅也，永井秀和，五十嵐じゅん，緑魔子ほか 子供をおろす決心する絵梨子だったが……。 55 ニューススポット	00 ★白い華燭(第4回) (脚本)中井多津夫 (演出)佐藤虔一 役朝子…栗原小巻，高木…藤岡弘，功…新克利，大谷…沢本忠雄，のぶよ…宝生あやこ，桜井…信欣三，村越…横森久ほか高橋洋子 55 ミニミニかわら版	00 ★同心部屋御用帳・江戸の旋風「春情遠島船」 (脚本)蘇武道夫 (監督)森一生 役城之介…加山雄三，三九郎…田中邦衛，お葉…浜美枝ほか村野武範，長内美那子，山本麟一，北川博子，浜田寅彦 55 くいしん坊／万才
10	00 ニュース解説 15 NHKコンサートホール「第8回青少年のための"プロムナード・コンサート"から」〜NHKホール (管弦楽)NHK交響楽団 (指揮)岩城宏之 (語り手)E・Hエリック (曲目)ベルリオーズ作曲序曲「ローマの謝肉祭」プロコフィエフ作曲「ピーターとおおかみ」	00 亜紀子「愛のいたみ」 (原作)大原富枝 (脚本)砂田量爾 (演出)小泉勲 画山本陽子，黒沢年男，吉行和子，あおい輝彦ほか 再婚した亜紀子の父に子供が生まれた。 55 われら夫婦 画久米英利	00 ★もうひとつの春(第4回) (脚本)山田太一 (演出)鈴木利正 役信一…小倉一郎，高岡…小林桂樹，雅子…白川由美，絹…坂口良子，純子…榊原るみ，本多…高岡健二 55 お天気メモ	00 凡児の・娘をよろしく「恋のドリブル」 (司会)西条凡児 (アシスタント)原明美 30 乾杯／レモンちゃん(第4回) 画宝純子ほか ゆかりはひねくれた智を治そうとする。
11	11:00 N スポN 天 (11:15で放送終了)	00 きょうの出来事スポN 15 ★11PM「ゆく夏を惜しむビキニちゃん」〜オーストラリアの旅 12:21 天 12:26シネマ専科 12:30 映画「春を待つ人々」 画佐分利信ほか (1:55)	00 JNNニュースデスク (キャスター)新堀俊明 15 ニュースロータリー 20 TBSN :25 スポN 30 テレサG「異色ダンサー裸の履歴書」(仮題) (12:00で放送終了)	00 N スポN 今日の視点 20 ビジョン討論会「日米文化交流の今後」再 12:15 洋画 ゴルフ 12:25 映画「行きずりの二人」 画ギイ・メレッス 1:50 天(1:55で放送終了)

昭和50年

1975年

4月24日 木曜日

長嶋茂雄、巨人監督就任1年目の年『男・長嶋ジャイアンツ』が球場に響く

15年間続いたベトナム戦争がサイゴン陥落により終わりを告げようとしていた1975年4月。この日放送されていたNHK連続テレビ小説が『水色の時』。4月7日に始まったばかりなので、この日はまだ第16話ということになります。人気作だった『鳩子の海』の次の作品ですが、この作品から朝ドラは1年でなく半年の放送となりました。主演の大竹しのぶはこの時期公開されていた五木寛之原作の映画『青春の門』の織江役にも抜擢され、まさに注目の新人でした。そして、こっそり主題歌に使われていたのが桜田淳子の『白い風よ』。『水色の時』脚本の石森史郎が詞を手掛けた隠れた名曲です（ちなみにTBSのポーラテレビ小説は関東大震災を舞台にした『お美津』。岡江久美子のデビュー作でした）。

ゴールデンに行きましょう。フジテレビではプロ野球『中日×巨人』。前年現役引退をしたばかりの長嶋茂雄監督の初采配シーズンでした。最後の試合の相手が中日でしたから、まさに因縁の一戦と言えるかもしれません。この年、TBS夜7時の『新・せんみつ湯原ドット30』（コレすごくよく見てた）にも出ていた湯原昌幸が、『がんばれ長嶋ジャイアンツ』という曲を出しました（作詞は寺山修司、作曲は小林亜星です）。で、巨人が勝ったときは球場でこの曲がかかる。で、負けるとB面の『男・長嶋ジャイアンツ』っていう曲がかかる。そういう企画があったんです。で、ご承知のとおり、この年巨人は球団史上初の最下位となり、『男・長嶋ジャイアンツ』ばっかりかかる、という結果となりました。いい曲なんですよね。マイナー調でね。「明日は勝とうよ〜」って言うサビが本当に印象に残ってる。この日も堀内で負けてます。

1975年4月25日号
表紙・大竹しのぶ
NHK連続テレビ小説『水色の時』で、医大生を目指すヒロインを演じた大竹しのぶが表紙を飾った。この号では、昼の帯ドラマの特集も掲載されている。

この日もドラマがビッシリですね〜。ＴＢＳ夜8時には、平岩弓枝作、石井ふく子プロデュースによる『ありがとう』（第4シリーズ）。日本ドラマ史上に燦然と輝くドラマシリーズで、日本のホームドラマのスタンダードとなりました（その後のホームドラマの進化は、このイメージをどう打ち壊していくかという戦いだったとも言えます）。56・3％という驚異の高視聴率を記録した1972年の第2シリーズ（いわゆる〝看護婦編〟）を含め、水前寺清子、石坂浩二、山岡久乃のトリオがドラマの中心でしたが、この第4シリーズではキャストを一新、京塚昌子と佐良直美がメインキャストを務めました。ＮＥＴ夜9時は『さやえんどう』。『だいこんの花』『にんじんの詩』『黄色いトマト』『じゃがいも』『ねぎぼうずの唄』につづく〝野菜シリーズ〟第6弾でした。向田邦子も作家陣に加わっていた名シリーズでしたが、木曜日に放送していたということは、『ありがとう』をそれなりに意識していたでしょうね（ちなみに例の〝腸ねん転〟解消で、関西ではこの両番組の放送局が入れ替わったことになります。ややこしいですね）。ＴＢＳ夜10時は、山田太一脚本『もうひとつの春』。73年に放送されて山田太一の名を一躍有名にした『それぞれの秋』の小倉一郎＆小林桂樹のコンビが再集結してます。こちらはいわば、アンチホームドラマのはしりです。ＮＥＴ10時は天知茂主演の『非情のライセンス』。いちばん長く続いた第2シリーズです。サブタイトルの「兇悪の入試」っていうのが目を引きますが、『非情のライセンス』は生島治郎の「兇悪シリーズ」を原作としているので、サブタイトルにはすべて〝兇悪〟という言葉が使われています（第2シリーズの第101回からはさすがに使われなくなりました。というか、よくそこまで頑張ったよね）。

そして、東京12チャンネル夜8時は『きんきんギラギラ大放送』。『きんきんケロンパ歌謡曲』（ｗｉｔｈうつみ〝ケロンパ〟宮土理）『きんレモ歌謡曲』（ｗｉｔｈ落合〝レモンちゃん〟恵子）に続く愛川欽也のラジオＤＪ風歌番組。なぜか副調整室から放送されてました。相方は児島美ゆきでした。このころラジオを中心としたきんきんこと愛川欽也の人気は絶大でした。その後も『なるほど！ザ・ワールド』や『出没！アド街ック天国』など、いくつもの代表作を残しながらコンスタントに活躍を続けた日本を代表する名ＭＣのひとりです。ちなみに、なぜ児島みゆきが〝ギラギラ〟なのかは当時も今もよくわかりません。また同じ東京12チャンネルで夜7時からやっている『7時のナマナマ歌謡曲』というのは、月〜金の帯の生番組。落合恵子が水・木の担当でした（ＧＡＲＯとか出てますね。この時期のＧＡＲＯっていうのは珍しい）。残念ながら長続きせず、3カ月で終了しました。

夜	⑩NETテレビ	東京⑫チャンネル	③NHK教育テレビ
6	00 鋼鉄ジーグ「吠えるヒミカ!!地獄の復讐!!」 25 コンドールマン「大血戦!モンスター砦」再 55 天	5:30 ディズニー「死とたたかう北極の兄妹」 24 ガイド :30ゆかいなブレディ家「ヤンシーの悩み」 出平井道子ほか	00 ◪通信高校講座「数学Ⅰ」(第1部)～二次関数の最大・最小再 30 ◪通信高校講座「数学Ⅰ」(第1部)再
7	00★二郎さんのOh!マイおやじ「二郎さん旧悪露見でマッサオ」 (ゲスト)青木光一親子，薬本積親子 30 スターものまね大合戦「森昌子ショー」 出天地真理，小柳ルミ子都はるみ，南田洋子ほか	00 爆笑パニック!体当り60分(最終回) (ゲスト)内海桂子，好江，トリオ・ザ・パンチ，大空みつる，ひろし(レギュラー)サンディ・アイロザンナ，キャシー中島 54 スポN 東京12N	00 ◪通信高校講座「数学Ⅰ」(第2部) ～組合わせ再 (講師)長田雅郎 30 ◪通信高校講座「数学Ⅰ」(第2部) ～組合わせの計算再 (講師)長田雅郎
8	00 ★マチャアキの森の石松「男次郎長に惚れたズラ」 (脚本)小国英雄ほか (監督)マキノ雅弘 役石松…堺正章，次郎長…浜畑賢吉，お松…菅井きん，豚松…岡本信人，大五郎…岸部シロー，大政…宍戸錠ほか山内えみこ稲吉靖司，渡辺篤史 54 ANN N	00 映画「大菩薩峠」(第1部) (1957年度東映作品) (監督)内田吐夢 役机竜之助…片岡千恵蔵宇津木兵馬…萬屋錦之介お浜，お豊(2役)…長谷川裕見子，虎之助…大河内伝次郎，お松…丘さとみ，主膳…山形勲，丹後守…千田是也ほか波島進，左卜全 (9:50まで)	00 印象派の時代「線と造形のリズム」 (監修)東京大学助教授・高階秀爾 (語り)石野倬アナ 印象派がくずした構図と線をさらに強調し，新しい方向を示したドガ，ロートレックの世界を。 45 ヨーロッパの野生動物「ノヤギ」 (語り)谷育子
9	00 ◪映画「駅馬車」 (109頁参照) (1939年度アメリカ作品) (監督)ジョン・フォード 役ダラス…クレア・トレバー，キッド…ジョン・ウェイン，ブーン…トーマス・ミッチェル，ハットフィールド…ジョン・キャラダイン，バック…アンディ・ディバインほかルイズ・プラット，ドナルド・ミーク (解説)淀川長治 激しい銃撃戦が続く見せ場たっぷりの西部劇。	8:00 映画「大菩薩峠」 (監督)内田吐夢 役机竜之助…片岡千恵蔵兵馬…萬屋錦之介ほか長谷川裕見子，丘さとみ 剣の魔性に魅入られ，善も悪も心おもむくままに葬る机竜之助…。 50 ガイド 天	00 NHK劇場「伊賀越道中双六・沼津の段」 (浄瑠璃)竹本越路太夫，豊竹十九太夫 (三味線)野沢喜左衛門，野沢錦糸 (人形)十兵衛…吉田玉男平作…桐竹勘十郎，お米…豊松清十郎，安兵衛…吉田玉女，孫八…吉田玉松ほか文楽協会
10	54 世界あの店この店	00 チャンピオンズゴルフ「尾崎将司――尾崎健夫」① (司会)三木鮎郎 30 美の美「ブリューゲル画家が亡国を目撃するとき」②～美しい風景を犯すもの再 (演出)吉田喜重	30 ◪若い広場「さらばわが20代」 出浜田哲生，佐々木忠ほか 年が明ければ30代を迎える29歳の若者たちをスタジオに招き，〝わが20代の青春をどう生きたか〟というテーマで討論をしてもらう。
11	00 あまから問答 30 さよなら'75今宵ふたりで :50 ANN N 12:00 スポN 12:05 男と女のないと話 12:10 歌 ゴルフ 12:25爆笑オンパレード(12:55)	00 外科医ギャノン「虚構の証言」 (ゲスト)クリス・ロビンソンほか 54 N12:00男のライセンス 12:30 プレイボーイ専科 12:45 ポップス1:40こんにちは東南アジア(1:45終了)	30 ◪大学講座「自然科学」～かに星雲・現代天文学の理想教材再 (12:00終了)

1975年12月28日日曜日

夜	①NHKテレビ	④日本テレビ	⑥TBSテレビ	⑧フジテレビ
6	5:30 スターロスト宇宙船アーク「恐怖の巨大ミツバチ」 :10 アルバム 20 パリのサーカス 45 うた :50ガイド :54天	00 NNN日曜夕刊 20 NTV N :25 天 30 蝶々・談志のあまから家族 (司会)ミヤコ蝶々 立川談志	5:30 ヤングおー／おー／「熱烈／ひろみオンステージ」 出細川たかしほか 25 世界の恋人 :30ニュースコープ :50かわら版天	00 てんとう虫の歌「父ちゃんは名スター」 30 サザエさん ①きれいにしよう ②福引ガラガラ ③年の暮れ
7	00 N 20 ★お笑いオンステージ ①てんぷく笑劇場「ベルサイユの兄弟仁義」 出中村メイコ，安奈淳，北島三郎，三波伸介，伊東四朗，東八郎ほか ②減点ファミリー(217頁)	00 びっくり日本新記録「年忘れタレント大会」 出林家三平，マッハ文朱 引田天功，シェリーほか 30 すばらしい世界旅行「大騎馬戦」～ジンギス汗の子孫たち (ナレーター)久米明	00 アップダウンクイズ「年忘れ東西落語家特集」 出円鏡，円窓，志ん駒，松鶴，春団治，きん枝 30 ★輝く日本レコード大賞前夜祭 ①1975年十大音楽祭受賞者大集合 ②日本セールス大賞発表～品川・ホテルパシフィック (司会)高橋圭三，桂三枝，西川きよし，押阪忍 出布施明，五木ひろし，野口五郎，南沙織，小柳ルミ子，西城秀樹，クールファイブ，沢田研二，八代亜紀，森進一，岩崎宏美，細川たかし，小川順子，片平なぎさ，太田裕美 55 フラッシュN	00 UFOロボ・グレンダイザー「狙われたグレンダイザー」 声富山敬ほか ダイザーが故障した／ 30 フランダースの犬「天使たちの絵」(最終回) 声ネロ…喜多道枝ほか桂玲子 (後カラー参照)
8	00 元禄太平記「落日の人」(最終回) (演出)斉藤暁 役吉保…石坂浩二，染子…若尾文子，綱吉…芦田伸介，家宣…木村功ほか古谷一行，藤岡琢也，松原智恵子，入川保則，成田三樹夫 (カラー頁参照) 45 きらめくリズム 出チャーリー石黒と東京パンチョス，中村八大	00 ★俺たちの旅「男は自立したがるものなのです」 (脚本)水木凡 (監督)小山幹夫 役浩介…中村雅俊，伸六…津坂まさあき 隆夫…田中健，洋子…金沢碧，かおり…桃井かおり，真弓…岡田奈々ほか穂積隆信，名古屋章，水沢有美，関谷ますみ 54 ニューススポット		00 ★オールスター家族対抗歌合戦「'75家族大賞」 (司会)萩本欽一，朝加真由美 出高田浩吉チーム，杉田かおるチーム，若原一郎チーム，川合伸旺チーム 小川順子チーム，伊藤一葉チーム，笹みどりチーム，長良いづみチーム 54 FNN N
9	00 N 15 1975年スポーツハイライト ①長島巨人の不振 ②赤ヘル旋風 ③東海大相模ブーム ④テニス・沢松和子の活躍 ⑤モントリオールに向けて ⑥大大学 ⑦大相撲 ⑧ボクシングほか	00 ★十手無用「死神を追え／」(脚本)野波静雄 (監督)井沢雅彦 役夢之介…高橋英樹，仁左衛門…片岡千恵蔵，鉄平…桜木健一，おふさ…村松英子，伊兵衛…多々良純，越前屋…梅津栄ほか 54 ニューススポット	00 ★日曜劇場「かあちゃんの詩」 (脚本)小松君郎 (演出)鴨下信一 役咲子…園佳也子，有川…小野寺昭，鈴木…田中筆子，はじめ…小松まゆみ，次郎…松田洋治，太郎…岸川実ほか和久井節緒 55 お天気メモ	00 ★どてらい男・激動編「窮余の一策」(原作・脚本)花登筐 (演出)栢原幹 役猛造…西郷輝彦，茂子…梓英子，昭吉…田村亮，洋一郎…岡田英次 海野…森次晃嗣ほか三谷昇 夏純子，渡辺篤史 54 くいしん坊／万才
10	15 1975年音楽ハイライト (話)大木正興，野村光一 ①管弦楽…ウィーン・フィルハーモニー管弦楽団 バイエルン放送交響楽団 BBC交響楽団ほか ②オペラ…メトロポリタンオペラ，オペラ〝ちゃ	00 知られざる世界「消えたアトランティス探険隊」～フィルム構成 (ナレーター)鈴木瑞穂 30 遠くへ行きたい「渡辺文雄の〝SLに出会う最後の旅〟」(室蘭～岩見沢) (演出)森健一，大貫昇	00 ★妻のあした(最終回) 役はなこ…江利チエミ，世津…乙羽信子，たま…浦辺粂子，建三…山内明ほか淡島千景，篠田三郎 30 ★20世紀の映像「マリリン・モンローの遺言」 (ナレーター)城達也	00 ラブラブショー (カップル)林寛子，加納竜 (ゲスト)伊藤咲子，坂上大樹，三純和子，江梨奈マヤほか 30 パンチDEデート (司会)西川きよし，桂三枝
11	んちき〟ほか ③声楽…テレサ・ベルガンサ，ペーター・シュライヤーほか ④日本人演奏家の海外活動 ⑤今年亡くなった音楽家⑥音楽コンクールほか 45 N 天 (11:55終了)	00 おかしな二人「モデル稼業も楽じゃない」 30 N :40スポN :45ドキュメント'75「俺たちはロボットじゃない!!」 12:15 天 12:20 時事問答再 (12:36)	00 サウンド・インS「加山雄三／魅力のすべて」 出加山雄三，いしだあゆみ 30 JNN N :40 スポN 45 米朝夜ばなし 12:00 映画「若親分を消せ」 出市川雷蔵ほか(1:25終了)	00 唄子・啓助のおもろい夫婦「親見て決めろ?尻見て決めろ…の巻」(98頁) 30 N スポN 競馬 洋画 12:25 映画「ダニー・ケイの天国と地獄」出V・メーヨ 1:50 天 (1:55終了)

昭和50年

1975年

12月28日 日曜日

『フランダースの犬』と『元禄太平記』が、年末の同じ日曜日に最終回を迎えました

年も押し迫った日曜日。現在に比べれば特番も少なく、基本的にはレギュラー編成がほとんどなのですが、そのレギュラー編成がなにしろ充実していて、目もくらむほどです。歴史に残るような番組ばかりズラッと並んでるんだもん。

なかでもまず最初に取り上げなくちゃいけないのが、フジテレビ夜7時半のレジェンドアニメ『フランダースの犬』。この日が最終回です。〝思い出の名シーン〟とか、〝泣けるアニメ特集〟とか、〝記憶に残る最終回〟とか、その手の番組でいったい何度取り上げられたかわからないほど伝説的に有名な最終回が、この日初めて放送されたのです。当時から超人気アニメでしたし、原作も有名だったから、結末はみんな知ってるわけです。みんな知っててみんなで泣いた。いい時代だったし、それに応えるだけの素晴らしい最終回でした。ルーベンスの絵を見たネロの表情なんて信じられないクオリティー。声優さんの演技も含め恐ろしくレベルの高い回です。見たつもりになっている人、ぜひ一度じっくり見て極上の「なんだか、とても眠いんだ…」を味わってください。

ちなみに、このころのフジテレビ日曜夜は鉄板でした。6時から『てんとう虫の歌』『サザエさん』『UFOロボ・グレンダイザー』『フランダースの犬』とアニメ枠が4本並び、8時が欽ちゃんの『オールスター家族対抗歌合戦』、9時が火曜から移動してきた『どてらい男・激動編』、10時以降が『ラブラブショー』『パンチDEデート』『唄子・啓助のおもろい夫婦』と続きます。まさに〝母と子のフジテレビ〟を体現していたのが日曜夜のラインナップでした。そしてそのスタイルが頂点に達したシンボル的な存在が、この日の『フランダースの犬』の最終回だったと言えるのかもしれません。

1976年1月2日・1月9日号
表紙・山川静夫、佐良直美
この頃の年末年始合併号は『NHK 紅白歌合戦』司会の2人が表紙を飾った。この年の初出場は、岩崎宏美、キャンディーズ、西川峰子ほか。

続いて夜8時のNHK総合は大河ドラマ『元禄太平記』の最終回。全編のクライマックスであった赤穂浪士の討ち入り&切腹シーンを終えて、石坂浩二演じた主人公・柳沢吉保が権力を失っていくさまが描かれます。サブタイトル「落日の人」は、吉保ひとりの凋落というより華やかだった元禄時代の終わりを告げていました。大石内蔵助には江守徹、大石主悦は当時の中村勘九郎(のちの十八代中村勘三郎)。24年後、1999年の大河ドラマ『元禄繚乱』では、その勘九郎が大石内蔵助役で主演、主悦を息子の七之助が演じました。吉良上野介役は石坂浩二でした。

TBS夜7時半は『輝く!日本レコード大賞前夜祭』。大晦日の本選を控えての事前番組。以前も述べたとおり、このころ音楽賞は大きな注目を集めていたので、事前番組も多かったんです。この年のレコード大賞受賞曲は布施明の『シクラメンのかほり』。作詞・作曲は小椋佳。かつては賞に恵まれず、無冠の帝王と呼ばれた時期もあった布施明ですが、この年は『シクラメンのかほり』が各音楽賞を総ナメにしており、レコード大賞も大本命が順当に受賞したというところです。注目は新人賞で、細川たかし、岩崎宏美、太田裕美、片平なぎさ、小川順子(『夜の訪問者』ですね)と、なかなかの顔ぶれでした。最優秀を獲得したのは『心のこり』の細川たかしでした。大衆賞が桜田淳子。あと『展覧会の絵』の冨田勲と並んで、『港のヨーコ・ヨコハマ・ヨコスカ』が企画賞を取っています。そしてちゃんちゃこの『空飛ぶ鯨』が編曲賞を取ってます。みなみらんぼう作詞・作曲で、編曲は萩田光雄。萩田光雄は言わずと知れた歌謡ポップス編曲家の第一人者で、この年だけでもほかに、岩崎宏美の『二重唱(デュエット)』、太田裕美の『たんぽぽ』、南沙織の『想い出通り』、ザ・リリーズの『好きよキャプテン』などを編曲しています。大賞の『シクラメンのかほり』も萩田光雄編曲です。

NETテレビ夜8時は『マチャアキの森の石松』。名作の誉れ高い東宝の『次郎長三国志』シリーズを手掛けた小國英雄脚本、マキノ雅弘監督コンビによる連続ドラマで、マキノのテレビでの次郎長ものはとても珍しいです。NET夜9時はおなじみ『日曜洋画劇場』。この日の放送は、解説の淀川長治さんが配給会社勤務時代に宣伝を手掛けたことでも有名なジョン・フォードの『駅馬車』。

夜	⑩NETテレビ	東京⑫チャンネル	③NHK教育テレビ
6	00 キューティハニー 「失われた伝説の都」[再] 30 ANNニュースレーダー 50 ANN首都圏[N]	00 ニュースレポート 20 冒険ロック・バット 27 キッド・ボックス 42 セレクトコーナー 45 マンガのくに	00 ◪スペイン語講座 「これは何ていうの？」[再] (講師)寿里順平 30 ◪バイオリンのおけいこ (講師)磯恒男
7	00 アクマイザー3「なぜだ?!一平がふたり」 [声]ザビタン…井上真樹夫ほか矢田耕司，吉田理保子 30 みつばちマーヤの冒険 「大きなウイラード」 [声]マーヤ…野村道子，ウィリー…野沢雅子ほか	00 愛と誠 「悪の花園」[再] [出]池上季実子，夏夕介，高橋昌也ほか 30 うわさの報告書 (司会)E・ハンソン 54 ヨーイドン!みんな泳ごう	00 ◪英語会話「中級」 ～フェイス・ザ・プレス ①[再] (講師)小浪充，John Wheelerほか 30 ◪中国語講座 「上海港」[再] (講師)藤堂明保 比較の表現ほか。
8	00 藤山寛美3600秒 「一姫二太郎三かぼちゃ」 (脚本)平戸敬二 (演出)杉山誠 [役]三郎…藤山寛美，甚太郎…伴心平，おひさ…石河薫，一郎…小島秀哉，安子…大津十詩子ほか小島慶四郎，伴大吾 月城小夜子，中川雅夫，喜多康樹ほか 54 ANN[N]	00 ★マニックス特捜網 「最後の邪魔者」 (監督)レスリー・H・マーチソン [声]マニックス（マイク・コナーズ）…田口計，ミン(ビクトリア・ラシモ)…北浜晴子，レオーナ(ジェーン・メロー）…武藤礼子ほか 54 [スポN] 東京12[N]	00 ◪市民大学講座「事実と認識」①～事実を捉えるには・認識の構造 [出]東京工業大学助教授・吉田夏彦，東京大学教授・小田稔 事実と真実の意味を4回シリーズで考える。第1回は，物事を見，知るとはどういうことかを考察する。
9	00 ★破れ傘刀舟・悪人狩り「初姿おんな鉄火纏」 (脚本)津田幸於 (監督)村山三男 [役]刀舟…萬屋錦之介，お竜…ジャネット八田，お蘭…江波杏子，お吉…池波志乃ほか桂小金治，織田あきら 54 世界あの店この店	00 映画「恐怖のエアポート」（1971年度アメリカ作品）(監督)バーナード・コワルスキー [声]トリレブン（リーフ・エリクソン）…神田隆，スペンサー（ダグ・マクルーア）…江守徹，ベアード（ロディ・マクドウォール）…西沢利明ほかジャネット…弓恵子	00 ◪通信高校講座「数学Ⅰ」（第1部） ～二次関数のグラフ (講師)荒井淳雄 30 ◪通信高校講座「数学Ⅰ」（第2部） ～冬期講座・写像の集合 (講師)長田雅郎
10	00 プロポーズ大作戦 ①ご対面コーナー ②フィーリング・カップルコーナー ③ミニバラエティコーナー (司会)横山やすし，西川きよし，桂きん枝，福井洋子 54 ANN[スポN]	25 [天] 30 シリーズ・特集「朝鮮海峡にフグを追う」 松生丸のだ捕事件以来常に危険が伴うフグ漁民たちの姿を追う。	00 ◪通信高校講座「世界史」～冬期講座・スペインの50年② (講師)石島紀之 30 ◪通信高校講座「数学ⅡA」 ～計算の手順① 計算のしくみについて
11	00 ANN[N]ファイナル 10 ザ・23 (司会)広川太一郎，加茂さくら 12:10 ガイド 12:15 歌 12:20 ゴルフ 12:30 荒野の素浪人 「帰らざる宿」[再] (1:25)	00 勝抜き腕相撲 05 忍法かげろう斬り「女の始末は楽じゃない」 12:00 東京12[N] シネマ 12:15 ガイド 歌謡曲 12:25 コロネットブルーの謎 [声]岸田森ほか (1:25)	00 ◪たのしいフランス語 「おなかはすいていない」 [再] (講師)林田遼右 30 ◪大学講座「経済学」 ～経済活動と資金循環[再] (講師)鈴木淑夫 (12:00終了)

▶1976年 1月6日 火曜日

夜	①NHKテレビ	④日本テレビ	⑥TBSテレビ	⑧フジテレビ
6	00 こども[N] 05 二十四の瞳・第二部 (第2回) [出]杉田景子ほか 30 真田十勇士(第167回) 45 ガイド :50[天]おしらせ	00 新・オバケのQ太郎[再] ①泣くなQちゃん ②バケラッタ [声]堀絢子ほか 30 ジャスト[N] 50 NTV[N] :55[天]	00 テレポートTBS6 (キャスター)撫養慎平,料治直矢,高橋加代子 30 ニュースコープ 50 番組フラッシュ :55[天]	00 科学忍者隊ガッチャマン「海魔王・ジャンボシャコラ」[再] [声]森功至ほか 30 FNNニュース6:30 (キャスター)今井彬 [天]
7	00 [N] ローカル[N] 30 NHK特派員報告「マカオ」(予定) ほかの植民地が独立に向かう中で,いまなおポルトガル領であるマカオから,中国系住民の動向とともに近況を伝える。	00 スターアクション!「両軍必死!新春大決戦」[出]佐良直美,荒川務,石川さゆり,にしきのあきら 30 ★それは秘密です!! ①マッハ文朱に勝った同級生!! ②37年目の涙!! 兄妹公開対面 [出]大村崑	00 草原の少女ローラ「夢と希望!大草原への旅立ち」 [声]杉山佳寿子ほか 旅立ちするローラ一家 30 ぴったしカン・カン「正解の運命や如何に?ミスユニバースの一言」[出]押阪忍,泉ピン子ほか	00 サザエさん[再]・①いつもめでたい一家の巻 ②恥をかきぞめの巻 ③晴れ着が大好き 30 クイズ・グランプリ (司会)小泉博 (アシスタント)岡まゆみ 45 スター千一夜
8	00 ★歌のゴールデンステージ〜NHKホール (ゲスト)青江三奈,殿さまキングス,南沙織,ちあきなおみ,由紀さおり,千昌夫,五木ひろし,蛇名大五郎 (歌の招待席)坂上二郎 ①サラリーマンソング大会 (曲目)青い背広ほか 55 ローカル[N] [天]	00 伝七捕物帳「人情むらさきのれん」 (脚本)内田弘三 (監督)戸田康貴 [出]中村梅之助,今村民路 和田幾子,佐野浅夫,島田順司,植木まり子,田中明夫,二本柳俊衣ほか 呉服屋の番頭・佐吉はのれん分けをしてもらった夜,祝い金をすられた。 54 ニューススポット	00 ★虹のエアポート「讃歌」(最終回) (脚本)石森史郎 (監督)番匠義彰 [役]健一…桜木健一,大森…山村聡,進藤…中山仁 啓子…松坂慶子,純子…浅茅陽子,泉田…森本レオ,中倉…東山敬司,竹内…竜雷太,時江…鳳八千代,武…佐野伸司ほか 55 フラッシュ[N]	00 ★新春!!オールスターびっくり新年会 [出]コント55号,ヒデ,ロザンナ 近江俊郎,勝呂誉,大空真弓,五月みどり,若原一郎,城みちる,松島トモ子,柴田国明,十勝花子,田坂都,小川知子,山城新伍,鶴光,毒蝮三太夫,マッハ文朱,アン・ルイスほか (9:24まで)
9	00 ニュースセンター9時 (ニュース・キャスター)磯村尚徳 40 となりの芝生(第2回) (脚本)橋田寿賀子 (演出)北嶋隆 [出]山本陽子,前田吟,坂上忍,沢村貞子,赤木春恵ほか	00 ★[新番組]大都会「妹」 (脚本)倉本聰 (監督)小沢啓一 [役]滝川…石原裕次郎,黒岩…渡哲也,恵子…仁科明子,松川…宍戸錠,木内…柳生博ほか寺尾聡,神田正晴,水沢アキ 54 ニューススポット	00 ★フライパンの唄 (第14回) (脚本)楠田芳子 (演出)脇田時三 [役]珠子…和田アキ子,富之助…進藤英太郎,千加子…加藤治子,裕司…柴俊夫,容子…中田喜子,綾子…山岡久乃ほか峰竜太 55 お天気メモ	8:00 ★新春!!オールスターびっくり新年会 [出]コント55号,藤圭子,泉ピン子,西川峰子,牧伸二ほか 24 FNN[N] 30 ★ミュージック・フェア'76 [出]岸洋子,ヒナマリア・イダルゴ (司会)長門裕之,南田洋子
10	00 ニュース解説 15 ★世界のワンマンショー「シルビー・バルタン」(ゲスト)ジョニー・アリディ (曲目)悲しみと喜び ささやかな幸せ,哀しみのアバンチュール,禁じられたポルカ,命ある限り,ミッシェル・サルドゥー,哀しみの恋人たち,恋のおまじない,ロックンロールマン,トワ・エ・モワ,お嬢様 10:55 花のアルバム② 11:00 [N] [天] (11:15終了)	00 心の旅路 (第10回) (脚本)山田信夫ほか(演出)嶋村正敏 [出]佐久間良子 江守徹,中田喜子,入川保則,馬淵晴子,河村弘二 紀子は武彦との生活のすべてを真弓に告白する 54 われら夫婦	00 ★刑事コジャック「麻薬中毒の女」 [声]コジャック (テリー・サバラス)…森山周一郎 シャロン (ジェス・ウォルトン)…鈴木弘子ほかボディス…田口計 55 生活メモ	00 ★宮本武蔵「秘剣/棒術破り」 (脚本)宮川一郎 (監督)荒井岱志 [役]武蔵…市川海老蔵,お通…小林由枝,権之助…市川段四郎ほか高杉早苗,柳沢真一,吉行和子 54 ある日のヨーロッパ
11		00 きょうの出来事[スポN] 15 ★11PM「吉例花の女流酒豪番付」〜京都 [出]江波杏子,あべ静江,榎美沙子,山本浩二,山口高志 12:21 [天] 12:26 ゴルフ[再] 12:31 紅之介参る[再](1:26)	00 JNNニュースデスク 15 [N]ロータリー :20 [N] 25 [スポN]:30ぎんざ11:30「コミックてんぐ道場」 12:00いでゆ12:05アイフル大作戦「死体とチリ紙交換しまーす」[再] (1:00)	00 [N] [スポN] 今日の視点 20 スパイ大作戦「札束廃棄作戦」[再] 12:20 洋画 12:25 ゴルフ 12:30 映画「向う見ずの男」 [出]ドン・マレーほか 1:55 [天] (2:00終了)

昭和51年

1976年

1月6日 火曜日

『プロポーズ大作戦』『パンチDEデート』『ラブアタック!』……すべて関西制作でした

おとそ気分も抜けてきたとはいえ、まだまだ正月モードな松の内。この日も歴史的名番組が並びます。NHK夜9時40分は、橋田壽賀子作の銀河テレビ小説『となりの芝生』。〝辛口ホームドラマ〟と呼ばれ、いわゆるアンチホームドラマの初期の傑作のひとつです。嫁姑問題をリアルに描いて、銀河テレビ小説史上空前の話題作となりました。特に、嫁=山本陽子をいびる姑=沢村貞子の憎たらしさと、夫=前田吟の頼りなさが絶妙でした。家族そろってテレビを囲むのが当たり前だった時代、一緒に見ていられないと議論百出、嫁姑論争は社会現象となりました。でもって、終わりが近づいても事態は一向に好転しない。どうなることかと思ってたら、最終回で突然、姑が改心していきなりの大団円。幕切れのあまりの鮮やかさ(?)に、あきれるのを通り越してむしろ感心しましたね。

続いて、日本テレビ夜9時は『大都会』。1974年のNHK大河ドラマ『勝海舟』を病気で途中降板した渡哲也の復帰作。『勝海舟』も手がけた倉本聰のオリジナル原案で、メインライターも倉本聰が務めました。石原プロが制作したテレビドラマ第1作でもあります。警視庁の捜査第4課(現在の組織犯罪対策部。『相棒』でいうところの角田課長がいるところですね)と、新聞記者クラブが主な舞台で、特に新聞記者サイドに面白いキャストが揃っていました。のちに渡哲也のシンボルとなるあの髪型は、このシリーズの(最初じゃなくて)途中から定着しました。

NETの夜10時はABC(朝日放送)制作の『プロポーズ大作戦』。大阪ローカルの深夜番組から全国ネットになったのが前年

1976年1月2日・1月9日号
表紙・山川静夫、佐良直美
山川・佐良のコンビは、前年の『紅白歌合戦』で初司会以来、2回目となった。以後、このコンビで、1977年まで連続4回担当する。

の12月。これがこのあと10年近く続く人気番組となります。『パンチDEデート』（関西テレビ制作）や『ラブアタック！』（ABC制作）と並ぶいわゆる恋愛バラエティーの草分けです（全部関西。さすがやね）。関東では貴重なやすし・きよしが見られる番組でもありました。テーマ曲を歌ったのはキャンディーズでした。『プロポーズ大作戦』で印象に残るのはやはり「フィーリングカップル5vs5」のコーナーでしょう。男女各5人のグループ同士がお気に入りの相手を選ぶという、いわゆる集団お見合いコーナーなのですが、指名した相手に向かって光線が走るセット、質疑応答のパターン、5番の扱いなど、この手のゲームに多くの定石を生んだ偉大なオリジネーターです。〝フィーリングカップルパターン〟の踏襲はそれこそ数多くの番組で見られましたが、近年最もこのパターンの面白さを生かしていたのは、芸人同士がシャッフルして新しいコンビを決めるのにフィーリングカップルを使った「笑いの祭典‼ザ・ドリームマッチ」でしょう。何しろ全員トップ芸人ですからね。本音とボケと心理戦が入り混じり、ある意味、フィーリングカップルパターンの完成形です。

TBS夜7時の『草原の少女ローラ』とNET夜7時半の『みつばちマーヤの冒険』はともに日本アニメーション制作のアニメ。この時期の日本アニメーションといえば、前項でピックアップした『フランダースの犬』のアニメ史上最も有名な最終回や、2日前の1月4日日曜日に始まった『母をたずねて三千里』（場面設定・宮崎駿、演出・高畑勲）も手がけていたころ。その上さらに2本も作っていたんですね～、しかも同じ曜日にって、今じゃ到底考えられません（調べたらもう1本同じ時期にフジテレビ水曜7時放送の『アラビアンナイト　シンドバットの冒険』っていうのも作ってました）。当時の作り手たちの熱が伝わってきます（ちなみに『草原の少女ローラ』は、あの『大草原の小さな家』と同じ原作です）。

TBS夜7時半の『ぴったしカン・カン』も、前年10月スタートの新番組。萩本欽一・久米宏の2大天才テレビ人が集った記念碑的番組。当初のコンセプトはいわゆる勘で答えを当てるクイズ番組というもので、セットや出演者にあまりお金をかけないというテーマが裏にあった気がします。トークとアドリブで肉付けしてあれだけの人気番組にしたんですから、やはり久米宏という人は偉大でした。

夜	⑩NETテレビ	東京⑫チャンネル	③NHK教育テレビ
6	00 ミクロイドS「恐怖!パブロの泡」再 30 ANNニュースレーダー 50 ANN首都圏Ⓝ	00 ニュースレポート 20 春がき〜た!新番組 27 キッド・ボックス 42 セレクトコーナー 45 マンガのくに	00 ◪スペイン語講座 「私達は恋人どうし」 (講師)寿里順平 30 ◪フルートとともに (講師)斉藤賀雄
7	00 クイズ・タイムショック (司会)田宮二郎,丹羽節子 30 ★新番組秘密の扉 ①驚異!女性いのしし調教師 ②史上最年少の文楽伎芸員 ③手作り自動車 出麻生良方ほか	00 ★新番組妖怪伝・猫目小僧「子育て仁王」 声猫目小僧…堀絢子,美弥…木村令子 30 新番組野生アニマル (ナレーター)水島弘 ワニ,カバ,ライオン等野生動物オンパレード。	00 ◪英語会話「中級」 〜Older and Wiser再 (講師)ケン・マクドナルド,ゲイル・クラーク 30 ◪中国語講座 「3月の復習」再 (講師)藤堂明保 使役,受身式と処置式
8	00 ★遠山の金さん 「花の廓の闇に咲け!!」 (脚本)山野四郎 (監督)松尾正典 役金さん…杉良太郎,若狭太夫…土田早苗,お竜…小鹿ミキ,源之進…近藤宏,田沢…内田勝正,主治助…石井宏明ほか伊東四朗,岸部シロー,伊藤一葉 54 ANNⓃ	00 新番組アクションクイズ迷路に挑戦! (司会)土居まさる 出小松方正,侑里絵夫妻大泉滉,道子夫妻,砂川啓介,大山のぶ代夫妻,三原網木,田代みどり夫妻ほか ①じっと我慢のパパだった!ほか 54 スポⓃ 東京12Ⓝ	00 教養特集「近代日本の足跡」①〜庄内の米蔵・山居倉庫再 出詩人・真壁仁,山形大学教授・工藤定雄,農村問題評論家・佐藤繁実 明治26年から昭和14年にかけて庄内米の改良,品質保持に大きな役割を果たした山居倉庫。歴史を関係者の話でたどる。
9	00 ★どてかぼちゃ(第22回) (脚本)大西信行 役勘一郎…森繁久弥,芹子…いしだあゆみ,塩沢…牟田悌三,京子…春川ますみ,若月…佐野浅夫猪股…大坂志郎,南…ハナ肇,利江…都家かつ江 54 世界あの店この店	00 映画「暗殺者のメロディー」 (82頁参照) (1972年度米・英・仏合作) (監督)ジョセフ・ロージー 声ジャクソン(アラン・ドロン)…野沢那智,トロッキー(リチャード・バートン)…大木民夫,ギタ	00 通信高校講座「生物Ⅰ」 〜遺伝学の応用再 (講師)高橋道彦 突然変異の利用ほか。 30 通信高校講座「化学Ⅰ」 〜復習講座・周期表の見かたと考え方③ (講師)大八木義彦
10	00 非情のライセンス 「兇悪の慕情」(脚本)安藤日出男 (監督)永野靖忠 出天知茂,山村聡,山谷初男,岸田今日子ほか 凶悪犯に二度,三度襲われた会田刑事。 54 ANNスポⓃ	(ロミー・シュナイダー)…谷育子,ナターシャ(バレンチナ・コルテーゼ)…高村章子ほか (解説)南俊子 オールバックの髪に金縁メガネの殺し屋ドロン 54 天	00 ◪通信高校講座「物理Ⅰ」 〜原子核の変換再 (講師)宮尾宣 30 ◪通信高校講座「地学Ⅰ」 〜太陽系の構造 (講師)小尾信弥
11	00 ANNⓃファイナル 10 ザ・23「特別企画・女子大生シンポジウムその性的生活」(仮題) 12:10 歌 ゴルフ 12:25 旗本退屈男「天下の曲も物ならず」再 (1:20)	00 勝抜き腕相撲 05 徳川おんな絵巻 12:10 Ⓝシネマガイド 歌 12:30 警部ダン・オーガスト 「殺しと愛と革命と」 (1:30終了)	00 ◪たのしいフランス語 「スケッチ・シャンソン集」②再(講師)林田遼右 30 ◪大学講座「経済学」 〜これからの経済学の課題再 (講師)内田忠夫ほか (12:00終了)

1976年 4月1日 木曜日

夜	①NHKテレビ	④日本テレビ	⑥TBSテレビ	⑧フジテレビ
6	00 こども[N] 05 すばらしい大自然「アンデスへの道」（ナレーター）山内雅人 45 ガイド :50[天]おしらせ	00 新・オバケのQ太郎[再] ①近道しっぱい ②特ダネカメラマン [声]堀絢子 30 ジャスト[N] 50 NTV[N] :55[天]	00 テレポートTBS6（キャスター）撫養慎平，料治直矢，高橋加代子 30 ニュースコープ 50 番組フラッシュ :55[天]	00 マジンガーZ「人質機械獣電磁波作戦」[再] [声]石丸博也，沢田和子ほか 30 FNNニュース6:30（キャスター）今井彬 [天]
7	00 [N] ローカル[N] 30 スポットライト「昭和18年，大通河の子どもたち」（ナレーター）山内雅人アナ 満州開拓団に育った子どもたちの，戦後の30年にスポットをあてる。	00 驚異の世界・ノンフィクションアワー「大アマゾン探検／闘う裸族・カマユラ」 [声]中山千夏 30 プロボクシング・世界J・ライト級タイトルマッチ「アルフレッド・エスカレラ（WBC世界J・ライト級チャンピオン プエルトリコ）——バズソー山辺（世界同級4位 船橋）」(15回戦)（165頁）〜奈良・橿原市体育館（解説）元世界フライ級チャンピオン・白井義男，元世界J・ライト級チャンピオン・小林弘（実況）高雄孝昭アナ	00 新・せんみつ湯原ドット30 [出]小柳ルミ子，長谷直美，西川峰子ほか 30 フルーツ・ケンちゃん「おかしなマラソン先生」[出]宮脇康之，岡浩也ほか 自転車の練習で手足が傷だらけになるケンジ。	00 ★[新番組]大空魔竜ガイキング「謎のブラックホール」 [声]サンシロー…神谷明ほか井上真樹夫 30 クイズ・グランプリ（司会）小泉博（アシスタント）岩崎志乃 45 スター千一夜
8	00 お国自慢にしひがし〜鹿児島県立文化センター ①八代亜紀の土俵入り ②にしきのあきら30キロの大太鼓に挑戦 ③金井克子そば作り入門（極めつけコーナー）鹿児島はんや節（曲目）花水仙，ちいさな罪，悪人志願 55 ローカル[N] [天]	54 ニューススポット	00 明日がござる（第27回）（脚本）平岩弓枝（演出）川俣公明 [出]水前寺清子 葦原邦子，佐良直美，荻島真一，山岡久乃，井上順 沢田雅美，佐藤佑介ほか 前世が風呂釜の修理代を持っていったが，郁子は受け取らない。2人はまた激しくやりあった。 55 フラッシュ[N]	00 ★[新番組]スターどっきり㊙報告（司会）三波伸介（レポーター）小野ヤスシ 児島美ゆき，高橋基子，宮尾すすむ，ダン池田ほか [出]郷ひろみ，山口百恵，細川たかしほか ①抱腹絶倒どっきり報告 ②スター百面相ほか 54 FNN[N]
9	00 ニュースセンター9時（ニュース・キャスター）磯村尚徳 40 落語特選 [出]桂伸治（出し物）お血脈 誰でも極楽へ行ける御印。困ったエンマ大王が五右衛門に盗みを頼む。	00 ★[新番組]さよならの夏（原作）原田康子（脚本）石松愛弘 [役]むつ子…岩下志麻，修二…細川俊之 綾子…有馬稲子，蓑島…高松英郎，京太…織田あきらほか桃井かおり，佐藤由美，竹井みどり 54 ニューススポット	00 ★高原へいらっしゃい（第2回）（脚本）山田太一（演出）高橋一郎 [役]面川…田宮二郎，冬子…由美かおる，ミツ…池波志乃 有馬…北林谷栄，高間…益田喜頓ほか前田吟，尾藤イサオ，三田佳子 55 お天気メモ	00 ★[新番組]同心部屋御用帳・江戸の旋風II「男の約束」（脚本）桜井康裕（監督）高瀬昌弘 [役]城之介…加山雄三，半蔵…露口茂，左内…津坂まさあき，孫兵衛…小林桂樹ほか 森哲夫，近藤洋介，朧順子 54 くいしん坊／万才
10	00 ニュース解説 15 ★刑事コロンボ「別れのワイン」[再]（1973年度作品）（監督）レオ・ペン [声]コロンボ（ピーター・フォーク）…小池朝雄，エイドリアン・カッシーニ（ドナルド・プレセンス）…中村俊一，リック（ギャリー・コンウェー）…加茂嘉人，ジョーン（ジョイス・ジルソン）…北島マヤほか	00 ★[新番組]私も燃えている（原作）円地文子（脚本）宮内婦貴子 [役]千晶…松坂慶子，香取…田村正和，宇女子…草笛光子ほか小野寺昭，上村香子 金田竜之介，原知佐子 54 [スポN]	00 ★早春物語（第12回）（脚本）石松愛弘（演出）飯島敏宏 [役]千恵…仁科明子，信一…沖雅也，世津子…五十嵐淳子，文彦…細川俊之，里子…倍賞美津子ほか高岡健二 55 生活メモ	00 凡児の・娘をよろしく「墓場で愛のプロポーズ」（司会）西条凡児（アシスタント）鬼塚泰子 30 ★[新番組]それぞれの出発「停年」 [役]章太郎…大坂志郎，のぼる…世れんかほか大和田伸也
11	45 [N] [天] (11:55終了)	00 きょうの出来事 15 11PM「ホラ吹いて芸者と飲む花見酒」（仮題）[出]横山ノック，小川順子 12:21[天]12:26ショータイム 12:31 映画「人間標的」[出]山崎努ほか（1:54終了）	00 JNNニュースデスク 15 ニュースロータリー 20 TBS[N] :25[スポN] 30 ぎんざ11:30「ヒット歌手流しの裏通り」 12:00 アイフル大作戦[再] [出]小川真由美ほか（12:55）	00 FNN[N]最終版 10[新番組]プロ野球ニュース 40 今日の視点 45 ビジョン討論会[再] 12:45 洋画の窓 ゴルフ 12:55 映画「大奥の女たち」[出]御影京子ほか [天](2:25)

昭和51年
1976年
4月1日 木曜日

バラエティーネタの定番企画を生み出した『スターどっきり㊙報告』の功績

2月にロッキード疑惑の証人喚問が話題を集め、この日の4日後の4月5日には北京で天安門事件が起こるなど、印象的な事件が多かった1976年。4月1日ということで、新番組がいくつも始まっています。特にフジテレビは、7時台から11時台までの全時間帯で新番組がスタートしています。

そんな中からまずご紹介したいのは、夜8時の『スターどっきり㊙報告』。レギュラー放送期間はさほど長くはなかったのですが、スペシャル番組形式で非常に息長く放送され続けていたので覚えている人も多いでしょう。「寝起きどっきり」や「ブーブークッション」などバラエティーネタの定番企画を数多く生み出した功績は計り知れません。先行した海外作品や日本テレビの『どっきりカメラ』が一般人を対象にすることが多かったのと対照的に、『スターどっきり〜』のタイトル通り、徹底的に芸能人をターゲットにしたのが特徴でした。この日も初回とあって山口百恵、郷ひろみとターゲットの顔ぶれも豪華でしたが、今でもタレントの素の反応を引き出す手法として、どっきり企画は非常に多用されています。やっぱり面白いんですよね、どっきり。司会は三波伸介。小野ヤスシや宮尾すすむなど名物リポーターも多数生み出しました。リポーターたちのおそろいのブレザーも実にフジテレビっぽかったですね。

そしてもう一つ注目したいのが、フジテレビ夜11時10分の新番組『プロ野球ニュース』です（もともと60年代初期に『プロ野球ニュース』というタイトルの番組が同じフジテレビで放送されていて、正確には〝復活〟だったのですが、一般には新番組として

1976年4月2日号
表紙・岩下志麻
日本テレビで放送されたドラマ『さよならの夏』（よみうりテレビ制作）で主演を務めた映画界のスター女優・岩下志麻が表紙を飾った。

喧伝されていました）。司会は佐々木信也。甘いマスクと語り口で、それまでの野球解説のイメージを一新しました。『プロ野球ニュース』が画期的だったのは、時間枠を比較的長く取り、その日のプロ野球を（ほぼ）全試合必ず放送したということです。このある種の公平性が大きな反響を呼び、現在のようなスポーツワイドショー的形式の番組を多く誕生させる契機となったのでした。背景には前年の１９７５年に広島東洋カープが赤ヘル旋風を巻き起こして、巨人一辺倒だったプロ野球報道が変わり始めた時期だったこともありました（でもこの年は張本勲をトレードで獲得した2年目の長嶋巨人がリーグ優勝して、人気が復活したんだけど）。

伝統的にドラマが強い木曜日。この日もプライムだけで新ドラマ４本を含む11本のドラマが放送されていますが、中で最も注目のドラマはといえばＴＢＳ夜９時の『高原へいらっしゃい』でしょう。山田太一脚本作品の中でも印象的な名作のひとつでした。主演は田宮二郎。元一流ホテルマンが高原のさびれたホテルを任され、多様な人材を集めて再建を目指すという物語。ストーリーだけでワクワクしちゃうし、由実かおる、益田喜頓、北林谷栄、尾藤イサオ、三田佳子とキャストも豪華。小室等が歌う主題歌の『お早うの朝』もよかったんですよねー（作詞が谷川俊太郎で、演奏はムーンライダーズ）。２００３年に佐藤浩市主演でリメイクもされたし、同工異曲のドラマも数多いです。

ちなみに田宮二郎といえば、なんと言ってもＮＥＴ夜7時の『クイズ・タイムショック』です。「タイムイズマネー、１分間で１００万円のチャンスです」という決め台詞は小学生でもみんな知ってました。テーマ曲がカッコよくてね。１分間で12問のクイズに答えるんだけど、その1分間ずっと音が流れてるわけです。最初は秒針が時を刻む音だけなんだけど、30秒過ぎるとだんだん音楽が盛り上がって焦らせる仕組みになっている。これがオシャレだったんですね。おそらくある年代の人はみんな30秒過ぎからラストまでのメロディーを諳んじられるはずです。日本テレビで日曜の朝にやってた『こんちゃんのトンカチうたじまん』の審査員だった山下毅雄というおじさん（！）が、この音楽を手がけていたことは後で知りました。『タイムショック』を見て、そのあと『ケンちゃんシリーズ』に行く、というのが木曜夜の定番コースでした。

夜	⑩テレビ朝日	東京⑫チャンネル	③NHK教育テレビ
6	00 超電磁ロボ・コンバトラーV「死闘!六十秒が勝負だ」 [声]山田俊司ほか 30ANNニュースレーダー 50 ANN首都圏[N]	00 プロフットボール・アワー 30 マンガのくに「ペネロッピー危機一髪」① [声]宮地晴子，川久保潔ほか	00 テレビスポーツ教室「柔道」②〜固め技の基本 (講師)全日本柔道連盟強化コーチ・佐藤宣践 (聞き手)石井賢アナ
7	00 超合体魔術ロボ・ギンガイザー「サゾリオン帝国の野望」 [声]ゴロー…井上和彦ほか古賀ひとみ 30 ジャッカー電撃隊「2テンジャック!!秘密工場を電撃せよ」 [出]丹波義隆，伊東平山ほか	00 家族そろってノド自慢「対決!!芸能人家族Vs.素人家族」 (120頁) (ゲスト)佐藤蛾次郎一家，長良いづみ一家，中村晃子一家 (審査員)服部公一，曽根幸明ほか 54 [天]	00 中国語講座「むずかしい」[再] (講師)宮田一郎 発音の練習，表現の練習 30 NHK文化シリーズ・美をさぐる「女性を描く」②〜渚にて (ゲスト)画家・三尾公三 (聞き手)鳥飼玖美子 内外で評価の高い三尾さんの作品や制作風景。
8	00 ★人形佐七捕物帳「罠を砕いた木十手」(脚本)鈴木兵吾 (監督)荒井岱志 [役]佐七…松方弘樹，熊七…岡田英次，お起久…高田敏江，豆六…川谷拓三，辰…渡辺篤史，長次…和崎俊哉，お粂…真屋順子，三太…田沢充ほか勝部演之 54 ANN[N]	00 [新番組]浪曲劇場・二葉百合子・母と子の詩シリーズ「若三杉苦闘物語」 [出]二葉百合子，東家浦太郎，高橋義孝，木村勝子 (語り)芥川隆行 ①大奥(東家浦太郎) ②一本刀土俵入り(二葉百合子) 54 和気あいあい 57 東京12[N]	15 教養特集「映像の証言」〜フィリピン出稼ぎ漁民 [出]民俗学者・宮本常一，元マニラ日本人会評議員・浦上与一郎 (聞き手)塚越爾恒アナ 昭和初期の瀬戸内漁民の南方進出の実態。
9	00 映画「続シンジケート」(1973年度イタリア作品) (監督)アルベルト・デ・マルチーノ (22頁参照) [役]アントニオ…マーチン・バルサム，トーマス…トーマス・ミリアン，ガルファロ…フランシスコ・ラバルほかダグマー・ラサンダー (解説)児玉清 サンフランシスコに本拠を置くマフィアの抗争。	00 ★大江戸捜査網「浪人殺しの陰謀」 (監督)宮越澄 [役]音次郎…里見浩太朗，十蔵…瑳川哲朗，玉竜…土田早苗，お新…志穂美悦子，登勢…珠めぐみ，左内…長谷川哲夫ほか 54 すばらしい味の世界	00 婦人百科「茶の湯・表千家」㉑〜茶碗[再] (講師)堀内宗完 30 通信高校講座「地理B」〜入門講座②・世界への関心 ①所変われば品変わるほか (講師)岡山繁義
10	24 世界あの店この店 30 オーソン・ウェルズ劇場「夫と妻の間」 [出]ドン・マレーほか	00 ◪映画「妻」(1953年度東宝作品) (監督)成瀬巳喜男 [役]中川十一…上原謙，美種子…高峰三枝子，新村良美…新珠三千代，谷村…三国連太郎，房子…丹阿弥谷津子ほか(24頁参照) (解説)白井佳夫	00 通信高校講座「世界史」〜文明の起源 ①農耕・牧畜のはじまりほか (講師)綿引弘 30 通信高校講座「日本史」〜原始社会 ①先土器文化 ②日本民族の形成ほか (講師)黒羽清隆
11	00 ★ロックフォードの事件メモ「狼たちの風景・謀殺」 [出]J・ガーナー 50 ANN[N] 12:00[スポN] 12:05 ワールド'77 [出]石井鐘一 12:25 フットボール 1:20 鬼平犯科帳「流星」[再] (2:15)	40 東京12[N] 45 独占!おとなの時間 [出]桜田淳子ほか (司会)諸口あきら，沢たまき 1:05ガイド1:10日本の旅[再] 1:25 空飛ぶモンティ・パイソン[再] (2:25終了)	00 フランス語講座「あなたのパスポート」[再] (講師)林田遼右 所有形容詞，品質形容詞 30 大学講座「思想史」〜インドの思想と文化②[再] (講師)中村元 (12:00終了)

1977年4月16日土曜日

夜	①NHKテレビ	④日本テレビ	⑥TBSテレビ	⑧フジテレビ
6	00 こどもN 05 ★こども面白館 (ゲスト)マッハ文朱，ゼンジー北京 (司会)坂本九 45 ガイド:50ローカルN天	00 ヒット'77 出松崎しげる，岩崎宏美，太川陽介アパッチ，レツゴー三匹 30 ジャストN 50 NTVN :55 天	00 料理天国「ピーターパンとあま〜い菓子の国」 出宝田明ほか (130頁) 30 ニュースコープ 50 TBSN :55 天	00 フランダースの犬 「アロアのおてつだい」再 30 ヤッターマン「ヤメタイ国の女王だコロン」 声太田淑子，岡本茉利ほか
7	00 N :16 天 20 海外の話題 30 連想ゲーム 出久我美子，八代亜紀，水沢アキ，ロミ山田，檀ふみ，天地総子，木村功，中条きよし，大和田獏，田崎潤，三橋達也，加藤芳郎	00 ★そっくりショー 「ヤング女性歌手四人衆」 出石川さゆり，小川順子片平なぎさ，伊藤咲子ほか 30 プロ野球「巨人——ヤクルト」〜後楽園 (解説)森昌彦 (8:54で試合が終了しないときは，TVK，千葉，群馬で引き続き放送) 〔野球中止のとき〕 7:30 オールスター親子で勝負！ (司会)あべ静江，徳光和夫 8:00 全日本プロレス中継(30分1本勝負)①A・ブッチャー——B・ラモス ②大木——J・ジュラン	00 ★まんが日本昔ばなし ①狐の相談 ②しょじょ寺の狸ばやし 声市原悦子，常田富士男 30 クイズダービー 「明大生武樹信じず大失敗」 出竹下景子，滝田ゆうほか (司会)大橋巨泉	00 ズバリ！当てましょう〜富山県民会館 出清水健太郎，犬塚弘，秋野暢子，佐野厚子 30 ★がんばれ！ピンチヒッター・ショー ①花の甲子園！新入部員募集中 ②新沼謙治に5人の女が…!! ③爆笑ヴォードビル！ちんぴらブルース ④今宵どこゆくカラオケTV！ ⑤テレフォン神経衰弱 (ゲスト)ちあきなおみ，新沼謙治ほか (レギュラー)伊東四朗，佐山俊二，おりも政夫，辻佳紀，高橋がん太
8	00 ★SFシリーズ 「終りなき負債」 (原作)小松左京 (脚本)中島丈博 (演出)樋口昌弘 役井上次郎…谷隼人，井上太郎…山崎努，鏑木リエ…荻尾みどり，おば…南美江，沢田…渚健二ほか (9:15まで放送)	54 ニューススポット	00 8時だヨ！全員集合〜埼玉・入間市民会館 ①ドリフの新選組を始末しろ！ ②少年少女合唱隊 ③志村の赤城の山も今夜限り ④加藤のいびきを止めろ ⑤仲本・志村の夫婦 (ゲスト)森進一ちあきなおみ，新沼謙治清水由貴子 55 フラッシュN	54 FNNN
9	8:00 ★SFシリーズ 「終りなき負債」 15 きらめくリズム (演奏)有馬徹とノーチェクバーナ (曲目)夢淡き東京，裏町人生ほか 30 N 天 45 ニュース解説	00 ★華麗なる大泥棒！四丁目の刑事の家の間借人!!(第4回) (脚本)柴英三郎 (演出)小杉義夫 役清…竹脇無我，警司…左とん平ほか春川ますみ，中条静夫，梶芽衣子 54 ニューススポット	00 ★Gメン75「北の国から来た遺骨」 (脚本)西島大，高久進 (監督)山口和彦 役ミヨ…大関優子草野…倉田保昭，敏江…三浦真弓，亨一…織田あきらほか丹波哲郎，藤木悠 55 お天気メモ	00 ★さくらさくら「女とバクテリア」(脚本)大西信行 (演出)浜忠臣 役弥生…浅茅陽子，要斉…大滝秀治，俊太郎…大門正明，瑞穂…悠木千帆ほか片桐夕子，西田敏行 54 くいしん坊！万才
10	00 ドキュメンタリー 「その日…」 3月31日で定年退職となった人々の人生の軌跡と今後の生活。 30 音楽の広場 (ゲスト)深沢亮子，江戸家猫八，小猫 (司会)黒柳徹子，芥川也寸志 (演奏)東京シティフィルハーモニック管弦楽団 (指揮)提俊作	00 ウィークエンダー (司会)加藤芳郎 1週間以内に起こったホットな事件をレポーターが徹底取材。身近な話題を中心に庶民の立場に立ってレポート。 54 われら夫婦	00 ★横溝正史シリーズ 「犬神家の一族」③(脚本)服部佳 (監督)工藤栄一 役珠世…四季乃花恵，佐清…田村亮，佐智…松橋登，松子…京マチ子，耕助…古谷一行ほか小山明子 55 生活メモ	00 レディファースト (ゲスト)キャプテン・アンド・テニール，松任谷由実 ①旅・春のパリ ②男のカタログ ③女の敵を捜せほか (司会)西郷輝彦，山本伸吾 54 ある日のヨーロッパ
11	10 ニュースセンターリポート (ニュース・キャスター)小高昌夫アナ 40 N スポN 天 (11:57終了)	00 ゴルフ「'76全英オープン」① :30 N スポN 45 プロレス (野球中止のときは作家探偵を放送) 12:40 天 12:45 プロ野球 1:00 プローブ捜査指令 「消えた輸送機」 1:55 夜のしおり (1:59)	00 JNNN :10 スポN 15 プロゴルフUSA「ツーソンオープン最終日」 (後半戦) 45 ソウル・トレイン'77 出ジェームズ・ブラウン 12:15 落語特選会出志ん朝 1:10 ゴルフ (1:25終了)	00 クイズDEデート 30 Nレポート23:30 40 競馬ダイジェスト 12:00 プロ野球ニュース 12:35 競馬作戦 12:50洋画 12:55世界 1:10映画「検事」 出ジェームズ・オルソンほか 2:35 天 (2:40終了)

昭和52年

1977年

4月16日 土曜日

『がんばれ!ピンチヒッターショー』と『笑って!笑って!! 60分』伊東四朗大活躍

スティーブ・ジョブズらによって設立されたアップル・コンピュータが、あの画期的マイクロ・コンピュータ「AppleⅡ」を発売した1977年。今回は書きたいことがいっぱいです。テンポよく行きましょう。

まずこの年の4月1日「株式会社日本教育テレビ」は「全国朝日放送株式会社」に社名を変更、それに伴って局の呼称もそれまでの〝NETテレビ〟から、〝テレビ朝日〟と変更されました。そしてそのとき放送された社名変更特番のチャリティーオークションで、「売るものがない」と自分の芸名をオークションにかけたのが女優の悠木千帆、のちの樹木希林です。フジテレビ夜9時の『さくらさくら』に出演中の悠木千帆が共演者から「これからなんて呼べばいいの？」と質問攻めにあった、と当時の『週刊TVガイド』が報じています。他局のドラマにレギュラー出演中に芸名売っちゃうんだから、ロケンロールですね～。

TBS夜10時は名作の誉れ高い毎日放送制作の『横溝正史シリーズ』第一作『犬神家の一族』。古谷一行が初めて金田一耕助に扮した作品です。石坂浩二主演の映画版『犬神家の一族』が大ヒットしたのが前年の1976年で、まだその余韻も覚めやらぬ中の放送でした。脚本は服部佳、監督は工藤栄一です。

フジテレビ夜7時半『がんばれ!ピンチヒッターショー』は、『欽ちゃんのドンとやってみよう!』が充電期間を取っていたナイター時期だけ放送されていたつなぎ番組で、伊東四朗、おりも政夫に加え、佐藤B作らの東京ヴォードヴィルショーがレギュラー

1977年4月22日号
表紙・アラン・ドロン
カラー特集「三船敏郎が語る〝わが友ドロン〟」が掲載されている。この年、アラン・ドロンの表紙は、1月14日号に続いて2回目。

でした。最初から〝ピンチヒッター〟と言い切ってしまっているところが潔いですね。この日のゲストは新沼謙治とちあきなおみですが、この2人、ウラの『8時だョ!全員集合』にもゲスト出演してます。そんなことってあるかしら（ちなみに伊東四朗といえば同じ土曜日のTBS昼1時『笑って!笑って!!60分』における小松政夫との名コンビぶりも忘れてはいけません。「ズンズンズンズンズン小松の親分さん」「ニンドスハッカカ、ヒジリキホッキョッキョ」など、ナンセンスギャグの宝庫でした）。

NHK8時は『土曜ドラマ』。1975年にスタートし、多くの名作・意欲作を生み出していた『土曜ドラマ』枠ですが、この頃大きく2つの方向性がありました。一つは「松本清張シリーズ」「平岩弓枝シリーズ」「山田太一シリーズ」などの作家を軸にしたもの、もう一つが「懐かしの名作シリーズ」「劇画シリーズ」「サスペンスシリーズ」など、ジャンルで括った単発ドラマものです。特に、林静一、滝田ゆう、つげ義春の原作をそれぞれ大胆な解釈でドラマ化した「劇画シリーズ」は大きな反響を呼びました。この日の『終りなき負債』は「SFシリーズ」と銘打ったシリーズの2週目。原作は小松左京の近未来サスペンスで、中島丈博が脚本を手がけました。

フジテレビ夜10時の『レディファースト』は、当時としては画期的な若い女性向けの情報番組。この日は『愛ある限り』のヒットで知られるキャプテン＆テニールがゲストと記されています。結婚後初めてのシングル『潮風にちぎれて』の発売を半月後に控えた松任谷由実もゲスト出演しています。当時の番組解説によると、歌手ではなくファッションアドバイザー〝ミセス・ユーミン〟として登場し、レディーのおしゃれを語るとあります。ライオンの一社提供でした。

NHK夜10時半の『音楽の広場』は黒柳徹子と芥川也寸志の名司会で、クラシック音楽の魅力をやさしく伝えてくれた好番組でした。「ラデツキー行進曲」の拍手の仕方などはこの番組で教わった気がします。1984年まで7年間続きました。テレビ朝日夜10時半の『オーソン・ウェルズ劇場』も懐かしいですね〜。ウイスキーのCMで日本でもおなじみになったオーソン・ウェルズを狂言回しにミステリの短編をドラマ化したシリーズ。背伸び盛りの高校生ミステリファンはみんな見てました。

夜	⑧フジテレビ	⑩テレビ朝日	東京⑫チャンネル
6	00 科学忍者隊ガッチャマン 「傷だらけのG2号」[再] [声]佐々木功ほか 30 FNNニュース6・30 [出]今井彬◇ローカル[天]	00 ロボコン 「ウラクララ!!不思議なコロボックル」[再] 30 ANN[N]レーダー 50 ANN首都圏[N]	00 おはなしたまてばこ[再] 15 とうきょう手帳 20 探偵スカット◇26キッドボックス◇セレクト 45 マンガのくに「チキチキマシン猛レース」⑬ [声]野沢那智、大塚周夫
7	00 プロ野球「ヤクルト×巨人」〜神宮 （解説）荒川博、土井淳 （実況）岩佐徹 （試合が早く終了した場合は、8.54同心部屋御用帳・江戸の旋風を放送します） 【野球中止のとき】 7.00 必見!スリルとびっくり30分 ①腹上八木節音頭 ②必殺目隠し吹き矢 7.30 スター裏のうら・喰う所に住む所のすべて [出]ビューティペア、ピンクレディーほか （9.48まで放送）	00 クイズ・タイムショック （司会）田宮二郎 丹羽節子 30 私は名探偵 [出]倉岡伸太朗、竜崎勝、土屋靖雄、マリ・クリスチーヌ、シリア・ポール 田口久美ほか	15 バーバ・パパ 23 ピンクパンサー 30 合身戦隊メカンダーロボ「謎の戦士ジミーオリオン」[再] [声]ジミー…神谷明ほか野島昭生
8		00★遠山の金さん 「盗っ人修行」 （脚本）八尋大和 （監督）林伸憲 [役]金さん…杉良太郎、お仙…山口いづみ、清兵衛…浜村純、お銀…志摩みずえ、三郎太…中島正二ほか伊東四朗、岸部シロー、植田峻 54 ANN[N]	00 恐怖と怪奇の世界 「ヨット遭難!蒸発人間の戦慄の体験」 （監督）ウォルター・クローマン（124頁） [出]ビル・ビクスビー、ロバート・パイン、ロバート・ホーガン、D・ストックウェルほか 54 和気あいあい 57 東京12[N]
9	7.00 プロ野球「ヤクルト×巨人」〜神宮 【野球中止のとき】 9.00 同心部屋御用帳・江戸の旋風 [出]加山雄三、露口茂ほか 48 FNN[N] 54 くいしん坊!万歳	00★だいこんの花 「旧友大美人」 （脚本）向田邦子 （演出）大村哲夫 [役]忠臣…森繁久弥、誠…竹脇無我、より子…いしだあゆみほか紅理子 54 世界あの店この店	00 映画「課外教授」 （1971年度アメリカ作品） （監督）ロジェ・バディム [声]タイガー（ロック・ハドソン）…小林清志 スミス（アンジー・ディキンソン）…沢田敏子、サーチャー（テリー・サバラス）…森山周一郎、ポンス（ジョン・D・カーソン）…田中秀幸ほか （解説）ハンス・E・プリングスハイム
10	00 凡児の・娘をよろしく〜大阪・SABホール （司会）西条凡児、末広牧子 30★新・河原町東入ル 「喪服の下にあったものは」 [役]一馬…関口宏、香…佐野厚子ほか	00★海峡物語 「二つの対決」 （脚本）小野田勇 （演出）大室清 [役]竜三…芦田伸介、岬…秋吉久美子ほか中村敦夫、江藤潤、宇野重吉 54 スポ[N]	54 すばらしい味の世界
11	00 [N]レポート [出]山川千秋 15 プロ野球[N]◇50視点 55 ビジョン討論会[再] 0.55 洋画◇1.00ゴルフ 1.05 積木の箱 「妻妾同居」[再] [出]篠ヒロコ、内藤武敏、白木万理ほか 3.00 [天] （3.05終了）	00 ANN[N]ファイナル 10 プレイタイム23「今宵アナタニハ悪霊を見る!謎の面の行方」 0.10 邦楽手帳◇25歌謡 0.30 尾崎のミニゴルフ 0.40 二人の事件簿「見知らぬ恋人」[再] （1.35）	00 [天]◇とうきょう手帳[再] 10★われら釣り天狗 25 金井清一の実戦ゴルフ 40 フットボール◇0.10[N] 0.15 大江戸捜査網「深川慕情」[再]◇1.10歌謡曲 1.15 二匹の流れ者 [出]ドン・マレーほか （2.15）

1977年 8月4日 木曜日

夜	① NHKテレビ	③ NHK教育テレビ	④ 日本テレビ	⑥ TBSテレビ
6	00 すばらしい大自然「マヤの自然」（原題）MAYAN CONNECTION 40 ニュースセンター640	00 英語会話Ⅲ「NO THANK YOU」再 30 フルートとともに（講師）三村園子	00 奥さまは魔女「ダーリン、エッフェル塔のてっぺんに」再 30 ジャストN 50 NTVN◇55天	00 テレポートTBS6 出山本文郎、料治直矢 30 ニュースコープ（キャスター）浅野輔 55 お天気ママさん
7	00 N◇23天 27 NHKガイド 30 スポットライト「プレザン行進曲」 出五大路子、長谷川誠一、下山又兵衛ほか 佐藤千夜子の歌ったCMソング第1号裏話。	00 スペイン語講座「ペルー、キューバ」再（講師）寿里順平 リマの町角で。 30 NHK文化シリーズ・歴史と文明「古代からのメッセージ」④〜マヤ文字の謎再 出早稲田大学講師・植田覚、都立上野高校教諭・今田洋三	00 驚異の世界・ノンフィクションアワー「クストーの海底世界・軍艦の墓場」後 30★木曜スペシャル「世界初取材!氷河期に挑んだ415日」〜人類生存の北限に住むエスキモーの生活記録 ①シオラパルクに120日ぶりに太陽が甦る ②春、エスキモーの闘いが始まる ③幻の一角獣 ④押し寄せる大氷群 ⑤暗黒の冬ほか（ナレーター）小池朝雄	00 まんが世界昔ばなし ①はくちょうの騎士 ②でとしろ 30 パン屋のケンちゃん「波のプールで大さわぎ」 役ケンー…岡浩也、チャコ…斉藤ゆかりほか佐藤健一
8	00★NHK特集「空からみたアメリカ」①〜ナイアガラ 2回に渡って送るアメリカの2大観光地のVTR。あらゆる角度から両名所をとらえ、夏の夜のひとときをいろどる大パノラマが展開する。 50 名曲◇55ローカルN天	15 新日本史探訪「鎌倉」〜源氏3代の悲劇再 出作家・永井路子（語り手）白坂道子 永井さんが、八幡宮、頼朝の墓、寿福寺などを訪ねて源氏3代にわたる歴史を語る。	54 ニューススポット	00★今日だけは（第13回）（脚本）服部佳（演出）川俣公明 役親枝…山岡久乃、葉…大空真弓、彰一郎…山口崇 正憲…山村聡、森子…松原智恵子、恵介…井上順、あい…沢田雅美 一栄…佐野浅夫、文…草笛光子ほか岡本富士太 55 フラッシュN
9	00 ニュースセンター9時（キャスター）勝部領樹、末常尚志、福島幸雄、若月純子 40◪ロイド小劇場 ①逃げろや逃げろ ②王子とセールスマン （21頁参照）	00 きょうの料理「冷たい魚料理」再 25 名曲アルバム「リスト・愛の夢」 30 通信高校講座「私の一冊」〜モーツァルトソナタ曲集 出作曲家・高木東六	00★この世の花「宿敵」（脚本）服部佳（演出）荻野慶人 役久美子…香山美子、有川…黒沢年男、池田…篠田三郎ほか宇津宮雅代、島村佳江 54 ニューススポット	00★トップスターショー歌ある限り 出梓みちよ、沢田研二、南沙織、新沼謙治、小林旭、トップギャラン（司会）二谷英明、久米宏 55. お天気メモ
10	00 ニュース解説 15★世界のワンマンショー「ヘレン・レディ」（曲目）歌のある限り、ブルーバード、デルタの夜明け、私は女、ひとりぼっちの哀しみほか 55 夏の故郷・総集編終（脚本）山田太一（演出）佐藤隆 出佐野浅夫、夏八木勲、竹下景子、峰竜太、中北千枝子、タケ司馬緒、倉野章子、田坂都ほか	00 通信高校講座「英語AⅠ」〜タイガースとスパイダース（講師）松居司 30 通信高校講座「数学Ⅰ」（第2部）〜すべて、あるの否定（講師）磯野幸	00★情炎・遙かなる愛（第5回）（脚本）横光晃（演出）平田修 役妙子…島田陽子、哲也…中尾彬、宏…沖雅也ほか淡島千景 54 スポN	00★新選組始末記「わたしは侍じゃない」（演出）福田新一 役近藤…平幹二朗、土方…古谷一行、沖田…草刈正雄ほか戸浦六宏、江木俊夫、竹下景子 55 生活メモ
11	40 N◇55天 （0.00終了）	00 ロシア語講座「夏期編成」①再 出G・ズイメンコーバ 発音シリーズ。 30◪大学講座「教育学」〜教科書の国定化再（講師）中野光 （0.00終了）	00 きょうの出来事 15 11PM「銭湯文化論」（仮題）（司会）藤本義一　岸じゅんこ 0.21 天◇26プロ野球N 0.40 子連れ狼再 （1.37終了）	00 JNNニュースデスク 15 ニュースロータリー 20 TBSN◇25スポN 30◪ベイトンプレイス物語「父親の怒り」◇天 0.05 映画「ひき逃げ殺人事件」 出ヒューゴ・ハウスほか（1.30終了）

昭和52年

1977年

8月4日 木曜日

『新選組始末記』は子母澤寛原作の傑作 この配役が新選組ドラマのイメージでした

夏まっただ中の8月4日、東京の最高気温は34・1度。この年2番目の暑さだったようです。夏休みということもあってか、午後の再放送ドラマ・アニメは質・量とも充実の一言。日本テレビは『ひまわりの詩』『前略おふくろ様』『俺たちの旅』『宇宙戦艦ヤマト』、テレビ朝日は『特別機動捜査隊』『暗闇仕留人』『海のトリトン』と、すべてドラマ・アニメ史に残る作品ばかりです。暑さを避けてテレビを見ていた人は幸せだったでしょうね。

さてプライムタイムでの注目は、まずTBS夜10時の『新選組始末記』。新選組小説の嚆矢とされる子母澤寛の同名小説を原作にした毎日放送制作の傑作で、このドラマの配役が新選組のイメージの基礎になっている人も多いと思います。平幹二朗の近藤勇、古谷一行の土方歳三、高松英郎の芹沢鴨など、印象的な役柄も多いですが、特に草刈正雄の沖田総司は、出目昌伸監督の74年の映画「沖田総司」に続いての総司役起用で、大きな注目を浴びました。この日のエピソードでは、フォーリーブスの江木俊夫が時代劇初挑戦！　というのが話題でした。その役柄は勘定係の河合耆三郎。河合といえばあなた、三谷幸喜脚本の大河ドラマ『新選組！』で大倉孝二が演じ、名エピソードの呼び声も高い「ある隊士の切腹」で五十両のために命を落とした、あの河合ですよ！　ここでも、江木俊夫演じる河合耆三郎は五十両のために斬首されます。サブタイトルの「わたしは侍じゃない」ってのも、三谷版とは別の意味で切なさを感じさせます。

続いてTBS夜11時半『ペイトンプレイス物語』。60年代半ばに作られた連続ドラマで、アメリカのドラマ史において非常に重

1977年8月5日号
表紙・名取裕子
名取裕子は、ドラマ『愛と憎しみの宴』でデビューし、この年、TBSのポーラテレビ小説『おゆき』でヒロインを演じ、お茶の間の人気を集めた。

要な位置を占める作品です。日本でも60年代に1シーズン分ほどは放送されていたのですが、１９７６年の秋から平日11時台の帯ドラマとして全話放送されました（全話といっても５００話以上あるので、放送終了まで2年以上かかっています）。遅い時間帯ながら幅広い年齢層に人気を得て、堂々のスマッシュヒットとなりました。小さな町に秘密や因縁が延々と渦巻き、出演者がどんどん入れ替わる。アメリカにはこういうテレビドラマの原風景があり、だからこその『ツイン・ピークス』であり、『ビバヒル』なんだ、ということがよくわかります。ミア・ファローやライアン・オニールがここからスターになって行きました。

ＮＨＫ夜7時半は『スポットライト』。教科書にはあまり取り上げられない歴史上の小さな出来事に〝スポットライト〟を当てたユニークな歴史番組で、のちの「歴史への招待」や「その時歴史は動いた」「歴史秘話ヒストリア」などに通じるＮＨＫ教養番組の真骨頂とも言える番組です。この番組は歴代司会者がすごくて、初代がフランキー堺、2代目が永六輔、3代目が米倉斉加年、4代目がなんと赤塚不二夫、そして5代目が鈴木健二アナでした。これだけ豪華な顔ぶれなのに放送映像がほとんど残っていない。現在ＮＨＫが番組発掘プロジェクトで力を入れて探している番組のひとつです。

日本テレビ夜9時のドラマ『この世の花』は、１９５５年のヒット映画「この世の花」の2度目の連続ドラマ化。島倉千代子のデビュー曲「この世の花」は映画版の主題歌で、この曲のヒットで彼女は一躍スターの座へと駆け上がっていきました。65年の最初の連続ドラマ化の時（ＴＢＳ制作。原作小説を書いた北条誠が脚本も手がけた）には、なんと島倉千代子がヒロイン役で主演しています。

テレビ朝日夜9時『だいこんの花』は向田邦子脚本。１９７０年にスタートした森繁久彌、竹脇無我主演の人気シリーズで、１９７２年11月スタートの第3部からは向田さんが全話手がけ、『寺内貫太郎一家』と並ぶ向田ホームドラマの代表作となりました。これがシリーズ最終作となる第5部です。ＮＨＫ総合10時55分は前年夏に放送された銀河テレビ小説『夏の故郷』の総集編。評価の高かった「ふるさとシリーズ」の第1作で、脚本は山田太一。主題歌はユーミンの『晩夏（ひとりの季節）』でした。

⑧フジテレビ

6時
- 00 いなかっぺ大将[再] ①都会の空気はにがいだスほか
- 30 FNNニュース6・30 [出]今井彬◇ローカル[天]

7時
- 00 全日本女子プロレス・真赤な青春「雨中の大合唱‼ジャッキーついにダウン！」
- 30 クイズ・グランプリ「夏の全国高校生大会・決勝」③
- 45 スター千一夜

8時
- 00 緊急速報‼独占！フォーリーブスの結婚式〜ロサンゼルスから完全中継録画 ①フォーリーブス10年の歩み ②ロス日系2世ウイークパレードほか [出]あおい輝彦、芳村真理、月丘夢路、うつみ宮土理ほか
- 54 FNN[N]

9時・10時
- 00 映画「ボー・ジェスト」（1966年度アメリカ作品）（22頁参照）（監督）ダグラス・ヘイズ [役]ダジノー…テリー・サバラス、ジェスト…ガイ・ストックウェル、ジョン…ダグ・マクルーア、ドリュース…レスリー・ニールセン、ボルディニ…デビッド・モローほか（解説）高島忠夫　外敵と苛酷な上官を相手に戦う外人部隊。
- 54 ある日のヨーロッパ

11時
- 00 [N]レポート[出]山川千秋
- 15 プロ野球[N]◇50視点
- 55 スパイ大作戦「選挙戦にアタック‼」[再]
- 0.55 洋画◇1.00ゴルフ
- 1.05 映画「おしゃれスパイ危機連発」
- 2.30 [天]（2.35終了）

⑩テレビ朝日

6時
- 00 がんばれロボコン「フラフラリ‼ハートマークへ最後の挑戦」[再]
- 30 ANN[N]レーダー
- 50 ANN首都圏[N]

7時
- 00★キャンディ・キャンディ「二人でホワイトパーティ」[声]キャンディ…松島みのりほか富山敬
- 30 ロボット110番「百万円の大チャンス」[出]工藤堅太郎、谷村昌彦、久保田民栄ほか

8時
- 00 ワールドプロレスリング ①NWF世界ヘビー級選手権「アントニオ猪木×スタン・ハンセン」 ②闘魂シリーズ（出場予定選手）ストロング小林、坂口征二、ブラックジャック・マリガンほか
- 54 ANN[N]

9時
- 00★藤山寛美3600秒「婚約一掃舟二叟」〜東京・新橋演舞場（原作）茂林寺文福（脚本）平戸敬二 [役]周一…藤山寛美、芳子…四条栄美ほか
- 54 世界あの店この店

10時
- 00★新・必殺仕置人「阿呆無用」（脚本）村尾昭（監督）高坂光幸 [役]主水…藤田まこと、鉄…山崎努、正八…火野正平、利助…小島三児ほか川合伸旺
- 54 スポ[N]

11時
- 00 ANN[N]ファイナル
- 10 プレイタイム23（内容が変更する場合もあります）
- 0.10 NOK◇40スポット
- 0.45 東映◇55歌◇ゴルフ
- 1.10 映画「尼僧物語」（3.05終了）

東京⑫チャンネル

6時
- 00 おはなしたまてばこ[再]
- 15 とうきょう手帳
- 20 探偵スカット◇26キッドボックス◇セレクト
- 45 マンガのくに「おかしなおかしな原始家族」⑧ [声]大平透ほか

7時
- 15 パーパ・パパ
- 23 [新]警部でゴジャール
- 30 ドン・チャック物語「町から来たビューティフルガール」[声]チャック…沢田和子ほか

8時
- 00★高峰三枝子ゴールデンスターショー [出]松任谷由実、嵐寛寿郎、かまやつひろし、ちあきなおみ、レツゴー三匹 ①三枝子のズバリインタビュー ②三枝子のプレゼントコーナーほか（司会）高峰三枝子
- 54 和気あいあい◇57[N]

9時
- 00★金曜スペシャル「海底大戦争・喰うか喰われるか！」（仮題）①決闘！ジョーズVSテンタクルズ ②恐怖！飢えた肉食魚類 ③海ガメを襲う巨大魚
- 54 すばらしい味の世界

10時
- 00◪映画「裸の町」（1948年度アメリカ作品）（監督）ジュールス・ダッシン（22頁参照）[役]ダン…バリー・フィッツジェラルド、ハローラン…ドン・テーラーほかハワード・ダフ（解説）三橋達也

11時
- 50 [天]◇東京手帳◇0.00[N]
- 0.05 映画の部屋「オードリー・ローズ」◇20歌
- 0.40 宮本武蔵「雪姫無残！」[出]市川海老蔵ほか
- 1.35◪ミステリーゾーン（2.35終了）

1977年 9月2日 金曜日

夜	①NHKテレビ	③NHK教育テレビ	④日本テレビ	⑥TBSテレビ
6	00 こども[N] 05 笛吹童子（第90回） 20★人びと「悲劇の王妃・ネフェルティティ」(終) 40 ニュースセンター6 40	00 技能講座「テレビジョン技術」〜帯域増幅回路[再] 30 ギターをひこう（講師）鈴木巌	00 ルパン三世「ルパンは燃えているか⁉」[再] 30 ジャスト[N] 50 NTV[N]◇55[天]	00 テレポートTBS6 [出]山本文郎、料治直矢 30 ニュースコープ（キャスター）浅野輔 55 お天気ママさん
7	00 [N]◇23[天] 27 NHKガイド 30 ゲーム・ホントにホント？（ゲスト）黒木憲父子、林裕、生田義一、小林秀穂 [出]寺田農、三ツ矢歌子 友竹正則、佐野浅夫	00 英語会話Ⅰ「オープニング」⑫[再]（講師）杉山隆彦 命令文の作り方。 30 NHK文化シリーズ・文学への招待「芭蕉・漂泊の旅」②〜野ざらし紀行 [出]松蔭女子大学教授・大谷篤蔵、聖心女子大学名誉教授・岡田利兵衛	00★歌まね合戦スターに挑戦「名人新沼謙治もビックリ⁉」[出]新沼謙治 細川たかしほか 30 カックラキン大放送‼「いちばんブス」[出]山口百恵、安西マリア、狩人、研ナオコほか	00★大鉄人ワンセブン「危うし兄弟ロボット恐怖の遊園地」[役]三郎…神谷政浩ほか島田歌穂 30 野生の王国「猛禽！断崖のハヤブサ・イヌワシ大調査」② [声]八木治郎
8	00★鳴門秘帖「天気のいいのに唐傘持って」（原作）吉川英治（脚本）石山透（演出）山田暁 [役]弦之丞…田村正和、お綱…三林京子、平賀源内…山口崇、千恵…原田美枝子ほか東啓子、大綱めぐみ、角野卓造 50 名曲◇55ローカル[N][天]	15 教養特集「中山晋平の世界」[出]上智大学教授・金田一春彦、音楽評論家・園部三郎（フィルム出演）作詞家・時雨音羽、邦楽家・町田佳声ほか中山卯郎、水谷八重子	00 太陽にほえろ！「追跡者」（脚本）小川英ほか（監督）竹林進 [役]藤堂…石原裕次郎、石塚…竜雷太、島…小野寺昭、田口…宮内淳、野崎…下川辰平 岩城…木之元亮、山村…露口茂、久門…橋爪功ほか（142頁参照） 54 ニューススポット	00★白い波紋「お願いだから生きていて‼」（脚本）宮川一郎（監督）井上梅次 [役]亮子…片平なぎさ、滋…田中健、佐和子…司葉子、次郎…岡本富士太、朋子…松坂慶子ほか石浜朗、稲垣美穂子 栗田ひろみ、小林昭二 55 フラッシュ[N]
9	00 ニュースセンター9時（キャスター）勝部領樹、末常尚志、福島幸雄、若月純子 40 望郷の街(終) [出]風間杜夫、高岡健二 加藤武、東恵美子、草野大悟、片平なぎさほか	00 婦人百科「布でつくる小物」①〜ショルダーバッグ[再]（講師）中山富美子 30 通信高校講座「英語AⅠ」〜サッカーの歴史①（講師）赤川裕	00★ちちんぷいぷい「切ない女心を初めて…」（脚本）森崎東（演出）矢野義幸 [役]香取…加藤剛、節子…音無美紀子、石黒…森田健作ほか宇野重吉 54 ニューススポット	00 赤い激流「あゝ晴れのコンクールの日 殺人罪で！」[役]武…宇津井健、敏夫…水谷豊ほか松尾嘉代、加藤武、竹下景子、前田吟（143頁参照） 55 お天気メモ
10	00 ニュース解説 15★フォード回顧録「アメリカ前大統領ジェラルド・R・フォード」（インタビュアー）日高義樹 フォード前大統領を自宅に訪ね、大統領在任時代の日米関係、米ソ、米中外交などについて直撃インタビュー 政治の裏をかい間みる	00 通信高校講座「英語AⅡ」〜トレビの泉④（講師）伊勢山芳郎 30 通信高校講座「地学Ⅰ」〜化石は物語る（講師）猪郷久義	00 金曜10時！うわさのチャンネル‼ [出]和田アキ子、ザ・デストロイヤー、せんだみつお、山城新伍、タモリほか（ゲスト）岩崎宏美、木之内みどり、狩人ほか 54 スポ[N]	00★岸辺のアルバム（第11回）（脚本）山田太一（演出）鴨下信一 [役]則子…八千草薫、謙作…杉浦直樹、北川…竹脇無我ほか国広富之、中田喜子、沢田雅美 55 生活メモ
11	10（局の都合で放送内容が決定していません） 40 [N]◇スポ[N]◇[天]（11.57終了）	00 ドイツ語講座「お願いしてよろしいでしょうか」[再]（講師）小塩節 30◪大学講座「文学」〜文学と社会㉒・場としての食卓[再]（0.00終了）	00 きょうの出来事 15 11PM ①11ダービー②フィッシング③シネ・スポットほか（司会）大橋巨泉ほか 0.21 [天]◇26プロ野球[N] 0.35 映画「お熱いのがお好き」（1.59終了）	00 JNNニュースデスク 15 ニュースロータリー 20 TBS[N]◇25スポ[N] 30◪ベイトンプレイス物語「岬で見た女」 0.00 映画「大脱獄！恐怖の術」[出]スコット・ブラディほか（1.30終了）

昭和52年

1977年

9月2日 金曜日

王選手のホームラン世界記録に沸いていたころ、テレビの中にも歴史に残る名作がいっぱい

この日の番組表は、実際に放送された番組とは違っています。実際には日本テレビの夜7時半からプロ野球『巨人×ヤクルト』が放送されました。何故かといえば、2日前の8月31日に巨人の王選手が通算755号目のホームランを放ち、ハンク・アーロンの本塁打世界記録に並んだから。残念ながら9月1日、2日と756号は出なかったのですが、それでもこの日の『巨人×ヤクルト』戦は38・4%の高視聴率を獲得。いかに国民の注目を集めていたかがわかります。翌9月3日土曜日の午後7時10分についに世界新記録達成。当時の日本テレビのプロ野球中継は7時半スタートがデフォルトだったので、新記録達成時には『そっくりショー』を放送していて、その瞬間を中継することはできませんでした。得てしてそういうもんですね。そんな躍動感あふれた時代の、心躍るような番組表です。

まずはTBS夜10時、山田太一脚本の金曜ドラマ『岸辺のアルバム』。テレビ放送がスタートして約70年、日本で作られたテレビドラマのベストワンの声も高い最高傑作中の最高傑作です。ある世代にとって山田太一脚本のドラマは、テレビのひとつのスタンダードです。このスタンダードを体験した世代はテレビドラマがどれだけ優れた表現を可能にするかを知っていて、見る側ならその奇跡に再び出会うことを、作り手の側ならその奇跡を新たに再現することを追い求め続けています。その象徴が、この『岸辺のアルバム』です。何がそんなに優れているのかといえば、もちろんテーマの衝撃度や物語の面白さ、ストーリーテリングの巧みさは言うまでもないのですが、とにかくすべての会話、すべてのシーンが緊迫感にあふれ、一瞬も気を抜くことができない。息苦しさがハンパじゃあない。視聴者にも相応のエネルギーが必要だし、見続けるのは決して楽ではありません。なのに、目を離すこ

1977年9月2日号
表紙・吉永小百合、仲代達矢
日本初の3時間ドラマ『海は甦える』（TBS）で共演。海軍大将・山本権兵衛とその妻を演じた。1977年度テレビ大賞優秀番組賞を受賞した。

とができない。結末を目撃せずにはいられない。そしてその原動力はすべて脚本が生み出している、ということが誰の目にも分かる。そんなことができるのだということをこの一作は示したのです。これがなければ『阿修羅のごとく』も『北の国から』もおそらく生まれなかったでしょう。テレビドラマはここまで出来るんだ、ということが証明され、ここからテレビドラマは大きく進化していくのです。まさに空前にして絶後、史上最も決定的な影響を与えた連続ドラマです。

続いてアニメに参ります。こちらも歴史的なアニメが並んでいます。日本テレビ夕方6時からは『ルパン三世』の再放送、伝説の第1シリーズ第1話です。71～72年、日曜夜7時半の本放送時は低視聴率で打ち切りの憂き目にあったにもかかわらず、再放送を重ねるたびに人気を呼び、第2シリーズの制作が決定。この年の10月3日、月曜夜7時枠で放送がスタートします。それを見越しての再放送でしょう。そして、番組表には載っていないのですが、その直前の日本テレビ夕方5時半には『宇宙戦艦ヤマト』の最終回が再放送されています。本放送は74～75年のやはり日曜7時半枠で、こちらも再放送で人気を集めたアニメです。この日の約1カ月前の8月4日に劇場版『宇宙戦艦ヤマト』が公開されて大ヒットしていましたから、この時の再放送も大きな話題でした。この劇場版ヤマトの大ブームが、日本のアニメカルチャーが大きく花開くきっかけとなりました。当時はＴＶマンガと呼ばれ、子ども以外の視聴者を全く対象とはしていなかったアニメーションの可能性を、中高生や大人たちに大きく開放したのは間違いなく『ヤマト』の功績でしょう。テレビ朝日夜7時には『キャンディ・キャンディ』の名前もあります。日本の少女マンガを代表する名作であり、アニメも世界中で大きなヒットを記録しました。当時の少女たちに与えた影響は計り知れません。現在いろいろな事情で原作・アニメとも見ることが困難な状態ですが、もし触れる機会があったら絶対に逃さないでください

ＮＨＫ夜8時は『鳴門秘帖』。吉川英治の出世作で多くの映像化作品がありますが、今の50～60代が真っ先に思い出すのはこの田村正和版でしょう。『タイム・トラベラー』『新八犬伝』の石山透脚本で話題になりました。またこの回には山口崇が71年の人気ドラマ『天下御免』と同じ平賀源内役で出演。このあたりもシャレてますね。

⑧フジテレビ	⑩テレビ朝日	夜	東京⑫チャンネル
00 いなかっぺ大将[再] ①ズッコケ道を一人行くだスほか 30 FNNニュース6・30 [出]今井彬◇ローカル[天]	00 マグネロボ ガ・キーン「実戦!!逃げだした優等生」[再] 30 ANN[N]レーダー 50 ANN首都圏[N]	6	00 おはなしたまてばこ[再] 15 とうきょう手帳 20 テレビゲーム◇26キッドボックス◇セレクト 45 マンガのくに「チャカチャカ娘とドラドラ子猫」⑫ [声]高松しげお
00 ドカベン「太郎プラス三太郎イコール4点」 [声]太郎…田中秀幸、岩鬼…玄田哲章ほか 30 クイズ・グランプリ （司会）小泉博 （アシスタント）山口麻紀 45 スター千一夜	00 ピラミッドクイズ [出]松岡きっこ、柏村武昭、大野しげひさほか （司会）西川きよし 30★水曜スペシャル「'77ヒット曲総決算!!」 （仮題） （予想されるグランプリ候補者）ピンクレディー、沢田研二、五木ひろし、西城秀樹、野口五郎、山口百恵、八代亜紀、石川さゆりほか （予想される新人賞候補者）清水健太郎、高田みづえ、狩人、太川陽介、榊原郁恵ほか （司会）田宮二郎ほか	7	15 パーパ・パパ 23 早射ちマック 30 とびだせマシーン飛竜 「二人三脚／アベコベレース」[声]三橋洋一、鈴木れい子ほか
00★銭形平次 「富くじ騒動」（脚本）高橋稔 （監督）岡本静夫 [役]平次…大川橋蔵、お静…香山美子、新介…佐々木剛、おとよ…藤江リカ、吉兵衛…三谷昇、伊蔵…西田良、三吉…小塙謙士ほか林家珍平、吉本真由美 54 FNN[N]	51 招待席◇54ANN[N]	8	00 三波伸介の凸凹大学校 （ゲスト）月の家円鏡 夏木マリ、細川たかし ケイ・アンナ ①エスチャー教室 ②コメディアンしごき講座 ③ショート・コント （レギュラー出演者） 三波伸介、金井克子ほか 54 ミュージック◇57[N]
00★女の河「雪国の初夜」 （原作・脚本）平岩弓枝 （演出）青木征雄 [役]美也子…若尾文子、公平…篠田三郎、桂…竹下景子、大和…小沢栄太郎ほか白川和子 54 くいしん坊胡桃おはぎ	00 欽ちゃんのどこまでやるの!（ゲスト）江波杏子 ①欽一、順子夫婦のお茶の間ドラマ ②推理ドラマ ③名作ドラマ ④ドキュメントドラマ 54 世界あの店この店	9	00★新・木枯し紋次郎 「旅立ちは三日後に」 （脚本）安倍徹郎 （監督）太田昭和 [役]紋次郎…中村敦夫、お澄…佐藤友美、吾作…今福正雄ほか江幡高志 54 すばらしい味の世界
00 相性診断!あなたと私はピッタンコ 「たたりじゃ!怪力肉体美亭主恐怖のベッドイン物語」（ゲスト）長沢純加菜子夫妻（司会）西川きよし、泉ピン子ほか 54 ある日のヨーロッパ	00★特捜最前線「乳児誘拐・消えた女の顔」 （脚本）橋本綾 （監督）村山新治 [役]神代…二谷英明、田所…峰岸徹、桜井…藤岡弘ほか松本留美 54 スポ[N]	10	00 人に歴史あり 「春日八郎・演歌ひとすじドシャ降り人生」 （ゲスト）船村徹ほか 30 青春の日本列島 「ある日の履歴書 女流写真家・沼田早苗」 （ナレーター）作間功
00 [N]レポート[出]山川千秋 15 スポーツワイドジョー 50 ワールドカップ'77 「総集編」 0.50 視点◇洋画◇ゴルフ 1.05 映画「約束」 ・[出]オマー・シャリフほか 2.30 [天] （2.35終了）	00 ANN[N]ファイナル 10 23時ショー ①男と女の千一夜シリーズほか （司会）野際陽子ほか 0.10 マッハ・円右の音楽亭 [出]マッハ文朱ほか 0.30 無法街の素浪人「一匹狼の歌」[再]（1.25）	11	00 ナイト体操◇05音楽 15 桂小金治のゴルフ （ゲスト）竹脇無我 45 東京手帳[再]◇50マンガ 0.00 [N]◇05[天]◇10ガイド 0.15 プレイガール[再]◇歌 1.15 ララミー牧場 2.15 ゴルフ（2.20終了）

1977年 11月30日 水曜日

①NHKテレビ	③NHK教育テレビ	夜	④日本テレビ	⑥TBSテレビ
00 こども Ⓝ◇05笛吹童子 「都のお姫さま」 20 白い峠（第19回） 出長谷川裕二ほか 40 ニュースセンター640	00 英語会話Ⅱ 「レッスン」⑳再 （講師）比嘉正範 30 ピアノのおけいこ （講師）安川加寿子	6	00 元祖・天才バカボン再 ①わしは新聞にだまされたのだほか 声雨森雅司 30 ジャストⓃ 50 NTVⓃ◇55天	00 テレポートTBS6 出山本文郎、料治直矢 30 ニュースコープ（キャスター）古谷綱正 55 お天気ママさん
00 Ⓝ◇16天 20 海外トピックス 30★ボルガを下る 「豊かなデルタ」終 （語り手）中村昇アナ 河口の町アストラハンとボルガ・デルタを紹介する。	00 中国語講座 「あなたに学びたい」 再 （講師）輿水優 表現、発音の練習。 30 NHK文化シリーズ・現代の科学「動物園再発見」②〜自然らしさの設計 出東京多摩動物公園長・浅倉繁春、立教大学教授・香原志勢 （司会）小原秀雄	7	00 ハテナ？ドンぴしゃ！ 「御用!!使用一回限りのFBI手錠」 出前田美波里、円鏡ほか 30 特ダネ登場!? ①世界各国美女ヌード・ハント写真家 ②ボール紙書道ほか	00 たまりま7大放送！ 出アン・ルイス、荒木由美子、ピンクレディー、清水健太郎ほか 30★まんが日本絵巻 ①黒潮に乗った冒険児・ジョン万次郎 ②落城に散った愛・千姫
00★歌のグランドショー 「紅白歌合戦変遷史」 （仮題）出ちあきなおみ、由紀さおり、十朱幸代、堺正章ほか紅白初出場のメンバー （お断り 11月19日現在、紅白出場者未発表のため名前を掲載できません。ご了承を） 50 名曲◇55ローカルⓃ天	15 邦楽まわり舞台 「長唄舞踊二題」 ①お七吉三 役お七…猿若美実、吉三…猿若清三郎 ②外記猿 （立方）花柳栄寿郎 猿の芸を舞踊で送る	8	00★気まぐれ本格派 「弱虫は歌いたがる」 （脚本）松木ひろし （監督）田中知己 役一寛…石立鉄男、新太…吉田友紀、袖子…三ツ矢歌子、山本…中条静夫、道夫…森川正太、楓…山口いづみほか 秋野太作、友里千賀子 54 ニューススポット	00★明日の刑事「花嫁はなぜ自殺した？」 （脚本）浜名洋平 （監督）井上芳夫 役鈴木…坂上二郎、村上…田中健、佐川…坂東正之助、美子…佐藤耀子、田島…天津敏ほか 梅宮辰夫、谷隼人、志穂美悦子 55 フラッシュⓃ
00 ニュースセンター9時 （キャスター） 勝部領樹、末常尚志、福島幸雄、若月純子 40 翔べない夜（第18回） （演出）前田充男 出川津祐介、小山明子 長尾泰子、范文雀ほか	00 きょうの料理「白菜とかにのいため煮」再 25 名曲アルバム 「嘆きのセレナード」 30 通信高校講座 「生物Ⅰ」 〜発生のしくみ （講師）高田博司	9	00 映画「華麗なるギャツビー」（1974年度アメリカ作品）（監督）ジャック・クレイトン 声ギャツビー（ロバート・レッドフォード）…北村総一郎、デイジー（ミア・ファロー）…田島令子、トム（ブルース・ダーン）…田口計、マートル（カレン・ブラック）…緑魔子ほか （20頁参照） 恋人を追って上流社会へのし上がる青年。	00★せい子宙太郎 （第3回）（脚本）向田邦子 （演出）柳井満 役せい子…森光子、宙太郎…小林桂樹ほか 武田鉄矢 伴淳三郎、遠藤太津朗 樹木希林 55 お天気メモ
00 ニュース解説 15★若者たちはいま 「江川卓・22歳」 （リポーター） 映画監督・篠田正浩 22日に行われたプロ野球ドラフト会議。話題の人、法大投手・江川卓君の日常を篠田氏が追う。マウンドの表情、ドラフト風景も。	00 通信高校講座 「化学Ⅰ」 〜化合物の成分の分離 ①再 出大森泰弘 30 通信高校講座 「物理Ⅰ」 〜電界と電位 （講師）渡辺彰	10	54 スポⓃ	00★分水嶺終 （脚本）高橋玄洋 （演出）鈴木晴之 役良介…近藤正臣、芳江…香山美子、佐智子…梶芽衣子ほか 内田朝雄 石浜朗、山村聡 55 生活メモ
10.45 NHKの窓 「わたしと放送」 （ゲスト）川上哲治 11.00 Ⓝ◇スポⓃ◇15天 （11.20終了）	00 フランス語講座 「ここを渡ることができますか？」再 （講師）林田遼右 30 大学講座「生態学」 〜適応戦略④・共生再 （講師）原田英司 （0.00終了）	11	00 きょうの出来事 15 11PM 「パロディー・1月早いゆく年くる年」 （仮題） 0.21 天◇26プロ野球Ⓝ 0.40 コルディッツ大脱走 再 （1.37終了）	00 JNNニュースデスク 出藤林英雄 15 ニュースロータリー 20 TBSⓃ◇25スポⓃ 30◪ペイトンプレイス物語 「故郷よさようなら」 0.00 しろがね心中（第39回）再◇天 （0.35）

昭和52年 1977年 11月30日 水曜日

変化し始めた日本のテレビ ピンク・レディー人気絶頂のころ

1977年は、テレビ番組やその編成が次第に変化し始めた年でした。象徴的なのが、『土曜ワイド劇場』(7月、テレビ朝日)、『海は甦える』(8月、TBS)、『ルーツ』(10月、テレビ朝日)、『アメリカ横断ウルトラクイズ』(10月、日本テレビ)など、既成の枠を破るような大型企画が続々登場し始めたことです。でも、通常の編成はまだまだ古めかしいものでした。

例えば、朝〜昼はまさに子どもと主婦のための時間帯。料理、健康など(子育てを含めた)生活情報番組と再放送のドラマが大半を占めます。子ども番組が本当に多くて、民放だけでも『カリキュラマシーン』『おはよう!こどもショー』『ロンパールーム』(以上、日本テレビ)、『ワンツージャンプ!』(TBS)、『ママとあそぼう!ピンポンパン』『ひらけ!ポンキッキ』(以上、フジテレビ)、『とびだせ!パンポロリン』(テレビ朝日)とズラリ勢ぞろいです。まあ団塊ジュニアがちょうどそういう年ごろですからね。なかでも『ゲバゲバ90分』を下敷きに教育番組に挑んだ『カリキュラマシーン』が印象に残ります。さらに番組名に〝奥さま〟〝ミセス〟〝女性〟の文字も目立ちます。まさに時代の転換期ですね。

さあ、プライムタイムに行きましょう。TBS夜7時は『たまりま7大放送!』。TBSお得意の学園ドラマ仕立てのバラエティーで、ピンク・レディーと清水健太郎がレギュラーでした。ピンク・レディーはまさに人気の絶頂期で、『ウォンテッド(指名手配)』が12週連続でオリコン首位を獲得していたころ。清水健太郎も『失恋レストラン』でこの年の新人賞を独占していました。8時台は、日本テレビが石立鉄男主演の『気まぐれ本格派』、TBSが坂上二郎主演の『明日の刑事』、フジテレビが大川橋蔵主演の『銭

1977年12月2日号
表紙・山口百恵
山口百恵主演「赤いシリーズ」第6弾『赤い絆』(TBS)の放送開始。この作品を最後に、百恵は赤いシリーズを卒業した。主題歌は『赤い絆(レッド・センセーション)』。

形平次』と安定のドラマシリーズが顔を揃える一方、年末らしい音楽番組も。NHK『歌のグランドショー』はこの年の紅白初出場歌手が出演予定、テレビ朝日の『水曜スペシャル』には年末に放送された「第3回あなたが選ぶ全日本歌謡音楽祭」の候補者が出演予定、となってます。ピンク・レディー、石川さゆり、清水健太郎、高田みづえ、狩人あたりががっつり重複してますが、どう調整したんでしょうね。そして、東京12チャンネルの『三波伸介の凸凹大学校』がなつかしい。人気・安定感ともに抜群だった三波伸介校長と、ずうとるびを中心とした生徒たちとの掛け合いが楽しく、12チャンネルとしては異例の高視聴率番組でした。特に絵を描いてお題を当てる「エスチャー」での江藤博利の下手さ加減は、今の〝画伯〟ブームの先駆でしたね。その人気は、82年12月、三波校長の急死により番組打ち切りとなるまで続きました。

TBS午後9時の水曜劇場は、向田邦子脚本の『せい子宙太郎』。葬儀店が舞台の人情ドラマで、映画『幸福の黄色いハンカチ』で好演した武田鉄矢の初出演ドラマです。それにしても、裏番組が強力ですね〜。NHKは『ニュースセンター9時』、日本テレビは『水曜ロードショー』。水野晴郎さんが解説でした。この日の作品はロバート・レッドフォード主演の『華麗なるギャツビー』。レッドフォードの声は北村総一朗が当ててます(『踊る大捜査線』の署長役の20年前です)。フジテレビは平岩弓枝脚本の『女の河』。テレビ朝日は前年の76年に始まり86年まで続いた長寿バラエティー『欽ちゃんのどこまでやるの!』。まだ「推理ドラマ」とかあったころですね(ゲストが出された献立をどの順番で食べるかを推理するというコーナーでした。画期的でした)。そして12チャンネルが『新・木枯し紋次郎』。向田作品と平岩弓枝作品が裏表ってのがスゴいです。

そしてNHK夜10時台の『若者たちはいま　江川卓・22歳』。映画監督・篠田正浩が、六大学の最後の試合から11月22日のドラフト当日までの江川投手の日常に密着する、という興味津々のドキュメンタリー。〝江川のドラフト〟というと反射的にあの「空白の一日」を思い出しますが、これはその前年、クラウンライター(当時そういうチームがあったんです。いまの西武ライオンズです)が強行指名した年のドラフトです(「空白の一日」とはこのドラフトから1年後、クラウンライターが交渉権を失った日と翌々日のドラフト会議の間の一日のことを言います)。

⑧フジテレビ	⑩テレビ朝日	朝	東京⑫チャンネル
15 おはよう／◇25ザ・タカラヅカ◇55広告大賞	15 くらしの泉◇ふるさと 40 京に生きる◇55[天]	6	
00 若い土◇15[N]◇25[天] 30 ビジョン討論会「企業倒産3月危機は回避できるか」（仮題）	00 ＡＮＮニュースセブン 30 推理クイズ・マゴベエ探偵団	7	45 おはよう歌謡曲
25 美術館「H・フランケンサーラー」（129） 55 そのときあなたは？	00 朝の美術散歩「描かれたパリ」（129頁） 30 中小企業「〝わずらわしさ〟買います」	8	00 日曜囲碁対局「準決勝　七段・酒井猛×六段・宮沢吾朗」(後)（解説）坂田栄男
00★第3の目「驚異／海中の神秘と謎」 30★ドキュメント日本人「大理石に賭ける」	00★世界「逃げろカンガルー」〜オーストラリア 30 堺正章のドゥ／DO／ドゥ／	9	00 東京の中小企業'78 15 がんばれ2歳 30 世界のくらし[再] 45 サイクルにっぽん
00 君こそスターだ／[出]平尾昌晃、畑中葉子、アン・ルイスほか（司会）おりも政夫、ギャートルズほか	00★題名のない音楽会「くたばれ映画音楽家」 30 ラブアタック／①ゲームコーナーほか（ゲスト）丸山圭子（司会）横山ノック、上岡竜太郎	10	00 マチャアキ海をゆく ギャングか？ウツボ 30 奥さん／全員集合 ポリネシアンスープ（司会）柏村武昭ほか
00 福田恆存・世相を斬る／[出]J・ミジュレー 30★ふるさと紀行「今に残る日本語」 45 [N]◇55番組ハイライト	30 愉快に生きよう 45 わが家の友だち 50 ＡＮＮ[N]ライナー	11	00 コーヒーブレイク 15 吉野俊彦の苦言・甘言 30 世界の料理ショー「ムール貝の香りむしフランス風」（130）
00 クイズ／ドレミファドン／「爆笑パンチDEデート大会」[出]西川きよし、狩人ほか	00 テレビ寄席 [出]佐々木つとむ、榊原郁恵、青空球児・好児ほか 45 新婚さんいらっしゃい（司会）桂三枝ほか	昼 12	00 お笑いマンガ道場「福田総理はシラケ鳥？」 30 記者会見「行政管理庁長官・荒船清十郎」
00 大相撲ハイライト「春場所名勝負」（司会）石坂浩二 54 ガイド	15 パネルクイズ・アタック25（司会）児玉清 45 朝日国際サッカー「全日本×ブラゴベシチェンスク（ソ連）」〜国立競技場（54頁参照）	1	00 小松原三夫のゴルフ道場 30 プロ・フットボール・アワー
00 日曜テレビ寄席（司会）月の家円鏡 30 中央競馬 ①アラブ王冠〜中山 ②阪神4歳牝馬特別 ③テンポイント追悼特集ほか（司会）盛山毅、津山登志子	55 ファミリータイム	2	00 全日本室内テニス選手権〜東京体育館（解説）坂井利郎（実況）藤吉次郎
15 全日本女子プロレス中継〜行田市民体育館 ①ビクトリア富士美×熊野磨美 ②ジャッキー佐藤×トミー青山ほか [出]ナンシー久美ほか	00 映画「解散式」（1967年度東映作品）（監督）深作欣二 [出]鶴田浩二、丹波哲郎、渡辺文雄、渡辺美佐子	3	54 アフタヌーンガイド
	25 ファミリータイム 30 出没／／おもしろMAP [出]清水国明ほか	4	00★テレビ将棋対局「お好み対局　八段・米長邦雄×大石郁郎」 54 東京12[N]
40 番組ハイライト 45 ＦＮＮテレビ日曜夕刊	00 霊感・ヤマカン・第六感 [出]フランキー堺ほか 30 朝日新聞テレビ夕刊 55 ファミリータイム	5	00 特集・健康売ります／ 30 巨泉のプロ・アマゴルフ（ゲスト）金井清一、大内延介

1978年 3月19日 日曜日

①NHKテレビ	③NHK教育テレビ	朝	④日本テレビ	⑥TBSテレビ
00 N天◇17TV体◇27天 30 明るい漁村◇55天	00 村づくり「日本農業賞受賞者大いに語る」	6	15 心のともしび再 30 宗教の時間◇45N	15 囲碁本因坊戦「大竹英雄×石田芳夫」
00 N◇10天 15 自然のアルバム 30 日本ところどころ	00 英語会話Ⅱ「まとめ」① 30 英語会話Ⅲ	7	00 こどもショー「小学生野球大会」出大下弘ほか 45 健康増進 (129頁)	00 これが世界だ 30 日本の顔 出南条範夫 45 JNN N◇55天
00 N◇10スタジオからこんにちは 30 趣味の園芸「園芸相談」	00 宗教の時間「苦難の僕」出東洋大学教授・泉治典ほか関根正雄、駒沢義宣	8	00 世界にかける橋「ポーランドは今…」 30 春夏秋冬「ブルース唄って50年!」	00 真珠の小箱 15 美をもとめて「手漉和紙」(129頁参照) 30 時事放談 出細川隆元
00 国会討論会 (司会)岡村和夫 当面する問題について関係者に意見を聞く	00 スポーツ教室「バレーボール」①～女子の基本技術再 出大木正彦、山田重雄	9	00 あすの世界と日本 アメリカの戦略石油備蓄 30 野球教室「12球団戦力分析」	00 兼高かおる世界の旅「ヘイ王国」(128) 30 新・世界の結婚式 45 日本のひろば
00 歌はともだち終 出田中星児、トップギャラン、和田アキ子ほか 40 ハテナゲーム「大きくなれ不思議な部屋」	00 セサミストリート(第886回) ①ヘリーにごほうび ②消え失せたセサミ・ストリートほか	10	00 にっぽんレポート「ととのう養護学校」 30★遠くへ行きたい「鈴木清順の"鉄橋のある風景"」	00★世界の子供たち「ボクの魔法の島コルフ」～ギリシャ 30 生きものばんざい 豪雪!強いぞスズメ軍団
00 あなたのメロディー「年間優秀作品コンテスト」出マイク真木、金井克子、ダ・カーポ 55 天	00 日曜美術館(129頁) ①私と小林和作 (話)劇作家・高橋玄洋 ②ヘンリー・ムアの素描と彫刻展	11	00 スター誕生! 出殿さまキングス、桜田淳子、岩城徳栄ほか (司会)萩本欽一 55 東京都だより(手話)	00 クイズ世界をあなたに (司会)関口宏 30 ロマンを旅する「フランダースの犬」 45 JNN N◇55天
00 N 15 NHKのど自慢日本一「西日本大会」～京都会館 出五木ひろし、佐良直美	00 囲碁の時間「第25回NHK杯争奪囲碁トーナメント・決勝戦 名人・林海峯×九段・大平修三」(解説)NHK杯保持者・坂田栄男 (ゲスト)菊地康郎	昼 12	00 NNN N 15 コッキーポップ 出谷山浩子、大石悟郎ほか 45 目方でドーン!!	00 それ行け!新伍迷探偵 出山城新伍、野口五郎、和田アキ子、花紀京ほか 45 千と一慶生放送 出清水健太郎、岡田奈々、平尾昌晃、畑中葉子ほか
30 番組のおしらせ 35 お好み演芸館 出桂米朝、上方柳次・柳太、レツゴー三匹、若井こづえ・みどりほか		1	15 TVジョッキー日曜大行進 ①珍人集合! ②奇人変人コーナーほか 出桜田淳子、太田裕美 渋谷哲平、土居まさる	15 家族そろって歌合戦「関西四国地区大会」出由紀さおり、森昌子
25 警部マクロード「はだしのスチュワーデス」再 出デニス・ウィーバー、テリー・カーター、J・D・キャノン	00 若い広場「失業白書」再 出広本公朗ほか 55 名曲アルバム	2	15 プロ野球オープン戦「巨人×ヤクルト」～後楽園 【野球中止のとき】2.15日スペ・サーカス	30 オーケストラがやって来た「シューベルトの都・ウィーンガイド」
55 大相撲春場所「八日目」～大阪府立体育会館 (解説)正面・神風、向正面・伊勢ケ浜 (実況)正面・向坂アナ、向正面・内藤アナ (途中5.00Nを放送)	00 宗教の時間「苦難の僕」再 出東洋大学教授・泉治典ほか関根正雄 駒沢義宣	3	45 映画「渡り鳥いつまた帰る」(1960年度日活作品)(監督)斉藤武市 出小林旭、浅丘ルリ子、中原早苗、宍戸錠、南田洋子ほか	00 サンデースペシャル「栄光のアメリカ映画祭・スターが選ぶベストワン史上最高のアメリカ映画はこれだ」
	00 テレビコンサート再 (管弦楽)京都市交響楽団(指揮)N・ビス 45 教養特集「この30年の民主主義」②～80年代と市民運動再	4		25 ガイド 30 '78全米室内陸上黒い閃光マクティア世界新!(解説)小掛照二
	30 福祉の時代「孤児たちの歩み」再	5	10 ハイライト◇15ガイド 20 笑点 ①落語 出三遊亭小円遊②フィギュアスキー入門 ③大喜利	25 ガイド 30★ヤングおー!おー! 出野口五郎ほか(6.25)

昭和53年
1978年
3月19日 日曜日

時代を映す名番組が続々放送されていた70年代日曜日の楽しいブランチタイム

今回は趣向を変えて、午前中から夕方までの番組表をのぞいていきましょう。

よく〝10代のころに聴いた音楽や見た映画が一番印象に残る〟といいますが、テレビもそうなのかな。高校1年の春休み、テレビばっかり見ていたわけでもないと思うけど、それでもこうやって見渡してみると、懐かしくて涙が出そうなこの日の番組表です。とはいえ、実は朝9時台以前の番組はあまり記憶にありません。なぜならテレビではなくラジオを聴いていたから。ＴＢＳラジオ、文化放送、ニッポン放送と、各ラジオ局が軒並みベストテン番組を放送していて、順位をメモしたりエアチェックしたりしながら各局聞き倒していましたね～。特にニッポン放送の『不二家歌謡ベストテン』（ＤＪはロイ・ジェームス）は聞き逃さなかったな。そして10時ころからテレビに移ります。

午前中は音楽番組が多いですね。ＮＨＫ教育朝10時の『セサミ・ストリート』も音楽目当てに見ていました。ＮＨＫ朝10時の『歌はともだち』はこの日が最終回。個人的には土曜の夕方に放送されていた時期の印象が強いです。この時は田中星児が司会でした（「ビューティフル・サンデー」の大ヒットは１９７６年のことです）。続く朝11時の『あなたのメロディー』は１９６３年にスタートして85年まで続いた長寿番組で、視聴者が自作のオリジナル曲を譜面（！）で応募し、その中から毎週5曲をプロの歌手が歌唱するという番組です。こういう番組が20年以上続いたというのがまずスゴい。番組開始当初から審査員を務めた高木東六さんは「素人からこんな素晴らしいメロディーが生まれるとは思わなかった。驚くしかない」と素直に驚きを表現していたそうです。番組で

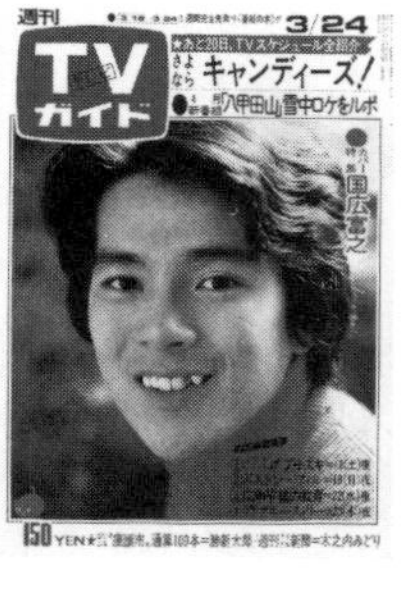

1978年3月24日号
表紙・国広富之
1977年のドラマ『岸辺のアルバム』（TBS）でデビューしゴールデンアロー新人賞を受賞。この年は『赤い絆』（TBS）など、多数のドラマに出演している。

は毎週アンコール曲が1曲決定、その中から2カ月に1回優秀曲を選び、選ばれた12曲の中から年間最優秀作品が選ばれていました。この日はちょうど77年度の年間優秀作品コンテストが放送されました。最優秀作品に選ばれたのは、弦哲也が歌った『与作』。のちに北島三郎の代表作となった番組最大のヒット曲です。

そして当時最も注目を集めていたのは、なんと言っても日本テレビ朝11時の萩本欽一司会『スター誕生！』でしょう。言わずと知れたテレビ史上最も影響力を持った視聴者参加型オーディション番組です（いわば楽曲のオーディション番組である『あなたのメロディー』と同時間帯に編成されていたというのも面白いです）。このころ、山口百恵、岩崎宏美、ピンク・レディーはじめスタ誕出身歌手がチャートを埋め尽くしており、まさに全盛期といっていいでしょう。最高視聴率を記録したのもこのころです。後を追って始まったフジテレビ朝10時の『君こそスターだ！』も意外に長く続きました。

テレビ朝日では、今も続く長寿音楽番組『題名のない音楽会』（朝10時）に続いて、10時半から『ラブアタック！』が放送されてます。もともと朝日放送のローカル番組でしたが、この年の4月から全国放送となりました。司会は横山ノックと上岡龍太郎でした。そして東京12チャンネルでは朝11時半から、料理バラエティーのパイオニア『世界の料理ショー』をやってます。MCで自ら料理も作り司会進行も行うグラハム・カーのインパクトが強くて一度見たら忘れられません。正午からは中京テレビ制作の伝説の長寿番組『お笑いマンガ道場』。当初、関東では日テレではなくて、12チャンネルでやってたんですね。ちなみに司会は広島出身の〝木へんにホワイト〟柏村武昭。10時半からの『奥さん！全員集合』という冗談みたいなタイトルの番組の司会もやってます。

午後も名番組目白押しです。テレ朝は牧伸二の『大正テレビ寄席』。フジは高島忠夫の『クイズ！ドレミファドン！』。日テレはレツゴー三匹『目方でドーン‼』。そしてTBSが獅子てんや・瀬戸わんやの『家族そろって歌合戦』。いやあ、てんやわんや師匠、好きでした。テレ朝の夕方4時半にはムキムキマンの『出没‼おもしろMAP』もあります。森永製菓の提供でした（だからエンゼル体操なんですね）。TBS夕方5時半は『ヤングおー！おー！』。桂三枝（現・桂文枝）司会の末期です。

夜	⑧フジテレビ	⑩テレビ朝日	東京⑫チャンネル
6	00 FNNニュースレポート6・00 （キャスター）俵孝太郎ほか 30 FNNニュースレポート6・30 出逸見政孝	00 宇宙魔神ダイケンゴー「泣くな母恋星」声石丸博也ほか 30 ANN N レーダー 50 ANN首都圏N	00 快傑ウッドペッカー再 15 とうきょう手帳 20 天 26 キッド◇41セレクト 45 マンガのくに「大魔王シャザーン」①てんぷく大王の魔術ほか
7	00 銀河鉄道999「迷いの星の影」（原作）松本零士 声鉄郎…野沢雅子ほか 30 クイズ・グランプリ （司会）小泉博 （アシスタント）清水洋子 45 スター千一夜	00 クイズ・タイムショック （司会）山口崇、高山しげみ 30★走れ！ピンクレディー ①モンピー初登場!! ②沢田のスター動物園 ③ミーとケイの動物家族ほか 出沢田研二ほか	15 友子ヤングコンサート 出斉藤友子 30 UFO大戦争戦え！レッドタイガー「空を飛んだチャコ」 58 各駅停車世界の旅
8	00 スターどっきり㊙報告 ①恐怖の館 ②寝起きでドッキリ！ ③ニセモノおしかけ恐怖のご対面！ ④BOOBOOインタビューほか （ゲスト）野口五郎、岡田奈々、相本久美子 （司会）三波伸介 54解FNN N	00★若さま侍捕物帳「参上!!子ども鼠」（脚本）高橋二三 （監督）河野寿一 役若さま…田村正和、矢部駿河守…中村梅之助、喜平…伊藤雄之助 お紺…ジャネット八田ほか松山省二、生井健夫 山本麟一、深江章喜 54 ANN N	00★サウンド・トリップ夢の銀河鉄道 （ゲスト）ダウンタウン・ブギウギバンド、サザンオールスターズ 海援隊、原田真二、尾崎亜美ほか （司会）小林亜星、東京ボードビルショー 54 素敵な女たち 57 東京トピックス
9	00★江戸の渦潮「仇討別れ道」（脚本）内田弘三 （監督）小野田嘉幹 役半兵衛…小林桂樹、純之介…古谷一行ほか新藤恵美、佐藤佑介 54 竜崎勝のくいしん坊！	00★新素敵なあいつ （脚本）窪田篤人 （演出）大井素宏 役英太郎…森進一、まゆみ…秋吉久美子、耕太郎…山村聡ほか植木等 金子信雄、司美穂 54 世界あの店この店	00 映画「空前の動物パニック第1弾・テンタクルズ」（1977年度イタリア作品） （監督）オリバー・ヘルマン 役ターナー…ジョン・ヒューストン、ティリー…シェリー・ウィンタース、ウィル…ボー・ホプキンス、ロバーズ…クロード・エイキンズほかヘンリー・フォンダ、D・ボッカルド
10	00 凡児の・娘をよろしく「双児姉妹、末は女優か漫才師」出露乃五郎一家 30★こんどはどうなってるの!?「身上相談」役吾一…森田健作、あや子…栗田ひろみほか	00★ザ・スペシャル「密約・外務省機密漏えい事件」（52頁） （原作）沢地久枝 （脚本）長谷川公之 （監督）千野皓司 役石山…北村和夫、筈見…吉行和子ほか大空真弓、永井智雄、磯部勉	54 わが子へ
11	00 Nレポート出山川千秋 15 プロ野球N◇50視点 55 '78ニッポン・ビジョン討論会再 0.55 洋画の窓◇ゴルフ 1.05 娘の結婚 「ある冷戦」再 出池部良ほか 3.00 天 （3.05終了）	50 ANN Nファイナル 0.00 スポN 0.06 23時ショー 1.06 速報！囲碁名人戦 1.21 邦楽手帖◇36マッハ・円右の音楽亭再 1.56 人形佐七再 （2.51）	00 サウンドブレイク 10 旅とホテル◇15われら釣り天狗◇30スキー 45 あすの日経朝刊 55 新・世界百話◇0.00天 0.05 ゴルフ◇15プレイガールQ再◇スパイのライセンス再 （2.20）

▶1978年 10月12日 木曜日

夜	①NHKテレビ	③NHK教育テレビ	④日本テレビ	⑥TBSテレビ
6	00 ６００こちら情報部 出鹿野浩四郎、帯淳子 25 紅孔雀 才念あわれ！ 再水沢アキ、三波豊和 40 Nセンター６・40	00 英語会話Ⅲ「日米企業風土の相違」出D・P・ノード、松本道弘 30 フルートとともに （講師）野口竜	00 悟空の大冒険 「ドラゴンの牙」再 再右手和子、野沢那智 30 ジャストN 50 NTV N◇55天	00 テレポートＴＢＳ６ 出山本文郎、小泉正 30 ニュースコープ （キャスター）浅野 55 お天気ママさん
7	00 N◇23天 27 NHKガイド 30 脱線問答 「ナクナナクナ」 出三田純一、滝田ゆう、高林由紀子、香坂みゆき、二葉百合子ほか （司会）はかま満緒	00 スペイン語講座 「しかし、ここに私の婚約者が住んでいます」再 出寿里順平 30 わたしの自叙伝 「一志茂樹」 ～地方史への道	00★驚異の世界・ノンフィクションアワー「勝負！キツネの知恵と大ワシの本能」再中山千夏 30 木曜スペシャル「ビートルズ・日本公演！今世紀最初で最後たった一度の再放送」 ①あの日の武道館の興奮の熱狂をもう一度！ ②素顔のビートルズに独占インタビューほか （曲目）ロックン・ロール・ミュージック、恋をするなら、イエスタデー、ヘルプ、抱きしめたい、シーズ・ア・ウーマンほか（44頁）	00 マジカル７大冒険！ 出榊原郁恵、大場久子、太田裕美、荒井 30★スポーツ・ケンちゃ 「チャコの運動会」 役ケンー…岡浩也、チャコ…斉藤ゆかりほか 見山さと子、牟田悌
8	00 NHK花のステージ 「森・五木こころの歌」 出森進一、五木ひろし、森昌子、角川博、木の実ナナ、中原理恵、大下八郎、井沢八郎、愛田健二 （司会）伊東四朗、小柳ルミ子 50[illegible]名曲アルバム 55 ローカルN◇天	00 NHK文化シリーズ・現代社会のしくみ 「低成長下の就職戦線」② ～人材獲得 出明治大学教授・山田雄一ほか （司会）松浦敬紀 45 テレビコラム （コラムニスト）黒川紀章	54[illegible]ニューススポット	00★家族「秋空晴れて」 （脚本）平岩弓枝 （演出）川俣公明 役伸介…山村聡、さ…京塚昌子、重夫…刈正雄、つる子…浜綿子、智…佐良直美、千江…小川知子、篠山岡久乃ほか波乃久里、大竹しのぶ、里見奈 55 フラッシュN
9	00 ニュースセンター９時 （キャスター） 勝部領樹、末常尚志、福島幸雄、古川小夜子 40 やけぼっくい （第９回）出新珠三千代、高橋昌也、立原博、小泉博、葦原邦子、西村晃	00 きょうの料理 「煮物のコツ」再 （講師）阿部なを 25 名曲アルバム 30 通信高校講座 「数学Ⅰ」（第１部） ～いろいろな二次方程式 （講師）岩波裕治	00★恋人たちの垣根 （第２回） （脚本）砂田量爾 役千津…松坂慶子、喬…林隆三、暁子…范文雀、辰三…高松英郎、靖…仲谷昇ほか火野正平 54[illegible]ニューススポット	00 ザ・ベストテン （予定される出演者） 山口百恵、世良公則＆ツイスト、沢田研二、ピンクレディー、西城秀樹、野口五郎ほか（司会）久米宏、黒柳徹子 55 お天気メモ
10	00★歴史への招待「秘剣一の太刀・塚原卜伝」 出作家・豊田穣、国学院大学教授・岡田一男 30 ニュース解説 45 スポーツアワー （キャスター）久保田順三アナ	00 通信高校講座 「数学Ⅰ」（第２部） ～余弦定理 （講師）礒野幸 30 通信高校講座 「数学ⅡA」 ～行列の和と実数倍 （講師）石川博朗	00★新殉愛・ひとすじの恋 （脚本）八木柊一郎 役葉子…十朱幸代、努…松方弘樹、利一郎…江原真二郎、三津子…片平なぎさ、彰…夏夕介ほか川地民夫 54 スポN	00★あした泣く（第２回） （脚本）宮川一郎 （演出）山田高道 役修一…古谷一行、杏子…小柳ルミ子、美沙子…酒井和歌子ほか芦田伸介、森本レオ 55 生活メモ
11	00 N◇天 （11.15終了）	00 ロシア語講座 「レニングラードシリーズ」～血の上救世主寺院①再 30 大学講座「生活変動と法」～家族生活①再 （講師）有泉亨 （0.00終了）	00[illegible]きょうの出来事 15 11PM「フィーバー！フィーバー！今夜もフィーバー‼激しく楽しくU・S・A」 0.21 天◇スポN◇30N 0.40 映画「女の市場」 出小林旭ほか （1.59）	00 JNNニュースデスク 15 JNNスポーツデスク 30 ペイトンプレイス物語 冷戦の日々は終った 0.00 ザ・ガードマン「生まれたわが子はお化けの赤ちゃん」再 0.56 天 （1.00終了）

昭和53年

1978年

10月12日 木曜日

目を皿のようにしてテレビにかじりついたビートルズ来日公演、たった一度の再放送

この日の目玉はなんと言っても、日本テレビ夜7時半『木曜スペシャル・ビートルズ日本公演！今世紀最初で最後たった一度の再放送』でしょう。ビートルズは1966年6月にただ一度の来日を果たしました。そして日本武道館で6月30日、7月1日、2日の3日間で5回のステージを行います。そして来日真っ最中の7月1日金曜日に日本テレビが特別番組『ビートルズ日本公演』を放送。視聴率は驚異の56.5%を記録しました。これは『NHK紅白歌合戦』を除いた音楽番組としてはいまだに歴代最高の数字です。解散50年を経た現在でもまだまだ高い人気を誇るビートルズですが、当時の人気がいかにすさまじいものだったか、この数字ひとつからでもよくわかります。来日公演の放送契約は再放送なしの1回限りだったといわれ、収録されたVTRもマネジャーのブライアン・エプスタインが持ち去ったため、このときのライブ映像はまさに幻、伝説のお宝と化していました。それが見られるというんですから、この再放送は掛け値なしの一大イベントだったわけです。

ファンの間ではすでによく知られていますが、実はこの日の放送は厳密には再放送ではありませんでした。66年の7月1日に放送されたのは当日7月1日の昼公演の模様でしたが、この日放送されたのは初日6月30日の演奏です。ポールのスタンドマイクが始終左右に揺れ動きキーも半音低い、一般にはあまりできばえのよくないテイクといわれていますが、この伝説映像の歴史的な価値の前にはそんなこと小さい小さい！　まだホームビデオも普及していない時期でしたから、みんな文字通り目を皿のようにしてテレビにかじりついていたものでした。

1978年10月13日号
10月新番組全紹介
『姿三四郎』（日本テレビ）、『素敵なあいつ』（テレビ朝日）、『ナッキーはつむじ風』（TBS）といった話題のドラマが並ぶ。新番組特大号第2弾。

この日はほかにも注目の音楽番組がたくさん放送されています。伝説のビートルズ再放送の真裏、東京12チャンネルの夜8時『サウンド・トリップ夢の銀河鉄道』は、小林亜星が司会のちょっと通好みな音楽番組。この日もダウン・タウン・ブギウギ・バンドと6月にデビューしたばかりのサザンオールスターズ、それに海援隊というなかなか味のある顔ぶれです。番組内では、宇崎竜童と桑田佳祐の〝異色対談〟も行われていたようです。果たしてどんな内容が話されていたのでしょうか(サザンオールスターズが、その名も「Hey! Ryudo!」という楽曲を発表するのは、翌々年の1980年のことです)。

TBS夜9時はおなじみ『ザ・ベストテン』ですが、スタートは78年の1月ですからまだまだ始まったばかり。この週は世良公則&ツイストの『銃爪』が6週目の第1位。このあと10週連続まで数字を伸ばして、初期の大記録達成となりました。この記録を破るのは1981年に12週連続1位を獲得した寺尾聰の『ルビーの指環』です。2位は堀内孝雄の『君のひとみは10000ボルト』、3位は山口百恵の『絶体絶命』でした。

テレビ朝日夜7時半の『走れ!ピンク・レディー』は、5日に始まったばかりでこの日が2回目。ちなみにこの10月期、ピンク・レディーの新番組がこの番組の他にあと2本始まっています。日本テレビの『ピンク!百発百中』と東京12チャンネルの『ピンク・レディー物語　栄光の天使たち』。と言っても『ピンク・レディー物語』は2人の生い立ちからアイドルとして成功するまでを描いたアニメです。そしてこの『走れ!ピンク・レディー』も、主に登場するのは2人をイメージした着ぐるみで、ピンク・レディーは声を当てるだけだったようです。まあそうでもしなけりゃこなせないスケジュールですもんね。いずれにしても無茶苦茶です。

ちなみにTBS夜7時の『マジカル7大冒険!』(榊原郁恵、大場久美子主演のバラエティードラマ)もこの日が2回目の放送ですが、前番組の『UFOセブン大冒険』にはピンク・レディーがレギュラー出演していました。なお木曜7時台はこの秋模様替えした番組が多く、フジテレビのアニメ『銀河鉄道999』も9月スタートでこの日が第5話、テレビ朝日の『クイズ・タイムショック』も、足掛け10年司会を務めた田宮二郎に代わり山口崇が2代目司会者となって、この日が2回目の放送でした。

夜	⑧フジテレビ	⑩テレビ朝日	東京⑫チャンネル
6	00 FNNニュースレポート6・00 （キャスター）俵孝太郎ほか 30 FNNニュースレポート6・30 [出]逸見政孝	00 6時のサテライト [出]堀越むつ子ほか 30 ANN[N]レーダー 50 ドラえもん「リザーブ（予約）マシン」	00 マンガ大行進 15 とうきょう手帳 20 [天] 26 キッド◇41セレクト 45 マンガのくに「ブッチのムキムキ大作戦」
7	00 サザエさん[再] ①ぼくは夜型 ②いとこ同士 ③あわてないでしょ 30 クイズ・グランプリ「スペシャルチャンピオンシリーズ」 45 スター千一夜	00 サイボーグ009「よみがえった幻の総統」[声]004…山田俊司ほか富田耕生 30[S]歌謡ワイド速報!! ①各地区ベストテン情報 ②スター情報 ③スターズームインほか（予定される出演者）西城秀樹、野口五郎、岩崎宏美、円広志、ジュディ・オング、八代亜紀、ビビほか（司会）小林亜星、すぎやまこういち、研ナオコ（レポーター）轟目良北村英二、吉幾三ほか	15 ニュースキッド715 [出]赤塚行雄ほか 30 ピンクレディー物語・栄光の天使たち「花ひらく夜」[声]野村道子、堀絢子ほか
8	00 日ソ対抗バレーボール・男子 「全日本×ソ連」〜大阪市立中央体育館 （54頁参照）（解説）松平康隆（実況）塩田利幸 再建の意欲十分の全日本チームとモスクワ五輪の金メダルを目指すソ連チームの激突。（9.24まで放送）	51 招待席◇54[二]ANN[N]	00★おやこ刑事「恋人たちの城」（脚本）椋露路桂子 [役]文吾…名高達郎、勘太郎…金子信雄、二郎…村野武範、操…服部まこ、三郎…小倉一郎 雪枝…絵沢萠子、文子…鈴鹿景子ほか二瓶正也 54 素敵な女たち [出]近藤玲子◇57トピックス
9	8.00 日ソ対抗バレーボール・男子「全日本×ソ連」〜大阪 24[二]FNN[N] 30[S]ミュージックフェア'79（ゲスト）大橋純子、サーカス、ジュディ・オング （41頁参照）	00★半七捕物帳「唐人飴」（脚本）笠原和夫（監督）安田公義 [役]半七…尾上菊五郎、お仙…名取裕子、金次郎…清川新吾ほか坂東八十助、新橋耐子 54 世界あの店この店	00 映画「SF人食い生物の島謎の生命体襲来」（1978年度カナダ作品）（監督）デビッド・クローナーバーグ [役]ルーク…ポール・ハンプトン、ロロ…ジョージ・シルバーほかリーン・ローリー、A・ミジコフスキー
10	00★柳生一族の陰謀「黒猫の恐怖」（脚本）志村正浩 [役]十兵衛…千葉真一、宗矩…山村聡、おれん…池玲子ほか目黒祐樹、千田孝之、西山辰夫 54 あの日あの時	00★プロポーズ大作戦 ①プロポーズコーナー ②スターWHO'S・WHO ③フィーリングカップル5VS5 静岡大学×東京水産大学 [出]倉田まり子ほか 54 レディス・アイ	24 わが子へ [出]俵萠子 30 チャコのゴルフトリップ [出]樋口久子、栗原甲子男、佐藤精一ほか
11	00 [N]レポート[出]山川千秋 15 プロ野球[N]◇50視点 55[二]◪アンタッチャブル「地獄の聖歌」[再] 0.55 洋画の窓◇ゴルフ[再] 1.05 ドクター・ラファティ [出]P・マッグーハンほか◇[天]（2.05終了）	00 ANN[N]ファイナル 10 スポ[N] 20 大相撲ダイジェスト 50 23時ショー ①そこが知りたいほか （司会）渡辺文雄、服部まこ 0.50 囲碁名人戦◇1.20音楽亭[再] （1.40終了）	00[S]サウンドブレイク◇シネマがお好き◇トモ子・話のらくがき◇20[N] 30 M・イン・USA（41頁）◇0.00[天]◇ゴルフ 0.15 影同心II◇1.10歌 1.15 警部ダン・オーガスト◇2.15歌 （2.20）

▶1979年 5月15日 火曜日

夜	①NHKテレビ	③NHK教育テレビ	④日本テレビ	⑥TBSテレビ
6	00 **600こちら情報部** [出]鹿野浩四郎、帯淳子 25 **プリンプリン物語「十二点五世王一代記」** 40 **[N]センター6・40**	00 **技能講座**「家庭大工入門」〜電動工具の活用 [出]後藤久 30 **バイオリンのおけいこ** （講師）山岡耕筰	00 巨人の星「幻のスイッチピッチャー」[再] [声]古谷徹、加藤精三ほか 30 **ジャスト[N]** 50 **NTV[N]◇55[天]**	00 **テレポートTBS6** [出]山本文郎、料治直矢 30[二]**ニュースコープ**　（キャスター）古谷綱正 55 **お天気ママさん**
7	00 **[N]◇23[天]** 27 **NHKガイド** 30★**キャプテン・フューチャー**「ビブルハンター・怪獣狩人は語る」 （原作）E・ハミルトン　[声]広川太一郎、緒方賢一、野田圭一ほか	00 英語会話Ⅰ 「辞去する」[再] （講師）小川邦彦、マーシャ・クラカワー 30★**新ニッポン日記** 「"円"の値うち」 （仮題）[出]ウィリアム・ベイリーほか	00 **スターアクション！** 「佐良・沢田チーム大反撃」[出]坂上二郎、佐良直美、小松政夫ほか 30 **プロ野球**　「巨人×大洋」〜富山 （録画） （解説）中村稔 （実況）赤木アナ	00 **ザ・チャンス！** [出]ピンクレディー、加納竜、藤村俊二、角川博、朝比奈マリアほか 30 **ぴったしカン・カン** 「ナマコすっぽん大好きでパセリ嫌いなこの人は」（司会）久米宏
8	00★**テレビファソラシド** 「あなたの名前と同じ町」 [出]井上順、愛川欽也、九重親方、三浦洸一、内海桂子・好江、ケン・フランケルほか （司会）永六輔、加賀美アナ、頼近アナほか 50[S]**名曲アルバム** 55 **ローカル[N]◇[天]**	00★**NHK文化シリーズ・歴史と文明** 「反乱の鎮魂歌」⑧ 〜天王・洪秀全 [出]東京大学教授・小島晋治 （語り手）若山弦蔵 （司会）三国一朗 45 **テレビコラム** （コラムニスト）神谷満雄	【野球中止のとき】 7.30　それは秘密です!!　①涙!!41年目実姉と再会　②畑中葉子㊙初恋告白 8.00　新五捕物帳 [出]杉良太郎、都家かつ江、岡本信人ほか 54[二]**ニューススポット◇[天]**	00★**男なら！**「祭りばやしはドラ猫ロック」 （脚本）窪田篤人 （演出）桜井秀雄 [役]健一…北大路欣也、千代…高橋洋子、みき…中田喜子、吾平…水島道太郎、純三…穂積隆信、マリ子…木内みどりほか松岡明美 55 **フラッシュ[N]**
9	00 **ニュースセンター9時** （キャスター） 小浜維人、羽佐間正雄、野田和美ほか 40 **人の気も知らないで** （第2回）（演出）上岡耕三　[出]正司歌江、三浦リカ、花紀京ほか	00 きょうの料理 「鶏肉のレモンあんかけ」[再] 25 名曲アルバム 30 **通信高校講座** 「英語AⅠ」 〜かわいそうな少年① （講師）赤川裕	00★**大都会・PARTⅢ** 「城西市街戦」 （脚本）大野武雄 （監督）長谷部安春 [役]黒岩…渡哲也、宗方…石原裕次郎、加川…高城淳一ほか高品格 54[二]**ニューススポット◇[天]**	00★**やる気満々**「姪メイ小ヤギ」（脚本）高橋玄洋　（演出）脇田時三 [役]良太…古谷一行、悠一…細川俊之、六治郎…川谷拓三ほか山岡久乃志穂美悦子、高見知佳 55 **明日のお天気**
10	00 **1億人の経済** 「定着するか省エネルギー・節約」（仮題） [出]富塚文太郎ほか 30 **ニュース解説** 45 **スポーツアワー** ①大相撲夏場所「十日目」②プロ野球ほか	00 **通信高校講座** 「英語AⅡ」 〜未来の食物⑥ （講師）橋本光郎 30 **通信高校講座** 「古典Ⅰ乙・古文」 〜万葉集④ （講師）中西進	00★**愛と死の絶唱**　（第4回）（脚本）高岡尚平 （演出）佐光千尋 [役]冴子…大原麗子、圭介…金田賢一、剛…田村正和、しのぶ…佐藤友美ほか中尾彬 54 **スポ[N]**	00★[二]**刑事スタスキー&ハッチ**「殺人容疑者ハッチ絶体絶命！」 [出]ポール・マイケル・グレーザー、デビッド・ソウル、アントニオ・フォーガスほか 55 **お天気メモ**
11	00 **[N]◇[天]** （11.15終了）	00 ドイツ語講座 「お天気」[再] （講師）小塩節 [出]M・ミュンツァーほか 30 大学講座「日本の近代化と文学」〜無用の人の気品[再]　[出]中村光夫 （0.00終了）	00[二]**きょうの出来事** 15 **11PM**　タイムギャングお色気と名調子で迫ります第3回全国美人バスガイドコンテスト 0.21　[天]◇25スポ[N]◇**朝刊** 0.40　子連れ狼 「流れ影」[再]（1.39）	00 **JNNニュースデスク** 15 **JNNスポーツデスク** 30 キイハンター「殺し屋候補生№1」[再] [出]野際陽子、千葉真一 0.30　母の肖像[再] [出]吉沢京子、横光克彦 0.57　[天]　（1.00終了）

昭和54年
1979年
5月15日 火曜日

永六輔が仕掛けた『テレビファソラシド』の新しさ

ソニーからあの初代ウォークマンが発売されたのがこの1979年。テレビ界にも重要な番組がいくつも登場しています。

まずはこの春始まった国民的アニメ番組、テレビ朝日夕方6時50分のアニメ『ドラえもん』。そうそう最初は毎日10分ずつやってたんだよね。で、日曜に30分バージョンをやってたんでした。今ではすっかり国民的アニメとなりましたが、最初の一歩は意外にひっそりしたものでした。もうひとつ同じくこの春スタートして3年間も続く人気シリーズとなったのが、NHK夕方6時25分の人形劇『プリンプリン物語』。石川ひとみが声を当てていたことで有名ですね。

7時台もアニメがいっぱいです。テレビ朝日夜7時の『サイボーグ009』は、人気の高かった1968年のモノクロ版ではなく新作です。NHK夜7時半の『キャプテン・フューチャー』は、『未来少年コナン』に続くNHKアニメの新シリーズとして注目されていました。12チャンネルの夜7時半には前項で触れた『ピンク・レディー物語 栄光の天使たち』が放送されています。6～7時台はおおむねテレビは子供の時間として認識されていたのでしょうね。高齢者向け（？）の番組が並ぶ21世紀の現在とは随分景色が違います。でも言葉を変えれば、このころターゲットにしていた70～80年代生まれ以上の人たちを今でもテレビはメインターゲットにしているということになるわけです。なかなか難しい問題ですね。

プライムタイムの他の番組を見ていきましょう。TBS夜7時『ザ・チャンス！』も4月スタート。伊東四朗司会のイメージが

1979年5月18日号
表紙・大場久美子、榊原郁恵
『少女探偵スーパーW』（TBS）で共演した2人の表紙。地球人探偵少女と、宇宙人少女のコンビが難事件を解決していく。共演は渡辺文雄、三波豊和ほか。

強いですが、初代司会はピンク・レディーでした。5月1日にヴィレッジ・ピープル『In the Navy』のカバー『ピンク・タイフーン』を発売したばかりのころです（ほんと、ここ数回ピンク・レディーのことばっかり書いてる感じ。それだけ出ずっぱりだったんですね）。

ＮＨＫ夜8時は、この年4月から始まった異色のバラエティー番組『ばらえてぃテレビファソラシド』。構成作家として創世記からテレビに携わってきた永六輔が、久しぶりに手がけた本格的なバラエティーということで話題になった番組です。この番組の大きなテーマは、ＮＨＫの女性アナウンサーたちをメイン司会に据えるということでした。永六輔が、こんなに優秀で魅力的なのにアシスタント的役割しか与えられないのはもったいないと、女性アナウンサーを中心に、自らがアシスタントとして番組を進行したのです。この時、ＮＨＫの女性アナウンサーとしてメインで登場したのが、ベテランの加賀美幸子アナと2年目の新人頼近美津子アナ。女性アナウンサーを代表して『ＴＶガイド』の表紙を初めて飾ったことでも有名な（？）この頼近アナの人気が、フジテレビを中心とした80年代以降の女子アナブームにつながっていくのですが、その話はまたいずれ。

東京12チャンネル夜8時は『おやこ刑事』。『週刊少年サンデー』連載コミックの実写ドラマ化です。コミックの実写化はこのころはまだ数が少なくジャンル的にも学園ものが中心でしたから、こういう刑事ものは珍しかったですね。主演は名高達男と金子信雄。なかなかシブい配役です。日本テレビ夜9時は『大都会ＰＡＲＴⅢ』。前作の『大都会ＰＡＲＴⅡ』までとは趣を変え、アクションシーンや銃撃シーン、カーチェイスなど大掛かりな見せ場が増え、この年の10月にテレビ朝日でスタートする石原プロによる新作『西部警察』に直結する作品と言われています。渡哲也演じる黒岩部長刑事のもとでエース的な役割を担ったのは寺尾聰でした。日本テレビ夜10時は西村寿行原作のラブサスペンスドラマ『愛と死の絶唱』。主演は大原麗子と田村正和。この2人、まさに70年代のテレビドラマを代表する美女と美男で、『離婚ともだち』や『くれない族の反乱』など、前にも後にも共演作がたくさんあります。

⑧フジテレビ	⑩テレビ朝日	夜	東京⑫チャンネル
00 FNNニュースレポート6・00 （キャスター）山川千秋ほか 30 FNNニュースレポート6・30 出逸見政孝	00 6時のサテライト 出井上加寿子ほか 30 ANN N レーダー 50 ドラえもん「しずちゃんのはごろも」	6	00 Ⓢステレオ音楽館 出バウワウほか◇15手帳◇天 26 セレクトコーナー 30 番組ハイライト 35 春休みプレゼント「弱虫クルッパー」声クルッパー…増岡弘ほか高松しげお、水島裕武見京子、北村弘一
00★'80オールスター春の祭典 出金田正一、輪島功一、鈴木ヤスシ、本田博太郎、秋野暢子、加山雄三、倉田保昭、京塚昌子、篠田三郎、水沢アキ、辺見マリ、酒井ゆきえ、大川橋蔵香山美子、林家珍平、うつみ宮土理、新井康弘、関口宏、伴淳三郎千葉真一、三林京子、中村玉緒、松尾嘉代、吉沢京子、押阪忍、栗原アヤ子、北島三郎、梶芽衣子、野際陽子、古谷一行、坂口良子ほか（司会）萩本欽一（9.48まで放送）	00★花よめは16歳「恋のエイプリルフール」役ミチ…清水由貴子ほか土門峻、堀越陽子 30★一休さん「しみ抜きとなぐられた将軍」声一休…藤田淑子、義満…山田俊司ほか桂玲子	7	30 プロレスリング世界4大タイトルマッチ ①WWUJ・ヘビー級選手権・阿修羅原×剛竜馬 ②AWA世界ヘビー級選手権・N・ボックウィンクル×大木金太郎 ③IWA世界ヘビー級選手権・木村×J・パワーズ ④IWA世界タッグ選手権・浜口、井上×永、木村
	00 ミニミニ招待席 02 映画「犬笛」（1978年度三船プロ作品）（原作）西村寿行（監督）中島貞夫 役秋津…菅原文太、小西…北大路欣也、三枝…原田芳雄、村田…三船敏郎ほか竹下景子、酒井和歌子、勝野洋（67頁）（10.48まで放送）	8	54 素敵な女たち 出木下ユミ◇57東京
7.00★'80オールスター春の祭典 出竜虎、新井春美、大村崑、寺泉哲章団しん也、森田健作、市毛良枝、友里千賀子上原謙、あのねのねほか 48 二 FNN N 54 友竹正則のくいしん坊	8.02 映画「犬笛」（1978年度三船プロ作品）（原作）西村寿行（脚本）菊島隆三、金子武郎 （67頁参照）役秋津…菅原文太、小西…北大路欣也、三枝…原田芳雄、村田…三船敏郎ほか竹下景子、酒井和歌子、勝野洋、伴淳三郎、坂上二郎、山村聡、若林豪、神山繁 殺人犯に誘拐された娘を捜す父親の執念。（途中9.24 N を放送）	9	00★ミラクルガール「パンダ爆撃3億円の照準」（脚本）江里明ほか（監督）高橋勝 役末知子…由美かおる加奈子…藤田美保子ほか岡崎二朗、鶴間エリ 54 すばらしい味の世界
00 Ⓢ夜のヒットスタジオ（予定される出演者）ドゥーリーズ、五木ひろし、野口五郎、梓みちよ、岩崎宏美、敏いとうとハッピー&ブルー、中原理恵ほか 54 ヨーロッパ発あなたへ	48 新五輪賛歌◇新名場面	10	00★二新熱血弁護士カズ「出発（たびだち）の日、新米弁護士カズ登場」役カズ…ロン・リーブマン、サム…パトリック・オニール、ケティ…L・カールソン 54 天
00 N レポート出俵孝太郎 15 プロ野球 N （58頁） 50 今日の視点 55 Ⓢポピュラーソングコンテスト「関東・甲信越決勝大会」（録画） 0.55 洋画㊙◇ゴルフ㊙再 1.05 おやすみ （1.08）	00 ANN N ファイナル 10 スポ N 20 新五輪まであと110日 25 ミッドナイトショー ①記者会見ほか 出角川春樹、三遊亭円楽ほか 0.25 新のこのラブリー10 出三沢あけみ（0.35）	11	00 Ⓢサウンドブレイク 10 テレビジョン23「ゴングショー」 40 ゴルフ◇45あすの日経朝刊◇55ガイド 0.00 荒野の素浪人「流れ者もずと呼ばれた男」（0.55終了）

1980年3月31日月曜日

夜	①NHKテレビ	③NHK教育テレビ	④日本テレビ	⑥TBSテレビ
6	00 未来少年コナン「地下の住民たち」再 30 アニメーション「ゆかいなモグラ」② 40 Ⓝセンター6・40	00 技能講座「オーディオ入門」〜オーディオへの招待⑤ 出植木彪ほか 30 ピアノのおけいこ（講師）井上直幸	00 あしたのジョー「まぼろしの力石徹」声あおい輝彦ほか 30 ジャストⓃ 50 NTVⓃ◇55天	00 テレポートTBS6 出山本文郎、料治直矢 30Ⓞニュースコープ（キャスター）古谷綱正 55 お天気ママさん
7	00 Ⓝ◇23天 27 NHKガイド 30Ⓢ NHK月曜特集「秘境・シルクロードへの誘い」出井上靖、司馬遼太郎 陳舜臣（司会）山川静夫アナ 4月から始まる〝シルクロード特集〟を前に、すでに取材を終えた15万フィートのフィルムを紹介、井上靖ら日本を代表する作家たちに、シルクロードについて語ってもらう。（154頁参照） 50Ⓢ名曲アルバム 55 ローカルⓃ◇天	00 スペイン語講座「特集8」〜かもめ②再（講師）東谷穎人 30 昭和回顧録「飛行船ツェッペリンが来た日」〜昭和4年・霞ケ浦再 出木村秀政、郡捷ほか	00Ⓢルパン三世「次元に男心の優しさを見た」声ルパン…山田康雄、不二子…増山江威子ほか 30★ほんものは誰だ!「①たて笛ビックリ二重奏 ②豚と同居？トンでる娘」出藤本義一ほか	00 クイズ・100人に聞きました①お母さんが喜ぶお世辞は②頭にくる公共料金の値上げは？ 30 〝人生ゲーム〟ハイ&ロー「持ち金全額没収!?ボーナスで挽回するぞ」（司会）愛川欽也
8		00★NHK文化シリーズ・歴史と文明「条理なき審判」①〜ドレーフュス事件再 出立教大学教授・渡辺一民（語り手）鈴木瑞穂 45 テレビコラム（コラムニスト）伊藤和明	00Ⓢ紅白歌のベストテン〜東京・渋谷公会堂（予定される出演者）小林幸子、郷ひろみ、山口百恵、倉田まり子 石野真子、細川たかし 五木ひろし、岩崎宏美 川崎麻世、狩人、朝田のぼるほか（司会）堺正章、榊原郁恵 54Ⓞニューススポット◇天	00★Ⓢ江戸を斬るV「御用金奪還!暁の追跡」（脚本）葉村彰子（監督）山内鉄也 役金四郎…西郷輝彦、おゆき…松坂慶子、次郎吉…松山英太郎、堅吾…関口宏、お京…山口いづみほか谷幹一、伊藤洋一（56頁参照） 55 フラッシュⓃ
9	00 ニュースセンター9時（キャスター）小浜維人、羽佐間正雄、野田和美ほか 40★Ⓞミセス・コロンボ「ご馳走はキャビア」（1979年度アメリカ作品）（監督）ドン・メドフォード 声ケート（ケート・マルグル）…寺田路恵、シビル（クローデット・ネビンズ）…新橋耐子ほか	00 きょうの料理「野菜の炒め煮」再（講師）王馬熙純 25 名曲アルバム 30 通信高校講座「古代への旅」①〜クレタの美再 出馬場恵二、猿谷要	00 おだいじに（第21回）（脚本）楠田芳子（演出）細野英延 役節子…池内淳子、一郎…太川陽介、和夫…中条静夫ほか永井秀和、村井国夫（178頁） 54Ⓞ海外スポット◇天	00 明日のお天気 02 映画「エクソシスト」（1973年度アメリカ作品）（監督）ウィリアム・フリードキン 役リーガン…リンダ・ブレア、クリス…エレン・バースチン、老神父メリン…マックス・フォン・シドー、若い神父カラス…ジェーソン・ミラー、デニングズ…ジャック・マッゴーランほか（66頁参照）（解説）荻昌弘 12歳の少女にある日悪魔がとりついた…。
10	30 ニュース解説 45 スポーツアワー「選抜高校野球大会」（キャスター）久保田順三アナ	00 通信高校講座「古典Ⅰ乙・古文」〜近世の俳句①蕪村（講師）森澄雄 30 通信高校講座「日本史」〜日清・日露戦争（講師）平野英雄	00★翔んでますえ「雪解け」㊗（脚本）花登筺（演出）小泉勲 役みどり…酒井和歌子 かね…万代峰子、木田…有島一郎、和子…桜町弘子ほか中山仁 54 スポⓃ	
11	05 Ⓝ◇天 （11.20終了）	00 ロシア語講座「ナターシャの日本拝見」⑥〜そろばん教室再出N・チョーラババ 30 大学講座「転換期の資本主義」〜結び再（講師）宮崎義一 （0.00終了）	00Ⓞきょうの出来事 15★11PM「最新UFO情報」（仮題）出沢田和美ほか（司会）大橋巨泉、松岡きっこ 0.21 天◇25スポⓃ 0.30 あすの朝刊◇しおり （0.39終了）	25 お天気メモ 30 JNNニュースデスク 出藤林英雄 45 JNNスポーツデスク 0.00 チベット・ポタラ宮の秘宝（仮題） 0.29 天 （0.32終了）

昭和55年

1980年

3月31日 月曜日

大紀行番組『シルクロード』の事前特番の一方で モスクワ五輪のカウントダウン番組もスタート

1月にポール・マッカートニーが成田空港で逮捕され、12月にジョン・レノンがニューヨークで射殺された1980年。春改編まっただ中の3月31日の番組表は、MANZAIブームとアイドルブームが吹き荒れる、まさに嵐の前の静けさといった趣き。不思議な穏やかさの中に、新時代の予感をはらんだ通好みな一日（?）となっています。

まずはNHK総合の夜7時半。翌週4月7日から1年間にわたって放送されることになる日中共同制作ドキュメンタリー『NHK特集シルクロード』の事前特番です。放送当時、日本に一大シルクロードブームを巻き起こし、『NHK特集』最大のヒットとも言われた大型紀行番組。井上靖、司馬遼太郎、陳舜臣とそろった出演陣。石坂浩二の代表作ともいえる荘厳なナレーション。悠久の時の流れを思い起こさせる喜多郎のシンセサイザーによるテーマ曲。そのどれもが印象深い、歴史に残る名番組です。

フジテレビでは夜の7時から『'80オールスター春の祭典』を放送。自局の番組出演者を集めた改編期ならではの特番ですが、当時は『オールスター家族対抗歌合戦』の形式を借りた番組対抗歌合戦でした（クイズ形式になるのには『なるほど!ザ・ワールド』の登場を待たなければなりません）。司会は欽ちゃんでした。東京12チャンネル夜7時半は、堂々の『国際プロレスアワー』90分特番。鳴り物入りで獲得した大木金太郎の出場を軸に、ラッシャー木村、アニマル浜口&マイティ井上、阿修羅・原など、当時の国際プロレスオールスターがそろっています。ちなみに国際プロレスはこの翌年の81年に倒産します。日本テレビ夜8時は1969年スタートの長寿音楽番組『紅白歌のベストテン』。白組キャプテンは開始以来キャプテンを務めている堺正章、紅組キャプテンは前

1980年4月4日号
表紙・水谷豊
人気ドラマ『熱中時代』（日本テレビ）のスペシャル版放送にあわせての表紙。この年の7月からは『熱中時代』先生編第2弾がスタートする。

週までの大場久美子に代わってこの週から榊原郁恵が担当しています。この年の秋に結婚引退を表明していた山口百恵が出演していますね。12年続いたこの番組も、翌81年3月には終了。『ザ・トップテン』に生まれ変わります。堺正章と榊原郁恵の2人は司会として続投します。日本テレビ夜9時は、あの松田聖子がデビュー前に〝松田聖子〟という役名で出演していたことで知られる『おだいじに』。同じ事務所の先輩・太川陽介の準主演作ですが、いまや松田聖子のデビュー作としてしか記憶されていないというのは皮肉です。この日の翌日の4月1日、『裸足の季節』で松田聖子は歌手デビュー。大きな足跡の第1歩を記すこととなります。

このころは改編期ということで各局とも映画の放送に力を入れていました。『TVガイド』でも放送される大作映画の写真を表紙に使ったりしたものですが、この年の春改編の目玉だったのが、TBS夜9時2分の『月曜ロードショー　エクソシスト』。1974年夏の日本公開時には観客が殺到してケガ人が出て大騒ぎ、あまりの怖さに卒倒者続出でさらに大騒ぎといういわく付きの伝説的オカルト映画。この日の放送は、悪魔が乗り移る少女・リーガンに冨永みーな、立ち向かうカラス神父に岸田森が声を当てた、吹き替えマニアには評価の高い幻のレアバージョンです。

NHK夜9時40分は『ミセス・コロンボ』、第1シーズンの第3話。あの『刑事コロンボ』の〝うちのカミさん〟を主人公にした作品ということで話題になりましたが、本家のスタッフともめて第1シーズンはパイロット版＋4話しか作られず、第2シーズンではタイトル変更に追い込まれました。ドラマとしては完全な失敗作ですが、今でも知名度は大変高い作品です。

最後に深夜枠。日本テレビ『11PM』は最新UFO事情。1980年時点の〝最新事情〟というのも興味をそそります。フジテレビの『ポピュラーソングコンテスト』、通称〝ポプコン〟。このときの関東・甲信越大会には、後の杉山清貴とオメガトライブの前身バンド〝きゅうてぃぱんちょす〟が出ているはずです。そしてテレビ朝日11時20分の新番組『五輪まであと110日』は、テレビ朝日が独占放映権を獲得したモスクワ五輪へのカウントダウン番組でした。

⑧フジテレビ	⑩テレビ朝日	夜	東京⑫チャンネル
00　FNNニュースレポート6・00　（キャスター）山川千秋ほか 30　FNNニュースレポート6・30　[出]逸見政孝	00　6時のサテライト [出]藤久ミネほか 30　ANN[N]レーダー 50　ドラえもん「ビョードー爆弾」[声]大山のぶ代	6	00[S]ステレオ音楽館 [出]ハウンドドックほか 15　手帳◇20[天]◇25ポロン 30　けろっこデメタン 「虹の池の魔神」[再]
00　銀河鉄道999「マカロニグラタンの崩壊」 [声]鉄郎…野沢雅子、メーテル…池田昌子ほか 30　クイズ漫才グランプリ [出]ツービート、紳助・竜介、やすこ・けいこ 45　スター千一夜	00　クイズ・タイムショック　（司会）山口崇 （出題）矢島正明 30　三枝の国盗りゲーム 「俊ちゃんには顔負けのビリー・ジョエル」 （司会）桂三枝 （出題）石原真由美	7	00　ほえろブンブン 「母を探して…・死神のいる町」[声]ブンブン…松島みのりほか 30　お化けのサンバ [役]あかね…浅茅陽子、良太…野村義男、さやか…石川ひとみほか
00★探偵同盟　「じゃりん子チエに危険がいっぱい」（脚本）高橋正康 （監督）小池要之助 [役]葉山…加山雄三、早川…宮内淳、麻耶…森下愛子、神尾…柿崎左斗志、大外…本間優二 伍大…塩屋智章ほか根岸季衣、早川保 54[二]FNN[N]◇57[二][天]	00★長七郎天下ご免／ 「紅花・たそがれ・親不孝」（脚本）桜井康裕　（監督）居川靖彦 [役]長七郎…里見浩太朗 おみつ…丘みつ子、音吉…佐藤仁哉、相州屋…大木実、添田…御木本伸介、吾兵衛…高品格ほか岸部シロー 54[二]ANN[N]	8	00　ドバドバ大爆弾 〜神奈川・海老名市文化会館　①出るか100万円？ハチャメチャ芸に君は耐えられるかほか （審査員）近江俊郎、福富太郎、清水クーコ 牧伸二、林家こん平 （司会）所ジョージほか 54　わたしの本箱 57　東京トピックス
00★江戸の朝焼け 「二十五年目の春」 （脚本）加瀬高之 （監督）児玉進 [役]島…沖雅也、清兵衛…小林桂樹ほか渡辺篤史 水原ゆう紀、小泉博 54　友竹正則のくいしん坊	00　虹子の冒険　「雪が降る」（脚本）水口望 （演出）沢木均 [役]虹子…夏目雅子、かおり…田中好子、一郎…青島幸男、尾形…名高達郎ほか　（143頁） 55　世界あの店この店	9	00[二]映画「復讐のインディアン・ランサム」 （1978年度アメリカ作品）（監督）リチャード・コンプトン [出]オリバー・リード、スチュアート・ホイットマン、デボラ・ラフィン、ジム・ミッチャムほか インディアンを片隅に追いやり私腹を肥やす白人たち。が、ある日、〝風〟と名のる男が彼らに身代金を要求
00　三枝の爆笑美女対談 （ゲスト）梶芽衣子 （司会）桂三枝 30★ゆるしません／ 「子供がいます」 [出]友里千賀子、真夏竜 船戸順、小川より子ほか	00　ドキュメンタリードラマ・銀いろの訪問者 「そして、専務出社せず」（脚本）山田正弘 大津皓一　（演出）近藤久也、中野良子 [役]会田…愛川欽也、杉戸…千秋実、佑子…中野良子ほか（26頁参照）	10	54　わが子へ　[出]浅葉和子
00　[N]レポート[出]俵孝太郎 15　プロ野球[N]　①破壊力は健在・リー兄弟ほか 0.00　今日の視点 0.05　テレビアンナイト 「夜の御伽話」 （司会）藤村俊二ほか 0.35　おやすみ　（0.38）	24　[天]◇30ANN[N] 55　トゥナイト ①ホットアングル ②東京午前零時ほか （司会）利根川裕ほか 0.55　ラブリー10[再][出]パラダイスキング（1.06）	11	00[S]サウンドブレイク 10　世界の料理ショー 「イタリア風ブイヤベース」 40　歌◇45あすの日経朝刊 0.00[二]熱血弁護士カズ「ナイフを持つ女」[再] （0.55終了）

▶1981年 2月19日 木曜日

①NHKテレビ	③NHK教育テレビ	夜	④日本テレビ	⑥TBSテレビ
00 ６００こちら情報部 [出]鹿野浩四郎、帯淳子 25 プリンプリン「ランカーの別荘、爆発!!」 40 [N]センター６・40	00 英語会話Ⅲ[再] [出]ケン・マクドナルド 小林ひろみほか 30 ギターをひこう （講師）小原聖子	6	00 ジャングル大帝 「人喰いライオン」[再] [声]太田淑子、勝田久ほか 30 ジャストⓃ （多重） 50 ＮＴＶ[N]◇55[天]	00 テレポートＴＢＳ６ [出]山本文郎、藤林英雄 30[二]ニュースコープ （キャスター）浅野輔 55 お天気ママさん
00 [N]◇23[天] 27 ＮＨＫガイド 30 脱線問答「死ぬまでひとに話すのやめよう」 [出]松岡弘、滝田ゆう、岡本信人、岸ユキ、水野晴郎、木ノ葉のこ、はかま満緒ほか	00 スペイン語講座 「ラサリーリョ・デ・トルメスの生涯」④～牛の石像①[再] 30 わたしの自叙伝 「早石修」～占領下の米国留学 [出]京都大学名誉教授・早石修	7	00★驚異の世界・ノンフィクションアワー「セレンゲティは滅びず華麗なる殺し屋チータ」[後] 30★木曜スペシャル 「太陽の帝国!幻のインカ!!黄金の秘密都市を追って」 ①チチカカ湖の創造伝説 ②アンデス山中に奇祭コイリョールリテを見た ③ナスカからマチュピチュへ ④処女の館と宝物ほか （ナレーター）中田浩二、神保共子	00★たのきん全力投球! [出]松田聖子、田原俊彦 近藤真彦、野村義男ほか 30★ケンちゃんチャコちゃん「おかあさんの白雪姫」[出]岡浩也、久米敬子、野崎秀吾、高津住男、岸久美子、田崎潤
00 テレビファソラシド 「今宵はライブで…」（仮題） [出]中村伸郎、春風亭小朝、北原ミレイ、タモリ、永六輔、近藤真彦 小堺一機、内海桂子・好江、加賀美幸子アナほか 50[S]名曲アルバム 55 ローカル[N]◇[天]	00 ＮＨＫ文化シリーズ・現代社会のしくみ 「新・レコード事情」③～サウンドエージ [出]フォーライフレコード副社長・後藤由多加 スポーツニッポン記者・小西良太郎ほか 45 テレビコラム （コラムニスト）宗左近	8	54[二]ニューススポット◇[天]	00★出逢い 「知らない同志」 （脚本）服部佳 （演出）川俣公明 [役]章…池内淳子、良重…小川知子、勇子…中田喜子、長子…乙羽信子、良太…新克利、力…佐良直美ほか大坂志郎 杉田かおる、川崎麻世 55 フラッシュ[N]
00 ニュースセンター９時 （キャスター）小浜維人、羽佐間正雄、友杉祐子 40 現代夫婦考（第14回） [出]フランキー堺、中村玉緒、浅野ゆう子、根上淳、岸部一徳ほか	00 きょうの料理「成人病を防ぐために」④～脂肪をすくなく[再] 25 名曲アルバム 30 通信高校講座 「数学Ⅰ」（第１部）～対数の性質① （講師）荒井淳雄	9	00[二]海外スポット 02 木曜ゴールデンドラマ 「砂の殺意・わが子を奪ったのは誰？女が女に復讐するとき」 （原作）夏樹静子 （脚本）尾中洋一 （監督）大槻義一 [役]由花子…市原悦子、優子…吉行和子、隆志…井上孝雄、津島…佐野浅夫、秋子…岡まゆみ、松川…小松方正ほか 東野英心、天田俊明、大塚国夫（44頁参照）	00 ザ・ベストテン （予定される出演者） 近藤真彦、田原俊彦、松田聖子、ザ・ぼんちチャゲ＆飛鳥、五十嵐浩晃ほか （司会）黒柳徹子、久米宏 55 明日のお天気
00★歴史への招待 「キリシタン秘話」①～島原の乱で生き残った男 [出]三浦朱門 30 ニュース解説 45 スポーツアワー ①キャンプレポート・近鉄 ②スピードスケートほか	00 通信高校講座 「数学Ⅰ」（第２部）～独立な試行② （講師）淀繁弘 30 通信高校講座 「数学ⅡＡ」～計算機を使う （講師）染谷弘	10	54 スポ[N]	00★微笑天使「脅迫」 （脚本）宮川一郎 （演出）桜井秀雄 [役]優子…多岐川裕美、麗子…中原理恵、吾郎…中山仁ほか市村正親、南田洋子、芦田伸介 55 お天気メモ
00 [N]◇[天] （11.15終了）	00 ロシア語講座 「続・入門シリーズ」～試験[再] [出]Ｖ・ウーヒンほか 30 大学講座「日本社会の構造」～保守と革新の逆説[再] [出]福武直 （0.00終了）	11	00[二]きょうの出来事 （キャスター）小林完吾ほか 20 11ＰＭ「アンチ・ヒーロー」（仮題） [出]今村昌平、桃井かおり、紳助・竜介ほか 0.25 [天]◇30あすの朝刊 0.40[S]夜のしおり（0.44）	00 ＪＮＮニュースデスク 15 ＪＮＮスポーツデスク 30 アメリカ秀作ミニシリーズ「愛の嵐に」④ （監督）ポール・ウェンドコス [出]レスリー・アン・ウォーレンほか 0.29 [天] （0.32終了）

昭和56年
1981年
2月19日 木曜日

MANZAIブームとアイドルブームが、ほぼ同時に吹き荒れていた超賑やかな番組表

MANZAIブームとアイドルブーム、テレビに2つの嵐が吹き荒れた1981年。まさにMANZAIブームの象徴と言えるのが、前年の10月にスタートしたフジテレビ正午『笑ってる場合ですよ!』です。B&Bが司会として毎日登場、各曜日にザ・ぼんち、ツービート、紳助・竜介、のりお・よしおら、のちの『ひょうきん族』組がレギュラーとして出演しましたが、この日木曜のレギュラーは漫才師ではなく春風亭小朝でした。もうひとつ、これは知らない人が多いかもしれないフジの夜7時半『クイズ漫才グランプリ』。漫才の中からクイズを出していたそうで。かつては笑福亭仁鶴師匠が、いまは桂南光師匠が司会を務める『生活笑百科』みたいですね。この日はツービート、紳助・竜介、やすこ・けいこが出演。司会は明石家さんまでした。ちなみにそのあと夜7時45分からの『スター千一夜』は1959年のフジテレビ開局以来22年続いた長寿番組でしたが、この年9月に終了します。俗に〝フジテレビ第2の開局〟と呼ばれるこの大英断によって、フジテレビの黄金時代は幕を開けることになります。

そして、田原俊彦・近藤真彦・野村義男の通称〝たのきんトリオ〟と松田聖子を中心としたアイドルブームもすごかった! 出演番組が目白押しです。4人がそろったTBS夜7時の『たのきん全力投球!』(この日のゲストは明石家さんまです。この人もよく出てますね)、東京12チャンネル7時半のドラマ『お化けのサンバ』にはヨッチャンがレギュラー出演、NHKの『テレビファソラシド』はマッチがレギュラー、そしてTBS夜9時の『ザ・ベストテン』には、トシちゃん、聖子、マッチの3人が勢ぞろいしています。ちなみに順位は、1位田原俊彦『恋=Do!』、2位松田聖子『チェリーブラッサム』、3位が近藤真彦『スニーカーぶる〜す』、4位はザ・ぼんち『恋のぼんちシート』でした。

1981年2月20日号
表紙・松坂慶子
西郷輝彦が大江戸八百八町にはびこる悪に挑む南町奉行・遠山金四郎を演じる『江戸を斬るV』(TBS)で、おゆきこと雪姫役を演じた。

注目のバラエティーをあと2つ。東京12チャンネル夜8時は所さんのハチャメチャ素人参加バラエティー『ドバドバ大爆弾』。披露される芸のアホらしさと賞金100万円のギャップが笑える東京12チャンネル屈指の名番組でした。デビュー前のとんねるずも出たことがあるそうです。そしてもうひとつ、「早いのが取り得、岡本信人さん」でおなじみ、NHK夜7時半『脱線問答』。なつかしいなあ〜。私の世代では『お笑い頭の体操』を思い出させます（って、もっとなつかしい）。司会のはかま満緒はともかく、滝田ゆうとか水野晴郎とか回答者が不思議な番組でした。

最後にドラマ行きましょう。フジテレビ夜8時は加山雄三主演の『探偵同盟』。脚本、監督などで松田優作主演『探偵物語』の制作陣が関わった、大学の探偵倶楽部を舞台にしたコメディタッチの探偵ものでした。ちなみに加山雄三はこの時期、テレビ朝日夜10時から『加山雄三のブラック・ジャック』というドラマにも主演していました（この週はスペシャルドラマでお休みでしたが）。同クール、同曜日に主演ドラマが2本というのは、なかなか珍しいと思います。テレビ朝日夜9時の『虹子の冒険』は、夏目雅子の連ドラ初主演作。前年7月に『欽ちゃんのどこまでやるの！』で芸能界復帰した、元キャンディーズの田中好子共演、久世光彦がメイン演出を担当するという話題作でした。TBS夜10時の『木曜座』枠は多岐川裕美主演の『微笑天使』。『木曜座』は、働く女性を主人公にしながら中身は結構ドロドロのメロドラマ、という当時としてはなかなかユニークな路線を貫いた女性向けドラマ枠で、そんなに長く続いた枠ではありませんでしたが、『愛と喝采と』『水中花』『離婚ともだち』などヒット作を連発しました。大原麗子、十朱幸代、松坂慶子といった女優陣の使い方が特徴的で、多岐川裕美もこの枠を支えた女優のひとり。

もう1本、午後帯の番組ですが、このころTBS昼0時40分のポーラテレビ小説枠で放送されていたのが『元気です！』。熊本大学在学中に篠山紀信撮影による週刊朝日の表紙に登場して注目を浴び、「今のキミはピカピカに光って」のミノルタのCMで一躍センセーションを巻き起こした宮崎美子のドラマデビュー作。まあ、カワイかったですよ。吉高由里子をちょっとふっくらさせた感じでね。その後も漢字の女王として元気でご活躍です。最近もビキニ姿を披露して話題になりました。吉田拓郎の主題歌も名曲でした。

⑧フジテレビ	⑩テレビ朝日	夜	東京⑫チャンネル
00 Nレポート6・00 出山川千秋、近藤唯之 30 Nレポート6・30 （キャスター）逸見政孝、田丸美寿々	00 6時のサテライト 出堀越むつ子ほか 30 ANN Nレーダー 50 ドラえもん 「水よけロープ	6	00Ⓢステレオ音楽館「'81ひな祭りコンサート」 15 手帳◇20天◇25ポロン 30 けろっこデメタン 「戦えデメタン」再
00 翔んだカップル（第24回）役圭…桂木文、勇介…芦川誠ほか宮脇康之轟二郎、中帆登美 30 クイズ漫才グランプリ 出紳助・竜介、ツービート、おぼん・こぼん 45 スター千一夜	00 ハロー！サンディベル 「白水仙の待つ丘」 声サンディベル…山本百合子ほか金内吉男 30★それゆけ！レッドビッキーズ「跳べ！野菜ジュースパワー」出山田由紀子、剣弘紀ほか	7	00 とびだせ！つり仲間 ①フィッシング最新情報 ②魚拓・ベスト5ほか （司会）青山孝 30 日本列島大爆笑 「人気絶頂・ディスコ漫才」～東京・六本木ディスコBEEより中継録画 出オール阪神・巨人、ザ・ぼんち、島田紳助・松本竜介、ツービート、西川のりお・上方よしお、春やすこ・けいこ （司会）横山やすし
00 番組告知 03 ドラマスペシャル・その時歴史は変った 「今つづる父と母の昭和史」（原案）竹村健一 （脚本）佐々木守 （演出）恩地日出夫 役小林…芦田伸介、幣原…伊丹十三、松岡…竜雷太ほか（30頁参照） （10.54まで放送）	00 ワールドプロレスリング「ビッグファイトシリーズ」 ～福島県会津若松市体育館 （出場選手） アントニオ猪木、坂口征二、藤波辰巳 （解説）山本小鉄 54二ANN N	8	54 わたしの本箱 57 東京トピックス
8.03 ドラマスペシャル・その時歴史は変った 「今つづる父と母の昭和史」（原案）竹村健一 （脚本）佐々木守 （演出）恩地日出夫 役小林…芦田伸介、幣原…伊丹十三、松岡…竜雷太、近衛…加藤和夫、山座…佐藤慶、お登志…秋吉久美子ほか宮口精二、萩原健一 （対談）竹村健一VS大森実 （30頁参照） 54 ヨーロッパ発あなたへ	00★ザ・ハングマン 「大統領の隠し娘」 （脚本）鴨井達比古 （監督）後藤幸一 役都築…林隆三、日下部…黒沢年男、福島…山村聡ほか植木等 54 世界あの店この店	9	00★金曜スペシャル 「神秘・女体刺青の世界 秋山庄太郎の密着激写」（ゲスト）凡天太郎、彫巳乃 出梨沙ゆり、秋山百絵 （ナレーター）阪脩 54 すばらしい味の世界
	00★必殺仕舞人「丹後の宮津の嘆き唄」 （脚本）吉田剛 （監督）松野宏軌 役京山…京マチ子、晋松…高橋悦史ほか西崎みどり、西山辰夫 34頁 54 天	10	00★ミエと良子のおしゃべり泥棒 （ゲスト）有島一郎 出中尾ミエ、森山良子 30 ザ・テレビジョン 「大好評・ヨーロッパ運動会特集」①何が飛び出す珍ゲームほか
00 Nレポート出俵孝太郎 15 プロ野球N ①阪急×阪神②社会人野球決勝 0.00 今日の視点 0.05 ビジョン討論会 「様変り？春闘展望」 出松崎芳伸、富塚三夫 0.55 おやすみ （0.58）	00 ANN Nファイナル 出楝方宏一ほか 15 大相撲ダイジェスト 45 ビッグニュースショー・世界はいま （司会）轡田隆史、安藤優子 0.35 ジャム'81 （1.05）	11	55Ⓢサウンドブレイク 0.05 あすの日経朝刊 0.15淀川長治・映画の部屋 0.30 モータースポーツダイジェスト 0.45 東京レポート再 1.00 夜のサウンドグラビア （1.30終了）

1981年 3月20日 金曜日

夜	①NHKテレビ	③NHK教育テレビ	④日本テレビ	⑥TBSテレビ
6	00 600こちら情報部 [出]鹿野浩四郎、帯淳子 25[二]ポパイ ①ヤギのしつけはまかせろほか 40 [N]センター6・40	00 福祉の時代 「車椅子の詩」 〜花田春兆 30 三味線のおけいこ （講師）菊岡裕晃	00★鉄人28号「正太郎、宇宙からの大逆転!」 [声]山田栄子、富田耕生 30 ジャスト[N] （多重） 50 NTV[N]◇55[天]	00 テレポートTBS6 [出]山本文郎、藤林英雄 30[二]ニュースコープ （キャスター）浅野輔 55 お天気ママさん
7	00 [N]◇23[天] 27 NHKガイド 30★[二]スヌーピーとチャーリー・ブラウン 「スヌーピーもがんばれオリンピック」[声]チャーリー…なべおさみ 55 名犬ジョリイ予告編	00 英語会話I「友人の帰国を見送る」[再] （講師）小川邦彦、マーシャ・クラカワー 30 歴史への招待 「対馬沖の20時間」 〜日本海海戦・後編[再] [出]作家・司馬遼太郎	00 歌まね振りまねスターに挑戦!!「人気漫才大会!ザ・ぼんち椅幸夫で勝てるか？」 30★カックラキン大放送!! 「あれは秘密です!!」 [出]野口五郎、沢田研二、高田みづえ、研ナオコ	00★仮面ライダースーパー1「怪人墓場の決闘!メガール将軍の最期」 [出]高杉俊价、塚本信夫 30★野生の王国「ピューマを追い、ワニと格闘する女性科学者たち」 （ゲスト）中川志郎
8	00 NHK特集 「さらば日劇」 〜青春の街角の半世紀 森繁久弥、灰田勝彦、山口淑子らの談話、ステージでのフィルムを紹介しながら、日劇50年間の歩みをふりかえる。（41頁参照） 50[S]名曲アルバム 55 ローカル[N]◇[天]	00 飛行機の時代⑤ 「第2次大戦の主役たち」 グラマンF4Fワイルドキャット、ロッキードP38ライトニングそして零戦。第2次大戦下の名機を紹介。 45 テレビコラム （コラムニスト）長岡昌	00★太陽にほえろ! 「ドック刑事雪山に舞う」（脚本）長野洋 （監督）鈴木一平 [役]藤堂…石原裕次郎、山村…露口茂、石塚…竜雷太、西条…神田正輝ほか沖雅也、木之元亮、山下真司、下川辰平、友直子 54[二]ニューススポット◇[天]	00 3年B組金八先生 「卒業式前の暴力」② （脚本）小山内美江子 （演出）生野慈朗 [役]金八…武田鉄矢、悦子…名取裕子、君塚校長…赤木春恵、上林…川津祐介ほか吉行和子、上条恒彦、森田順平、茅島成美 （146頁） 55 フラッシュ[N]
9	00 ニュースセンター9時 （キャスター）小浜維人、羽佐間正雄、友杉祐子 40 風の盆（第15回） [出]梶芽衣子、岡本富士太、北城真記子、大門正明、織本順吉ほか	00 婦人百科 「短歌入門」[再] （講師）生方たつゑ 30 通信高校講座「時代を写す」〜焦土の中から [出]写真家・林忠彦、漫画家・池田理代子	00★欽ちゃんの〝ちゃ〜んと考えてみてネ!!〟 「街はおしゃべり」⑧ [出]萩本欽一、浜木綿子、宍戸錠、萩島真一、高瀬春奈、田中浩二、竹田かほり、西山浩司ほか 54[二]海外スポット◇[天]	00 青い絶唱（第17回） （脚本）安本莞二 （監督）国原俊明 [役]鉄夫…柴田恭兵、華子…榊原郁恵ほか泉ピン子、渡部絵美、山本学、北詰友樹 （146頁） 55 明日のお天気
10	00 ニュース解説 15 スポーツアワー ①大相撲春場所・十三日目 ②社会人野球東京大会 30 放送記念日特集・二重放送発信ス「ラジオ第2放送50年のあゆみ」 （語り手）和田篤アナ	00 通信高校講座 「日本史」 〜南蛮人と桃山文化[再] （講師）平野英雄 30 通信高校講座 「古典I乙・古文」 〜徒然草②[再] （講師）三木紀人	00 TV・EYE 「ミクロネシアからの告発」（予定） （キャスター）立木義浩、沢田亜矢子 54 スポ[N]	00★もういちど春「夫の復讐」（脚本）横光晃 （演出）中川晴之助 [役]彩子…伊東ゆかり、谷川…小野寺昭ほか音無美紀子、秋野太作、柳生博、岡本富士太 55 お天気メモ
11	00★夜の指定席 「民謡をあなたに」 （ゲスト）宝生あやこ [出]原田直之、金沢明子、浜さち代、加賀山昭、といちんさ、大島りき 45 [N]◇[天] （11.57終了）	00 ドイツ語講座 「とっておいてくださる？」[再] （講師）早川東三 30 大学講座 「不安の病理」〜自己と他者[再] （講師）笠原嘉 （0.00終了）	00[二]きょうの出来事 （キャスター）小林完吾ほか 20 11PM ①フィッシング ②インビテーショナルゴルフ ③ファッションほか [出]大橋巨泉 0.25 [天]◇朝刊◇映画案内 0.55[S]夜のしおり （0.59）	00 JNNニュースデスク 15 JNNスポーツデスク 30 映画「少林寺拳法・ムサシ香港に現わる」 （1976年度松竹作品） （監督）南部英夫 [出]風間健、五十嵐淳子 0.55 [天] （0.58終了）

昭和56年

1981年

3月20日 金曜日

『金八先生』全シリーズの中の白眉 中島みゆきの『世情』が伝説の曲となった瞬間

春。卒業の季節。この日も伝説となった番組が放送されています。TBS夜8時『3年B組金八先生』第2シリーズ、第24話「卒業式前の暴力②」。第2シリーズのクライマックスであり、金八シリーズすべての中での白眉ともいえる回。テレビドラマ70年の歴史の中でも、最も人々の記憶に残っているエピソードのひとつといえると思います。

中島みゆきの『世情』がフルでかかるスローモーションの逮捕シーン、エンディング近くとお思いの方も多いでしょうが、意外と中盤で登場します。全編スローモーションながら、細かいショットの積み重ねなどでごまかさず、きちんとしたカット割で見せています。緊張感がみなぎり、おそらくは撮り直しなどありえない中で、みんなすごい迫力。そんな中、終始一貫冷静を保つ加藤優役の直江喜一の存在感は一頭図抜けていて、まさに伝説の名にふさわしい面構えです。シークエンスの最後、スローモーションが解けて、加藤たちが手錠姿で護送車に乗せられるところから、加藤の母親が護送車の後を走って追い掛け、やがて泣き崩れるまでを一気に撮ったワンショットが印象に残ります。そして、CM明けの警察署内で大人たちが議論を戦わせるシーン。警察側、桜中、荒谷二中両校の教師に保護者も加えた十数人の大人たちが事件について意見をぶつけ合うシーンですが、これがまた15分ほどを一発撮りの長まわし。みんなセリフにつまったり、言い間違いしたりしてるけど、とにかく遮二無二議論は進む。緊張感あふれるいい演出です。そしてラストのビンタ、抱擁、クラスメイトの出迎えとしっぽまで餡子びっしりです。おみごと。

ところがその『金八先生』とまったく同じクールに、対極に位置するとも言えるこれまた伝説の学園ドラマが放送されていたの

1981年3月20日号
表紙・大場久美子
1978年のドラマ『コメットさん』(TBS)でお茶の間の人気者となり、一躍トップ・アイドルとなった。歌手としてもヒットを飛ばした。

を覚えていますか？　フジテレビ夜7時の『翔んだカップル』。柳沢きみおの原作コミックも、相米慎二監督のデビュー作で鶴見辰吾と薬師丸ひろ子が主演した劇場映画も、それぞれの分野でシリアスな青春ものの傑作として名高いタイトルですが、このテレビ版もまた別の意味で忘れられないドラマでした。最初こそコメディタッチの学園ドラマという程度でしたが、途中からストーリーそっちのけで、パロディや物まね、ギャグ満載のバラエティードラマと化したのです。現在の視点から見ればいかにもフジテレビらしいドラマですが、「楽しくなければテレビじゃない」のコピーが生まれる半年前で、『オレたちひょうきん族』も『なるほど！ザ・ワールド』も始まっていないこの時期、かなり異色な番組でした。そしてこの番組から生まれた大きなテレビ文化が2つあります。1つはこの番組の名物となったエンディングの「NG集」。本来表に出すものではないNGに大々的にスポットを当て、現在バラエティーコンテンツの大きな柱の一つに育ちました。それにしてもこのドラマのNGは面白かった。そしてもう1つが「柳沢慎吾」です。ほぼデビューに近かったこの番組で、すでに『太陽にほえろ！』のパロディはレギュラー化していました（1時間後に日本テレビで本家が放送されていたにもかかわらず、です）。なにより特筆すべきなのは、彼のやってることが当時も今も基本ほとんど変わらないということです。柳沢慎吾の重要性は、今後時が経つほどに重要になってくるかもしれません。

たった2つの番組でずいぶん長くなりました。金曜日ということで、他にも人気番組はたくさんあります。金曜8時の王者、日本テレビの『太陽にほえろ！』はドックこと神田正輝が得意のスキーの腕前を見せます。テレビ朝日夜8時『ワールドプロレスリング』はタイガーマスク登場の直前。実況と解説はおなじみ古舘伊知郎&山本小鉄の名コンビ。日本テレビ夜9時『欽ちゃんの〝ちゃーんと考えてみてネ‼〟』は、日本テレビの萩本欽一コント的ドラマ第3弾。この後4月からフジテレビで『欽ドン！良い子悪い子普通の子』が始まります。TBS夜9時は山口百恵の「赤いシリーズ」を引き継いだ大映テレビの「青いシリーズ」第1弾『青い絶唱』。主演は柴田恭兵と榊原郁恵。第2弾はついに作られませんでした。テレビ朝日9時は『ザ・ハングマン』第1作。ABCが「必殺」の現代版として作った刑事物でコードネームがちょっとダサいのが特徴。このあとシリーズ化されました。

そしてこの年の10月1日、東京12チャンネルはテレビ東京へと局名を変更することとなります。

⑧フジテレビ	⑩テレビ朝日	夜	⑫テレビ東京
00 [N]レポート6・00 キャスター・山川千秋 近藤唯之 30 [N]レポート6・30 逸見政孝，田丸美寿々	00 [N]イブニング朝日 30 ANN[N]レーダー キャスター・渥美克彦 50 ハットリくん「スキーは大スキーでござる」	6	00 太陽の牙ダグラム 「ダグラム奪回」 [声]井上和彦 田中亮一 30 バイキング「いじわるスベンをやっつけろ」
00 翔んだパープリン（第10回）[役]妹子…服部まこ 英一…デイビーほか 所ジョージ 柳沢慎吾 30 クイズ!ベストカップル「皆さん私の彼をとらないで!!」 司会・山城新伍	00★ドラえもん 「いいなりキャップ」 「いたわりロボット」 [声]大山のぶ代ほか 30 ハロー!サンディベル 「盗まれたサンディベル号」[声]山本百合子 小山茉美 寺田誠ほか	7	00 とびだせ!つり仲間 「神奈川・大磯の底物釣り」司会・青山孝 蓮井葉子 30★アニメ親子劇場 「怪力物語」 [声]菅谷政子 三輪勝恵 松岡文雄 増岡弘ほか
00 番組のみどころ 02 時代劇スペシャル 「忍びの忠臣蔵」 菊島隆三原作 志村正浩脚本 工藤栄一監督 [役]貝塚慎吾…荻原健一 伊谷源八…佐藤允 大石…岩井半四郎 十左衛門…成田三樹夫ほか吉田日出子（45頁） （9.48まで放送）	00 ワールドプロレスリング タイガーマスク×エル・カネッタ▽ディック・マードック ダスティー・ローデス×ザ・サモアンズ▽藤波辰巳 アントニオ猪木×スタン・ハンセン ローラン・ボックほか ～蔵前国技館 54[二]ANN[N]	8	00 世界おもしろネットワーク 世界各国のユニークな情報・奇報珍報全紹介▽竹村健一のズバリこれだけ▽三波春夫のナウ・ザ・ワールド▽ビートたけしの毒ガスニュース▽三遊亭円丈の世界三面記事ほか 司会・関口宏ほか 54 世界の旅◇57釣り情報
8.02 時代劇スペシャル 「忍びの忠臣蔵」 [役]貝塚…荻原健一 伊谷…佐藤允 大石…岩井半四郎 十左衛門…成田三樹夫ほか内田稔 9.48[二]FNN[N]◇51[二][天] 54 くいしん坊「魚すき」	00★赤かぶ検事奮戦記 「奥飛騨慕情父恋し」 石森史郎脚本 田中徳三監督 [役]柊…フランキー堺 榊田…森田健作 マルマ…グエン・スミスほか 54[二]ANN[N]	9	00 金曜スペシャル 「キタオオカミ物語」 （仮題） キタオオカミを求めてロッキー山脈に取材▽その生態を紹介・交尾、すみか作り、出産、子育てほか 54 すばらしい味の世界
00★北の国から（第11回） 倉本聰脚本 [役]五郎…田中邦衛 雪子…竹下景子 草太…岩城滉一 つらら…熊谷美由紀 純…吉岡秀隆 蛍…中島朋子ほか 54 女性通信・ヨーロッパ	00★新・必殺仕事人 「主水ねこばばする」 福岡恵子 石森史郎共同脚本 田中徳三監督 [役]主水…藤田まこと 秀…三田村邦彦ほか柳川清 鮎川いずみ 54 世界あの店この店	10	00 ミエと良子のおしゃべり泥棒 ゲスト・松原留美子 司会・中尾ミエ 森山良子 30★[S]ポップス倶楽部 ゲスト・渡辺昇一 シューディ 司会・高島忠夫
00 [N]レポート 俵孝太郎 15 プロ野球[N]「全米大学バスケットボール」 0.00 視点◇0.05企業[再] 0.10[二]映画「青春チアガール」ジェーン・シーモア バート・コンビー 2.00 おやすみ （2.03）	00 [N] 小松錬平 ▽スポーツ 宮島泰子 15 ビッグニュースショー いま世界は 司会・轡田隆史 0.05 ジャムジャム'81 モッズ アナーキー （0.35終了）	11	00[二]特捜隊長エバース 「狂気の集団誘拐魔」 55[S]サウンドブレイク 0.05記者会見◇15日経朝刊 0.25 スーパーガール[再] 1.20 ガイド◇25新製品 1.30 テレビ予備校 「世界史」 （2.00）

▶1981年 12月18日 金曜日

①NHKテレビ	③NHK教育テレビ	[夜]	④日本テレビ	⑥TBSテレビ
00 こちら情報部「なんでも相談」塚田茂ほか 25 プリンプリン「プリンプリンの紅白歌合戦」 40 [N]センター6・40	00 福祉の時代「車いすにのった施設長・地域との交流20年」井原牧生 30 三味線のおけいこ 講師・菊岡裕晃	6	00 ゴッドマーズ「対決！マーズとマーグ」[声]水島裕 三ツ矢雄二 30[二]ジャスト[N] 国弘正雄 小池裕美子◇50[N]◇[天]	00 テレポートTBS6 山本文郎 藤林英雄ほか 30[二]ニュースコープ キャスター・浅野輔 55 お天気ママさん
00[二][N]◇23[天] 27 たすけあい各地の話題 30★Ⓢ音楽の広場「広場の日記から今年の重大ニュース」渡辺玲子 荻野昭三 カール・ベーム 黒柳徹子 芥川也寸志	00 英語会話Ⅰ[再]「空港で友人を出迎える」マーシャ・クラカワー 講師・小川邦彦 30 シルクロード[再]「敦煌編・17窟の謎」▽謎が物語るもの…ほか 語り手・石坂浩二	7	00★スターに挑戦！！「沖田初戦敗るニューハーフ感激のチャンピオン」沖田浩之 松原留美子 30★カックラキン大放送！！「ひみつのナオコちゃん」細川たかし 桜田淳子 河合夕子ほか	00 ワンワン三銃士「チュー友ボム公初登場！！」[声]間島里美 野島昭生 玄田哲章 塩沢兼人ほか 30★野生の王国「アラスカ・ツンドラの王者グリズリーの縄張り争い」語り手・八木治郎
00 NHK特集「6万票の選択・社会党委員長」（仮題） 50Ⓢ名曲「主よ人の望みの喜びよ」◇55[N]◇[天]	00 文化シリーズ・生活の中の日本史「農民騒動記③加賀卯辰山騒動・金沢」児童文学者・かつおきんや 加賀藩士や石川県内に残る幕末の一揆の跡をたどる。 45 テレビコラム コラムニスト・写真家・田中光常	8	00 太陽にほえろ！「過去」小川英 田部俊行共同脚本 鈴木一平監督 [役]山村…露口茂 石塚…竜雷太 西条…神田正輝 岩城…木之元亮 竹本…渡辺徹 野崎…下川辰平ほか長谷直美 矢吹二朗 （153頁） 54[二][N]◇57番組フラッシュ	00 2年B組仙八先生「先生からの贈物」重森孝子脚本 和田旭演出 [役]仙八郎…さとう宗幸 解子…川口雅代ほか内藤…加藤武ほか水野久美 日向明子 斎藤洋介 河原崎長一郎 堀内美加 （154頁） 55 フラッシュ[N]
00 ニュースセンター9時 キャスター・小浜維人 草野仁 友杉祐子 40 祈願満願（第10回）山田昌 柳生博 谷川みゆき 伊藤友乃 田坂都 初音礼子 太宰久雄 桜町弘子ほか	00 婦人百科[再]「俳句入門」飯田竜太 30 通信高校講座 英語AⅠ「グリーティング・カード」③ 講師・赤川裕	9	00★花咲け花子（第12回）松原敏春脚本 細野英延演出 [役]花子…泉ピン子 加代…音無美紀子ほか 大場久美子 坂上二郎 山下真司 小野寺昭 54[二][天]◇57番組フラッシュ	00 ひまわりの歌 （第6回）安本莞二脚本 国原俊明演出 [役]英介…宇津井健 竜…中村雅俊ほか中原理恵 風吹ジュン 岡まゆみ 峰岸徹（154頁参照） 55 明日のお天気
00 いっと6けん ▽歳の市・縁起物特集 司会・松平定智アナ 桜井洋子アナ 30 ニュース解説 45 スポーツアワー スピードスケート▽バレーボール日本リーグ男子	00 通信高校講座 英語AⅡ「海岸を救うためのたたかい」③ 講師・橋本光郎 30 通信高校講座 地学Ⅰ「惑星の動き」講師・堀源一郎	10	00★TV・EYE「愛煙家必見！タバコの百害」心臓、肺など身体への影響▽体験テストと動物実験▽5日間でタバコをやめる方法▽嫌煙権運動 54 スポーツ[N]	00★想い出づくり。「宴のあと。」山田太一脚本 井下靖央演出 [役]のぶ代…森昌子 久美子…古手川祐子ほか 田中裕子 柴田恭兵 児玉清 佐藤慶 55 お天気メモ
00★夜の指定席「落語・百年目」桂米朝 ～大阪厚生年金会館中ホール 45 [N]◇[天] （11.57終了）	00 ドイツ語講座[再]「道路上で」② ベルナー・ベル 講師・柴田昌治 30 大学講座・芸能の成立と伝承[再]「足拍子の流れ」講師・三隅治雄 （0.00終了）	11	00[二]きょうの出来事 舛方勝宏 青尾幸 20 11PM「'81サントリーボール全米大学バスケット ペンシルベニア大×オレゴン州立大」 0.45 [天]◇朝刊◇テニス[再] 1.05 映画◇Ⓢしおり1.23	00 JNNニュースデスク 15 JNNスポーツデスク 35 映画 「ビッグケーヒル」（1973年米）アンドリュー・V・マクラグレン監督 ジョン・ウェイン ジョージ・ケネディ◇[天]（1.00）

昭和56年
1981年
12月18日 金曜日

『想い出づくり。』と『北の国から』あなたはどちらを見ていましたか

テレビの世界でも、流行歌の世界でも、映画の世界でも、とても実りの多かった1981年。記憶に残る作品について語り出すとキリがありません。なので今回は焦点をひとつに絞って書き進めます。曰く「ねえ、お前どっち見てた？」

家庭用VTR機の月間生産台数が、初めてカラーテレビの生産台数を上回ったのがこの1981年。それでも自宅にビデオデッキを持っていた人はまだ少なかったし、このころはテープも高くて、学生の分際で自由にテレビ番組を録画できる環境にある人はまだあまりいませんでした。だからこそ、ドラマ好きだった僕らは悩んだのです。金曜日の夜10時。TBS『想い出づくり。』とフジテレビ『北の国から』のどちらを見るか？　後世に語り継がれる史上最強の裏番組対決。歴史に残る名作ドラマがまったく同じ時間帯に放送されていたのです。

山田太一脚本、鴨下信一ほか演出の『想い出づくり。』は、20代半ばにさしかかる独身女性3人が、結婚前に確かに生きていたと思える思い出を作ろうと模索するという物語。『ふぞろいの林檎たち』等に先駆けた群像劇の傑作ですが、肌触りは実にシリアスで、現実の不条理や社会のゆがみがさりげなく、しかし厳然と立ちはだかる非常に厳しいドラマでした。このあと量産されることになる「恋かキャリアか？」みたいなお気楽な女性ドラマたちとは完全に一線を画します。キャストもみんな良くて、女優としての魅力がほとばしり出る田中裕子、古手川祐子の2人はもちろん、人気上昇中だった柴田恭兵も新たな一面を見せました。また、本格的な連続ドラマは初主演と言っていい森昌子も等身大の主人公を実に生き生きと演じています（この年、歌手としても『哀し

1981年12月18日号
表紙・頼近美津子、柄本明
NHKからフジテレビに移籍したアナウンサーの頼近美津子と、「劇団東京乾電池」の実力派俳優・柄本明の2ショット。特集は「'81TV流行史」。

み本線日本海』で初めて紅白のトリを務めるなどキャリアのピークを迎えていました)。佐藤慶とか、前田武彦とか、加藤健一とか、脇役陣も良かったなあ。全編に流れるザンフィルのパン・フルートの響きも印象に残ります。周囲では『想い出づくり。』を見ていた人が多かった気がします(僕もそうでした)が、それは『北の国から』のスタートが『想い出づくり。』より2週間遅かったのが原因のような気がします。『想い出づくり。』はこの翌週で終わりますが、『北の国から』は翌年3月まで続き、尻上がりにファンを増やしていきました。実際ここからストーリーも盛り上がっていきますからね。

倉本聰脚本、杉田成道ほか演出の『北の国から』については書き始めるとキリがありません。これだけで1冊本が書けます。実際に北海道・富良野に移住した倉本聰のライフワークであり、撮影にも1年以上をかけた大作で、連続ドラマが終わってからもスペシャルドラマとしてシリーズ化、2002年まで20年以上続く大河ドラマとなりました。日本を代表するドラマの金字塔です。特にこの連続ドラマ期は、純と蛍を演じた幼い吉岡秀隆と中嶋朋子がとにかくかわいくて、同時に彼らのセリフや表情に嘘がなく、そのリアリティーあふれる演技、演出が僕らをドラマ世界にどんどん引き込んでいくという仕組みです。なにしろ『北の国から』は、風景や自然だけでなく、物語の展開や感情の起伏など、すべてにおいてスケールが大きい。小手先ではない人間ドラマの真摯さが今も多くのファンを引き付けているのでしょう。さだまさしによる歌詞のないテーマ曲も、テレビ史上に残る名主題歌です。

そしてさすがはドラマの金曜日、ほかにも話題作がゾロゾロあります。史上最強対決のさらに裏で、しっかり存在感を保っていたのがテレビ朝日夜10時の必殺シリーズ第17弾『新・必殺仕事人』。藤田まことの主水、三田村邦彦の秀、中条きよしの勇次の3人が初めてそろった作品で、ここから必殺シリーズ第2の黄金時代が始まります。日本テレビ夜9時『花咲け花子』は松原敏春脚本の未亡人奮闘ホームドラマ。泉ピン子の出世作といっていいでしょう。小野寺昭や山下真司が出演してるのは、やはり8時台の『太陽にほえろ!』の視聴者を意識しているのでしょうか。その日本テレビ夜8時『太陽にほえろ!』は、この年5月に解離性大動脈瘤の手術のため休んでいたボスこと石原裕次郎が、翌週12月25日の放送で復帰します。ファンにはまさにこの上ないクリスマスプレゼントでした。

⑧フジテレビ	⑩テレビ朝日	夜	⑫テレビ東京
00 ハニーハニー「マドリッドのほほえみ」 30 ヤットデタマン 「疑惑？ドン・ファンファン」[声]曽我部和行	00 太陽戦隊サンバルカン 「女王最期の妖魔術」 30 ＡＮＮ[N]レーダー 50 忍者ハットリくん「寒いのはキライキライ」	6	00 ダイヤモンドサッカー 「アルゼンチン×ポーランド」[後] 45 釜本邦茂の少年サッカー教室◇55[天]
00[S]ズバリ当てましょう！ ゲスト・中原理恵 司会・石坂浩二 酒井ゆきえ 30 映像クイズア！知ッテレビジョン「おしどり夫婦熱戦」山本耕一夫妻 チェリッシュほか	00 おはよう！スパンク 「エーッ！せりのちゃんのユーカイ事件」 [声]つかせのりこほか 30★男！あばれはっちゃく 「さよならドン平[秘]作戦」[役]長太郎…栗又厚 長治…東野英心ほか	7	00 クイズくいず食図 「味覚の王者越前ガニ食べ放題・雪の北陸」 司会・藤岡琢也 30 土曜ワイドプレゼント 「天城山中におん霊の沼を見た！」 ▽伊豆半島に数々の怪奇現象を取材▽謎の怪死を呼ぶおん霊・その正体を霊能者が暴く▽動物霊とは？その実体を徹底追及▽キツネにとりつかれた美女▽ネコのたたり・盲目の赤ん坊を産んだ母▽ハンター一家を皆殺し・ポスジカ霊の復讐ほか
00★オレたちひょうきん族 〝そっくり漫才〟竜介・サブロー〝ブリッコ漫才〟洋七・山田邦子▽ドラマタケチャンマン〝タケチャンマン生誕の巻〟▽ベスト10・山田邦子の〝邦子のかわい子ぶりっ子〟初登場！▽ひょうきん[N]ほか 54[再]ＦＮＮ[N]◇57[再][天]	00★吉宗評判記・暴れん坊将軍「名もなく貧しき母子草」迫間健脚本 松尾正武監督 [役]吉宗…松平健 忠相…横内正 半蔵…和崎俊哉 おくめ…初音礼子 長六…芦屋雁平 おその…夏樹陽子ほか 竜虎 春川ますみ 54[再]ＡＮＮ[N]	8	8.54各駅停車の旅◇57釣り
00 映画情報 02 ゴールデン洋画劇場 「タワーリング・インフェルノ」[後] （1974年アメリカ）ジョン・ギラーミン監督 [役]オハラハン…スチーブ・マックイーン ダグ…ポール・ニューマン ハーリー…フレッド・アステアほかロバート・ワグナー Ｏ・Ｊ・シンプソン ジェニファー・ジョーンズ 解説高島忠夫（42頁）	00 [天] 02 土曜ワイド劇場 「息子の心が見えない・ガソリンスタンド殺人事件」ウィリアム・アイリッシュ原作 広沢栄脚本 瀬川昌治監督 [役]兵藤…若山富三郎 サキ…中村玉緒 舜一郎…小野進也 舜二郎…安藤一夫 宮原…小池朝雄 若槻…小林昭二ほか守田学哉 宮内洋 巽かおり（44頁参照）	9	00★大江戸捜査網 「易者は殺しの暗号」 土橋成男脚本 江崎実生監督 [役]清次郎…松方弘樹 十蔵…瑳川哲朗ほか 増位山 久富惟晴 54 すばらしい味の世界
10.54 人生散歩 細江英公	10.51 [天]◇54あの店この店	10	00 日本映画名作劇場 「千客万来」 （昭和37年松竹） 中村登監督 [役]啓子…岩下志麻 銀之助…宗方勝巳 多佳子…牧紀子ほか 川津祐介 鰐淵晴子
00 クイズＤＥデート 「激闘！夫婦大会」 30 [N]レポート23・30 40 プロ野球[N]「青木功のラウンドレッスン」ほか 0.25 中央競馬◇0.35世界 0.50[再][新]爆発デューク 1.45 おやすみ （1.48）	00 [N] 横舘英雄 15 大相撲ダイジェスト 45 ベストヒットＵＳＡ （40頁参照） 0.30 映画「錨を上げて」 （1945年米）ジーン・ケリー フランク・シナトラほか（2.10終了）	11	40 星からの国際情報 ▽大森実のアメリカからの報告ほか 大宅映子 0.10 サタデーナイトショー 小川阿紀子ほか◇[N] 1.00淀川長治・映画の部屋 1.15 モータースポーツ 1.30 予備校[再] （2.00）

1982年1月23日土曜日

①NHKテレビ	③NHK教育テレビ	[夜]	④日本テレビ	⑥TBSテレビ
00★[二]大草原の小さな家 「女と男」 マイケル・ランドン カレン・グラッスルほか 45 NHKガイド◇50[N][天]	00 スポーツ教室 「剣道・実戦のための応用技術」指導・国士舘大助教授・矢野博士 聞き手・島村俊治アナ	6	5.30Ⓢプロレス 馬場×上田▽鶴田 マスカラス×ハンセン ジョー 6.24 スター 渡辺裕之 30[二]ジャスト[N]◇50[N]◇[天]	00 料理天国「人気爆発‼一竹辻が花染を料理」 （152頁参照） 30 ニュースコープ 50 TBS[N]◇55[天]
00[二][N]◇16[天] 20 海外ウイークリー ▽スイス・フランス・西ドイツ国境の駅バーゼル▽シドニーの休日 開拓時代の古い町並み▽アフリカ・セネガル・ゴレ島レポートほか	00 中国語講座[再] 「悲しまないで」 陳文芷 虹雲 講師・榎本英雄 30 テレビシンポジウム 「徹底討論・防衛費は突出か」 ▽57年度政府予算においての防衛費伸び率、その増額の持つ意味 ▽戦後の日本の防衛・外交政策 ▽今後のあり方ほか 自民党・山下元利 社会党・横路孝弘 作家・野坂昭如 防衛庁防衛研修所研究部長・桃井真 司会・早稲田大教授・鴨武彦	7	00 一発逆転‼げんてんクイズ 大屋政子 岡田真澄 真理アンヌ 明石家さんまほか 30 土曜トップスペシャル 「全日本ウルトラ選手権・雪上大激突編‼」 ▽転ぶ！翔ぶ！滑る！決死の雪上珍競技‼日本新記録成るか⁉▽各県48代表が体力と根性の限界に挑戦▽大玉風船滑降レース▽雪中大根引き抜きレース▽死のアイスバーン玉手箱レース▽雪上チューブ巻き格闘技ほか 司会・福留功男（38頁参照） 8.54[二][N]◇番組フラッシュ	00 まんが日本昔ばなし 「猿っこ昔」「おいの池ものがたり」 語り手・市原悦子ほか 30Ⓢクイズダービー「10万へ若さのシュプール」 山藤章二 はらたいら 竹下景子 宮崎美子ほか
00★土曜ドラマ・松本清張シリーズ 「けものみち」③ ジェームス三木脚本 和田勉演出 [役]民子…名取裕子 小滝…山崎努 鬼頭…西村晃 久恒…伊東四朗 秦野…永井智雄 米子…加賀まりこほか 林ゆたか（9.10まで）		8		00Ⓢ8時だヨ！全員集合 ▽ドリフの忍者合戦！合言葉はムフフフフ ▽少年少女合唱隊 ▽竿灯 ▽恐怖のアダジオ ゲスト・沢田研二 小林幸子 石川ひとみ 尾形大作 〜茨城・取手市民会館 55 フラッシュ[N]
8.00★土曜ドラマ・松本清張シリーズ「けものみち」③ 名取裕子ほか 9.10 テレビファソラシド 「真面目・不真面目・タモリの目」タモリ ケーシー高峰 永六輔 45 [N]	00 婦人百科 「毛糸でつくる・手織りのポシェット」① うつみ宮土理ほか 30 通信高校講座 地理B 「日本の工業化と地域」講師・犬井正	9	00★キッド「黒金警察署対黒金消防署」 鴨井達比古脚本 新沢浩演出 [役]一平…堺正章ほか 船越英二 古尾谷雅人 金子信雄 松尾嘉代 54[二][天]◇57番組フラッシュ	00★Gメン75「電話BOX連続殺人事件」高久進脚本 小松範任監督 [役]黒木…丹波哲郎 草鹿…鹿賀丈史ほか若林豪 范文雀 谷村昌彦 左時枝 成瀬正 55 明日のお天気
00 歴史への招待 「幻の弾丸列車・東京発北京行・昭和14年」 司会・鈴木健二アナ 30 ニュース解説 45 スポーツアワー ▽大相撲初場所▽インタハイ・スケートほか	00 通信高校講座 世界史 「ベルサイユ体制」 講師・大江一道 30 通信高校講座 日本史 「昭和恐慌」 講師・和歌森民男	10	00 ウイークエンダー 青空はるお 桂朝丸 高見恭子 すどうかづみ 円山雅也ほか 司会・加藤芳郎 ホットな事件を再現レポートする。 54 レジャー・行楽メモ	00 報道特集 「亡命・追放者の証言 ポーランドの冬」 （ほか一項目未定） アンカーマン・北代淳二 55 お天気メモ
00★夜の指定席 富三郎の談話室「雪」 ▽刺客・清水一角壮絶な最期▽人形劇〝なまはげ〟ほか 木下恵介 由紀さおり 若山富三郎 45 [N]◇[天] （11.57終了）	00 フランス語講座[再] 「あなたは考えたのですね？」 講師・曽我祐典 30 大学講座・イスラムの世界[再]「イスラムの美術と工芸」島田襄平 道明三保子 （0.00）	11	00★Ⓢ今夜は最高！ 坂田明 神崎愛ほか 30[二]出来事◇40スポーツ[N] 55Ⓢコッキーポップ アラジン 鈴木一平 41頁 0.25Ⓢザ・ライブ◇[天]◇[N] 1.00[二]Drトラッパー 1.54Ⓢ夜のしおり（1.58）	00 JNNニュースデスク 15 JNNスポーツデスク 35 ザ・ベストセラー「ミリオンセラーの背景」 0.05 落語特選会 「風呂敷」三遊亭円楽 話・榎本滋民 1.00 [天] （1.03終了）

昭和57年
1982年
1月23日 土曜日

『全員集合』『ひょうきん族』『今夜は最高！』人気番組、重要番組が超満載の土曜日です

いやあ、参りました。人気番組、高視聴率番組が超満載の土曜日です。まずはフジテレビ夜8時。前年5月に不定期番組として始まり、10月からレギュラーとなった土曜の夜の新四番バッター『オレたちひょうきん族』。隣の『8時だョ！全員集合』とともに、テレビの歴史に燦然と輝く金字塔です。ことテレビの笑いに関しては、この『全員集合』から『ひょうきん族』への政権交代以上に劇的な革命は、後にも先にもありません。「楽しくなければテレビじゃない」という80年代のフジテレビを代表するスローガンを体現していた番組ですがその影響力は絶大で、大きな括りの中でいえば、『ひょうきん族』が作ったテレビ的エンターテインメントのベクトルは、あれから約40年経ったいまでもテレビのそこかしこに見受けられます。ビートたけしも明石家さんまもまだまだ第一線で活躍していますし。『ひょうきん族』恐るべし…（当時のエンディングテーマはEPOの『DOWN TOWN』。山下達郎率いるシュガー・ベイブのデビュー曲のカバーですが、ちなみにこの日の2日前、1月21日に山下達郎初期の大傑作アルバム『FOR YOU』が発売されています）。

そんなライバル激突の8時台ですが、ほかの番組もすごいんです。NHK夜8時の土曜ドラマ『けものみち』。この日が最終話です。和田勉の演出が冴え渡る彼の代表作の1つ。とにかく画力の強さがすごいです。また、名取裕子にとっても大きなステップアップとなった作品で、これ以降、清張作品への出演が多くなります。そしてテレビ朝日夜8時は、松平健主演の『吉宗評判記・暴れん坊将軍』。このころはまだ第1シリーズの末期の頃。松平健の主演はまさに大抜擢でしたが、その後2003年の最終回スペシャルまで20数年にわたって務め上げ、終了直後に『マツケンサンバⅡ』が大ブレイクしました。

1982年1月29日号
表紙・国広富之、松崎しげる
人気アクションコメディー『噂の刑事トミーとマツ』（TBS）で人気を集めた2人の表紙。「バディもの」刑事ドラマのさきがけと言える作品。

そしてもうひとつ、土曜といえばこれ。前年4月にスタートしたテレビ史上に残るバラエティー番組、日本テレビ夜11時の『今夜は最高！』です。コントとトークと音楽を非常に高い水準でパッケージングしたタモリの真骨頂。極端なことを言えば、この番組終了後のテレビでのタモリは一種の余生みたいなもんでしょう。この番組のタモリが、本当のタモリです。この日のゲストはサックス奏者・坂田明と女優の神崎愛。坂田明はハナモゲラ語の教祖ですし、神崎愛はフルートが本職みたいなものですから、この日はタモリのハナモゲラ語とゴキゲンなトランペット演奏の両方が存分に聴けたはずです。クーッ。

そしてタモリといえば、ＮＨＫ『テレビファソラシド』が、土曜夜9時10分のこの時間に来ています。このころにはタモリがレギュラーでしたが、タモリのＮＨＫ初登場番組がこれでした。スタート当初司会を務めていた頼近美津子アナは１９８１年4月にフジテレビに電撃移籍、これがフジの女子アナムーブメントのきっかけとなりました。鹿内春雄氏との結婚・死別を経て一時タレント復帰、２００９年に若くして亡くなりました。

さあ、ここからは駆け足で行きましょう。ＮＨＫ夕方6時の『大草原の小さな家』はシーズン7、ローラの結婚後の話。そのあと7時20分の『海外ウィークリー』も隠れた人気番組。幸田シャーミンがレギュラー出演したのはフジテレビの『スーパータイム』よりこちらの方が先でした。日本テレビ夜9時は堺正章主演の刑事ドラマ『キッド』。ＴＢＳ9時の『Ｇメン'75』は終了寸前。この年の4月3日が最終回でした。10月からは、枠を日曜夜8時に移して『Ｇメン'82』がスタートします。テレビ朝日夜9時2分の『土曜ワイド劇場』は初期によくあった翻案もので、原作はウィリアム・アイリッシュ。若山富三郎と中村玉緒の共演とは粋ですね。若山富三郎はＮＨＫの夜11時『夜の指定席』でもホストを務め、木下惠介監督とトーク。清水一角に扮した殺陣も披露しています。フジテレビ夜9時2分の『ゴールデン洋画劇場』で、さらっと『タワーリング・インフェルノ』の後編をやってたりするのにもキュンときますね。

[8] フジテレビ	[10] テレビ朝日	夜	[12] テレビ東京
00 [N]レポート6・00 キャスター・山川千秋 近藤唯之 30 [N]レポート6・30 キャスター・逸見政孝	00 [N]イブニング朝日 千本木淳 小林一枝ほか 30 [N]レーダー 小松錬平 50 ハットリくん[再] ケン一氏はお化けがきらい	6	5.55トンデラハウスの大冒険 なまけ者の裁判官 6.25[新]わんぱく大昔クムクム「オーイ集れ!僕らは原始っ子」◇乗り物
00 プロ野球〜神宮 ヤクルト×巨人 解説・豊田泰光 実況・大川和彦 [多]やじうま応援合戦! 【中止のとき】 7.00セーラー服と機関銃「嵐の夜にはなにかが起こる!」原田知世 鹿内孝 新井康弘ほか 7.30意地悪ばあさん「度が過ぎますよ」青島幸男 ジャンボ鶴田 ミスター珍ほか 8.00花嫁の父・バリカン編 山谷初男 藤田弓子 柳原ハルヲ 阿藤海 蔦木恵美子ほか 8.54[二]FNN[N]◇57[二][天]	00 あさりちゃん「恐怖の館」「花火大会だいすき」[声]あさり…三輪勝恵ほか川島千代子 30 THEかぼちゃワイン「見られてたまるか男の秘密」[声]春助…古川登志夫ほか横沢啓子	7	00 衝撃スペシャル「ザ・ブッシュマン〝笑っている場合〟ではない砂漠の狩人」▽現地取材・アフリカ大陸南部に広がるカラハリ砂漠…この乾ききった地に孤立して生き続けるブッシュマンの生態を紹介 ▽水を求めて続けられる流浪の旅 ▽すいかと水だけで生き抜いた4カ月 ▽死闘!キリンを追い続けて6日間…決着はいかに!? 語り手・みのもんた
	00 きょうの見どころ 02 ゴールデンワイド劇場 長編アニメーション「21エモン・宇宙へいらっしゃい」(昭和56年東宝) 藤子不二雄原作 辻真先脚本 芝山努監督 菊地俊輔音楽 [声]21エモン…井上和彦 モンガー…杉山佳寿子 ゴンスケ…肝付兼太 ルナ…潘恵子 20エモン…二見忠男 20エモン夫人…栗葉子 オナベ…丸山裕子ほか (40頁参照)	8	8.54 世界の旅◇57こども
00 欽ドン!良い子悪い子普通の子 ▽イモ欽トリオの爆笑!3人息子▽よせなベトリオのOL3態▽研究レポート▽ほのぼの日記のコーナー 54 宍戸錠のくいしん坊	9.48[二][N]◇54世界あの店	9	00 月曜痛快時代劇「旗本やくざ」(昭和41年東映) 中島貞夫監督 [役]三次…大川橋蔵 三佐衛門…千秋実 頓兵衛…青島幸男 長助…近藤洋介 四郎五郎…遠藤太津朗ほか 大木実 春川ますみ 寺島純子 金子信雄
00★[S]夜のヒットスタジオ (予定される出演者) 西城秀樹 郷ひろみ 大橋純子 島大輔 小林幸子 ジャニーズ少年隊ほか 司会・井上順 芳村真理 54 ふれあい 篠原勝之	00 悪女の招待状「正子自殺を図る!」石松愛弘脚本 久野浩平演出 [役]正子…十朱幸代 佐伯…田村正和 民子…藤田弓子ほか梶芽衣子 金子信雄 (154頁) 54 ズバリ!天気予報	10	10.24 番組案内◇27[天] 30★3人がいっぱい「正義の味方・下戸仮面」(仮題)黛敏郎 山藤章二 矢崎泰久
00 [N]レポート23・00 15 プロ野球[N] ヤクルト×巨人▽広島×阪神ほか 0.00 らくごIN六本木「たいこ腹」小遊三「干物箱」鳳楽 0.30 今日の視点 0.35 歌う天気予報 0.39	00 [N] 山形定房 15 スポーツ[N] 山崎正 25 トゥナイト 男の社長大学▽ホットアングル 司会・利根川裕 西村知江子 渡辺宣嗣 0.25 若原瞳ラブリー10[再] 夏樹陽子ほか (0.41)	11	00[S]サウンドブレイク 10 涙の歌謡曲 北原由紀 20 あすの朝刊 30 中島常幸のゴルフ[再] 0.00 隠し目付参上「金が命か体面か」◇0.55[天] 1.00テレビ予備校「英語」(1.30終了)

1982年 8月23日 月曜日

夜	①NHKテレビ	③NHK教育テレビ	④日本テレビ	⑥TBSテレビ
6	00★サマーこども人形館 「さんまいのおふだ」 人形劇団ひとみ座 30 [N]センター6・30 山本肇◇52[天]	00 ピアノのおけいこ 講師・井上直幸 30 ジュニア大全科 「私と大自然① 星空を描く・岩崎賀都彰」	00 6時です！4チャンネル 司会・久能靖ほか 30[二]ジャストニュース キャスター・福富達 荻原弘子◇55[天]	00 テレポートTBS6 山本文郎 藤林英雄ほか 30[二]ニュースコープ キャスター・新堀俊明 55 お天気ママさん
7	00[二][N]◇[天] 27 NHKガイド 30★NHK特集 「地球が危ない!!環境問題の今を見る」 ▽砂に埋まろうとしている首都ハルツーム ▽危機に瀕する東南アジアのマングローブ ▽先進国の欲望の犠牲になる野生動物たち ▽今果たすべき国際協力や日本の役割 ▽トルバ国連環境会議事務局長、ハイエルダール海洋人類学者へのインタビューほか 8.50[S]名曲アルバム 「浜辺の歌」◇55[N][天]	00 中国語講座[再] 映画〝漓江の豆画家〟 ▽成語・ことわざ 30 話し方・書き方 「上手な説得」 ゲスト・石川弘義 講師・佐々木敦アナ アシスタント友杉祐子	00 ゲームセンターあらし 「夏だ！ゲームだ！合宿だ！」[声]間島里美 山田栄子 緒方賢一ほか 30 勝抜きドンドン歌合戦 「夏休み・全国歌自慢チビッコ大集合！」 ゲスト・佐良直美	00 100人に聞きました 「はっきりいって面白い！鈴木首相に似合うぬいぐるみ」関口宏ほか 30 〝人生ゲーム〟ハイ＆ロー「仲良し3人組今夏最高記録！3チーム2805350円」愛川欽也
8		00 ピーター・ブルックの劇的世界 ▽オーストラリアのアデレード・フェスティバル参加公演 ▽ブルック自身の演劇観▽団員の話▽新しい演出・演劇への情熱ほか 語り手・江守徹 50 短編映画 「砂漠に描く」	00[S]ザ・トップテン （予定される出演者） 近藤真彦 岩崎宏美 細川たかし 松田聖子 柏原よしえ アン・ルイス シブがき隊 ジョニーほか 司会・堺正章 榊原郁恵 ～東京・渋谷公会堂 54[二][N]◇57番組フラッシュ	00★大岡越前 「見えぬ目の目撃者」 大西信行脚本 山内鉄也監督 [役]大岡越前…加藤剛 雪絵…宇津宮雅代 新三郎…西郷輝彦ほか 松山英太郎 藤巻潤 和田浩治 大坂志郎 高橋元太郎 折原啓子 55 フラッシュ[N]
9	00 ニュースセンター9時 キャスター・木村太郎 草野仁 宮崎緑 40 夏に逝く女（第11回） ルイ・C・トーマ原作 名取裕子 鹿賀丈史 浅茅陽子 塩屋智章 吉岡美智子（153頁）	00 きょうの料理[再] 「白身魚のトマトソース」瀬尾昭子 25★特集・訪問インタビュー ゲスト・横山隆一 横山泰三 45 高等学校講座[再] 進化の証言者たち「イリオモテヤマネコ」 動物研究家・今泉忠明	00★オレ達全員奈津子の子 「重傷の夫の命は!?」 楠田芳子脚本 細野英延演出 [役]奈津子…池内淳子ほか 上条恒彦 紺野美沙子 岡田奈々 佐藤英夫 54[二][天]◇57番組フラッシュ	00 明日のお天気 02[二]月曜ロードショー 「マッカーサー」 （1977年アメリカ） ジョセフ・サージェント監督 [役]マッカーサー…グレゴリー・ペック ジーン…マージ・デュセイほかイバン・ボナー ウォード・コステロ ダン・オハリヒー エド・フランダース 解説・荻昌弘 （38頁参照）
10	00★科学ドキュメント 「国際伝染病を防げ・熱病ウイルスの侵入した日」 30 ニュース解説 45 スポーツアワー ▽ヤクルト×巨人▽V6めざす中野浩一ほか	10.15 高等学校講座 数学I 「複素数」 講師・淀繁弘 45 市民大学[再] 記紀万葉のこころ・人麿と不比等「帝紀と聖徳太子」 講師・梅原猛	00★やす・きよのスター爆笑Q＆A 宍戸錠・若き日の雄姿▽芸名の由来は…せんだみつお▽手術室が遊び場？市毛良枝▽宮崎美子を見てやせる決心？原日出子 54 スポーツ[N]	10.55 お天気メモ
11	00★女が語る・戦争を生きた女たち[再]「国民学校教師の記録」 レポーター・永畑道子 佐藤豊子 司会・松田輝雄アナ 45 [N]◇[天] （0.00終了）	11.30 英語会話II[再] ▽新入生大いに困る ▽下宿さがし ▽試験前夜 講師・杉田洋 （0.00終了）	00[二]きょうの出来事 桜井良子 小林完吾 20 11PM「まじめな男性自身の話」童貞、不能激増の現状！▽巨大な逸物でも…ほか 0.25[天]◇30朝刊◇40ゴルフ 0.45[S]夜のしおり（0.48）	00 JNNニュースデスク 15 JNNスポーツデスク 35 テレビガイド 40 '82女子ゴルフ世界選手権・総集編 解説・岩田禎夫～米・シェーカーハイツCC（36頁） 1.05 [天]（1.08終了）

昭和57年

1982年

8月23日 月曜日

フジテレビ三冠王初期の牽引役『欽ドン！良い子悪い子普通の子』登場

１９８２年はフジテレビが初めていわゆる視聴率三冠王を獲得した年です（それまでゴールデントップだったのはどの局だったかって？　もちろんＴＢＳです）。フジテレビが俗に言う〝第２の開局〟を果たしたころ。朝の『おはよう！ナイスデイ』がこの年の春スタート、『笑っていいとも！』がこの年の秋スタートです。そして、『オレたちひょうきん族』や『なるほど！ザ・ワールド』と並んで、フジテレビ三冠王の牽引役となった怪物バラエティー番組が月曜夜９時の『欽ドン！良い子悪い子普通の子』でした。最高視聴率は38・８％。この日の４週前の１９８２年７月26日のことでした。81年のイモ欽トリオ『ハイスクールララバイ』のヒットが印象に強いので、そのころがピークのように感じますが、実際はそのあとも人気が拡大していたんですね。この時期は松居直美・生田悦子・小柳みゆきの〝良いＯＬ悪いＯＬ普通のＯＬ〟が話題になっていたころ。よせなべトリオとして『大きな恋の物語』という曲もリリースしました（この年９月には、イモ欽トリオの初代フツオ役・長江健次が番組を卒業します）。

そして82年といえば歌謡曲シーンも絶好調で名曲が目白押しだったころ。日本テレビ８時『ザ・トップテン』でも番組表から推し量ると、近藤真彦『ハイティーン・ブギ』（松本隆作詞・山下達郎作曲）、岩崎宏美『聖女たちのララバイ』（日本歌謡大賞受賞）、細川たかし『北酒場』（日本レコード大賞受賞）、松田聖子『小麦色のマーメイド』（松本隆作詞・ユーミン作曲）、柏原芳恵『あの場所から』（山上路夫作詞・筒美京平作曲）、アン・ルイス『ラ・セゾン』（三浦百恵作詞・沢田研二作曲）、シブがき隊『１００％…ＳＯかもね！』（森雪之丞作詞・井上大輔作曲）、Ｊｏｈｎｎｙ『$百萬ＢＡＢＹ』（松本隆作詞・Ｊｏｈｎｎｙ作曲）など、そうそうたる楽曲たちがランクインしている模様。松本作詞率が高いですね。そういう時代です。

1982年8月27日号
表紙・堺正章、沢田亜矢子、中村雅俊、岸本加世子、武田鉄矢ほか
ドラマ『フジ三太郎』（テレビ朝日）で主演の堺正章をはじめ、テレビの顔が勢揃い。

そしてもうひとつの歌番組の雄、フジテレビ夜10時の『夜のヒットスタジオ』には大御所たちに並んで、ジャニーズ少年隊の名前があります。少年隊が『仮面舞踏会』で待望のレコードデビューを果たしたのは1985年の12月12日ですが、それ以前からテレビや映画ではずいぶん活躍していて、レギュラー番組なんかも持っていたんですが、中でも『夜のヒットスタジオ』には結構単独で出演していました。初登場がこの年の6月28日で、この日が2回目。歌ったのはフォーリーブスの『踊り子』でした。

このころの月曜日は他曜日に比べてドラマの数は多くはないですが、長い歴史を持つドラマ枠が多いです。TBS夜8時は1956年以来という長い歴史を持つ松下電器（現在のパナソニック）の一社提供枠。1969年以降は『水戸黄門』『大岡越前』『江戸を斬る』ほかのシリーズ時代劇で大きな人気を博しました。この日は加藤剛主演の『大岡越前』シリーズ第6部第25話。第6部では、『江戸を斬る』シリーズで主演していた西郷輝彦がレギュラー出演していました。日本テレビ夜9時は『つくし誰の子』や『たんぽぽ』、『かたぐるま』など、シリーズ化作品も多かった伝統のホームドラマ枠。池内淳子や宇津井健らが多く主演を務めました。この日の『オレ達全員奈津子の子』も、池内淳子の主演です。またNHK夜9時40分の銀座テレビ小説は、ルイ・C・トーマ原作のミステリーのドラマ化『夏に逝く女』。主演は名取裕子と鹿賀丈史。福田陽一郎が脚本を手がけたNHKドラマはかなり珍しいです。

ゴールデンにアニメがたくさん放送されているのも、今とは違うこの時期特有の光景です。夜7時にはともにこの年スタートした2本のアニメ、『ゲームセンターあらし』（日本テレビ）と『あさりちゃん』（テレビ朝日）が並んでいますが、どちらも小学生対象で原作は小学館。そんな2作、それもどちらもドル箱と言ってもいい人気コミックのアニメ化が、同じ時間帯で裏表で編成されるなんていうことは、今では到底考えられませんが、このころにはまだこういう連携の悪さがあったということなんでしょう。どちらの作品も（アニメとしてはともかく）コミックとしては歴史に残る傑作です。テレビ的にはともに『クイズ100人に聞きました』に敗れたというところかもしれません。

8 フジテレビ	10 テレビ朝日	夜	12 テレビ東京
00 [N]レポート6・00 山川千秋　河村保彦 30 [N]レポート6・30 キャスター・逸見政孝 斎藤裕子	00 [N]イブニング朝日 千本木淳　小林一枝 25 [N]レーダー　小松錬平 45 パーマン「帰ってきたおばあさん」	6	5.55 銀河疾風サスライガー　Zアドベンチャー 6.25 楽しいのりもの百科 30 破裏拳ポリマー 「電魔団クラゲラー」
00 サザエさん[再] 「ワカメ苦手な算数」 「さえないマスオ」 「ちゃんとしつけを」 30★火曜ワイドスペシャル 「ドリフ大爆笑'83」 ▽〝時間〟をテーマにドリフが送る爆笑コントの数々 ▽15秒の世界!志村のCFづくり ▽志村と加藤のフルムーン旅行記念撮影 ▽志村と研ナオコのインスタント夫婦 ▽もしも…〝お医者さん〟ほか　松本伊代 由紀さおり　石川秀美 8.54[二]FNN[N]◇57[二][天]	00 フクちゃん「親子げんか大嫌い」「学校どんなとこ?」[声]坂本千夏 田崎潤　川島千代子ほか 30 愛してナイト「忘れ物ラブソング」[声]堀江美都子　佐々木功 三田ゆう子　青野武ほか	7	00 タイガーマスク 「大雪山の猛特訓」 (4月18日野球中止の時「必殺技誕生」) 30 新みつばちマーヤの冒険　「ホラ吹きバーニー」[声]マーヤ…秋山るなほか野沢雅子
	00★新伍の笑エティー教室 ▽疑りすぎている人 ▽笑エティー書道 ▽実技編・コント赤信号の芸に挑戦! 野口五郎　川中美幸 菅原洋一　シルヴィア 安岡力也　コント赤信号　山城新伍　島田洋七　太平サブローほか 54[二]ANN[N]	8	00★火曜ゴールデンワイド 「中国黒竜江省紀行・極寒の旧満州をゆく」 ▽工業と文教の街、省都・ハルビン旧正月前の朝市のにぎわい▽不気味な煙突が今も残る731部隊跡▽旧正月、爆竹の中昼夜踊りまくる方正県の人々▽大慶・原野に出現した油田とコンビナート▽オロチョン族の雪原の狩猟と昔のままの結婚式▽昔ながらの駅・銀行・町並みの北安ほか レポーター・伊藤栄子 語り手・河原崎長一郎 9.54世界の旅◇子供の世界
00★なるほどザ・ワールド 「驚きと不思議がいっぱい・エチオピア」 レポーター・益田由美 パネラー・江原真二郎 中原ひとみ　谷啓ほか 司会・愛川欽也ほか 54 ニューフェース'83	00★柳生十兵衛あばれ旅 「女忍者、暁に散る」 中本博通脚本　荻原将司監督　[役]十兵衛…千葉真一ほか志穂美悦子 真田広之　宮崎美子 南原宏治　山村聡 54 世界あの店この店	9	
00★大奥「陰謀の毒薬」 山田隆之脚本 [役]お江与…栗原小巻 お福…大谷直子　孝子…坂口良子　家光…沖雅也　忠長…金田賢一 和子…杉田かおるほか 54 小さな博物館「紙」	00 プロポーズ大作戦 「10周年特番・第3弾44年ぶり劇的対面なるか?熱血やすし、人捜しに走る!」 ゲスト・堀ちえみ 司会・やすし　きよし 54 オフィスの恋人	10	00[S]ポップス倶楽部 シルビー・バルタン 中尾ミエほか(132頁) 30 スポーツTODAY 「巨人×広島」 「ロッテ×西武」ほか 50 勝抜き腕相撲 55 NY感覚ジャズダンス
00 [N]レポート23・00 15 プロ野球[N]「巨人×広島」「西武×近鉄」ほか 0.10[二]ローハイド 「悪の報い」 エリック・フレミング 1.10 今日の視点 1.15 歌う天気予報　1.19	00 [N]◇10スポーツ[N] 25 プロボクシング 「小林光二×鄭燦守」 解説・沼田義明 〜後楽園ホール 0.25 歌[再]　小出広美ほか 0.41徹子[再]　面白教授の遊女ばなし暉峻康隆1.21	11	00[S]サウンドブレイク 10 魅惑のポップス 15 アクションカメラ 45 あすの朝刊 0.00 荒野の素浪人◇55[天] 1.00TOKIOロックTV 1.30 みれん橋　尾崎奈々 2.00 不信のとき(2.30)

1983年4月19日火曜日

夜	①NHKテレビ	③NHK教育テレビ	④日本テレビ	⑥TBSテレビ
6	00 600こちら情報部「再現世界一危険な捕鯨テクニック」帯淳子 30 [N]センター6・30 山本肇◇52[天]	00 バイオリンのABC「バイオリンの弓」 30★ジュニア大全科「築城400年・大阪城の謎② 地下に埋もれた石垣」	00 ルパン三世[再]「コンピュータかルパンか」 30[二]ジャストニュース キャスター・小林完吾 荻原弘子◇55[天]	00 テレポートTBS6 山本文郎 藤林英雄ほか 30[二]ニュースコープ キャスター・新堀俊明 55 お天気ママさん
7	00[二][N]◇[天] 27 NHKガイド 30 太陽の子エステバン「立ち上がったマヤの民」[声]エステバン…野沢雅子ほか 小山茉美 堀絢子 佐々木功 肝付兼太 青野武	00 英語会話Ⅰ[再]「自己紹介する」マーシャ・クラカワー 講師・小川邦彦 30 釣り専科「マブナ」講師・小日向巌 司会・山内賢	00 プロ野球〜小倉 巨人×広島 解説・金田正一 実況・今井伊佐男 【中止のとき】 7.00青い地球の仲間たち「小動物達の四季」語り手・イルカ 7.30[S]それは秘密です!! 奇跡!64年ぶり姉弟再会▽山田康雄㊙対面ほか 三田寛子ほか 8.00右門捕物帖「天狗うらみ唄」杉良太郎 岡本信人 高見知佳 下川辰平 有吉ひとみ 渚まゆみ	00★ザ・チャンス!「おめでとう4周年!200回記念大学生大会」司会・伊東四朗 30[S]ぴったしカン・カン▽チビッ子大集合!特訓開始▽アシカショー 司会・久米宏
8	00★[S]NHK歌謡ホール「愛唱演歌・海外ヒット曲グアム編」水前寺清子 都はるみ 八代亜紀 森昌子 森進一 五木ひろし 角川博 ジミー・ディーほか 司会・生方恵一アナ 50[S]名曲ドボルザーク「月は白銀に輝き」◇[N][天]	00★教養セミナー・アジアの目・世界の目「国家が破産するとき・中南米の経済危機」メキシコ・シンドロームといわれる発端のメキシコの破算状況 横浜大教授・岸本重陳 バイオリニスト・黒沼ユリ子 45 テレビコラム 東大名誉教授・丹下健三	8.54[二][N]◇番組フラッシュ	00★[新]高校聖夫婦「先生、ぼくたち結婚しました」佐々木守脚本 土屋統吾郎監督 [役]俊…鶴見辰吾 典子…伊藤麻衣子ほか 名古屋章 岡まゆみ 五十嵐めぐみ 富士真奈美 浅茅陽子 54 フラッシュ[N]
9	00 ニュースセンター9時 キャスター・木村太郎 宮崎緑 40 あなたに首ったけ(第12回)根岸季衣 三浦洋一 松村達雄 賀原夏子 牟田悌三 なべおさみ 木村有里	00 きょうの料理[再]「おかず365日・厚揚げの子持ち煮」 25 訪問インタビュー「作家・小関智弘② わがふるさと・町工場」 45 高等学校講座 英語Ⅰ「入門講座」⑤ 講師・田中建彦	00[二][天] 02[多]火曜サスペンス劇場「愛しき妻よさらば・暴漢に襲われた若い女を助けたばかりに!」菊村到原作 石井輝男脚本 鈴木則文監督 [役]倉田…三国連太郎 笹森…黒沢年男 雅江…小田切かほるほか 丹阿弥谷津子 斎藤慶子 織本順吉 大屋政子(多重・目の不自由な方への解説)(49頁)	00★野々村病院物語Ⅱ「男と男」高橋玄洋脚本 本多勝也演出 [役]隆之…宇津井健 梨花…柏原芳恵ほか 夏目雅子 津川雅彦 山岡久乃 関口宏 54 日本列島明日のお天気
10	00★経済ジャーナル「春闘・石油・景気」▽20人の第一線調査マンが今後をうらなう 30 ニュース解説 45 スポーツアワー プロ野球・中日×ヤクルト 西武×近鉄▽バレーほか	10.15 高等学校講座[再] 生物「細胞膜と物質のでいり」講師・彦坂滋春 45 市民大学・情報化時代と法[再]「生活情報② 消費生活と表示」講師・一橋大学教授・堀部政男	10.54 スポーツ[N]	00 そこが知りたい「われら定年!新しい人生への応援歌」▽体力試験で定年延長▽追跡!再就職への道 司会・荻昌弘(132頁参照) 54 TBSニュース
11	00 [N]◇[天] (11.15終了)	11.30 ドイツ語講座[再]「コーヒーをもう1杯」講師・小塩節 ハンス・クラウト (0.00終了)	00[二]きょうの出来事 20 11PM モアリポート▽ヌードでスカイ・ダイビング▽ジョン・レノンの自作版画紹介ほか 0.25 [天][N]◇40スイミング 0.45[二]プロフェッショナル 1.40音楽◇[S]しおり 1.48	00 JNNニュースデスク 15 JNNスポーツデスク 35 ゴルフ上達講座 40[二]刑事コジャック[再]「射殺された探偵の謎」テリー・サバラスほか 0.38 岸壁の母[再] 1.06 [天] (1.09終了)

昭和58年

１９８３年

4月19日 火曜日

フジテレビで繰り返しドラマ化されている『大奥』はこのころもう始まっていました

大きなニュースの多かった１９８３年ですが、この時期最大の話題はこれでしょう。この日の4日前の4月15日金曜日、あの東京ディズニーランドがオープン、爆発的な人気を博しました。それはその後の日本のリゾート施設のあり方に決定的な影響を与えただけでなく、日本人のレジャーに対する考え方を根本的に変えるきっかけとなりました。開演当日は、あいにくの雨模様にもかかわらず約３０００人が開演を待ちわびて行列を作りました。ちなみに、開園日に最も多くのゲストが利用したアトラクションは「イッツ・ア・スモール・ワールド」だったそうです。

さてまずは朝の番組をひとつ。この時期、朝の連続テレビ小説として放送されていたのが『おしん』でした。橋田壽賀子脚本、最高視聴率62・9%という伝説の朝ドラです。このころはまだ始まったばかりで、この日はまだ第14話ですが、あの有名ないかだの川くだりのシーンはもう終わっていて、奉公先から飛び出したおしんが中村雅俊演じる俊作に助けられて小屋で過ごしていたころです。てゆーか、実は小林綾子ちゃんが出ている時期はすごく短くて、5月半ばには早くも田中裕子にバトンタッチされちゃうんですよねー。

続いてもうひとつドラマ。フジテレビ夜10時『大奥』（関西テレビ制作）。特に21世紀にはいってからは、フジテレビで繰り返し繰り返しドラマ化されているタイトルですが、この関西テレビ制作バージョンは、徳川初期の大奥誕生から幕末まで、1年かけて大奥の興亡を描く一大絵巻です。何しろ家康から慶喜まで徳川歴代将軍がズラっと登場するわけですからね。登場人物もどんどん

1983年4月22日号
表紙・沢田研二
歌手として俳優としてマルチに活躍を続けるジュリーの冠番組『沢田研二ショー』（TBS）がスタート。放送は日曜午後11時からの30分番組だった。

入れ替わるし。配役も超豪華オールスターキャストとなっています。家光の生母・お江与（江姫）と大奥最後の総取締・瀧山を栗原小巻が演じ、冒頭とラストを飾りました（実はこの年の大河ドラマが滝田栄主演の『徳川家康』でした。ちなみにこちら『大奥』の家康は若山富三郎。すごい迫力）。

日本テレビ夜7時は開幕間もないプロ野球『巨人×広島』。解説の金田正一ってゆーのがなんとも時代ですね。また小倉球場での巨人主催試合というのもこの頃ならではです（ちなみに、この日の試合は雨天中止でした）。この年の巨人は藤田元司監督の3年目で、開幕ダッシュに成功しこの頃すでにリーグ1位。安定した強さでリーグ優勝を果たしますが、日本シリーズでは広岡達朗監督の西武に3勝4敗で惜しくも敗退。シーズン後、当時の王貞治助監督に監督を譲ります。

ＴＢＳ夜8時は、鶴見辰吾、伊藤麻衣子（現・いとうまい子）主演の新ドラマ『高校聖夫婦』。ＴＢＳは数多くの名門ドラマ枠を持っているのであまり目立たないのですが、この火曜8時枠というのも記憶に残るドラマ枠です。青春もの、学園ものが多くて、70年代だと『おおヒバリ！』とか『やあ！カモメ』とかが印象に残っていますが、なんといっても80年代の快進撃は特筆に値します。実はこの83年がその白眉でこの『高校聖夫婦』の前に放送されていたのが『積木くずし～親と子の２００日戦争～』、後に放送されたのが『スチュワーデス物語』という、ともにテレビ史に残る大ヒット作品。その後も『不良少女とよばれて』『転校少女Ｙ』『少女に何が起ったか』『乳姉妹』『禁じられたマリコ』と話題作が続きます。この『高校聖夫婦』は火曜8時枠での大映テレビ制作の第1作でそこそこ人気もありました。いわゆるひとつ屋根の下ものですが、思春期の若者たちはやきもきしながら見ていたもんです。

81年秋に同時に始まり、ともに火曜の夜の代名詞となった2つの長寿番組が、日本テレビ夜9時2分『火曜サスペンス劇場』とフジテレビ夜9時『なるほど！ザ・ワールド』。『火サス』はスタート当初からエンディングテーマとして使われ大ヒットした岩崎宏美の『聖母たちのララバイ』の使用がこの4月で終了し、5月から『家路』に変わります（その後も岩崎宏美主題歌が87年11月まで都合5曲続きました）。『なるほど！ザ・ワールド』はこのころ人気絶頂。楠田枝里子の代表作となりました。

夜	⑧フジテレビ	⑩テレビ朝日	⑫テレビ東京
6	00 [N]レポート6・00 山川千秋　佐野稔 30 [N]レポート6・30 キャスター・逸見政孝 斎藤裕子	00 [N]イブニング朝日 千本木淳　小林一枝ほか 25 [N]レーダー　三宅久之 45 パーマン「パーマンの学校探検」[声]三輪勝恵	5.55 装甲騎兵ボトムズ 「脱出」[声]郷田ほづみ 6.25[S]楽しいのりもの百科 30 デメタン[再]「ひびけ!愛のケロケロ笛」
7	00 ストップ!!ひばりくん!「特訓!スパルタの辰」[声]ひばり…間島里美　耕作…古谷徹ほか 30★なんでもカンでも! 「のる」畑正憲　野村義男　榊原郁恵　松崎しげるほか　司会小川宏	00 ドラえもん 「ヒミツゲンシュ犬」 「分しんハンマー」 「たんぽぽくし」 30★宇宙刑事シャリバン 「強さは愛だ・英雄たちの旅立ち」渡洋史 降矢由美子　大葉健二	00 一発貫太くん [声]戸馳貫太…太田淑子 久美子…麻生美代子ほか 塩沢兼太　秋元千賀子 30 とびだせ!つり仲間 「豪快!磯釣りの王者イシダイ釣り」 司会・青山孝
8	00 時代劇ニュース 02 時代劇スペシャル 「御金蔵破り・佐渡の金山を狙え」 松本功　滝洸一郎共同脚本　黒田義之監督 [役]吉兵衛…若山富三郎 吉次…加納竜　常陸守…小池朝雄　備前守…内藤武敏　お吉　お菊…岡田奈々(2役) 吉三…清水紘治 お小夜…朝比奈あけみ 庄右衛門…加藤嘉ほか 三島ゆり子　菅貫太郎 白井滋郎　笹木俊志 福本清三(47頁参照)	00 ワールドプロレスリング(予定される対戦) 「IWG決勝リーグ」 ▽アントニオ猪木×前田明 ▽アンドレ・ザ・ジャイアント×ハルク・ホーガンほか キラー・カーン　ラッシャー木村　長州力 54[二]ANN[N]	00 おもしろ演芸決定版 「積木くずしの爆笑落語　今夜・親と子のお笑い戦争が始まる」 三遊亭円歌 古今亭円菊 春風亭柳昇 ピックルス 司会・春風亭小朝 斎藤ゆう子　山本晋也 54 世界の旅◇子供の世界
9	9.48[二]FNN[N]◇51[二][天] 54 宍戸錠のくいしん坊	00★新・女捜査官「刑事の初恋は夫殺しの美女!?」石川孝人脚本 土井茂監督　[役]路子…名取裕子ほか　西郷輝彦 樹木希林　草川祐馬 中島ゆたか　辰馬伸 54 世界あの店この店	00 金曜スペシャル 「あなたの家庭は大丈夫!?怖るべきローティーン非行」 ▽竹の子族▽暴走族ほか 語り手・中田浩二 (130頁参照) 54 すばらしい味の世界
10	00★望郷・美しき妻の別れ [終]　中島丈博脚本 森川時久演出 [役]葉子…小柳ルミ子 守幸…藤岡弘　浩一郎…津川雅彦　銀市…室田日出男ほか　三浦浩一 54 博物館「横浜開発」	00★必殺仕事人III「囮になったのはおりく」 石森史郎脚本　八木美津雄監督　[役]主水…藤田まこと　おりく…山田五十鈴ほか　三田村邦彦 山内敏男　有川正治 54 オフィスの恋人	00★ミエと良子のおしゃべり泥棒 ゲスト・谷啓 30 スポーツTODAY 「阪神×巨人」 「中日×ヤクルト」ほか 50 勝抜き腕相撲 55 NY感覚ジャズダンス
11	00 [N]レポート23・00 15 プロ野球[N]「南海×西武」「阪神×巨人」ほか 0.10 企業最前線[再] 0.15[二]映画「襲われた幌馬車」リチャード・ウィドマークほか　(45頁) 2.05 視点◇2.10[天]　2.14	00 TVスクープ「談合現場撮影・建設業界の暗部をさぐる」(仮題) 50 [N]ファイナル横館英雄 0.00スポーツ[N]　石橋幸治 0.10 タモリ倶楽部 0.40落語　小三治　志ん馬 1.25 テニス(1.40終了)	00 スーパーゴルフ「柏戸レイ子×磯村まさ子」 30 われら釣り天狗 45[S]サウンドブレイク 55 魅惑のポップス◇[N] 0.15 カラオケ歌合戦 0.45 ミラクルガール[再] 1.45歌◇私は名探偵[再]3.00

▶1983年 5月27日 金曜日

夜	①NHKテレビ	③NHK教育テレビ	④日本テレビ	⑥TBSテレビ
6	00 ６００こちら情報部 「なんでも相談」ほか 餌取章男 塚田茂ほか 30 [N]センター６・３０ 山本肇◇52[天]	00 三味線のおけいこ「左手・人さし指の練習」 30★ジュニア大全科「水の惑星・地球⑤ 大地の下・川は流れる」	00 ルパン三世[再] 「ＩＣＰＯ㊙指令」 30[二]ジャストニュース キャスター・小林完吾 荻原弘子◇55[天]	00 テレポートＴＢＳ６ 山本文郎 藤林英雄ほか 30[二]ニュースコープ キャスター・浅野輔 55 お天気ママさん
7	00[二][N]◇[天] 27 ＮＨＫガイド 30★Ⓢ音楽の広場 「音楽会、寄席の気分で楽しさ10倍」 田中千香士 前橋由子 春日三球・照代ほか （曲目）愛の喜びほか	00 英語会話Ｉ[再] 「ホテルのチェックアウト」講師・小川邦彦 30★テレビ気象台 ▽気象の父は賊軍の大将 元気象庁長官・高橋浩一郎▽海外の天気▽週間天気予報	00 スターに挑戦!! 「八代亜紀特集!!」 内藤やす子 石原圭子 小野さとるほか 30★カックラキン大放送!! 「しぼん玉プレゼント」河合奈保子 大沢逸美 原真祐美ほか	00Ⓢプロ野球〜甲子園 阪神×巨人 解説・張本勲 杉浦忠 【中止のとき】 7.00ドバーッとファイト!! 梅宮辰夫 うつみ宮土理 八方ほか 7.30野生の王国「南極・南インド洋・ガラパゴスのペンギン全員集合」語り手・小池清 8.00オサラバ坂に陽が昇る「いのち」(前) 岩間芳樹脚本 前川英樹演出 矢崎滋 イルカ 伊藤つかさ 柴田恭兵
8	00 ＮＨＫ特集 「苦悩する親たち」（仮題）家の中で人知れず悩み、途方にくれおびえている親たちの姿を凝視することにより現代日本の抱えている問題を描く。レポーター・森茂雄（37頁） 50Ⓢ名曲「なつかしいバージニアへ」◇55[N][天]	00 教養セミナー・現代の科学「ニューメディア時代② ひろがる放送網・放送衛星とＣＡＴＶ」東大教授・宮川洋 ＮＨＫ放送文化研主任 山口秀夫 財団法人映像情報システム開発協会技術本部長・川畑正大ほか （１３０頁参照） 45 テレビコラム 水野肇	00 太陽にほえろ! 「疾走24時間」 小川英 大川俊道共同脚本 鈴木一平監督 [役]藤堂…石原裕次郎 山村…露口茂 西条…神田正輝 春日部…世良公則ほか長谷直美 渡辺徹 地井武男 （１５５頁参照） 54[二][N]◇57番組フラッシュ	8.54 フラッシュ[N]
9	00 ニュースセンター９時 キャスター・木村太郎 宮崎緑 40 がんばったンねん(終) 国広富之 友里千賀子 戸浦六宏 下川辰平 茂山千五郎 山田昌 はしだのりひこほか	00 邦楽百選 舞踊・清元 「傀儡師（かいらいし）」 立方・坂東三津五郎 司会・山川静夫アナ 45 高等学校講座[再] 地理 「アメリカ的生活様式」講師・高橋彰	00★若草学園物語「小さな恋のメロディ」 長野洋脚本 小松伸生演出 [役]天…古尾谷雅人 ユリ子…かとうかずこほか船越英二 草笛光子 木内みどり 54[二][天]◇57番組フラッシュ	00 欽ちゃんの週刊(欽)曜日 ▽ザ・ちなみショー ▽男と女のポエム ▽欽ちゃんバンド ▽ヨーデルに挑戦! ウィリー沖山 萩本欽一 佐藤Ｂ作 54 日本列島明日のお天気
10	00★いっと６けん小さな旅 「さつき紳士録・栃木県鹿沼市」 阿世知幸男 介川裕子 30 ニュース解説 45 スポーツアワー ▽体操世界選手権第２次予選▽阪神×巨人ほか	10.15 高等学校講座[再] 世界史 「中国文化の成熟」 講師・宮崎正勝 45★市民大学・史記の世界[再]「文武の名コンビ・藺相如と廉頗」 講師・金沢大学教授・増井経夫	00 ドキュメンタリー特集 「女たちの現代中国・０歳から90歳までを追って」 ▽誕生・結婚・老後など女の一生の感動的な記録 （36頁参照） 54 スポーツ[N]	00 [新]ふぞろいの林檎たち 山田太一脚本 鴨下信一演出 [役]良雄…中井貴一 健一…時任三郎ほか国広富之 手塚理美 石原真理子 （30、１５５頁参照） 54 ＴＢＳ[N]
11	00★夜の指定席・落語 「千早ふる」 三遊亭小遊三 「ろくろ首」 柳家小三治 〜東京・鈴本演芸場 45 [N]◇[天] （11.57終了）	11.30 ドイツ語講座[再] 「ホテルのフロントで」グトルン・ウォシトロ 講師・柴田昌治 （0.00終了）	00[二]きょうの出来事 20 11ＰＭ 釣り▽プロに挑戦!ボクシング編② 渡辺二郎▽巨泉ゴルフ②▽料理▽東京裁判ほか 0.25 [天][N]◇40スイミング 0.45Ⓢポップス◇1.40音楽 1.45Ⓢ夜のしおり（1.48）	00 ＪＮＮニュースデスク 15 ＪＮＮスポーツデスク 35 カリフォルニアの風 40 映画「オルフェ」 （1949年フランス） ジャン・コクトー監督 ジャン・マレーほか 1.25 [天] （1.28終了）

昭和58年
1983年
5月27日 金曜日

パート4まで続いた山田太一脚本による歴史に残る名作『ふぞろいの林檎たち』

この日の前日の5月26日の正午ころ、秋田県沖で「日本海中部地震」が発生。当時の地震の中では最大級のもののひとつで、津波の被害も伴ったため、NHKを中心にテレビはこの報道に大きな時間を割きました。一日明けたこの日もニュースやワイドショーはこの話題一色で、NHK総合夜8時の『NHK特集』も内容変更になっています。時間が正午ころだったこともあり、揺れた瞬間のさまざまな映像が各局で多数放送され、結果的にこの地震の経験がその後の津波警報のシステムやテレビの地震報道の進化に、大きく寄与することとなりました。

そしてこの日も歴史に残る新番組がスタートしています。TBS夜10時『ふぞろいの林檎たち』。山田太一の連続ドラマにしては珍しく、2年後に早々とパート2が作られ、最終的に1997年のパート4まで続く大河シリーズとなりました。集団群像ドラマの先駆けのひとつで、いわゆるおちこぼれの若者たちの青春を描いた名作です。特定の主演者を設けずグループ主演扱いだったキャスト陣に対して、メインタイトルより前に「山田太一脚本」のテロップが大きく登場し、続いてサブタイトルといっしょに「鴨下信一演出」のクレジットが添えられました。そのスタッフの記名性の高さには、当時のドラマ制作者たちの自信があふれています。ストーリーや構成もさることながら、何しろセリフのリズム感がすごい。今でもセリフの一部を諳（そら）んじられるという人も多いのではないでしょうか。個人的には夜10時台のドラマとしては画期的だった個室マッサージのシーンの描写が印象に残ります。そしてもうひとつ、忘れちゃいけないのが劇中にあふれるサザンオールスターズの楽曲です。彼らの既成の楽曲を、全編に鳴り響かせることで見事にドラマの世界観を作り上げたこの手法は、90年代以降のドラマにも大きな影響を与えています。むやみに多くの

1983年5月27日号
表紙・荻野目慶子、マリアン
NHK教育テレビで放送された若者向け番組『YOU』の司会を、糸井重里とともに務めた2人が表紙。豪華なゲストも番組の魅力のひとつだった。

曲を使わず、「いとしのエリー」「いなせなロコモーション」「My Foreplay Music」「Ｙａ Ｙａ（あの時代を忘れない）」など、特定の曲を繰り返し使用したこともプラスに働きました。ち・な・み・に、裏番組の中島丈博脚本『望郷・美しき妻の別れ』はこの日が最終回ですが、この『望郷』の前にフジの金曜10時に放送していたのが、山田太一脚本、岩下志麻主演の『早春スケッチブック』でした。まさに作家として脂の乗り切っていた時期です。

ＴＢＳ夜9時は、前年秋に始まった『欽ちゃんの週刊欽曜日』。月曜日の『欽ドン！良い子悪い子普通の子』、水曜日の『欽ちゃんのどこまでやるの！』など、欽ちゃんこと萩本欽一が自らの看板番組を軒並みヒットさせ、『スター誕生！』や『ぴったしカンカン』など、他の出演番組もあわせて「視聴率１００％男」と呼ばれていたのがこのころです。この時期の欽ちゃんブランドの力は絶大で、『欽ドン！』『欽どこ』『欽曜日』の３つは、局の垣根を越えて合同の特番が放送されたりもしていました。最後発である『欽曜日』は、ボードヴィル形式のまさにバラエティーショーという趣で、勢いがあるときだからこそできる冒険的な内容だったといえるかもしれません。出演者が本気で楽器演奏を披露する〝欽ちゃんバンド〟コーナーの手法は、その後のバラエティーでも繰り返し使われました。佐藤Ｂ作の名を大きく知らしめた番組でもあります。

番組からヒット曲を出して番組に勢いをつけていたのも、欽ちゃん番組の特徴でしたね。この番組からは、番組表にもある〝ザ・ちなみショー〟などのコーナーでフレッシュな魅力を発揮して人気を得た風見慎吾（現・風見しんご）がこの日の1週間前の5月21日に『僕笑っちゃいます』でデビューしています。ち・な・み・に、作曲は吉田拓郎です。

テレビ朝日夜7時半は〝赤射！〟の『宇宙刑事シャリバン』。『〜ギャバン』に続く東映制作の宇宙刑事シリーズ第2弾で、いまも傑作として語り継がれています。ちなみにこの日のサブタイトル「強さは愛だ」はエンディングテーマのタイトルでしたね。でも改めてながめてみると、『ドラえもん』→『シャリバン』→『新日本プロレス』というテレ朝の並びが現在のアラフォー男子に与えた影響は結構大きい気がします。

⑧フジテレビ	⑩テレビ朝日	夜	⑫テレビ東京
00 [N]レポート6・00 キャスター・山川千秋 30 [N]レポート6・30 キャスター・逸見政孝 斎藤裕子	00 首都圏レーダー 長谷川直樹 野崎由美子 25 [N]レーダー 小松錬平 45 パーマン「氷になったパーマン」[声]三輪勝恵	6	5.55アルベガス傑作選(終)アダム五郎とイブほたる 6.25Ⓢ楽しいのりもの百科 30 タイガーマスク 「よし坊の幸福」
00★Drスランプ「キミとボクの旅だち」 [声]アラレ…小山茉美 センベエ…内海賢二ほか 30★うる星やつら「サクラ哀愁の幼年期」 [声]ラム…平野文 あたる…古川登志夫ほか	00 霊感ヤマカン第六感 羽賀健二 鳥越マリ 佐東由梨 毒蝮三太夫 月亭八方 大信田礼子 30★水曜スペシャル 「死闘! 中国少林寺・中国最強の男」 ▽酔拳・孫建魁 ▽縄鏢・劉懐良 ▽長剣・于承恵 ▽槍・棟弁明 ▽双剣・黄秋燕 ▽南拳・胡賢強 ▽扑剣・陽玉峰 ▽鷹爪拳・芦建国 ▽棍・王珏 ▽映画「少林寺」でおなじみ李連杰も出場	7	00 リトル・エル・シドの冒険 「水車小屋の幽霊」[声]ルイ…渡辺菜生子ほか語り手・柴田秀勝 30 香港カンフー・ドラゴン少林寺「呪いの念力拳」トン・ウェン シー・ショーほか
00★銭形平次 「盗まれた殺人計画」 中村勝行脚本 松尾正武監督 [役]銭形平次…大川橋蔵 お静…香山美子 おゆう…金沢碧 清太郎…原田大二郎ほか 市毛良枝 林家珍平 遠藤太津朗 渋谷哲平 54[二]FNN[N]◇57[二][天]	8.51 招待席◇54[二][N]	8	00★スーパーTV 「北の動物家族・サケ! 母なる川での250日」故郷の川をさか上るサケ▽世界有数! 日本のふ化事業▽貴重・知床の自然のままの産卵▽産卵後力尽きる親ザケ▽春、一斉に放流される稚魚ほか野沢那智 54 各駅停車◇女のコラム
00 風祭(第5回) 平岩弓枝脚本 諏佐正明演出 [役]三重子…八千草薫 麻子…古手川祐子 良行…高橋昌也ほか 山村聡(170頁参照) 54 川津祐介のくいしん坊	00 欽ちゃんのどこまでやるの! ▽ほのぼの! 萩本一家 ▽今夜のお客さま・岡江久美子 ▽清六さすらいの文豪 萩本欽一 真屋順子ほか 54 世界あの店この店	9	00 クイズ・地球まるかじり! シンガポールのかき氷・何をかける? ▽西ドイツ・ビールのおつまみベスト3ほか ロミ山田 岡田真澄 斎藤ゆう子 田中康夫 54 [天]◇57番組ハイライト
00★三枝の愛ラブ! 爆笑クリニック かわいいとなると見境のない夫▽物忘れ! ドジな妻▽妻を理想の女に! コンサルタント・立川談志 大屋政子 西脇美智子 54 寺のある風景 万福寺	00★特捜最前線「特別病棟の女!」宮下潤一脚本 藤井邦夫監督 [役]神代…二谷英明 桜井…藤岡弘ほか大滝秀治 本郷功次郎 夏夕介 横光克彦 黒田福美 54 ビタミンライフ	10	00★気分はパラダイス ゲスト・丸茂ジュン 司会・ビートたけしほか 30 スポーツTODAY ▽高橋良昌の巨人レポート▽ロッテ×広島▽翔べロス・森尾麻衣子 50 腕相撲◇55エアロビ
00 [N]レポート23・00 15 プロ野球[N] ロッテ×広島▽キャンプ速報ほか 0.10 ハワイ5−0 「断崖の幻想」 1.10 今日の視点 1.15 歌う天気予報 (1.19終了)	00 [N]◇15スポーツ[N] 25 トゥナイト ▽ホットアングル 司会・利根川裕ほか 0.25 ウソップランド 0.55ラブリー[再] 石原圭子 1.10 徹子の部屋[再] 小林千登勢 (1.50)	11	00Ⓢサウンド◇ヒット歌謡 15 テクノピア「超LSI量産化技術」◇45朝刊 0.00 破れ傘刀舟 0.55 [天]◇1.00ロックTV 1.30 おんなみち(終) 2.00 妻の秘密 生田悦子 2.25まよなかマガジン2.30

1984年 2月29日 水曜日

夜	①NHKテレビ	③NHK教育テレビ	④日本テレビ	⑥TBSテレビ
6	00 ６００こちら情報部 ▽ビッグ情報▽生中継おもしろ情報 帯淳子 30 [N]センター６・30 山本肇◇52[天]	00 ギターをひこう アントニオ古賀ほか 30 ジュニア大全科[再]「これが自動車だ！③安全なブレーキ」	00 ウルトラマンA「天女の幻を見た！」 30[二]ジャストニュース キャスター・小林完吾 荻原弘子◇55[天]	00 テレポートTBS６ 山本文郎 岩崎真紀ほか 30[二]ニュースコープ キャスター・新堀俊明 55 お天気ママさん
7	00[二][N]◇[天] 27 NHKガイド 30 連想ゲーム 加藤芳郎 中田喜子 渡辺文雄 坪内ミキ子 金田正一 由紀さおり 風間杜夫 斎藤慶子 水島裕 中井貴恵ほか	00 中国語講座[再]「餃子をごちそうしてあげる」陳文芷 講師・讃井唯允 30 ベストテニス「実戦ダブルス」① 講師・神和住純 司会・相本久美子	00★エッ！うそ〜ホント!? ▽伊東でのボウリングはモンペとたすきで！▽スイスなだれ事情ほか 30[S]歌のワイド90分！「東京五輪から20年…今甦るあの名曲！青春歌謡から根性演歌まで思い出と共に全10曲」▽カラオケ福岡対栃木 大川栄策 角川博 川中美幸 クールファイブ 高田みづえ 都はるみ（曲目）盛り場おんな酒▽伊豆の雨▽ふたりの春▽酒場の花▽秋冬▽道頓堀川▽恋のバカンス▽柔道一代ほか 8.54[二][N]◇番組フラッシュ	00 お笑いサドンデス ▽たけちゃんコーラスコント▽コピー名人芸三連発ほか 三田寛子ほか 30★パソコントラベル・君ならどうする！ コント赤信号 服部まこ 怪物ランド
8	00★新・なにわの源蔵事件帳「夏を欺く男」 丘辺渉脚本 大森青児演出 [役]源蔵…芦屋雁之助 希世…大空真弓ほか 三林京子 加藤武 益田喜頓 頭師孝雄 松原千明 笑福亭笑瓶 50[S]名曲マーラー「亡き子をしのぶうた」◇[N][天]	00 教養セミナー・証言・現代史「女性の自立をもとめて③ 藤田たき・婦人少年局の歳月」 婦人少年局確立期のエピソードと戦後まもないころの婦人少年問題を振り返る。 45 テレビコラム 評論家・本田靖春		00★わくわく動物ランド ▽ナイルワニはこうやって走る！▽自然界の不思議・花と動物たちの助け合い▽サバンナから報告！ハイエナ一家の生活▽都会の暗闇でネズミのオリンピック!? 小林亜星 原田知世 岡崎友紀ほか 54 フラッシュ[N]
9	00 ニュースセンター９時 キャスター・木村太郎 宮崎緑 40 やどかりは夢をみる（第３回） 三浦浩一 宮崎美子 和泉雅子 斎藤とも子 高橋長英 坂本あきら	00 きょうの料理[再]「季節のもてなし料理・海の幸宝楽焼き」 25 訪問インタビュー「詩人・大岡信 ことばとの出会い」① 45 高等学校講座 数学Ⅰ「三角形の面積」 講師・岩波裕治	00[二][天] 02[二]水曜ロードショー「刑事コロンボ・秒読みの殺人」（1979年アメリカ） ジェームズ・フローリー監督 [役]コロンボ…ピーター・フォーク フラナガン…パトリック・オニールほか トリッシュ・バン・ディバー ローレンス・ラッキンビル [声]小池朝雄 黒沢良 寺田路恵ほか 解説 愛川欽也（61頁参照） 10.54 スポーツ[N]	00 テレビシティ「ダンスでつかんだスターの座・ハリウッドシンデレラ物語」▽最も無名な有名人！マリン・ジャハンの全生活（53頁参照） 54 日本列島明日のお天気
10	00★歴史への招待「知られざる戊辰戦争① 会津落城・西郷頼母の悲劇」綱淵謙錠 30 ニュース解説 45 スポーツアワー アルペンダウンヒル競技会▽選抜出場校紹介ほか	10.15 高等学校講座[再] 化学「ビニールとナイロン」講師・吉田善雄 45 市民大学・技術文明と人間[再]「テクノポリスの時代」講師・東京大学教授・石井威望		00★[S]弦鳴りやまず「母の死を越えて」 奥野知永子脚本 竜村仁演出 [役]久子…樋口可南子 吉之助…中村嘉葎雄ほか 鹿賀丈史 柄本明 結城美栄子 54 TBS[N]
11	00 [N]◇[天] （11.15終了）	11.30 英語会話Ⅲ[再]「私の現代版画論」 ウェイン・イーストコット ケン・マクドナルド 小林ひろみ （0.00終了）	00[二]きょうの出来事 20 11PM 司会・愛川欽也 朝倉匠子 0.25 [天][N]◇40ボウリング 0.45 俺たちの勲章[再] 1.40 音楽◇[S]しおり1.48	00 JNNニュースデスク 15 JNNスポーツデスク 35 情報デスクTODAY ▽朝刊早版▽[天]ほか 0.15 Gメン75[再]「浴槽に浮かんだ死体」 丹波哲郎 若林豪ほか 1.11 [天] （1.14終了）

昭和59年
1984年
2月29日 水曜日

これだけ映画枠で繰り返し放送されている海外ドラマシリーズはなかなかないのでは

さて今回は4年に一度しかない2月29日です。日本初の実験用中継放送衛星「ゆり2号a」が打ち上げられたこの年、テレビはふたつの〝ロサンゼルス〟でにぎわいました。ひとつは夏に行われたロサンゼルス五輪。そしてもうひとつは『週刊文春』の「疑惑の銃弾」連載に端を発した、いわゆる〝ロス疑惑〟です。最初に記事が掲載されたのが1月の末ですから、この時点で約1ヵ月経っていますが、勢いはまったく衰えることなく、この日もワイドショーはこの話題で持ちきりでした（『TVガイド』の番組表ではわかりにくいですけれども）。騒動はこれから1年以上にわたって続くことになります。

まずは日本テレビ夜9時の『刑事コロンボ・秒読みの殺人』。もともと日本ではNHKで放送されて大人気を博した海外刑事ドラマの傑作ですが、日本テレビの『水曜（後に金曜）ロードショー』枠で見たという人も多いと思います。日テレは本当にこのシリーズを大切に放送してくれて、おかげで幅広い世代がコロンボの面白さに触れることになりました。これだけ映画枠で繰り返し放送された海外ドラマシリーズはほかにないと思います。この『秒読みの殺人』は、70年代にアメリカNBCで制作されたいわゆる第1期45作品の最末期にあたる第43話で、舞台はTV局。今回も犯人は結構かわいそうなパターンですが、愛と仕事と野望に翻弄される人間像のリアリティーが秀逸でファンの多いエピソードです。

続いてフジテレビ夜8時『銭形平次』。1966年5月に大川橋蔵主演でスタート以来、同一主役、同曜日、同時間帯で放送し続けて約18年、この日が第883話です。そしてこの年の4月4日に888話で幕を閉じます。この記録は当時ギネスブックにも認定され

1984年3月2日号
表紙・松田聖子
2月にシングル『Rock' n Rouge（ロックン・ルージュ）』をリリースしたばかり。本人出演による化粧品のCMソングでもあった。

ました。同一枠で連続18年、というのはちょっと途方もない記録で、現在のドラマ制作スタイルではおそらく永遠に更新されることのない大記録だと言えるでしょう。ちなみに主題歌は一貫して舟木一夫、女房のお静役は3代目の香山美子が約14年間担当しました。そして主演の大川橋蔵は、ドラマ終了の約8ヵ月後、1984年12月7日にがんで亡くなりました。まだ55歳の若さでした。

テレビ朝日夜7時に行きましょう。ABC制作のクイズ番組『霊感ヤマカン第六感』。なんと言っても印象的なのがフランキー堺の豪快な司会ぶりと、女性コーラスによる主題曲でしょう。『ルパン三世（第1シリーズ）』『クイズ・タイムショック』でおなじみの山下毅雄作曲。日常空間に突如放たれるいなたいムードが、大人っぽさを感じさせました。比較的長く続いた人気番組ですが、この年の秋に終了しています。

TBSの水曜8時といえば、『夜明けの刑事』や『噂の刑事トミーとマツ』など大映テレビの刑事ドラマが人気を博したドラマ枠でしたが、1983年春に関口宏司会の『わくわく動物ランド』に模様替えしました（エンディングテーマが、松本隆作詞、大瀧詠一作曲、薬師丸ひろ子歌唱の『すこしだけやさしく』でしたね）。そして『わくわく動物ランド』といえば、この年1984年に一大センセーションを巻き起こしたエリマキトカゲブームのきっかけを作ったことで有名です。今回『TVガイド』を紐解いたところ、1983年の12月21日の放送で、すでに「人気のあったエリマキトカゲの走りを大特集」との表記があります。この後三菱自動車のCMに起用され（?）本格的に人気が大爆発。夏をピークに、秋にはブームは収束します。

そしてNHK夜7時半の『連想ゲーム』。テレビ史の中で大きく取り上げられることはほとんどありませんが、ちょっと他に並ぶもののない歴史的なクイズ番組です。1969年から1991年まで約22年間放送された超長寿番組で、何がすごいってほとんど道具や仕掛けが要らず、どこでも再現できるそのシンプルさ。「問題」と言ったって、言葉を20個ぐらい考えるだけ。それでいて面白い。面白くなければ22年も続くはずがない。実に日本オリジナルなクイズ番組だと思います。

夜	⑧フジテレビ	⑩テレビ朝日	⑫テレビ東京
6	00 Ⓝレポート6・00 キャスター・逸見政孝 30 Ⓝレポート6・30 キャスター・大林宏 小出美奈	00 首都圏レーダー 長谷川直樹 野崎由美子 25 Ⓝレーダー 小松錬平 45 パーマン「パーマンの別荘へご招待」	5.55 トンデラハウスの大冒険[再] [声]間島里美ほか 6.25Ⓢ楽しいのりもの百科 30 ろぼっ子ビートン 「宿題はまかすゾイ」
7	00 チックンタックン「夜霧にきえた初恋?泣かせる夢じゃん!!」(28日野球中止内容変更) 30★月曜ドラマランド 「少年隊のただいま放課後スペシャル」 今井詔二脚本 土屋統吾郎監督 [役]俊平…錦織一清 研二…植草克秀 透…東山紀之 美沙子…大場久美子 ひとみ…森尾由美 真理子…河合美佐 房子…川田あつ子ほか 木暮毅 鈴木美司子 柳沢超 (カラー頁)	00 忍者ハットリくん 「はやきこと風の如し」「便利なくらしは不便でござる」ほか 30 THEかぼちゃワイン 「ナヌ!テッキンがおれの親父!?」[声]春助…古川登志夫ほか横沢啓子	00 NEWスタージャック ▽ゴリラのいけにえ ▽私のミッケッケ▽日本ドッキリ番付▽ハトPOPほか 所ジョージ 和田アキ子 山田邦子 アグネス・チャン 54 ザ・クエスチョン?
8	8.54[二]FNNⓃ◇57[二][天]	00 スポーツ宝島 ▽興奮の周辺 ▽古館のなんでも実況中継 ▽ハイハイダービー ▽勝てない学校 ▽テレビ夢くじほか 司会・古館伊知郎 渡辺宜嗣 佐々木正洋 54[二]ANNⓃ◇56[天]	00★スーパーTV「世界の王侯貴族ご用達一流品ゼミナール」① ▽一流品の精神に触れよう▽36回の品質検査を行うクリストフルの銀食器▽王侯貴族のギフトショップ・アスピリーほか 池坊保子 生田悦子 井上順ほか 54 各駅停車◇女のコラム
9	00 欽ドン!良い子悪い子普通の子おまけの子 ▽父と子供▽校長と先生▽夫婦とおばあちゃん▽研究レポート▽日記のコーナー 志穂美悦子 司会・萩本欽一 54 川津祐介のくいしん坊	00 今夜の〝月曜ワイド〟 02 月曜ワイド劇場 「ガラスの家の暴力少女・ためされた愛 母は娘の14年の恨みに勝った!?」 佐治乾脚本 小沼勝監督 [役]西田洋子…大空真弓 西田周平…若林豪	00Ⓢにっぽんの歌 ▽日野美歌、琵琶湖の上で「氷雨」を歌うほか 八代亜紀 牧村三枝子 渥美二郎 若山かずさ 司会・玉置宏 藤尾友子 54 くらしの情報◇57[天]
10	00★Ⓢ夜のヒットスタジオ (予定される出演者) 森進一 近藤真彦 サザンオールスターズ 戸川純 河合奈保子 安全地帯 風見慎吾ほか 司会・芳村真理 54 まんがチョップ'84	緒方典子…星野知子 江本教授…米倉斉加年 西田直子…川崎葉子ほか 長谷川真弓 水原英子 (62頁参照) 10.48店◇54ビタミンライフ	00 素敵なこの人 ゲスト・芦田伸介 司会・寺島純子 30 スポーツTODAY ▽青田昇のしっかりせいや▽ロッテ×西武▽阪神×大洋▽巨人情報 50 腕相撲◇顔 釜本邦茂
11	00 Ⓝレポート23・00 15 プロ野球Ⓝ「ロッテ×西武」「阪神×大洋」 0.10Ⓢサウンドロフト (ゴルフの場合あり) 0.20 らくごIN六本木 0.50 視点◇[二]巨人の惑星 1.50 歌う天気予報 1.54	00 Ⓝ◇15スポーツⓃ 25 トゥナイト ▽どんと、ニューライフ▽ホットアングルほか 0.25 グッドモーニング 0.55 ラブリー10 三ツ木清隆 木谷力 谷麗子 1.10デイウオッチ (2.10)	00[多]コンピュートないと 嵐山光三郎 円丈 30 新・テレビ説法 福富太郎 152頁◇0.00Ⓝ 0.15TOKIOロックTV ゲスト・細野晴臣 1.15 [天]◇1.20破れ傘刀舟 2.15 昼下りの化粧 2.30

1984年 6月4日 月曜日

①NHKテレビ

6
00 人形劇・ひげよさらば
10 マルチ・スコープ
「文字①世界の文字」

西田竜雄ほか（142頁）
30 ローカル[N]◇[天]

7
00[二][N]◇[天]
27 NHKガイド
30★ウルトラアイ
「これが人間ドックだ！」山川アナが3日間ドック入りに挑戦▽どんな調査が行われるのか？ 安藤幸夫ほか

8
00★ⓈNHK特集「シルクロード第2部⑮ キャラバンは西へ・再現・古代隊商の旅」
ユーフラテス河畔の城塞都市ドゥラ・ユーロポスから、隊商都市パルミラまで400キロの道のりをラクダのキャラバン隊で旅する。
50 ローカル[N]◇[天]

9
00 ニュースセンター9時
キャスター・木村太郎 宮崎緑
40 [新]迷惑かけてありがとう たこ八郎原作
富川元文脚本
柄本明 伊藤蘭
沢村貞子 73、153頁

10
00Ⓢ徹子と気まぐれコンチェルト これぞアメリカ！エムパイヤ・ブラス・クインテット▽セリフ・香川京子
30 きょうのスポーツとニュース スポーツ[N]▽45[二]ワールド[N]▽55ローカル[N][天]▽11.00全国の[N][天] 松平定知アナ

11
11.10 きょうの焦点
25 ふるさとネットワーク
「私は落語の出前人」

函館に住む東家夢助さんの落語人生。

55Ⓢうた （11.58終了）

③NHK教育テレビ

6
00 ロシア語[再]「彼を知っている？」宇多文雄ほか
30 中国語講座[再]「わたしがやりましょう」
雷陽 榎本英雄

7
00 ジュニア大全科
「工作おじさんたちの挑戦① 飛べ！水上飛行機」鈴木吾一
30 ビデオカメラ入門
「運動会を撮る」
講師・沼田光雄
司会・江戸家小猫ほか

8
00★教養セミナー
テレビ対談・国際ペン東京大会記念①
「映像社会と文学」
アラン・ロブ・グリエ
井上ひさし
映像社会といわれる現代における文学と映像の持つ表現の可能性
45 テレビコラム
伊藤和明

9
00 料理[再]「野菜が主役の洋風そうざい① セロリを煮込む」森田繁
25 訪問インタビュー
「実地医家・鈴木荘一① 人間を診る目」
45 高等学校講座
数学Ⅰ
「部分集合と集合の相当」講師・飯島忠

10
10.15 高等学校講座
理科Ⅰ
「イオンの反応」
講師・竹内均
45 市民大学・乱世の人間像・親鸞と蓮如[再]
「一向一揆」

講師・歴史家・笠原一男

11
11.30 フランス語講座[再]
「冗談はやめてくれ！」加藤晴久
ジョエル・カルデララ
（11.58終了）

④日本テレビ

6
00 ルパン三世[再]
「第4次元の魔女」
30[二]きょうのニュース
キャスター・久保晴生
荻原弘子◇55[天]

7
00★ガラスの仮面
「初めての映画出演」
[声]マヤ…勝生真沙子ほか
野沢那智 松島みのり
30 おもしろクイズBOX
▽人気駅弁の秘密▽新設！警察署内の反則金▽低温室実験ほか

8
00Ⓢザ・トップテン
（予定される出演者）
中森明菜 吉川晃司
原田知世 堀ちえみ
石川秀美 菊池桃子
チェッカーズ 杏里ほか
司会・堺正章
榊原郁恵
小倉淳～日本テレビ・Gスタジオ
54[二][N]◇57番組フラッシュ

9
00★女ざかり「じゃれる夫と女を見た時妻は男に抱かれる決意をした」
森瑤子脚本 [役]乃里子…いしだあゆみ 加世…音無美紀子 麻子…木内みどりほか近藤正臣
54[二][天]◇57番組フラッシュ

10
00★やす・きよのスター爆笑Q＆A
江守徹 手塚理美
江本孟紀 市毛良枝
山谷親平 水野久美
森川正太 庄野真代
三遊亭円歌ほか
54 スポーツ[N]

11
00[二]きょうの出来事
20 11PM「新・裸の報告書！お色気界の女実力者たち」珠瑠美 イヴ
司会・大橋巨泉ほか
0.25[天][N]◇40ゴルフィング
0.45 俺たちの朝[再]◇音楽
1.45Ⓢ夜のしおり（1.48）

⑥TBSテレビ

6
00 テレポートTBS6
山本文郎 新井瑞穂ほか
30[二]ニュースコープ
キャスター・新堀俊明
55 お天気ママさん

7
00 100人に聞きました
▽お金以外でお金持ちが持っているもの▽女子大生の乱れた生活!?
30★クイズ・天国と地獄
▽新伍〝愛してるよ〟を連発!!OL・人妻大混戦▽かぐや姫の秘密

8
00★水戸黄門「灘の庄助なぜ酔っぱらう・灘」
大久保昌一良脚本
倉田準二監督
[役]黄門さま…西村晃
助さん…里見浩太朗
格さん…伊吹吾朗ほか
高橋元太郎 中谷一郎
三木のり平 森次晃嗣
山本みどり 加藤和夫
54 フラッシュ[N]

9
00 明日のお天気
02[二]月曜ロードショー
「ダーティハリー2 復讐に燃えて火を吐くマグナム44」
（1973年アメリカ）
テッド・ポスト監督
[役]ハリー…クリント・イーストウッド
チャーリー…ミッチェル・ライアンほか
ハル・ホルブルック
デビッド・ソウル
[声]山田康雄 小林勝彦
解説・荻昌弘（59頁）

10
10.54 TBS[N]

11
00 JNNニュースデスク
15 JNNスポーツデスク
35 テレビガイド
40 '84全米女子プロゴルフ選手権「総集編」
解説・岩田禎夫
～オハイオ州（録画）
1.04 [天] （1.07終了）

昭和59年
1984年
6月4日 月曜日

『ザ・トップテン』『夜のヒットスタジオ』かつて月曜日と言えば歌番組の日でした

80年代と90年代で一番イメージが違うのが月曜の夜のテレビじゃないでしょうか。90年代の月曜夜といえば、「HEY×3、月9、スマスマ、そして水戸黄門」のイメージ。特に「月9」の印象が強いです。そして80年代のイメージは「トップテン、欽ドン、夜ヒット、そして水戸黄門」。フジテレビと水戸黄門の印象が強い曜日だったことは変わりないんですけどね。

70年代後半、土曜日の夜に一世を風靡した『欽ちゃんのドンとやってみよう!』が、『欽ドン!良い子悪い子普通の子』として月曜日の夜9時に移ってきたのが81年の春。それ以来、月曜の夜のテレビは間違いなくこの『欽ドン!』を中心に回っていました。この日放送されている『欽ドン!良い子悪い子普通の子おまけの子』は、そのリニューアル版です。テレビ欄に「父と子供」とか「夫婦とおばあちゃん」とか書いてあるのが面白いですが、「良い子悪い子普通の子」のほかに「良い先生悪い先生普通の先生」「良いおばあちゃん悪いおばあちゃん普通のおばあちゃん」などのコーナーがあったのでした（先生コーナーで良い先生をやっていたのが柳葉敏郎、おばあちゃんコーナーで欽ちゃんの奥さん役だったのが志穂美悦子でした）。そこからさらにタイトルを変えながらもフジの月曜9時には87年3月まで『欽ドン!』が居続け、87年4月の『アナウンサーぷっつん物語』から、今のいわゆる「月9」ドラマ枠が始まるわけです。

そして月曜と言えば歌番組です。夜8時は『紅白歌のベストテン』から『ザ・トップテン』へと連なる日本テレビの公開生放送枠、夜10時はフジの『夜のヒットスタジオ』（翌年の85年には水曜日に移動します）。歌手たちにとっては〝月曜日は歌番組の日〟

1984年6月8日号
表紙・チェッカーズ
『涙のリクエスト』が大ヒットし、人気絶頂だったチェッカーズ。人気は社会現象になり、ファッションなどにも大きな影響を与えた。

という印象が強かったのではないでしょうか。

余談になりますが、当時NHKで日曜に放送していた『レッツゴーヤング』の収録も主に月曜日で、NHKホールと『トップテン』の渋谷公会堂をたくさんのアイドルたちが行ったり来たりしていたような記憶があります（なんで知ってるのかって？ ときどき観覧に行ってたからです）。84年ころはチェッカーズが人気絶頂で、『哀しくてジェラシー』『涙のリクエスト』『ギザギザハートの子守歌』の3曲同時ランクインが話題になっていた時期です。両番組ランダムで曲目をご紹介すると、中森明菜は『サザン・ウインド』、杏里は『気ままにREFLECTION』、マッチは『ケジメなさい』、安全地帯は『真夜中過ぎの恋』、サザンは7月発売のアルバム『人気者で行こう』から『海』を先行披露。注目は『夜ヒット』の戸川純でしょう。曲は5月25日発売の『レーダーマン』。これを平然とプライムタイムに放送していた当時のテレビ文化は、今より成熟してたといえるかもしれません。

そしてTBS月曜8時といえばもちろん『水戸黄門』です。黄門さまが東野英治郎から西村晃に交代した直後の第14部です。また世代によってはフジテレビの『月曜ドラマランド』が青春だったという人もいるでしょうね。この日は5月にビデオデビューしたばかりの少年隊主演の『ただいま放課後スペシャル』。事務所の先輩であるたのきんトリオが主演していたドラマの続編でした。少年隊が『仮面舞踏会』でレコードデビューを果たすのは、翌85年12月のことです。

他にも注目番組がいくつもあります。NHK夜8時は『NHK特集　シルクロード第2部』。80年4月から1年間放送されて一大シルクロードブームを巻き起こした『シルクロード　絲綢之路』の続編で、中国以西、ローマまでを83年4月から1年半、18回にわたって紹介しました。この日はその15回目です。日本テレビ夜9時は、作家の森瑤子が脚本を手がけた『女ざかり』。いしだあゆみ、音無美紀子、近藤正臣、津川雅彦など、なかなか豪華な顔ぶれでした。NHK夜9時40分の銀河テレビ小説は、たこ八郎の自伝を冨川元文が脚色した『迷惑かけてありがとう』。主人公を柄本明が演じました。たこ八郎が海水浴場で急死したのは、翌年7月のことでした（P116参照）。

⑧フジテレビ	⑩テレビ朝日	夜	⑫テレビ東京
00 あした天気になあれ 初出場！ゴルフ競技 30 メカドック「待ちぼうけパーティー」 [再]橋本晃一 石丸博也	00 超電子バイオマン「悪魔の子守り唄！」 25 [N]レーダー 三宅久之 45 パーマン「ゴマスリは楽じゃない」	6	00 サッカー ヨーロッパカップ「リバプール×レフ・ポズナニ」[前] 45 ビューティフルゴルフ ローラ・ボーほか
00★ザ・地球どんぶり！ ▽コアラの名前発表！ ▽カナダ、女腕相撲チャンピオン ▽弱冠3歳！水上スキーの達人 山口良一 美保純ほか 54 ドタンバのマナー	00 今日のジャパンカップ 02 第1回ジャパンカップ男子バレーボール世界大会「日本×ポーランド」 解説・松平康隆 実況・東出甫 リポーター・三好康之 朝岡聡 司会・石橋幸治 ～京都市体育館（録画）	7	00[S]レッツGOアイドル ▽オープニング・コント・早弁 ▽爆笑劇場・ツッパリ幼稚園児ほか グッバイ 荻野目洋子 堀ちえみ 柏原芳恵 河上幸恵ほか 54 [天]◇番組ハイライト
00★オレたちひょうきん族 ▽ひょうきんドラマ「浮気の現場で遭遇！土曜日の妻たち!!」 ▽OBCニュース！話題のひょうきん、アメリカよりの報告 ▽ひょうきんベスト10 ▽ざんげのコーナー ▽ひょうきんCMほか 54[二]FNN[N]◇57[二][天]	8.54[二]ANN[N]◇56[天]	8	00 世界のプロレス「ケビン・フォン・エリック マイク・フォン・エリック×マイケル・ヘイズ テリー・ゴーディ」「ミッシング・リンク×マイク・リード」ほか 解説・門馬忠雄 実況・杉浦滋男 54 各駅停車◇女のコラム
00 映画情報 02 ゴールデン洋画劇場「竜二」（昭和57年プロダクションリュージ・東映）川島透監督 [役]竜二…金子正次 まり子…永島暎子 あや…もも ひろし…北公次 直…佐藤金造 関谷…岩尾正隆 まゆみ…小川亜佐美ほか 菊地健二 銀粉蝶 高橋明 解説高島忠夫（カラー頁参照）	00 今夜の推理はコレダ！ 02 土曜ワイド劇場「炎の中の美女・江戸川乱歩の三角館の恐怖"狂わされて…"」 江連卓脚本 村川透監督 [役]明智小五郎…天知茂 文代…高見知佳 桂子…早乙女愛 竜雄…荻原流行 伸夫…ジョニー大倉 波越警部…荒井注ほか 久保菜穂子 鈴木瑞穂（44頁参照）	9	00★テレビあっとランダム ▽芸能レポーター取材合戦フィーバー ▽明太子のルーツをさぐるほか（予定） 関口宏 村野武範 江本孟紀 梓みちよ 54 すばらしい味の世界
10.54 ニューフェイス'84	10.51 [天]◇54あの店この店	10	00 ミエと良子のおしゃべり泥棒 夏木勲大笑いシャイな男に惚れる夜 30 スポーツTODAY ▽巨人×オリオールズ ▽ジャパンカップバレー▽太平洋マスターズ 55 明日のスポーツ
00 パンチDEデート 30 [N]レポート23・30 40 プロ野球[N] 日米野球 ▽ゴルフ・斎藤×大宮 0.35 競馬ダイジェスト 0.45 オールナイトフジ「女子大生夜の主張」松本伊代（3.30予定）	00 [N]◇10スポーツ[N] 25[S]ベストヒットUSA クイーンほか（38頁） 0.10 ミッドナイトIN六本木 亀和田武ほか 2.00 CNNデイウオッチ 2.30[S]MTV カーズ 38スペシャル（3.30）	11	00[S]サウンドブレイク 遠藤洋演出◇25[N] 30[S]DO！スポーツ 本場ハワイのWサーフィン 0.00夜はエキサイティング 朝丘雪路ほか◇1.24[天] 1.30映画「桃尻娘プロポーズ作戦」◇新製品3.15

1984年11月10日土曜日

夜

①NHKテレビ

00[二]大草原の小さな家[再]「砂金の夢」マイケル・ランドン カレン・グラッスルほか
45 ローカル[N]◇[天]

00[二][N]◇[天]
17 NHKガイド
20 海外ウイークリー ▽失業者大道芸人広場▽スラウェシ島・トラジャ族の風葬▽ダイヤモンドにとらわれて▽戦争ゲームほか

00★ドラマスペシャル[再]「日本の面影」▽第3部・夜光るもの▽第4部・生と死の断章 山田太一脚本 音成正人演出（3部）中村克史 音成正人共同演出（4部）[役]ラフカディオ・ハーン…ジョージ・チャキリス セツ…檀ふみ 服部…津川雅彦 千太郎…小林薫 クラ…樋口可南子 佐久間…伊丹十三 雪おんな…真行寺君枝 巳之吉…田中健 藤三郎…柴田恭兵 ツネ…加藤治子 お信…杉田かおる 万右衛門…加藤嘉ほか 佐々木すみ江 佐野浅夫 河原崎長一郎（中断[N][天]9.20〜35）

10.55 きょうのスポーツとニュース 巨人×オリオールズ▽全日本体操▽アイスホッケーほか

11.30 きょうの焦点
45 世界女子柔道選手権大会（衛星中継）「61、66、72、72kg超級準決勝・決勝」大沢慶己（40頁参照）（1.50）

③NHK教育テレビ

00 資源情報'84「食糧生産技術最前線②水中音で魚を管理」
30 書道に親しむ[再]「行を組み立てる」

00 N響アワー「チェコの音楽」（曲目）ノバーク「交響詩〝永遠のあこがれ〟」▽ヤナーチェク「タラス・ブーリバ」指揮＝ビエロフラーベク 話・小塩節 芥川也寸志 杉浦宏

00 海外ドキュメンタリー[再]「文明と信仰・キリスト教2000年⑨ 新世界」（イギリス・グラナダテレビ制作）解説・作家・バンバー・ガスコイン [声]村越伊知郎
45 遺跡の旅
55 名園散歩

00 教育テレビスペシャル[再]「歌舞伎の世界①〝美〟」加藤周一 中村扇雀 尾上松緑 喜多実 やまもと寛斎 菱田雅夫 池辺晋一郎 宇崎竜童 鳥居せつ子 坂東八重之助ほか

15 短編映画「ウェールズの旅」
30 YOU「幸せ！マイホーム」漫画家・小林よしのり 歌手・はしだのりひこ▽青春プレイバック マラソンランナー・宗茂・猛 司会・糸井重里 河合美智子 金瀬悦子

11.30 きょうの料理[再]「男の料理・味ひとすじ・京風おでん」杉田一三（11.58終了）

④日本テレビ

5.30 プロレス「鶴田 カブキ×テリー・ゴーディ マイケル・ヘイズ」
6.25 ザ・ヒーロー
30[二]今日の[N]◇50[N]◇55[天]

00 ルパン三世PARTⅢ「黄金のリンゴには毒がある」[声]ルパン…山田康雄ほか 増山江威子
30★土曜トップスペシャル「輝け!!第5回日本ちびっこ歌謡大賞」▽北海道から沖縄・石垣島まで全国18地区から実力派ちびっこ20人大集合!!▽熱唱!!北海道代表・10歳のイヨマンテの夜▽情感たっぷり8歳の悲しい酒ほか 審査員・近江俊郎 松田敏江 平尾昌晃 竜崎孝路 森田公一 司会・関口宏

8.54[二][N]◇番組フラッシュ

00★気分は名探偵「愛されすぎた男」岸田理生脚本 梅谷茂演出 [役]圭介…水谷豊 聖子…朝丘雪路 優子…二宮さよ子 良二…入川保則ほか 真木洋子
54[二][天]◇57番組フラッシュ

00★グルメワールド・世界食べちゃうぞ!!「興奮!!片岡孝夫メキシコ鶏に悲鳴」関口宏
30Ⓢいい加減にします！伊東四朗 小柳ルミ子 三宅裕司 植木等ほか
57 レジャー◇[天]

00Ⓢ今夜は最高！松方弘樹 園佳也子ほか
30[二]きょうの出来事
40 スポーツ[N]
55 TV海賊チャンネル▽いく！いく！出前コーナーほか 研ナオコほか
2.25Ⓢ夜のしおり（2.28）

⑥TBSテレビ

00 料理天国「瀬戸内中年海賊団」押阪忍 友竹正則ほか（162頁）
30 ニュースコープ
50 TBS[N]◇55[天]

00★まんが日本昔ばなし「横塚の庄蔵」「大挽きの善六」語り手・市原悦子ほか
30★Ⓢクイズダービー「熊の問題に熊さん赤面！」レオナルド熊 篠沢秀夫 竹下景子ほか

00Ⓢ8時だヨ！全員集合▽ドリフのゴーストバスターズ！謎の館で何が起こる!?▽頑張りましょ！▽ピンポンPARTⅡ▽釣り▽なわとび▽トランポリンほか 柏原芳恵 堀ちえみ 青木美保 長山洋子ほか
54 フラッシュ[N]

00★スクール・ウォーズ「涙の卒業式」長野洋脚本 山口和彦監督 [役]滝沢…山下真司ほか 岡田奈々 伊藤かずえ 宮田恭男 和田アキ子 梅宮辰夫 間下このみ
54 日本列島明日のお天気

00★テレビシティ「終着駅・津軽下北・秋模様」▽心のふるさと東北の駅▽涙のお別れ列車▽青森駅24時▽いま最北端の駅は…▽津軽じょんがら節大好き駅長ほか
54 テレビ大好き！

00 流行事情 田原俊彦 桂文珍 榊原郁恵ほか
30 JNNニュースデスク
45 JNNスポーツデスク
0.05 ハロー！ミッドナイト 松山千春 山本コウタロー 有村かおり
2.00 [天]（2.03終了）

昭和59年

1984年

11月10日 土曜日

スポーツの秋。『スクール・ウォーズ』ほか不思議と〝男〟騒ぎの、土曜日の夜

季節はまさに〝スポーツの秋〟真っ盛り。この日は土曜日だけにスポーツ中継が多いです。でも、何より最初に取り上げなければいけないのはこの〝ラグビー番組〟でしょう。TBS夜9時の『スクール・ウォーズ　泣き虫先生の7年戦争』。間違いなくドラマ史上に残る名作のひとつです。10月に始まったばかりでこの日が第6話なのにもかかわらずサブタイトルが「涙の卒業式」なのは、2クールで数年間を描いているから。半年で何回も卒業があるわけです。この日卒業するのは、若き小沢仁志アニキ演じる少年院帰りの水原。「俺、ラグビーやっときゃよかったかなぁ……」の名ゼリフで泣かせる、最初期のクライマックスの回。このあといよいよ〝川浜一のワル〟大木やイソップが登場、あの「悔しいです！」も出てきます。大映テレビ制作のいわゆる「大映ドラマ」は、その演出スタイルで誤解されがちですが（もちろん作品による出来不出来はあるにせよ）、この『スクール・ウォーズ』や『スチュワーデス物語』、山口百恵の『赤いシリーズ』など、登場人物の真摯さがストレートに胸を打ち、大変感動的でよく出来ています。悲劇的な側面を強調するきらいはありますが、ニュアンスじゃなくあくまでストーリーで引っ張るスタイルは、現在の韓流ドラマに通じる部分が多いでしょう。決して笑いながら見るようなドラマではありませんので、お間違えのないように。

さて、ほかのスポーツに行きましょう。午後帯には日本テレビが、高校サッカーの東京A地区・B地区の決勝を放送しています。代表になったのは帝京と暁星。どちらも当時全国大会の常連でした。帝京は全国大会でも活躍、島原商業と両校優勝でした。NHKでは日米野球『巨人×オリオールズ』。鉄人カル・リプケン・ジュニアを擁するボルチモア・オリオールズが来日して、たっぷり14試合やっていきました。解説は川上哲治と星野仙一。時代ですね。

1984年11月16日号
表紙・古手川祐子
84年4月から85年3月まで放送された吉川英治原作のNHK新大型時代劇『宮本武蔵』にお通役として出演した。武蔵役を演じたのは役所広司。

テレビ朝日のゴールデンでは、謎の大会『第1回ジャパンカップ男子バレーボール　日本×ポーランド』を放送。午後4時にも『ソ連×アメリカ』戦をやってます。この年はロサンゼルス五輪が行われ、男子バレーボールはアメリカが制しましたが（女子では日本が銅メダル獲得）、ご承知の通りソ連は参加していなかったので、この『ソ連×アメリカ』戦はそれなりに注目だったかもしれません。NHKの深夜には世界女子柔道もあります。そして注目はテレビ東京午後8時、『世界のプロレス』。アメリカやメキシコのプロレスを、吹き替えで紹介する番組で、これを土曜の8時にもってくるというのはいかにも当時のテレ東というところ。しかもこの日のカードが、「フォン・エリック兄弟×ゴーディ＆ヘイズ組」という好カード。ゴーディ＆ヘイズはなんと日テレ夕方の『全日本プロレス中継』にも登場して、鶴田＆グレート・カブキと戦っているという。忙しいですねー。

今回注目した『スクール・ウォーズ』の裏番組が実はとても強力です。フジテレビ『ゴールデン洋画劇場』は、金子正次脚本・主演の80年代前半を代表する傑作『竜二』（邦画ですが）。テレビ朝日『土曜ワイド劇場』は、天知茂主演の人気企画『江戸川乱歩の美女シリーズ』第23弾。日本テレビは、水谷豊主演の『気分は名探偵』。この5年ほど、土曜9時枠のエース的存在となっていた水谷豊ですが、この作品を最後に『火曜サスペンス劇場』や金曜8時枠の刑事物に軸足が移ります。そしてNHKではこの年の3月に放送され、第2回向田邦子賞を受賞した山田太一脚本、ジョージ・チャキリス主演の『日本の面影』の一挙再放送。見事に全部男性主演です。

最後にもうひとつ。このころ土曜深夜の顔であった『オールナイトフジ』が始まったのが、前年83年の4月なんですが、その好評を受けて各局とも深夜の生番組に進出、この年の10月6日に『TV海賊チャンネル』（日本テレビ）、『ハロー！ミッドナイト』（TBS）、『ミッドナイトｉｎ六本木』（テレビ朝日）、『夜はエキサイティング』（テレビ東京）の4番組が一斉にスタートしました。司会者の顔ぶれで雰囲気はお分かりかと思うんですが、一番お色気系だった所さんの日テレが好評で、硬派を標榜した松山千春のTBSが厳しい結果となりました。

⑧フジテレビ

00 スポーツ天国「はるかなる甲子園への道」ほか
30 サザエさん「カツオの宿題計画」「お隣りは似たもの一家」ほか

00 ナイター情報
03 プロ野球〜神宮 ヤクルト×巨人 解説・大杉勝男 江本孟紀 実況・大川和彦 [多]やじ馬応援合戦 【中止のとき】 7.00タッチ「忘れたい忘れない？2人の大事な思い出」 7.30小公女セーラ「インドから来た紳士」 [声]島本須美 坂本千夏 8.00オールスター家族対抗歌合戦 沢田雅美 ポニージャックス アッパー8 辻田紀代志
8.54[二]FNN[N]◇[天]

00★名人劇場「スペシャル300回記念 桂三枝たったひとり会」▽ぼくのビデオ日記▽父よあなたは辛かった▽君よモーツァルトを聴けほか
54 梅宮辰夫のくいしん坊

00 アイ・アイゲーム「炎天下！暑いから出して歩こう…？」中尾ミエ 成田三樹夫 島田紳助 山下規介 渡辺理砂ほか
30★三枝の爆笑美女対談 ゲスト・有馬稲子 司会・桂三枝

00[S]ミュージックフェア'85 石川さゆり 小林幸子 牧村三枝子 星野知子
30 [N]レポート23・30
40 プロ野球[N] ヤクルト×巨人▽南海×西武ほか
0.35 競馬◇50[S]ビデオマガジン'85◇[天] (1.48)

⑩テレビ朝日

00 料理バンザイ！ 三笑亭夢之助ほか 162頁
30 鉄矢の地球トピックス 武田鉄矢 深水真紀子
55 [天]

00 世界一周双六ゲーム「ハナの差で花咲け！突進美少女大追撃!!」司会・乾浩明
30 クイズヒントでピント「挑戦!!ゆう子のダテメガネ対コンピューター」星野一義ほか

00★私鉄沿線97分署「パパを恨むな！キャンピング!!」長瀬未代子脚本 手銭弘喜監督 [役]榊…渡哲也 奈良…鹿賀丈史 九十九…新沼謙治 松元…小西博之ほか 斎藤慶子 長門裕之 四方堂亘 高橋長英
54[二]ANN[N]◇56[天]

00 日曜洋画ハイライト
02 日曜洋画劇場特別企画「男はつらいよ・柴又慕情」(昭和47年松竹) 山田洋次監督 [役]寅次郎…渥美清 歌子…吉永小百合 さくら…倍賞千恵子 高見…宮口精二 つね…三崎千恵子 博…前田吟 竜造…松村達雄 御前様…笠智衆 梅太郎…太宰久雄ほか 高橋基子 佐藤蛾次郎 吉田義夫 (81頁参照)

11.09 世界あの店この店
15 [N]◇スポーツ[N]
40 速報！甲子園への道
0.00[天]◇05スポーツUSA
0.35[S]レッツロックMTV
0.40[S]MTV
2.35デイウオッチ (3.05)

⑫テレビ東京

5.00 スタンレーレディス
6.15 緑のびのび
30[多]なんでもコンピュート「ここが一番ナウい場所」杉浦日向子ほか

00[S]ヤンヤン歌うスタジオ ▽なんでも修業中・林間学校愛の告白入門ほか 西城秀樹 田原俊彦 石川秀美 秋野暢子ほか (前日花火中止のときは9.00〜9.54に放送)
54 各駅停車◇女のコラム

00★日曜ビッグスペシャル「ちびっ子歌まね大賞・'85サマーフェスティバル」全国から集まった総勢23組の歌じまんちびっ子が横浜ドリームランドで大熱演!! ゲスト・エド山口 黒沢ひろみ 田村佳枝 宇沙美ゆかり 審査員・小林亜星 天地総子 小野ヤスシ つのだひろ キャプテン・江藤博利 吉村明宏 司会・志賀正浩 大沢逸美 (前日花火中止のとき7.00〜8.54'85隅田川花火大会を放送)
9.54 すばらしい味の世界

00[多]演歌の花道「海鳴りの町」森進一 八代亜紀 西川峰子 門脇睦男 来宮良子
30 スポーツTODAY ▽ヤクルト×巨人▽中日×広島▽南海×西武
55 メガTON[N]

00 ワールドビッグテニス「M・ナブラチロワ×B・バンジ」[前]
30 ワイレン博士のゴルフ「ラフからの脱出」
0.00[S]歌は不思議木村友衛
0.30 やまもりビデカラやっちゃオー (1.00)

1985年7月28日日曜日

夜	①NHKテレビ	③NHK教育テレビ	④日本テレビ	⑥TBSテレビ
6	00Ⓢレッツゴーヤング「渚のマッチVS今日子・芳恵」近藤真彦 柏原芳恵 本田美奈子 40 街◇あの日◇45Ⓝ◇[天]	5.30 新・サラリーマンライフ 登録番組1192紀州▽ニッポンサラリーマン論 神坂次郎ほか 6.40 聴力障害者の時間	00[二]NNN日曜夕刊 20 NTVⓃ◇25[天] 30 スポーツ情報 ちびっこレスリング▽海外で柔道の普及にかける男	00 報道特集「ソウル五輪へ全力疾走!!韓国金メダル獲得作戦徹底取材」予定 54 TBS6
7	00 7時のニュース 17 テレマップ 20★いきいき大自然「生きものたちの地球⑦ 砂漠」デビッド・アッテンボロー 語り手・金内吉男 小山茉美	00 レッツダンス[再]「キューバン・ルンバ」② 内田正昭 篠田学 30 婦人百科[再]「人形・花の精たち・木の葉の精」安田はるみ	00★びっくり日本新記録「空中バイク大爆走!!突撃泥沼モトクロス」司会・荒川強啓ほか 30★すばらしい世界旅行「豪快!!突きんぼ漁日本漁師地中海で体験」語り手・久米明	00 アップダウンクイズ「クイズ大好き女性大会」司会・西郷輝彦 出題・佐々木美絵 30★GOGO!サンデー「ザ・チャレンジオリンピックI」体力自慢世界各地でゲームに挑戦!!▽決死のサバイバル!!コロラド川の急流わたり▽汗も涙も出ない!?エルパソの砂漠でタイヤ引きレース▽やった!当たったアーチェリー▽みじめ残酷!?敗者復活戦ほか 司会・板東英二 高見知佳
8	00 春の波濤「洋行中の悲劇・一座いよいよパリへ」中島丈博脚本 清水満演出 松坂慶子 中村雅俊 風間杜夫 檀ふみ 小林桂樹 江波杏子 藤岡弘 柴俊夫ほか (カラー210頁参照) 45 Ⓝ◇[天]	00★日曜美術館[再]「シャガールの世界・逆転の発想をもった画家」(フランス・ドミニク・ランボープロダクション制作)▽最晩年のシャガールの制作日常▽シャガールの伝記的ドキュメントほか 法政大学教授・粟津則雄	00 天才たけしの元気が出るテレビ!!▽高級避暑地軽井沢にいるお嬢様を探せ!▽横浜商科大学バスケット部に人気が出て来た▽元気が出る音頭をおみやげに忌野清志郎がやって来たほか 松方弘樹 木内みどり 54[二]Ⓝ◇57番組フラッシュ	8.54 JNNフラッシュⓃ
9	00★NHK特集「ルーブル美術館④ 皇帝たちの光芒・古代ローマ」▽ルーブル屈指の名品リビアの肖像 ジャン・クロード・ブリアリ イザベル・ユペール 55 サテライト「富士山」	00 芸術劇場・ウィーン・フォルクスオーパー日本公演「カールマン喜歌劇〝チャールダーシュの女王〟全曲」[役]シルバ・バレスク…ミレナ・ルディフェリア エドウィン…フランツ・ウェヒター アナスタージア…エリーザベト・カーレス ボーニ…ジャック・ボッペル フェリ・バーチ…シャーンドル・ネメス レオポルテ・マリア侯爵…ルドルフ・ワッサーロフ アンヒルテ…ソニヤ・モットル・プレーゲルほか 指揮=ルドルフ・ビーブル 話・白石隆生 大町陽一郎～東京文化会館(録画) (65頁) (11.58終了)	00★刑事物語'85「親刑事・子刑事」石井輝男監督 [役]本庄…渡瀬恒彦 新町…堤大二郎 水田…川谷拓三ほか萩原流行 船越栄一郎 佐野浅夫 54[二][天]◇57番組フラッシュ	00 日曜劇場「男ともだち」筒井ともみ脚本 生野滋朗演出 [役]圭子…竹下景子ほか三田村邦彦 寺田農 イッセー尾形 遠藤京子 (74頁参照) 54 日本列島明日のお天気
10	00 サンデースポーツスペシャル ロンドンのもう一つのオリンピック▽オートバイ少年の甲子園▽甲子園代表16校全紹介▽星野仙一の目・プロ野球後半戦ほか 55 きょうのニュース		00★知られざる世界「ニッポンに来たゴリラ・滅びゆく野生を救え!」聞き手・山本和郎 30★[二][新]白バイ野郎パンチ&ボビー「ヌードを撮られた少女モデル」トム・ライリーほか	00★すばらしき仲間「天気予報の裏話・楽しみ方教えます」前田武彦 今井道子 浅野芳 30★Ⓢ音楽の旅はるかII「ジェームズ・ディーンよ永遠に・カリフォルニア」西城秀樹
11	10 あすへの展望 25 テレビ文学館[再] 35[二]海外秀作ドラマ[再]「結婚の法則」(後) エリザベス・モンゴメリー エリオット・グールドほか [声]寺田路恵 1.00Ⓢ花のある風景 1.13		25 企業!NOW 30[二]出来事◇40スポーツⓃ 55★ドキュメント'85「戦後40年・ヒロシマはいま① 軍都は流転する」 0.50 [天]◇Ⓢ読響インEXPO! 三石精一 1.50Ⓢ夜のしおり (1.53)	00 JNNスポーツデスク▽プロ野球全試合▽都市対抗野球ほか 30 Ⓝデスク 川戸恵子 40[二]フェーム青春の旅立ち「世界のヤングたち」 0.36[多]ビデオジョッキー 0.46 [天] (0.49終了)

昭和60年

1985年

7月28日 日曜日

『天才・たけしの元気が出るテレビ!!』は日本のバラエティー番組の革命でした

この時期、ある世代に大きなショックを与えた出来事がこの日の4日前に起こっています。7月24日午前、海水浴に来て酒に酔って海に入ったタレントのたこ八郎さんが死去。ボクシングフライ級の元全日本チャンピオンという異色のキャリアを持ち、皆に愛されました。『今夜は最高!』や『笑っていいとも!』など、タモリの番組によく出演してましたね。この日の『ヤンヤン歌うスタジオ』でも追悼特集が組まれました。

さて、まず取り上げなければいけないのは日本テレビの夜8時『天才・たけしの元気が出るテレビ!!』でしょう。この年の4月に始まった、ビートたけしの代表作のひとつであり、プロデューサー・テリー伊藤の代表作でもあります。確実にそれまでと違うバラエティーの作り方を示した番組で、現在でもこの番組にアイデアの根っこを持つバラエティーは多いです。この「嘘とドキュメントをないまぜにした作りかた」は、はっきり一種の発明と言えるもので、この後の日本のバラエティーに決定的な影響を与えました。いまや100%フィクションのバラエティーを探すほうが難しいですからね（同時に影響はドキュメンタリーの側にも及び新たな問題の萌芽となりますが、その辺はまた別の話です）。タレントに頼りきるのでなく、スタッフ主導のイノベーションとしてこれが実現したという点も画期的ですね。そして、この番組がすごかったのは、この手法が笑いだけでなく感動も生みやすいということに早くから自覚的だったこと。この日も「お嬢様を探せ!」と忌野清志郎の「元気が出る音頭」が並立してますもんね。

そしてNHK夜8時は大河ドラマ『春の波濤』。明治・大正期を舞台にした川上音二郎と貞奴夫妻の波瀾万丈の物語。杉本苑子原作、

1985年8月2日号
表紙・安田成美
社会派刑事ドラマ『刑事物語'85』（日本テレビ）に出演。前年には高橋幸宏プロデュースによるファーストアルバム『安田成美』をリリースした。

中島丈博脚本の近代大河第２弾でした。この日のサブタイトルにある「いよいよパリへ」というのは、１９００年のパリ万博での川上音二郎一座の公演のこと。このとき日本の女優第１号として〝マダム・貞奴〟の名が世界に知れ渡ったのでした。２０２１年の大河ドラマ『青天を衝け』で渋沢栄一一行が訪れた１８６７年のパリ万博の33年後のことです。

　この日はクラシックから演歌まで音楽番組が多いですねー。ヒット曲も小粒になり始めていたころなのに。でも実はこの年の夏、画期的な音楽イベントが２つ開催されています。ひとつは６月15日に国立競技場で行われた「ＡＬＬ　ＴＯＧＥＴＨＥＲ　ＮＯＷ」（国立競技場でこうした大規模コンサートが行われたのはおそらくこれが初。はっぴいえんどの再結成が目玉でした）。もうひとつが日本時間７月12～13日の「ライブエイド」です（こちらはレッド・ツェッペリンとザ・フーの再結成がありました。クイーンの映画『ボヘミアン・ラプソディ』でもクライマックスを飾っていましたね）。どっちも掛け値なしに空前絶後の超豪華ライブイベントで、その意義や影響についてはとても書ききれないのでまたの機会にしますが、実はこの当日にもとても大きな音楽イベントが行われていました。吉田拓郎10年ぶりのつま恋オールナイトライブ「ＯＮＥ　ＬＡＳＴ　ＮＩＧＨＴ　ＩＮつま恋」。これ以降ライブからは引退するという触れ込みで、かぐや姫、猫、そして浜田省吾の愛奴が一夜限りの再結成をしました。このころ、生中継なんて望むべくもありません。今や夏フェスは花盛りだし、遠くのライブ映像をさまざまな手段で見ることができる。いい時代になりました（この日のテレビ朝日深夜０時40分『ＭＴＶ』で、「ライブエイド」のリポートがあったようです）。

　最後に小ネタを少し。日本テレビ夜10時半は新番組『白バイ野郎パンチ＆ボビー』。『白バイ野郎ジョン＆パンチ』の第６シリーズで、このシリーズからジョン役のラリー・ウィルコックスが降板、トム・ライリー演じるボビーに変わりました。ちなみにボビー役の吹き替えをしているのは太川陽介。ちょうど４月からテレ朝夜７時半の『ヒントでピント』にもレギュラー出演しているので、ＮＨＫ『レッツゴーヤング』の司会を加えてこの日３本の番組に出演してることになります。フジテレビ夜９時『花王名人劇場』は３００回記念で、２０１２年７月16日に六代目桂文枝を襲名した桂三枝「たったひとり会」第５弾。三枝師匠も『新婚さんいらっしゃい』『三枝の爆笑美女対談』と併せて、３本の番組に出演しています。

⑧フジテレビ	⑩テレビ朝日	夜	⑫テレビ東京
00 FNNスーパータイム ▽ニュースパレード ▽わくわくスポーツ ▽外信コーナー 逸見政孝 幸田シャーミン	00 ANNニュースレーダー 司会・荻谷順 渡辺みなみ 45 オバケのQ太郎「ボクだってボムしたい」	6	5.55 超時空要塞マクロス「バージン・ロード」 6.25Ⓢ楽しいのりもの百科 30 一発貫太くん[再] 土佐に生きていた父ちゃん
00 北斗の拳「美しき拳士レイVSユダ!男の花道に涙はいらぬ!!」[声]神谷明 鈴木三枝ほか 30★スケバン刑事II「2代目サキはクリスチャン!?」南野陽子 吉沢秋絵 相楽ハル子	00★クイズタイムショック「所ジョージをしのぐか所沢のグレートママ!」司会・山口崇 30 三枝の国盗りゲーム「何が嬉しいその笑顔なにわの森田健作!!」司会・桂三枝	7	00 さわやか剣道アニメ・六三四の剣「武道館快進撃!」[声]六三四…淵崎ゆり子ほか徳丸完 30★キャプテン翼「夢のダイビング・オーバーヘッド」[声]翼…小粥よう子ほか鈴置洋孝
00 ドラマストリート情報 02 木曜ドラマストリート「殺人はそよ風のように」赤川次郎原作 松木ひろし脚本 和泉聖治監督 [役]夏美…伊藤麻衣子 克美…国広富之 千絵…三ツ矢歌子 照彦…船戸順 泰三…深江章喜 和江…岡本麗 朱子…木ノ葉のこ 陽子…朝比奈順子 雅子…大西結花 志郎…佐藤允ほか 福岡翼 (52頁参照) 9.48[二]FNN[N]◇[天] 54 世界・水めぐり	00★爆笑!!ライブハウス ▽コント赤信号の出世物語 ▽コンピューター性格診断 ▽のりおの大きなお世話タクシーほか ゲスト・泉ピン子 横山やすし 西川きよし 司会・島田紳助ほか 54[二][N]◇ビタミンライフ	8	00 お次の番だョ!歌合戦 ▽花の温泉地対抗戦! ▽色香ただよう芸者衆女の意地かけ艶歌熱唱 (出場チーム) 鬼怒川温泉チーム 越後湯沢温泉チーム 熱海温泉チーム 浅間温泉チーム ゲスト・角川博 54 東京◇女 吉永みち子
	00★特捜最前線「倉敷-高松-観音寺・瀬戸内に消えた時効!」藤井邦夫脚本 宮越澄監督 [役]神代…二谷英明ほか 藤岡弘 本郷功次郎 渡辺篤史 関谷ますみ 54 ニューヨーク情報	9	00 今夜のみどころ 02[二]木曜洋画劇場「バニシング・ロード」(1980年米) ジム・ウェスト監督 [役]オーシュ…ドン・ワトソン ドーシュ…ボビー・ワトソン サンディ…セント・アムールほかビッグ・ジム デビー・ワシントン ボール・ウェイナー [声]石田弦太郎 津嘉山正種 村松康雄ほか 解説・河野基比古 10.50 [天]◇番組ハイライト
00 アルザスの青い空「ぶつかれ!全力疾走だ」大久保昌一良脚本 戸国浩器演出 坂口良子 山下真司 荻野目慶子 地井武男 根岸季衣ほか(140頁) 54 四季の詞「短日」	00 ニュースステーション (予定されるコーナー)▽年末大特集!▽ステーションTOステーション▽ニュース▽スポーツニュース▽ニュースウオッチ▽[天]ほか キャスター・久米宏 小林一喜	10	
00 [N]レポート23・00 15 プロ野球[N] わが旅▽カモと苦手▽ゴルフほか 0.10Ⓢサウンドロフト 0.25ビジョン・ナウ◇視点 1.25[二]ハワイ5-0「身代金の戦い」 2.25 歌う天気予報 2.29	11.18 ぴいぷる 伊藤敏博 25 トゥナイト「中年晋也のまじめな社会学」ほか 0.20 ミントタイム 0.50 CNNデイウオッチ (1.50終了)	11	00 スポーツTODAY 20 飛んでる男◇イベント 30 ホロニックパス「CAD・CAM」◇0.00[N] 0.15ⓈTOKIOロック 0.45[◪]逃亡者[再] デビッド・ジャンセンほか◇[天] 1.45 闇を斬れ (2.40)

1985年12月19日木曜日

①NHKテレビ

00★**科学びっくりビジョン** ▽氷の赤外線をつかまえた▽科学ニュースほか キャスター・佐々木端
30 **ニュースセンター630**
00[二]**7時のニュース**
27 テレマップ
30 **地域スペシャル** 「ふるさと再発見・かやぶきの里・丹波・美山」23年ぶりの屋根のふきかえ▽1時間で40本!マツタケの宝庫ほか
00 **NHK特集アンコール** 「中国漢方紀行② 針灸の最前線」▽驚異・中国三千年の伝統医術▽魔法の手を持つラーおばさん▽患者と対話しながら行う針麻酔手術ほか
45Ⓢ名曲アルバム
50 **ニュースセンター850**
00 **ニュースセンター9時** キャスター・木村太郎 宮崎緑 山下洋
40★**大相撲この1年** ▽蔵前国技館から両国の新国技館へ▽優勝回数史上3位、強い横綱千代の富士▽北の湖土俵を去る▽新旧交代の波・大乃国、北尾、保志、小錦ら〝花のサンパチ組〟の活躍ほか
10.30 **きょうのスポーツとニュース** アイスホッケー・十条×雪印 国土×古河▽スポーツ界今年の顔▽11.00全国の[N][天]▽11.10今日の焦点
11.25 **スタジオL** 「真贋鑑定・野々村仁清の壺」(仮題) 橋本憲一 桂小米朝ほか
55 スポット(11.58終了)

③NHK教育テレビ

00 スペイン語講座[再] 「私は芝居をやっています」講師・東谷穎人
30 ハングル講座[再]「もうすぐお正月ですね」
00 高等学校講座[再] 英語I 「復習」② 講師・見上晃
30 **俳句入門** 「口語の使い方」▽現代性を盛り込むほか 講師・鷹羽狩行
00 **ETV8** 「昭和60年・時代を読む③ 高度消費社会のゆくえ」 劇作家・山崎正和 評論家・中沢新一 東京経済大学助教授・桜井哲夫 作家・干刈あがた
45 **テレビコラム** 農林漁業金融公庫・松本作衛
00 きょうの料理[再] 「カキと鶏肉でバランス献立」高橋敦子
25 **ファミリージャーナル** ▽シルバーシート・ねたきり老人の上手な介護法・ねまきとシーツの取り替え ▽おはようジャーナル・どんどんズームイン
10.15 **市民大学・日本の近代絵画**[終] 「近代絵画の戦後」▽再出発と分裂ほか 講師・武蔵野美術大学教授・桑原住雄
00 高等学校講座[再] 科学と人間 「地球の内部」 講師・竹内均
30 フランス語講座[再] 「まとめとテスト」 講師・加藤晴久 (11.58終了)

④日本テレビ

00 キン肉マン[再]「ロビンマスクの復讐の巻」ほか
30[二]**きょうのニュース** キャスター・久保晴生 大島典子◇55[天]
00★Ⓢ**木曜スペシャル** 「輝け!第7回日本ちびっこ歌謡大賞」▽情感しっとり〝能登半島〟▽振りもしっかり杏里の〝気ままにREFLECTION〟▽白の着物に紺の袴!12歳が熱唱・北島三郎の〝まつり〟▽懐かしの〝潮来花嫁さん〟▽ピアノ弾き語り付き!麻倉未稀の〝フラッシュダンス〟▽全22組の熱戦!!日本一の栄冠は 審査員・近江俊郎 松田敏江 宮川泰 小林亜星 片桐和子
8.54[二][N]◇57[二][天]
00 今夜の木曜ゴールデン
02 **木曜ゴールデンドラマ** 「旅心(りょしん)・さいはての故郷に若き日の面影を追うふれあいの旅路」(公募脚本受賞作品) 松井生脚本 天野恒幸演出 [役]内川…小林桂樹 和代…加藤治子 良子…水野久美 夏実…大沢逸美 時子…菅井きんほか白川和子 安部徹 辻伊万里 ウガンダ (53頁参照)
10.54 **スポーツ**[N]
00[二]**きょうの出来事**
30 **11PM** 「イレブン大賞」(仮題) 藤本義一 吉田由紀ほか
0.35[天][N]◇いきいき太極拳
0.55[二]**猛烈アパッチ鉄道**
1.50音楽◇Ⓢしおり 1.58

⑥TBSテレビ

00 **テレポートTBS6** 山本文郎 新井瑞穂
30[二]**JNNニュースコープ** キャスター・田畑光永 吉川美代子 中村秀昭 浅野芳
7.20★**遊びすぎじゃないの!?**[終] 所ジョージと堀ちえみが君に贈る夢のXマスプレゼント!みんなあげちゃう!エッこんなものまでも!?ほか
58 **ことばのプリズム**
00★**世界まるごとHOWマッチ**「デンマーク煙突掃除屋さんクリスマスで大忙し!」石坂浩二 ビートたけし 原日出子 マーガレット・コルパチック 中村吉右衛門 司会・大橋巨泉 アシスタント・西村知江子
54 **JNNフラッシュ**[N]
00Ⓢ**ザ・ベストテン** (予定される出演者) 小林明子 田原俊彦 チェッカーズ 小泉今日子 斎藤由貴 CCBほか 司会・黒柳徹子 小西博之
54 **日本列島明日のお天気**
00★**中村敦夫の地球発22時** 「歌え!女の心!混血マリーの愛と人生」▽沖縄ハーフの光と影▽基地が生んだロックの魂ほか 喜屋武マリー キャスター・中村敦夫
54 **海外トピックス**
00 [N]**デスク** 五味陸仁
15 **JNNスポーツデスク**
35 **情報デスクTODAY**
0.15Ⓢサウンドコラージュ
0.20 **映画「白鯨」**グレゴリー・ペック リチャード・ベースハートほか
2.28 [天] (2.31終了)

昭和60年

1985年

12月19日 木曜日

『夕やけニャンニャン』『スケバン刑事』注目すべき若者向け番組が始まりました

大きな事件が多かった1985年、この時期話題の新番組がスタートしています。10月7日スタートのテレビ朝日午後10時『ニュースステーション』。4月に他のレギュラー番組をほとんど降板した久米宏がキャスターを務め、放送開始前から大きな話題を集めた大型報道番組です。当初は視聴率が振るいませんでしたが、翌年のフィリピン政変への対応などで次第に存在感を発揮し始めます。この番組の成功で日本のニュース番組は大きく変わることになります。そしてテレビ朝日は、11月からもうひとつ帯番組をスタートしています。お昼0時の『なうNOWスタジオ』。1965年スタート以来20年間同局の看板番組だった『アフタヌーンショー』がやらせ事件で打ち切りとなり、急遽11月に始まった情報番組でした（やらせ発覚が『ニュースステーション』スタートの翌日だったというのも皮肉です）。司会に抜擢された渡辺宜嗣アナはこの番組で全国に顔を知られるようになり、今もテレ朝の看板アナウンサーです（ちなみに古舘伊知郎アナとは同期です）。

そしてフジテレビにもこの年生まれた若者向けの注目番組がふたつ。ひとつは言わずと知れた夕方5時の『夕やけニャンニャン』。先行した『オールナイトフジ』の手法を存分に発揮して時代を築きました（4月スタートで、いろいろあったにもかかわらず7月には〝おニャン子クラブ〟デビューですからね。用意周到です）。でも印象としてはなんといってもとんねるずが輝いている番組でした。面白かったもん。「タイマンテレフォン」とか。

もうひとつが夜7時半の『スケバン刑事』。ヨーヨーといえば『スケバン刑事』です。斉藤由貴主演の第1シリーズが始まった

1985年12月20日号
表紙・おニャン子クラブ
この年スタートした『夕やけニャンニャン』（フジテレビ）から誕生した女性アイドルグループ。男子中・高生を中心に大人気を博した。

のがこの年の4月で、11月7日から南野陽子の第2シリーズ（『スケバン刑事Ⅱ 少女鉄仮面伝説』）に変わっています。2代目以降、主人公の名前である「麻宮サキ」は代々襲名されるものになって行きます。見ていた年齢によるかもしれませんが、3人組のチームになったこととか、「おまんら許さんぜよ」の土佐弁とか、設定のぶっちゃけ具合も含めてこの第2シリーズが最も印象的でした。ちなみに制作会社は東映です。続くフジテレビ夜8時2分の『木曜ドラマストリート』もこの年の10月スタート。同じフジテレビの『月曜ドラマランド』のテイストを残していますが、こちらは赤川次郎や石坂洋次郎の原作ものを中心にサスペンスやミステリー、青春ものなど、他局の2時間ドラマの傾向を取り入れている部分もありましたね。1年後には再びレギュラーの1時間枠に戻ります。

テレビ朝日夕方6時45分の帯アニメ『藤子不二雄劇場』枠の『オバケのQ太郎』も85年4月のスタート。この枠では、『ドラえもん』『忍者ハットリくん』『パーマン』に続く4作目の作品ですが、『オバケのQ太郎』としては65年、71年に続く3度目のアニメ化で、テレビアニメ史においては重要なタイトルです。そしてアニメといえばこれは外せません。フジテレビ夜7時の歴史に残る伝説的大ヒットアニメ『北斗の拳』、第2部最終回直前の第56話です。レイとユダが互いに思い合い、心を通わせ合いながらも戦い、共に命を落とす。全編中最も印象に残る回のひとつでした。

テレビ朝日午後9時は『特捜最前線』。前作の『特別機動捜査隊』以来の東映制作の警察ドラマ枠。長い間水曜の午後10時に放送されていましたが、『ニュースステーション』開始の影響で木曜9時に移動してきました。人気、クオリティーとも第一級の刑事ドラマでしたが（特に長坂秀佳脚本作）、枠移動が響いたのか87年春に10年の歴史に幕を下ろします。以後テレ朝＝東映タッグによる刑事ものは、水曜午後9時に枠を移し、『はぐれ刑事純情派』などのヒット作を生みながら、現在の『相棒』に至るまで連綿と制作され続けています。最初の『特別機動捜査隊』が1961年スタートですから、そこから数えるとなんと60年。現存する中ではもはや最古と言ってもいいでしょう。もっと注目されていい伝統枠です。

8 フジテレビ

6

00 FNNスーパータイム 陣内誠 城ケ崎祐子
30 ゲゲゲの鬼太郎 「妖怪見上げ入道」 (カラー199頁参照)

7

00 所さんのただものではない！ 田代まさし 逸見政孝 間下このみ 大沢逸美 所ジョージ
30 ハイスクール！奇面組 「唯ちゃん恋しや転校生」「正義のスケベ出瀬潔」[声]二又一成ほか

8

00★オレたちひょうきん族 「自然破壊か、保護か!?アフリカの大自然にかけた愛と悲しみのはてな？」O・サンコン▽対決！野菜ジュースCMソング▽ひょうきんベスト10 クラッシュギャルズ▽源さんの日記 明石家さんまほか
54[二]FNN[N]◇あすの天気

9

00 映画情報
02[二]ゴールデン洋画劇場 「ステイン・アライブ」(1983年米) シルベスター・スタローン監督 [役]トニー…ジョン・トラボルタ ジャッキー…シンシア・ローズ ローラ…フィノラ・ローズ ジェシー…スチーブ・インウッドほか ジュリー・ボバッソ [声]池田秀一 藤田淑子 (カラー10頁参照)

10

10.54 ドタンバのマナー

11

00 フロッピあ！「いま・オモシロ逆輸入」
30 [N]レポート23・30
40 プロ野球[N] 広島×巨人▽中日×大洋◇競馬
0.45 オールナイトフジ 「土曜日の妻たちへ」 岡安由美子 3.30予定

10 テレビ朝日

6

00 超新星フラッシュマン 「ルーは獣戦士の母」
25 [N]レーダー 戸谷光照
45 オバケのQ太郎「おわびの一言」[声]天地総子

7

00 光の伝説 「切れないでリボン！恋に…とどけ」[声]光…伊藤つかさほか神代智恵
30 愛川欽也の探検レストラン「第2回！有名人オムレツ選手権大会」中野良子ほか(164頁)

8

00★暴れん坊将軍Ⅱ 「あかりが欲しい！恋の辻占」土橋成男脚本 松尾正武監督 [役]吉宗…松平健 加納…有島一郎 おさい…春川ますみ 忠相…横内正ほか 河野美地子 遠藤太津朗 竜虎 朝加真由美
54[二]ANN[N]◇56[天]

9

00 今夜の土曜ワイド
02 土曜ワイド劇場 「妻にすりかわった女・テレビの人探しコーナーが殺意を招く！」 都筑道夫原作 佐治乾脚本 井上芳夫監督 [役]正男…小野寺昭 信江…松尾嘉代 里子…田中美佐子 伊佐子…宮下順子 高森…大出俊ほか 青空好児 志水季里子 (グラビア22頁参照)

10

10.51 [天]◇54ニューヨーク

11

00 [N]◇10スポーツ[N]
25[S]ベストヒットUSA シンプル・マインズほか
0.10 カーグラTV
0.40映画「スパルタカス」 [後] カーク・ダグラス
2.35 CNNデイウオッチ
3.05[S]MTV (4.05終了)

12 テレビ東京

6

00 サッカー ブンデスリーガ「ブレーメン×ミュンヘン」[後]
30 花のパリーグ情報
45 ホーム財テク作戦

7

00 今夜の土曜スペシャル
03★土曜スペシャル 「豪快★世界の巨大魚釣り・魚とロマンを求めて」夢のモンスター怪魚・珍魚に挑戦！ ▽海の王者マーリン&シャーク ▽川のそうじ屋・スタージオン

8

▽怪魚ターポンとの激しい闘い ▽銀色の目をした不思議魚・ウォールアイ ▽鋭い歯を持つタイガーフィッシュ ▽世界最大のベラ・ナポレオン・フィッシュ
8.54東京◇57女 矢野顕子

9

00 テレビあっとランダム 「特集!!タコVSイカ大満腹」生け作り対決▽タコ・イカ料理あんな店・こんな店▽函館イカづくし▽最新タコ・イカ事情ほか 164頁
54 すばらしい味の世界

10

00 おしゃべり泥棒「母親必見大臣佐藤文生涙の人生修業」(136頁)
30 スポーツTODAY ▽ヤクルト×阪神▽中日×大洋▽広島×巨人▽ロッテ×西武ほか
55 お住まい拝見

11

00[S]グラスポ D・ヘンリー(イーグルス)◇[N]
30[S]DO！スポーツ 初夏気分壮快カヌーイング
0.00 ヘイニーのゴルフ
0.15映画「犬が見た」◇[天]
2.00映画「野獣狩り・カウボーイスタイル」3.25

1986年5月10日土曜日

夜

①NHKテレビ

00[二]大草原の小さな家[再]
「心を結ぶ旅」[前]
マイケル・ランドン
カレン・グラッスルほか
45 [N]◇[天]

00[二]7時のニュース
▽チャールズ皇太子、ダイアナ妃東京に到着
17[S]プロ野球～広島
広島×巨人
解説・藤田元司
星野仙一
実況・西田善夫（中継延長の場合あり）
【中止のとき】
7.17テレマップ
7.20ハロー！ワールド
アグネス・チャンほか
8.00NHK特集[再]「三蔵法師になった日本人・中国五台山をゆく」
探訪・最大の仏教聖地・五台山▽三蔵法師霊仙の波乱にみちた生涯

00 [N]◇[天]
15 ドラマスペシャル[再]
「破獄」
吉村昭原作　山内久脚本　佐藤幹夫演出
[役]佐久間…緒形拳
鈴木…津川雅彦
マキ子…中井貴恵ほか
佐野浅夫　織本順吉
綿引勝彦　趙方豪
なべおさみ　玉川良一
田武謙三　宗近晴見
成瀬正（136頁参照）

10.45 きょうのスポーツとニュース　東京のダイアナ・フィーバー▽広島×巨人▽フジサンケイゴルフ▽デ杯テニス

11.25 視点「加工食品」
（仮題）中村靖彦
50 青春プレーバック
「日下武史・キャンバスを捨てたあの頃」
0.10 スポット（0.13）

③NHK教育テレビ

00 ベストゴルフ[再]「ドライバー」①　趙治勲ほか
30 マイコン通信入門[再]
「データの形式を合わせる」柏木恭忠ほか

00 N響アワー「清水和音のラフマニノフ」
（曲目）ラフマニノフ「ピアノ協奏曲第3番ニ短調」秋山和慶▽リャードフ「交響詩〝魔の湖〟」ウォルフガング・サバリッシュ

00 海外ドキュメンタリー
「生きものたちの地球⑤大草原のふところ」
（1983年イギリスBBC制作）キャスター・ディビッド・アッテンボロー　[声]高橋昌也
草原のさまざまな動物たちを紹介する。
45 自然のアルバム[再]
「アホウドリ」

00★オリジン「人間・生命・宇宙の起源」（イギリス、日本、西ドイツほか8カ国共同制作）
ケンブリッジ大学教授・S・ホーキング
フェルミ研究所所長・L・レダーマン　カリフォルニア大学・D・ディーマー　小出五郎
人類永遠の謎に科学はどこまで迫ったか。

10.30 YOU
「おいしいバイトにャトゲがある・初めての大人体験」
法政大学教授・尾形憲
滝田栄　司会・日比野克彦ほか（136頁参照）

11.30 きょうの料理[再]
「シンプルだから故郷の味がする」鈴木朋子
55 野の花歳時記
（11.58終了）

④日本テレビ

5.30 お笑いスター誕生!!
「おいしいギャグ一杯異色面白新人大旋風」
6.25 ザ・ヒーロー
30[二]今日の[N]◇50[N]◇55[天]

00[S]全日本プロレス中継
「天竜源一郎×谷津嘉章」「ジャンボ鶴田タイガーマスク×阿修羅原　鶴見五郎」
「長州　小林×マシーン　斎藤」
54 [天]◇57番組フラッシュ

00 鶴瓶のテレビ大図鑑
「特集！寿司大図鑑」
▽人気の寿司店▽江戸前寿司と大阪寿司▽寿司・不思議大図鑑▽寿司の伝統・うまさへのこだわり▽ザ・職人芸▽ニューウエーブ寿司
司会・笑福亭鶴瓶
生方恵一（164頁）
54[二][N]◇番組フラッシュ

00 新・熱中時代宣言
「3年6組のプレイボーイ」小松伸生演出
[役]久美子…榊原郁恵
辰三…小林亜星ほか
三ツ矢歌子　高田純次
松崎しげる（156頁）
54[二][天]◇57番組フラッシュ

00 グルメワールド世界食べちゃうぞ!!「美味!!リヨン松尾雄治トリの岩塩包み焼き」　8頁
30★OH！たけし・てな訳で参ったか
ビートたけしほか
57 [天]

00[S]今夜は最高！
岡本太郎ほか（160頁）
30[二]きょうの出来事
40 スポーツニュース
55[S]スーパーポップTV
西森マリー　増田隆生
1.10 映画「ミクロの決死圏」（16頁）（2.39）

⑥TBSテレビ

00 料理天国　「妃殿下さま旅の味はいかがですか」仁科幸子　164頁
30 JNNニュースコープ
50 TBS[N]◇55[天]

00 まんが日本昔ばなし
「背振山の石楠花」
「白妙姫」語り・市原悦子（カラー199頁）
30★[S]クイズダービー
「教授にしかられ兵ちゃん絶句」石坂浩二
篠沢秀夫　はらたいら

00★加トちゃんケンちゃんごきげんテレビ
「パニック・イン・ビューティサロン～危ないBGMの巻」
▽加トケン・郁弥！爆笑!!森の時計台▽必殺面白ビデオコーナー！
石野真子　チェッカーズ　井森美幸　加藤茶
54 JNNフラッシュ[N]

00 花嫁人形は眠らない
「カナリヤ」橋本以蔵脚本　久世光彦演出
[役]明日子…田中裕子ほか
小泉今日子　笠智衆
加藤治子　池部良
柄本明（156頁参照）
54 ナイター速報▽[天]

00 世界・ふしぎ発見！
「大追跡！謎の巨石文明・ダイアナ妃もびっくりイギリス発本格的石づくしクイズ」
黒柳徹子　井上順ほか
司会・草野仁
54 今晩は！TBS

00 地球浪漫「清冽！富士の生命に触れた神秘の名水柿田川のすべて」
30 [N]◇45スポーツC
0.15 冗談ストリートⅡ
▽私を愛したスパイ[前]
1.10[二][映]警部マクロード・うわさの4人組　2.42

昭和61年

1986年

5月10日 土曜日

ロイヤル・カップルの来日でテレビはほぼ全局がパレードの模様を中継で伝えました

この日の2日前、5月8日にあのロイヤル・カップルがついに来日を果たしました。チャールズ英国皇太子とダイアナ妃。日本に滞在した6日間は、それこそ日本中がダイアナ・フィーバーに沸きました。この日もニュースを中心に、関連番組が目白押しです。4時半からはNHK総合とTBSが歓迎式典の模様を放送。翌日正午のパレードは、NHK教育とテレビ東京を除く（！）全局が生中継しました。今回特に驚いたのは、朝夕のNHKニュースや午後2時54分のTBSニュースなどに、ダイアナ妃東京到着の内容が入っていることです（2人はこの日京都から東京入りしました）。『TVガイド』では普通ニュースに内容入れませんからね。特に5分ニュースに内容が入るなんていうのは空前絶後でしょう。担当者の力の入り方がしのばれます。夜の時間帯でもNHK『7時のニュース』に、「チャールズ皇太子、ダイアナ妃東京に到着」と番組の内容が掲載されています。テレビ局としてもこの日の内容は特別だったことがわかります。

続いては、TBS午後10時『世界・ふしぎ発見！』。この年の4月に始まりこの日はまだ第4回。そこから35年以上、今でも続いている超長寿番組です（翌87年の10月から放送時間を現在の土曜9時に移行しています）。司会の草野仁もずっと変わらず、解答者の黒柳徹子、野々村真も現在でも出演しています。スポンサーもずっと日立の一社提供。コレだけ長くやってるんだから、そろそろ世界にふしぎなこともなくなりそうなもんですけどね。まだまだ発見し続けてくれそうです。ちなみに、ミステリーハンター最多出演者として有名な竹内海南江が番組に初登場するのは翌87年の11月のこと。この日はNHK教育夜10時半の『YOU』で、日比野克彦と共に司会を務めています。

1986年5月16日号
表紙・大沢逸美、草野仁、アダ・マウロ
4月からスタートしたばかりの『世界・ふしぎ発見！』（TBS）の表紙。ここから35年続く長寿番組となった。

夜8時のTBSは、あの『8時だョ！全員集合』の後を受けて、この年の1月にスタートした『加トちゃんケンちゃんごきげんテレビ』。生放送ではないものの、練り上げたコントを軸に勝負する姿勢をくずさず勝負、最終的に『オレたちひょうきん族』を終了に追いやる高視聴率番組となりました。探偵事務所を舞台にした連作コント「探偵物語」とともに、大きな人気を集めたのが後半の視聴者投稿ビデオコーナーでした。いまやさまざまな番組で定番企画となり、特に海外での人気が高く、類似番組が続々と登場しました。日本テレビ夜8時は『鶴瓶のテレビ大図鑑』は、笑福亭鶴瓶と元NHKアナの生方恵一が司会を務めた情報バラエティー番組。あまり長くは続きませんでしたが、当時大阪で絶大な人気を博していた笑福亭鶴瓶が、『加トちゃんケンちゃんごきげんテレビ』と『オレたちひょうきん族』の裏番組に挑戦していたというのは興味深い事実です。当時はまだちょっとアフロでした（笑福亭鶴瓶は同時期に、日曜8時枠でも『元気が出るテレビ』の裏でTBSの『世界No.1クイズ』という番組の司会をしています。こちらも短期間で番組は終了しました）。

夜9時にはドラマがふたつ。日本テレビ『新・熱中時代宣言』は、タイトルからして水谷豊の人気ドラマ『熱中時代』を意識した新人熱血先生もの。熱血先生に扮したのは榊原郁恵。1986オメガトライブが歌った主題歌『君は1000％』がヒットしました。TBSは久世光彦演出の異色作『花嫁人形は眠らない』。田中裕子の妹役でキョンキョンが出ていました（同クールのフジテレビ水曜8時に、堀ちえみ主演の大映ドラマ『花嫁衣裳は誰が着る』というのがあって、似たようなタイトルで紛らわしかったのを覚えてます）。主題歌は長山洋子の歌う『雲にのりたい』。黛ジュンのカバーでした。

もうひとつ午前中ですが、この4月に始まった新番組をご紹介。テレビ朝日朝9時半の『OH！エルくらぶ』。いまやTBSの『王様のブランチ』がその代名詞的存在として君臨している感のある土曜朝の女性向け情報番組の先駆け的存在で、ここからなんと10年続く人気番組となりました。作家の田中康夫氏が司会でしたが、なんといってもこの番組を印象付けていたのが当時テレビ朝日アナウンサーだった南美希子でしょう。生放送を自在に仕切る手腕は女子アナ随一でした。改めて調べたら、この年の秋テレ朝をやめてます。でもこの番組はそこから6年務めています。印象に残るはずだわ。

8 フジテレビ	10 テレビ朝日	夜	12 テレビ東京
00 **FNNスーパータイム** ▽ニュースパレード▽スポーツ▽外信 逸見政孝 幸田シャーミン	00 **ANN[N]レーダー** 萩谷順 渡辺みなみほか 45 **オバケのQ太郎**「U子さんのパパ」	6	00 **RCカーグランプリ** 20 番組◇25世界のなかま 30 **いなかっぺ大将** やらねばならぬバレーだス
00 **夕食ニャンニャン**「おニャン子VS息っ子クラブ?」新田恵利 河合その子 吉沢秋絵 30★**金曜おもしろバラエティ**「歌と笑いの41年・戦後タモリ史」▽入院ブギウギ!天才タモリの幼年期▽集団就職で上京〝伊豆でも梅を〟▽早大の若大将放浪3年生▽突然の失跡!世界の国からさようなら▽不動の地位…小山明子 原田芳雄 日野皓正ほか(168頁)	00 **夏だ!一番ドラえもん祭り**「20世紀のおとのさま」「エネルギー節約熱気球」「エスキモー・エキス」[声]ドラえもん…大山のぶ代ほか 小原乃梨子 野村道子(カラー10頁参照)	7	00 **六三四の剣**「母子剣!復活の鬼ユリ」[声]六三四…堀川亮 嵐子…伊倉一恵ほか 30 **気ままな釣り仲間**「夜釣りのスター大集合・おいしい魚と危険な魚」
8.54[二][N]◇あすの天気	00 **ワールドプロレスリング** バーニング・スピリット・イン・サマー(予定される対戦カード)「猪木 木村×S・ウィリアムス H・ヒギンス」「藤波×A・スミルノフ」ほか 54 [N]◇ビタミンライフ	8	00 **出会い街角エトランゼ**「〝赤毛のアン〟の故郷を訪ねて・カナダ・プリンスエドワード島編」美しいキャベンディッシュの風景▽〝アンの家〟を訪ねるほか 案内役・檀ふみ136頁 54 **東京**◇57女 丸木俊
00 今夜の金曜ドラマ 02 **金曜女のドラマスペシャル**「青き犠牲」連城三紀彦原作 塩田千種脚本 小田切成明監督 [役]沙衣子…岩下志麻 鉄男…木村一八 完三…橋爪功 水木…村井国夫 順子…岡谷章子 夏江…野村昭子 竹下…石橋雅史ほか 木村元 天田俊明(グラビア29頁参照)	00★**ザ・ハングマンV**「アベック強盗が海外逃亡を夢みた!」柏原寛司脚本 児玉進監督 [役]パピヨン…山本陽子ほか 佐藤浩市 火野正平 土屋嘉男 秋野太作 54 **ニューヨーク情報**	9	00 **TONでネットワーク**「江戸っ子の心意気・縁日を100倍楽しむ方法」東京・深川八幡祭から生中継▽お祭りの舞台裏▽縁日の遊び・縁日の食べ物ほか 54 **レジャー**[天]
10.52 **快適空間**	00 **熱闘甲子園・高校野球ハイライト** 中村哲夫 30★**必殺まっしぐら!**「相手は京の欲ボケ貴族」中原朗脚本 工藤栄一監督 [役]秀…三田村邦彦 東吉…西郷輝彦ほか 秋野暢子 笑福亭鶴瓶 藤木孝 睦五朗	10	00[S]**アメリカンTUBE** ▽なつかしのスーパーヒーロー特集ほか 30 **スポーツTODAY** ▽大洋×巨人▽中日×阪神▽広島×ヤクルト▽西武×南海ほか 50 **EATころ**◇55番組
00 [N]**レポート23・00** 15 **プロ野球**[N]「大洋×巨人」「西武×南海」「広島×ヤクルト」ほか 0.25[多]**いきなりフライデーナイト**「鉄人28号」[再] 山田邦子ほか◇1.50流行 1.55[二]映画「グリース2」マクスウェル・コールフィールドほか(25頁) 3.49今日の視点◇[天] 3.58	11.24 ぷれいす「日光」 30 **ニュースステーション**「あなたの平和度チェック」(予定) 北方謙三 宮崎美子ほか 0.30 **タモリ倶楽部** 1.00**ショービズTODAY** 1.30[S]**ポップン電気箱** 2.00 **落語** 権太楼 馬風 2.30**デイウオッチ**(3.30)	11 深夜	00 **ウィークリー経済** キャスター・加藤寛ほか 30[S]**ON&OFF** 45[S]**ニューエイジミュージック** バウンド (曲目)指輪・ハンドバッグ・ネックレスほか◇[N] 0.30**モーター**◇**映画の部屋** 1.00 **音楽** 鈴木治彦 2.00映画「悪魔のワルツ」J・ビセット(未定)

1986年 8月15日 金曜日

① NHKテレビ

夜 6
00 にっぽん列島ただいま6時　こども列島▽週間[天]ほか　倉島厚ほか
30 ニュースセンター6 30

7
00⊜7時のニュース
27 テレマップ
30★世界の動物園(解)「動物たちよ永遠に」▽チーターの人工繁殖▽シンシナティ動物園の昆虫館▽ホワイトタイガーほか　白石まるみ

8
00★NHK特集「ミズーリ号への道・外相・重光葵33冊の手記」▽降伏調印式の日本全権・重光葵が昭和13年から23年にわたって著した手記をもとに激動の昭和を振り返る
50 ニュースセンター8 50

9
00 ニュースセンター9時　キャスター・木村太郎　山下洋
40★ドラマスペシャルアンコール「マリコ・第1部・開戦前夜　日米戦争のかげにふたつの心が国を越えて…」柳田邦男原作　岩間芳樹脚本　岡崎栄　重光亨彦共同演出　[役]寺崎…滝田栄　グエン…マリー・オーロラ・デジャルダン　マリコ…キャロライン洋子ほか小林桂樹　仲谷昇　岩本多代　永島敏行　勝亦マリ　語り手・栗原小巻

11
11.10 きょうのスポーツとニュース　高校野球▽西武×南海▽広島×ヤクルト▽ワールド[N]▽各地の[N][天]▽11.50全国の[N][天]▽0.00焦点ほか

深夜
0.15 テレビ文学館[再]
0.25 スポット　(0.28)

③ NHK教育テレビ

夜 6
00 油絵入門[再]「風景を描く」②　小松崎邦雄
30 英語会話I[再]「同意する」講師・小川邦彦

7
00 高等学校夏期講座　科学と人間「イオンの反応」講師・竹内均
30 趣味の園芸[再]▽ギボウシ▽花散歩
55 名曲アルバム

8
00 ETV8[再]「語りつぐ青春・昭和19年・ある女学校の記録から」リポーター・ノンフィクション作家・向井承子　語り手・広瀬修子
45 テレビコラム[再]　粕谷一希

9
00 海外ドキュメンタリー「地球に生きる(解)　人類・地球をうけつぐもの」キャスター・デビッド・アッテンボロー　[演]高橋昌也
45 人間いきいき[再]「漢字を世界のかけ橋に」長谷川メリー　東野英心

10
10.15 市民大学・民族芸術への招待「石と青銅に秘められた権力・黒人美術の古典」講師・大阪大学教授・木村重信

11
00 高等学校夏期講座　世界・人とくらし「世界の食糧需給」講師・田中学
30 ドイツ語講座[再]「旅行会話シリーズ・ニュールンベルク」関口一郎　ヨアヒム・バイラント

(11.58終了)

④ 日本テレビ

夜 6
00 パステルユーミ「紙ヒコーキからの伝言」
30⊜きょうのニュース　舛方勝宏ほか◇55[天]

7
00 青春アニメ全集「怪談・芳一ものがたり」小泉八雲原作（カラー195頁参照）
30★カックラキン決定版！▽お盆特集!!ワニ君だっておウチに帰りたい　石川秀美　長山洋子ほか

8
00★太陽にほえろ！「いつか見た、青い空」鈴木一平監督　[役]橘…渡哲也　西条…神田正輝　井川…地井武男ほか　長谷直美　西山浩司　又野誠治　山本耕一
54⊜[N]◇57⊜[天]

9
00⊜金曜ロードショー「刑事コロンボ・黒のエチュード」（1972年アメリカ）ニコラス・コラサント監督　[役]コロンボ…ピーター・フォーク　ベネディタト…ジョン・カサベテスほか　アンジャネット・カマー　マーナ・ロイ　[演]小池朝雄　阪脩ほか　解説・水野晴郎（グラビア24頁参照）

10
10.51 スポーツニュース

11
00★TVムック「珍説・ゴルフの起源が日本にあった？」犬塚弘◇⊜[N]
45Ⓢ11PM　憧れのBポイント▽シネパラダイス▽原宿発浮遊感覚ほか　村野武憲　吉田照美ほか

深夜
0.50 [天]◇[N]◇HITS
1.10 映画「路」タルック・アカンほか　(25頁)
3.22 音楽◇Ⓢしおり3.30

⑥ TBSテレビ

夜 6
00 テレポートTBS6　山本文郎　新井瑞穂
30⊜JNNニュースコープ　田畑光永　吉川美代子

7
00Ⓢ金曜ナイター情報
04 プロ野球～横浜大洋×巨人　解説・小林繁　田淵幸一　リポーター・定岡正二　実況・林正浩　(多)大洋応援放送（最大延長9.24まで、以降の番組繰り下げ）【中止のとき】6.30⊜ニュースコープ　7.20野生の王国　ガはカムフラージュの天才　8.00風雲！たけし城　荻原ミミの相撲新登場
8.54 JNNフラッシュ[N]

9
00 男女7人夏物語「夜の橋」鎌田敏夫脚本　生野慈朗演出　明石家さんま　大竹しのぶ　池上季実子　奥田瑛二　片岡鶴太郎　賀来千香子（151頁）
54 ナイター速報&[天]

10
00 女ともだち「ザ・レイプ」井下靖央演出　[役]恵以子…古手川祐子ほか　神田正輝　原田美枝子　野口五郎　宮崎美子　柏原芳恵　大橋吾郎　仲恭司（151頁参照）
54 海外トピックス

11
00★Ⓢだぅもありがと！　イルカ　爆風スランプ　司会・研ナオコ
30 [N]デスク　川戸恵子
45 スポーツチャンネル　高校野球ほか◇0.15番組

深夜
0.20Ⓢ軽井沢ロックコンサート　サンタナ　ジェフ・ベック◇1.44案内
1.49⊜映画「アラベスク」R・ハリソン◇[天]3.40

昭和61年
1986年
8月15日 金曜日

今も語り継がれる『男女7人夏物語』は軽妙洒脱なマシンガントークが魅力でした

41回目の終戦記念日だったこの日。NHK総合では例年通り、午前11時50分から正午をまたいで『全国戦没者追悼式』が放送されています。NHK夜8時の『NHK特集　ミズーリ号への道・外相・重光葵33冊の手記』では、降伏調印式の全権だった重光の手記から戦争の秘話を紐解きます。夜9時40分は『ドラマスペシャルアンコール　マリコ・第1部・開戦前夜』。戦時下の日米交渉を描いて大反響を巻き起こした1981年のドラマの再放送です。

プライムタイムでの注目は、鎌田敏夫脚本、明石家さんま、大竹しのぶ出演の40～50代には忘れられないドラマ、TBS夜9時『男女7人夏物語』。トレンディードラマの原点と呼ばれ、まさに一世を風靡した人気ドラマです。『金曜日の妻たちへ』や『ふぞろいの林檎たち』など、集団群像ドラマならすでに数多くの前例があった中、なぜこのドラマが新鮮だったかといえば、まず第一に東京のウォーターフロント（といっても清洲橋ですが）を舞台にしたライフスタイルがストーリー展開と不可分に結びついていたこと。ツアーコンダクター、フリーライター、カスタマーディーラーといった、登場人物たちの横文字職業もオシャレに響きました。2番目に、徹頭徹尾恋と人間関係だけで物語が進んでいったこと。そして3つ目が、主演の2人を中心に繰り広げられる軽妙洒脱なマシンガントークの魅力です。とにかくさんまと大竹しのぶの丁々発止のセリフの応酬はほんとに見事で、今見ると剣豪同士の果たし合いの趣きすらありますが、当時はそれが素直に2人の仲の良さに思えたんですね。これだけの息の合い方というのはなかなか珍しく、大竹しのぶサイドの当時のプライベートの状況も考えれば、結婚まで行くのもさもありなんというところです。また2人のコンビネーションにばかり目が行きがちですが、池上季実子のユラユラ揺れる揺るがなさ（？）とか、何しろうざったい賀

1986年8月15日号
表紙・小泉今日子
シングル『夜明けのMEW』がオリコン初登場2位にランクイン。映画『ボクの女に手を出すな』では、天涯孤独の不良娘を演じた。

来千香子とか、ここから結局俳優に転進してしまった片岡鶴太郎とか、役者さんがみんな上手い。まさに歴史にも記憶にも残るドラマでした。ちなみに続編となる『男女7人秋物語』は、翌87年秋の放送。せつなさという点では『秋』の方が上でしょう。

続くTBS夜10時は金曜ドラマ『女ともだち』。山田太一の隠れた名作『深夜にようこそ』と『金妻』の後継作と言われた松原敏春脚本『金曜日には花を買って』の間の金曜ドラマということで、『男女7人』ほどではないにしろ注目度は高かったです。原作は柴門ふみのコミックで、『同・級・生』や『東京ラブストーリー』に先駆けてのドラマ化ということになります。こちらもグループ主演もので、女性陣は古手川祐子、原田美枝子、宮崎美子、男性陣は神田正輝、野口五郎、石田純一。悪くない顔ぶれでした。

フジテレビ夜7時半『金曜おもしろバラエティ』は『歌と笑いの41年・戦後タモリ史』。これ見てないんですけど、内容から察するに1981年に新星堂チェーン店限定で発売され、すぐ発売中止になった伝説のアルバム『タモリ3　戦後日本歌謡史』を基にしている気がします。戦後の日本史をラジオ番組形式でたどったヒット曲のパロディー集で、著作権の問題で幻のレコードとなりましたが、タモリの残したパッケージものとしては最も分かりやすい作品でした。番組の方はそうした歌謡曲の替え歌や当時のVTRを駆使し、昭和20年生まれのタモリの半生をたどるという、一応8月15日にちなんだ番組のようです。見てみたいなあ。

日本テレビ夜9時『金曜ロードショー』は『刑事コロンボ・黒のエチュード』。好評だった第1シーズンの後を受けたいわゆる第2シーズンの最初の作品で犯人役をジョン・カサヴェテスが演じています。ピーター・フォークと親交があったことで実現したキャスティングのようです。TBS深夜0時20分の『軽井沢ロックコンサート』。これ、軽井沢でサンタナとジェフ・ベックとスティーブ・ルカサーが競演した夢のセッションとして一部で有名です。この放送をコピーした海賊盤DVDが世界中に出回っているという貴重なオンエア。夕方ですが、日本テレビ夕方5時半は『戦え！超ロボット生命体トランスフォーマー』。日本生まれの合体ロボット玩具がアメリカに輸出されて大ヒットし、現地で制作されたアニメシリーズ第1弾の逆輸入版。いまやゲームから映画まで非常に大きなプロジェクトに成長した物語の、これが初オンエアでした。

⑧フジテレビ	⑩テレビ朝日	夜	⑫テレビ東京

⑧フジテレビ

00　FNNスーパータイム　▽ニュースパレード▽スポーツ▽外信　逸見政孝　幸田シャーミン

00★ドラゴンボール「悟空と仲間と危険がいっぱい」声孫悟空…野沢雅子　ブルマ…鶴ひろみ

30★めぞん一刻　「優しさがせつなくてX'マスは恋の予感」声島本須美　二又一成

00　このこ誰の子？　「名古屋の出来事」　津雲むつみ原作　江連卓脚本　竹本弘一監督　杉浦幸　岡本健一　保阪尚輝　中田喜子　新克利　相築彰子　前田吟（143頁参照）

54㊁FNNⓃ◇あすの天気

00　今夜のヒットスタジオ

02★Ⓢ夜のヒットスタジオ　「ジングル・ベル！豪華ゲストでおくるクリスマス・イブ特集!!」▽イン・ザ・ワールド衛星生中継スティービー・ワンダー（予定）▽有終の美！12月マンスリー田原俊彦熱演!!（予定される出演者）中森明菜　シブがき隊　チェッカーズ　菊池桃子　芳村真理　古舘伊知郎

10.52梅宮辰夫のくいしん坊

00　Ⓝレポート23・00

15　プロ野球Ⓝ　博一・直美の今夜はチャチャチャ▽カモと苦手ほか

0.10　Ⓝ工場◇40Ⓢ音楽

0.55　さんまのまんま　ぼんちおさむ　財津一郎（146頁）◇企業㊚

1.30㊁映画「腰抜け二挺拳銃」（1948米）ボブ・ホープ◇3.19ⓈⓉ3.23

⑩テレビ朝日

00　ANNⓃレーダー　萩谷順　堀越むつ子ほか

45　オバケのQ太郎「ム？U子のやさしさ」

00★新・水曜スペシャル　「サンタが電波にのってやって来る!!生放送！たなからぼたもち!?クリスマスプレゼントクイズ」（仮題）▽クイズに答えて豪華なプレゼントを頂き！▽クリスマス最新情報大公開！▽50点を超える豪華商品の数々!!▽国内、海外から奇問珍問をたっぷり▽最後のプレゼントは

8.51　ミニミニ招待席

54　Ⓝ◇ビタミンライフ

00　遊びにおいで㊎　▽ほのぼの家族ホーム・ステイ▽ウソツキ家族▽金物山崩しほか　マリアン　きたろうほか　司会・笑福亭鶴瓶　相本久美子

54　ニューヨーク情報

00★ニュースステーション　（予定される内容）▽年末特集③　三原山大噴火▽きょうのニュース▽スポーツニュース▽CNNニュース▽㊝▽きょう1日の出来事ほか　久米宏　小林一喜　小宮悦子ほか

11.18　ぷれいす「青山」

25　トゥナイト　「どんとニューライフ総集編」②　野沢直子　司会・利根川裕　松川裕美

0.20ファッションNEWS　司会・寺崎貴司

0.50　CNNデイウオッチ　阿木燿子（1.52終了）

夜

6　7　8　9　10　11　深夜

⑫テレビ東京

00　ゼロテスター　アーマノイド星接近◇なかま

30　はいからさんが通る　浅草どたばたオペラ

00㊁巨大動物の国・驚異の大探検　A・サクス　J・ダウナー共同脚本　役ベクター…アンドリュー・サクスほか　SFXを駆使した楽しいSF博物学ドラマ

54　HOTテレビ

00　いい旅・夢気分「湖西・百人一首の道」▽近江八景の一つ・瀬田の唐橋▽芭蕉の発明・月見料理に舌つづみ▽日吉大社の紅葉のじゅうたんほか　ゲスト・高松英郎　奈美悦子

54　番組◇女　ダンプ松本

00　クイズ・地球まるかじり！　「日本全国〝みそ〟自慢」尾張名物みそ料理全紹介▽京の伝統みそ汁▽金山寺みその謎ほか　村野武憲　清水由貴子　松居一代

54　くらしの情報◇57㊝

00★㊁ヒッチコック劇場86　「誕生日の劇薬・突然襲う20年前の殺人」　レーン・スミスほか

30　快進撃カンパニー　リポーター・三波豊和　山本久美　司会・池田正義

00　スポーツTODAY　▽スケート・インターカレッジ大会ほか

20　勝抜きポカポカドボン

30　モーターランド　北海道スノー特集ほか◇朝刊

0.15ⓈTOKIOロック

0.45　映画「私は二歳」船越英二◇2.29モモンガ

2.44㊁映画「足ながおじさん」L・キャロン4.28

1986年 12月24日 水曜日

夜

①NHKテレビ

00 **ただいま6時** [N]▽裏方さん師走も走る▽高層ビルのクリスマスほか
30 **ニュースセンター630**

00[二]**7時のニュース**◇[天]
27 テレマップ
30 **ふるさと登場**
（局の都合により、内容は未定です）

00★[S]**NHK特集**[再]
「大黄河⑥ 地中の百万都市」
▽陝西省北部の黄土高原の怪奇な風土と独特な住居窯洞▽黄土流失との闘いほか
語り手・緒形拳
50 **ニュースセンター850**

00 **ニュースセンター9時**
キャスター・木村太郎
宮崎緑 倉島厚
40★**ドラマ人間模様アンコール「國語元年」**
（第3回）
井上ひさし作
菅野高至演出
川谷拓三 石田えり
山岡久乃 ちあきなおみ 佐藤慶ほか

10.25 ミニ番組
30 **きょうのスポーツとニュース** 今年の顔シリーズ▽クロスカントリー音威子府大会▽プロ野球実行委員会ほか
▽10.45各地の[N]
▽10.50全国の[N][天]
▽11.00きょうの焦点

11.15 **秘宝・法隆寺**[再]
「追跡・世界最古の印刷物」奈良国立文化財研究所所長・坪井清足
▽百万塔陀羅尼経の印刷に使われた紙
（11.58終了）

③NHK教育テレビ

00 ロシア語講座[再]「61年度〝スケッチ〟集」①
30 中国語講座[再]「旅行会話」①講師・榎本英雄

00 **高等学校冬期講座**
日本の歴史
「仏教文化」
講師・久保哲三
30 **新レッツダンス**
「ワルツ」①
講師・篠田学
原真理子

00★**ETV8**
「仮名手本忠臣蔵と日本人② 法と裁き」
河竹登志夫 杉本苑子
小室金之助
大石慎三郎ほか
[声]加賀美幸子
45 **テレビコラム**（局の都合により出演者未定）

00 きょうの料理[再]「プロのこつ・ウナギのから揚げガーリック風味」
25 **ファミリージャーナル**
▽にっぽん列島朝いちばん・中継・東京築地卸売市場から▽おはようジャーナル・プロが教える大掃除のテクニック（変更場合あり）

10.15 **市民大学・わたしの最澄論**
「法華の真実」
▽比叡山に建てた大乗戒壇院の意味ほか
哲学者・梅原猛

00 **高等学校冬期講座**
自作への旅
「津軽世去れ節・青森」長部日出雄
30 **英語会話Ⅱ**[再]
「オーストラリアの新しい文化」
小林ひろみ
ブライアン・ウォレス
ケン・マクドナルド
（11.58終了）

④日本テレビ

00[二]**NNNライブオンネットワーク** アンカーパーソン・井田由美
55 [天]◇57番組フラッシュ

00[S]**Merry Xmas Show**
クワタバンド
吉川晃司 アルフィー
松任谷由実 中村雅俊
アン・ルイス
チェッカーズ
泉谷しげる ボウィー
鈴木雅之 鮎川誠
石橋凌 小林克也
スーパーエキセントリックシアター
山下洋輔 原由子
忌野清志郎ほか
司会・明石家さんま
（40頁参照）

8.54[二][N]◇**番組フラッシュ**

00 **美味しいテレビ9トゥ10** 結城貢の「ハイ‼ごめんなさい」▽究極の味めぐり▽ヒューマン・ドキュメント▽外人さんいらっしゃいほか
三枝成章 木内みどり
54[二][N]◇**57番組フラッシュ**

00 **妻たちの課外授業Ⅱ**
「青春ドラマしちゃった」細野英延演出
[役]真紀…小川知子ほか
和田アキ子 前田吟
由紀さおり 高田純次
山城新伍 （144頁）
51 **スポーツニュース**

00[二]**きょうの出来事**
桜井良子 小林完吾
30 **11PM**
司会・斎藤晴彦
由利徹
浅田美代子

深夜

0.30 **H'END24½**「MEN'S－W－」◇55[N][天]
1.10[◪]**これが青春だ**[再]
「ぽんこつ拳法」
2.07 音楽◇白虎隊 2.17

⑥TBSテレビ

00 **テレポートTBS6**
山本文郎 新井瑞穂
30[二]**JNNニュースコープ**
▽今日の[N]▽特集▽[天]
田畑光永 吉川美代子

7.20★**お子様**[N]**ネットワーク**「桜並木を返して」
ゲスト・東八郎
30★**石坂浩二のスーパーアイ**「おもちを10倍おいしく食べる方法」
58 **ことばのプリズム**

00★**わくわく動物ランド**
▽不思議・ご苦労さまトラ年最後にトラ特集
▽特集・サバンナの王者！ライオンの親子ほか
小林亜星 榊原郁恵
島田紳助 松本典子
春風亭小朝 関口宏
54 **JNNフラッシュ**[N]

00 明日のお天気
02★**水曜ドラマスペシャル**
「マンションの鍵貸します・ジャックレモンによろしく」阿久悠原作 佐伯俊道脚本
山泉修演出
[役]勉…小堺一機
中馬…原田芳雄
素子…洞口依子ほか
中尾ミエ 木内みどり
沢田雅美 国広富之
小野泰次郎 岸本功
五十嵐美鈴 横尾三郎
（グラビア22頁参照）

10.54**駅前図鑑** 買い物情報

00 **ネットワーク**
キャスター・料治直矢
三雲孝江 荻島正己
50 **情報デスクTODAY**
フラッシング'86
▽朝刊早版▽[天]ほか

0.50 キャッチ◇太閤記
1.06☆[二]**事件記者・ルーグラント**「スクープの罠」E・アスナーほか
2.05 [天] （2.08終了）

昭和61年
1986年
12月24日 水曜日

クリスマス・イブに史上最高のプログラム画期的な音楽番組が放送されました

時はバブル景気の始まりとも言われる1986年。クリスマスが特別な意味を持ち始め、日本全体が浮かれ始めた、そんなクリスマス・イブに、テレビ史上最高のプログラムの1つと言ってもいい、画期的な音楽番組が放送されました。

日本テレビ午後7時「Merry Xmas Show」。桑田佳祐×松任谷由実の強力タッグを軸に、忌野清志郎、吉川晃司、BOØWY、泉谷しげる、アン・ルイス、THE ALFEE、鈴木雅之、中村雅俊、石橋凌、鮎川誠、山下洋輔、小林克也、チェッカーズらの共演と、明石家さんまのMCで贈る、まさしくワン・アンド・オンリーな音楽プログラムでした。この番組の成功は、「クリスマス」と言いながら、クリスマスソングにこだわらなかったことと、テーマを〝カバー〟、〝コラボ〟、そして今で言う〝マッシュアップ〟に絞り、徹底したことでしょう（その代わり、お金も手間も、もんのすご〜くかかってますが）。音的にも映像的にも間違いなく超一級品。オープニングの『カム・トゥゲザー』だけで完全に持っていかれます。

一見通好みなんです。例えば鈴木雅之と桜井賢（THE ALFEE）によるサンタナ風『別れても好きな人』とか、桑田ボーカル&泉谷、中村、吉川、高見沢俊彦（THE ALFEE）コーラスによるビーチ・ボーイズ風『長崎は今日も雨だった』とか。あるいは、BOØWY&吉川の倍速『HELP!』とか、KUWATA BAND、チェッカーズ、THE ALFEEによるアンプラグド版『名前のない馬』とか。ユーミン、アン・ルイス、原由子のザ・コーデッツ風『年下の男の子』なんて、誰がわかるの？ と思うでしょうけど、今の若い人が見てもどれも絶対カッコいいです（桑田×清志郎×山下洋輔のオリジナル・セッション

1986年12月26日号
表紙・中山美穂
ドラマ『な・ま・い・き盛り』（フジテレビ）に主演。主題歌『WAKU WAKUさせて』がヒットし、『FNS歌謡祭』優秀歌謡音楽賞受賞。

なんて考えられますか?)。

アレンジと演奏のレベルが非常に高い上に、なにより各プレイヤーのモチベーションが高い。バンドエイドやUSA for AFRICAが記憶に新しかったころですから、ミュージシャンの連帯がまだ信じられた奇跡の瞬間だったのでしょう。自分の曲を歌ったのはKUWATA BANDとユーミンだけ。そしてエンディングに桑田×ユーミン合作のオリジナル曲付き(『Kissin' Christmas(クリスマスだからじゃない)』。長らくCD発売がありませんでしたが、2012年の桑田佳祐のベストアルバム『I LOVE YOU-now & forever-』に桑田ソロバージョンが収録されました)という至れり尽くせりの2時間。翌年もほぼ同じ趣向で再演されましたが、もうだめでした(桑田が飽きてる感じでした)。奇跡は2度はありません。

ほかにもクリスマス・イブらしい番組が絶賛編成されています。フジテレビ9時2分は『夜のヒットスタジオ』。スティービー・ワンダーが衛星生中継で登場。マンスリーゲストは田原俊彦でした。TBS夜9時2分は『水曜ドラマスペシャル　マンションの鍵貸します・ジャック・レモンによろしく』。ビリー・ワイルダー監督のアメリカ映画『アパートの鍵貸します』の設定を借りたコメディー。だからジャック・レモンによろしくってことになるわけですね。クリスマスらしいセレクトです。原作は阿久悠『喝采』所収の短編。主演は小堺一機で、原田芳雄と洞口依子が共演しています。小堺一機のドラマ出演はまだ珍しくて、この年の1月の『セーラー服通り』がほとんど初めてなんじゃないでしょうか(石野陽子主演。渡辺美里の『My Revolution』が主題歌でした)。この10月クールに放送していたシリーズ第2弾の『痛快!OL通り』(沢口靖子主演)にもレギュラー出演していました。

フジテレビ夜7時半は、4年半続いた『うる星やつら』の後を受けてこの年4月から始まった『めぞん一刻』。この日はアニメオリジナルのクリスマスエピソードです。テレビ朝日夜7時の『新・水曜スペシャル　サンタが電波に乗ってやってくる!!』。生放送でクイズに正解すると豪華プレゼントが当たるというような番組らしいんですが、詳細はよくわかりません。出演は板東英二ほか。

[夜] 6 7 8 9 10 11 [深夜]

⑧フジテレビ

00 FNNスーパータイム ▽ニュースパレード▽スポーツ▽外信 逸見政孝 幸田シャーミン

00 ナイター情報'87
03 プロ野球～神宮 ヤクルト×巨人 解説・江本孟紀 柴田勲 実況・松倉悦郎 [多]やじうま応援合戦 (最大延長9.24まで、以降の番組繰り下げ) 【中止のとき】 7.00北斗の拳2 7.30スケバン刑事Ⅲ 8.00ゴキゲンダゼ!あまえないでョ!グラフィティ 斉藤由貴 布川敏和 林隆三ほか

8.54[二]FNN[N]◇あすの[天]

00★なんてったって好奇心 「プロ野球中継の舞台裏」プロ野球はこうやって中継される!▽撮影技術のあれこれ▽中継にたずさわる人々ほか (内容変更場合あり)
54 夢引越 池田満寿夫

00 クセになりそな女たち [終] 矢島正雄脚本 舛田明広演出 小川知子 伊武雅刀 萬田久子 美保純 江本孟紀 川上麻衣子 佐藤B作ほか(180頁)
54 四季の詞「半夏生」

00 FNNニュース工場 ▽[N]▽11.05プロ野球[N] ▽11.50きょうの話題
0.20 コンパス◇30レイト
0.35女子プロレス「ライオネス飛鳥×長与千種」ゲスト・白石まるみほか
1.30 深夜秘宝館
2.00[S]JAPOP'87 甲斐よしひろ ジグザグほか (68頁)◇[S][天] 2.35

⑩テレビ朝日

00 ANN[N]レーダー 萩谷順 堀越むつ子ほか
50 忍者ハットリくん 航空写真で大さわぎの巻

00 クイズ!メモリアン 吉幾三 芳本美代子 イルカ 大川豊 中村泰士 岡江久美子
30★[二]ディズニー劇場・ガミー・ベアの冒険 「ひつじ飼いの少女」「トーディの追跡」

00★傑作時代劇 「上意討ち・美女が惚れた腰抜け侍」中村勝行脚本 牧口雄二監督 渡瀬恒彦 宮崎美子 若林豪 木ノ葉のこ 野口貴史 白井滋郎 疋田泰盛 橋本裕子ほか
54 [N]◇ビタミンライフ

00 ドラマ21・木曜日の女 「職場妻VS専業妻、華麗な女のたたかい」岡田正代脚本 日高武治監督 勝野洋 泉ピン子 早乙女愛 藤村俊二ほか(180頁)
54 世界の車窓 フランス

00 ニュースステーション (予定される内容) ▽きょうのニュース ▽プロ野球速報・スポーツ紙編集部生中継! ▽CNN&ソビエトテレビ▽街シリーズ▽[天] ▽きょう1日の出来事 久米宏 小林一喜ほか

11.18 ぷれいす「中目黒」
25 トゥナイト ▽ノムさんの場外コラム 野村克也▽中年晋也の真面目な社会学ほか 山本晋也 利根川裕ほか
0.20☆CLUB KING 「遂にレオナが艶姿」
0.50 CNNデイウオッチ 久和ひとみほか (1.52)

⑫テレビ東京

00 黄金バット「地球暗黒の日」◇こどもてれび
30 元祖天才バカボン [声]山本圭子 雨森雅司

00 ドカベン「岩鬼キャプテン猛ダッシュ」 [声]田中秀幸 玄田哲章 松島みのり 矢田稔ほか
30 ファミっ子大作戦 ▽橋本名人の挑戦コーナー▽[秘]指令情報局ほか 志賀正浩 藤森涼子

00★中国紀行スペシャル 「路地裏何でも見て歩き」タヌキ料理は庶民の味!?▽激変!おしゃれ事情▽大儲け屋台商売▽エリザベス女王の食べた豪華料理ほか 語り手・見城美枝子
54 番組◇57女 佐藤陽子

00 今夜のみどころ
02 木曜洋画劇場特別企画 「夜叉ケ池」 (昭和54年松竹) 篠田正浩監督 [役]白雪姫、百合(2役)…坂東玉三郎 晃…加藤剛 学円…山崎努 万年姥…丹阿弥谷津子 鯰入…三木のり平 鉱蔵…金田竜之介 鯉七…井川比佐志 伝吉…唐十郎ほか浜村純 常田富士男 南原宏治 石井めぐみ 矢崎滋 解説・河野基比古 (グラビア32頁参照)

11.24 [天]◇27HOTテレビ
30 スポーツTODAY ▽ヤクルト×巨人ほか
50 宝くじ◇ひとくち寄席
0.00日本経済ホンネ 対外経済協力のあり方64頁
0.30[N]◇[S]旅◇オートTV
1.10音楽花模様◇イベント
1.20ナポレオンソロ[再]◇[天]
2.20☆鬼平◇ビデカラ3.46

1987年 7月2日 木曜日

夜

① NHKテレビ

00　ただいま6時　[N]▽ゴッホにレンブラント、ハイテクで名画鑑定ほか
30　ニュースセンター6 30

00[二]7時のニュース◇[天]
27　テレマップ
30★関東甲信越小さな旅「職人の技が生きる町・新潟県加茂市」仮題▽伝統技術を今もなお守る桐タンス職人▽花火師▽伝統芸〝後面〟

00　地域スペシャル「正しい東北弁話し方講座」東北弁の表現の豊かさを見直す▽講師による方言を駆使した芸のいろいろ▽現代人のことばを再考ほか　長岡輝子　伊奈かっぺい
45　ニュースセンター8 45

00　ニュースセンター9時　キャスター・木村太郎　宮崎緑　山下洋
40　男の子育て日記（第19回）渡瀬恒彦　戸恒恵理子　丹波哲郎　橋爪功　梓みちよ　石野陽子　本間仁ほか

00★国宝への旅「海の道・神の島・福岡県・沖の島」玄界灘の真中・沖の島から出土した数々の国宝、重文▽〝神の島〟の掟ほか池田満寿夫
30　NHKナイトワイド
▽プロ野球全試合▽ウィンブルドンテニスほか
▽10.50気象情報
▽10.53各地の[N][天]
▽11.00ニュースと解説

11.25　ウィンブルドン'87・全英オープンテニス「女子準決勝」（衛星中継）解説・福井烈【中止のとき】スタジオL[再]◇11.55[N]　11.58
0.55　[N]　（0.58終了）

③ NHK教育テレビ

00　スペイン語[再]　総復習Ⅰ・ホテル滞在と両替
30　ハングル講座[再]　講師・梅田博之

00　高等学校講座[再]　英語Ⅰ「レッスンⅦ・10まで数える」③　講師・見上晃
30★俳句入門「水をうたう」▽水にゆかりをもつ風物ほか講師・能村登四郎

00★ETV8「軽やかに自分を語れ・現代詩歌の新しい波」　歌人・俵万智　詩人・天野忠
45　テレビコラム　上智大学助教授・猪口邦子

00　きょうの料理[再]「タチウオの牛乳あんかけ」ほか　呉祥勇
25　ファミリージャーナル「くらしの経済セミナー・どう防ぐ生活排水汚染」日本環境整備教育センター調査研究部長・大森英昭（変更の場合あり）

10.15　市民大学・時代とジャーナリズム「戦後・週刊誌ブーム」▽雑誌文化の大潮流とその意義ほか　評論家・草柳大蔵

00　高等学校講座[再]　科学と人間「細胞のふえかた」　講師・竹内均
30　フランス語講座[再]「多くの男があなたを愛するでしょう」　西永良成　ジュヌビエーブ・ドゥビナ　ナタリー・マルタンほか
（11.58終了）

④ 日本テレビ

00[二]NNNライブオンネットワーク「今年の夏はビールが熱い」①
55　[天]◇番組フラッシュ

00★木曜スペシャル「驚異！これが日本の霊能者だ!!」スターもア然！奇跡の霊視▽ズバリ適中！背後霊で未来予知▽恐怖の霊能一家！世界破滅を予言する謎の肌文字▽霊力で曲がる鉄パイプ▽怪異！暗闇にうごめく美女!!台湾の幽霊屋敷探訪▽極限の集団降霊ほか　ゲスト・マリアン　鳥越マリ　小野みゆき　戸川京子　山本晋也ほか　司会・愛川欽也

8.54[二][N]◇57[二][天]

00　今夜の木曜ゴールデン
02　木曜ゴールデンドラマ「ある誘拐、母は告白する・幼児殺人が暴く愚かなる母性哀れ！」和久峻三原作　猪又憲吾脚本　池広一夫監督　[役]寿美子…大空真弓　健夫…前田吟　文江…ちあきなおみほか木野花　野村昭子　立川光貴　勝部演之　三谷昇　江角英明　竹本貴志　金親保雄　陶隆（グラビア36頁参照）

10.51　スポーツニュース

00[二]きょうの出来事　小林完吾　青尾幸
30★11PM「忘れられないアノ一服！タバコと女・色気と仕草、男が語る煙談議」

深夜

0.35　あすの朝刊
0.45　H'END24¾◇[天]
1.15Ⓢプロボクシング「マーク塚越×ランボー平良」◇音楽◇漂流2.13

⑥ TBSテレビ

00　テレポートTBS6　山本文郎　新井瑞穂
30[二]JNNニュースコープ▽今日の[N]▽特集▽[天]　田畑光永　吉川美代子

7.20★パパ大好き！「一緒に乗ってよ！五人娘の熱い期待に、高所恐怖症パパはジェットコースターに挑戦」司会・小堺一機ほか
58　ことばのプリズム

00★世界まるごとHOWマッチ「夢の新発明！バストをお好み次第に」石坂浩二　小沢昭一　和田アキ子　稲川淳二　チャック・ウィルソン　司会・大橋巨泉　西村知江子
54　JNNフラッシュ[N]

00Ⓢザ・ベストテン（予定される出演者）中森明菜　とんねるず　荻野目洋子　CCB　近藤真彦　西村知美　司会・黒柳徹子　松下賢次
54　野球速報◇明日の天気

00★中村敦夫の地球発22時「大相撲新時代来たる！押し寄せる世代交代の波!!」新横綱・北勝海、新大関・小錦の活躍は!?▽若手力士の名古屋場所　中村敦夫
54　駅前図鑑「箱根」

00　ネットワーク　キャスター・料治直矢　三雲孝江　小林繁ほか
50　情報デスクTODAY▽朝刊早版▽[天]ほか
0.35　キャッチアップ
0.45　いま！二十四の瞳
0.50[二]映画「デス・ドライバー」エール・オーエンスビー　M・アレン
2.11Ⓢお天気ポップス2.15

昭和62年

1987年

7月2日 木曜日

『なんてったって好奇心』の司会は、まだフジテレビの局アナだった逸見政孝でした

6月にマドンナが、9月にマイケル・ジャクソンが来日公演を行った1987年。この年は、年間のシングル売り上げベストが瀬川瑛子『命くれない』の約40万枚と史上最も少ないことで知られる年なんですが、同時に印象的なベストセラーが多いことでも有名です。村上春樹の『ノルウェイの森』でしょ。安部譲二の『塀の中の懲りない面々』でしょ。で、個人的に一番思い出に残っているのが、NHK教育夜8時『ETV8』でも特集されている俵万智の短歌集『サラダ記念日』。本になる前から、「カンチューハイ」とか、「東急ハンズ」とか、その新鮮な言葉選びがけっこう評判だったんですが、一番驚いたのが「万智ちゃんを先生と呼ぶ子らがいて　神奈川県立橋本高校」と言う歌。最後の七七が「神奈川県立橋本高校」だもん。これは凄いと思いましたね。ちなみに〝この味がいいね〟と君が言ったサラダ記念日はこの日の4日後、「7月6日」です。

長い間TBSの天下だった木曜日ですが、夜8時の『世界まるごとHOWマッチ』（この日は「固形シリコンではなく液体シリコンを注入するという、画期的な豊胸手術にかかる費用の総額は？」という問題で和田アキ子がホールインワンを出しました）も、夜9時の『ザ・ベストテン』（この日は中森明菜『Blonde』が2週目のトップを獲得しました）も、このころすでにピークを越えていました。やがて木曜は『渡る世間は鬼ばかり』を中心としたTBSのドラマと、フジテレビの『とんねるずのみなさんのおかげです』が火花を散らす展開となっていきます。そしてその『みなさんのおかげです』の前番組だったのが『なんてったって好奇心』。まだ局アナ時代の逸見政孝が司会だったカジュアルなドキュメンタリー。さまざまな業界の舞台裏を探るという番組で、なんとこの日は直前に放送しているプロ野球中継の舞台裏に迫るという内容。野球が雨天中止のときはこの番組も内容変更の予定

1987年7月3日号
表紙・少年隊
少年隊主演によるミュージカル仕立てのSF映画『19ナインティーン』の公開に合わせての表紙。主題歌『君だけに』もヒットした。

でした。一応試合は無事に行われたようです。よかったよかった。

日本テレビ夜9時2分は読売テレビ制作の2時間ドラマ枠『木曜ゴールデンドラマ』。いわゆるサスペンス専門でない単発ドラマ枠として、幾多の名作を生み出してきました。特に鶴橋康夫演出の諸作品はドラマ好きの間では今でも語り草ですが、リピート放送がほとんどないのが残念です（でもこの日は和久峻三原作のドラマ化で、ちょっぴりサスペンス寄りです）。

TBS夜10時『中村敦夫の地球発22時』は、毎日放送制作のユニークなドキュメンタリー。俳優の中村敦夫をキャスターに迎え幅広いテーマを縦横に取り扱って、時間帯も含め既存のドキュメンタリーのイメージを変えた番組です。評価も高かったのですが、この年10月にTBSが『プライムタイム』という帯のニュース番組を編成したため、枠が土曜夜11時に移動して『中村敦夫の地球発23時』にタイトル変更、さらに半年後には水曜19時に枠移動して『地球発19時』になりました。これにはさすがの中村敦夫も怒ったそうですが、それは怒りますよね。中村は降板し、『19時』からは『中村敦夫の』という冠が取れました。この日は3日後に初日を迎える大相撲名古屋場所に焦点を当てています。この場所、新横綱・北勝海と新大関・小錦がお目見えしているので、どうなる千代の富士一強時代！　という切り口なのですが、実際には千代の富士の時代はまだまだ続きます。

続いてスポーツ行きましょう。NHK深夜に放送されているのがウインブルドン全英オープンテニス・女子準決勝。前人未到のシングル6連覇に挑んだナブラチロワと、宿命のライバルのクリス・エバート、そしてこの年彗星のように現れた新女王シュテフィ・グラフの3つ巴で盛り上がったこの大会、結果ナブラチロワが準決勝でエバートを、決勝でグラフを破って見事ウインブルドン6連覇を達成します。この年世界ランキング1位に輝いたグラフの年間通算成績は驚異の75勝2敗。2敗の内訳は、ひとつはこの時の敗戦、もうひとつは9月の全米オープン決勝での敗戦でした。相手はともにナブラチロワでした。

最後に手前味噌ですが、この日の前日の7月1日に『TVガイド』の兄弟誌『テレビブロス』が創刊されています。定価150円。

8 フジテレビ

00 [N]スーパータイム ▽[N]▽[天]▽スポーツほか キャスター・逸見政孝 安藤優子

00 田代君のコドモのおもちゃ!! ラブゲーム▽あきれたコンテストほか

30★金曜おもしろバラエティ「夏休みスペシャル・ムツゴロウとゆかいな仲間たち・おしゃれな世界のスーパーわんちゃん」動物王国から初の盲導犬誕生!▽ヨーロッパの犬の教育センター▽短距離走の王者グレーハウンド▽日本犬のルーツを求める韓国への旅ほか P13

9.24[二][N][天]

30 今夜のミステリー

32 男と女のミステリー「丹後・宮津殺人岬」石松愛弘脚本 池広一夫監督 原日出子 岡田茉莉子 露口茂 広岡瞬 池波志乃 原ひさ子 姉崎公美 荒木路 酒井郷博 笠井一彦ほか P47

11.22 バカンス気分

30 ニュース最終版 ▽プロ野球[N] ▽0.15デイトライン

0.50 TVコンパス

1.05 出たMONO勝負「アメリカ特集」

2.30 さんまのまんま 五十嵐淳子 P135

3.00☆TV2教育「ハウ・ツゥ・納涼」

3.30 TV2教養「キャントストップ名人戦」

4.00 チョットイイデスカ

4.30 読切美人

5.00[S][天] (5.05終了)

10 テレビ朝日

00[S]パオパオチャンネル ▽アメフトかるた▽忍者ハットリくん▽音楽

50 ドラえもん「いねむりシール」「むすびの糸」 P29

7.20 ニュースシャトル ▽[N]▽ニュースその後▽データフラッシュ▽スポーツほか 星野知子

00★[S]ミュージックステーション(予定出演者)松田聖子 中森明菜 光ゲンジ 今井美樹 バクフウスランプほか

54 金メダル◇[S]映画旅情

00★素敵にドキュメント「真夏の東京ミステリー」恐怖!巨大都市の裏と表▽銀座にナゾの地下道▽副都心に火の玉▽動物墓場◇54車窓

00 熱闘甲子園・高校野球ハイライト 山下泰裕

30 ニュースステーション(予定される内容)▽[N]▽鹿児島・曽木の滝生中継▽プロ野球▽CNN&ソビエトテレビ▽金曜コンサート▽[天]ほか 久米宏ほか

11.33 ぷれいす 湾岸通り

40★華麗にAH!SO 田代まさし 井森美幸 研ナオコ◇0.10スター

0.15☆タモリ倶楽部「第1回台東区横断ウルトラクイズ」[前]

0.45ショウビズTODAY

1.15 CNNヘッドライン

1.25 フライデーCLUB ▽デートで見〜っけ!! 情報組 吉村明宏ほか ▽[S]ENKA TVほか

3.15 CNNデイウォッチ 長窪正寛(4.17終了)

夜

6 / 7 / 8 / 9 / 10 / 11 / 深夜 0 / 1 / 2 / 3

12 テレビ東京

00 RC ミニ四駆探検隊

20 HOTテレビ◇25怪獣

30 キャプテン翼[再]「若林からの手紙」

00 ホワッツ・マイケル「猫に爪あり」「取り調べ」「一番暑い日」

30★[S]とびだせ!つり仲間 ▽逆転また逆転出るか3連勝激戦バスマッチ

00 クイズところ変れば!?「日本列島〝のんびり鈍行列車の旅〟」北海道比羅夫駅のジンギスカン▽謎の温泉 P125

54 両国橋・首尾の松

00 熱闘!スポーツクイズ ▽スイスの24時間自転車耐久レース▽アナウンサーが作った流行語 中村吉右衛門ほか

54 ゴルフ天気予報

00[字]極める・匠と至芸の世界「飾金具・輝きを仕つらえる」 P122

30 ミエと亜星の美味通信 ▽北海道〝食の祭典〟 中尾ミエ 小林亜星ほか

00 スポーツTODAY ▽高校野球▽洋×巨ほか

30[二]ワールド・ビジネスサテライト 東京・ロンドン・NY市況▽[N]ほか

0.15[S]ライフ・オブ・スイミング◇30[S]ZIP'S

40☆卓上笑話 渡部絵美

55 MUSIC花模様

1.05★[S]大江千里 IN 〝EZ〟 P128

35 世界のマリンリゾート

2.05 イベントガイド◇[天]

15◪パークにまかせろ「何という死に方」

3.10 バスケット「ダラスカウボーイズ×LAレイカーズ」 (5.10)

1988年8月19日金曜日

夜	①NHKテレビ	③NHK教育テレビ	④日本テレビ	⑥TBSテレビ
6	00★イブニングネット ▽N▽30スポーツ情報 ▽ぼくらの離れ島上陸作戦・富山▽53天ほか	00★陶芸入門「つぼ・大皿をひく」井高洋成ほか 30 英語会話Ⅰ再「イギリスシリーズ」菅野桂子	00㊁ニュースプラス1 ▽ソウル五輪企画④▽高校野球▽旅・東京シルクロードほか◇55天	00 テレポート6 奈良陽 矢沢真由美ほか 30㊁ニュースコープ 田畑光永 吉川美代子
7	00㊁7時のニュース◇天 30字アニメ三銃士 「女優ナナの宝石」 声ダルタニャン…松田辰也ほか田中真弓 平野文 神谷明	00 高等学校講座 世界の歴史 「大航海時代」猿谷要 30 趣味の園芸再 「サンタニカ」 小笠原亭◇55名曲	00 追跡「熱闘甲子園・甲子園の一番長い日」 （予定）高見知佳ほか 30★こちら夢スタジアム 「女子走り高跳び」 佐藤恵 江川卓ほか	00多金曜ナイター情報 04 プロ野球〜横浜 大洋×巨人 ゲスト・衣笠祥雄 解説・田淵幸一 多大洋応援放送 （最大延長9.24まで、以降の番組繰り下げ） 【中止のとき】7.00これはウマい◇30野生の王国◇8.00たけし城
8	00★NHK特集・ワールドTVスペシャル 「夜のライオン・アフリカ・闇の中の野性」 ▽克明な生態の記録ほか 45 ニュースセンター845	00 ETV8・アンコール 「インドの伝承医学・心身の若返り法・ヨーガの神髄」木村慧心ほか 45 コラム再 「〝和魂洋才〟のわな」荻野弘己	00★NEWジャングル 「あぶない嘘」 鹿賀丈史 江口洋介 勝野洋 火野正平 大沢逸美 西山浩司 山谷初男ほか◇54㊁N天	8.54 N
9	00 ニュース・トゥデー ▽世界と日本の動き ▽TODAY特集 ▽マーケット情報 ▽プロ野球▽高校野球 ▽お天気コーナーほか	00 芸能花舞台 「新内〝道中膝栗毛〟赤坂並木から卵塔場の段」新内志賀大掾 新内仲三郎 45 地球は青春 「母の海・日本」	00★日本テレビ開局35年記念特別番組 スーパー・ドキュメント・スペシャル チョモランマがそこにある!!「みんなが頂上に立った」 チョモランマ生中継の夢をのせて▽5月5日〝長い1日〟の始まり ▽テレビ隊3人の〝危機〟ほか 語り・江守徹	00 若奥さまは腕まくり! 「お見合い大作戦」 中山美穂 三田村邦彦 伊東四朗 風吹ジュン 千石規子 中尾ミエ 西尾麻里P148◇54天
10	00★オリンピックを楽しむ法・競技その見どころ 「0・2秒の戦い」 20Ⓢ黄金のテノール「ドミンゴのセビリア賛歌」 （1982年西ドイツ・ユニテール制作）プラシド・ドミンゴ P127	10.15 市民大学・ホワイトハウスの政治史 「ウィルソン・第1次世界大戦」 有賀貞	10.52 番組◇プロ野球情報	00 ニュース22・プライムタイム 今日のニュース▽スポーツ情報 ▽特集▽明日の天気ほか 森本毅郎 三雲孝江 松宮一彦◇54Ⓢ新美人
11	11.05★東西落語特選 「七度狐」笑福亭仁鶴 35 N天◇40Nと解説 11.57Ⓢ夏のテレビ文学館再 「注文の多い料理店」 宮沢賢治・作 朗読・久米明（0.08）	00 高等学校講座再 おもしろ化学新実験 「電気を通すプラスチック」小山昇 30 ドイツ語講座再 「どこで手に入れたのですか」 上田浩二ほか （11.58終了）	00★字TVムック謎学の旅 「薬が菓子に変身!くずもち再発見」 30㊁きょうの出来事スポーツ&ニュース 舛方勝宏 青尾幸ほか 11.55Ⓢ11PM 高田純次 関根勤 戸川京子ほか	00★Ⓢ金曜気分で! 松本伊代 シティボーイズ 中村雅俊ほか 30Ⓢ噂的達人「風見鶏の達人・稲川淳二」
深夜0			0.55 あすの朝刊◇1.05天	00 スポーツチャンネル 20☆お笑いベストヒット 40 キャッチ◇50映画情報
1			1.10 TV PNN 50㊁映画「陽はまた昇る」 （1984年アメリカ） ジェームズ・ゴールドストーン監督 ジェーン・シーモア ハート・ボクナー R・キャラダインP41	1.05 いこかもどろか 10㊁映画「13日の金曜日」 ベッツィ・パルマー A・キングP41◇案内
2				2.55☆B級倶楽部「憧れ!コンパニオン大解剖」
3			5.30 音楽（5.33終了）	3.49Ⓢビデオボックス（野球延長時休止）◇Ⓢ歌 4.25ⓈMTVジャパン 5.25㊁CBSN（5.55）

昭和63年

1988年

8月19日 金曜日

『ママはアイドル』のスタッフキャストが再登板した『若奥さまは腕まくり!』

いろいろな意味で記憶に残るオリンピックとなった2021年の東京オリンピックですが、1988年もソウルオリンピックの年でした。9月17日の開会まであと1ヵ月あまりというこの日も、関連番組がそこここに見受けられます。なかでも日本テレビ夜7時半、前年引退したばかりながら早くも適性を発揮していた江川卓のスポーツバラエティー『こちら夢スタジアム』は、国立競技場から生中継でした。番組表に名前のある佐藤恵というのは当時21歳の女子走り高跳びの第一人者で、ロサンゼルス、ソウル、バルセロナと3大会連続でオリンピックに出場したスーパーヒロイン。でこの日は彼女の指導で（?）江川がハイジャンプに挑戦したようです。それにしても佐藤選手、ゴールデンの番組表にさらっと書いてわかるくらい人気があったんですね。バブルの渦中で景気も上々、開催地もお隣の韓国ということで事前の盛り上がりもバッチリだったソウル五輪ですが、開催直後の9月19日に昭和天皇が危篤となり一転自粛ムードの中の大会となりました。そして、再び僕らの目をオリンピックに向けさせたのが9月24日の鈴木大地の金メダル獲得でした。

続いてドラマに行きましょう。TBS夜9時の『若奥さまは腕まくり!』は、前年放送された人気作『ママはアイドル!』のスタッフ・キャストが再登板したホームコメディー。中山美穂・三田村邦彦の夫婦役に加え、永瀬正敏や（この日の）風吹ジュンなど、『ママはアイドル!』のレギュラーがゲストで登場するなどの仕掛けがありました。余談ですが、主題歌の『人魚姫（mermaid）』がこの日の前日の『ザ・ベストテン』で初の第1位を獲得しています（中山美穂の『ザ・ベストテン』第1位獲得はこの曲1曲だけです）。

1988年8月19日号
表紙・大竹しのぶ、明石家さんま、光GENJI、青木功
大竹とさんまが共演した映画『いこかもどろか』公開。撮影後に2人は結婚を発表した。光GENJIデビュー1周年グラフィティー掲載。

日本テレビ夜9時は開局35年記念特別番組『チョモランマがそこにある!!』。この年の5月5日に行われた日本テレビのチョモランマ山頂からの世界初衛星生中継のドキュメントですが、まあとにかくこれは当時の最先端技術＋人力の結集で、まさに社運をかけたプロジェクトでした。5月5日に合わせるなんてことも本当にできるのかって感じでしたし、当日はどの時間帯に中継が入るかわからないというスクランブル体制でしたが、結果的には見事中継は成功しました。山頂からの360度映像はすごい迫力でした（ちなみになぜ35年記念がチョモランマなのかといえば、ヒラリー隊によるチョモランマ初登頂が35年前の日本テレビ開局の年だったからです）。

テレビ朝日夜8時は『ミュージックステーション』。光GENJIがレギュラーだったころ。松田聖子と中森明菜が、そろって出演してますね。TBS夜11時半はこの年の春始まった『噂的達人（うわさのたつじん）』。芸能人が自らのマニアックな一面を披歴する異色のトーク番組。いまではそうした芸能人の趣味・特技の披露というアプローチがひとつのジャンルになった感もありますから、やはり一種のパイオニア番組だったといっていいでしょう。この日のゲストは「風見鶏の達人・稲川淳二」。怪談のファンタジスタとして知られる稲川淳二ですが、この人知る人ぞ知る工業デザイナーでもあって、風見鶏造りはこれ趣味というよりある意味本職です。テレビ朝日深夜0時15分『タモリ倶楽部』は夏の恒例「○○区横断ウルトラクイズ」企画。台東区は第6弾だったようです。クイズの問題は結構ちゃんとしてたのが逆に面白かったですね。TBS深夜0時20分『お笑いベストヒット』は、絶対続くわけないと思ったネタのランキング番組でしたが、いわゆるお笑い第3世代の台頭期だったこともあって、意外に見てましたね。ほんとにネタでリクエスト募って、ランクインしてる限り毎週同じネタ放送したらそれはそれで画期的だな。でも、あのコンビのあのネタ見たいな、なんてYouTubeで探す人も多い昨今、逆にありかもですね（つーかありだな。誰かやってるのかしら）。

8 フジテレビ

00 Nスーパータイム ▽N▽天▽スポーツほか キャスター・逸見政孝 安藤優子

00 魁!!男塾「友情そして勝利・大威雲八連制覇が残したもの…」

30★ワイルドで行こう! 光ゲンジ 喜多島舞 吉田美江 阿藤海ほか

00★志村けんのだいじょうぶだぁ ショートコント集▽人間ルーレット▽変なおじさんほか 田代まさし 松本典子 石野陽子ほか◇54ニN天

00 君が嘘をついた 三上博史 麻生祐未 工藤静香 大江千里 鈴木保奈美 布施博 井上彩名ほか P81

54 村野武憲のくいしん坊

00★京都サスペンス「京絵皿の秘密殺人」マリアン 赤塚真人 竹井みどり 内田喜郎 大塚良重 桂ざこばほか

54 四季の詞「冬」

00 ニュース最終版 ▽プロ野球N「爆笑ゴルフ・とんねるずVS広沢克己 伊東昭光」「バットマンが行く」「私のベストプレー」「F1ワールド」ほか ▽11.45デイトライン

0.20 TVコンパス

0.30 マーケティング天国

1.00 プロサーフィン ～部原海岸(録画)

2.30 CRUISING TALK 高樹澪ほか

3.00 パンパシフィックツーリングカー選手権

4.00 '88N・Yシティマラソン P151◇S天5.25

10 テレビ朝日

00S パオパオチャンネル ▽対決!親子▽プロゴルファー猿▽音楽館ほか

50★ニュースシャトル ▽きょうのN▽スポーツ▽天▽中学生通信ほか 星野知子 朝岡聡ほか

7.30 テレビ朝日開局30周年記念・'88ジャパンカップスペシャル・バレーボール 女子予選「日本×ソ連」 ゲスト・阿部牧郎 解説・松平康隆 実況・楠淳生 P70

8.54S 仕事の詩・小さい旅

00★とれんでぃ9 ▽松・ロンドンコース▽竹・奈良コース▽梅・葛飾、柴又コース 司会・古館伊知郎 大島智子◇54車窓

00 ニュースステーション(予定される内容) ▽きょうのニュース▽きょうのスポーツ▽CNN&ソビエトテレビ▽天▽きょう1日の出来事▽円相場ほか キャスター・久米宏 小林一喜 小宮悦子ほか

11.18 ぷれいす 神宮周辺

25 トゥナイト ▽ホットアングル▽どんと人類学 久本雅美 利根川裕ほか

0.20 CNNヘッドライン

0.30 ミニ・プレステージ

0.35 ツルーライトゾーン「不倫がテーマ」

1.00 PRE★STAGE「今、SLがよみがえる」SLファン大集合 秘蔵フィルム、模型を大公開▽1.30CNNデイウォッチほか (4.30)

夜

6 / 7 / 8 / 9 / 10 / 11 / 深夜 0 / 1 / 2 / 3

12 テレビ東京

00★S少女雑貨「トミー・ページ登場!」◇怪獣

30 さすがの猿飛「決斗!愛すればこそ」

00 ディズニー劇場 わんぱくダック夢冒険 ▽伝説の国で魔女退治

30★OH!キッチン家族 張り込みステーキキノコソース 松崎しげる

00★生テレビ!東京探検「都バスの旅・パート3」650円で楽しむ秋の東京▽明治神宮、有栖川公園 日高のり子

54 情報カレンダー

00★月曜・女のサスペンス 文豪シリーズ「殺意の迷路」志賀直哉原作 高橋悦史 竹中直人 余貴美子ほか

54 リンゴのフィユテ

00S ファッション通信 ▽'89春夏ロンドンコレクション特集ほか

30 極楽!上級者への道 ▽今夜決定!"くうねるあそぶ"人間・B21

00 スポーツTODAY ▽社会人アメフト▽高校野球秋季大会ほか

30ニ ワールド・ビジネスサテライト ▽東京・ロンドン・ニューヨーク市況▽Nファイナル 小池ユリ子

0.15S ZIP'S◇25花模様

0.35 男と酒と女の話 藤田敏八 P151

1.10 大江戸捜査網再「闇夜に咲いた夫婦花」里見浩太朗ほか◇2.10天

2.15 ハワイ5－0再「同じ手口の犯人はない」ジャック・ロードほか

3.10 カラオケ (3.25)

1988年11月7日月曜日

夜	1 NHKテレビ	3 NHK教育テレビ	4 日本テレビ	6 TBSテレビ
6	00★イブニングネット ▽[N]▽30スポーツ情報 ▽ゴミ処理最前線・家庭ゴミも宝の山▽53[天]	00 ロシア語講座[再]「これは彼のめがねです」 30 中国語講座[再]「すこし酔った」榎本英雄ほか	00[二]ニュースプラス1 ▽きょうのニュース ▽スポーツ▽特集ほか 徳光和夫◇55[天]◇番組	00 テレポート6 奈良陽 橋谷能理子 30[二]ニュースコープ 平本和生 三雲孝江ほか
7	00[二]7時のニュース◇[天] 30★トライ&トライ 「自転車に車検はないけれど・安全ですか？あなたの愛車」自転車の〝おっと危い行動〟	00 高等学校講座[再] 数学I 「直線の方程式」飯島忠 30 ベストサウンドIV「ロック・バンドのために・ボトム・ライン」	00 追跡「巨大結婚式場の裏側」（予定） 青島幸男 高見知佳 30 美味しんぼ 「活きた魚」 [声]井上和彦 荘真由美	00★100人に聞きました ▽海外単身赴任！一番の問題▽夫婦トラベル 30★わいわいスポーツ塾 ▽広島のBMX少女ほか 前田日明ほか◇58言葉
8	00 NHK特集 「恋歌が流れる秘境・中国・貴州省」小数民族・ミャオ族の暮らし 語り手・柳生博 45 ニュースセンター845	00★ETV8「中国から見たシルクロード・中国考古学の先駆者・黄文弼」黄烈 前田耕作ほか 45 テレビコラム 倉島厚	00[S]歌のトップテン （予定される出演者） 工藤静香 光ゲンジ チェッカーズ 南野陽子 男闘呼組 浜田麻里ほか◇54[二][N]	00★[字]水戸黄門「悪計暴いた白頭巾・諏訪」 西村晃 あおい輝彦 伊吹吾朗 中谷一郎 高橋元太郎 野村将希 西郷輝彦ほか◇54[N]
9	00 ニュース・トゥデー ▽世界と日本の動き ▽TODAY特集 ▽40アメフト社会人▽バレー・ジャパンカップ・女子▽55[天]ほか	00 料理[再]「秋のそうざい・ブリ大根」阿部なを 25 健康「糖尿病・尿に糖が出たとき」柴田昌雄 40 ファミリージャーナル 「新顔外国野菜と上手につきあう法」 大木健二 長尾和子	00 TIME21「夢は百歳・役者の花道」仁左衛門一家の365日奮戦記 ▽目は不自由でも舞台は見える！▽死ぬまで現役ほか P74◇54[二][天]	00 3年B組金八先生③ 「男は心だ!!」 武田鉄矢 樫山文枝 石黒賢 橋爪功 岡本舞 室井滋 内藤武敏 鈴木正幸ほか P80◇54[天]
10	00 銀河テレビ小説・殿様ごっこ 桃井かおり 小林稔侍ほか P87 20★日本再発見「幻の蚕が紡いだ黄金の布」 森英恵 如月小春	10.15 市民大学・知力をさぐる「外界を知る・視覚とイメージ」 波多野誼余夫	00★スター爆笑Q&A 田中健 古今亭志ん馬 武田鉄矢 マリアン 下川辰平 白都真理 黒木瞳 伊佐山ひろ子 52 番組◇54プロ野球情報	00 ニュースデスク'88 ▽メーンニュース ▽企画特集▽スポーツ情報▽明日の天気 小川邦雄 戸田信子 田畑光永◇54[S]新美人
11	00★[S]テレビ文学館「野菊の墓」伊藤左千夫・作 朗読・浜畑賢吉 20 NHKナイトニュース ▽解説▽スポーツ▽[天] 11.57 アジアの住まいと暮らし[再] 伝統への回帰・大韓民国◇0.42自然 1.00 [N]（1.03終了予定）	00 高等学校講座[再] 日本の歴史 「明治維新」 平野英雄 30 フランス語講座[再] 「多くの男があなたを愛するでしょう」 西永良成ほか （11.58終了）	00[二]きょうの出来事スポーツ&ニュース キャスター・真山勇一 桜井良子 松永二三男 55 11PM 司会・三枝成章 高田純次 中川比佐子	00 ドラマ23「バカな女の結婚願望」山下真司 南果歩ほか P87◇27素敵 30 スポーツチャンネル 50 情報デスクTODAY 秋元秀雄ほか◇キャッチ
深夜 0–3			0.55 あすの朝刊◇1.05[天] 1.10鶴瓶・上岡パペポTV 2.05週刊TV広辞苑「お」 2.35 藤本義一のおもちゃ箱 太平シロー P151 3.05[二]白バイ野郎ジョン&パンチ[再] 「体当たり詐欺師」 4.00◪風と樹と空と[再] 鰐淵晴子ほか P151 4.55 音楽◇5.00[天] 5.30	0.45[S]ライブG 上田正樹 バクフウスランプ 田中一郎ほか P69◇案内 2.20 映画「戦艦シュペー号の最後」（1956年イギリス）アンソニー・クエイル J・グレッグソンほか（字幕） P62 4.33[二]インベーダー「狙われた月ロケット」 5.20[S]歌◇ビデオ◇30ウルトラマンタロウ[再]6.00

昭和63年
1988年
11月7日 月曜日

いよいよトレンディードラマの時代が『君が嘘をついた』で野島伸司デビュー

昭和天皇の病状とリクルート事件に揺れたこの年は、ドラマ界に大きなムーブメントが起こった年でした。1月スタートの月9は大多亮の初プロデュース作『君の瞳をタイホする!』、4月の月9は主題歌『抱きしめてTONIGHT』も大ヒットした田原俊彦主演『教師びんびん物語』、7月の木曜10時がおなじみW浅野の『抱きしめたい!』、そして10月は木曜10時が田村正和『ニューヨーク恋物語』で、月9が『君が嘘をついた』。局はすべてフジテレビ。どうですか。時代が変わっていく音が聞こえるでしょう?

この日第3話の『君が嘘をついた』は山田良明・大多亮コンビのプロデュース第2作で、脚本家・野島伸司の初連続ドラマ。職業を偽った出会い、複数男女のライトな恋愛模様、後に何度も上書きされるドラマパターンの原型を備えています。こうしたプロデューサー主導のドラマシステムの萌芽は、やがて90年代に入って大きな花を咲かせることになるのですが、何がすごいって、この年の春に「第2回フジテレビヤングシナリオ大賞」を取った野島伸司を、秋にはもう連ドラデビューさせていたというスピードの早さでしょう。このスピード感には驚きを禁じえません。局全体や時代背景のイケイケ感があと押ししていたとはいえ、何かが変わっていくときの勢いとはこういうものなんでしょう。

このドラマで三上博史、麻生祐未と共に主演陣の一角を占めていた工藤静香は、元おニャン子クラブ会員番号38番で前年にソロデビュー。このころ中島みゆき作詞・後藤次利作曲の『MUGO・ん…色っぽい』が大ヒットを記録。この日は日本テレビ夜8時『歌のトップテン』にも登場しています。そして当時人気のピークにあったのが光GENJIでした。出す曲、出す曲大きなヒットと

1988年11月11日号
表紙・田村正和
大人の恋愛を描いたドラマ『ニューヨーク恋物語』(フジテレビ)に主演。ドラマは全編ニューヨークでの撮影だった。共演は岸本加世子、真田広之、柳葉敏郎。

なり、この年の日本レコード大賞などの賞を総なめにしました。そんな光GENJIの大沢樹生と内海光司が主演したドラマがフジテレビ夜7時半の『ワイルドで行こう!』。テレビ東京の『あぶない少年Ⅱ』と入れ替わりで始まったドラマで、大沢樹生が狼男になってしまうSFコメディーでした。

深夜で目を引くのは日本テレビ深夜1時10分からの『鶴瓶・上岡パペポTV』『週刊TV広辞苑』『藤本義一のおもちゃ箱』の3本。これらはすべて読売テレビ制作の大阪ローカル番組だったもの。大阪のローカル番組を東京で見るのは難しかったので、これは新鮮でした。『パペポTV』のブレイク振りは言うまでもないとして、見てたのは『週刊TV広辞苑』ですね。五十音順にキーワードを取り上げコントでつないでいく番組で、東京では半年遅れの放送でしたが(この日は「お」)、劇団そとばこまちのベタさとシュールさが同居した可笑しさは独特で、結構あぶないギャグも多かった。当時の槍魔栗三助(現在の生瀬勝久)のライトな強引さが印象に残ります。『ジャンピン・ジャック・フラッシュ』といえばこれ、『匠』といえばこれですね。

最後に小ネタを少々。翌日11月8日がアメリカの大統領選挙だったので、ニュースはその話題で持ちきりでした。ただ選挙戦はあまり盛り上がらず、予想通りレーガン政権の副大統領だった共和党・ブッシュの圧勝でした(おとうさんの方ね)。テレビ朝日昼1時15分『徹子の部屋』は和田誠がゲスト。小泉今日子主演の和田監督作品『快盗ルビイ』の公開がこの週の土曜日だったようです。TBS夜9時は『3年B組金八先生』。唯一1クールでの放送となった第3シリーズ。舞台も桜中学ではありません。そしてNHK朝の連続テレビ小説『純ちゃんの応援歌』は山口智子主演。デビュー作で早くも後の夫・唐沢寿明と初共演を果たしています。なお偶然ながら、先ほど日テレ深夜に出てきた笑福亭鶴瓶と槍魔栗三助(ただしここでは生瀬勝久名義。NHKですからね)が兄弟役で出演しています。

⑧フジテレビ	⑩テレビ朝日	夜	⑫テレビ東京

⑧フジテレビ

00 Ⓝスーパータイム
▽Ⓝ▽[天]▽スポーツほか
キャスター・逸見政孝
安藤優子

00★人情一本こころの旅
「瀬戸内編」
園佳也子　長江健次

30 金曜おもしろバラエティ「さんまのほんじゃたのンます」第１話・アカプルコで乾杯！▽第２話・ニュージーランドで乾杯！▽第３話・ニューヨークで乾杯！　岸本加世子ほか Ｐ４

8.54 [二]Ⓝ[天]

00 今夜のミステリー

02 男と女のミステリー
「幸福発・迷路行き」
野沢尚脚本
河毛俊作演出　堺正章
藤田朋子　大楠道代
高橋貴代　原田貴和子
三田寛子　原田大二郎
宍戸錠　黒田アーサー
佐藤幸雄　井上智昭
柴田理恵ほか　Ｐ87

10.52 バカンス気分

00 ニュース最終版
▽プロ野球Ⓝ
「'88プロ野球アンコールシアター・痛快対談
安部譲二×土橋正幸」
▽11.45デイトライン

0.20 ＴＶコンパス

30 さんまのまんま
仲村トオル　Ｐ170

00 いきなりフライデーナイト　山田邦子
渡辺徹　森末慎二ほか

00 夢で逢えたら
清水ミチコ　野沢直子

30 Ｈ２Ｏ伊織祐末Ｐ159

00 笑いの殿堂２

4.30[多]ソウル・ソウル

5.00Ⓢ[天]　（5.05終了）

⑩テレビ朝日

00Ⓢパオパオチャンネル
▽アメフトかるた▽忍者ハットリくん▽音楽

50 ドラえもん「ゆうどう足あとスタンプ」ほか
[声]大山のぶ代ほか　Ｐ55

7.20 ニュースシャトル
▽Ⓝ▽ニュースその後▽データフラッシュ▽スポーツほか　星野知子

00★Ⓢミュージックステーション（予定される出演者）レッドウォーリアーズ　光ゲンジ
浅香唯　チャチャほか

54Ⓢ仕事の詩・小さい旅

00★素敵にドキュメント
「冬の信州・湯煙りペンションめぐり」アルプスの露天ブロ▽湖畔のピアノ宿▽旅情！オシャレ宿30選◇54車窓

00 ニュースステーション
（予定される内容）
▽きょうのニュース
▽きょうのスポーツ
▽ＣＮＮ＆ソビエトテレビ▽金曜コンサート
▽[天]ほか　久米宏ほか

11.15 大相撲ダイジェスト
「13日目」伊勢ケ浜

45 ぷれいす「西荻窪」

52★華麗にＡＨ！ＳＯ
堀内孝雄　ダンプ松本

0.22Ⓢ ＮＹオフタイム

27 タモリ倶楽部「指圧の心、母心、押せば命の泉わく」浪越徳治郎ほか

0.57 ショウビズＴＯＤＡＹ

1.27 ＣＮＮヘッドライン

1.37 朝まで生テレビ
「あえてテーマを決めずタイムリーな話題で討論！」野坂昭如
和田勉　小中陽太郎
大島渚　西部進ほか 6.00

⑫テレビ東京

00 ＲＣカーグランプリ

20 ＨＯＴテレビ◇25怪獣

30 夢みるトッポジージョ
「ドーナツロボット」

00 ハロー動物ファミリー
「潜入！！多摩動物公園24時間密着取材！！」

30★Ⓢとびだせ！つり仲間
▽10キロ級の連続ヒット
御前崎沖のスプリント

00★クイズところ変れば！？
「春・夏・秋・冬〝日本の絶景〟」露天ブロの珍客▽富士山大噴火の追跡ほか　江夏豊ほか

54 高層ビルの水族館

00★隠密・奥の細道
「血の涙・宮城野に咲くあやめ花」佐藤浩市
国広富之　中村嘉葎雄
西山浩司　朝加真由美

54 週末ウェザー情報

00[字]極めるⅡ扇・扇絵の夢
扇屋から天才町絵師へ
宗達その大いなる意匠

30 こだわり味めぐり温泉で芳香をブレンド！大分のカボス風味カレー

00 スポーツＴＯＤＡＹ
▽国際フィギュアほか

30[二]ワールド・ビジネスサテライト　東京・ロンドン・ＮＹ市況▽Ⓝほか

0.15Ⓢライフ・オブ・スイミング◇30Ⓢ ＺＩＰ'Ｓ

40 ＭＵＳＩＣ花模様

50 ＰＣミッドナイト
ゲスト・水野晴郎

1.20 世界のマリンリゾート

50 イベントガイド

1.55 映画「恐怖と戦慄の美女」（1975年米）
カレン・ブラック
ロバート・バーレンほか

3.25 サッカー'88ヨーロッパ選手権（5.10終了）

▶1988年11月25日金曜日

夜	① NHKテレビ	③ NHK教育テレビ	④ 日本テレビ	⑥ TBSテレビ
6	00★イブニングネット ▽Ⓝ▽30スポーツ情報 ▽支えます！コンベンションブーム▽53天ほか	00 水墨画入門「虫と果実を描く」岩崎巴人 30 英語会話Ⅰ再「ペーパー・ドライバー」	00㊁ニュースプラス1 ▽きょうのニュース▽スポーツ▽地図のない旅ほか 徳光和夫◇55天	00 テレポート6 奈良陽 橋谷能理子 30㊁ニュースコープ 平本和生 三雲孝江ほか
7	00㊁7時のニュース◇天 30Ⓢ'88NHK杯国際フィギュアスケート競技大会 解説・五十嵐文男 実況・山本浩 ～東京・国立代々木競技場スケートリンク	00 高等学校講座再 生物 「神経のはたらき」薄葉重 30 趣味の園芸再「サザンカ・鉢植えを楽しむ」 妻鹿加年雄◇55名曲	00 追跡「究極のフランス料理」（予定） 青島幸男 高見知佳 30★こちら夢スタジアム 「アイスホッケー」 江川卓 司会・関口宏	00★クイズこれはウマい！ ▽津和野のイモ煮会ほか ケント・デリカットほか 30★野生の王国「ゆうゆうと生きるネパールのワニ・ガビアル」◇言葉
8	8.45ニュースセンター845 キャスター森田美由紀	00 文化ジャーナル 「文化時評」 （内容は未定です） 司会・山崎正和 45 テレビコラム 持田直武	00 もっとあぶない刑事 「秘密」舘ひろし 柴田恭兵 浅野温子 仲村トオル ベンガル 山西道広 御木裕 中条静夫ほか◇54㊁Ⓝ天	00★風雲！たけし城 ▽国境のパーフェクション▽アドベンチャー・ゾーン▽すもうでポン▽ペッタンコ▽ローラーゲームほか◇54Ⓝ
9	00 ニュース・トゥデー ▽世界と日本の動き ▽TODAY特集 ▽40大相撲・13日目▽フィギュアスケート▽ゴルフ▽55気象情報ほか	00 芸能花舞台・よみがえる源平の響き 都山流尺八「幻想文覚」中尾都幸ほか▽筑前琵琶「壇の浦」柴田旭堂ほか 45★妻と夫の実年時代 「パソコンで定年脱サラ」司会・相川浩	00㊁金曜ロードショー 「ドラゴン特攻隊」 （1982年香港） シュ・イエンピン監督 ジャッキー・チェン ジミー・ウォング リン・チン・サイ チャン・リン チェン・シアウ・チャウほか 声石丸博也 小川真司 解説・水野晴郎 P59	00 とんぼ㊎「海を見た日に」長渕剛 秋吉久美子 哀川翔 仙道敦子 植木等 中野誠也 堺美紀子 寺島進ほか P91◇54天
10	00 銀河テレビ小説・新橋烏森口青春編 20 栃木県知事選政見・経歴放送 （時間変更場合あり） 50★Ⓢサウンドプラザ ▽キース・リチャーズ単独会見ほか ベン・E・キングほか P76	10.15 市民大学・博物学の世紀「分類学から進化論へ・ダーウィン」 荒俣宏	10.52 イベント◇プロ野球	00 ニュースデスク'88 ▽メーンニュース ▽企画特集▽スポーツ情報▽明日の天気 小川邦雄 戸田信子 田畑光永◇54Ⓢ新美人
11	11.20NHKナイトニュース ▽解説▽スポーツ▽天 11.57 ETV8再「作家が読むこの一冊」予定	00 高等学校講座再 世界・人とくらし 「世界の人口問題」 榊間好男ほか 30 ドイツ語講座再 「ホテルにて」 上田浩二ほか	00字TVムック 謎学の旅 「追跡！日本最古のまんじゅう物語」 P83 30㊁きょうの出来事スポーツ&ニュース	00Ⓢ金曜気分で！ ▽楽しい歌とトーク 中村雅俊 ジャイブ 30★Ⓢ噂的達人「ハジキの達人・コロッケ」
深夜 0–3	0.42Ⓢ自然のアルバム再 1.00 Ⓝ（1.02終了予定）	（11.58終了）	11.55Ⓢ11PM 高田純次 関根勤 戸川京子ほか 0.55 あすの朝刊◇1.05天 1.10Ⓢ真夜中ピカソ！ 泉谷しげる 石川優子 田代まさし 桑野信義 2.05ⓈTOKIO HOT 100 オリジナル・ヒット・チャート 3.00 金曜スポーツ深夜族 ▽レディボーデンカップゴルフほか P159 4.55 音楽◇5.00天 5.30	00 スポーツチャンネル 20 キャッチ◇25番組 35 '88全米カレッジフットボール③「テキサステック×テキサス大」ほか 2.10ⓈMTVジャパン・ゴールド 響野夏子P77 3.25ⓈMTVジャパン・トップ20カウント P77 4.25㊁奥さまは魔女「魔女だらけのある夜」 4.55 お調子モンくらぶ再 5.25Ⓢ歌◇30㊁Ⓝ（6.00）

昭和63年

1988年

11月25日 金曜日

超過酷な視聴者参加型ゲームバラエティー『風雲たけし城』はバブル絶頂期の象徴

時はバブル絶頂期、エンターテインメントテイストいっぱいの金曜の夜です。

まず目に付くのが、TBS午後8時『痛快なりゆき番組　風雲たけし城』。豪華で多彩、かつ超過酷な視聴者参加型ゲームバラエティーで、番組フォーマットが海外に輸出されたことで有名です。何よりその馬鹿馬鹿しさがすばらしく、たとえば基本的に同じことをやっているはずの『SASUKE』なんかとは、方向性が正反対。時代でしょうかね。実はこのころはもう番組はピークを過ぎていて、翌年春には最終回を迎えます。

続く午後9時は黒土三男脚本、長渕剛主演『とんぼ』最終回。全8回と、この枠にしては短いドラマでした。清原番長の入場曲として有名な『とんぼ』は、このドラマの主題歌です。ついでに書き添えると、NHK夜10時の銀河テレビ小説『新橋烏森口青春篇』（椎名誠原作、緒形直人主演）も黒土三男脚本。主題歌は長渕剛『逆流』でした。

続いて日本テレビ金曜午後8時、伝統の刑事ドラマ枠には『もっとあぶない刑事』。シリーズ第2弾ですが、第1作の『あぶない刑事』は日曜午後9時でしたから、この枠では初登場。強力な裏番組を抑えてコンスタントに20%を取る人気作でした。この時、舘ひろしが33歳、柴田恭兵が32歳でした。『あぶない刑事』シリーズが面白いのは、最初のテレビシリーズの後に劇場版が2本公開されてそれからテレビシリーズの第2弾が始まったところです。この後は劇場版が忘れたころにやってくる感じで作られて、最

1988年11月25日号
表紙・富田靖子
長い時を経てめぐりあった父娘の愛と葛藤を描いたドラマ『疑惑の家族』（TBS）に出演。共演は風間杜夫、京本政樹、藤真利子、井森美幸ほか。

後の『さらばあぶない刑事』が作られたのは2016年のことでした。最初のテレビシリーズから丸30年。2人とも60歳を超えてました。NHKの夜7時半は『'88NHK杯国際フィギュアスケート競技大会』。この日、女子シングルスで伊藤みどりがトリプルアクセルを決めて優勝。翌年3月の世界選手権でアジア人初の世界チャンピオンとなる足がかりとなりました。

フジテレビの深夜がまたスゴイ。関東では流浪の深夜番組だった関西テレビ制作『さんまのまんま』に続いては『いきなりフライデーナイト』。山田邦子と渡辺徹のトーク番組で、このコンビは『やまだかつてないテレビ』や『ビデオあなたが主役』等へ番組を変えて引き継がれるほどの名コンビとなります。あと、この番組はあのBOØWYが何度も出演したことで有名です。まだYou Tubeで見られるかもしれません。そして初期の『夢で逢えたら』がこんなところに。半年後には土曜の11時半へと進出します(ウィキペディアには金曜2時と書いてありますが正確には金曜深夜2時、つまり土曜の2時ですね)。

ほかにもテレビ朝日夕方6時『パオパオチャンネル』とかテレビ東京夕方6時『RCカーグランプリ』とか知る人ぞ知る名番組が並んでいますが、じゃあこれ知ってますか? テレビ朝日午後0時の『欽ちゃんのどこまで笑うの?』。たった1年だけ放送されてた欽ちゃんの昼帯ですが、もともとはコント55号も昼帯出身ですからね。横並びを見てもらえれば強敵ぞろいだったことがよく分かります。そして、この「どこまで笑うの?」にレギュラー出演してたのが、勝俣州和が在籍していたアイドルグループ、CHA-CHA。日本テレビでは夕方4時半から冠番組があり、テレビ朝日夜8時の『ミュージックステーション』にも出演予定と大忙し。人気があったというのはシャレではありません。

ちなみに1988年は東京ドームが開場した年です。マイケル・ジャクソンの初東京ドームはこの日の2週間後。NHK夜10時50分の『サウンドプラザ』でインタビューを受けている、キース・リチャーズが在籍するローリング・ストーンズの初来日公演は、翌々年の2月のことでした。

⑧フジテレビ

00 [N]スーパータイム
▽[N]▽[天]▽スポーツほか
キャスター・上田昭夫
安藤優子

00 今夜のムツゴロウ
03★ムツゴロウとゆかいな仲間たち春休みスペシャル「王国おもしろ大発見とニュージーランド珍道中」盲導犬を目指してラブラドール犬ラブ奮闘中!▽オオカミ犬ローラ▽ムツゴロウ&益田由美のニュージーランドの旅ほか

8.54[二][N][天]

00 今夜のドラマ
02 ドラマスペシャル
「春までの祭」
山田太一脚本
河村雄太郎演出
[役]香奈…吉永小百合
達夫…藤竜也
逸次…笠智衆ほか
野際陽子　坂詰貴之
山口美江　白川雅子
水島涼太　P55

10.54[S]音に誘われ

00 ニュース最終版
▽プロ野球[N]
「順位予想セ・リーグ編」「ポカリスエットオープンゴルフ」ほか
▽11.45デイトライン
0.30[二]復讐のエデンII
カレン・アーサー監督
レベッカ・ギリング
ジェームズ・レイン
ウェンディ・ヒューズ
2.23 アガサ・クリスティ三幕の殺人
ゲーリー・ネルソン監督　トニー・カーチス
ピーター・ユスチノフ
エマ・サムズほか　字幕
4.12[S][天]　(4.17終了)

⑩テレビ朝日

00 ニュースシャトル
▽きょうの[N]▽スポーツ▽[天]ほか　星野知子
小西克哉ほか◇50番組

00★アニメスペシャル
▽ハーイあっこです
「はじめてのお花見」
▽ビックリマン
「ビックリマン第一次聖魔大戦」[声]鈴木富子

00 氷点のみどころ
02 テレビ朝日開局30周年ドラマスペシャル
「氷点・第1部〝宿命の娘、陽子〟」
三浦綾子原作　井沢満脚本　大野木直之演出
いしだあゆみ
津川雅彦　泉ピン子
世良公則　野村宏伸
万里洋子　上条恒彦
高橋ひとみ　中野慎
小川京子ほか P52、1.56

10.24車窓「アイルランド」
30 ニュースステーション
(予定される内容)
▽きょうのニュース
▽きょうのスポーツ・スポーツ紙編集部から
▽CNN&ソビエトテレビ▽[天]▽きょう1日の出来事▽円相場ほか
久米宏　小林一喜ほか

11.45 ぷれいす「猪苗代」
11.52 トゥナイト
▽中年晋也の真面目な社会学　山本晋也
0.47 CNNヘッドライン
0.57 ミニ・プレステージ
1.02[S]熱帯夜スペシャル・沖縄体験隊「第4夜・かいらく」片岡鶴太郎
1.27 PRE★STAGE
▽大家VS店子▽1.57[二]CNNデイウォッチ
小西克哉ほか P230　4.30

夜 6 7 8 9 10 11 深夜 0 1 2 3

⑫テレビ東京

00 ドカベン「ドラフト蹴って!甲子園へGO」
30 キャプテン翼[再]
「勝利への逆襲」

00 [新]天空戦記シュラト
「オン・シュラ・ソワカ!」[声]関俊彦　P90
30 ミスター味っ子
「高野山豆腐勝負!味皇訪ねて三千里」

00 今夜のみどころ
03[二]木曜洋画劇場特別企画
「地獄の黙示録」
(1979年アメリカ)
フランシス・コッポラ監督
[役]カーツ…マーロン・ブランド　キルゴア…ロバート・デュバル
ウィラード…マーチン・シーンほかフレデリック・フォレスト
アルバート・ホール
サム・ボトムズ
ハリソン・フォード
解説・木村奈保子P99

10.48 情報カレンダー
54 宝くじフラッシュ

00 スポーツTODAY
▽パ・リーグ順位予想
▽ゴルフほか　日高充
30[二]ワールド・ビジネスサテライト　経済・市況
[N]▽[N]ファイナル▽[天]
0.15[S]ZIP'S　ハワイ編
25[S]MALTAでナイト
池田政典　内藤やす子
0.55歌謡◇1.05映画の部屋
1.20[S]ロックTVリック・アストリー特集P147
1.55 大江戸捜査網[再]「危機一髪殺しの切札」
里見浩太朗ほか◇2.55[天]

00 アイ・スパイ[再]
「花も実もあるダブルスパイ」(3.55終了)

1989年4月6日木曜日

夜	①NHKテレビ	③NHK教育テレビ	④日本テレビ	⑥TBSテレビ
6	00 イブニングネット ▽N▽30スポーツ情報 ▽リポート・くらし ▽53天ほか 森田美由紀	00 スペイン語再 ホセはタクシーの運転手です 30 ハングル講座再「電話ありますか」早川嘉春	00⊟ニュースプラス1 ▽きょうのニュース▽スポーツ▽特集▽天ほか 徳光和夫 日高直人ほか	00 テレポート6 荒川強啓 久和ひとみ 30⊟ニュースコープ 平本和生 三雲孝江ほか
7	00⊟7時のニュース◇天 30★関東甲信越小さな旅 「北越・雪どけ水の下る頃・新潟県・新発田市」赤い祝い酒▽から寿司▽越後家具ほか	00 高等学校講座再 英語I「発音」 見上晃 30★俳句入門 「内容と表現」 岡本眸	00★木曜スペシャル 「おめでとう小柳ルミ子・大澄賢也豪華結婚披露宴!!」 ▽1月6日電撃入籍発表▽サレジオ教会での挙式▽豪華ゲストのインタビュー▽ふたりで踊る〝愛のセレブレーション〟ほか ～東京プリンスホテル 8.54⊟N◇57⊟天	00★いい旅・日本「郷愁の渓谷・箱根路の宿」究極もてなし▽戦時秘話 30 クイズ日本昔がおもしろい 「プロ野球の歴史」P244◇58言葉
8	00 NHKスペシャル「シリーズ21世紀・いま原子力を問う②原子力は安いエネルギーか」 キャスター橋本大二郎 50 ニュースセンター850	00★ETV8「長寿社会をどう生きる・経済シミュレーションからのアプローチ」田中直毅ほか 45 テレビコラム 三好徹		00★世界まるごとHOWマッチ「装いも新たに7年目突入!豪華海外旅行が続出!」石坂浩二 ビートたけし 中田喜子 前田武彦ほか◇54N
9	00 ニュース・トゥデー ▽世界と日本の動き ▽TODAY特集 ▽40スポーツ情報 ▽マーケット情報 ▽57気象情報ほか	00 きょうの料理再「鶏肉の和風ピザ」春藤信也 25 きょうの健康「OLの悩み・肩こり」平林冽 40 ファミリージャーナル ▽削蹄師、雪の原野を駆ける▽企業経営No.1をめざして	00 今夜の木曜ゴールデン 03 木曜ゴールデンドラマ 「花むこの母VS花よめの母」 岡本克己脚本 香坂信之演出 役弥生…草笛光子 文子…菅井きんほか 坂上二郎 岩崎良美 友居達彦 太田直人 上月左知子 P157 10.52 番組◇プロ野球情報	00Ⓢザ・ベストテン (予定される出演者) 光ゲンジ ウィンク 男闘呼組 中山美穂 浅香唯 チェッカーズ 司会・黒柳徹子◇54天
10	00Ⓢ新ショータイム「アービング・バーリン100歳記念祝賀会」①レイ・チャールズほか P.145 45 スポーツタイム ヤマハカップレディスほか	10.15★新市民大学・日本人のうたと死生観 「遊びと鎮魂の歌」 岡野弘彦		00 ニュースデスク'89 ▽メーンニュース ▽企画特集▽スポーツ情報▽明日の天気 小川邦雄 戸田信子 田畑光永◇54Ⓢ新美人
11	00 N◇05★新国宝への旅「美はこころの微笑にありて・法隆寺・百済観音」後藤純男ほか 35 NHKナイトニュース ▽きょうの解説 ▽45各地のN天 ▽50N天 (11.58終了)	00 高等学校講座再 科学と人間 「自然をさぐる」 竹内均 30 フランス語講座再 「こんにちはお嬢さん」 西永良成ほか (11.58終了)	00⊟きょうの出来事スポーツ&ニュース キャスター・真山勇一 桜井良子 松永二三男 55 11PM 「せ・ん・せ・い」 山城新伍 松方弘樹 梅宮辰夫 藤本義一ほか	00 ドラマ23「紳助・典子の新婚物語」島田紳助 渡辺典子ほか◇27素敵 30 スポーツチャンネル 50 情報デスクTODAY
深夜 0			0.55 あすの朝刊◇1.05天	0.35情報◇東京音楽◇案内 1.00 '89全日本GCシリーズ第1戦富士スーパースピードレース P230
1			1.10Ⓢ新MOVE TOWN 目黒祐樹ほか P230	2.00⊟映画「ハンガー」 (1983年英)カトリーヌ・ドヌーブ デビッド・ボウイほか P142
2			2.05 パジャマ・パーティ 3.00 JANアワー夢占い 3.05⊟◪映画「テキサス決死隊」(1936年米) フレッド・マクマレー G・パーカーほか P143	3.50 映画「多羅尾伴内・十三の魔王」(昭和33年東映)片岡千恵蔵 高峰三枝子ほか P143
3			4.30 音楽 (4.35終了)	5.30⊟CBSN (6.00)

平成元年

1989年

4月6日 木曜日

何度も何度もドラマ化されている『氷点』やっぱりストーリーが面白いんですね

年号が平成になってはじめての新学期。1日から消費税が導入されて1円玉が大事にされ始めた、そんな4月の番組表です。番組改編期ということで、特別番組がいくつも編成されていますが、現在主流のレギュラー番組の長時間バージョンなんかひとつもありません。力の入った特番の数々がわかりやす～く編成されています。

まず、何度も何度もドラマ化されており、特にテレビ朝日にとっては持ちネタ的存在ともいえる名作『氷点』。主演はいしだあゆみ、ヒロイン陽子には新人・万里洋子。最初のドラマ化は1966年で、陽子を内藤洋子が演じ、爆発的なヒットを記録しました（同じ66年に始まった今も続く長寿番組『笑点』は、同じ日曜日の放送だったこのヒットドラマのタイトルをもじってつけられたと言われています）。『氷点』は何しろストーリーが面白いんですが、それだけでなく、登場するキャラクター各々に見せ場が豊富で豪華な配役が組みやすいとか、通俗的な要素とキリスト教に根ざした感動的なテーマとがうまくブレンドされていて外れが少ないというのが、繰り返しドラマ化される理由でしょう。ヒロイン陽子役は新人女優の登龍門となっています（2006年放送の最新版では石原さとみが陽子を演じてましたね）。なお、主題歌は玉置浩二が歌っていました。

日本テレビ夜7時には、昭和最後の芸能人入籍といわれた小柳ルミ子と大澄賢也の結婚披露宴。この時期、芸能人の結婚披露宴中継は結構なキラーコンテンツで、86～87年ころには40％以上取ったお化け披露宴がいくつもありました（「郷ひろみ&二谷友里恵」「森進一&森昌子」「渡辺徹&榊原郁恵」が高視聴率ベスト3）。当時、新郎の大澄賢也はまったく無名のダンサーで、女性が

1989年4月7日号
春の新番組超特大号
田原俊彦・野村宏伸コンビが好評だった『教師びんびん物語Ⅱ』や、宮沢りえが主演を務めた『スワンの涙』など話題作が放送スタート。

年上の年の差婚も今ほど普通ではなかったですから非常に話題になりました。だいたい披露宴中継で女性の名前が先というケースはあんまりないしね（ほかには藤原紀香&陣内智則くらいですか）。まあ、この2人といえば番組欄にもあるように『愛のセレブレーション』です。3度目のお色直しのときにこの曲でダンスを披露、って『TVガイド』の番組解説に書いてあります。ずいぶん早く決まってたんですねー。ちなみに披露宴の司会は逸見政孝でした。

そして、『氷点』のいしだあゆみが出演し、逸見さんがほぼ初めての本格的ドラマ出演を果たしたのが、3日にスタートしたばかりのNHK朝の連続テレビ小説『青春家族』。ヒロイン役に清水美砂、SMAP結成後間もないまだ15歳の稲垣吾郎（もちろんCDデビュー前です）も出演してました。でもゴローちゃん初々しかったー。すでに相当話題でしたよ。

フジテレビ夜9時2分は吉永小百合主演の山田太一脚本『春までの祭』。『新・夢千代日記』以来5年ぶりのドラマ出演で、このあとは今のところ本格的なテレビドラマ出演はないようです。テレビ東京の8時は映画『地獄の黙示録』。この映画以来『ワルキューレの騎行』といえばヘリコプター、というイメージになっちゃいました。テレビ初放送の時とは吹き替えが替わっているバージョンのようです。そして特番が居並ぶ中、きっちりレギュラー編成なのがTBS。夜8時の『世界まるごとHOWマッチ』の〝装いも新たに〜〟っていうのはセットを変えたようです。そして夜9時『ザ・ベストテン』はこの年の9月に番組終了という最末期のランキング。この日の1位は光GENJIの『地球をさがして』でした。

TBS夜11時は『ドラマ23』（ドラマツースリーと読みます）。87年、夜10時台にニュースを編成したTBSが新たに設けた帯ドラマ枠。当初はそこそこ力の入った作品も多かったのですが、89年に入ると芸人色も混ざってきて、コント赤信号とかウッチャンナンチャンの主演作も登場します。この日の『紳助・典子の新婚物語』もそんな一作。主演は島田紳助と渡辺典子です。この年の10月には夜10時台からニュース枠は撤退、あと番組として『筑紫哲也NEWS23』（ニュースツースリー）がスタートします。

夜

⑧フジテレビ

6
00 [N]スーパータイム
黒岩祐治　小田多恵子
30 おそ松　トト子のわがままオシャカ様P102

7
00 所さんのただものではない！　田代まさし
高橋清文　高橋正宇ほか
30 らんま½「ピーピーPちゃん・ろくなもんじゃねェ」[声]山口勝平ほか

8
00★オレたちひょうきん族
▽8つの顔を持つ男・おでん・でんでん物語
象田ゾウの巻▽芸能フラッシュほか（解説頁の内容は変更）◇[二][N][天]

9
00 映画情報
02[二]ゴールデン洋画劇場
「エンゼル・ハート」
（1987年アメリカ）
アラン・パーカー監督
ミッキー・ローク
ロバート・デニーロ
リサ・ボネー　シャーロット・ランプリング
[声]磯部勉　津嘉山正種
解説・高島忠夫P104
10.54 発見！おいしいお店

11
00★ねるとん紅鯨団
「星に願いをこめて恋の七夕」徳永善也ほか
30★夢で逢えたら
ウッチャンナンチャン

深夜0〜3
00 ニュース最終版
▽デイトライン
▽0.15プロ野球[N]
「日×西、近×ダ、オ×ロ、洋×中、ヤ×巨神×広」「ゴルフ」ほか
1.15 競馬ダイジェスト
1.25 オールナイトフジ
「沖縄完全生中継!!」
▽沖縄情報▽ミニコンコドモバンド▽新作水着ショーほか　相楽晴子
梶原真理子ほか（未定）

⑩テレビ朝日

6
00 高速戦隊ターボレンジャー「激突！魔兄弟」
25 ニュース&スポーツ
55 スターあるばむ

7
00[S]SGナイターミニ中継
03[S]プロ野球〜神宮
ヤクルト×巨人
解説・野村克也
浅野啓司
実況・石橋幸治
（最大延長9.24まで、以降の番組繰り下げ）
【中止】7.00悪魔くん
7.30おぼっちゃまくん
8.00[字]暴れん坊将軍Ⅲ
8.54 [N][天]

9
00 今夜の土曜ワイド
02 土曜ワイド劇場
「殺意の朝日連峰・ホテルに誘惑した女の謎　渓流釣りシリーズ」
太田蘭三原作
猪又憲吾脚本
鷹森立一監督　林隆三
斎藤慶子　白都真理
名古屋章　中村れい子
渥美国泰ほか　P126
10.51 [天]◇世界の車窓から

11
00 OH！相撲「名古屋場所展望」三保ケ関ほか
30 ナイトライン　ナイター速報ヤ×巨、神×広
▽あした注目の都議選

深夜0〜3
00[S]ベストヒットUSA
「ドゥービー・ブラザーズ特集」　P119
45 カーグラTV
1.15 ハロー・ムービーズ
45[二]映画「カイロの紫のバラ」（1985年米）ウディ・アレン監督　ミア・ファローほか　P111
3.30[二]CNNデイウォッチ
4.00[S]姫TV　P200
4.30[S]ENKA　城之内早苗　木村優希（5.02）

⑫テレビ東京

6
00 テニス「S・グラフ×G・サバチーニ」[前]
30[S]TZ250の方向！
45 緑のびのび

7
00 特選・ぶらり旅「初夏の箱根路を行く」花と緑と旧街道▽湿原の花
30 土曜スペシャル
「尼寺物語・黒髪を断った女たちの24時」
▽過去を捨て、厳しい修行に耐えてなぜ尼僧になったか▽座禅・たく鉢ほか（解説頁の内容は変更になりました）
8.54 情報カレンダー

9
00 テレビあっとランダム
▽折りたたみブーム▽子供たちの消費税▽屋台料理あれこれほか
ゲスト・黒鉄ヒロシ
54 クルマエビの炒めもの

10
00 おしゃべりな夜
海老一染之助・染太郎
司会・ピーターP212
30 ザッツ談　最先端キザ　四方義朗は反骨浪花男
55[S]馬・疾風伝説中川一郎

11
00 スポーツTODAY
▽ヤ×巨▽日×西▽神×広▽洋×中▽オ×ロ
30★[S]DO！スポーツ
「北海道ツーリング」

深夜0〜3
00[S]ZIP'S「スペイン」
10 パラダイス・スキー
40 [N]◇45EATころ
50[二]マイアミ・バイス[再]
「チンピラ運び屋を追いつめろ」　P200
1.45 映画「廃市」
大林宣彦監督　小林聡美　山下規介ほかP111
3.55 歌謡トーク◇4.05[天]
4.10 映画「リオの嵐」
フレデリック・スタフォードほかP111　6.00

1989年 7月1日 土曜日

①NHKテレビ

00　ニュース&スポーツ
10　特報首都圏'89「各党選対責任者に聞く」
40　ニュース◇[天]

00[二]7時のニュース◇[天]
20[S]栄光へのステップ・日本インターナショナルダンス選手権
司会・岡田真澄　桜木智美　解説・毛塚道雄

8. 10ＮＨＫスペシャル
「100人が唄った〝美空ひばり〟」戦後日本人はこう生きた▽悲しい酒の時代昭和40年代以降・第３夜◇ミニ

00　ニュース◇[天]
15★ドラマ「冬陽の道」
寺内小春作
西村晃　加藤治子
矢崎滋　古村比呂
山田昌　北見治一
丘さだろほか

10.15★[二]ダイナスティ「愛と野望の館・告発」
ジョン・フォーサイス
リンダ・エバンスほか
[声]阪脩　弥生和子ほか

00　スポーツタイム
▽プロ野球全試合詳報▽レスリング▽ゴルフ
25　ウイークエンドワールド　世界のホットな情報を〝産地直送〟で
11.50ＮＨＫナイトニュース
▽解説▽0. 00各地[N][天]
▽0. 05[N][天]　(0. 13)

③NHK教育テレビ

00　ベストゴルフ[再]
「グリーンを攻める」
30　イラスト入門Ⅱ[終][再]
▽これからのイラスト

00　Ｎ響アワー・タバシュニク自作を振る
▽タバシュニク「ラルシェ」▽ラベル「ピアノ協奏曲ト長調」
指揮＝タバシュニク

00★海外ドキュメンタリー
「もう一つのヨーロッパ・ゴルバチョフ体制と東欧」[終]　語り手・小川真司（1988年英）
45　ファミリージャーナル
「おはようジャーナル」
▽親をみながら働きたい・働く妻たちの老身介護
▽二人で老後を暮らしたい・シルバー達の再婚事情　富士谷あつ子

10.30★土曜倶楽部「目指せ坊っちゃん文学賞！キミも小説家になれる」▽どんな青春小説を書く？▽本当に書きたいテーマは何か▽書くことの意味ほか　山川健一　えのきどいちろう

11.30　男の料理[再]
「ゼミが終われば料理でいい汗」蝶間林利男
11.55　世界の祭り
(11.58終了)

④日本テレビ

5. 10鶴ちゃんのプッツン５
関根勤　深津絵里ほか
6. 30[二]ニュースプラス１
芦沢俊美　井田由美ほか

00　土曜スーパースペシャル「喧嘩安兵衛・決闘高田ノ馬場」鈴木生朗脚本　田中徳三監督
高橋英樹　田村高広
万田久子　南田洋子
堀ちえみ　下条正巳
森川正太　浅香光代
多々良純　大木実
春やすこ　志賀勝
品川隆二ほか　Ｐ126

8. 54[二][N]◇57番組

00[S]湘南物語「ハロー！ビーチボーイズ」
斉藤由貴　藤竜也
森川由加里　石黒賢
哀川翔　井上彩名　藤村俊二Ｐ130◇54[二][天]

00★地球おいしいぞ!!「仲本工事のタイ・プーケット島幻のフカヒレ」
30★[S]アッコのおかしな仲間　竹村健一　和田アキ子　Ｂ21◇57[天]

00[S]今夜は最高！
石原良純　早見優ほか
（曲目）勝手にシンドバット▽女呼んでブギ
30[二]出来事◇40スポーツ[N]
11.55　所ジョージのオトナのにほへ「艶歌」
曽根幸明　玉置宏
山瀬まみ　蛭子能収ほか
0. 55　あすの朝刊
1. 05　ビッグイベントゴルフ「ラスベガス招待」
2. 15　朝までスポーツ！
▽ブロディ・フォー・エバー①「ブロディ×鶴田」ほか▽Ｊ・ニクラウスゴルフ教室▽湘南ヨットＰ200（5. 00）

⑥TBSテレビ

00　料理天国「レーガン・カーター味の激突!?」
Ｃ・ウィルソンＰ21
30　ニュースコープ◇[N][天]

00　まんが日本昔ばなし
「天狗のシカ笛」
「七本ひのき」Ｐ10
30★[S]クイズダービー「景子変身!!今夜から洗濯の女王…？」ゆうゆほか

00★加トちゃんケンちゃんごきげんテレビ
「女は一生懸命!?奥様の密やかな喜び!?」
東てる美　西村知美
細川直美ほか◇54[N]

00　世界・ふしぎ発見！
「北極探検史！極限に挑んだ男たち」極点めざし大雪原500キロ走破▽体験！エスキモー快適生活Ｐ214◇54[天]

00　土曜ドラマスペシャル
「地下道で会った二人・おじさんヤクザと女でクビになった銀行員が一生一度の大冒険」
脇田時三演出
西郷輝彦　所ジョージ
斎藤慶子　杉浦幸ほか
（127頁の解説は変更になりました）

11.54　スポーツチャンネル
定岡正二　木場弘子
0. 20　[N]　鈴木史郎
30[S]平成名物ＴＶ
▽いかす!!バンド天国
萩原健太　グーフィー森　中島啓江
三宅裕司　相原勇
今野多久郎　イリア
天国ブラザーズほか
▽3. 00オフィスヒットトンガリ編◇5. 04[S]歌
5. 09ビデオ◇ビデオＰ11
5. 29[二]ＣＢＳ[N]　(5. 55)

平成元年

1989年

7月1日 土曜日

伝説のバラエティー『夢で逢えたら』は手のつけられない面白さだった

昭和天皇崩御で始まった1989年。昭和から平成への時代の変わり目となったこの年には、そんな時代の節目を感じさせる出来事が数多く起こったことでも記憶に残ります。海外では6月の天安門事件と11月のベルリンの壁崩壊、国内では3％消費税の導入と2度の政権交代に政治は揺れ、一方では2月に手塚治虫、6月に美空ひばり、11月に松田優作と、一時代を画した巨星が次々と亡くなるなど、時の流れを否応なく感じさせられました。同時にバブル経済を背景に、横浜アリーナ、幕張メッセがオープン、横浜ベイブリッジが開通したのもこの年でした。

そしてこの日のテレビ欄にも新しい時代を象徴する番組がいくつか見受けられます。まずはフジテレビ夜11時30分『夢で逢えたら』。当時〝お笑い第3世代〟といわれたダウンタウンとウッチャンナンチャンが共演した、いまや伝説のバラエティー番組です（ほかの2人は清水ミチコと野沢直子）。1988年の秋に関東ローカル番組として平日深夜2時台という深い時間帯でスタート、この年の4月から全国ネットに昇格しました。この時間帯にバラエティー番組が編成されたのはこの番組が初めてでしたが、これ以降『夢がMORI－MORI』『めちゃめちゃモテたいっ！』『LOVELOVEあいしてる』などの人気番組が続々放送される名門枠になりました（パナソニックの一社提供でした。ちなみに夜11時『ねるとん紅鯨団』の枠はMIZUNOの一社提供でした）。

関東ではこの番組でダウンタウンを知ったという人も多かったはずですが、とにかくこの時間枠に昇格してきたころにはもはや手のつけられないほどの面白さでした。ウンナンもダウンタウンもいつまでもこのスケールに収まってはいないだろうなという

1989年7月7日号
表紙・浅野温子
浅野ゆう子とともにW浅野として一時代を築いた。美しい長い髪がトレードマーク。『ママハハ・ブギ』（TBS）に出演。共演は織田裕二、的場浩司、石田ひかりほか。

ムードがビンビン漂っており、その意味では放送中から伝説化していたといえます。コントのほかに「バッハスタジオ」などの音楽ネタが必ずあるのが時代でしたね（多くの若手バンドがゲストとして登場しましたが、総じてミュージシャンはお笑いが好きですからね。このころの交流が後の両コンビの活動の幅を広げた要素の一つにもなりました）。当初の予感どおりダウンタウンはこの年の秋に『4時ですよーだ！』を終わらせて完全全国区、ウンナンも翌年には『誰かがやらねば！』でゴールデンに進出と、両コンビとも次第に存在感を増し、野沢直子のNY移住が決定打となって、この番組も91年末で終了することになります。

そしてもうひとつ新しい風を感じさせてくれたのが、TBS深夜0時半の『平成名物TV』内の人気コーナー、通称〝イカ天〟こと『三宅裕司のいかすバンド天国』です。すでに多くの若手バンドが台頭していて下地はできていましたが、本格的にアマチュア＝インディーズバンドを大量発生させたブームの引き金はこの番組にあったと思います。当時はすでにFLYING KIDSがグランドイカ天キングを獲得、ほかにもRABBIT、JITTERIN'JINN、人間椅子、マサ子さん、セメントミキサーズ、大島渚（バンド名です。みうらじゅんと喜国雅彦が在籍）など、すでに人気バンドが目白押し。この週はダイヤモンズを破って宮尾すすむと日本の社長が、イカ天キングに輝きました。

その一方で、長く土曜日の夜を支えた2つの番組がこの秋終了します。ひとつはフジ夜8時の『オレたちひょうきん族』。もうひとつは日本テレビ夜11時『今夜は最高！』。奇しくも同じ1981年スタートで、同じ1989年の終了。どちらも間違いなく日本のバラエティー史に燦然と輝くワン＆オンリーな記念碑的番組です。また、それぞれすごくフジっぽいし、日テレっぽい。『夢で逢えたら』の進攻と重ね合わせれば、やはり時代の節目というものを考えさせられますね……。

そして『夢で逢えたら』と『平成名物TV』の間をつなぐのは、テレビ朝日の『ベストヒットUSA』。日本洋楽を語るのみ欠かせないこの番組も、この年の10月一旦終了します。のちに復活し現在もBS朝日で放送中。VJは今も小林克也です。

8 フジテレビ

00 [N]スーパータイム ▽[N]▽[天]▽スポーツほか キャスター・上田昭夫 安藤優子

00★クイズなっとく歴史館(終)「私はこれで儲けました大江戸アイデア商法」大竹まこと 三波春夫 松原千明 渡瀬麻紀ほか◇54[N][天]

00 ゴメンドーかけます(終) 和田アキ子 高橋一也 遠藤直人 城島茂 梅宮辰夫 坂上香織 中村由真 水島かおり P136◇54[二][N][天]

00[S]とんねるずのみなさんのおかげです ▽恐怖ユーミン男▽オフィスラブによくある風景ほか P150

54 マイ・家事ゆある

00 この胸のときめきを(終) 矢島正雄脚本 岸本加世子 岩城滉一 早見優 山下真司 香坂みゆき 布川敏和

54[S]音に誘われ

00 ニュース最終版 ▽プロ野球[N]「近×西、オ×日、ヤ×中、巨×広」ほか ▽11.45デイトライン

0.30 チキチキバンバン

40 AUTO倶楽部(終)

1.10 シネスイッチ

1.15 映画「若い川の流れ」田坂具隆監督 石原裕次郎 北原三枝 芦川いづみほか P120

3.34[二]映画「爆笑！世紀のスター登場」ジーン・ワイルダー キャロル・ケイン ドン・デルイスほか P120

5.02[S][天] (5.07終了)

10 テレビ朝日

00 ニュースシャトル ▽きょうの[N]▽スポーツ▽[天]ほか 星野知子 小西克哉◇50[S]音楽館

00 ハーイあっこですスペシャル「しあわせの四季」大収穫キノコ狩り▽歳末平等宣言▽お花畑は愛の匂い▽挑戦は夏バテのあとで P104

00 名奉行遠山の金さんスペシャル「江戸城大騒乱！将軍とおんな天一坊」小川英 蔵元三四郎共同脚本 日高武治監督 松方弘樹 池上季実子 東山紀之 草笛光子 川谷拓三 柳沢慎吾 岩井半四郎 若林豪 佐藤慶 名古屋章ほか P23．138

9.48[S]夢・旅◇54車窓

00 ニュースステーション (予定される内容) ▽きょうのニュース ▽きょうのプロ野球・スポーツ紙編集部から ▽CNN&ソビエトテレビ▽[天]きょう1日の出来事▽円相場ほか 久米宏 小林一喜ほか

11.18 ぷれいす「根岸」

25 トゥナイト ホットアングル▽中年晋也の真面目な社会学ほか 司会・利根川裕ほか

0.20 CNNヘッドライン

0.30 プレステージCLIP

0.35[S]ハリウッドヒルズ(終)「またいつか会えるね…」藤井一子ほか P208

1.00 PRE★STAGE 「第3弾落語バトルロイヤル・大学対抗戦」▽1.30[二]CNN

4.30 速報！囲碁名人戦4.45

12 テレビ東京

00 ドカベン「守れるか！明訓二本の優勝旗」

30 ベルサイユ(終)(再) ベルサイユのバラと女たち

00 天空戦記シュラト「さらば雷帝インドラ」(声)関俊彦 子安武人ほか

30 ミスター味っ子(終)「ごちそうさま！ミスター味っ子」

00★クイズ！今どきの日本(終)「不思議な街東京」不思議なオモシロ看板▽路上観測学ほか 岡田真澄 国実百合ほか

54 情報カレンダー

00 今夜のみどころ

02[二]木曜洋画劇場「バッド・ボーイズ」(1983年アメリカ) リック・ローゼンタール監督 [役]ミック…ショーン・ペン ジェーシー…アリ・シーディ パコ…イーサイ・モラレスほか R・サントーニ P113

10.54 宝くじ 舞台の新世代

00 スポーツTODAY ▽巨×広▽オ×日▽ヤ×中▽近×西▽ダ×ロ

30[二][N]サテライト 国内・海外経済[N]▽経済特集▽海外ホットレンドほか

0.15[S]旅「イギリス編」

25[S]MALTAでナイト 布施明ほか P208◇映画

1.20 出逢いの岡山路「ママカリ料理と祭り寿司」

2.15[S]週刊歌謡マガジン 星野由妃ほか P125

2.50[二]チャーリーズ・エンジェル◇3.50[天]

3.55 大江戸捜査網(再)「闇を裂く女賊の哀愁」

4.50 爽やかビデオ 5.10

1989年 9月28日 木曜日

夜	①NHKテレビ	③NHK教育テレビ	④日本テレビ	⑥TBSテレビ
6	00 イブニングネット ▽Ⓝ▽30スポーツ情報 ▽リポート・くらし ▽53天ほか 佐藤充宏ほか	00 スペイン語講座再「仕事を続けています」 30 ハングル講座再「何か飲みたかったんです」	00㊁ニュースプラス1 ▽きょうのⓃ▽特集 ▽30スポーツⓃ▽天ほか 徳光和夫 日高直人ほか	00 テレポート6 荒川強啓 久和ひとみ 30㊁ニュースコープ 平本和生 三雲孝江ほか
7	00㊁7時のニュース◇天 30 関東甲信越小さな旅 「柳都人情物語・新潟市」新潟交通電鉄線▽島を結ぶ万代橋▽白山湖朝市▽市制100周年	00 高等学校講座再 英語Ⅰ「たのしい英文法・助動詞」森住衛 30 短歌入門 「風俗をうたう」 春日井建	00Ⓢナイター情報 02Ⓢプロ野球〜東京ドーム 巨人×広島 解説・堀内恒夫 実況・吉田塡一郎 リポーター・山下末則 脇田義信 ▽大リーグ情報 (最大延長9.24まで、以降の番組繰り下げ)	00★いい旅・日本「武蔵野うどん街道」現役水車青梅古寺▽ふる里の味 30★クイズ日本昔がおもしろい「武蔵野の歴史」 松本伊代ほか◇58素敵
8	00 にっぽんズームアップ 首都圏「マドンナ都議奮戦記」合宿訓練や研修会▽一人だけで活動するマドンナ議員ほか 45 ニュースセンター845	00 ETV8 「アマゾン熱帯雨林を守れ」立花隆 ホセ・ルーゼンベルガー 45 テレビコラム 山本透	8.54㊁Ⓝ◇57㊁天	00★世界まるごとHOWマッチ「子供たちを宇宙へ!ついに始動した仏国宇宙教育!!」石坂浩二 ビートたけし (予定)◇54Ⓝ
9	00 ニュース・トゥデー ▽世界と日本の動き ▽TODAY特集 ▽40スポーツ情報 ▽マーケット情報 ▽57気象情報ほか	00 料理再「スピード料理は素材選びから」 25 健康「B型肝炎キャリアー」鵜沼直雄 40 ファミリージャーナル 「アジア就学生たちはいま・不適格日本語学校の周辺」	00 今夜の木曜ゴールデン 03 木曜ゴールデンドラマ 「待てば海路の秋日和・息子の結婚」 北泉優子脚本 香坂信之演出 杉村春子 江守徹 北村和夫 平淑恵 風見章子 桜むつ子 八木昌子 小瀬格 稲野和子ほか P133	00Ⓢザ・ベストテン終 ▽今週のベストテン (予定される出演者) 光ゲンジ ウィンク 男闘呼組 工藤静香 黒柳徹子ほか◇54天
10	00★水に描かれた物語・現代鏡花絵草紙 水のイメージを通して描く鏡花の幻想世界ほか 45 スポーツタイム ▽プロ野球▽ゴルフほか	10.15 市民大学・〝救い〟の構造・日本人の魂のありか「神仏習合・仏教とシャーマニズム」	10.52 番組◇プロ野球情報	00 ニュースデスク'89 ▽メーンニュース ▽企画特集▽スポーツ情報▽明日の天気 小川邦雄 戸田信子 田畑光永◇54Ⓢ新美人
11	00 Ⓝ◇05国宝への旅 「奇観なり樹海の御堂 鳥取・三仏寺投入堂」 リポーター・山折哲雄 35 NHKナイトニュース ▽解説 ▽45各地のⓃ天 ▽50Ⓝ天 (11.58終了)	00 高等学校講座再 科学と人間 「運動の観察」 竹内均 30 フランス語講座再 「気分はどう？」 西永良成ほか (11.58終了)	00㊁きょうの出来事スポーツ&ニュース キャスター・真山勇一 桜井良子 松永二三男 55 11PM「フェスピック神戸大会・車イスマラソンにかける」 藤本義一 遙洋子ほか	00 ドラマ23終「同・級・生は七変化」高田純次 佳那晃子 池畑慎之介 27 素敵なあなたへ 30 スポーツチャンネル 11.50情報デスクTODAY
深夜 0〜3			0.55 あすの朝刊◇1.05天 1.10ⓈMOVE TOWN ▽上半期総集編P208 2.05パジャマ・パーティ終 3.00 JANアワー夢占い 3.05㊁映画「悪を呼ぶ少年」(1972年米) ユタ・ヘーゲン ダイアナ・マルダーP120 4.56 音楽 (5.01終了)	0.35 キャッチアップ 50ⓈANRIコンサートIN ハワイ 1.50 '89全米カレッジフットボール① 3.25㊁映画「ブレインストーム」クリストファー・ウォーケン ナタリー・ウッド ルイーズ・フレッチャーP120 5.20Ⓢポップス◇25ビデオ 5.30㊁CBSⓃ (6.00)

平成元年

1989年

9月28日 木曜日

『ザ・ベストテン』終了で木曜9時の顔は『とんねるずのみなさんのおかげです』に

テレビの歴史を語る中で、絶対に欠かせない番組がいくつかあります。そんな番組のひとつがこの日最終回を迎えました。TBS木曜夜9時の代名詞、音楽番組の金字塔『ザ・ベストテン』です。最高視聴率41・9％のお化け音楽番組。年功序列の番手を無視しチャートの順に歌わせるという構成、〝追いかけます　お出かけならば　どこまでも〟を合い言葉にした中継の多用、スピーディーな演出と豪華なセット、黒柳徹子&久米宏コンビの超ハイレベルな司会進行、どれをとっても画期的な音楽番組でした。1978年スタートという時期も良かった。ここから86年ころまで個性的なアイドルやアーティスト、ヒット曲がたくさん出たし、引退・解散等のイベントも多かったですからね。歌謡シーンの停滞と同時に、ヒット曲と各テレビ番組の結びつきが顕著になってスタート当初とは別の理由での出演拒否が多くなったことも番組終焉の一因でしょう。放送回数603回、最後の第1位は工藤静香『黄砂に吹かれて』でした。

そして『ザ・ベストテン』に代わって木曜9時の代名詞となったのが、フジテレビ『とんねるずのみなさんのおかげです』。前年秋にレギュラースタートしてちょうど1年、この時期はなんと言っても「仮面ノリダー」でしょう。当時の木梨のものまねっつったら「赤い〜マフリャウ〜」ってのが定番でした。おやっさんやチビノリダー、ファンファン大佐やジョッカーのみなさんなど、人気キャラクターが目白押しでしたが、やはり人気の的は石橋演じる奇想天外な怪人でした。この日の怪人は「恐怖ユーミン男」。なんだそりゃって感じですが、当時の『TVガイド』に解説があります。「〝ユーミン男〟は、頭に卒業写真を付け、右肩に競馬場、左肩にビール工場、手には大きな口紅を持っているのだ！」。これ、肩に競馬場とビール工場っていくらなんでも無理じゃないか

1989年9月29日号
秋の新番組超特大号
映画やドラマなど、秋の見もの番組でコラージュ。『水戸黄門』（TBS）など人気作の続編もスタートしている。10月の新番組110本全紹介。

なあ。ほんとにやってたら相当面白いけど……なんて思ってましたが確認しました。ほんとにやってました(『TVガイド』に写真が載ってました)。右肩に競馬場、左肩にビール工場。しかも体がソーダ水……。

続いてフジテレビ夕方5時『パラダイスGoGo!!』。この年の4月に鳴り物入りで始まりましたが、『夕やけニャンニャン』の夢よ再び!とはならず、この翌週から30分に短縮されました。とはいえ、レギュラー出演していた乙女塾のメンバーからはCoCoやribbonなどのグループを輩出。三浦理恵子、永作博美らは現在でも活躍しています。CoCoのデビュー曲『EQUALロマンス』は約3週間前の9月6日発売で、オリコン初登場7位。そこそこ売れてました。ちなみにribbonのデビューはこの年の12月です。そして、この番組のあるコーナーから、もうひと組重要なアーティストが誕生しています。そのコーナーとは「勝ち抜きフォークソング合戦」(『いかすバンド天国』のスタートがこの年の2月ですから、素早いですね〜)。ここで圧倒的な強さで10週勝ち抜いたのが真心ブラザーズでした。CoCoより5日も早い9月1日、シングル『うみ』でデビューしています。

9月の末ということで、『ザ・ベストテン』以外にもたくさんの最終回マークが躍る番組表です。フジテレビ夜8時『ゴメンドーかけます』は、ジャニーズ勢が大挙出演出演していた青春ドラマ。TOKIOデビュー前の城島茂の名前も見えます。フジ木曜10時は木曜劇場『この胸のときめきを』。2021年の現在に至るまで続いているフジテレビの名門ドラマ枠。翌月からは田村正和主演、鎌田敏夫脚本の『過ぎし日のセレナーデ』になります。TBS夜11時は前にも触れた『ドラマ23』枠でこの日が最終回。翌週月曜日からは『筑紫哲也 NEWS 23』がスタートします。

テレビ東京夜7時半は丸2年続いたアニメ『ミスター味っ子』の最終回。翌週からは『ジャングル大帝』の新作がスタート。手塚治虫の生前最後のアニメ化作品となりました。

夜	⑧フジテレビ	⑩テレビ朝日	⑫テレビ東京
6	00 Ⓝスーパータイム ▽Ⓝ▽天▽スポーツほか キャスター・上田昭夫 安藤優子	00 600ステーション ▽きょうのⓃ▽あすの天気ほか 千田正穂 田中滋実◇50Ⓢ音楽館	00 アイドル伝説えり子 未来へ続くスケルツォ 30㋗桃太郎伝説「カチカチ山と一寸法師！」
7	00 あっぱれさんま大先生 ▽ホームルーム ▽あっぱれ隊がいくほか 30 明日に向って走れ！ 松村雄基 森尾由美 小川範子ほかP106◇Ⓝ	00 魔法使いサリー 「気分は最高！カブはピカピカの一年生！」 30 いつか行く旅「富良野雪中の露天ぶろ」天然記念物クマゲラP126	00㋗ジャングルブック 「さよなら、かあさん 果てしなき旅立ち」 30 花嫁するの本当ですか ▽お嬢さんを幸せにしますほか司会・愛川欽也
8	00★志村けんのだいじょうぶだぁ ショートコント集▽人間ルーレット▽じいさんばあさんほか 田代まさし 松本伊代 P118◇54㊁Ⓝ天	00★クイズ！地球の歩き方 「古きよきアメリカ！ワシントンDC」 ホワイト・ハウスの裏側▽大統領の好きな店 54Ⓢ夢追い人・小さい旅	00 クイズずばり知りたい 「水と森林」水の中のアジア▽水の上のマーケット▽水の上の生活者たち▽水の神様ほか 54 情報カレンダー
9	00 世界で一番君が好き！ 浅野温子 三上博史 工藤静香 布施博 風間トオル 石野真子 益岡徹ほか P102 54 村野武憲のくいしん坊	00★どーする!?TVタックル「東大と日本人」 ▽異色!?東大卒の予想屋▽学歴差別がはびこる日本ほか 猪瀬直樹 ビートたけし◇Ⓢ車窓	00 月曜・女のサスペンス 「死の二重奏」夏樹静子原作 いかりや長介 沖直美 並木史朗 横山道代ほか P106 54 すばらしい味の世界
10	00 直木賞作家サスペンス 「魅惑されて」有明夏夫原作 万田久子 蟹江敬三 斎藤洋介 浜村純ほか P106 54 四季の詞「雪だるま」	00 ニュースステーション （予定される内容） ▽きょうのニュース ▽きょうのスポーツ ▽CNN＆ソビエトテレビ▽天▽きょう1日の出来事▽円相場ほか 久米宏 小林一喜ほか	00Ⓢファッション通信 「ミラノメンズコレクション特集」 30Ⓢザ・フィッシング「北海道源流紀行・大イワナを求めて・新冠川」
11	00 ニュース最終版 ▽プロ野球Ⓝ「5000回スペシャルウィーク・長島、王、三枝のスペシャル放談!!」 「ベストプレー」P95 ▽11.45デイトライン	11.18 ぷれいす「銀座」 25 未知への旅みどころ 30 未知への旅「21世紀へのタイムトラベル」 ▽第一夜〝宇宙〟スターチャイルドの誕生 いとうせいこうほかP11	00 スポーツTODAY ▽球界情報▽バドミントン▽ボクシングほか 30㊁Ⓝサテライト NY経済週間展望▽コメンテーターズアイ▽朝刊ほか
深夜 0〜3	0.30 チキチキバンバン 40 マーケティング天国 1.10 奇妙な出来事 40 キックボクシング 「WKA世界ヘビー級タイトルマッチ」 3.05Ⓢ冗談画報II 平成モンド兄弟P176 3.35㊁LA・ロー 7人の弁護士㊕ ハリー・ハムリンほか◇Ⓢ天 4.35	0.25 CNNヘッドライン 0.35プレステージCLIP 0.40Ⓢツルータス!!「葉山レイコのストーンズ公演ギャグ」片岡鶴太郎 1.05 PRE★STAGE 「専門職・国家試験の受験対策」小西克哉 高橋真理（4.30終了）	0.15Ⓢ ZIP'S「西海岸」 25 歌謡トーク倶楽部 35Ⓢスキー NOW'90 渡辺一樹ほか P176 1.10 USAオフロード選権&モンスタートラック 解説・森岡進 実況・土居壮〜東京ドーム（録画）◇2.40天 2.45 大江戸捜査網㊄ 「御前試合が暴く謎の金脈」（3.45終了）

1990年 1月29日 月曜日

1 NHKテレビ

00 イブニングネット
▽[N]▽30スポーツ情報
▽リポート・くらし
▽53[天]ほか 佐藤充宏ほか

00[二]7時のニュース◇[天]
30[S]愉快にオンステージ
▽石川さゆりが熱唱!ロック調〝津軽海峡冬景色〟ほか かまやつひろし 吉田拓郎ほか P93

00★地球ファミリー
「原始のサルの楽園・マダガスカル」原猿類の楽園▽未知の生態を紹介▽出産期の抗争ほか
45 ニュースセンター845

00[ク]ニュース・トゥデー
▽世界と日本の動き
▽TODAY特集
▽40スポーツ情報
▽マーケット情報
▽57気象情報ほか

00 家族物語
瀬戸内晴美・作
秋吉久美子 杉浦直樹
黒木瞳 滝田栄 P103
45[ク]スポーツタイム
キャスター・森中直樹

00 [N]◇05日本・出会い旅
「オホーツク旅情・北海道・網走」藻琴湖の寒シジミ漁▽オホーツクのウニ漁ほか P127
11.35 NHKナイトニュース
▽[N]▽38解説
▽47各地の[N][天]
▽52[N][天] (11.58終了)

3 NHK教育テレビ

00 ロシア語講座[再]「アルメニアの旅」徳永晴美
30 中国語講座[再]「辞書をひく」讃井唯允ほか

00 高等学校講座[再]
数学I「正弦定理・余弦定理の応用」淀繁弘
30 コーラスでポップスを
「鳥になった瞳(トルコマーチより)」

00★ETV8
「シリーズ授業・長谷川周重・新宿区立四谷第4小学校」
45 テレビコラム
黒川紀章

00 きょうの料理[再]
「塩分をとりすぎていませんか」新居裕久ほか
25 きょうの健康「漢方で治す・かぜ」鈴木輝彦
40 ファミリージャーナル
「置き去りにされたタイワンザル」

10.15 市民大学・人間と技術の文明論
「波及する技術」
中岡哲郎

00 高等学校講座[再]
日本の歴史「日中戦争と国家総動員」
橋本寿朗
30 フランス語講座[再]
「カミーユ・クローデル・ニュイッテン氏にきく」清水康子
(11.58終了)

夜 (6 / 7 / 8 / 9 / 10 / 11 / 深夜 0 / 1 / 2 / 3)

4 日本テレビ

00[二]ニュースプラス1
▽きょうの[N]▽特集
▽30スポーツ[N]▽[天]ほか
徳光和夫 日高直人ほか

00 追跡「駅前旅館・シティホテルに負けないその魅力」(予定)
30 YAWARA!「柔のデートは監視がいっぱい」[声]皆口裕子ほか P77

00[S][ク]歌のトップテン
(予定される出演者)
工藤静香 X
オヨネーズ
ゴーバンズほか 司会・和田アキ子◇54[二][N]

00★TIME21「溶けて流れて10億円－豪雪都市青森物語」対策本部24時▽街が雪に沈む!これが雪害だ!!▽昼夜闘い続ける除雪隊◇[二][天]

00 スター爆笑Q&A
水前寺清子 川中美幸
岡田真澄 田中美奈子
江本孟紀 楠田枝里子
布川敏和ほか P122
52 番組◇54スポーツ

00[二]きょうの出来事スポーツ&ニュース真山勇一 桜井良子 松永二三男
55 第24回スーパーボウル総集編・アメリカンボウルスペシャル
司会・徳光和夫
1.25 あすの朝刊◇35[天]
1.40[ク]鶴瓶上岡パペポTV
2.35[S]深夜改造計画!
ゲスト・たま P93
3.30 JANアワー夢占い
3.35[二]女刑事キャグニー&レイシー「傷つけられて」シャロン・グレス
4.30[二]新白バイ野郎ジョン&パンチ[再]塩酸流出セクシー姉妹危うし5.30

6 TBSテレビ

00 テレポート6
荒川強啓 久和ひとみ
30[二]ニュースコープ
平本和生 三雲孝江ほか

00★100人に聞きました
「政治家が一番怖がっているもの?」関口宏
30 わいわいスポーツ塾
奥寺康彦 有森也実
長峰由紀ほか◇58[天]

00[字]水戸黄門「盗まれた御印籠・大聖寺」西村晃
あおい輝彦 伊吹吾朗
柏原芳恵 佐竹明夫
赤塚真人 髙橋元太郎
後藤健ほか P106◇54[N]

00 月曜ドラマスペシャル
「京の旅・鴨川べり女の宿」大石静脚本
竜至政美演出
[役]晶子…中川安奈
ちよ…沢田亜矢子
はな代…山口美江
涼子…高畑淳子
守谷…川岸晋也ほか
古村比呂 杉本哲太
夏木陽介 P98
10.54[S]あした発見

00[ク]筑紫哲也ニュース23
▽きょうのニュース
▽スポーツチャンネル
▽きょうの情報ほか
浜尾朱美 小林繁
阿川佐和子ほか
0.30 キャッチアップ
40 ギャグ満点
1.10 田舎もんバンザイ
2.10 摩訶不思議 P176
2.35[二]映画「野生の少年」
ジャン・ピエール・カルゴル P・ビル P86
3.55[二]ターザン怪獣の出現
4.45[二]パパは何でも知っている「パパは暴君」
5.20[S]ポップス◇25ビデオ
5.30[二]CBS[N] (6.00)

平成2年

1990年

1月29日 月曜日

ジョー・モンタナ最後のスーパーボウル『世界で一番君が好き！』も始まりました

午前中の番組ではありますが、この日はこの番組から始めます。日本テレビ午前7時『第24回スーパーボウル』。歴史に残る名カード、名勝負。それが衛星中継で見られたわけですから、アメフトファンには忘れられない1日でしょう（このころ地上波で生中継していたんですよね）。結果はジョー・モンタナのフォーティナイナーズがジョン・エルウェイのブロンコスに大差で勝利。フォーティナイナーズファンの坂本（龍一）教授も大喜びでした（ゲストで出演していたんです。ちなみに長嶋茂雄さんもゲスト解説してました）。日本のアメフト実況の第一人者、増田隆生アナのスーパーボウル初実況であり、モンタナの最後のスーパーボウルでもありました。

続いて月曜日のお約束、月9枠にいきましょう。坂元裕二脚本の『同・級・生』、野島伸司脚本の『愛しあってるかい！』に続いて始まったのが、松原敏春脚本の『世界で一番君が好き！』。トレンディードラマ枠としての地固めが着々と続きます。浅野温子と三上博史がスクランブル交差点でキスをするタイトルバックが印象的だったですね。主題歌はリンドバーグの『今すぐＫｉｓｓ　Ｍｅ』。この曲の大ヒットが月9の主題歌重視路線に火をつけました。

続く注目はＮＨＫ総合夜7時半の『愉快にオンステージ』。武田鉄矢や堺正章など、歌い手たちがホストとなってゲストと絡むＮＨＫらしい音楽番組ですが、なんとそのホストたちの1人が吉田拓郎でした。この1年の間に何度かホストを務めています。で、この日のゲストが石川さゆりとかまやつひろし。拓郎のアレンジでムッシュと拓郎がコーラスをつける『津軽海峡・冬景色』は見

1990年2月2日号
表紙・南果歩、西田敏行、酒井法子、鹿賀丈史
大河ドラマが2部構成となった『翔ぶが如く』の出演者たち。司馬遼太郎の同名小説を原作に、幕末・明治の混沌を描いた。

ものでした。また当時、拓郎のツアーバンドに参加していた元オフコースの松尾一彦と清水仁がバッチリ映っているのもなかなか貴重です。

前年9月のTBS『ザ・ベストテン』終了後も、歌番組としてなんとか踏ん張っていた日テレ夜8時の『歌のトップテン』ですが、このあと3月で終了します。Xやゴーバンズが出ているのはいまや貴重だとはいえ、確かにこの時期、歌番組に往年の勢いはありません。このあとテレビと音楽は、前述のとおり、ドラマとのタイアップなどの形で深くかかわっていくこととなります。

9〜10時台に、1時間の単発サスペンスドラマが2本。テレビ東京夜9時『月曜・女のサスペンス』とフジテレビ夜10時『直木賞作家サスペンス』。こういうのも時代ですかね。TBSの2時間ドラマ枠『月曜ドラマスペシャル』は、大石静脚本の『京の旅・鴨川べり女の宿』。これはサスペンスじゃなさそうですね。

最後に深夜を見てみましょう。テレビ朝日の夜11時30分『未知への旅』はアーサー・C・クラーク監修の特別企画。日本テレビ『パペポTV』はスーパーボウル特番で時間変更。フジテレビ『マーケティング天国』は城ヶ崎祐子アナの知る人ぞ知る名番組。『奇妙な出来事』はのちに『世にも奇妙な物語』としてゴールデンに進出、現在も断続的に続く長寿番組。TBSの映画『野生の少年』はフランソワ・トリュフォー監督の隠れた名作。いい映画やってますね。

でもって特筆すべきは海外ドラマが5本もあること。特にTBSの2本は古い！『ターザン』は詳細不明ですが、たぶん60年代のロン・エリー主演のものでしょう。『パパは何でも知っている』に至っては、50年代ですよ。日テレはいかにも日テレらしい2本『女刑事キャグニー&レイシー』と『新白バイ野郎ジョン&パンチ』、フジテレビは『LA・ロー』。なかなかに局の個性が出ています。

夜

8 フジテレビ

00 **ちびまる子まるちゃん** 小鳥がほしくなるＰ96
30 **サザエさん**「行ってきました花の万博」ほか

00 ナイター情報'90
03 **プロ野球～神宮** ヤクルト×巨人 解説・土橋正幸 大矢明彦 実況・大川和彦
多ドキドキナイター'90（最大延長9.24まで、以降の番組繰り下げ）【中止】7.00キテレツ 7.30あしながおじさん 8.00世界の常識非常識

8.54ニＮ天

00 **ファミリースペシャル**「時代劇バラエティ・紳助の花の大江戸探偵団！」島田紳助 中村梅之助ほか Ｐ138
54 **村野武憲のくいしん坊**

00★**クイズ！早くイッてよ**「それぞれな顔ラテン系エクボ男」関根勤ほか
30 **たけしのここだけの話** ゲスト・倍賞美津子 司会・たけしほかＰ141

00ⓈⓀ**ミュージックフェア'90** ゲスト・森山良子 チェッカーズ Ｐ113
30 **ＦＮＮニュースＣＯＭ** キャスター・山中秀樹
11.45 **プロ野球ニュース**「ヤ×巨、広×中、神×洋、オ×近、ロ×西 日×ダ」「中日クラウンズゴルフ」「ＧＯＬＦ ＥＸＰＲＥＳＳ」
0.50 競馬ダイジェスト
1.00 **総チェック'90スポーツフェア完全攻略法** ▽ＧＰサーキット▽冒険ランド▽スポーツクライミング▽ゴルフほか
2.30企業再◇35Ⓢ天 2.40

10 テレビ朝日

00 **料理バンザイ！** 市毛良枝ほか Ｐ144
30 **遊行見聞録**「知って得する開運術」◇55天

00★**地球キャッチミー**「タイ泥んこ村の爆笑ロケット打ち上げ祭り！」
30 **クイズヒントでピント** チャック・ウィルソン 斎藤満喜子 浅井慎平

00 **ザ・刑事**「覗かれた美人モデルを追え！」水谷豊 片岡鶴太郎 榊原郁恵 丹波哲郎 江口洋介 吉村明宏ほか Ｐ126◇54Ｎ天

00 日曜洋画のハイライト
02ニ**日曜洋画劇場**「メタル・ブルー」（1988年カナダ・イスラエル）シドニー・Ｊ・フューリー監督 ルイス・ゴセットＪｒ マーク・ハンフリー スチュアート・マーゴリンほか 声田中信夫ほか 解説・淀川長治 Ｐ98
10.54Ⓢ車窓「インド」

00 **ナイトライン** きょうのＮ▽プロ野球全試合結果▽天 美里美寿々
30 **ビッグスポーツワールド**「ウィンブルドンジュニアテニス」解説・渡辺功 実況・大熊英司 リポーター田中真理子～有明テニスの森公園▽ワールドスポーツニュース 高橋享子
0.45Ⓢ**ＣＬＵＢ紳助** ゲスト・間寛平 島田洋七 Ｐ141
1.30ニ**ＣＮＮデイウォッチ** キャスター・高木美也子・長窪正寛（2.02）

12 テレビ東京

00 **桂三枝のＮイブニング** 春日美奈子◇25天
30★**参上！天空剣士**「悪の華！女忍者」

00 **日曜ビッグスペシャル**「外国人紅白歌合戦」▽米宣教師夫妻の愛のデュエット▽ブラジルVSフィリピンの古賀メロディー▽国境を越えた美空VS小林旭対決▽シンガポールのアンコ椿▽各国応援合戦ほか 小林亜星 伊東四朗 塩沢ときほか Ｐ139
8.54 **情報カレンダー**

00 **コンビニエンス物語** ウッチャンナンチャン 勝俣州和 辻輝猛 鮫島伸一 渡辺正行 前田吟ほか Ｐ121
54 **すばらしい味の世界**

00Ⓢ**演歌の花道**「夢はるか」瀬川瑛子 三笠優子 大月みやこＰ112
30 **岡本綾子のスーパーゴルフ** 豪州編・綾子と渡辺貞夫のゴルフ談義

00 **スポーツＴＯＤＡＹ** ▽プロ野球全試合詳報▽全日本柔道▽ゴルフ
30 **モーターランド２**「全日本ロード・鈴鹿」

00 Ｎ◇05Ⓢ旅◇15Ⓢ私
30 **ザ・スターボウリング**「女子プロシングルス戦」◇1.25大井競馬
1.35**中国ドラマスペシャル**「桜花夢－中国からの留学生・大阪の青春」薩仁高娃 高宝宝 徐楊 陳道明ほかＰ200
3.25 映画「愛と希望の大地」Ｒ・Ｈ・トムソン サイアン・レイサ・デービスＰ105字幕5.20

1990年4月29日日曜日

①NHKテレビ

00 NHK経済マガジン ▽インサイドリポート ▽テクノほか　藤田太寅
45 ニュース◇[天]

00 7時のニュース◇[天]
20★クイズ百点満点
「海を渡る再生品・リサイクル」ゴミの廃棄で国際問題▽粗大ゴミのリサイクルほか

00[字]翔ぶが如く
「吉之助帰る」
西田敏行　鹿賀丈史
田中裕子　高橋英樹
佐野史郎ほか　P93
45 ニュース◇[天]

00★NHKスペシャル
「これが〝SFX〟だ・ハリウッド映像マジックの世界」映像製作現場の取材▽コンピューターの先端技術ほか

00 [N]◇05サンデースポーツ　プロ野球全試合▽全日本柔道選手権大会▽競馬・天皇賞▽ゴルフ・中日クラウンズほか
釜本邦茂　山田久志ほか

00 自由席「朝の主役」
15 視点「都市にとって緑とは」加倉井弘ほか
45 各地の[N][天]
50 [N][天]
11.57[S]レイトショー・ナイト3　ブリーズ　バブルガムブラザーズほか
P110、113 (1.28)

③NHK教育テレビ

00 リビングナウ「使い上手は収納上手」林屋雅江P143◇30手仕事
40 聴力障害者の時間[再]

00 フランス語会話[再]「ロベール・ビニョウさんのアトリエ」清水康子
30 スペイン語会話[再]「1リットルあたりいくらですか？」東谷穎人

00 日曜美術館[再]
▽美術館への旅・成川美術館・中川一政美術館　入江観
▽ギャラリー・モランディー展　永井隆則

00 芸術劇場・水戸芸術館専属劇団ACM公演
「ディオニュソス」
鈴木忠志演出
蔦森皓祐　夏木マリ
吉行和子　高橋洋子
篠井英介　笛田宇一郎
竹森陽一　中島昭秀
坂戸敏広　塩原充知
錦部高寿　石田美智子
〜水戸芸術館（録画）

10.30 芸術劇場・キングズ・シンガーズ　カウンター・テノール＝ジャックマン、ヒューム　テノール＝チルコット　バリトン＝ラッセル、カーリントン　バス＝コノリー

11.30 男の料理[再]
11.55 世界の祭り (11.58)

④日本テレビ

00[二]日曜夕刊　久能靖
木村優子ほか◇25[天]
30 独占！スポーツ情報
▽柔道全日本選手権ほか

00 丹波・山瀬のパニックTV「伊東四朗が語る貧乏物語」　P139
30★すばらしい世界旅行
「1000回記念・幻の未接触部族の謎！」

00★天才・たけしの元気が出るテレビ!!（予定される内容）地上最強の江戸っ子▽根性日本一決勝▽未来のクイズ王目指す少年達◇54[二][N]

00 今夜のスペシャル
02[S]ローリング・ストーンズ日本公演
▽ドーム爆発!!世界最強ロックンロールバンド至上のライブ▽高さ40㍍幅100㍍の巨大セットをミック、キース世界の不良が駆けめぐる▽100万の瞳に焼きついたけんらんたるライティング！▽ドーム内で花火炸裂！▽熱狂をダイレクトに！P33

11.20[二][天]◇番組◇26企業！
30[二]きょうの出来事
井田由美　多昌博志

00★ドキュメント'90
「握手でバイバイ・乳児院物語」保護者がいない2歳半までの子供達が入所する乳児院▽人数合わせを第一とする児童相談所の決定ほか
0.30[S]プロレスリング
▽三冠選手権「ジャンボ鶴田×天竜源一郎」
▽世界タッグ選手権
1.25[天]◇30[S]ファッションチブゥ P200 (1.45)

⑥TBSテレビ

00 報道特集　追跡・100億円！謎の手形乱発事件▽列島カラオケ狂騒曲（予定）◇54番組

00★[S]クイズ!!ひらめきパスワード　上岡竜太郎
出光ケイ　由紀さおり
30★テレビ探偵団
「子供大会」
間下このみ　三宅裕司

00[S]新世界紀行「インダス河5000㌖・文明を生み文明を滅ぼした大河」▽アラビア海から雪のインダス源流までパキスタンの旅P135◇[N]

00 日曜劇場
「四月の雨」
水谷竜二脚本
八坂健演出　伊東四朗
財津一郎　網浜直子
水島敏P132◇54[天]

00★[S]すばらしき仲間II
「私の定年110歳鈴木鎮一91歳のユーモア」
30 気ままにいい夜「奇癖夕陽を見て金シバリ」
榊原郁恵ほか　P140

00★世界がお呼びです！

「日米花見合戦」

島田紳助　ケント・デリカット　飯干恵子ほか
30 スポーツチャンネル
▽プロ野球試合結果・ロ×西、ヤ×巨、神×洋、広×中、日×ダほか
0.00 [N]
0.10[二]CBSドキュメント
「重障児メリンダの絵本」「ある青年実業家の破産」「チューリヒの麻薬王国」
P・バラカンほか P200
1.05[S]別冊イカ天ベスト天
ビギン　相原勇
今野多久郎　(1.50)

平成2年

1990年

4月29日 日曜日

「行くか行かないか」より「何回行くか」異様な盛り上がりだったストーンズ来日公演

この日も歴史に残るTVプログラムが放送されています。日本テレビ午後9時2分『ローリング・ストーンズ日本公演』。厳密に言うと、歴史的価値を持つのは番組そのものではなく〝ストーンズ初来日公演〟の方なんですけれども、いずれにしても海外アーティストの来日としては、三指に入る重要なコンサートであったことは間違いありません。

それにしても当時のフィーバーぶりはすごかったです。最初はね、結構冷静だったと思うんですよ。ファンにとっては、むしろ1988年のミック・ジャガー初来日のニュースの方が興奮したくらいだと思うんですが、事態は次第に異様な盛り上がりを見せていきます。公演は東京ドームだけの10公演、2月14日から27日の2週間にわたって行われましたが、バブルの真っただ中だったこともあるんでしょう、正直日本にこんなにストーンズファンがいたのかというくらいのチケット争奪戦になりました。なにしろ話題の焦点が「行くか行かないか」じゃなくて、「何回行くか」になってましたからね。かくいう私も2度行きました。直後にポール・マッカートニーの初ソロ来日もありましたからね〜。結構大変でした（ポールのドーム公演はストーンズ最終公演のたった4日後でした。なんちゅう贅沢！）。ちなみに森高千里が、「俺は10回ストーンズ見に行ったぜ」と話しかける男に「昔話はやめて、おじさん」と言い放ったのはこの年の5月のことです（@臭いものにはフタをしろ!!）。対応の素早さが光ります。

まあそれはそれとして、80年代後半ストーンズはグループとしての活動を休止していて、ミックが来日したころはこのまま解散かとも噂されていました。ミックとキースの歴史的和解を経たこのときのツアーは、ストーンズにとって7年ぶりのワールドツ

1990年5月4日号
表紙・西村知美
『11 PM』の後継番組である深夜ワイドショー『EXテレビ』（日本テレビ）のアシスタントを務めた。憎めない天然キャラクターで人気を集めた。

アー。だからでしょう、名前こそ最新アルバム『スティール・ホイールズ』の名が冠されていましたが、ヒット曲ビシバシの究極のベスト盤ツアーとなっていて、日本のファンには嬉しい選曲でした。『コンチネンタル・ドリフト』から、ブレイクの肩すかしがあって『スタート・ミー・アップ』につながるオープニングがカッコよくて、同じ曲順でカセット作ったなあ。『悪魔を憐れむ歌』『ギミー・シェルター』『イッツ・オンリー・ロックンロール』とたたみかけるクライマックスも良くてなあ。隣の席では大阪から来たカップルがライブのあいだ中ずーっと小さな声で『キースぅ』ってつぶやいてたなあ。個人的にはオペラグラスでビル・ワイマンに注目してました。ベースの弦に煙草を挟んでて、自分のパートが終わるなり吸ってた。それもこれもカッコよかったなぁ……。放送されたのは4月26日の模様ということで、『TVガイド』の解説記事に載ってるセットリストには『2000光年の彼方に』と『悪魔を憐れむ歌』が入ってません。

すいません、ストーンズの話で、それも番組じゃなくてライブの話でだいぶスペースをとってしまいました。ということで、この時期欠かせない番組をもうひとつだけ。フジテレビ夕方6時のアニメ『ちびまる子ちゃん』。この年の1月にスタートし、当初はさほど期待されていませんでしたが、あれよあれよという間に人気を集め、気がついてみれば現在有数の長寿アニメとなっています。そしてなんといっても特筆すべきはエンディングテーマ『おどるポンポコリン』の大ヒットです。最終的にレコード大賞取りましたからね～。このあと、ドラマタイアップなどをきっかけにミリオンヒットが続々と誕生することとなり、結果的にこの曲のヒットが、90年代CDセールスバブルの先駆けとなったのでした。

語るべき番組がたくさんありますが、ひとつだけ。テレビ東京夜9時はウッチャンナンチャンの初主演ドラマ『コンビニエンス物語』。この枠は、青春ものになったり、ラブストーリーになったり、時代劇になったり、ジャンルこそまちまちでしたが、テレビ東京らしからぬ（？）意欲的なドラマ枠でした。本作はその中では話題になった方でした。

⑧フジテレビ	⑩テレビ朝日	夜	⑫テレビ東京
00 [N]スーパータイム ▽[N]▽[天]▽スポーツほか キャスター・上田昭夫 安藤優子	00 600ステーション ▽[N]▽[天]▽スポーツほか 千田正穂 山上万恵美 50 夕刊アニメ・ガタピシ	6	00[ク]ようこ[終]「不思議の街のアリスたち」② 30[ク]新・桃太郎伝説「仁義なき神器争奪戦」
00★今夜は！好奇心 「北の巨大戦闘集団！航空自衛隊密着150日 驚きの素顔」パイロット訓練の実態ほか 篠原勝之ほか◇58[N]	00 魔法使いサリー 「大好き!!おじいちゃまは現役の魔法使い」 30★いつか行く旅「秘境・秋山郷はスキー誕生の温泉村」ネコつぐらほか	7	00[ク]ピグマリオ「天に輝く巨大な精霊の守護像」[声]折笠愛ほか 30★スペシャル90 「驚異の野生の王国・コスタリカ、前人未到のジャングルに幻の火の鳥を見た！」ジャングルの珍しい生物たち▽謎のヒメウミガメの大群▽山岳地帯に挑戦
00★志村けんのだいじょうぶだぁ じいさんばあさん▽変なおじさん▽志村の理容師ただ今修業中!?ほか 松本伊代 田代まさし◇54[二][N][天]	00★クイズ仕事人 夜の街震えるカラオケGメン 闇の潜入調査とは▽猛毒キングコブラ捕り!! タイの密林の巨大白蛇 54[S]夢追い人・小さい旅	8	8.54 情報カレンダー
00 東京ラブストーリー 鈴木保奈美 織田裕二 有森也実 江口洋介 千堂あきほ 西岡徳馬 中山秀征ほか P84 54 辰巳琢郎のくいしん坊	00★どーする!?TVタックル「スポーツの魅力もお金次第！プロスポーツ万歳!!」渡部絵美 奥寺康彦 玉木正之 内藤尚行ほか◇54[S]車窓	9	00 月曜・女のサスペンス 「背徳のメス」 黒岩重吾原作 近藤正臣 長谷直美 伊佐山ひろ子ほか P88 54 すばらしい味の世界
00 現代推理サスペンス 「赤い証言」小杉健治原作 松原千明 熊谷真実 井上倫宏 趙方豪 犬塚弘ほか P89 54 四季の詞「春」	00 ニュースステーション （予定される内容） ▽きょうのニュース ▽きょうのスポーツ ▽CNN&ソビエトテレビ▽[天]▽円相場ほか キャスター・久米宏 小宮悦子	10	00[S]ファッション通信「ソウルコレクション」大阪・神戸コレクション 30[S]THEフィッシング イワナ・ヤマメの宝庫 気仙川伝説の怪魚現る
00 FNNニュースCOM 25 プロ野球ニュース 「12球団キャンプリポート」「90&91ドラフト1位比較」「TIMESLIP・10YEARS AGO」ほか	11.18[S]ザ・ホテル 25 トゥナイト ▽ホットアングル ▽月曜特集 寺崎貴司 雪野智世 司会・利根川裕 山崎尚子	11	00 [N]サテライト 三極・経済政治[N]▽経済特集▽内外スペシャルインタビュー▽企業情報ほか 50 遊友．スポーツTODAY プロ野球キャンプ報告▽月曜討論会ほか 青田昇 ダンカンほか
0.30[S]TEN 40 カノッサの屈辱 仲谷昇	0.20 CNNヘッドライン 0.30 東京日常劇場P158 0.35[S]KURA KURA B21 リボンほか 0.55 PRE★STAGE	深夜 0	0.30[S]ZIP'S ロンドン 0.40大井競馬ダイジェスト 0.50 スポーツIN TV
1.10[S]19XX 「1975年」 P77 1.40 マンデースポーツ 「ホームランが語る素顔の清原」 P158	「ピラミッド再検証」▽ファラオの呪いを考える▽ピラミッドパワーほか 小島一慶ほか3.01	1 / 2	「'90グランドスラムカップテニス・ハイライト」解説・坂井利郎 実況久保田光彦P158
3.05[二]映画「麗しのサブリナ」オードリー・ヘプバーンほか◇[S][天] 未定		3	2.20美走・バイクフリーク バイクデザイナー・鈴木美智子P158 2.35

1991年 2月4日 月曜日

①NHKテレビ

00　イブニングネット
▽Ⓝ▽30スポーツ情報
▽リポート・くらし
▽53天ほか　池上彰ほか

00二7時のニュース◇天
30★Ⓢ字愉快にオンステージ「理想の父を目指して・森進一登場！」ホームドラマで研究中▽日曜大工ほか　山田邦子

00★Ⓢ地球ファミリー「生きもの不思議大陸・オーストラリア③・持ち込まれて200年・増えすぎたウサギの悲劇」
45　ニュースセンター845

00クニュース・21
▽Ⓝダイジェスト
▽特集・21
▽クローズアップ
▽スポーツ情報
▽気象情報ほか

00★歴史誕生「天保飢饉・甲州大一揆」首謀者・犬目村兵助の手記▽日本全土を襲った大飢饉▽江戸幕府の対応は？
45　地球たいせつに◇Ⓝ天

00　ミッドナイトジャーナル
▽きょうの顔
▽スポーツニュース
▽ホットジャーナル
▽列島ナウ
▽最終ニュース▽天ほか
キャスター・山根一真　道伝愛子（11.58終了）

③NHK教育テレビ

00　国宝への旅「浄土再現・兵庫・浄土寺」
30　手話「ワープロの仕事がしたい・仕事」

00　高校講座再
歴史でみる世界「人民中国の発展」並木頼寿
30　健康「血管の瘤・脳にできたとき」◇動物記
50　Ⓝ聴力障害者の皆さん

00★現代ジャーナル　日清戦争従軍カメラマン・旧津和野藩主亀井滋明の撮った200枚の写真
45　解説委員室
キャスター小室広佐子

00　きょうの料理再「2月の食卓・カキの松前焼き」土井勝◇25Ⓢ紀行
30Ⓢピアノでモーツァルトを「キラキラ星変奏曲K265」W・クリーン

00　英語会話Ⅱ再「ニューヨークの移民今昔」
20　ハングル講座再
「入試」松尾勇
40　イタリア語会話再
西本晃二

00★NHKセミナー・20世紀の群像「エイゼンシュテイン・革命映画の虚実・モンタージュの発見」篠田正浩
11.30　イギリス流鉢物園芸再「冬越しの方法」ジェフ・ハミルトン　S・ハンプシャー11.58

④日本テレビ

00二ニュースプラス1
▽きょうのⓃ▽特集
▽30スポーツⓃ▽天ほか
徳光和夫　関谷亜矢子

00　追跡
「行列のできる店」（予定）青島幸男ほか
30　YAWARA！
「富士子さんの決意」
声皆口裕子ほか　P59

00　TVマンモス
「芸能界の女性はミュージシャンになぜ弱い？」（予定）　渡辺徹　瀬川瑛子　藤田朋子　和田アキ子ほか◇54二Ⓝ

00★TIME21「厳冬の津軽海峡にサメを追え」命がけの漁で年収2千万▽妻達の大漁秘作戦▽抜け駆けを許すな！▽珍味サメ料理◇二天

00★スター爆笑Q＆A
高島忠夫　寿美花代
伊東四朗　向井亜紀
そのまんま東　なぎら健壱　グッチ裕三ほか
52　スポーツ・トレイン

00二きょうの出来事
桜井良子　中村慶一郎
白岩裕之　松永二三男
55ⓈEXテレビ　おもしろ海外ランキング▽変なものデータほか　コメンテーター・村田昭次
司会・三宅裕司　南美希子
0.50　世界陸上への道
0.55　あすの朝刊◇1.05天
1.10二映画「13日の金曜日PART3」
（1982年アメリカ）
スチーブ・マイナー監督　ダナ・キンベル　P・クラッカーほか　P69
3.00Ⓢサウンド　（3.05）

⑥TBSテレビ

00二ニュースの森
▽Ⓝ▽天▽スポーツほか
荒川強啓　久和ひとみ
佐古忠彦ほか

00★100人に聞きました
▽あなたの心をなごませてくれる所はどこ？
30★わいわいスポーツ塾
ゲスト・今村豊
司会・板東英二◇58天

00字水戸黄門「ドジな男の恩返し・高知」西村晃　あおい輝彦　伊吹吾朗　中谷一郎　高橋元太郎　由美かおる　野村将希　西川きよしP100◇Ⓝ

00　月曜ドラマスペシャル
「流れのさなかで・実らない愛に生きても、女は幸せ！金沢－伊豆－琵琶湖、恋の旅」
立原正秋原作　大石静脚本　竜至政美演出
沢田亜矢子　柴俊夫
岡田真澄　増田恵子
立花理佐　白川和子
鈴木瑞穂ほか　P82
10.54Ⓢあした発見

00ク筑紫哲也ニュース23
▽きょうのニュース
▽スポーツ23ほか
浜尾朱美　池田裕行
小林繁　阿川佐和子ほか
0.30　キャッチアップ
40　ギャグ満点Ⅲ・きてれつオンステージ「きてれつ大コンサート」後　つのだひろ　関根勤ほか
1.10ⓈNOWアーティスト
チャゲ＆飛鳥（曲目）
▽はじまりはいつも雨
▽水の部屋ほか　P74．77
2.10ⓈOH！夜食DO
ゲスト・松崎しげる
司会・長江健次　P158
2.40　番組　（2.50終了）

平成3年
1991年
2月4日 月曜日

フジテレビ月曜9時が魔法の〝月9〟枠へ 社会現象化したドラマ『東京ラブストーリー』

湾岸戦争が佳境を迎えていた1991年。あの伝説的ドラマが放送されていた月曜日です。当時の衝撃、開放感をどう伝えたらいいのでしょうか。フジテレビ夜9時『東京ラブストーリー』は単なる人気ドラマではありませんでした。数字だけならこの番組以上の視聴率を取ったドラマは沢山あります。また大きな話題を集めてブームを巻き起こすようなドラマも時々現れます。でもこれほどみんなが参加し、語り、登場人物に寄り添って喜んだり泣いたりして、そして何年経っても自分の一部のように思い続ける、そんな〝現象化する〟番組はなかなか出てきません。70年近いテレビの歴史の中でも数本しかないといっていいでしょう。この『東京ラブストーリー』は、そんな特別なドラマでした。

「月9」をフジの看板枠にしたドラマであり、大多亮プロデューサーをヒットメーカーに押し上げた作品でもあります。小田和正の主題歌は300万枚に迫る大ヒット、日向敏文作曲の劇伴音楽のサントラもヒットするなど、さまざまな記録を打ち立て、90年代初頭のドラマブームを牽引しました。キャスト・スタッフもここから大きく翔きました。

鈴木保奈美演じるリカ、織田裕二演じるカンチ、有森也実のさとみちゃん、江口洋介の三上くん。4人の心はとにかく揺れ動き、ぶつかり合い、傷つけあう。でも気持ちってそういうものだよね。連ドラ2本目の新進作家だった坂元裕二の饒舌な脚本は、そんな4人の心の動きをよりビビッドに、ダイレクトに伝えてくれました。この日の第5話もいいですよ～。「うそだけはイヤ！」の回、「24時間好きって言ってて！」の回です。さとみちゃんをほっとけないカンチの気持ちも、笑顔でカンチを迎えるんだけどちょっ

1991年2月8日号
表紙・賀来千香子
女性弁護士たちが法廷で闘うドラマ『七人の女弁護士』（テレビ朝日）に主演。共演は岡江久美子、鳥越マリ、五十嵐いづみ、菅井きんほか。

とした一言で部屋を飛び出しちゃうリカの気持ちもわかる。リカみたいな娘もさとみちゃんみたいな娘も今でもいるしね。でも今のドラマなら、さとみちゃんが選ばれる結末にはならないかなーという気がします

そしてこの時代を代表する番組がもうひとつ。フジテレビ深夜0時40分の伝説の深夜番組、『カノッサの屈辱』です。アイスクリーム、インスタントラーメン、入浴剤などの消費財や、ニューミュージック、デート、旅行など当時の流行・風俗を、産業革命、幕末維新、古代オリエント文明など、実際の歴史の史実になぞらえて大学の講義風に解説するという疑似教養番組。当時の若者たちの絶大な支持を受け、フジテレビの黄金時代を象徴する番組でした。仲谷昇扮する教授のもっともらしさもさることながら、実在する図版のパロディなどを交えたニセの歴史資料のものすごく手間の掛かったそれっぽさとネーミングのバカバカしさ（「ツタンカートチャン像」とか「マクド=カルタ」とか）は、今でも他の追随を許していません。

でも改めて考えると、『東京ラブストーリー』と『カノッサの屈辱』が同じ日に放送されてたっていうのはスゴイことだと思います。そしてこの2つの番組への才能の集まり方は尋常ではありませんでした。それはひとつの奇跡だったし、フジの番組には今も両番組の遺伝子が脈々と息づいているといえます。良くも、悪くも。本当に良くも、悪くも。

1976年2月スタートのテレビ朝日午後1時15分『徹子の部屋』はこの日で番組開始15周年。ゲストは黒柳徹子さんともどもコスプレで登場するのがお約束の小沢昭一。今回はシェフとウエイトレスという趣向でした。もちろんいまでも元気に放送中です。そしてフジテレビ正午の『笑っていいとも！』にはダウンタウンがレギュラー出演していました。

8 フジテレビ

00 Nスーパータイム
▽N▽天▽スポーツほか
キャスター・黒岩祐治
安藤優子

00 ドラゴンボールZ「ついに変身!!伝説の超サイヤ人・孫悟空」P75
30★太郎と花子　松尾貴史
神田利則　香坂みゆき
石野陽子◇58N

00 銭形平次
「花嫁の幽霊」北大路欣也　真野あずさ
伊東四朗　三波豊和
山西道広　三浦浩一
P104◇54二N天

00★邦ちゃんのやまだかつてないテレビ
▽やまかつファジィ劇場▽バージンロードの贈り物ほか　東幹久ほか
54 辰巳琢郎のくいしん坊

00★運命GAME「日本一の板前を目指せ!」
ゲスト・村野武憲
笑福亭鶴瓶　藤田朋子
司会・中井美穂ほか
54S空間道楽

00 FNNニュースCOM
木村太郎　青島達也ほか
25 プロ野球ニュース
「西×ダ、ロ×オ、近×日、中×巨、広×洋ヤ×神」西本幸雄ほか
0.30STEN
40 1OR8
1.10Sアインシュタイン
1.40 さんまのまんま
河内家菊水丸　P175
2.10 緊急エイズリポート
初来日!女性感染者の告白◇3.05流行再
3.10Sビデオの女王様II
3.40 男と女の輸入物II
「VERDICT」
（字幕）◇S天　未定

10 テレビ朝日

00 ステーションEYE
▽N▽天▽スポーツほか
内田忠男　山上万恵美
50 どろろんぱっ!

00★S水曜特バン!「シルクロード　欲望の絹街道を往く」（仮題）
▽絹街道の起点・西安市の〝黄金の蚕〟▽王女が帽子に隠した蚕の卵…シルクロードスパイ伝説▽トルコ・ブルサの名物〝繭市〟ほか
リポーター・桜田淳子
語り手・上岡龍太郎ほか
8.54S夢追い人・小さい旅

00 はぐれ刑事純情派
「母の涙・〝浜千鳥〟を歌う女」藤田まこと
真野あずさ　梅宮辰夫
小川範子　深江卓次
岡本麗P104◇S車窓

00 ニュースステーション
（予定される内容）
▽きょうのニュース
▽きょうのスポーツ
▽CNN&ソビエトテレビ▽天▽円相場ほか
久米宏　田所竹彦
小宮悦子　飯村真一
11.18Sザ・ホテル
25 トゥナイト
▽ホットアングル
▽水曜特集
寺崎貴司　雪野智世
司会・利根川裕
山崎尚子
0.20 CNNヘッドライン
0.30市川準の東京日常劇場
0.35S我輩はパパである
清水アキラ　アゴ勇ほか
0.55 PRE・STAGE
「現代生活の基礎知識」最高のおしゃれは〝そつ〟なくスマートに暮らすこと（4.30）

12 テレビ東京

00ク絶対無敵ライジンオー
「クッキーの悪夢」
30 バックス・バニー「バニーの夏の思い出」ほか

00★いい旅・夢気分
「新緑の彩り・渓谷と清流の奥多摩」秋川遊歩道▽山の小さな美術館▽多摩の酒造りほか
54 いき粋タウンすみだ

00★ク愛川欽也のロマン探訪「昭和歌謡史庶民と大ヒット曲」昭和20年代から現代までのヒット曲大公開▽蓄音機ほか
54 情報　泥汚れの洗たく

00★ク地球まるかじり!
「人混みにうまい物発見!」築地で見つけたうまい物▽巣鴨とげぬき地蔵▽水天宮ほか
54 ここがスキ◇57天

00★ク地球知りたい気分!
「軽井沢異変」優雅?軽井沢の現状▽別荘建設ラッシュ▽住民運動▽森林環境の変化ほか
54Sミュージック GIA

00クNサテライト　三極・経済政治N▽経済特集▽海外現場生報告▽産業・企業情報▽朝刊ほか
50 遊友・スポーツTODAY　中×巨▽ヤ×神▽広×洋▽西×ダ▽ロ×オ▽やじ馬点検ほか
0.30S ZIP'S「バハマ」
0.40S深夜遊戯DX
金子恵実ほか　P175
1.10 TXときめき情報再
1.20S水曜イベントアワー
▽ラフマニノフピアノ協奏曲第2番ほか　P92
2.50二探偵ハート&ハート
3.50S歌謡夢図鑑　P92
4.20歌謡ブレイク（4.25）

1991年 6月12日 水曜日

①NHKテレビ

00 ニュース&スポーツ
10 イブニングネット
▽リポート・くらし
▽50[天]ほか 池上彰ほか

00[二]7時のニュース◇[天]
30★NHKスペシャル
「日本のムラはどこへ行く」①
▽1961年に成立した農業基本法▽日本の農業の根本を定めた法律を再検証する▽省力化、機械化、大規模化を進める日本の農業の将来▽農業と市町村の関係

8.45ニュースセンター8 45

00[ク]ニュース・21
▽[N]ダイジェスト
▽特集・21
▽クローズアップ
▽スポーツ情報
▽気象情報ほか

00★[S]旅の日のモーツァルト「プラハ・オペラの成功」ゾウターン・コチシェ イルジー・ビエロフラーベグほか
45 ニュース解説

00 ミッドナイトジャーナル
▽ニュースサマリー
▽スポーツニュース
▽ホットジャーナル
▽ゲストコーナー
▽映像ボックス
▽[N]▽[天] 山根一真ほか
11.50 各地の[N][天] (11.58)

③NHK教育（夜）

00[二]文楽・鑑賞入門「すまじきものは宮仕え」
30 社会福祉セミナー
「福祉の法律と制度」

00 教育セミナー・古典への招待[再]「太平記・バサラ大名」長谷川端
30 健康「心臓病のスポーツ療法」◇45手芸
50 [N]聴力障害者の皆さん

00★現代ジャーナル「シリーズ・アジアからの発言・サルドノ・W・クスモ」ききて・市川雅
45 解説委員室
キャスター小室広佐子

00 料理[再]「おすすめ献立・ハモのシソ揚げ」
土井善晴◇25[S]名曲
30 水彩画入門
「人物を描く」
絹谷幸二

00 英語会話Ⅰ[再]「東京漫遊記」吉田研作
20 ロシア語会話[再]「ロシア語が話せますか？」
40 中国語会話[再]「ひとつふたつ…」陳真

00 救え!かけがえのない地球・アンコール
「砂漠化と闘う・アフリカ・ニジェール川紀行」ニジェール・マリのそれぞれの砂漠化との闘い▽砂漠化に苦悩する地球の姿ほか
11.45 手仕事◇万葉 11.58

④日本テレビ

00[二]ニュースプラス1
▽きょうの[N]▽特集
▽30スポーツ[N]▽[天]ほか
徳光和夫 木村優子

00 追跡
「すし」 (予定)
小林完吾 高見知佳
30★[ク]どちら様も!!笑ってヨロシク ラサール石井
森尾由美 吉田照美ほか

00★[ク]クイズ世界はSHOW・BYショーバイ!!
「笑える商売」
山城新伍 山瀬まみ
高田純次 杉本彩
蛭子能収ほか◇54[二][N][天]

00 今夜のグランドロマン
03[多]水曜グランドロマン
「母ふたり・南の島の炎天下、実母と義母のエゴのはざまで少年の選択はつらく悲しい」
金子成人脚本
井上昭監督
香山美子 沢田亜矢子
長門裕之 坂上忍
森岡いづみほか P99

10.52 スポーツ・トレイン

00[二]きょうの出来事
桜井良子 保坂昌宏
松永二三男 雲野右子
55[ク]EXテレビ
「夏休み映画特集」
ゲスト・今野雄二
小峰隆夫
司会・三宅裕司ほか
0.50 世界陸上への道
0.55 あすの朝刊◇1.05[天]
1.10 ビッグイベントゴルフ「アトランタ・クラシック」語り・城達也
2.30 ミッドナイトスポーツスペシャル
プロボクシング▽なつかしの名勝負・名場面
4.55[S]サウンド (5.00)

⑥TBSテレビ

00[二]ニュースの森
▽[N]▽[天]▽スポーツほか
キャスター・荒川強啓
久和ひとみ 佐古忠彦

00[S]プロ野球〜ナゴヤ
中日×巨人
解説・衣笠祥雄
実況・久野誠
（最大延長9.24まで、以降の番組繰り下げ）
【中止のとき】
7.00地球発19時
8.00[S]わくわく動物ランド 動物名当て早押しクイズ▽特集ランド

8.54 [N]

00[二]水曜ロードショー
「ダーティハリー2」
（1973年アメリカ）
テッド・ポスト監督
クリント・イーストウッド デビッド・ソウル ティム・マシソン ハル・ホルブルック ミッチェル・ライアン フェルトン・ペリーほか
[声]山田康雄ほか P79

10.54[S]あした発見

00[ク]筑紫哲也ニュース23
▽きょうのニュース
▽スポーツ23ほか
浜尾朱美 池田裕行
小林繁 阿川佐和子ほか
0.30 キャッチアップ
40 ドラマ・ルージュの伝言「月夜のロケット花火」桜井幸子ほかP175
1.10[S]THE話THE話
エド山口 中条かなこ
1.40[S]HOTチャート有線
司会・奥貫薫ほか
2.10[S]MTVジャパン
▽邦楽ビデオTOP20
▽邦楽最新ビデオ
ゲスト・すかんち
（4.10終了）

平成3年

1991年

6月12日 水曜日

日本テレビ的バラエティーの元祖『クイズ世界はSHOW・BYショーバイ!!』

今回は映画から参ります。TBS夜9時の『水曜ロードショー／ダーティハリー2』。なぜここに注目したかというと、このコラム、連載時にタイムトリップする日を選んでくれていたのは書き手ではなく担当編集の方だったのですが、前の回に取り上げた1984年6月4日にも同じTBSの『月曜ロードショー』で『ダーティハリー2』が放送されていたんです（P107参照）。……だからどうしたといわれればそれまでだけど、こんな偶然あるんだなあと思って。でも結構面白かったんですよね『ダーティハリー2』。〝パート1〟に比べるとどうしても見劣りしてしまうことが多い〝パート2〟ものの中では上出来の一本です。第1作で法で裁けない悪党に鉄槌をくだしたハリーが、同様に法に拠らない処刑を繰り返す新人警官グループと対立するというストーリーで、『刑事スタスキー&ハッチ』に主演する前のデビッド・ソウルが新人警官役で出演。後に監督として活躍する若きジョン・ミリアスとマイケル・チミノが脚本を手がけているのもポイントです。余談ですが、一般に『水曜ロードショー』といって思い出すのはTBSではなく「いやあ映画って本当にいいものですね」の水野晴郎解説でおなじみの日本テレビの方でしょう。1985年秋に曜日が移り『金曜ロードショー』となりましたが、『スター・ウォーズ』や『風と共に去りぬ』のテレビ初放映や『刑事コロンボシリーズ』など、たくさんの話題作を放映した人気枠でした。『水曜どうでしょう』のタイトルの元ネタとなっているのも、日本テレビの方でしょう。

日本テレビ夜8時は、現在の日本テレビ的バラエティーの原点ともいえる記念碑的番組『クイズ世界はSHOW・BYショーバイ!!』。日テレはもともとバラエティー番組を得意とし、歴史に残る番組をいくつも残してきていますが、〝楽しくなければテレビ

1991年6月14日号
表紙・後藤久美子
NHK大河ドラマ『太平記』に出演。天才的な美少年だった北畠顕家（親房の長男）を演じた。原作は吉川英治『私本太平記』、脚本は池端俊策ほか。

じゃない〟を標榜したフジテレビの圧倒的勢いの前に苦杯をなめた80年代を経て、再び王座を奪い返し現在に至る〝新生日本テレビ〟の原動力となったのはこの番組でした。そして司会として番組を支えたのが、元フジテレビアナウンサーの逸見政孝。93年12月、がんで亡くなりましたが、その死はそれこそ局の垣根を超えて、すべてのテレビ界に惜しまれました。これだけ党派なく愛されたテレビ人も珍しかったと思います。

フジテレビ夜9時は山田邦子の『邦ちゃんのやまだかつてないテレビ』。比較的放送期間が短く、いろいろあって過去の映像もあまり出ないので過小評価されていますが、広い意味でのちの『SMAP×SMAP』などに連なる流れの源流といえるかもしれません。職業コメディアンがあまり登場せず、週代わりのように多くの俳優・ミュージシャンが登場してドラマやライブを普通に繰り広げるという作り（この日は織田裕二と相田翔子が出演。『東京ラブストーリー』の直後ですからね）や、渡辺徹や森口博子などいわゆるバラエティータレントというジャンルを生み俳優や歌手たちの可能性を広げたことなど、後の番組に与えた影響は大きいと思います。『愛は勝つ』『それが大事』ほか、多くのヒット曲を世に送り出したことでも有名ですね。「やまかつ-in武道館」なんてイベントも開かれました。約2ヵ月後の91年8月21日のことです。

テレビ朝日夜7時『水曜特バン!』は、大変珍しい桜田淳子による紀行ドキュメンタリー。それも扱ってる地域が非常に広いですよね。時期的には結婚する1年ほど前のことになります。フジテレビ夜8時は北大路欣也主演の『銭形平次』。66〜84年まで大川橋蔵主演の『銭形平次』が888回続いた伝統の枠が、レギュラーの時代劇枠としてよみがえったのは89年の4月。その新しい時代劇枠についに平次親分が帰ってきました。これが北大路平次の第1作で、断続的に第7シリーズまで続きます。

⑧フジテレビ

6
00 [N]スーパータイム
▽[N]▽[天]▽スポーツほか
キャスター・黒岩祐治
安藤優子

7
00 ナイター情報'91
03 プロ野球〜西武
[西武]×[日ハム]
解説・江本孟紀
大矢明彦
実況・松倉悦郎
(多)ワンサイドライオンズ
【中止のとき】
7.00クイズ！年の差なんて　桂三枝ほか
8.00世にも奇妙な物語

8.54[二][N][天]

9
00★Ⓢとんねるずのみなさんのおかげです
▽おかげです名作劇場
新・巨人の星火馬の初恋▽ダイビングクイズ
54Ⓢアートロード

10
00 もう誰も愛さない(終)
吉田栄作　田中美奈子
山口智子　薬丸裕英
辰巳琢郎　仲谷昇
伊武雅刀ほか　P28
54Ⓢ音に誘われ

11
00 FNNニュースCOM
25 プロ野球ニュース
「西×日、オ×ロ、ダ×近、広×神、洋×中」関根潤三ほか

深夜
0.30ⓈTEN
40 出たMONO勝負
▽タブータブー時計
▽モンローワイン▽メリーゴーランド▽ハイドパークベンチP191
2.40 シネマフリーク
中谷彰宏　佐藤里佳
3.00 映画「ホテル・ニューハンプシャー」
ジョディ・フォスター
ロブ・ロウほか（字幕）
P104◇Ⓢ[天]（未定）

⑩テレビ朝日

6
00 ステーションEYE
▽[N]▽[天]▽スポーツほか
内田忠男　山上万恵美
50 どろろんぱっ！

7
00★ハーイあっこです「タローちゃんの水族館」「わたしが一番！」
30★21エモン「不思議ズタ袋？ハッピー商事の陰謀！」(声)佐々木望◇[天]

8
00 ドラマ特別企画
「あざやかな決断・社長急死で役員会非常事態！妻も子も夢みる社長の椅子は」
高杉良原作　竹山洋脚本　小田切正明監督
小林桂樹　伊武雅刀
久我美子　加藤治子
西岡徳馬　西川弘志
山村聡ほか　P116

9.48Ⓢ夢・旅◇54Ⓢ車窓

10
00 ニュースステーション
（予定される内容）
▽きょうのニュース
▽きょうのスポーツ
スポーツ紙編集部から
▽[天]▽円相場ほか
久米宏　田所竹彦
小宮悦子　飯村真一

11
11.18Ⓢザ・ホテル
25 トゥナイト
▽中年晋也の真面目な社会学ほか　山本晋也
寺崎貴司　雪野智世
司会・利根川裕
山崎尚子

深夜
0.20 CNNヘッドライン
0.30市川準東京日常劇場(終)
0.35ⓈCLUB DADA
リカコ　ZOOほか
0.55 PRE・STAGE
「目指せ一獲千金！宝くじ大研究」教えます
成功談、失敗談▽ムフフ、(秘)情報ほか（4.30）

⑫テレビ東京

6
00★スーパーマリオクラブ
▽町内ソフトベスト10
30 ジャンケンマン「幸せを呼ぶ虹色マイマイ」

7
00Ⓢプロ野球〜広島
[広島]×[阪神]
解説・古沢憲司
実況・土居壮
【中止のとき】
7.00第10回プロ野球オールスター大運動会(再)
▽中畑清迷場面集ほか
8.00(ク)所さんのもしも突撃隊　もしも初体験
▽飯島のチャレンジほか

8.54 心を伝える一筆画④

9
00 今夜のみどころ
02[二]木曜洋画劇場
「ダーティ・プリズン女囚サバイバル」
（1988年アメリカ）
アミ・アルツィ監督
タニア・ロバーツ
ジュリー・ポップ
ハル・オーランディ
マリー・ヒューマンほか
(声)高島雅羅ほか　P73

10.54 夢・クリエイター

11
00(ク)[N]サテライト　経済特集▽三極・経済政治[N]
▽産業情報と欧米ビジネス▽海外円株速報ほか
50 遊友・スポーツTODAY　西×日▽オ×ロ▽ダ×近▽洋×中▽広×神▽日米大学野球ほか

深夜
0.30ⓈZIP'S　イタリア
0.40Ⓢ(ク)SOUND GIG　森高千里ライブ＆秘蔵VTR公開▽トパーズ登場ほか　P109
2.10 TXときめき情報(再)
20ⓈD'S車探偵団「ミニ・ミッドシップ」P191
2.50[二]探偵ハート＆ハート
3.50歌謡ブレイク（3.55）

1991年 6月27日 木曜日

①NHKテレビ

00 ニュース&スポーツ
10 イブニングネット
▽リポート・くらし
▽50[天]ほか 池上彰ほか

00[二]7時のニュース◇[天]
30★小さな旅「ここは太平記の里・茨城県常陸」
▽南朝ゆかりの関城・大宝城▽桐下駄づくり
▽アメリカへ行くナシ

00★首都圏特集「一人ぼっちのラブソング」
▽夜の都会の路上シンガー▽管理社会への反発を歌う▽CDの制作
45 ニュースセンター845

00[ク]ニュース・21
▽[N]ダイジェスト
▽特集・21
▽クローズアップ
▽スポーツ情報
▽気象情報ほか

00★列島ドキュメント「日本各大学留学指南」
▽学生激減時代の到来
▽台湾の教育産業進出
▽留学人気№1の米国
45 ニュース解説

00 ミッドナイトジャーナル ニュースサマリー
▽スポーツニュース▽ホットジャーナル▽ゲストコーナー▽映像ボックス▽[N]▽[天]ほか
11.50 各地の[N][天]
11.57[二]'91ウィンブルドンテニスP59（2.00終了）

③NHK教育

00 中学生日記[再]
「傷だらけの翼」
30★福祉 身体障害福祉賞・ピエロにさようなら

00 教育セミナー・ハローサイエンス[再]「生命の単位・細胞」竹内均
30 健康「アザ・シミの治療」◇45[S]正倉院
50 [N]聴力障害者の皆さん

00★文化情報 記録されたもうひとつの沖縄戦
▽グルジアの映画作家
▽ギリヤーク尼ケ崎氏
45 解説委員室
キャスター小室広佐子

00 料理[再]「ヘルシー献立鶏肉と野菜のクイックグラタン」◇25[S]名曲
30 短歌「自画像としての短歌」
岡井隆

00 英語会話Ⅱ[再]「討論会・スポーツについて」
20 スペイン語会話[再]
山崎真次
40 ハングル講座[再]「これは何ですか」早川嘉春

00 NHKスペシャル・アンコール「ヒト不足社会・討論・どうする外国人労働者」
大前研一
堺屋太一
島田晴雄
西尾幹二
（0.00終了）

④日本テレビ

00[二]ニュースプラス1
▽きょうの[N]▽特集
▽30スポーツ[N]▽[天]ほか
徳光和夫 木村優子

00 追跡
「はじめてのおつかい・第5弾」（予定）
30★[S][ク]木曜スペシャル
「ザ・対決！夢のライバル勝つのはどっちだ!?」世界一速い男、カール・ルイスと間寛平が対決▽早食い対決▽アイドルVSファッションモデルのお勉強対決
8.54[二][N]◇57[二][天]

00 今夜の木曜ゴールデン
03 木曜ゴールデンドラマ
「断崖に立つ女・ひき逃げ失踪した夫と被害者の男が妻を追い詰めていく、そして…」
石原武龍脚本
松尾昭典監督
沢田亜矢子 森田健作
浅利香津代 寺田農
鈴木ヒロミツほか P115
10.52 スポーツ・トレイン

00[二]きょうの出来事
桜井良子 保坂昌宏
松永二三男 雲野右子
55[ク]EXテレビ「討論！第12弾！落語を考えるパート1」桂米朝
橘家円蔵 野坂昭如ほか
0.50 世界陸上への道
0.55 あすの朝刊◇1.05[天]
1.10[S]銀幕人 秋元康
1.40 レベルのラベル
2.10ファッション・TYO
男性ファッション特集
2.45映画「瘋癲老人日記」（昭和37年大映）
木村恵吾監督 山村聡
若尾文子ほか P104
4.38[S]サウンド （4.43）

⑥TBSテレビ

00[二]ニュースの森
▽[N]▽[天]▽スポーツほか
キャスター・荒川強啓
久和ひとみ 佐古忠彦

00★少年アシベ「ゴマちゃんの悲しき街角」「強いぞ、じいちゃん」
30★仰天くらべるトラベル
「人気ペット大集合」
桑野信義ほか◇58[天]

00★敏感！エコノクエスト
▽ビジネスマンの必修科目！〝接待〟の裏表
▽接待の都・銀座で店を成功させるには▽佐藤慶の貧乏物語◇54[N]

00 橋田寿賀子ドラマ
渡る世間は鬼ばかり
泉ピン子 山岡久乃
長山藍子 中田喜子
三田村邦彦 赤木春恵
藤岡琢也P65◇54素敵

00 ぷるるんクニクニ島
▽噂を信じちゃいけないよ！▽恋愛裁判・彼女の手料理を捨てた男
▽愛の救済マンション
山口美江ほか◇54明日

00[ク]筑紫哲也ニュース23
▽きょうのニュース
▽スポーツ23ほか
浜尾朱美 池田裕行
小林繁 阿川佐和子ほか
0.30 キャッチアップ
40 青春！島田学校「北島親方特別講義」P191
1.10 情報◇15映画に乾杯
1.20[二]映画 「続荒野の七人」（1966年米）
バート・ケネディ監督
ユル・ブリナー
ロバート・フラー
ウォーレン・オーツ
C・エイキンズP104
3.10 パーソナル6
（3.15終了）

平成3年
1991年
6月27日 木曜日

展開の速い〝ジェットコースタードラマ〟『もう誰も愛さない』がこの日最終回

1月クールに『東京ラブストーリー』、7月クールに『101回目のプロポーズ』という、2大ヒットドラマが放送され、ドラマの歴史の大きな転機となった1991年。でも4月クールのこのドラマも大きな話題を呼びました。吉田栄作、田中美奈子、山口智子出演。その展開の速さから〝ジェットコースタードラマ〟と呼ばれたフジテレビ夜10時『もう誰も愛さない』です。全12回でこの日が最終回でしたが、とにかくもう1話1話の情報量の多さがハンパない。よく「1回見逃すとわからなくなる」なんて言いますが、このドラマは本当にそうでした。初回冒頭から余計な説明なしにどんどん飛ばすので、余韻とか潤いとかは一切ありませんが、ストーリーを追いかける楽しみが確実にあり、言わば天下国家の絡まない『24』です。まさに韓流顔負け、連続ドラマの鑑みたいな作品でした。『TVガイド』としても特集しがいのあるドラマでした。

吉田栄作の熱血キャラを強く印象付けたドラマでしたが、このドラマで一番得をしたのはなんと言っても山口智子でしょう。キャラクターとしても最も乱高下の激しい役柄でしたが、その演技のコントラストがとにかくすばらしいです。このあとコミカルな演技スタイルで一世を風靡し、こういう演技はあまり見ることが出来なくなったのが残念ですが、この番組の山口智子は一貫して萌えます。足なめさせてても応援したくなるもんね。脇役も気が利いていて、薬丸裕英、辰巳琢郎、佐川満男ら、落ちぶれていく男の側がいい味出してましたね。あともうひとつ忘れられないのが伊武雅刀の〝王小龍（ワンシャオロン）〟っていう役名。いやあ懐かしい。

1991年6月28日号
表紙・小田茜、萩原聖人
芸術高等学校2年C組を舞台に、芸術を志す生徒と先生との葛藤を描いたドラマ『先生のお気にいり！』（TBS）で共演。陣内孝則、藤谷美和子ほかが出演。

連ドラの鑑といえばもう1本触れないわけにいかないのが、TBS夜9時、石井ふく子プロデュース・橋田壽賀子脚本『渡る世間は鬼ばかり』。その後第10シーズンまでシリーズが続く長寿ドラマのこれが第1シーズンでした。藤岡琢也のお父さんもサラリーマンをやめたばかりで、おかくらも開店前。山岡久乃のお母さんもまだ健在でした。

もうひとつこの年にスタートした長寿番組が、フジテレビ午後1時の帯番組『ごきげんよう』。84年から約6年続いた小堺一機司会の『いただきます』が『ごきげんよう』にリニューアルしたのが91年の初め。以来一貫したリレーゲスト形式とサイコロトークで基本のスタイルはほとんど変えず、2016年3月まで25年3ヵ月放送された超長寿トーク番組です。いまやサイコロを振るときに「♪何が出るかな何が出るかな」と歌えない日本人はいないんじゃないでしょうか。

もうひとつ夕方の番組ですが、テレビ東京午後5時に放送されていた『SMAPの学園キッズ』。放送期間は短かったですが、SMAP初の冠番組ということになります。10月には時間枠を移動して『愛ラブSMAP!』とタイトルが変わり、なんだかんだで4年半続きます。この4年半はSMAPがメガアイドルへと大きく成長した時期でした。『夢がMORI-MORI』放送時も『SMAPのがんばりましょう』放送時も生き残りましたが、『SMAP×SMAP』スタート時（これは森且行くん脱退の時期とも重なります）、ついに終了となりました。

このころはまだまだプロ野球も人気があって、ゴールデンで2試合も中継されています。しかも両方とも巨人戦じゃなく『西武×日本ハム』と『広島×阪神』。でもこの年は西武と広島が見事に優勝し、日本シリーズでは4勝3敗で西武が勝っています。

そして日本テレビ夜7時は『追跡』。88年から94年まで結構長く続いた平日帯の情報番組でした。さまざまな内容が放送されここから多くの企画が巣立っていきましたが、中でも最も大きく育った企画がこの日も放送されている「はじめてのおつかい」でしょう。今でも特番として放送され続けています。

夜

⑧ フジテレビ

00 Nスーパータイム ▽N▽天▽スポーツほか キャスター・黒岩祐治 安藤優子

00 ドラゴンボールZ みんなの心を取り戻せ!!神殿に眠る超神水 P105

30★太郎と花子 藤田朋子 関根勤 西田ひかるほか◇58N

00 仕掛人・藤枝梅安 「梅安仕掛針」 渡辺謙 橋爪功 田中邦衛 美保純 淡島千景 五月晴子ほか P161◇54二N天

00★邦ちゃんのやまだかつてないテレビ フジテレビ社員食堂物語▽奥様はコメディアン▽スイカピンボールゲーム

54 辰巳琢郎のくいしん坊

00 新なんだらまんだら 矢島正雄脚本 舛田明広演出 森光子 野村宏伸 工藤静香 近藤真彦 田代まさし P157◇54S空間

00 FNNニュースCOM

25 プロ野球ニュース ▽F1ワールド▽日本シリーズ直前企画▽セ・リーグ回顧ほか

0.30 S T.E.N

40 F1課外授業

50 新アジア台風ショー 司会・大木凡人

1.20 新アメリカの夜

50 新Butlerの受難 (字幕) P231

2.45 新映画10倍速

3.15 S新満月ビデオ御殿

3.45 流行レーダー再

3.50 二ミッドナイト・コーラー

4.45 S天 (4.50終了)

⑩ テレビ朝日

00 ステーションEYE ▽N▽天▽スポーツほか 内田忠男 山上万恵美

50 ディズニータイム

00★山瀬まみ・藤田朋子のおませなふたり 間寛平 AKIKOほか

30★水曜特バン!「驚異の超能力スペシャル」 透視・予知能力を持った事件解決の立役者・パート親子が来日!▽気功師・何建新の秘術 司会・神田正輝 生島ヒロシ

8.54 S夢の楽園・小さい旅

00 新さすらい刑事旅情編IV「東北新幹線から消えた娘・不倫の代償」 宇津井健 三浦洋一 植草克秀 河合奈保子 植松洋 P161◇S車窓

00 ニュースステーション ▽きょうのニュース ▽きょうのスポーツ ▽CNN&ソビエトテレビ▽天▽円相場ほか キャスター・久米宏 田所竹彦 小宮悦子

11.18 Sザ・ホテル

25 トゥナイト ▽ホットアングル ▽水曜特集 寺崎貴司 雪野智世 司会・利根川裕 山崎尚子

0.20 CNNヘッドライン キャスター・吉田三香

0.30 S現代社会見聞録 間寛平ほか

0.55 PRE・STAGE 「女性ゴルファーの強い味方・ラウンド中の悩みすべて解消します」蓮舫ほか (4.30)

⑫ テレビ東京

00★クライジンオー「出現!スーパー邪悪獣」

30 バックス・バニー「情熱の指揮者バニー」ほか

00★いい旅・夢気分 「秋の佐渡ケ島旅情」▽ロマンあふれる佐渡金山▽とれたての味、海の幸▽情緒名人の妙

54 いき粋タウンすみだ

00 Sク新スーパーステージ 「出逢い」藤田まこと 吉幾三 堀内孝雄 ミケ 岸千恵子 榊原郁恵 P147、148

54 トイレ・上手に収納

00★ク地球まるかじり「姑・秋の味覚大特集」 ▽全国各地の姑おすすめ!秋の旬料理紹介▽おいしい秋ナス料理ほか

54 ここがスキ◇57天

00★ク地球・知りたい気分!「日本人とマグロ」 ▽もし、トロがなくなったら!?▽マグロ消費国日本 みのもんたほか

54 S気ままなパスポート

00 クNサテライト 三極・経済政治N▽経済特集▽海外現場生報告▽産業・企業情報▽朝刊ほか

50 遊友・スポーツTODAY 今日のスポーツ ▽プロ野球日本シリーズの行方ほか横井ひろみ

0.30 S ZIP'S 米西海岸

0.40 Sスキー NOW'92 ▽我満嘉治特集 P231

1.10 TXときめき情報再

1.20 S水曜イベントアワー 「ミッドナイトクラシックス」 P148

2.50 S歌謡夢図鑑 北岡夢子ほか P148

3.20 歌謡ブレイク (3.25)

▶1991年 10月16日 水曜日

夜	① NHKテレビ	③ NHK教育	④ 日本テレビ	⑥ TBSテレビ
6	00 ニュース&スポーツ 10 イブニングネット ▽リポート・くらし ▽50[天]ほか 池上彰ほか	00[二]歌舞伎・鑑賞入門Ⅱ 「魚屋宗五郎」 30 社会福祉セミナー「援助の方法」秋山智久	00[二]ニュースプラス1 ▽きょうの[N]▽特集 ▽30スポーツ[N]▽[天]ほか 相川浩 桜田順子ほか	00[二]ニュースの森 ▽[N]▽[天]▽スポーツほか キャスター・荒川強啓 久和ひとみ 佐古忠彦
7	00[二]7時のニュース◇[天] 30★NHKスペシャル 「自民党総裁選」 ▽総裁選最前線▽総裁候補はこう訴える▽各派選挙参謀インタビュー▽最大派閥・竹下派の戦略▽組織力と資金力▽政治改革論議のゆくえ▽合従連衡の模索▽派閥政治の弊害は？	00 教育セミナー・古典への招待[再]「源氏物語・六条院の春」河添房江 30 健康 「ペースメーカー」松浦雄一郎◇手芸 50 [N]聴力障害者の皆さん	00 追跡 「新興宗教」（予定） 青島幸男 高見知佳 30★[ク]どちら様も!!笑ってヨロシク 千堂あきほ 桂三枝 清水ミチコほか	00★[S]地球ふしぎ体感紀行・新ビーグル号探検記 「失われた進化の世界・ギアナ高地」陸の孤島に生きる幻の生物群 関野吉晴◇54[N][天]
8	8.45ニュースセンター845	00★現代ジャーナル 「シリーズ・アジアからの発言・王家衛」 ききて・宇田川幸洋 45 解説委員室 キャスター・小室広佐子	00★[ク]クイズ世界はSHOW・BY ショーバイ!!「きわどい商売」 山城新伍 山瀬まみ 高田純次 小林幸子 桂三枝ほか◇54[二][N]	00★[S]わくわく動物ランド 風見しんごのタイリポート・サルに占拠された街▽特集・島の掃除屋コモドオオトカゲ▽三宅島の鳥たち◇54[N]
9	00[ク]ニュース・21 ▽[N]ダイジェスト ▽特集・21 ▽クローズアップ ▽スポーツ情報 ▽気象情報ほか	00 料理[再]「特集秋の味・牛トロどんぶり」 土井善晴◇25[S]名曲 30 書道に親しむ・漢字 「草書・連綿草」 谷村憙斎	00★[S][ク][新]とんねるずの番組（仮題）今夜番組タイトル決定▽何が起こるか!?生放送バラエティー▽とんねるずに〝もの申す〟◇54[二][天]	00[S]水曜ロードショー 「稲村ジェーン」 （平成2年プロデュースハウスアミューズ） 桑田佳祐監督 加勢大周 金山一彦 的場浩司 清水美砂 尾美としのり 古本新之輔 泉谷しげる 伊武雅刀 下元史朗 パンタ 伊佐山ひろ子 設楽りさ子 伊東四朗 小泉今日子ほか P111
10	00★プライム10「デビッド・アッテンボローの生きものたちの挑戦②子を守るたたかい」フクロウの本能的な知恵ほか 45 視点・論点	00 英語会話Ⅰ[再]「見えない隣人」吉田研作 20 ロシア語会話[再] 「誰に電話したの？」 40 中国語会話[再] 「来られる」陳真	00[S][ク][新]愛さずにいられない「君は誰にもわたさない」吉田栄作 東幹久 財前直見 千堂あきほ P159 52 スポーツトレイン	
11	00 ミッドナイトジャーナル ▽ニュースサマリー ▽スポーツニュース ▽ホットジャーナル ▽ゲストコーナー ▽映像ボックス ▽[N]▽[天] 山根一眞ほか 11.50 各地の[N][天]（11.58）	00 プライム10・アンコール「現代史スクープドキュメント③・秘密指令・ビルマ独立を援助せよ」 ▽独立の父・アウンサン将軍の訓練ほか 11.45 世界の職人芸 11.55[S]万葉の花 （11.58）	00[二]きょうの出来事 桜井良子 保坂昌宏 松永二三男 雲野右子 55[ク]EXテレビ 日本中を震撼させる超能力者ボール・ソロモンの公開チャネリング生放送!	11.14[S]ヒーロー 20[ク]筑紫哲也ニュース23 ▽[N]▽スポーツ23ほか 浜尾朱美 池田裕行 木場弘子ほか◇キャッチ
深夜 0			0.55 あすの朝刊◇1.05[天]	1.00[S]プレイアローン・ひとりで見てネ! 「トイレ」ほか P231
1			1.10 NFLスーパーボウル'91「カンザスシティ・チーフス×マイアミ・ドルフィンズ」	1.30 B級ホラー・WARASHI「勾玉の秘密」
2			3.00 ミッドナイトスポーツスペシャル ▽STV杯アイスホッケーほか	2.00[S]パンティ・パーティー CD情報▽コンサート情報ほか 森川美穂 アサップ 白井貴子ほか
3			4.55[S]サウンドスポット （5.00終了）	3.20 ドキュメントUSA CBS48アワーズ （4.15終了）

平成3年

1991年

10月16日 水曜日

ひときわ目を引く『とんねるずの番組』放送日当日まで番組名は秘密だったのです

このころ〝人物検索ランキング〟というものがあったなら間違いなく1位になっていたであろう芸能人は、宮沢りえでしょう。篠山紀信撮影のあの伝説の写真集『Santa Fe』発売は1991年11月13日。まだひと月先のことなのですが、実は世間に最も衝撃を与えたのは10月13日日曜日の朝刊各紙に掲載された全面広告だったのでした。掲載直後の騒動はそれはもうすさまじいもので、水曜日のこの日もワイドショーはこの話題一色。「娘を脱がせたりえママをどう思う?」みたいなアプローチが多くなっていましたね。そういえば発売日もすごい騒ぎだったなあ。「もう見た?」って感じで。

一方番組表の中でひときわ目を引くのは日本テレビ夜9時の『とんねるずの番組』。スタート当日までタイトルは秘密ということで、新聞の番組欄にも『とんねるずの新番組　タイトル今夜発表!』と掲載されていました。そして発表されたタイトルは『とんねるずの生でダラダラいかせて!!』、通称『生ダラ』。その名の通り、当初はとんねるずが高校生とトークバトルを繰り広げる生番組だったんですが、内容はドンドン変わり、そのうち生ではなくなりました。こりゃあんまり長続きしないんだろうななんて思っていましたが、結果的に10年続く長寿番組になりました。初期は「セクシー小学生コンテスト」なんていうのがあって〝おニャン子クラブ〟ならぬ〝ねずみっ子クラブ〟なんてーのも結成されてましたが、この番組を印象付けているのはなんと言ってもカートレースでしょう。石橋扮するアイルトン・タカと定岡正二のアイルトン・サダ。懐かしいなあ。セナも亜久里も出てましたからね。とにかくみんなすっごく一生懸命取り組んでました。

1991年10月18日号
創刊1500号記念超特大号
創刊1500号を記念して、過去のなつかしい表紙をコラージュした。歴代人気番組に出演した歌手や俳優たちが登場した記念号となっている。

続いて夜10時にドラマが2本、日本テレビの吉田栄作主演『愛さずにいられない』とフジテレビの森光子主演『なんだらまんだら』。9月まではどちらも連ドラ枠ではなかったところにできた新設枠なのにもかかわらず、裏表でぶつかっちゃったという珍しい例でしょう。『東京ラブストーリー』で幕を明けたこの年はとにかくドラマの話題が目白押しでしたから、各局ドラマに力を入れていて、制作されるドラマの数もぐっと増えました。そんなドラマの黄金時代がここから2〜3年続きます。

ＮＨＫ夜7時30分『ＮＨＫスペシャル』で自民党総裁選が取り上げられています。10月4日、海部俊樹首相の内閣総辞職を受けて、10月27日に投開票が行われ、宮沢喜一新総裁が選出されました（でもこの日の『ＮＨＫスペシャル』は、結局内容が差し替えになったようです）。

日本テレビ夜7時半は『どちら様も!! 笑ってヨロシク』。現在も放送中の『1億人の大質問!? 笑ってコラえて!』に直結する所ジョージ司会のバラエティー。最初は30分だったんですが、94年4月に1時間になり、96年に『笑ってコラえて』になります。このころは一応クイズ番組でした。

ＴＢＳ夜9時『水曜ロードショー』は、前年劇場公開されて大ヒットした桑田佳祐の初監督映画『稲村ジェーン』。出演は加勢大周、金山一彦、的場浩司、清水美砂ほか。近年はあまり見たことがある人のいない幻の作品となりつつありましたが、公開から31年経った２０２１年6月に初めてブルーレイ＆ＤＶＤが発売されました。サザンの全楽曲中、一、二を争う人気曲『真夏の果実』と『希望の轍』は、共にこの映画のための曲です。

深夜で目につくのは、フジテレビの新番組5連発。個人的に記憶に残っているのが深夜1時20分の『アメリカの夜』。宝田明がＭＣとして登場し、映画の技法を解説するという、ある意味非常にためになる番組でした。トリュフォーの映画に材を取ったタイトル含め、一見小ジャレた外見に大まじめな内容を入れ込んでくるのが、いかにもフジの深夜風です。

⑧フジテレビ

00 Ⓝスーパータイム
▽Ⓝ▽[天]▽スポーツ
▽今日の出来事ほか
露木茂　安藤優子

00★[二]今夜は！好奇心
「大公開！看板のない名店ズラリその秘密」
▽銀座のど真ん中の懐石料理の店▽お店の中に屋台が⁉ほか◇58Ⓝ

00★志村けんのだいじょうぶだぁ　カエルの親子
▽大人なんて▽大切な話▽助かった▽女心▽甘い物はいいよなほか
小泉今日子◇54[二]Ⓝ[天]

00Ⓢ二十歳の約束
牧瀬里穂　稲垣吾郎
田中律子　筒井道隆
深津絵里　竜雷太
河内桃子　洞口依子
早川亮P85◇54万才

00 ウーマンドリーム
裕木奈江　内藤剛志
芳本美代子　沢向要士
林家こぶ平　佐藤友美
中条静夫　春川ますみ
南流石P85◇54四季

00 FNNニュースCOM
25 プロ野球ニュース
▽フリーエージェントに挑む▽F1ワールド
▽フィギュアスケート・NHK杯▽空手道ほか
0.30Ⓢ NEXT
40 LA CUISINE
「冷ややっこ」
1.10 夜鳴き弁天
福井謙二　浅草キッド
40 アジアバグース！
2.10 マンデースポーツ
▽プロボクシング
▽第15回プリンスカップボウリング
3.55 流行レーダー[再]
4.00Ⓢ[天]　(4.05終了)

⑩テレビ朝日

00 ステーションEYE
▽Ⓝ▽[天]▽スポーツほか
内田忠男　戸田信子
55Ⓢちょいす

00 アニメ・嵐を呼ぶ園児クレヨンしんちゃん
シロとお留守番だゾP56
30 邦子徹のあんたが主役
▽スクープ▽おもしろペット▽ビデコップほか

00Ⓢドラマ・柴門ふみセレクション「野望の女・好きなら好きと言いなさい！」生稲晃子
羽田美智子ほか　P89
54Ⓢ夢の楽園・TV見聞録

00★たけしのTVタックル
「犯罪黒書'92」あなたが今年犯した犯罪教えて下さい▽爆笑犯罪ベスト10▽チカン集団・親切強盗ほか◇54Ⓢ車窓

00 ニュースステーション
▽きょうのニュース
▽きょうのスポーツ
▽きょうの特集
▽CNN▽[天]▽円相場
久米宏　和田俊
小宮悦子　朝岡聡

11.18Ⓢザ・ホテル
25★Ⓢネオドラマ
「Ifのふたり」
国生さゆり　阿部寛ほか
11.55 トゥナイト
▽月曜特集ほか
0.50 CNNヘッドライン
1.00㋗M10
司会・そのまんま東
井上晴美　高橋里華
2.30Ⓢザ・ゲームシティ
3.00ⓈCLUB紳助
ゲスト喜多島舞P158
4.00風のように矢のように
不屈の人グレッグ・レモン島原を走るP158
(4.55終了)

夜

6 7 8 9 10 11

深夜

0 1 2 3

⑫テレビ東京

00★㋗マリーベル「ジジベルサンタの大騒動」

30Ⓢ㋗愛ラブSMAP！

「ちびっ子DUNK」


00㋗アニメ・スペース・オズの冒険「自動車レースはおまかせ」

30★月曜特集「猛火に挑む密着消防最前線24時」

火災の中におばあちゃん！山崎努が人命救助
▽防火都市東京の実態
▽高層ビル火事の恐怖
▽主婦の敵！天ぷら油から出火▽レスキュー
8.54くらしのワンポイント

00 月曜・女のサスペンス
「ためらい疵・夫殺し疑惑の妻に謎の切傷」
[再]　市毛良枝　角野卓造　長谷川明男ほかP89
54 ウェザースポット

00★Ⓢファッション通信
「パーティウエア特集」大内順子
30ⓈTHEフィッシング
解説・大塚貴汪
司会・西山徹

00㋗Ⓝサテライト　三極・経済政治Ⓝ▽経済特集
▽内外スペシャルインタビュー▽企業情報ほか
50 スポーツTODAY
▽格闘技ウィークリー
▽ラグビー大学選手権への道▽プロ野球企画
0.30 平成女学園
0.40Ⓢモグラネグラ
1.50大井競馬ダイジェスト
2.00Ⓢ海のF1パワーボート「最終戦・第2戦」
[後]　実況・池谷亨
2.30Ⓢ黒BUTA天国
司会・長江健次
3.00 歌謡ブレイク
(3.05終了)

1992年12月14日月曜日

夜	①NHKテレビ	③NHK教育	④日本テレビ	⑥TBSテレビ
6	00 イブニングネット ▽ニュース▽07列島リレー▽27[天]▽30首都圏 57 テレマップ	00★Ⓢまんが日本史[再] 「日本のはじまり」 30 みんなの手話「絵を習おうかな？芸術活動」	00[二]ニュースプラス1 ▽きょうの[N]▽特集 ▽30スポーツ[N]▽[天]ほか 真山勇一　桜田順子ほか	00[二][ク]ニュースの森 ▽[N]▽[天]▽スポーツほか キャスター・荒川強啓 久和ひとみ　佐古忠彦
7	00[二]7時のニュース◇[天] 30★Ⓢくらべてみれば「ウールVSシルク・冬のあったかプレゼントはどちら」保温性比べ▽早く乾くのは　安藤和津	00 教育セミナー・歴史でみる世界[再]「帝国主義の時代」木村靖二 30 やさしい英会話[再] 「クリスマスの買物」 50 NHK手話ニュース	00Ⓢ追跡 「修理屋」④（予定） 青島幸男　高見知佳 30 コボちゃん「義理義理のお見合い」「火の用心パレード」　P57	00[ク]ムーブ・関口宏の東京フレンドパーク 「仲良し芸能人がチームワークでゲームに挑戦!!」そのまんま東 田中義剛ほか◇54[N]
8	00★Ⓢ生きもの地球紀行 「北アメリカ大草原・キツネたちの歌声が聞こえる」スウィフトキツネ蘇生への取り組み 45 ニュースセンター845	00★現代ジャーナル「テレビがとらえたアジアの精神・第1回アジアテレビ映像祭より」 45 解説委員室 キャスター小室広佐子	00★世界まる見え！テレビ特捜部　天才アニマル養成計画▽ビックリ！秘境結婚式▽悪魔は語る▽最初で最後世紀の対決！ほか◇54[二][N]番組	00[字]大岡越前「冤罪晴らす情けの十手」加藤剛 竹脇無我　佐野浅夫 小松政夫　左とん平 高橋元太郎　佐藤佑介 江藤潤ほか P88◇54[N]
9	00[ク]ニュース・21 ▽[N]ダイジェスト ▽特集・21 ▽クローズアップ ▽スポーツ情報 ▽気象情報ほか	00 料理[再]「チャレンジクッキング・カリフラワーのサラダ」◇Ⓢ名曲 30Ⓢさだまさし音楽工房 「歌う門には福来る」 服部隆之　佐田玲子ほか	00★スーパーテレビ 「これが噂の料理長！東京の超一流ホテル」 ▽豪華1泊50万円の部屋▽巨大宴会の舞台裏 ▽㊙接客術ほか◇54[二][天]	00 月曜ドラマスペシャル 冬の傑作サスペンス 「脅迫」 渡辺淳一原作　竹山洋脚本　合月勇監督 小川知子　国広富之 島大輔　郷弘明
10	00★NHKスペシャル[再] 「あなたの声が聞きたい・植物人間・生還へのチャレンジ」夫の意識が戻った、話した▽看護婦さん奮闘6カ月	00 健康「糖尿病の合併症・目の障害」◇英会話 20 フランス語[再]杭はそんなようには通さないで 40 ハングル[再]「いつ行かれますか」早川嘉春	00★ワンダーゾーン 「寿命・いのちの限界に迫る」ガンを宣告されて…▽死を通して生きる事を考える！ほか 52 スポーツ・アイランド	北村総一朗　三条美紀 稲川淳二　清水ひとみ 大林丈史　浅川剣介 山口美也子ほか　P82 10.54Ⓢヒーロー
11	00 視点　山室英男◇[N][天] 15 ミッドナイトジャーナル　今週のゲストコメンテーター・夢枕獏 [N][天]▽プルトニウム問題（予定）▽スポーツ▽株式▽映像ボックス 山根一真　道伝愛子ほか 0.05 全国の[N][天]（0.13）	00★NHK人間大学 「文学再入門」 ▽想像し物語る大岡昇平　大江健三郎 30 海外ドキュメンタリー[再]「世界ビール紀行①ベルギー・オランダ」 語り手・小室正幸 （0.15終了）	00[二]きょうの出来事 桜井良子　保坂昌宏 松永二三男　雲野右子 55[ク]EXテレビ ▽今週のヒットパレードほか　村田昭治 三宅裕司　南美希子	00[ク]筑紫哲也ニュース23 ▽きょうのニュース ▽スポーツ23 ▽きょうの特集ほか 浜尾朱美　池田裕行 香川恵美子　三崎由紀
深夜 0〜3			0.55 あすの朝刊 1.05 シャンプータイム 1.10[ク]鶴瓶上岡パペポTV 2.05 映画「この胸のときめきを」（昭和63年ケントス・ムービーブラザーズ）和泉聖治監督 畠田理恵　森沢なつ子 松下由樹　哀川翔 P69 4.08Ⓢサウンドスポット 4.11 特報・風林火山4.13	0.30キャッチ◇40豊臣秀吉 45 ドキュメントD・D ▽若者たちの青春群像 1.15 ワシントンウォッチ 「女の時代到来か!?アメリカ政界に見るニュー・ウーマンパワー」 2.15Ⓢ超絶叫遊戯!!「富士急ハイランド」㊥ ゲスト・宝ひとみ 司会・相原勇 （2.45終了）

平成4年

1992年

12月14日 月曜日

「ヒューヒューだよ！ 熱い熱い！」だけでわかる人にはわかる『二十歳の約束』

春に尾崎豊が天に召され、年末チェッカーズが解散した1992年。今回も月9から行きましょう。大多亮プロデュース、坂元裕二脚本、牧瀬里穂＆稲垣吾郎主演。「カキーン！」「ヒューヒューだよ！ 熱い熱い！」でおなじみの『二十歳の約束』。〝おなじみの〟と言われても、何のことやらわからない人もいるかと思います。実際ストーリーとはほぼ関係ないし。でも、確かにこのドラマを紹介するのに最もシンボリックなセリフなんです。いろいろ難はあるかもしれませんが、大多＆坂元コンビらしい独特なムードとテンポを持っているドラマでした。ちなみに主題歌は佐野元春の『約束の橋』でした。

そしてこの約1年後の月9『あすなろ白書』に主演する石田ひかりが、この時期朝ドラに主演していました。内館牧子脚本、ドリカム主題歌の『ひらり』。両国に住む相撲好きの主人公が相撲部屋で働くために栄養士を目指す物語。元横審委員・内館牧子の面目躍如というところです。朝ドラではヒロインと同時に相手役の男優もブレイクすることが多いんですが、『ひらり』からは渡辺いっけいが登場、以後連ドラの常連となります。

夜に戻ってフジテレビの午後10時は関西テレビ制作の『ウーマンドリーム』。主演は5月の『北の国から'92巣立ち』のたま子役でブレイクした裕木奈江。『ウーマンドリーム』はほぼ裕木奈江を見るために作られたようなドラマでした。スカウトされてスターを目指す女の子の役で、主人公の芸名が〝裕木奈江〟。主人公のCDデビューやラジオDJなどの活動が現実の裕木奈江本人の活動とリンクするという仕掛けで、こういうことを真正面からやるドラマというのも少なくなりました。でもこのころはまだ世の中

1992年12月18日号
表紙・中山美穂
ドラマ『誰かが彼女を愛してる』（フジテレビ）で主演。共演は的場浩司、西村和彦ほか。中山美穂＆WANDSの主題歌『世界中の誰よりきっと』もヒット。

も彼女に対してそんなに否定的ではなかったですね。他に類を見ない、嵐のようなバッシングが始まるのは翌93年からです（アレは結構すごかったです）。こちらの主題歌はT-BOLANでした。

この年の秋、TBSは大改編を行いました。その象徴が午後7時の『ムーブ』です。曜日ごとに趣向を凝らした帯の新バラエティー枠で、ほとんどが短命に終わりましたが、唯一長く続いたのが『関口宏の東京フレンドパーク』です。ただ皆さんが知っている『フレンドパーク』には『Ⅱ』がついてますよね？　実はこれ視聴率が伸びずに1年後に1回終わってるんです（終わらせたのはこの年の春にスタートして大ブームを巻き起こしたテレビ朝日の超人気アニメ『クレヨンしんちゃん』）。それにめげずにもう一度『フレンドパークⅡ』として94年春にリニューアルスタートし、そこから２０１１年まで続く長寿番組となります。

テレビ朝日夜8時は『ドラマ・柴門ふみセレクション』。1話完結で柴門ふみ原作のコミックをドラマ化した枠ですが、この日の生稲晃子はじめ若手の女優やアイドルを積極的に起用、次のクールから若手俳優・女優をメインにした連続ドラマを放送する『月曜ドラマイン』枠ができるきっかけとなった作品です。この枠からは多くの俳優・女優や脚本家が巣立っていき、『東京大学物語』『イグアナの娘』『ガラスの仮面』など多くの傑作も生みだしました。

深夜に目を移します。フジテレビの深夜0時40分の『LA　CUISINE』は、岩井俊二や松尾スズキら当時まだ名の知られていなかったクリエイターを実験的に起用した、大変意欲的なドラマ枠でした（サブタイトルでは分かりづらいですが）。テレビ朝日の『ネオドラマ』は月～木帯のドラマ枠。4話完結の気軽さを武器に、若い俳優さんたちを積極的に使っていました。日本テレビの『シャンプータイム』も5分ながら、一応帯のドラマ枠。本格ブレイク前の常盤貴子が出ていたようです。

8 フジテレビ	10 テレビ朝日	夜	12 テレビ東京
00 [N]スーパータイム ▽[N]▽[天]▽スポーツ ▽今日の出来事ほか 露木茂 安藤優子	00 ステーションEYE ▽[N]▽[天]▽スポーツほか 内田忠男 戸田信子 55[S]ちょいす	6	00★[ク]姫ちゃんのリボン ぶっとびひかるの名推理 30[S][新]アニメステーション 「天外魔境」①
00★金曜ファミリーランド 「志村けんのバカ殿様スペシャル」 竹脇無我 加藤茶 中森明菜 吉幾三 矢崎滋 モト冬樹 田代まさし 桑野信義 渡辺美奈代 松居直美 荻野目洋子 本田理沙 ズー 三浦理恵子 大野幹代 松本伊代ほか 8.54[二][N][天]	00 お正月だよ！ドラえもん「地底の国探検」「ぐうたらお正月セット」「空想動物サファリパーク」[声]大山のぶ代 野村道子P81◇[天] 00[S]ミュージックステーション（予定出演者） 織田哲郎 荻野目洋子 マニッシュほか 司会・タモリ 生島ヒロシ 54[S]夢の楽園・TV見聞録	7 8	00 激突！アメリカン筋肉バトル 司会・蔵間龍也 かとうれいこ 54 HOTテレビ 00★[ク]クイズところ変れば!?「絶景！富士山めぐりの旅」全国富士山アルバム▽姉に言ってはならない事▽ハゲの会 54 くらしのワンポイント
00 今夜のドラマシアター 03 金曜ドラマシアター・新春特別企画 「人間の証明」 森村誠一原作 鎌田敏夫脚本 星田良子演出 [役]棟居刑事…石黒賢 ケン・シェイファー…ピーター・フォーク 恭子…宮本信子 棟居の母…泉ピン子 新見…神田正輝ほか 村井国夫 萩原聖人 淡路恵子 P52. 247	00★[二][新]インディ・ジョーンズ若き日の大冒険 コーリー・キャリア ロイド・オーエンほか [声]浦野裕介 北村昌子 菅生隆之ほか◇54[S]車窓 00 ニュースステーション ▽きょうのニュース ▽きょうのスポーツ ▽きょうの特集 ▽CNN▽[天]▽円相場 キャスター・久米宏 小宮悦子 朝岡聡	9 10	00[ク][新]付き馬屋おえん事件帳「吉原御法度破り」 山本陽子 山城新伍 丹野由之 香奈美里 中山仁ほか P251 54[S]世界のペットたち 00★[字][S]極める日本の美と心茶道具と懐石美の饗応と茶にこめられた心 30★[S]私の交遊抄 徳大寺有恒 崎山和雄 語り手・渡辺篤史
11.22 もうひとつの地球 30[S]うれしたのし大好き ▽音楽で遊ぶコーナー 陣内孝則 ドリームズカムトゥルーほか 0.15 FNNニュースCOM 0.40 プロ野球ニュース 「一般スポーツハイライト」ほか 田尾安志ほか 1.45[S]NEXT 1.55[S]北野ファンクラブ 2.55[S]音楽旅行 3.25 新しい波 55 オフレコ 石井洋祐ほか 4.25[S][天] （4.30終了）	11.18[S]ザ・ホテル 25 パリ・ダカールラリー 40[S]華麗にAH！SO ゲスト・谷村新司 0.10[S][新]つぼみTV 0.15 タモリ倶楽部 「第7回タモリ倶楽部ビデオ大賞！前編」 佐竹雅昭 山本晋也ほか 0.45 ショウビズTODAY 1.15 CNNヘッドライン 1.25[ク]M10 司会・やしきたかじん 2.55 探偵ナイトスクープ 3.50[S]姫TV 長田江身子 4.20[S]ENKA TV P226 （4.50終了）	11 深夜 0 1 2 3	00[ク][N]サテライト 三極・経済政治[N]▽経済特集▽産業企業情報ほか 50 スポーツTODAY ▽今日のスポーツほか 池谷亨 土川由加 0.30 平成女学園 40[S]スキーNOW'93 1.10 サッカー「Jリーグスペシャル」 2.05 TXときめき情報[再] 2.15[S]モグラネグラ ゴンチチ 川勝正幸ほか 3.25[二]映画「椿姫」（86年米）N・ルーズモント監督 グレタ・スカッチ コリン・ファースほか P2225.15

▶1993年1月8日金曜日

①NHKテレビ

00 イブニングネット
▽ニュース▽07列島リレー▽27[天]▽30首都圏
57 テレマップ

00[二]7時のニュース◇[天]
30[S][字][新]腕におぼえあり3
「又八郎ふたたび」
村上弘明　清水美砂
近藤正臣　蟹江敬三
渡辺徹　黒木瞳
渡辺裕之ほか　P249

8.15★[S][字][新]包丁いっぽん
奥田継夫作
萩原聖人　つみきみほ
赤井英和　中島朋子ほか
45 ニュースセンター845

00[ク]ニュース・21
▽[N]ダイジェスト
▽特集・21
▽クローズアップ
▽スポーツ情報
▽気象情報ほか

00★[S]歴史発見「宮本武蔵勝利の秘密・仕組まれた巌流島」巌流島の決闘の隠された謎を作家笹沢左保が解き明かす
45 視点　曽野綾子◇[N][天]

00 ミッドナイトジャーナル
▽ニュース▽[天]
▽特集①
▽スポーツニュース
▽特集②
▽映像ボックスほか
山根一真　道伝愛子ほか
11.50 全国の[N][天]（11.58）

③NHK教育

00[二]天才少年ドギー・ハウザー「ビニーのかなわぬ恋」◇25ミニ番組
30 中学生日記[再]

00 歴史でみる世界[再]「ブルジョワジーの時代」
30[多]マザーグース
「コールの王様」
45 ミニ英会話
50 NHK手話ニュース

00★海外ドキュメンタリー
「南極大陸横断・国際犬ゾリ隊の220日・極点へ」
45 解説委員室
キャスター小室広佐子

00 料理[再]「肥後の正月・〝水前寺モヤシ雑煮〟・熊本」◇25[S]名曲
30★[新]ベストゴルフ
「ドライバー基本編」
青木功　羽佐間正雄

00 英会話Ⅱ[再]「リッチモンドさんに聞く」
20 フランス語会話[再]
牛場暁夫
40 ドイツ語会話[再]「会議のあとで」岡村三郎

00 ことばは変わる[再]
「大変動!?こどもの詩の世界」

川崎洋
25 日本の話芸
落語「胴乱幸助」
桂小南
11.55[S]花のある風景
（11.59終了）

④日本テレビ

00[二]ニュースプラス1
▽きょうの[N]▽特集
▽30スポーツ[N]▽[天]ほか
真山勇一　桜田順子ほか

00 [新]はだかの刑事スペシャル「'93隅田川署・春・私の愛した娘・街一十八年目の真実」
松方弘樹　世良公則
室井滋　野々村真
勝村政信　橋爪功
七瀬なつみ　青山沙紀
樹木希林　緋多景子
藤谷美紀　前田吟
白島靖代ほか　P249
8.54[二][N][天]

00[二]金曜ロードショー
「ベスト・キッド」
（1984年アメリカ）
ジョン・G・アビルドセン監督
ラルフ・マッチオ
ノリユキ・パット・モリタ　エリザベス・シュー　ウィリアム・サブカ　R・ヘラーほか
解説・水野晴郎P222
10.52スポーツ・アイランド

00[二]きょうの出来事
25 ウンナン世界征服宣言
▽内村VS南原・欠点克服&世界をつかめ！
55[ク]EXテレビ
▽今週の知的冒険
三宅裕司　ルー大柴
藪本雅子ほか
0.55朝刊◇1.05シャンプー
1.10 全国高校サッカーハイライト[再]
40[S][ク]今夜も歌はナイト！
2.10仮面の告白◇40てれび
45◪映画　「透明人間現わる」月形龍之介
喜多川千鶴ほか　P222
4.25 水野晴郎の映画百科
4.36[S]サウンドS（4.41）

⑥TBSテレビ

00[二][ク]ニュースの森
▽[N]▽[天]▽スポーツほか
キャスター・荒川強啓
久和ひとみ　佐古忠彦

00 アニメ・みかん絵日記
「くうぞ！海の温泉旅行」[再]タラコほか◇28[天]
30★[S]金曜テレビの星！
「発表！ヒットチャートでつづる・忘れえぬ想い出の名曲ベストワン」売り上げ枚数から見るジャンル別ランキング▽TV主題歌ベスト3▽職業別好きな曲
8.54[ク][N]

00 [新]愛するということ
山元清多脚本
緒形直人　小泉今日子
伊藤かずえ　石橋保
島崎和歌子　米岡功樹
橋爪功P250◇54素敵

00[S][ク][新]高校教師「禁断の愛と知らずに」
真田広之　桜井幸子
赤井英和　京本政樹
持田真樹　渡辺典子
峰岸徹P250◇54主役

00[S]もぎたて！バナナ大使
仙道敦子　風間トオル
山田邦子　高島政伸ほか
30[ク]筑紫哲也ニュース23
▽[N]▽スポーツ23ほか
浜尾朱美　池田裕行ほか
0.35 キャッチアップ
45 金曜コレクション
▽[S]音楽的―LA
ゲスト・小野正利　高野寛　田島貴男P226
▽1.15[二]クライム・ストーリー「対決！ライフル魔との48時間」
▽[二]フェーム・青春の旅立ち[再]「大いなる歳月」デビー・アレンほか
（3.10終了）

平成5年

1993年

1月8日 金曜日

ヒット作が多い90年代前半のドラマの中でも『高校教師』はひときわ記憶に残りました

お正月ということで、新番組が多いこの日の番組表。なかでも新しい連続ドラマが多いのが目につきます。プライムタイムだけでも7本のドラマがスタートしていますが、この日の注目は、なんといってもTBS夜10時の『高校教師』でしょう。ヒット作が数多く放送された90年代前半のドラマ群の中でも、ひときわ記憶に残る連続ドラマです。実のところ、放送前の注目は決して高いものではなかったのですが、第1回を見ただけで、これはものが違うという手ごたえがありました。レイプだとか、近親相姦だとか、センセーショナルな側面が大きく取り上げられて、まあ確かにそれは大きなテーマではあったんですが、最初の5話くらいまでの羽村先生（真田広之）と繭（桜井幸子）が次第に心を寄り添わせていくさまの丁寧な描写は、本当に胸が締め付けられるようでした。脚本は野島伸司。『101回目のプロポーズ』『愛という名のもとに』と、フジテレビで大ヒットを続けたのち、満を持してTBS金曜ドラマへの初登板でしたが、彼のキャリアもこの作品で大きく変わりました（直後の4月にはフジの『ひとつ屋根の下』を書いてます）。森田童子の『ぼくたちの失敗』の主題歌起用も話題を呼びました。ドラマ史上に残る傑作です。

そしてもうひとつ取り上げたいのが、フジテレビ夜9時3分の『人間の証明』です。「母さん、僕のあの帽子どうしたでしょうね」で有名な松田優作主演の映画版のほか、何度もドラマ化されている原作ですが、本作のトピックはピーター・フォークの起用です。NYロケでの出演とはいえ、日本のドラマへの出演は、たぶんこれだけじゃないでしょうか。鎌田敏夫のオリジナリティーあふれる脚本もあり、棟居刑事役の石黒賢との絡みで、あのコロンボとは一味違うハードな魅力を見せています。

1993年1月1日・8日号 表紙・石田ひかり、堺正章 1992年『NHK紅白歌合戦』の司会を務めた2人の表紙。石田は1992年10月から連続テレビ小説『ひらり』で主演を務めていた。

テレビ朝日夜9時の『インディ・ジョーンズ　若き日の大冒険』も話題になりましたね。ジョージ・ルーカス製作の映画シリーズの主人公、インディ・ジョーンズのヤング時代の冒険ストーリーです。インディは1899年生まれの設定なので、教授だった父親と共に世界を旅しながら、20世紀のさまざまな出来事や、偉人たちとの交流を描きます。第1回ではインディ、まだ8歳です。

NHK総合夜7時半は『金曜時代劇』。藤沢周平原作、村上弘明主演の人気シリーズ第3弾『腕におぼえあり3』です。SMAPの中居正広が出てましたね。でもって8時15分『包丁いっぽん』が萩原聖人主演というのも面白い。TBS夜9時は、緒形直人・小泉今日子主演、山元清多脚本の『愛するということ』。けっこうヤバいドラマでしたね。

フジテレビ夜11時30分は『うれしたのし大好き』。コントと音楽がフィフティフィフティで織り成す由緒正しきミュージカルバラエティーでした。レコーディングやら何やらで、ドリカムがあんまり出てなくてちょっと残念でしたが、でもこの時期のドリカムはアルバム『The Swinging Star』発売直後で、何しろ人気絶頂のころ。勢いのある楽しい番組でした。でも彼らが登場するのは翌週まで。またお休みに入って、そのまま番組は4月に終了しました。

最後に小ネタをひとつ。フジテレビ夜7時の『志村けんのバカ殿様スペシャル』に、どういうわけかZOOが出ています。『Choo Choo TRAIN』の大ヒットで知られ、このちょっと前の92年12月には、初の武道館公演も行いました。彼らのうちの3人が95年の『ドリカムワンダーランド』にバックダンサーとして出演。96年にLUV DELUXEとしてデビューします。翌年解散後、そのうちのひとりのHIROが、J Soul Brothersを結成。のちにEXILEと改名します。

⑧フジテレビ

00 [N]スーパータイム
▽[N]▽[天]▽スポーツ
▽今日の出来事ほか
露木茂　安藤優子

00★400回突破！さんまのまんまスペシャル
▽さんまうそばっかり集▽さんま名言集▽ハプニング！何すんねん編▽縁結び編ほか
和田アキ子　大原麗子
ウッチャンナンチャン
浅田美代子　諸星和己
松本伊代　西村知美
川合俊一ほか　P117

8.54[二][N][天]

00★スーパータイム10周年記念スペシャル真実の衝撃！　10年間のスクープ集▽スポーツ爆笑映像▽世界の異常気象地球の逆襲▽国内外の劇的瞬間映像ほか
大島渚　舛添要一
紺野美沙子　奥山佳恵
大竹まこと　露木茂
安藤優子　河野景子

10.54[S]旅の宿

00 FNNニュースCOM
キャスター・木村太郎
30 プロ野球ニュース
▽ヤクルト×阪神、横浜×広島▽サッカーワールドカップ情報ほか
0.35[S]JAB！
0.45 ア・カペラのある街
▽ア・カペラだけで心を打つ音楽特集
14カラット・ソウル
オスカー　チョイス
ベティー　スイートハニーインザロック　デルモニコスほか　P158
2.15 アジアバグース！
ナジフ　門脇知子
2.45[S][天]　（2.50終了）

⑩テレビ朝日

00 ステーションEYE
▽きょうのニュース
▽[天]▽スポーツほか
渡辺宜嗣　蓮舫

00 みどころ
02 渡哲也の四匹の用心棒シリーズ第五弾
「かかし半兵衛・無頼旅、お家乗っ取りの謀略に怒りの豪剣‼謎の熟女賞金稼ぎ！幕閣の権力闘争！」
志村正浩脚本
降旗康男監督
渡哲也　国生さゆり
十朱幸代　萬屋錦之介
草刈正雄　鳥越マリ
秋野太作　井上順
若林豪　下川辰平
神山繁　丹波哲郎
中尾彬ほか　P148

9.48[S]NO◇見聞録◇車窓

00[S]ニュースステーション
▽きょうのニュース
▽きょうのスポーツ
▽特集▽[天]▽円相場
久米宏　和田俊
小宮悦子　坪井直樹

11.18[S]ザ・ホテル　トルコ
25 [新]KISS・KISS
▽本気の恋人選び‼クイズ&パズル　中山秀征　山田雅人　P243
11.55 トゥナイト　利根川裕
0.50 CNNヘッドライン
1.00 H・I・P　最新情報
1.10[S][新]快楽通信
▽テーマ〝見つける〟
▽スターのくずかご
▽荒木経惟愛用の小型カメラをプレゼントほか
松尾貴史　細川ふみえ
2.10[S]ENKATV P160
2.40 映画「ラッフルズホテル」藤谷美和子
根津甚八P137　4.24

夜

6　7　8　9　10　11　深夜0　1　2　3

⑫テレビ東京

00 [新]スーパーマリオスタジアム　渡辺徹ほか
30 [新]楽しいウイロータウン　[声]高乃麗ほか　P127

00★TVチャンピオン
「全国包丁人選手権スペシャル」
▽鮮魚7種早造り勝負
▽料理隠し味勝負・ダシ当て、二杯酢当て、魚のふくさ焼き当て▽かつらむき網ダイコン勝負▽決勝ラウンド吸い物、煮物、焼物、酢の物懐石一汁三菜勝負

8.54 ファミリーハイキング

00 今夜のみどころ
02[二]木曜洋画劇場
「真夜中のラブコールテレフォン・セックス殺人事件」
（1991年アメリカ）アラン・ホルツマン監督
デボラ・ハリー
ジェームズ・ラッソー
ティム・トマソンほか
[声]藤田淑子　江原正士

10.54 夢・クリエイター

00 [N]サテライト　経済特集▽三極・経済政治[N]▽産業情報と欧米ビジネス▽海外円株速報ほか
50 スポーツTODAY
▽プロ野球▽ゴルフ▽日本代表ラグビーウェールズ戦▽ボウリング
0.30 平成女学園
0.40[S][新]スキーNOW'94
▽快汗スキーほか　P243
1.10 大井競馬ダイジェスト
1.20[S]モグラネグラ　P160
2.10 映画「大阪の女」
（昭和33年大映）
中村鴈治郎　京マチ子
船越英二ほか　P137
4.05 歌謡ブレイク　4.10

1993年10月7日木曜日

夜	①NHKテレビ	③NHK教育	④日本テレビ	⑥TBSテレビ
6	00 イブニングネット ▽ニュース・スポーツ▽07列島リレー▽30首都圏N▽53天◇58案内	00Ⓢ天才てれびくん 「恐竜惑星」◇25Ⓢ歌 30 中学生日記再「青い目の人形」岡本富士太ほか	00 ニュースプラス1 ▽きょうのN▽特集▽30スポーツ▽天ほか 真山勇一　桜田順子ほか	00二ニュースの森 ▽N▽天▽スポーツほか キャスター・杉尾秀哉 久和ひとみ　安東弘樹
7	00二NHKニュース7 ▽きょうのN▽スポーツ▽特集▽経済▽天ほか 川端義明　桜井洋子 小平桂子アネット 高田斉◇57テレマップ	00 ロシア語会話再「これはいくらですか？」 20★あすの福祉 「我ら熟年男性のボランティア」 50 NHK手話ニュース	00★木曜スペシャル 「世界ビックリ大賞・第22弾」スモール&ビッグベイビー登場▽あの人は今!?世界一背が高い男と毛むくじゃら兄弟▽世界最高齢双子▽アクセサリー種族▽ちびっこ種族▽ビッグバスト美女▽洗濯機男▽火だるま男ほか 8.54 N天	00★上岡龍太郎スペシャル 「ミスターレディー50人決定版」梶原しげる潜入！Mrレディーの家族会議▽そーはいっても男じゃないか！東西腕相撲対決▽びっくり仰天！海外Mrレディー日本チン道中▽世界初！オカマサミット 島田紳助　大仁田厚ほか 8.54 N
8	00★Ⓢくらべてみれば 「おからVS米ぬか・残り物に福・意外な健康食対決」食物繊維は？ 40多字いつか、花嫁 高木美保　丹波哲郎ほか	00★ETV特集「ドイツ・その過去と未来・知識人は語る再統一は何をもたらしたか」 45 解説委員室 キャスター小室広佐子		
9	00 NHKニュース9 キャスター・石沢典夫 20 各地のN天 30 クローズアップ現代 「現代社会の深層を鋭くえぐる」国谷裕子	00 料理再「牛乳・チーズでおいしいおかず・鶏もも肉のチーズ焼き」 25 新やさしいマジック 「びん感わりばし&念動ピンポン」◇英会話	00 今夜のスペシャル 03★緊急生中継！全国警察犯罪捜査網　今夜あなたは目撃者!!▽密着取材!!暴力団取り締まり▽足抜け110番▽暴走族を追え!!▽夏山遭難!!山岳救助リポート▽ヘリと移動中継車で突発事件を緊急生リポート!!▽テレビ公開捜査 10.54スポーツ・アイランド	00 橋田寿賀子ドラマスペシャル 渡る世間は鬼ばかり 井下靖央演出 泉ピン子　藤岡琢也 山岡久乃　長山藍子 赤木春恵　中田喜子 野村真美　藤田朋子 植草克秀　角野卓造 沢田雅美　中条静夫 東山紀之ほか　P123 10.54Ⓢヒーロー
10	00 プライム10「青い自画像・山田かまちと若者たち」水彩デッサン美術館▽16年前の青春▽大学ノートの山P170 45 スポーツタイム	00 健康「漢方の治療・ほてり・冷え症」 15 おしゃれ工房「ロングスカートをカジュアルに・バランスで勝負」 40 英会話Ⅱ再　赤川裕		
11〜深夜0〜3	00 N天◇07各地のN天 10 視点・論点 20 ナイトジャーナル ▽こんなサラエボへようこそ ▽今夜読む本（書評） ▽詩集館　養老孟司 柏木博　秋尾沙戸子ほか 0.00 全国のN天（0.07）	00 NHK人間大学「文学この人生の愉しみ・私の文学の読み方」 中村真一郎 30 教育セミナー・ハローサイエンス再 「加速度運動」 八木一正 （0.01終了）	00 きょうの出来事 ▽N▽スポーツ▽天ほか 桜井良子　保坂昌宏 鈴木健　雲野右子ほか 55 EXテレビ「シティボーイズ」大竹まこと 斉木しげる　きたろう 0.55 N朝刊◇シャンプー 1.10Ⓢ新ミュージックバラエティー　P158 1.50◪映画「死の接吻」（47年米）ヘンリー・ハサウェー監督　ビクター・マチュア　ブライアン・ドンレビー　コリーン・グレーほか（字幕）　P136 3.49Ⓢ音楽◇青山演劇3.54	00 筑紫哲也ニュース23 ▽きょうのニュース ▽スポーツ23▽特集ほか 浜尾朱美　香川恵美子 0.30 ARIGA−10 0.40Ⓢ3丁目9番地 0.50 新ダウンタウン汁 ▽深夜のラジオトーク ▽OOGIRIダービー　今田耕司　130R 1.50新3匹のうさぎ◇乾杯 2.05映画「3−4X10月」（平成2年バンダイ、松竹富士）北野武監督 小野昌彦　ビートたけし　石田ゆり子 井川比佐志ほか　P136 3.52Ⓢおしえて（3.57）

平成5年

1993年

10月7日 木曜日

『渡る世間は鬼ばかり』の長い歴史の中で たった一度だけヒガシが出演した貴重な日

まずは、TBS夜の9時。21年間続いた超人気ロングドラマシリーズ『渡る世間は鬼ばかり』。この日は、藤岡琢也、山岡久乃のご両親もまだまだ元気な第2シリーズの中押しスペシャルです。しかもですね、番組欄のトメに少年隊の東山紀之の名前がありますが、500回になんなんとする『渡る世間～』の歴史の中で、彼が出演したのはこの回たった一度だけです。植草克秀、錦織一清の2人はそれぞれストーリーに組み込まれていて、結構ガッツリ出演していますが、ヒガシはこの一度だけ。かみ締めつつご賞味ください（ちなみに父親役の中条静夫の出演もこの時だけです）。

もうひとつTBS。ちょうど秋の特番期ということで、レギュラーの編成が見えにくいのですが、このころTBSは午後7時台に『ムーブ!』という日替わりの帯バラエティーを編成していまして、それがこの93年秋に『ザッツ!』という名前に変わってます。要はてこ入れなんですが、木曜日の『上岡龍太郎の男と女ホントのところ』は高視聴率により企画が継続しました。てなことで『上岡龍太郎スペシャル』なんていうボヤッとしたタイトルになってますが、内容はあるテーマで集めた50人から話を聞きだすという、今となっては定番の企画で、きわどいテーマ設定が持ち味でした。〝ミスターレディー〟という呼び方もなつかしいですね。今でこそオネエ系の方々が普通にテレビに出まくっていますが、このころはまだまだ新鮮でした。

テレビ朝日夜7時2分は、渡哲也主演の時代劇『四匹の用心棒』シリーズ第5弾。これが最終作になりました。テレビ東京夜7時は『TVチャンピオン』。この日はスペシャルなので2時間枠ですが、普段は1時間です。ところがこの2週間後の10月21日か

1993年10月8日号
秋の新番組超特大号
石田ひかり、筒井道隆主演で木村拓哉の出世作となった『あすなろ白書』（フジテレビ）は、10月11日にスタート。新番組ドラマ女と男「愛の関係図」掲載。

ら90分に枠を拡大します（90分枠最初の放送は歴代最高の視聴率20％超えを達成しています）。絶好調期と言っていいでしょう。NHK総合夜10時『プライム10』は山田かまちを特集しています。彼の水彩デッサン美術館ができたころで、ちょっとしたブームになっていましたね。

NHK夜8時40分の『いつか、花嫁』は、89年3月に終了した銀河テレビ小説の復活版となる『ドラマ新銀河』という枠で、93年の4月にスタート。月〜木の8時40分〜9時という帯ドラマです。この『いつか、花嫁』は5本目の作品で金子成人脚本で高木美保が主演しています。

そして『プロ野球ニュース』に「サッカーワールドカップ情報」の文字が。1993年はサッカーファンには忘れられない年でしょう。Jリーグがスタートし、日本中がサッカーブームに沸きました。翌年のアメリカワールドカップ初出場を目指す最終予選が行われたのがこの10月でした。もつれにもつれた最終予選。運命のイラク戦は10月28日の木曜深夜、ドーハで行われましたっけね。

最後駆け足で。テレビ朝日夜11時25分は、『KISS・KISS』。中山秀征、山田雅人司会の素人お見合いバラエティー。『ネオドラマ』の枠を引き継ぎ、現在も続くテレビ朝日の看板枠『ネオバラエティ』、最初の4本のうちの1本でした。TBS深夜0時50分の新番組『ダウンタウン汁』は、『ダウンタウン也』の後番組。トークと大喜利の2本立てでした。そして10月改編期だからなのか、映画がマニアックです。テレビ東京夜9時2分『木曜洋画劇場』は、ロックバンド、ブロンディのデボラ・ハリー主演B級スリラー『真夜中のラブコール　テレフォン・セックス殺人事件』。日本未公開でこれがテレビ初放送。日本テレビ深夜1時50分がまた渋くて、ヘンリー・ハサウェイ監督、ビクター・マチュア主演の『死の接吻』。これがデビュー作となったリチャード・ウィドマークが強烈な印象を残しました。ギャング映画というか、まあ日本で言うヤクザ映画です。そしてTBS深夜2時5分が北野武監督第2作『3－4×10月』（さんたいよんえっくすじゅうがつ）。これまた陰鬱な作品ですが、どれもそれなりに見ごたえがあってよく集めたなっていう感じです。

夜　6　7　8　9　10　11　深夜　0　1　2　3

⑧ フジテレビ

00 [N]スーパータイム
▽[N]▽[天]▽スポーツ
▽今日の出来事ほか
露木茂　安藤優子

00★今夜は！好奇心
「必見子役タレント奮戦記㊙我が子をスターにする方法」売れっ子子役・安達祐実▽父、母の苦労とは？◇58[N]

00★平成初恋談義
▽岡山と九州小倉の遠距離恋愛をしていた美木良介▽西田ひかるが会いたい女性!?
大仁田厚ほか◇54[二][N][天]

00Ⓢあすなろ白書
石田ひかり　筒井道隆
木村拓哉　鈴木杏樹
西島秀俊　加賀まりこ
田辺誠一　宮内順子ほか
P84◇54万才

00　特選！黒のサスペンス
「離婚」
結城昌治原作
万田久子　永島敏行
ベンガル　美保純
蛍雪次朗P89◇54四季

00　FNNニュースCOM

30　プロ野球ニュース
▽スポーツトーク・浅利純子▽F1▽一般スポーツハイライトほか

0.35ⓈJAB！

0.45Ⓢ寺内ヘンドリックス
▽1億2000万人総ギターリスト化計画P174

1.15Ⓢ音効さん
▽音ブリ▽絵を聴く、音を視る▽効果音楽ほか

1.45　アジアバグース！

2.15　マンデースポーツ
「全日本体操競技種目別選手権大会」
～町田市総合体育館

3.15流行[再]◇Ⓢ[天]（3.25）

⑩ テレビ朝日

00　ステーションEYE
▽きょうのニュース
▽[天]▽スポーツほか
渡辺宜嗣　蓮舫

00　アニメ・嵐を呼ぶ園児クレヨンしんちゃん
お注射はキライだゾP61

30★邦子徹のあんたが主役
「運動会&七五三」
八名信夫　渡辺美奈代

00Ⓢ愛してるよ！「いじめパーティー」田原俊彦
安達祐実　南野陽子
岸部一徳　渋谷琴乃
寺田光希　渡辺いっけいほか P84◇54見聞

00★たけしのTVタックル
「新日本ストレス奇行」年代・職業別解消法▽実験・ストレスのたまる風景▽人体への影響は!?ほか◇54Ⓢ車窓

00Ⓢニュースステーション
▽きょうのニュース
▽きょうのスポーツ
▽きょうの特集
▽きょうの円相場
▽CNN▽[天]ほか
久米宏　和田俊
小宮悦子　坪井直樹

11.15　大相撲ダイジェスト
「9日目」松ケ根

45Ⓢザ・ホテル「トルコ」

11.52　トゥナイト
▽ホットアングル
▽月曜特集ほか
利根川裕　玉利かおる

0.47　CNNヘッドライン
キャスター・吉野三香

0.57ⓈH・I・P
▽スターたちのニュース▽エンターテインメントニュース▽先週末映画興行成績ランキング あいざわかおり
（1.07終了）

⑫ テレビ東京

00Ⓢリトルツインズ「感謝祭の夜の出来事」

30Ⓢ愛ラブSMAP！電撃キッズ隊

00　拝見！スターの晩ごはん「藤波辰爾のパパぶりをチェック!!」

30★月曜特集「平成コメ騒動・あなたが知らないコメの裏側」政府米、自主流通米、ヤミ米が消費者に届くまで▽食管制度の不思議▽町の米屋さん事情▽正しいごはんの炊き方実践ほか

8.54くらし「子供の情緒」

00　名門・パープリン大学日本校　外国人は日本人と中国人の顔を見分けられる？▽パー大中間テスト②ほか（予定）

54Ⓢ大好き・横浜！

00Ⓢファッション通信
「'94春夏東京コレクション」①　大内順子

30ⓈTHEフィッシング
「ウワサをブッ飛ばせ検証・琵琶湖のバス」

00　[N]サテライト　三極・経済政治[N]▽経済特集▽内外スペシャルインタビュー▽企業情報ほか

50　スポーツTODAY
▽スポーツ説法
▽大相撲九州場所ほか
池谷亨　土川由加

0.30　平成女学園

0.40Ⓢモグラネグラ
ゲスト宍戸ルミP100

1.30　TXときめき情報[再]

1.40　夜の名店街

2.10Ⓢ黒BUTA天国
▽オールスターズ尻文字に挑戦▽美容相談室
三宅亜衣ほか　P174

2.40　歌謡ブレイク　2.45

1993年11月15日月曜日

夜	① NHKテレビ	③ NHK教育	④ 日本テレビ	⑥ TBSテレビ
6	00 イブニングネット ▽ニュース・スポーツ ▽07列島リレー▽30首都圏[N]▽53[天]◇58案内	00Ⓢ天才てれびくん「恐竜惑星・総集編」◇歌 30[二]素晴らしき日々「791回目の勝負」◇クレイ	00 ニュースプラス1 ▽きょうの[N]▽特集 ▽30スポーツ▽[天]ほか 真山勇一 桜田順子ほか	00[二]ニュースの森 ▽[N]▽[天]▽スポーツほか キャスター・杉尾秀哉 久和ひとみ 安東弘樹
7	00[二]NHKニュース7 ▽きょうの[N]▽スポーツ▽特集▽経済▽[天]ほか 川端義明 桜井洋子 小平桂子アネット 高田斉◇57テレマップ	00 ハングル講座[再]「もうすぐです」原谷治美 20 NHKみんなの手話 「温泉は大好きです・旅行」石原茂樹 50 NHK手話ニュース	00Ⓢ追跡 「離れの宿」(予定) 青島幸男 高見知佳ほか 30 コボちゃん お相撲コボちゃん2▽やっと手にしたTVゲーム P63	00★ザッツ!PAPAパラダイス 大安吉日!感慨にふける新婚花嫁の父▽お父さんへのありがとう▽仙台・親子三代のお坊さんほか◇54[N]
8	00★Ⓢ生きもの地球紀行 「ロシア北極海の夏・いざカリフォルニアへ鳥たちは旅立つ」 40[多][字][新]帰ってきちゃった 酒井法子 林隆三 P93	00★ETV特集 「テレビは時代を予見できるか・世界テレビ映像祭in愛知」 45 解説委員室 キャスター小室広佐子	00★世界まる見え!テレビ特捜部 空飛ぶ水鉄砲▽サーフィンプール▽史上最強の掟破り男▽かぶりもの村伝説▽犯罪スレスレほか◇54[N][天]	00[字]水戸黄門「女たちの復讐」佐野浅夫 あおい輝彦 伊吹吾朗 中谷一郎 高橋元太郎 由美かおる 野村将希 南条玲子ほか P89◇54[N]
9	00 NHKニュース9 キャスター・石沢典夫 20 各地の[N][天] 30 クローズアップ現代 「現代社会の深層を鋭くえぐる」国谷裕子	00 きょうの料理[再]「チャレンジクッキング・アジの姿焼き」柳原一成 25Ⓢアイラブクラシック 「音楽の持つ不思議な力」◇55ミニ英会話	00★Ⓢスーパーテレビ 「ザ・芸能界の裏側」 飯島愛2世VS聖子2世 ▽女子高制服アイドル ▽ダチョウVS松村▽涙の演歌歌手◇54Ⓢ花心	00Ⓢ月曜ドラマスペシャル 「大災難」 関根俊夫脚本 大木一史演出 渡辺謙 矢崎滋 室井滋 六平直政 今いくよ・くるよ 福森加織 石尾吉達 久保田健太郎 小池朋子 溝口敏成 角野卓造ほか P81
10	00[字]Ⓢふたりのビッグショー「森進一・桂銀淑」 ハスキーボイスで聴かせる2人の魅力あふれるステージ P97, 100 45 スポーツタイム	00 健康「心筋こうそくの治療」吉川純一 15 おしゃれ工房「京都の伝統を楽しむ・とっておきの風景」山本建三 40 英会話Ⅰ[再]ヘルゲ丸山	00★ハトがでますよ! ▽大橋巨泉のマイウェイ人生▽日本人のレジャー観を変える多趣味 高杢禎彦 松本明子ほか 54 スポーツ・アイランド	10.54Ⓢヒーロー
11	00 [N][天]◇07各地の[N][天] 10 視点・論点 中村靖彦 20 ナイトジャーナル ▽3代で財産がなくなるってホント? ▽今夜読む本(書評) ▽詩集館 安原顕 大月隆寛 秋尾沙戸子	00 NHK人間大学 「ヒトと技術の倫理・〝苦海浄土〟人間性への問い」加藤尚武 30 教育セミナー・歴史でみる世界[再] 「イスラムの大国」 後藤明	00 きょうの出来事 ▽[N]▽スポーツ▽[天]ほか 桜井良子 保坂昌宏 鈴木健 雲野右子ほか 55 EXテレビ ▽ヒットパレードほか 村田昭治 南美希子ほか	00 筑紫哲也ニュース23 ▽きょうのニュース ▽スポーツ23 ▽きょうの特集ほか 浜尾朱美 香川恵美子 池田裕行 有村かおり
深夜 0	0.00 全国の[N][天](0.07)	(0.01終了)	0.55 [N]朝刊◇シャンプー 1.10 鶴瓶上岡パペポTV	0.30 ARIGA−10 0.40Ⓢ3丁目9番地 0.50 ドキュメントD・D 「現代ニッポンの人間模様を徹底取材」
1			2.05Ⓢ映画「ランページ―裁かれた狂気」(1987年アメリカ)ウィリアム・フリードキン監督	1.20 赤坂お笑いオールスターライブ ホンジャマカ バカルディほか
2			マイケル・ビーン アレックス・マッカーサー ニコラス・キャンベルほか(字幕) P68	2.20ⓈP−KISS! ▽カントリー特集▽シングルベスト10 P101 2.50Ⓢおしえて (2.55)
3			4.04Ⓢ音楽◇WGCC4.09	

平成5年

1993年

11月15日 月曜日

セリフの胸キュン度合いもハンパない…思い出すだけでも切ない『あすなろ白書』

この日は七五三。この年七五三を祝ったあなたもそろそろ30代というところでしょうか。恋してますか？

この日もドラマ史に残る名作が放送されています。フジテレビ夜9時『あすなろ白書』。柴門ふみ原作、北川悦吏子脚本、プロデュースは亀山千広、そして主題歌は藤井フミヤの『TRUE LOVE』。名作・ヒット作ぞろいの90年代前半の中でもひときわ重要なラブストーリーの傑作です。柴門ふみ原作ということで前評判も高かったのですが、さらに期待を超える出来映えで、大ヒットドラマとなりました。まだまだ新進気鋭だった北川悦吏子脚本の切れ味は尋常ではなく、非常に密度の濃いドラマでした。セリフの胸キュン度合いもハンパないです。

この日はちょうど折り返しの第6話。前半のクライマックスで、視聴率もここまでの最高を記録しました。まだ学園ドラマの雰囲気を残していた前半から、シリアスな人間ドラマへと趣を変えるターニングポイントとなる回でした。5人全員に見せ場があります（あのクリスマス・イヴの回ですよっ！）。掛居くんとの別れが決定的になるラストシーンのなるみ（石田ひかり）がいいんだ。それと木村拓哉の取手くんがまた切ないの。あー、また見たくなっちゃったなぁ。

そしてもう1本見逃せない番組があります。フジテレビ深夜0時45分、孤高の音楽番組『寺内ヘンドリックス』。たった半年しか放送されませんでしたが、長いテレビ番組の歴史の中でもおそらく唯一の「エレキギターバラエティー」です。全編〝おふざけ〟

1993年11月19日号
表紙・石田ひかり、西島秀俊、鈴木杏樹、木村拓哉、筒井道隆
恋愛と友情の狭間で揺れる若者たちの苦悩や喜びが多くの感動を生んだ大ヒットドラマ。

という体裁をとりながら、作り手たちのエレキギターに対する愛情は番組中ひとかけらも揺るぐことはなく（水着のモデルがギターの名器と絡む〝ギターフェチの女〟なんていうコーナーであってさえも）、それがゆえにめったにテレビではお目にかかれない有名ギタリストたちが次々に出演して音楽ファンを喜ばせたのでした。エンディングの『十番街の殺人』（ｂｙベンチャーズ）のさわやかな音色が今も耳に残ります。

ＴＢＳ夜７時の『ザッツ！ＰＡＰＡパラダイス』は関口宏司会の父親バラエティー。『東京フレンドパーク』と『東京フレンドパークⅡ』の完全なつなぎです。テレビ東京９時『名門・パープリン大学日本校』は、テリー伊藤演出で、芸人たちにムチャぶりをしたり、体を張った調査・研究をさせ、それを報告するというダチョウ倶楽部司会の番組。相当好き勝手をやっていた番組のようです。案の定（？）３カ月で打ち切りとなり、千昌夫が日本各地の家庭を訪ねる『千昌夫の評判家族探訪』という番組に変わりました（何か文章で読むだけだと、『水曜日のダウンタウン』と『鶴瓶の家族に乾杯』に似てますね）。そして日本テレビ夜10時の『ハトがでますよ！』は読売テレビ制作のトーク番組。こちらも司会は関口宏。売れてますね。そしてゲストは大橋巨泉です。テレビ朝日夜８時『月曜ドラマイン』枠は、田原俊彦主演の学園もの『愛してるよ！』。共演は南野陽子、安達祐実。脚本は『教師びんびん物語』の矢島正雄でした。

最後にＴＢＳ深夜の『赤坂お笑いオールスターライブ』になつかしい名前がありますね。ホンジャマカとバカルディは、このころよく一緒に番組に出ていました。この年の９月までフジで『大石恵三』という一種の〝冠番組〟まで持っていたのですが、最終的に決定的なブレイクを果たすことなく、両グループともしばらく低迷しました。しかしその後ホンジャマカは個々の活動を続ける中で次第にポジションを獲得（『東京フレンドパークⅡ』は２人で出てたけど）、バカルディは２０００年に「さまぁ～ず」と改名後、遂にブレイクを果たします。

[8] フジテレビ	[10] テレビ朝日	夜	[12] テレビ東京
00 [N]**スーパータイム** ニュース▽視聴者情報 ▽特報▽スポーツ▽[天] 露木茂　松山香織	00 **ステーションＥＹＥ** ▽きょうのニュース ▽[天]▽スポーツほか 渡辺宜嗣　蓮舫	6	00Ⓢ**ラッキーマン**「バードマンでラッキー！」 30 **タートルズ**　タートルズ・イン・ジャングル
00 **ドラゴンボールＺ** 「大誤算!! サタンVS３人の超戦士!?」　P76 30★**志村けんはいかがでしょう**　縁側の老人▽変質者ほか　梅宮辰夫◇[N]	00★**目撃！ドキュン**「カツオラーメン！全国制覇への挑戦」田中律子ほか 30 **水曜特バン！** 「激走！芸能人VS名人運転王日本一」難関車	7	00★**いい旅・夢気分**「千葉養老渓谷と外房の旅」春満開！太海フラワーセンター▽芥川龍之介ゆかりの宿・一宮町ほか 54 **いき粋タウンすみだ**
00 **鬼平犯科帳** 「市松小僧始末」 中村吉右衛門　多岐川裕美　春風亭小朝 長与千種　長尾豪二郎 P106◇54[N][天]	庫入れ▽恐怖の高速体験▽無免許レース▽運転王決定ほか　中尾ミエ 安岡力也　斉木しげる 神田正輝ほか　P124 8.54Ⓢ**ＮＯ**◇Ⓢ**京都が好き**	8	00★**元気増進！健康堂本舗** 「視力回復」中国式眼の体操で視力増強▽噂の視力回復法▽ヤツメウナギの効能は？ほか 54 **くらし**「紫外線」③
00 **警部補・古畑任三郎** 「VS中村右近」 三谷幸喜脚本 河野圭太演出 田村正和　堺正章 西村雅彦P71◇54**万才**	00 **はぐれ刑事純情派**「お時間ありますか？駅に立つ女」藤田まこと 梅宮辰夫　真野あずさ 島田順司　大場久美子 清水紘治P106◇車窓	9	00★**食キングクイズ！地球まるかじり**「池上線」 ▽ニュージーランド人の焼き鳥屋▽肉まんにこだわる中華料理店ほか 54 **ここがスキ**◇57[天]
00★**タモリのスーパーボキャブラ天国**　クイズ!! 100人がボキャブリましたほか　田中義剛 川合俊一　奥山佳恵 大島渚ほか◇54Ⓢ**Ｊ**	00Ⓢ**ニュースステーション** ▽きょうのニュース ▽きょうのスポーツ ▽ＣＮＮ▽[天]▽特集ほか 久米宏　和田俊 小宮悦子　坪井直樹	10	00 **ドキュメンタリー人間劇場**「野球審判のおばさん・下町でマスクかぶって15年」 語り手・池波志乃 54Ⓢ**ルート66**
00 **ニュースＪＡＰＡＮ** ▽ニュースゾーン ▽ＪＡＰＡＮゾーン ▽プロ野球[N]・ヤ×横中×巨、神×広、日×西、オ×ロ、ダ×近ほか 安藤優子　宮川俊二ほか 0.20Ⓢ**ＲＯＯＭＳ** 0.35Ⓢ**Ｍｒワトソン** 「創作文」久保田達也 0.45Ⓢ[新]**シチリアの龍舌蘭** ▽ＣＧ合成近未来バーチャル・リアリティードラマ　栗原絵美 1.15Ⓢ[新]**ＳＷＩＴＣＨ** 「ラフィング」 キャイーン　ヒロミほか 1.45Ⓢ[天]　（1.50終了）	11.18Ⓢホテル「ローマ」 25 **福ぶくろ**　ホンジャマカのウハウハ名古屋編ディスコで美女▽久本雅美〝夜の親善大使〟国際カップルほかP193 11.55**トゥナイトⅡ**◇**ＣＮＮ** 1.00Ⓢ**Ｈ・Ｉ・Ｐ** 宇田川綾子　松田千奈 1.10Ⓢ**ＭＥＷ**「上野アメ横で春を見〜つけた!!」 ▽食＆服＆靴選び！ほか 1.40**森脇健児の切磋たく丸** 「復活!?若井はやと」 2.40[二]映画「底抜け再就職も楽じゃない」（81年米）ジェリー・ルイス P86　（4.31終了）	11 深夜 0 1 2 3	00 [N]**サテライト**　三極・経済政治[N]▽経済特集 ▽海外現場生報告ほか 50Ⓢ素顔のスター 55 **スポーツＴＯＤＡＹ** ▽プロ野球全試合結果 ▽今日のスポーツほか 梅津智史　佐々木明子 0.35　平成女学園 0.45　ＴＸときめき情報[再] 0.55Ⓢ**ＭＵＳＩＣ　ＩＮ　ＣＬＵＢ** 1.50Ⓢ**ミュージック最前線** ナフナほか　P116 2.20　大江戸捜査網[再]「祭りに咲いた夫婦花」 松方弘樹　瑳川哲朗ほか 3.20Ⓢ歌謡ブレイク　3.25

▶1994年4月20日水曜日

夜	①NHKテレビ	③NHK教育	④日本テレビ	⑥TBSテレビ
6	00 **イブニングネット** ▽ニュース・スポーツ▽07列島リレー▽30首都圏[N]▽53[天]◇59案内	00Ⓢ**天才てれびくん**「ポコ・ア・ポコ」◇25Ⓢ歌 30[二]**フルハウス** 「地上最大の誕生日」	00 **ニュースプラス1** ▽きょうの[N]▽特集▽30スポーツ▽[天]ほか 真山勇一 木村優子ほか	00[二]**ニュースの森** ▽[N]▽[天]▽スポーツほか キャスター・杉尾秀哉 久和ひとみ 安東弘樹
7	00[二]**NHKニュース7** ▽きょうの[N]▽スポーツ▽特集▽経済▽[天]ほか 川端義明 桜井洋子 小平桂子アネット 高田斉◇57テレマップ	00 中国語会話[再]「ウォーミングアップ」 20 **シルバー介護**「知っておきたい福祉サービス③ 施設利用」 50 **NHK手話ニュース**	00★**どちら様も!!笑ってヨロシク** ダジャランク▽クイズ普通の人々▽ワタシ母よねー▽時限爆弾クイズほか 江川卓 伊集院光ほか◇56所の所	00Ⓢ**プロ野球〜ナゴヤ** [中日]×[巨人] 解説・張本勲 牛島和彦 実況・後藤紀夫 (最大延長9.24まで、以降の番組繰り下げ) 【中止のとき】 7.00美人スチュワーデスご推薦!全国うまい店決定版!!
8	00★Ⓢ**はるばると世界旅** 「新月の夜、息子たちが帰って来る・マレーシア・カンポン」 40[多][字]**企業病棟** 後藤久美子 郷ひろみ	00 **ETV特集** 「クリスタ・ヴォルフ[前] 引き裂かれた空」 三島憲一 45 **きょうの健康** 「接触皮膚炎」	00★**クイズ世界はSHOW・BYショーバイ!!** 「ポカポカの商売」 ▽ポナペ・ハンモックを持つ人の職業は?ほか 小林幸子ほか◇54[N][天]	8.54 [N]
9	00 **NHKニュース9** キャスター・石沢典夫 20 **各地の[N][天]** 30 **クローズアップ現代** 「現代社会の深層を鋭くえぐる」国谷裕子	00 きょうの料理[再] 「チンゲンサイの牛肉ネギソース」白井操 25 **ヨーガ健康法**「自律神経と呼吸を整える」 番場一雄ほか◇55英会話	00Ⓢ**とんねるずの生でダラダラいかせて!!** (予定される内容) ▽ミニサッカー対決!FCのりのVSソクラテス 勝俣州和◇54Ⓢ風	00 **情報スペースJ** ▽今週のトップリポート・最新の興味に緊急挑戦▽実可子スポーツ・注目の選手に迫る▽J特集・鋭いテーマを長期取材▽越前屋経済 福島敦子 下村健一ほか
10	00★Ⓢ**疲労回復テレビ** 「ギックリ腰」 ゲスト・蔵間 伊東四朗 竹下景子 内海桂子 永作博美ほか 40 **スポーツタイム**◇[N][天]	00 **視点・論点** 宮崎勇 10 **おしゃれ工房**「かろやかに春のヘア・日常のヘアケア」馬場詠子 35[二]漢詩紀行 40 初めてビジネス英語[再]	00Ⓢ**出逢った頃の君でいて** 内館牧子原作・脚本 陣内孝則 風間トオル 酒井法子 加賀まりこ 中川安奈ほか P101 55 **きょうの出来事** ▽今日の[N]▽特集▽[天] 桜井よしこ 保坂昌宏	10.25★Ⓢ**浪漫紀行・地球の贈り物**「ナイルに消えたヌビア黄金文明」 54Ⓢ**スポーツホットライン**
11	00 **NHKニュース11** キャスター・藤田太寅 15 **にんげんマップ** 「〝世界のガモ〟が帰ってきた」蒲生晴明 司会・星野仙一 11.45 **列島リレー**「緑の文化財を診る・京都」 0.00 **全国の[N][天]**(0.07)	00 **NHK人間大学** 「森と文明・ノアの大洪水と都市文明の誕生」安田喜憲 30 古典への招待[再] 「平安時代・文学・くらし③ 紫式部と女流文学」杉本苑子 (0.01終了)	11.25Ⓢ**どんまい!!スポーツ&ワイド** 今日の巨人軍▽プロ野球&Jリーグ▽芸能情報ウソはナシ元▽早刷りナマ報知▽特集満載ほか 梨元勝	00 **筑紫哲也ニュース23** ▽きょうのニュース ▽スポーツ23▽特集ほか 浜尾朱美 香川恵美子 池田裕行 有村かおり
深夜 0〜3			0.40Ⓢダンス X−S◇45[N] 0.55ⓈM−3「シチュエーション別ランキング」 P117 1.10◪映画「嵐の孤児」 (1921年アメリカ)D・W・グリフィス監督 リリアン・ギッシュ ドロシー・ギッシュほか (活弁)P86 (3.57)	0.30Ⓢ敷2礼2 0.40 TOUCH ME 0.50**ダチョウ舌調ナイト!** ▽過激な質問にカップルたちはア然! 司会・ダチョウ倶楽部 1.20[二]**ドキュメントUSA** ▽町を明るくした薬▽エイズを描くエイガ▽7つの顔を持つ女▽引っ越しをした町P193 2.15Ⓢおしえてア・ゲ・ル 2.20アジア大会'94 (2.25)

平成6年

1994年

4月20日 水曜日

三谷幸喜のオリジナル脚本の圧倒的な面白さ テレビ史に残る傑作『警部補・古畑任三郎』

15日前の4月5日にニルヴァーナのカート・コバーンが自殺し、11日後の5月1日にＦ１サンマリノグランプリでアイルトン・セナが激突死した、そんな１９９４年の4月20日。これまたテレビ史に残る傑作ミステリードラマが放送されていました。三谷幸喜脚本、田村正和主演の『警部補・古畑任三郎』。無類の面白さで大きな人気を集め、続編のレギュラーシリーズがシーズン３まで放送されたほか、スペシャルで引き継がれて、最終的に２００６年正月のファイナル３部作まで12年間にわたって放送される長期シリーズとなりました。オリジナルによる純粋な謎ときミステリーというもの自体連続ドラマとしては異色ですが、それがこれだけ大きな成功を収めたというのは、ほかにはほとんど例がありません。

田村正和が入念な役作りで挑んだ主人公・古畑任三郎の抜群のキャラクター性、犯人役の豪華なゲスト陣の魅力など、人気の理由はいくつもありますが、最大の功績はなんといっても毎回ディテールまでピシッと目配りされたストーリーの面白さでしょう。あらかじめ犯人が分かっている倒叙形式や、犯人はいわゆる成功者であることが多い点など、『刑事コロンボ』を下敷きとしている部分は多いですが、ドラマの成功は明らかに三谷幸喜によるオリジナル脚本の面白さに依っていると言い切れると思います。特にこの日の第2話「ＶＳ中村右近」は、この台本を読んで田村正和が出演を決めたとも言われるシリーズ全作の中でも白眉とされる1本。堺正章扮する大御所歌舞伎俳優・中村右近と古畑の駆け引きは、まさにスリル満点。ラストのお茶漬けのくだりのしびれるような快感は、今でも忘れられません。

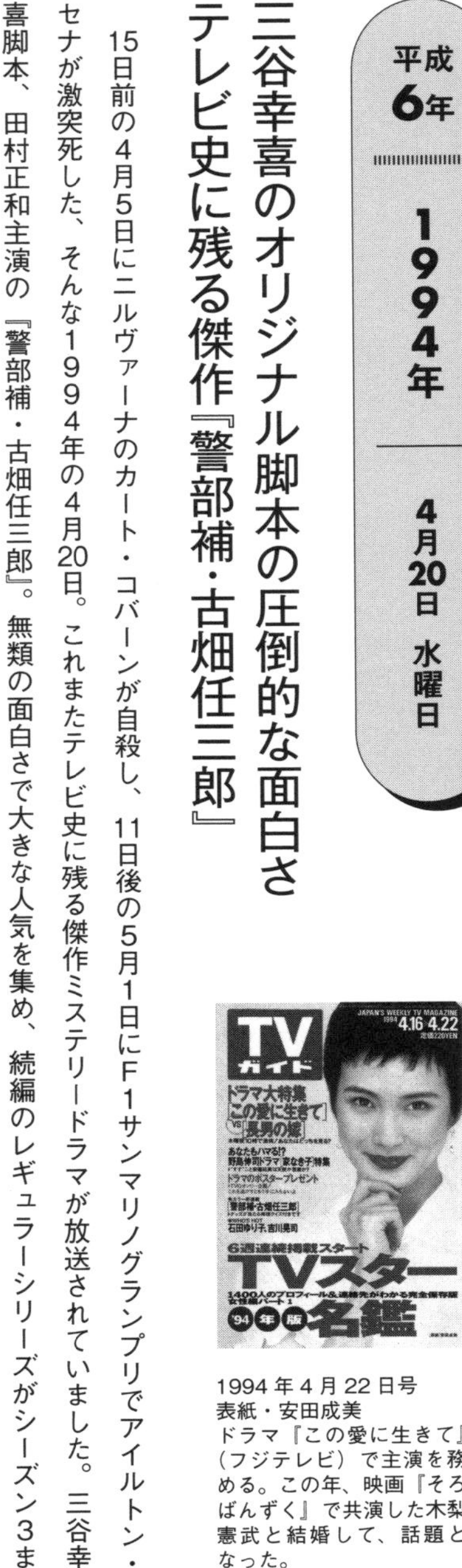

1994年4月22日号
表紙・安田成美
ドラマ『この愛に生きて』（フジテレビ）で主演を務める。この年、映画『そろばんずく』で共演した木梨憲武と結婚して、話題となった。

この1994年4月クールのドラマは『古畑任三郎』のほかにも野島伸司企画『家なき子』（日本テレビ）、大石静脚本『長男の嫁』（TBS）、野沢尚脚本『この愛に生きて』（フジテレビ）、矢沢永吉主演（！）『アリよさらば』（TBS）など、ヒット作・話題作が目白押しでした。主題歌もすごくて、中島みゆき、DREAMS COME TRUE、trf、そしてもちろん矢沢永吉と、ビッグネームが並んでいたのですが、この日の日本テレビ夜10時『出逢った頃の君でいて』も内館牧子脚本、竹内まりや主題歌というなかなかの顔ぶれ。『星の金貨』の1年前で、酒井法子の本格的な恋愛ドラマはまだ珍しかったころ。それなりに話題になっていました。再放送は難しいのかな。

TBS夜7時はナゴヤ球場でプロ野球『中日×巨人』。この年の10月8日に、やはりナゴヤで同率最終決戦をすることになる因縁のカード。この日は桑田で巨人が快勝、プロ2年目の松井が第4号を放っています。フジテレビ夜10時『タモリのスーパーボキャブラ天国』は、〝スーパー〟がついてから2回目の放送。ザ・ビートルズの『イエスタデイ』をボキャぶった「上下でェ〜」がオンエアされた回です。テレビ朝日深夜1時の『H・I・P』は10分の帯情報番組ですが、結構長く続いたので覚えている人も多いでしょう。HIPPERSと称した女性タレントが日替わりで出演していましたが、この時期のメンバーには浜崎あゆみと遠峯ありさこと後の華原朋美がいました。

最後にもうひとつ。テレビ朝日夜9時の『はぐれ刑事純情派』に大場久美子がゲスト出演していますが、同時に昼3時の再放送『傑作サスペンス劇場・濡れた心』でも主演しています。まあこういうことならたまに起こりますが。加えてこの日の前日、彼女は自らの自己破産申告について記者会見を行い、日テレ『ルックルックこんにちは』『ザ・ワイド』、TBS『モーニングEYE』『スーパーワイド』、フジ『おはよう！ナイスデイ』『タイムアングル』、テレ朝『新やじうまワイド』『スーパーモーニング』とすべてのワイドショーで取り上げられ、この日の朝刊の番組表で計10番組に名前が掲載されています。こういうのはちょっと珍しいです。

⑧フジテレビ

00 Nスーパータイム ニュース▽視聴者情報▽特報▽スポーツ▽天 露木茂 松山香織

00字サザエさん再 いつもの癖で▽表の顔、裏の顔▽和尚さんは人気者

30 火曜ワイドスペシャル「世界の王者に挑戦！メダリストVS芸能人真剣勝負ｉｎハワイ」▽陸上競技▽ゴルフ▽競泳▽ビーチバレーほか ベン・ジョンソン エイミー・ベンツＰ１０９

8.54 N天

00★Sなるほどザワールド「ピンクのヨーロッパ幸せ招きツアー」ダチョウ倶楽部 森口博子 小堺一機 マルシア 堺正章ほか◇54万才

00★三枝の愛ラブ！爆笑クリニック「探偵夫婦特集」探偵のくせに方向音痴の妻▽かまってくれない夫▽頼りない妻 横山ノック◇54なにげ

00 ニュースＪＡＰＡＮ ▽N▽プロ野球N・巨×中、横×神、広×ヤ、ロ×近▽W杯サッカー▽大相撲名古屋場所▽ツール・ド・フランス

0.20SＲＯＯＭＳ

0.35SＭｒワトソン

0.45S文学ト云う事 斜陽

1.15 ＮＯＮＦＩＸ「東京最後の日」

2.10 企業最前線再

2.15ドキュメンタリー大賞「青春の軌道」Ｐ１７９

3.10二新ヒル・ストリート・ブルース 共犯容疑

4.05S天 藤谷美和子 ウィンク（4.10終了）

⑩テレビ朝日

00 ステーションＥＹＥ ▽きょうのニュース▽天▽スポーツほか 渡辺宜嗣 蓮舫

00 さんまのナンでもダービー キャスターボブスレー▽江戸のかご屋▽元ヤンキー抱き付き 黒木瞳 中居正広 草彅剛ほか Ｐ50◇54ＴＶ

00 先生はワガママ 名取裕子 京本政樹 長瀬智也 松岡昌宏 高橋かおり 渋谷琴乃 原知宏 阿知波悟美 鈴木蘭々ほか Ｐ85◇京都

00★これは知ってナイト「夏を先取り！北海道冒険の旅」感動！氷のトンネル▽幻のイトウ釣り▽北の川に砂金!?▽鯨に会えた！◇車窓

00Sニュースステーション ▽きょうのニュース▽きょうのスポーツ▽きょうの特集▽きょうの円相場▽ＣＮＮ▽天ほか 久米宏 和田俊 小宮悦子 坪井直樹

11.15 大相撲ダイジェスト「10日目」解説・北陣

45Sホテル「ベネチア」

11.52 トゥナイトⅡ 司会・石川次郎 雪野智世

0.47 ＣＮＮヘッドライン

0.57SＨ・Ｉ・Ｐ 池田笑子 織江静華

1.07Sオ・ト・ナにして ブルーボーイほか

1.37アポロ伝説 小宮悦子

1.42探偵！ナイトスクープ 上岡龍太郎 岡部まり 桂小枝 越前屋俵太 清水圭ほか（2.44終了）

⑫テレビ東京

00 覇王大系リューナイト「再会！グラチェス」

30Sゲーム王国 江戸家小猫 島崎和歌子ほか

00Sプロ野球〜横浜 横浜×阪神 解説・山崎裕之 実況・四家秀治 リポーター・千年屋俊幸 梅津智史【中止のとき】映画「ドンマイ」（平成２年テレビ東京）神山征二郎監督 桃井かおり 永島敏行

8.54くらし「夏休み計画」

00★開運！なんでも鑑定団 ▽プレスリーの赤いローブ▽七福人の絵▽島崎和歌子のプロモーショングッズ▽コイン

54 おばあちゃん

00★情報！ソースが決め手「とっておきのリフォーム大特集」マニアのリフォームは？▽収納上手はリフォーム上手

54SＬＯＶＥＲＳ

00 Nサテライト 経済特集▽三極・経済N▽欧米ビジネスリポートほか

50S素顔のスター

55 スポーツＴＯＤＡＹ ▽プロ野球全試合結果 司会・梅津智史 横井ひろみ

0.35 平成女学園

0.45Sモグラネグラ「老人パフォーマンスドール結成」 Ｐ１０１．１７９

1.30大井競馬ダイジェスト

1.40Sおんなのこ探偵団 ▽最新音楽情報満載!! 松野大介 樋口沙絵子

2.35S歌謡ブレイク（2.40終了）

1994年7月12日火曜日

夜

①NHKテレビ

00 イブニングネット ▽ニュース・スポーツ▽07列島リレー▽30首都圏[N]▽53[天]◇59案内

00[二]NHKニュース7 ▽きょうの[N]▽スポーツ・W杯サッカー速報▽特集▽経済▽[天]ほか 川端義明 桜井洋子 村山貢司◇テレマップ

00ⓈNHK歌謡コンサート 前川清 石川さゆり 宇崎竜童 堀内孝雄 しばたはつみほか P100

40[多][字]ゆっくりおダイエット 宮本信子ほか

00 NHKニュース9 キャスター・石沢典夫

20 各地の[N][天]

30 クローズアップ現代「現代社会の深層を鋭くえぐる」国谷裕子

00★Ⓢスポーツ100万倍「一球が決めた逆転劇・稲尾VS長嶋」日本シリーズ史上に残る名勝負! 稲尾和久ほか

40 スポーツタイム◇[N][天]

00 [N]11◇15人間マップ「私の愛する日本文化」アレックス・カー

45 列島リレー茶どころに見るブルーベリーの郷

0.00 全国の[N][天]

0.05Ⓢ'94W杯サッカー・準々決勝 田中孝司(延長の場合あり) 1.50

③NHK教育

00Ⓢ天才てれびくん「ジーン・ダイバー総集編」

30Ⓢ地球SOSそれいけコロリン 相原勇

00 イタリア語会話[再]「何をするの?」

20 こどもの療育相談「家族の心がまえ・大事な母子関係」

50 NHK手話ニュース

00★ETV特集「アートは未来を予見する[後] 地球時代へむけて」

45 健康「最近の婦人科治療・子宮がん」

00 きょうの料理[再]「アジの香味酢がけ」斎風瑞

25 茶の湯入門・武者小路千家「略盆点前」千宗守ほか◇55英会話

00 視点・論点 福田秀夫

10 工房「脱おばさん宣言!夏美人・季節を楽しむさわやかメーク」

35[二]漢詩「陳叔宝・杜牧」

40 やさしい英会話[再]

00 NHK人間大学「日本の水を考える・不思議な物質・水」宇井純

30 教育セミナー・歴史でみる日本[再]「南北朝の動乱」伊藤喜良

(0.01終了)

④日本テレビ

00 ニュースプラス1 ▽きょうの[N]▽特集▽30スポーツ▽[天]ほか 真山勇一 木村優子ほか

00★Ⓢなんだろう!?大情報!「初めてのおつかい」泣き虫クンの大冒険▽おつかいは恋のはじまり▽怪物に出会った3歳クン◇Ⓢおまけ

00[字]江戸の用心棒「馬の脚めざし一匹三千両」高橋英樹 八千草薫 高樹沙耶 穂積隆信 石倉三郎ほか(内容変更場合あり) P90◇[N][天]

00 今夜のサスペンス

03[多]火曜サスペンス劇場「移動指紋・無実の殺人事件のアリバイを死んでも言えない窓ぎわ会社人間の絶体絶命」佐野洋原作 渡辺善則脚本 長尾啓司監督 橋爪功 范文雀 高橋長英 横山道代 塩野谷正幸ほか P82

10.55桜井よしこの[N]出来事 ▽今日の[N]▽特集▽[天]

11.25Ⓢどんまい!!スポーツ&ワイド 巨×中詳報▽横×神、広×ヤ、ロ×近▽大相撲▽島田紳助のサルでもわかるニュース・ロシアの現状 飯島愛ほか(予定)

0.40Ⓢダンス X−S◇45[N]

0.55ⓈM−2 すかんち 西田ひかる P101

1.10Ⓢ映画「悪魔のいけにえ3 レザーフェイス逆襲」(1989年米)ジェフ・バー監督 ケン・フォー ケート・ホッジ ウィリアムス・バトラーほか字幕 P70 2.49

⑥TBSテレビ

00[二]ニュースの森 ▽[N]▽[天]▽スポーツほか キャスター・杉尾秀哉 久和ひとみ 安東弘樹

00 ウェディングベル「京都大会」建都1200年!伝統を腕一本で守る若き職人たち▽全国から美女殺到!京都で暮らしたい!!◇ⓈET

00★そこが知りたい「稼ぎます!育てます!東京の頑張る奥さん」ショベルカーママ▽1日3つの掛け持ちパート▽早朝やさい配達◇54[N]

00Ⓢ毎度ゴメンなさぁい 松雪泰子 保阪尚輝 反町隆史 村上淳 笹峰愛 雛形あき子 森川由加里ほか P85

54 笑ケース100

00★Ⓢジャングル TVタモリの法則 渡辺正行のカツ丼クッキング▽パンチパーマは大好きだ!?▽同じ穴のムジナほか 清水ミチコ◇54Ⓢ情報

00 筑紫哲也ニュース23 ▽きょうのニュース▽スポーツ23▽特集ほか 浜尾朱美 香川恵美子 池田裕行 有村かおり

0.30Ⓢ敷2礼2◇40タッチ

0.50 ワーワーブーブー「レーシングゲーム5番勝負」バカルディー

1.20Ⓢ女群探知機 松村邦洋

1.50[W]映画「グラン・ブルー(グレート・ブルー完全版)」(88年仏) ロザンナ・アークエット ジャン・マルク・バール ジャン・レノ(字幕スーパー) P70

4.45Ⓢおしえてアゲル 4.50

平成6年

1994年

7月12日 火曜日

真のオリジネーター『開運！なんでも鑑定団』スタート

アジア初の女性宇宙飛行士として7月8日にコロンビア号で飛び立った向井千秋さんがまさに宇宙で作業中だったこの日、地球ではサッカーアメリカワールドカップの真っ最中でした。〝ドーハの悲劇〟で日本が出場できなかったワールドカップですが、それまでの大会に比べて国民の関心は飛躍的に高まりました。決勝のブラジル対イタリアは史上初の決勝PK決着へともつれ込みます。ドゥンガが決めて、ロマーリオがはずし、ブラジル優勝が決まったあのシーンを覚えている方も多いでしょう。そして野球も熱かった。この日デーゲームを戦っている巨人と中日は、10月8日に史上初の最終戦同率直接対決で優勝を争うこととなります。そして、この日10日目を迎えた大相撲名古屋場所は、大関武蔵丸が15戦全勝で初優勝。外国人力士の全勝優勝はこれまた史上初の快挙でした。

さてプライムタイムではいろんなタイプのバラエティーがしのぎを削っています。ともに10年以上の歴史を誇るフジテレビの『なるほど！ザ・ワールド』『三枝の愛ラブ！爆笑クリニック』に挑むべく、4月にスタートしたのがテレビ東京夜9時『開運！なんでも鑑定団』とTBS夜10時『ジャングルTVタモリの法則』です。特に『なんでも鑑定団』は今も続くテレビ東京の看板長寿番組。ほかの番組がどれだけパクッてもいささかも揺るがない、真のスタンダードのポジションを手にしている数少ない番組で、間違いなく歴史に残るオリジネーターです。タモリとナインティナインが共演した『ジャングルTV』も8年半続いた人気番組。タモリの料理の腕前を広い層に知らしめた番組じゃないでしょうか。

1994年7月15日号
表紙・浅野温子
葬儀店を舞台にしたコメディータッチのドラマ『グッドモーニング』（フジテレビ）で主演。共演は草刈正雄、中井貴一、室井滋、風間杜夫ほか。

続いて7時台に行きましょう。こちらもそれこそバラエティーに富んでいて日本テレビは『なんだろう⁉ 大情報！』。このころ日本テレビのキャラクターになっていた宮崎駿デザインの〝なんだろう〟くんとひっかけてあるんでしょうね。司会は江川卓でした。あ、また〝はじめてのおつかい〟出てきた。強いですね。TBSの『ウェディングベル』も強い番組でした。素人のお見合い番組です。TBSはこの方面が強くてこの番組のあともちょくちょくこうしたお見合い番組を作ってます。

そしてテレビ朝日は『さんまのナンでもダービー』。これのアレンジ番組も今でもよくあります。ちなみに『ナンでもダービー』には、中居正広&草彅剛の名前がありますが、8時のドラマ『先生はワガママ』には、長瀬智也&松岡昌宏の名前があります。どちらも歌中心の番組じゃないというあたり、90年代ジャニーズ大攻勢の萌芽といえるでしょう。ドラマ班、バラエティー班なんていう言い方もありましたね。

そしてまたまたフジテレビの深夜から。深夜0時45分の『文學ト云フ事』。異才・片岡Kの初期の代表作で熱狂的なファンが多い番組です。著名な文学作品の名場面を予告編風に再現するという趣向が、当時のフジ深夜枠のテイストにバッチリあっていました。実際は作品の背景紹介などに多くの時間が割かれ、予告編部分は数分に過ぎないのですが、結局のところこの部分が番組の肝でした。特に半分近くのドラマ部分に出演し、シリーズ全体のイメージガールも務めた井出薫の魅力が印象に残っている人も多いと思います。のちの片岡K夫人です。

最後になりましたが、テレビ東京深夜0時45分の『モグラネグラ』。一部のサブカルファンには忘れられない番組でしょう。パーソナリティーによってやってることのマジメだったりふざけてたりがマチマチで、実に時代でした。もしかすると初期の『11PM』が醸し出していたのはこういう空気だったのかもしれないと思います。正しく深夜番組でした。

	⑧フジテレビ	⑩テレビ朝日	⑫テレビ東京
朝 6	5. 25博物館◇55[S]英国生活 6. 25ちば◇アート◇美術館	5. 30はい！テレ朝◇藤子[再] 6. 30 [N]◇4521世紀の主役	5. 10[天]◇医学◇衝撃映像[再] 6. 00 囲碁対局◇45経営
7	00 [N]◇15話題にアタック 30 報道２００１ 緊急発信！キーマンが日本の未来へ重大提言 黒岩祐治　竹村健一ほか	00 テレメンタリー'95「ビール醸造にかけた侍」 30[S]オリジナルコンサート	00 ＲＣカーグランプリ 30 堺屋太一の明日を語ろう　ゲスト・本間長世
8	8. 55 ＮＹ語	00 ブルースワット 30 ママレード・ボーイ「スキー旅行」	00[↓][S][字]医食　勝利の医学 30[S]アジアビジネス新時代「シンガポール」
9	00 ガリバーボーイ 30[S]おそく起きた朝は…　ゲスト・島大輔	00[S]題名「宗次郎、オカリナの世界」Ｐ96．100 30[S]ボイガルマイケル富岡	00 大前研一の平成談義 30[S]町おこし村おこし「愛媛県内子町」大和田獏
10	00 笑っていいとも増刊号 ▽いいともハイライト ▽いいともリクエスト ▽放送終了後のお楽しみ集ほか　中井美穂ほか	00 サンデープロジェクト ▽今週の特集 ▽田原総一朗のザッツエキサイティングほか 島田紳助　宮田佳代子	00 新世紀歓談　中村粲 30 ＮＢＡウィークリー ▽ＮＢＡ最新情報ほか
11	11.45[S]海ごはん◇50[N]	11.45首都圏[N]◇50ＡＮＮ[N]	00 ＴＶチャンピオン[再]「美容師さん日本一」芸能人そっくりメイク
昼 0	00 上岡龍太郎にはダマされないぞ！　加藤紀子　江黒真理ほか◇55番組	00[↓]Ｊリーグ「釜本元監督お宅訪問!!」ほか 55 新婚さんいらっしゃい　桂三枝　岡本夏生	00 倉本昌弘ゴルフ倶楽部　司会・松井功 30 日蔭のサンデーゴルフ
1	00 あっぱれさんま大先生 ▽自分の親が20才の時 30[S]成人式スペシャルシブヤ系ＮＯＷＮＯＷ ▽出たがりコンテスト 今田耕司ほか◇2. 55企業	1. 25アタック25　東大京大 55[S]ＴＶホットすぽっと	00 中村雅俊・芹沢信雄ゴルフ熱中塾 30 尾崎兄弟・飯合に挑戦
2		00 南野陽子ときめき出会い二人旅!!　ドイツのメルヘン街道▽買い物にグルメに車で珍道中	00[S]ＣＡＲ'S「世界中で１台の車カスタムカー」 30[二]映画「タップス」（1981年米）ハロルド・ベッカー監督　ジョージ・Ｃ・スコット　Ｔ・ハットンほか　Ｐ68
3	00[S]スーパー競馬～京都「日刊スポーツ賞シンザン記念」大川慶次郎	3. 25[S]まいど！音楽ラスベガス　諸星和己◇55[N]	
4	00 フジサンケイプロ野球オールスター珍プレーゴルフ選手権 ▽左打ちニアピンほか	00 岡本綾子ビッグフォースキンズマッチゴルフ～水戸・ロイヤルフォレストゴルフクラブ	4. 30 サッカーインターコンチネンタル・チャンピオンズカップ'95「総集編」
5	5. 25 見のがせナイト 30 ＦＮＮスーパータイム	5. 25洋画◇ステーションＥＹＥ村田好夫◇55番組	5. 54 いいものみたぞ

▶1995年1月15日日曜日

① NHKテレビ

5. 50[天]◇6. 00[N]◇漢詩◇[天]
6. 30[字]句　曽根裕◇53[天][N]
00　おはよう日本　アメリカズカップ直前情報ほか
45　各地の[N][天]◇50自由席
00　小さな旅[再]「東京上野・芸術の森」
30　週刊こども[N]◇55[天]
00　日曜討論「社会の関心事を幅広く取り上げ、その核心に迫る」
10.15[N][天]◇20[S]生きもの[再]▽カナダ西海岸・ビッグランベニザケ大遡上
00　経済「アウトソーシング[↓]グが企業を変える」
40[S]自然◇50ロボット◇[天]
00　[N]◇15[S]のど自慢　小金沢昇司　中村美律子〜広島県府中市
00[↓][字]中学生日記「時間をかえして」
30　笑いが一番海砂利水魚
00[↓][S]ＮＨＫ青春メッセージ'95　バブルガムブラザーズ　コーネリアス　貴島サリオ　志茂美都世　司会・持田真樹　堀尾正明
00　[N]◇05[S]大相撲初場所「８日目」▽私の選んだ名勝負　正面解説・大山　出羽錦　向正面解説・伊勢ノ海〜両国国技館

③ NHK教育

00　セミナー化学◇30体操
40　現役くらぶ人生これから[再]　村野武憲ほか
7. 25[S]名曲アルバム
30　こころの時代「生きるための知恵」石上善応
8. 30　趣味の園芸「用土の再生法」◇55名園散歩
00[↓]日曜美術館「筆峰剣の如し　日本画家・前田青邨」
00　佐藤康光の囲いの急所寄せの急所
20　ＮＨＫ杯将棋トーナメント・第３回戦第６局「米長邦雄×大内延介」解説・中村修
00　小林覚の囲碁講座
20　ＮＨＫ杯囲碁トーナメント・第３回戦第６局「橋本昌二×清成哲也」解説・森山直棋
1. 55[S]ラグビー日本選手権「大東大×神戸製鋼」実況・石橋省三〜国立競技場　Ｐ103
3. 45[S]全日本アイスホッケー選手権・準決勝　解説・藤井忠光　実況・小野塚康之〜国立代々木競技場（録画）　Ｐ103
5. 15[S]母と子のテレビタイム日曜版　お母さんと

④ 日本テレビ

5. 00　[天]◇30灯[再]◇24ＴＶ
5. 50[門]球◇園芸◇宗教◇[N]
00　目がテン！「着物」
30[字]遠くへ行きたい「藤田弓子の天草・海の宴」
00　徳光和夫ザ・サンデー　ニュースバスター▽50の本音▽サンデーアイ▽スポーツ◇9. 25[S]味
9. 30　いつみても波瀾万丈[↓]「谷啓伝」福留功男　野際陽子ほか◇巨人魔王
10.30　'95ハワイアンオープンゴルフトーナメント（衛星中継）解説・杉本英世　実況・吉田填一郎　Ｐ103◇11.50[N]
00　ＴＶおじゃマンモス▽スノーボードにチャレンジほか（予定）
00[S]スーパージョッキー▽ＴＨＥガンバルマンヒストリーほか　飯島愛
00[S]トラブルメーカー「奥様は女組長」中村あずさ　内藤剛志　宮川一朗太ほか　Ｐ81◇[N]
3. 30[S]ＳＴＶカップ国際ジャンプ大会「ラージヒル」解説・笠谷幸生【中止】日の丸飛行隊
4. 55　ぐるぐるナインティナイン◇5. 15ガイド
5. 20[S]笑点　落語　桂三木助▽大喜利　円楽ほか

⑥ TBSテレビ

5. 35[S]歌◇ビデオ◇[二]米国
6. 40さんぽ◇45オンタイム
00　経済営業マン機械開発
15　小箱折り紙建築・奈良
30[S]笑顔　木彫りと農学校
00　関口宏のサンデーモーニング「ニュースまとめて一週間」青木徹郎　北野大　ケント・ギルバート　三屋裕子ほか◇9. 54番組
00　第22回ホノルルマラソン「浅井えり子感動秘話」語り手・秋野暢子
00　マクロス７「フォールドアウト」◇30[N][天]
45　アッコにおまかせ！▽おまかせ中継ほか　丸山茂樹　和田アキ子　峰竜太ほか◇0. 54番組
00　噂の！東京マガジン▽中吊大賞▽噂の現場▽やってＴＲＹ◇54[N]
00　笑ゥせぇるすまん
30[S]バレーボールＶリーグ・男子「ＮＥＣ×ＪＴ」解説・辻合真一郎〜大阪府立体育会館
3. 54　チャンネルガイド
00　'95ＪＮＮ杯全日本フィギュア選手権　ゲスト　佐藤有香　解説小川勝
00　ドキュメントＤ・Ｄ[再]
30　ニュースの森　吉川美代子◇[天]◇番組

平成7年

1995年

1月15日 日曜日

長寿番組が多い日曜日は安定感があります こんな番組表がいつまでも続きますように

この日も趣向を変えて、朝・昼の番組表をのぞいていきましょう。

この日は「成人の日」。20世紀、「成人の日」といえば1月15日でした。ハッピーマンデーになったのは西暦2000年からです。ということで、番組表にはNHK総合2時『NHK青春メッセージ'95』（ゲストにコーネリアスが出てます）や、NHK教育1時55分『ラグビー日本選手権』など、成人の日の恒例番組が並びます（『青春メッセージ』っていうのは平成になってからの番組名。昭和時代は『青年の主張』でしたね）。またこの日は日曜日でしたから、大学入試センター試験も行われてました（昭和世代にとっては共通一次。今回はこんなのばっかだな）。東京は大分冷え込んだみたいです。

長寿番組が多い日曜の朝・昼。どの局も基本的な編成パターンがあんまり変わってませんからね。2021年と比べても印象がそんなに変わらない。強いていえば現在は再放送が多いかな。今も続いている番組がたくさんあります。『のど自慢』『日曜美術館』『笑点』『所さんの目がテン！』『遠くへ行きたい』『サンデーモーニング』『スーパー競馬』『パネルクイズアタック25』そして『新婚さんいらっしゃい』。『大相撲』もそうだし、将棋と囲碁の『NHK杯トーナメント』もそう。『おそく起きた朝は…』も『はやく起きた朝は…』になって継続しているし、『題名のない音楽会』も土曜の朝で頑張ってます。4時台にNHK教育含めた全局でスポーツ中継が放送されているというのも、日曜の午後らしい風景です。

1995年1月20日号
表紙・高橋由美子
ドラマ『おかみ三代女の戦い』（TBS）に出演。老舗温泉旅館のおかみ候補に指名され、奮闘する女子高生を演じた。高橋恵子、山岡久乃、萬田久子ほかが出演。

そんな中でも特筆すべきはTBS午後1時『噂の！東京マガジン』でしょう。2021年4月からBS-TBSに移動しましたが、やってることは基本当時とまるっきり一緒です。30年同じ番組欄でいけるっていうのはスゴイです（中吊り大賞は見出し大賞になったけど）。出演者もほとんど変わってないですしね。あと、日テレ夕方の『ぐるナイ』。ゴチでおなじみの人気番組もかつてはこの枠でした。まだ関東ローカルでの放送で、正直こんなに長い間続く番組になるとは思っていませんでしたね。なお、NHK総合午後1時半の『笑いが一番』に出てる海砂利水魚は、ご存知現在のくりぃむしちゅーです。

NHK朝7時『おはよう日本』に「アメリカズカップ」の文字があります。160年の歴史を持つ世界最高峰のヨットレースで、日本からも「ニッポン・チャレンジ」として過去3回エントリーしたことがあります。この年はそのちょうど2回目の挑戦のとき。期待されましたが、惜しくも挑戦者決定シリーズの準決勝で敗退しました。

番組表は掲載できませんでしたが、ゴールデンタイムもまさに綺羅星のごときラインナップです。ダウンタウンが『ごっつええ感じ』と『ガキの使いやあらへんで!!』の2本、『投稿！特ホウ王国』は笑福亭鶴瓶とウッチャンナンチャン、『からくりTV』の明石家さんま、『浅草橋ヤング洋品店』のナインティナイン、『あぶない話』の山城新伍&島田紳助、『知ってるつもり!?』は関口宏、『おしゃれカンケイ』は古舘伊知郎、『進め！電波少年』はまだアポなしのころ。そして『スーパージョッキー』『元気が出るテレビ!!』『ドラキュラが狙ってる』と日曜に3本のレギュラーを持っていたビートたけしは、前年8月のバイク事故でこの時期全番組を休んでいました。テレビ朝日深夜の『えびす温泉』もなつかしいなあ。鈴木慶一司会のバンドオーディション番組。イカ天ほどの人気を博さなかったのは時代の問題と、あと〝審査員芸〟の差があったと思います。

——最初に日付を見てお気づきの方もいたことでしょう。この日の2日後、1995年1月17日の未明に、阪神・淡路大震災が日本を襲います。テレビから通常の番組が放送されていることの幸せを、私たちは何度も思い知らされています。ステキな日曜日の番組表がいつまでも続きますように……。

8 フジテレビ	10 テレビ朝日	夜	12 テレビ東京
00 [N]スーパータイム 山中秀樹　近藤サト 30 忍空「閉ざされた心」 [声]松本梨香ほか　P60	00 ザ・スクープ ▽きょうの特集 ▽今週のニュースほか 鳥越俊太郎ほか◇紀行	6	00[S]釣り・ロマンを求めて ▽東京湾のフッコ釣り 30[S]森林で版画と旅する男 45 緑のびのび
00 平成教育委員会 ▽ビートたけし復帰 ▽所ジョージ特別講師 ガダルカナルタカ 藤田弓子　舛添要一 ヒロミP107◇54花丸	00 [新]セーラームーンSS 「運命の出会い！ペガサスの舞う夜」　P60 30 スラムダンク 「しぶとい奴ら！」 [声]草尾毅ほかP60◇WE	7	00[S]特選・ぶらり旅 「春近し・もう一つの湘南」赤塚真人 30 土曜スペシャル「日本人の心の故郷・特選！囲炉裏のある旅館」 築400年かやぶき民家の旅館▽野趣豊かな平家落人料理▽洞穴風呂とランプの宿▽いろりを囲んで海の幸P108 8.54 くらしインテリア①
00[S]学校では教えてくれないこと!! ▽オンチ合唱団▽大泣き選手権▽湯けむり混浴2人旅ほか（内容変更場合あり）◇54[N][天]	00[字]暴れん坊将軍VI「母恋い人形・やじろべえ」 松平健　北島三郎 坂口良子　船越英二 横内正　三遊亭楽太郎 岡まゆみP89◇54[N][天]	8	
00 映画情報 02[二][字]ゴールデン洋画劇場 「地獄の女スーパーコップ」 （1992年アメリカ） チャールズ・T・カンガニス監督 トレーシー・ローズ スコット・パターソン [声]杉本彩　大塚明夫ほか 解説・高島忠夫　P62 10.54[S]シルエット	00 今夜の土曜ワイド 02 土曜ワイド劇場 「十和田湖畔偽りの花嫁・化粧室が火の海に…すりかわった妊娠8カ月の私…」コーネル・ウールリッチ原作 竹山洋脚本　池広一夫監督　片平なぎさ 岡田茉莉子　並樹史朗 鹿内孝　木村元ほかP82 10.51 [天]◇54[S]世界の車窓	9 10	00★徳光のTVコロンブス 「特集・チョット面白い地下鉄半蔵門線」 半蔵門線沿線の下町ほか 井上順　鶴田真由ほか 54[S]OUTDOOR 00 突撃！家族ウォーズ 「福岡県福岡市の居酒屋一家VS神奈川県川崎市のおすし屋一家」 桑野信義　島崎俊郎ほか 54[S]愛愛ドッグ
00 とんねるずのハンマープライス　杉本清ほか 30★夢がMORIMORI ▽ミュージックケア▽持ち物対決ほか森口博子 0.00 スポーツWAVE ▽プロ野球オープン戦・横浜×近鉄、オリックス×阪神、広島×西武、日本ハム×ヤクルト、巨人×ダイエー、ロッテ×中日▽バレーボールVリーグ女子ほか 1.30中央競馬ダイジェスト 1.40[S]Revolution №8　千葉麗子ほか 3.10[S]BEAT UK 4.10[S][天]観月ありさほか4.15	00 フロンティア 特集▽スポーツ▽[N][天] 宮崎緑　板東英二ほか 55[S]TVホットすぽっと 0.00[S]音楽ニュース・HO サンプラザ中野P101 0.30[S]カーグラ　JAIA 1.00 GAHAHA王国 ▽興奮！お笑い野球拳 1.30[S]ワールドプロレスリング「蝶野　天山　ヒロ斉藤×長州　橋本　平田」～後楽園ホール 2.30映画「あなたに恋のリフレイン」（91年米） ジェリー・リース監督 キム・ベイシンガーほか （字幕）P68（4.45）	11 深夜 0 1 2 3	00 スポーツTODAY ▽プロ野球オープン戦 ▽HBC杯ジャンプほか 30[S]HERO'S　バー ゲスト・中田久美 0.00 [N]◇05平成女学園 0.15[S]シネマ通信 「告発」ほか　P176 0.45[S]高城剛X 1.15ギルガメッシュないと 2.10大井競馬ダイジェスト 2.20 バレエ誕生 2.50[二]映画「炎のヤング・ファイター」（1988年アメリカ）ジョナサン・キー・クアンほかP68 4.35[二]怪奇の館[再] 5.05[S]歌謡ブレイク　5.10

1995年3月4日土曜日

①NHKテレビ

00 N◇10字Sモンタナ・ジョーンズ　マルコ・ポーロ、ベニスに消ゆ
40Sハプスブルグ◇45N天

00 NHKニュース7◇天
30★小さな旅再「思い出映す映画の街・鎌倉市大船界わい」名画のスタジオ▽出前かつめし▽特製金づち▽名優の墓

00Sこれがビッグヒットだ！「第9回日本ゴールドディスク大賞」ミスターチルドレン　trf　篠原涼子　黒夢　スマップ　藤谷美和子　小室哲哉　トキオほか　P96
9.30 N◇40各地のN天
45★平成の名園　日本庭園の完成までと改善される点▽日本人の自然観　井上剛宏　山下明美ほか

10.15 サタデースポーツ ▽バレーボールVリーグ・女子▽プロ野球ほか　草野満代　青島健太ほか
50 N天◇57各地のN天

00 プライム11「ドキュメンタリーアジア発・第1回・日本人ハルモニたちの戦後韓国人女子学生との対話」P107
11.45二ヤングライダーズ「因縁の対決」タイ・ミラーほか　P83
0.30 全国のN天（0.37）

③NHK教育

00 海外ドキュメンタリー再「吃音克服への道」
45S名園散歩
50 ハングル講座再「全部が一目で見えますね」
7.10 ドイツ語会話再「復習」上田浩二
30 フランス語会話再「総集編」西永良成
50S名曲◇55手話ニュース

00SN響アワー「若手指揮者の挑戦①　北原幸男」ショスタコービチ「交響曲第10番」〜NHKホール　録画　P100

00S芸能花舞台「物売り二題」▽舞踊「文売り」▽舞踊「団子売り」花柳寿美　吾妻徳弥ほか
45 土曜フォーラム「ボランティアが支える21世紀・日本」トーマス・アレキサンダー　阿部正俊　京極高宣　袖井孝子　堀田力　宮崎勇　村田幸子

00 ソリトン金の斧銀の斧「ガールズ！ガールズ！」広田玲央名　洞口依子　大塚寧々ほか
45 NHK日本語講座・初級「お願いします」マルコム・マクロード（0.16終了）

④日本テレビ

00 ニュースプラス1　芦沢俊美　鷹西美佳
30 モグモグゴンボ！「手前味噌で料理を」

00Sスーパースペシャル'95「豪華熱唱！輝く名曲60年代ベストヒット」橋幸夫　北原謙二　朝丘雪路　九重佑三子　森山加代子　守屋浩　黛ジュン　青江三奈　青山和子　久保浩　パラダイスキング　寺尾聡　小川知子　島田紳助ほか　P97．101
8.54 Nスポット◇57天

00Sステイション〈駅〉「赤ちゃんの落し物」吉田栄作　財前直見　松村邦洋　田辺誠一　中谷美紀　とよた真帆　P83◇54Jリーグ

00S夜もヒッパレー生けんめい　西田ひかるが森高の曲を▽にしきの熱唱▽加藤紀子があの曲を▽松雪泰子愛唱歌集
54S京都・心の都へ

00★恋のから騒ぎ「調子イイ男だなと思った瞬間」ゲスト・篠原涼子
30 きょうの出来事 N天
45Sスポーツうるぐす ▽巨人×ダイエー戦詳報▽サッカー　江川卓
0.25S DAISUKI！「ディスカウントショップ」P176◇1.25N
1.35Sグルーブ　バブルガムブラザーズほか P101
2.05 ネオハイパーキッズ
2.35多プロレス「三冠戦・川田×ハンセン」
3.05Sボクシング　リン×ゴメス▽新人王決定戦
4.30 目玉とメガネ　5.00

⑥TBSテレビ

00 とんでぶーりん「好敵手はただ一人！」再白鳥由里　松本梨香
30 ニュースの森◇50N天

00★超人！コロシアム終 ▽歴代超人総登場！▽飛び降り男VS頭が重い…VS7分男VSボブVSクモ人間VSジェット機男▽最強の超人はだれだ

00★どうぶつ奇想天外！「動物波乱万丈物語」▽感動アザラシ赤ちゃんサバイバル▽阪神大震災と動物ほか（内容変更の場合あり）◇54N

00★世界・ふしぎ発見！「コロンビア」黄金帝国は存在したのか▽スペインの征服を逃れた民族▽謎の文明サン・アングスティン◇54N

00 ブロードキャスター ▽迫る！今週はこれだ▽仰天！セブンデイズ▽名物！お父さんのためのワイドショー講座▽今週のスポーツ結果　福留功男　三雲孝江ほか
11.24 アメリカズカップ列伝
30 チューボーですよ！「茶碗蒸し」岸本加世子　堺正章　雨宮塔子
0.00 スーパーサッカー
0.30 スポーツ&ニュース
0.55 アメリカズカップ'95 実況・安藤弘樹P104
1.05S COUNTDOWN TV 鈴木雅之　イーストエンド×ユリP101
1.35 映画「ねらわれた学園」（1981年角川春樹事務所）大林宣彦監督　薬師丸ひろ子　高柳良一　峰岸徹P68
3.25Sおしえてアゲル3.30

平成7年
1995年
3月4日 土曜日

『平成教育委員会』でビートたけし復帰 驚異の高視聴率を記録しました

まずはフジテレビ夜7時の『平成教育委員会』から行きましょう。小中学校で習っているはずの問題に大真面目に取り組むという手法で、クイズ番組に新たな方向性を示した人気長寿番組ですが、この日はその『平成教育委員会』が最も高い視聴率を記録した日です。その視聴率なんと35・6％！　これは、90年代以降のバラエティー・クイズ・ゲーム番組で今でも歴代第1位です。ではなぜこの日の視聴率がこんなに高かったのかというと、前年1994年の8月にバイク事故で大けがをして、番組を休んでいた先生役のビートたけしがこの日約半年ぶりに復帰したからでした（この日の東京が雪模様で、3月としては異例の寒さだったというのも追い風になったと思います）。

もともと『たけし・逸見の平成教育委員会』としてスタートしたこの番組は、1993年の秋に学級委員長役の逸見政孝が病気治療のために降板、その後逸見さんが亡くなってからもたけしの希望でタイトルには『たけし・逸見の～』がついたままでした。さすがにたけし先生も入院してしまってはいかんともできず、94年秋から『平成教育委員会』というタイトルになりました。たけし先生休養の間は、明石家さんまや所ジョージが代理先生を務めていましたが、この日ついにたけし先生復帰となったわけです。『TVガイド』の番組表に掲載されているくらいですから、かなり前から予告されていたということでしょう。この日を皮切りに1週間、『スーパージョッキー』『元気が出るテレビ!!』『TVタックル』など各レギュラー番組で復帰スペシャルが続きました。

とはいえ、ある年代の方は隣のチャンネルに夢中だった人が多いかな？　たけし復帰の真裏、同時間帯のテレビ朝日は平成2大

1995年3月10日号
表紙・葉月里緒奈
ドラマ『恋も2度目なら』（日本テレビ）で、明石家さんまの交際相手を演じる。2月には初出演の映画『写楽』も公開され話題を集めた。

レジェンドアニメのそろい踏みです。7時は『美少女戦士セーラームーンSuperS』。シリーズ第4弾でこの日が第1話です。若い女性でなんとなく日食ってこわい感じがするという人、その原因はこの日の『セーラームーン』の影響かも。皆既日食の闇にまぎれて「デッドムーンサーカス団」（いかにも悪者な名前です）が登場するシーンのインパクトは、幼心に強烈だったかもしれません。今でも戦う魔法少女アニメはすごい人気ですが、こちらは元祖ですからね。第1話の視聴率が、たけし先生復活を向こうにまわして堂々の14・6%ですよ。すごいなあ…。そして7時半はこれまた男の子のバイブル『スラムダンク』。この日は対海南戦のクライマックス！　翌週、決着がつくことになります。

NHK総合夜8時は『第9回日本ゴールドディスク大賞』の授賞式。前年1994年に最もCD・DVDを売ったアーティストを表彰するという賞。この年のグランプリは、邦楽部門がtrf、洋楽部門がマライア・キャリー。翌年第10回もこの2組がグランプリを受賞します。グランプリ・シングル賞がMr.CHILDRENの『Tomorrow never knows』、グランプリ・アルバム賞が竹内まりやの『Impressions』、ミュージック・ビデオ賞がSMAPの『Sexy Six Show』でした。

そして深夜にかけては人気番組が目白押しです。さすが土曜日。日テレ10時は『夜もヒッパレ一生けんめい』。4月から『THE夜もヒッパレ』に変わります。TBS10時は『ブロードキャスター』。「お父さんのためのワイドショー講座」が人気でした。日テレ11時『恋のから騒ぎ』はまだ1年目。元CAの島田律子さんがいた時期です。TBS『チューボーですよ！』も同時期のスタートで、こちらもまだ1年目。どちらも20年近く続く長寿番組に成長します。

フジ11時の『とんねるずのハンマープライス』は、『ねるとん紅鯨団』の後を受けてこの年の1月に始まったばかり。一方『夢がMORI-MORI』は、この年の秋に終了することになります。日テレ深夜の『DA-SUKI！』は、関東ローカルからそろそろネット局が増えてきたころ。テレ朝深夜の『GAHAHA王国』は、日曜お昼にやっていたお笑い勝ち抜き番組で、爆笑問題らを輩出した『GAHAHAキング』の後継番組でした。

夜	⑧フジテレビ	⑩テレビ朝日	⑫テレビ東京
6	00 Nスーパータイム ニュース▽視聴者情報▽特報▽スポーツ▽天 堺正幸　松山香織ほか	00 ステーションEYE ▽きょうのニュース▽天▽スポーツほか 渡辺宜嗣　蓮舫	00Sウェディングピーチ ねらわれたじゃ魔ビー 30 タートルズ「海賊退治だ！タートルズ」
7	00Sナイター速報'95 04Sプロ野球～ナゴヤ 中日×巨人 解説・権藤博 西本幸雄 （試合展開により9.54まで、以降繰り下げ） 【中止のとき】 7.00ドラゴンボールZ 7.30Sクマのプー太郎 8.00字鬼平犯科帳	00 目撃！ドキュン「双子・三つ子大集合」仮題 司会・田中律子ほか 30 水曜特バン！「第2弾！コレはスゴイッ!!驚いた!!平成の超！ビックリ旧家のビックリ大家宝！」（仮題）敷地4000坪の山形大庄屋屋敷▽武田信玄の子孫▽名門和菓子旧家 P109	00★いい旅・夢気分 「清流四万十川・南国の高知」ホエールウオッチング▽トンボ自然公園▽一の又渓谷温泉 54 いき粋タウンすみだ
8	8.54 N	8.54SNO◇S京都が好き	00 追跡！テレビの主役 ▽我が心の支え・美空ひばり▽特許で大儲け！発明主婦▽心で見える・子供たちの笑顔ほか 54 くらし鉄分をとる工夫
9	00S沙粧妙子・最後の事件 浅野温子　柳葉敏郎 佐野史郎　飯島直子 黒谷友香　蟹江敬三 金田明夫　川本淳一 柏原崇ほか P85◇54万才	00 はぐれ刑事純情派 「殺人犯の恋人・署長のヒミツ」藤田まこと 梅宮辰夫　真野あずさ 小川範子　城島茂 七瀬なつみ P90◇車窓	00Sスペシャル音楽館 ゆかいな仲間歌とおしゃべり大爆笑　吉幾三 北島三郎　細川たかし 山本譲二　P100 54 ここがスキ◇57天
10	00★タモリのスーパーボキャブラ天国 ピンクのボキャ天▽ボキャブラアカデミーほか 赤坂泰彦　山口美江 薬丸裕英◇54Sあなた	00Sニュースステーション ▽きょうのニュース ▽きょうのスポーツ ▽きょうの特集 ▽円相場▽CNN▽天 和田俊　小宮悦子ほか	00★ドキュメンタリー人間劇場「銀座辛来飯物語・客と育てた下町の味50年」カレー屋の主人と客との心のふれあい 54Sヴィーナス紀行
11 深夜 0 1 2 3	00 ニュースJAPAN ▽FNN特集 ▽プロ野球N・ヤ×横 中×巨、神×広、西×ロ、日×近、オ×ダほか 0.20UN FACTORY 0.40SSMAP 0.50STK　P101 1.20 NONFIX戦後50年特別企画 「夏休みスペシャル20世紀博物館」P177 2.15Sノストラの息子 3.10 企業最前線再 3.15二LA LAW七人の弁護士7 （以降休止場合あり） 4.10S天　（4.15終了）	11.20Sザ・ホテル 25 マカデココ「芸能人のプライバシーを守ろう!!」大竹まことほか 55 トゥナイトII 石川次郎　斉藤陽子ほか 0.50 CNN　浜家優子 1.00SH・I・P 武藤峰子　小西雅子 1.10SMEW　ミューミシュラン▽ファッションアインスフィア P101 1.40ショウビズTODAY ▽最新映画情報ほか 2.10二映画「シー・オブ・ラブ」（1989年米） アル・パシーノほか P70　（4.02終了）	00 ワールドビジネスサテライト　三極・経済政治N▽海外現場生報告 50 ようこそ！お天気です 55 スポーツTODAY ▽プロ野球結果▽サッカー世界選抜×米大陸選抜▽ボクシング情報 0.35 平成女学園 0.45Sうじきつよしの車楽 ゲスト・松崎しげる 1.15S週刊TVプロレス 1.45 特選！買物プラザ 2.15Sミュージック最前線 2.45情報再◇55大江戸捜査網再「男涙の離縁状」 3.55S歌謡ブレイク 4.00テレコンワールド4.55

1995年 8月30日 水曜日

① NHKテレビ

00 ニュース
07 イブニングネット ▽列島リレー▽30首都圏[N]▽53[天]◇59案内ほか
00[二]NHKニュース7 ▽きょうの[N]▽内外の話題▽スポーツ・ユニバーシアード情報▽[天] 宮田修 内山俊哉 村山貢司◇テレマップ
00★[S]ためしてガッテン「座禅に学ぶ健康法」▽座禅で肩こり・腰痛を防げるほか 草笛光子
40[多][字]母の出発 栗原小巻 川上麻衣子 江波杏子
00[二]NHKニュース9 キャスター・藤沢秀敏
20 各地の[N][天]
30 クローズアップ現代「現代社会の深層を鋭くえぐる」国谷裕子
00★[S]作法の極意「ことばのエチケット」ゲスト・山川静夫
30★[S]新日本探訪海においでよ・鹿児島・佐多岬
55 ニュース11・松平定知
11.30 にんげんマップ「日本最南端のスキー場を作った男・ホテル経営者・秋本治」武田鉄矢
55 列島リレー「ひとすじの色を求めて・金沢」
0.10阪神大震災⑤[再]「強い住まいをどうつくる」
1.10 全国の[N][天](1.17)

③ NHK教育

00[S]天才てれびくん[再] ダチョウ倶楽部ほか
25[二]フルハウス
50 地球ロマン「こん虫」
7.15[S]名園散歩
20 すこやかシルバー介護アンコール「私の介護体験・妻とともに花とともに」
50 NHK手話ニュース
00★ETV特集「新藤兼人対話ドキュメント 歳月への旅・被爆50年の重みを背負う人たち」
45 きょうの健康[再]「不整脈が出たとき」
00 きょうの料理[再]「さかさまシューマイ」
25[S]レッツダンス[終]「パソ・ドブレ」大竹辰郎 鈴木孝子
55 ミニ英会話[再]
00 おしゃれ工房「はじめての洋裁・ジャケット」① 伊藤和枝 涼森さとみ
25[二]漢詩紀行◇30視点論点
40 NHK人間大学「漢方・生薬の謎を探る・身近な薬草」① 難波恒雄
11.10 英会話[再] 杉本豊久
30 ドイツ語会話[再]
11.50 教育セミナー・古典への招待「平家物語・名馬の噂」三木紀人(0.22終了)

④ 日本テレビ

00 ニュースプラス1 ▽きょうの[N]▽特集▽30スポーツ▽[天]ほか 真山勇一 木村優子
00★どちら様も!!笑ってヨロシク 結構年いってる!?女性タレント登場▽茨城娘100人に聞く・私の大恥体験!ほか 出川哲朗 大東めぐみ
00★新装開店!SHOW・byショーバイ!! ▽街で公衆電話鳴ったら出る?出ない?▽新クイズ登場!!この二人の関係は?ほか◇54[N][天]
00★[S]とんねるずの生でダラダラいかせて!!(予定される内容)▽マッチ&舘ひろしのカート対決罰ゲームほか 勝俣州和◇54[S]MIX
00[S]終らない夏 瀬戸朝香 秋吉久美子 大浦龍宇一 鈴木砂羽 小林恵 ラサール石井 山下徹大ほか P85
54 [N]きょうの出来事 ▽今日の[N]▽特集▽[天] 桜井よしこ 藪本雅子
11.25[S]どんまい!! 中×巨ヤ×横、神×広、日×近、西×ロ、オ×ダほか 中畑清 尾崎加寿夫ほか ▽深夜ノなまさすらいテレビ 久本雅美ほか
0.45[S]グルーピー◇50[N]
1.00 ぜぜぜのぜんじろう
1.30[S]Mーステージスターダストレビュー P100
1.45[S]劇場中継「マンザナわが町」川口敦子 松金よね子 一柳みる 篠崎はるくほか〜紀伊国屋ホール(録画) P176 (5.00終了)

⑥ TBSテレビ

00[二]ニュースの森 ▽[N]▽[天]▽スポーツほか キャスター・杉尾秀哉 久和ひとみ 安東弘樹
00[S]FIFA世界オールスターサッカー「アメリカ大陸選抜×世界選抜」解説・金田喜稔 実況・清水大輔 〜国立競技場 (中断[N]あり) P104
00 スペースJ ▽今週のトップリポート・最新の興味に緊急挑戦!▽J特集・とことん見せます…ドラマより面白い話ほか 山本文郎 福島敦子 下村健一 小笠原保子
10.25★[S]地球の贈り物「マダガスカル②伝説と欲望のサファイア街道」
54[S]スポーツホットライン
00 筑紫哲也ニュース23 ▽きょうのニュース▽スポーツ▽特集ほか 黒田清 浜尾朱美 香川恵美子 池田裕行
0.30 TICOS
0.40怪傑ダチョウ三銃士!「この夏彼女が欲しい男の子にナンパ指南」
1.10[S]行け!稲中卓球部「借金王」「炎のレイパー」[声]岡野浩介ほか
1.40[二]ドキュメントUSA「LSD復活の波紋」▽レイプ▽甦る60年代▽フラッシュバック▽オトリ捜査ほか P177
2.35[S]おしえてアゲル2.40

平成7年 1995年 8月30日 水曜日

『FIFA世界オールスターサッカー』にスーパースターが続々

戦後50年、節目の夏。大きな事件が多かった1995年を象徴するプログラムが、TBS夜7時の『FIFA世界オールスターサッカー・アメリカ大陸選抜×世界選抜』です。阪神・淡路大震災のチャリティーマッチとしてFIFAが音頭を取り、国立競技場で行われたオールスターマッチです。ジーコ、ドゥンガ、カンポス、バルデラマらのアメリカ大陸選抜と、ストイコビッチ、ブッフバルト、リトバルスキー、ホン・ミョンボ、三浦知良、井原正巳らの世界選抜が対戦し、5対1でアメリカ選抜が勝ちました。

そしてこの日はこれを取り上げないわけには行きません。フジテレビ夜9時『沙粧妙子・最後の事件』。脚本は『NIGHT HEAD』の飯田譲二のオリジナル。今でこそドラマでプロファイリングやサイコ殺人が普通に描かれますが、このころはまだまだショッキングでした。セリフもセンス良かったし。キャストも良くて、浅野温子の代表作であることはもちろん、反町隆史とか飯島直子とか広末涼子とか、後の大物たちが脇で出ていてみんな良かった。特に第一の犯人だった香取慎吾(このとき18歳)。怖かったけど魅力的だったよねえ(『薔薇のない花屋』の時、また薔薇かって思わなかった?)。あとなんと言っても梶浦役の升毅。演出も切れ味シャープで手に汗握りました。傑作です。

そしてもう一本が、日本テレビ夜10時『終らない夏』。いろいろあって今は見るのが難しいドラマですが、主題歌のMY LITTLE LOVER『HELLO, AGAIN～昔からある場所～』が大ヒットになったことと、瀬戸朝香と〝イノッチ〟こと井ノ原快彦が結婚するきっかけになったことだけ覚えておきましょう。

1995年9月1日号
表紙・SMAP
『24時間テレビ18～愛は地球を救う』(日本テレビ)で、久本雅美とともにSMAPが番組パーソナリティーを務めた。マラソンランナーは間寛平。

バラエティーでは『生ダラ』『ボキャ天』『SHOW・byショーバイ!!』と時代を築いた番組がずらりと並びますが、現在も続く超長寿番組もちらほら。まずはNHK水曜夜8時の代名詞、泣く子もだまる『ためしてガッテン』。スタートはこの年の春ですが、ほとんどスタイルを変えずに、さまざまなブームや類似番組を生み出しながら現在も『ガッテン!』として放送が続いています。検証や実験をベースに生活や健康の常識を覆そうとし続ける姿勢は貴重だし、なによりやっぱり面白いです。

日テレ夜7時の『どちら様も!!笑ってヨロシク』は、現在も『笑ってコラえて!』として夜8時から放送されている所ジョージのライフワーク的番組。一番最初の『笑って許して』のころから数えると足掛け30年になんなんとする長寿バラエティーです。冒頭のスペシャルゲストクイズも、アンケートクイズ「普通の人々」も、一般人の反応を所さんらしいゆるさでいじっていくのが特徴で、その番組全体に漂う温かな視線は、現在の「ダーツの旅」や「部活動の旅」に通じます。このスタンスはバラエティー的切り口のドキュメンタリーの手法としてすっかり定着し、今では類似番組や類似コーナーが多く存在します。

そしてもうひとつがテレビ東京夜7時『いい旅・夢気分』。こちらは1986年4月スタートで、最初は水曜8時台、途中10年ほど7時台になり、その後、また8時台に戻ってレギュラー終了後もスペシャルとして放送が続いています。テレビ東京の看板番組で、これまた多くの番組がこの番組のノウハウを使って作られています。3番組に共通するのは、定型となりうる骨組みの確かさとスタイルを変えない力強さ。このあたりが長寿の秘訣というところでしょうか。

夜	⑧フジテレビ	⑩テレビ朝日	⑫テレビ東京
6	00 Ⓝスーパータイム ニュース▽視聴者情報▽特報▽スポーツ▽天 露木茂　松山香織ほか	00 ステーションEYE ▽きょうのニュース▽天▽スポーツほか 中山貴雄　蓮舫	00 鬼神童子ゼンキ 「禁断の花園」 30Ⓢ愛ラブSMAP！　貧乏兄弟のお誕生日会!!
7	00★志村けんはいかがでしょう　血圧を計る▽おハナ坊とスイカ▽人質▽俺んち▽FAXコーナーほか　田代まさし 石野陽子ほか◇54花丸	00 アニメ・嵐を呼ぶ園児クレヨンしんちゃん 夢見る父ちゃんだゾ P60 30★邦子徹のあんたが主役 ▽決定的瞬間▽ペット 持田真樹　袴田吉彦ほか	00★お菓子好き好き 「秋の新商品特集」 司会・中山秀征ほか 30 徳光和夫の情報スピリッツ「特集・新しい親子のカタチ」列島縦断！全国さわやか美人妻リレー▽あの時君は若かった！夫婦の肖像ほか 北野大　渡辺満里奈 徳光和夫　井森美幸ほか 8.54くらし　30代の健康①
8	00Ⓢヘイ！ヘイ！ヘイ！MUSIC CHAMP ▽リンドバーグライブ 辛島美登里　トゥービーコンティニュード P97．101◇54Ⓝ天	00Ⓢカケオチのススメ㊦ 「愛はイッコです！」 長瀬智也　永作博美 内藤剛志　香坂みゆき 宝生舞　ピエール滝 森本レオ P83◇54京都	
9	00Ⓢいつかまた逢える 福山雅治　桜井幸子 今田耕司　大塚寧々 椎名桔平　笹峰愛 三ツ木清隆　北川肇ほか P8．84◇54万才	00 たけしのTVタックル ▽ワードウオッチング▽タックル総研▽ボイセス▽人生相談ほか予定 大島渚　松尾貴史 東ちづるほか◇54Ⓢ車窓	00 月曜時代劇傑作選㊦ 「喧嘩屋右近　どこか怪しい右近七変化」 杉良太郎　坂口良子 赤塚真人ほか　P90 54 菜の花流儀
10	00Ⓢ100億の男 緒形直人　鷲尾いさ子 斉藤慶子　伊武雅刀 平幹二朗　鈴木蘭々 長谷川稀世　河原さぶ P84◇54四季	00Ⓢニュースステーション ▽きょうのニュース▽きょうのスポーツ▽きょうの特集▽天▽円相場ほか 久米宏　小宮悦子ほか	00Ⓢファッション通信 「ジャンニ・ベルサーチ特集」大内順子 30ⓈTHEフィッシング ▽マダイ大爆釣投げ込み釣り・広島県尾道沖
11 深夜 0 1 2 3	00 ニュースJAPAN ▽きょうのⓃさらに深く▽あのⓃのウラFNN特集▽詳報プロ野球Ⓝ▽大相撲秋場所ほか 0.20UN FACTORY 0.40ⓈSMAP 0.50Ⓢハートにs 1.20Ⓢかしこ　中野由紀 1.50 アジアバグース！ 2.20 二か国語 「バッド・ボーイズ」 2.30 プロボクシング　東洋太平洋フェザー級タイトルマッチ「クリス・サキド×渡辺雄二」 3.30 PASSENGER 4.15Ⓢ天　(4.20終了)	11.20 大相撲ダイジェスト 「秋場所2日目」 50Ⓢザ・ホテル 55 トゥナイトII 石川次郎　斉藤陽子ほか 0.50 CNNヘッドライン キャスター・吉野三香 1.00ⓈH・I・P 遠藤美生　加藤由季 1.10Ⓢ天然〝超〟アスリート　吉本印天然素材ほか 1.40 DABO銀 ゲスト・大桃美代子 2.10'95世界柔道選手権情報 2.13ⓈCLUB紳助 ゲスト・堀紘一P178 3.13テレ・ボン・マルシェ 岩本恭生ほか　(3.38)	00 ワールドビジネスサテライト　経済政治Ⓝ▽経済特集▽企業情報ほか 50 ようこそ！お天気です 55 スポーツTODAY ▽プロ野球情報▽世界GP情報▽大相撲2日目▽ゴルフ　ハル常住 0.35 平成女学園 0.45週刊おもしろパソコン 1.15Gプレーヤーのゴルフ 1.20Ⓢ黒BUTA音楽牧場 鈴木祥子ほか◇50情報(再) 2.00 淀川長治の部屋 2.15 '95野沢温泉サマージャンプ大会　菅野範弘 3.10Ⓢ歌謡ブレイク 3.15テレコンワールド4.10

1995年9月11日月曜日

①NHKテレビ

00 ニュース
07 イブニングネット ▽列島リレー▽30首都圏[N]▽53[天]◇59案内ほか
00[二]NHKニュース7 ▽きょうの[N]▽内外の話題▽スポーツ▽気象情報ほか 森田美由紀 内山俊哉 村山貢司ほか
57 テレマップ
00★[字]Ⓢ生きもの地球紀行「日本の清流・澄んだわき水にトゲウオが泳ぐ」語り手・宮崎淑子
40[多][字]母の出発 栗原小巻 市毛良枝ほか P93
00[二]NHKニュース9 キャスター・藤沢秀敏
20 各地の[N][天]
30 クローズアップ現代 ▽就職戦線・超氷河期女子大生は今（予定）
00[字]Ⓢふたりのビッグショー「山本譲二＆香西かおり」 P100
40 古里面白博物館「北海道昆布館・七飯町」
55 ニュース11・松平定知
11.30★にんげんマップすべては好奇心から始まる・ソムリエ・田崎真也
55★列島リレー「風を切る速さを・障害者用自転車実用化を目指して」
0.10 高橋亀吉の〝昭和金融恐慌史〟を読む[再]
0.55 全国の[N][天]（1.02）

③NHK教育

00Ⓢ天才てれびくん
25[二]ブロッサム「パパの恋人ってどんな人」
50 なんでも実験「土が燃える！金属が燃える？」中台丈夫ほか
7.20 NHKみんなの手話[再]「あしたは、いとこの結婚式です」石原茂樹
50 NHK手話ニュース
00★ETV特集「ウイルスを追え[前] ヒトを翻ろうする最古の生命体」
45 きょうの健康[再]「がん治療最前線・胃がん」鶴丸昌彦
00 今日の料理[再]「イカニラチャーハン」周富輝
25Ⓢ安野光雅・風景画を描く[再]「フランスの古い街・人間のいる街」
55 ミニ英会話[再]
00 おしゃれ工房「木彫でキチンを飾る・ロールペーパースタンド」渡辺一生ほか
25[二]漢詩紀行◇30視点論点
40 NHK人間大学「鎮めの文化・〝歎異抄〟を鎮める」大村英昭
11.10 3か月英会話[再]「同意する」
30 フランス語会話[再]
11.50 教育セミナー・歴史で見る世界「フランス革命」福井憲彦（0.22終了）

④日本テレビ

00 ニュースプラス1 ▽きょうの[N]▽特集▽30スポーツ▽[天]ほか 真山勇一 鷹西美佳
00Ⓢストリートファイター II V「服従への強制」[声]羽賀研二ほか P61
30Ⓢ魔法騎士レイアース ▽理由なきノヴァとの戦い[声]椎名へきる P61
00★世界まる見え！テレビ特捜部 日本の番組を見てくれ▽ポルターガイスト現象の謎▽一族の宿命▽13年目に発見された少女ほか◇54[N][天]
00★Ⓢスーパーテレビ「衝撃！これが平成の家族病院だ」▽家族の絆を回復するために▽家族療法▽父親改造講座◇54Ⓢ花心
00★Ⓢ関口宏のびっくりトーク[秘]因幡がナンパに失敗!?▽ミーが通った意外な場所▽蛭子の恋 岸田智史 早坂好恵ほか
54 [N]きょうの出来事 ▽今日の[N]▽特集▽[天] 桜井よしこ 保坂昌宏
11.25Ⓢどんまい!! 大相撲2日目結果 中畑清 山田雅人 関谷亜矢子 ▽ロバの耳そうじ！噂のスタジオ生人体実験＆額縁美人＆天気予想 大竹まこと 岡本夏生
0.45Ⓢグルービー◇50[N]
1.00Ⓢアクションスポーツ
1.10Ⓢネオハイパー「アメリカのある街・福生」
1.40ⓈM－STAGE1 Les，TPD P100
1.55たかじん 加賀まりこにタジタジじんちゃん競馬に熱中 P178 2.55

⑥TBSテレビ

00[二]ニュースの森 ▽きょうのニュース▽スポーツ▽特集▽[天]ほか 杉尾秀哉 久和ひとみ
00 関口宏の東京フレンドパークII「天宮良と黒田アーサーがアトラクションにチャレンジ」渡辺正行 相原勇 ホンジャマカ◇TRY
00[字][新]水戸黄門 佐野浅夫 あおい輝彦 伊吹吾朗 中谷一郎 高橋元太郎 由美かおる 野村将希 伊織静香 高松英郎 久米明ほか P88◇54[N]
00Ⓢ月曜ドラマスペシャル 退職刑事の事件帳3「知床・忍路・殺人旅行」斎藤栄原作 水谷龍二脚本 松田耕二演出 大滝秀治 南田洋子 織本順吉 竹本孝之 湯江健幸 近藤芳正 春木みさよ 笠原清美 斎藤孝之ほか P82
10.54スポーツホットライン
00 筑紫哲也ニュース23 ▽きょうのニュース▽きょうのスポーツほか 浜尾朱美 香川恵美子
55 '95全米オープンテニス「総集編」司会・清水大輔（休止の場合あり）
1.20 TICOS
1.30 ドキュメントD・D
2.00 ワシントンウォッチ ペローの不気味な動き米政治動かす無党派層
3.00Ⓢポップテン「ウェット・ウェット・ウェット＆バン・ヘーレンチケット特別予約」ほか
3.30Ⓢおしえてアゲル3.35

平成7年

1995年

9月11日 月曜日

『いつかまた逢える』は福山雅治初主演の堂々たる胸キュンラブストーリーでしたね

阪神・淡路大震災と地下鉄サリン事件に、テレビも大きく揺れた1995年。でも6年後のこの日、ニューヨークで何が起こるのかはまだ誰も知りません。

まずは月9に行きましょう。大多亮プロデュース、水橋文美江脚本、月9の王道たる堂々の胸キュンラブストーリー『いつかまた逢える』。福山雅治の連続ドラマ初主演作。今田耕司がレギュラー出演していました。主題歌はサザンオールスターズの『あなただけを～Summer Heartbreak～』。エンディングでかかるイーグルスの『我が愛の至上』が結構いいのですが、ビデオになったときには曲が差し替えられていてちょっと残念でした。

TBS夜8時は『水戸黄門』。第24部の第1話です。黄門さまは、東野栄治郎、西村晃に次いで3代目となる佐野浅夫でした。毎年放送される『水戸黄門』の間には『大岡越前』や『江戸を斬る』が放送されていたのですが、第23部と第24部の間で前週まで放送されていたのは『水戸黄門外伝　かげろう忍法帖』という作品で、長く続いた『水戸黄門』シリーズ唯一のスピンオフという珍品でした。主役は由美かおる演じるかげろうお銀。「かげろう組」というくノ一軍団が登場するなど異色のスピンオフでしたが、この『かげろう忍法帖』が間をつないだことで、23部と24部が同じ世界観でつながることになりました。珍しい試みでした。そしてテレビ朝日夜8時は長瀬智也、永作博美の『カケオチのススメ』のこちらは最終回。遠藤察男脚本。長瀬智也の初主演連続ドラマ。この後ドラマ出演が立て込んできます。あの『白線流し』は翌96年の1月です。フジテレビ夜10時は関西テレビ制作、国友やすゆ

1995年9月15日号
表紙・桜井幸子
胸キュンの月9ドラマ『いつかまた逢える』（フジテレビ）で福山雅治と共演。桜井幸子はこの年、ドラマ『未成年』（TBS）にも出演している。

き原作のコミックのドラマ化『100億の男』。主演は緒形直人でした。NHK夜8時40分の〝ドラマ新銀河〟は、栗原小巻主演の『母の出発（たびだち）』。栗原小巻のテレビドラマは久しぶりじゃないかなと思って調べたら、前年94年10月のフジテレビ『犬神家の一族』で犬神松子役をやってました。金田一耕助は片岡鶴太郎。哀しさが滲む松子です。

続いてアニメ行きましょう。日本テレビ7時は『ストリートファイターⅡV』。以降数々の名作を生む読売テレビ制作の伝統の枠ですが、こちらは人気アーケードゲームのアニメ化。『スト2』は前年に劇場版アニメもヒットしていましたからね（主題歌は『恋しさと　せつなさと　心強さと』）。続く7時半は、こちらも読売テレビ制作、CLAMP原作のアニメ『魔法騎士レイアース』。とてもファンの多かったアニメで、声優・椎名へきるの代表作です。田村直美の主題歌もヒットしました。ちなみにこの枠は翌年1月から『名探偵コナン』になります（そしてテレビ朝日夜7時の『クレヨンしんちゃん』も、翌年春に金曜7時半に枠移動します）。

フジテレビ夜8時は『HEY！HEY！HEY！　MUSIC　CHAMP』。一時低迷したテレビの歌番組をトーク中心の味付けで甦らせた番組で、音楽シーンの好調にも乗り視聴率も絶好調でした。そしてこの年、番組から『WOW WAR TONIGHT～時には起こせよムーヴメント』の大ヒットが生まれました。紅白にも出たもんね、H Jungle with t。

最後に深夜の帯バラエティーを。フジテレビ深夜0時40分に『SMAP』と書いてあるのは、この年の春にスタートした帯バラエティー『SMAPのがんばりましょう』です。まだ6人組だったSMAPが、曜日ごとにコント、トーク、ドラマ等、さまざまな企画に挑む10分番組で、この経験がのちの『SMAP×SMAP』につながっていきます。当時土曜日には『夢がMORI MORI』が放送されてましたから、SMAPはほぼ毎晩フジテレビに出ていたことになります。中居君と香取君の『いいとも』レギュラーも始まってたし。SMAP黄金時代の始まりの時期でした。テレ東の6時半には『愛ラブSMAP！』もありますね。なつかしい。

（ちなみに『がんばりましょう』は毎週水曜がドラマ枠だったのですが、そこで放送された第1作『Naked　Banana』は、のちの向田邦子賞受賞者・橋部敦子さんのデビュー作だったそうです）

8 フジテレビ

00 [N]スーパータイム
ニュース▽視聴者情報▽特報▽スポーツ▽[天]
露木茂　松山香織
八木沼純子　浜田典子
菊間千乃ほか　1309

00 ドラゴンボールZ
「元祖ブウ復活」
▶P79　2779
[解説]ブウの驚異的な強さにベジータ危うし!!

30(S)みどころ　622971

33(S)バレーボールワールドカップ'95・女子
「日本×エジプト」
解説・前田健
実況・三宅正治
～マリンメッセ福岡
（最大延長9.14まで）
729779
[解説]実力は未知数のエジプトだがパワーで押す荒削りなバレーを展開しそう。日本の敵ではなさそうだが、多彩な攻防を見せて欲しい

8.54 FNNニュース・あすの天気　54953

00(S)正義は勝つ　織田裕二
鶴田真由　室井滋
段田安則　井上晴美
白井晃　松崎しげるほか
▶P38.58　51752
[解説]後輩・淳平の助手に回された光江が、敵陣営に情報を流し有利だった裁判に暗雲が。

54 くいしん坊！万才「カツオ料理」　46934

00★タモリのスーパーボキャブラ天国　ボキャブラアカデミー・ヌーボ▽愛という名の芳香ほか
川合俊一　山口美江
赤坂泰彦ほか　52953
[解説]ネタVTRのなかで小島奈津子アナウンサーの寝顔を初公開!!

54(S)あなたに…「寿司屋へ行こう！」　45205

00 ニュースJAPAN
▽きょうの[N]さらに深く▽あの[N]のウラFNN特集▽詳報プロ野球[N]・W杯バレー▽Jリーグ・柏×市原、浦和×横浜Mほか　241840

0.20(S)ソムリエ
渡辺満里奈　7428422

0.35 パボフラGIG　W杯バレーダイジェスト
赤坂泰彦ほか　4165880

1.05冒冒グラフ　今田説法
東野の叫び　5482644

1.20(S)TK　MUSIC　CLAMPカールスモーキー石井　8993286

1.50(S)極真カラテ世界大会
ゲスト・前田日明
解説・盧山初雄～東京体育館　5516731

3.20 企業(再)　8992002

3.25(二)LA　LAW七人の弁護士7　4401625

4.20(S)サウンドウエザー
山口由子　3LDKほか
（4.25）　8999915

5.05(二)BBC[N]　4492286

5.30(S)[天]　859002

5.55 めざましテレビ
（8.00）　54045480

10 テレビ朝日

00 ステーションEYE
▽きょうのニュース
▽きょうのスポーツ
▽今夜の天気ほか
蟹瀬誠一　岡田洋子
中山貴雄ほか　1021

00 目撃！ドキュン・今夜の決断「目撃！コーナー」ほか　3021
[解説]未婚で2児の母が生き別れの父を探す。

30(S)WBC世界ジュニアバンタム級タイトルマッチ「川島郭志×ボーイ・アルアン」
ゲスト・大橋秀行
解説・沼田義明
実況・大熊英司
～両国国技館
▶P129　710021
[メモ]川島　徳島県出身25歳。17勝2敗1分12KO。左ボクサー。
アルアン　インドネシア26歳。26勝3敗1分6KO。右ボクサー。

8.54(S)NO◇(S)京都が好き
哀艶の庵　52595

00 風の刑事・東京発！
「誤認捜査!?証言を拒む女」柴田恭兵
岡本健一　中野英雄
柄本明　西村晃ほか
▶P60　73974
[解説]駅近くの陸橋から男が転落死。現場で不審な男が目撃された。

54(S)世界の車窓から中国・モンゴル編　44576

00(S)ニュースステーション
▽きょうのニュース
▽きょうのスポーツ
▽きょうの特集
▽きょうの円相場
▽きょうのCNN
▽あすの天気
キャスター・久米宏
小宮悦子　坪井直樹
天気キャスター大石恵
解説・和田俊
691381

11.20(S)ホテル　8869595

25 走れ！GET「史上最強の視聴者プレゼントをゲット」加賀まりこ
出川哲朗ほか　144427

55 トゥナイトII石川次郎
斉藤陽子ほか　5170866

0.50 CNNヘッドライン
鈴木聖子　9731460

1.00(S)桃かん　飯島直子
鈴木蘭々ほか　7120267

1.10(S)MEW　リディアンモードほか　5532373

1.40(二)パワーレンジャー
「魔法のアコーディオン」　8552880

2.10(S)Xファイル・最新恐怖(再)　4212625

2.13(二)映画「ザ・シークレットハンター」エドワード・ウッドワードほか
▶P66　85474644
[解説]元CIAのすご腕捜査官の活躍を描く。
（4.03終了）

4.55(S)歴史街道　7124083

5.00(二)朝イチ[N][天]・CNN
西脇亨輔ほか　272225

5.55 やじうま6
（6.30）　6489915

12 テレビ東京

よる

6

00(S)ウェディングピーチ
マフラーに愛を込めて
[声]氷上恭子　8576

30(S)エヴァンゲリオン
▽決戦、第3新東京市
[声]緒方恵美　94972

7

00(S)サッカーJリーグNICOSシリーズ
「浦和レッズ×横浜マリノス」
解説・木村和司
実況・斉藤一也
～浦和市駒場競技場
（最大延長9.54まで、以降の番組繰り下げ）
▶P128　136514
[メモ]鈴木正治　先のアディダスマッチで代表初選出。左サイドを得意のドリブルで攻め上がるプレーでチームの得点源になる。課題とされてきた守備も及第点の出来。ビスコンティとのみごとなコンビネーションは必見だ。

8

8.59 くらし「地震に備える」③　37329243

9

9.05すみだすみだ工房文化ギャラリー　2732392

10 クイズ赤恥青恥　香港は何処から何処へ返還される？▽〝バイリンガル〟ってどんな人▽〝食べる〟の尊敬語・謙譲語は？　5167243
[解説]ほかに三大栄養素を尋ねる生恥クイズなど。パネリストは松尾貴史、片岡鶴太郎ほか

10

10.04 スキ◇[天]　94977576

10★ドキュメンタリー人間劇場「オレたちの夢球場・いま甦るもの」
男たちはなぜ野球場を造ったのか？　ばばこういち演出　5164156
[解説]まるで映画のようだ。仲間と共に野球場を造った堀治喜さんのはみだし人生に迫る。

11

11.04(S)ヴィーナス「オーストリア編」　94909175

10 ワールドビジネスサテライト　経済政治[N]▽経済特集▽企業情報ほか
野中ともよ　5302205

深夜

0

0.00(S)情報IN　6855199

0.05 スポーツTODAY
▽サッカーJリーグ▽バレーボールW杯▽バスケット日本リーグ・女子ほか　4414828

1

0.45平成女学園　3786557

0.55(S)恋の手ほどき「逗子&江ノ島」激安！クルージングほか　7425016

2

1.25(S)遊人　テリー伊藤の人物分析法　8545977

1.55買物プラザ　8540369

3

2.25(S)ミュージック最前線
▶P131　8544248

2.55TX情報(再)　6523248

3.05 大江戸捜査網(再)
「緊急指令！人質を救出せよ」　7210248

4

4.05(S)歌謡ブレイク
（4.10）　4639460

5

5.30 尾崎・飯合に挑戦(再)
～ハワイ・マケナGC
（6.00）　87557

1995年 11月8日 水曜日

1 NHK総合

00 [N] 6723359
07 イブニングネットワーク 列島リレー▽30ローカルニュース▽53全国の天気 杉浦圭子 平石富男ほか 63753595
00[二]NHKニュース7 ▽きょうの[N] ▽内外の話題 ▽スポーツ ▽気象情報ほか 森田美由紀 内山俊哉 村山賢司ほか 4601
57 テレマップ 攻防25億人の巨大市場・APEC大阪会議 78716205
00★Ⓢためしてガッテン「シリーズ冬の健康① 万全の冷え性対策」森光子ほか 351717 [解説]女性の2人に1人は悩んでいる現代病、冷え性。体質改善の方法と生活の工夫を探る
40[多][字]ワイン殺人事件 高岡早紀 藤竜也 夏木マリほか 483798
00[二]NHKニュース9 キャスター・藤沢秀敏 418717
20 各地の[N][天] 930446
30 クローズアップ現代「政治・経済・文化・スポーツ・風俗など、今、話題の事象を深く鋭くえぐり出す」キャスター・国谷裕子 63514
00Ⓢ作法の極意「和包丁の心得」服部幸応 竹下景子ほか 311 [解説]包丁の使い方で、料理の味も変わる！

30Ⓢ新日本探訪「津軽・じょっぱり物語・青森・鰺ケ沢」 111885 [解説]「相撲王国」を支える青果商の思いを。
55 NHKニュース11 松平定知 2749576
11.35にんげんマップ サケは川に帰り、人は自然に帰る・サケ研究家・小宮山英重 8898953
0.00列島リレー ママ、私は何人？日比混血児のいじめ問題 2506557
0.15古里の伝承[再]「奈良坂の共同体」 9550083
0.55[N][天] 1.02 2589880

3 NHK教育

00Ⓢてれびくんミステリートラベラー 244156
25[二]フルハウス「ママの偵察訪問」[声]大塚芳忠 3192088
50 地球ロマン「奥地への旅② 初接触！石器時代の人々」 4498446 [解説]文明との関わりを持たない部族と白人カメラクルーとの出会い
7.15Ⓢ名園散歩 3030243
20 すこやかシルバー介護「福祉機器② 移動のための用具」望月彬 8506798
50 手話[N] 400427
00 ETV特集「ガイガーサワー・放射線時代100年㊥ 魔法の光線の50年・レントゲンからヒロシマまで」 11576 [解説]放射線発見からの50年間を検証する。
45 きょうの健康[再]「糖尿病③ 食事と運動」河盛隆造 91953
00 きょうの料理[再]「徹底マスター・豚肉料理 ミートローフ」石原明子 225021 [メモ]380キロカロリー
25Ⓢレッツダンス「スローフォックストロット」② 田中英和 田中陽子 165427
55 ミニ英会話・とっさのひとこと 32885
00Ⓢおしゃれ工房「日本の布に夢中③ 押し絵の額絵」桑原実絵 224392
25[二]漢詩紀行 981311
30 視点・論点 原ひろ子 600175
40 NHK人間大学「バイオテクノロジーへの招待・バイオテクノロジーと栽培漁業」木村光 5277972
11.10 英会話・名探偵ホームズ[再] 7609576
30 ドイツ語会話[再]「もう慣れましたか？」上田浩二 171798
50 教育セミナー・古典への招待「源氏物語・螢車の宣旨」三田村雅子（0.22） 1180175

4 日本テレビ

00 ニュースプラス1 ▽きょうのニュース ▽特集▽30スポーツ ▽あすの天気予報ほか 真山勇一 木村優子 藤井貴彦 4088
00★どちら様も!!笑ってヨロシク ニューハーフみたいな!?美人女優登場▽普通の人々・武道娘100人 細川直美 出川哲朗ほか 6069 [解説]スペシャルゲストはスタジオもため息のセクシー女優。所ジョージはじめ江川も鶴瓶も落ち着かない様子だ
00★新装開店！SHOW・byショーバイ!!2 ▽浴衣に着がえて出勤して!?▽新クイズ登場 男は誰だ キャイーン 川合俊一ほか 22682 [解説]今回からさらにリニューアル。外人のニューハーフ探しはグレードアップして出題。
54 [N][天] 75934
00Ⓢとんねるずの生でダラダラいかせて!! ▽加山雄三VS木梨憲武 命がけの釣り対決!! 山本淳一 荒井注ほか（予定） 29595 [解説]ついに加山に生ダラが勝負を挑む。海の男が本領発揮か!?
54Ⓢ夜光虫「新宿」甲斐政彦ほか 90243
00Ⓢたたかうお嫁さま 松本明子 保阪尚輝 橋爪功 泉ピン子 布施博 高木美保 野村真美 石倉三郎ほか ▶P58 28866 [解説]ウエディングドレスにこだわる数子なのに俊平の両親は有名神社を予約してしまう。
54 [N]きょうの出来事 ▽今日の[N]▽特集▽[天] 桜井よしこ 46011935
11.25ⓈTVじゃん!! ▽Jリーグ 横浜F×川崎 柏×市原ほか 中畑清ほか▽BLT・思い入れ大賞 5664934
0.45Ⓢグルービー 翠玲 富樫明生 8650422
0.50あすの朝刊 5277967
1.00 ぜぜぜのぜんじろう ▽刑事Jr 9518426
1.30ⓈM－S 3 本田美奈子 楠瀬誠志郎 7152335
1.45Ⓢネオハイパーキッズ「アジアンインターネット」 8784083
2.15Ⓢ映画「ゼイラム」（1991年ギャガ・コミュニケーションズ）雨宮慶太監督 森山祐子 ▶P66 80422880 [解説]凶悪なエイリアンと女性宇宙賞金稼ぎの壮絶な戦いを描いたSFアクション。（4.10終了）
4.45 HEN 6727354
5.00朝一番天気 26335
5.59ジパングあさ6 [N][天]（7.00） 5797625

6 TBSテレビ

00[二]ニュースの森 ▽きょうのニュース ▽スポーツ▽森田さんのお天気ですかァ？ほか 杉尾秀哉 久和ひとみ 安東弘樹ほか 5330
00★世界お宝ハンティング 勝負は目利き 岡本麗&野々村真オーストリア秘宝探索▽布川敏和と石野真子はシカゴでお宝さがし 21953 [解説]岡本&野々村はウィーンで150年前のチェストを購入するが…
54ⓈTry it! ロードムービー 74205
00 クイズ悪魔のささやき ▽釣りで感電大ケガ▽ユニットバスはもうイヤ！▽トルコ遠恋ビンボー▽イカスミカレー（予定） 20224 [解説]愛知のカレー屋さん夫婦はイカスミカレーを発明した。特許申請などの費用が欲しい
54 [N] 73576
00 スペースJ ▽今週のトップリポート・最新の興味に挑戦▽J特集〝学者が警告！中国大陸が砂漠化している－シルクロードに砂漠化の恐怖を見た！〟今大陸では何が起こっているのか？事実を徹底究明（予定） 山本文郎 高木希世子 下村健一 小笠原保子 7699427
10.25Ⓢ地球の贈り物「幻の高麗人参・韓国不老長寿伝説の里」山の民・シンマニほか 142576 [解説]夢を分析し1000年生きるニンジンを探すシンマニたちの生活を
54Ⓢスポーツホットライン 97156
00 筑紫哲也ニュース23 ▽今日のニュース ▽今日のスポーツ ▽今日の特集 ▽多事争論▽[天] 浜尾朱美 池田裕行 香川恵美子 144458
0.30 TICOS「アウトドア特集」 2948793
0.40Ⓢシンク「渋谷マンガ書店対決」 6308977
0.50 慢性吉本炎 ▽ナインティナインの三時間目▽雨上がり決死タイム▽ロンドンブーツのビンタ▽舞台コメディーほか 8226199
1.50リリース！ 2916064
1.55[二]ドキュメントUSA「密着救急病棟」▽生死の境をさ迷う患者達と、懸命の努力を続ける医療スタッフたち 3479460
2.50Ⓢおしえてア・ゲ・ル（2.55） 2913977
4.50音楽コール 2937557
4.55[二]CBS[N] 3250915
5.25ビデオ案内 443489
5.30オンタイム 福島弓子（6.50） 9898606

平成7年

1995年

11月8日 水曜日

『TVガイド』大判化第1号に掲載された世界に誇る日本のテレビアニメ

この日の番組表が載っている『TVガイド』1995年11月10日号は、創刊以来続いていたA5判からA4変型判へとサイズが大きくなった記念すべき「大判化第1号」でした。1962年8月の創刊から33年3カ月、『TVガイド』の歴史の中で、最大の転換となった号でした（〝超番組表〟ということで内容もより詳細になってます。細かいことがいろいろ書いてありますので見てみてください）。

そんな歴史に残る一冊に、歴史に残る一本のアニメ作品がひっそりと掲載されています。テレビ東京夜6時半、2015年の近未来を舞台にしたSFアニメーション『新世紀エヴァンゲリオン』です。

1963年1月スタートの『鉄腕アトム』からおよそ60年。あまたの作品が放送され、いまや世界に誇る日本のカルチャーとして大きな成長を遂げた日本のTVアニメの中でも間違いなく最も大きな意味を持つ作品のひとつです。ネット時代到来のタイミングもあり、作品への支持はやがて大きなムーブメントとなりました。現在のアニメシーンを語るには絶対に欠かせない作品で、まさしく『エヴァンゲリオン』以前と以後で日本アニメの文脈が変わりました。テーマという点でも、ストーリーという点でも、戦闘表現、語り口などの脚本&演出、綾波レイら各キャラクターのデザインとネーミング、各種用語の引用から伏線の張り方、オープニングや予告の使い方、結果としてのマルチエンディング、そして新たなメディアミックスビジネススタイルの創造に至るまで、アニメに限らず、あらゆるサブカルチャー領域に圧倒的な影響を与えました。しかもこの日の放送は、前半最大のハイライトとい

1995年11月10日号
表紙・SMAP
A5判からA4変型判へと大判化した第1号「史上最大の超番組表！」誕生号の表紙に、人気絶頂のSMAPがタキシード姿で登場した。

える第6話「決戦、第3新東京市」。あの「ヤシマ作戦」の回。「笑えばいいと思うよ」の回ですね♪

そしてこの日はゴールデンにスポーツ中継が3本。フジテレビ夜7時33分は『バレーボールワールドカップ女子』。すでにベテランだった大林素子を中心にしたチーム編成で、プロリーグ発足のゴタゴタもあり、厳しい戦いを強いられていた時期でした。テレビ朝日夜7時半はプロボクシング『WBC世界ジュニアバンタム級タイトルマッチ』。チャンピオン川島郭志が4度目の防衛を果たしました。そしてテレビ東京夜7時はJリーグ『浦和レッズ×横浜マリノス』。翌週にはヴェルディ川崎が日本信販・NICOSシリーズの優勝を決めます。

続いてはこの年の春に始まったフジテレビ深夜1時20分『TK MUSIC CLAMP』。小室哲哉がホストを務めたトーク番組で、何しろゲストが豪華なの。特にこの1年目はすごかった。桑田佳祐、坂本龍一、B'zの稲葉浩志に吉田拓郎、井上陽水、忌野清志郎など、そうそうたる顔ぶれで、しかも話も面白かった。1995年といえば小室ブームの真っただ中でしたからねー。時代を象徴した番組でした（TRFやH Jungle、篠原涼子などの小室ファミリーもしょっちゅうトークゲストとして登場していました）。その後、小室哲哉は1996年5月に降板しますが、MCを中居正広、華原朋美と変えながら、番組は1998年春まで続きました。ちなみに中居くんがMCになって3回目にSMAP脱退直前の森且行くんが登場、リアルなトークが話題を呼びました。

最後にドラマをいくつか。フジテレビ夜9時は織田裕二が敏腕弁護士に扮した『正義は勝つ』。タイトルのライトなイメージに反して、シリアスなテイストのドラマです。テレビ朝日夜9時は『風の刑事・東京発！』。『さすらい刑事旅情編』と『はみ出し刑事情熱系』の間にはさまった作品。柴田恭兵が鉄道警察隊の刑事を演じた、いかにも過渡期らしいドラマです。主題歌は氷室京介の「魂を抱いてくれ」でした（作詞は松本隆。珍しいです）。そして日本テレビ10時は、『あたしンち』のけらえいこ原作、松本明子主演の『たたかうお嫁さま』。主題歌はユーミンでした。

8 フジテレビ

5. 30 [N]スーパータイム
▽ニュース▽特報企画
▽バレー予選直前情報

6. 30Ⓢクイズ 615905

33Ⓢバレー女子アトランタ五輪世界最終予選
「日本×ブルガリア」
ゲスト・薬師寺保栄
佐藤伊知子　鈴木敏弘
（最大延長8. 34、以降繰り下げ） 314455
[解説] レフトの大砲不在が気になる日本。ブルガリアの実力は未知数なだけに、高さを破る中野らの復活がカギ。

7. 54Ⓢ木曜の怪談
▽怪奇倶楽部
滝沢秀明　野村佑香ほか
[解説] 絵に描かれた少女が学校内を歩き回る⁉
▽MMR未確認飛行物体中山秀征　細川茂樹
[解説] ビデオ念写成功。課は信じるが、皐がトリックを見破った。
▶P38 81729740

8. 54 [N][天] 79818

00Ⓢとんねるずのみなさんのおかげです
▽ゲストを迎えてのパロディーコント▽大爆笑企画満載 56363
[解説] 食わず嫌い王決定戦、愛のフォトグラフ五感王などの爆笑人気コーナーを予定。

54Ⓢキラリ、夢中人
「作詩家」 94127

00ⓈAge、35 恋しくて
中井貴一　田中美佐子
瀬戸朝香　椎名桔平
香坂みゆき　水野美紀
▶P39 55634
[解説] 英志は家族を捨てるとミサに言うが、朱美には言えない。朱美も合い鍵を見つけ…。

54Ⓢ駅からの旅東北新幹線・新花巻駅 93498

00 ニュースJAPAN
▽きょうの[N]▽FNN特集▽コラム▽明日[天]
▽プロ野球[N]・ヤ×巨中×広、神×横、日×ロ、オ×西、ダ×近ほか
安藤優子ほか 912276

0. 20 北野富士　ビートたけしほか 2203615

0. 50Ⓢ猛烈アジア太郎
今田耕司ほか 6162431

1. 00ⓈSRSスペシャルリングサイド「シューティング特集」ゲスト・佐山サトル 4369696

1. 30Ⓢパジャマで天気
浜田典子 8395702
[メモ] 浜田典子
〝お天気お姉さん〟に憧れていたという彼女は今や気象予報士の資格を持つお天気のプロ

1. 35Ⓢ浅い夜・深い夜[終]
佐伯伽耶ほか 2975257

2. 05Ⓢ対極の天・恋愛二都物語「ダイジェスト」
中尾彬ほか 8052870
[解説] 1話から3話までの総集編を女子高生、OLに厳しくチェックしてもらうう（2. 34）

10 テレビ朝日

5. 58 ステーションEYE
▽きょうのニュース
▽きょうのスポーツ
▽今夜の天気ほか
蟹瀬誠一　岡田洋子
大下容子　田崎滋子ほか

00Ⓢミニ中継 911059

03Ⓢプロ野球〜神宮
[ヤクルト]×[巨人]
解説・大下剛史
北別府学　松沼雅之
実況・国吉伸洋
（最大延長9. 24まで、以降の番組繰り下げ） 571634
[解説] 巨人で気になるのが落合の対ヤクルト戦での低打率。5回戦では終盤で併殺打に打ちとられるなどブレーキに。古田が復帰した野村IDをどう攻略？
【中止のとき】
7. 00必撮あんたが主役
7. 30セイント・テール
8. 00大江戸弁護人走る

8. 54ⓈNO◇Ⓢ京都が好き
▽京都案内 60160

00Ⓢ炎の消防隊「俺とお前の運命」仲村トオル
東幹久　高樹沙耶
戸田菜穂　五十嵐いづみ　財津一郎　石橋凌
▶P38 54905
[解説] 由香の足が不自由なのは18年前の火事が原因と知った洋平は…

54Ⓢ世界の車窓から「インド編・53」 92769

00Ⓢニュースステーション
▽きょうのニュース
▽きょうのスポーツ
▽きょうの特集
▽きょうの円相場
▽きょうのCNN
▽あすの天気
キャスター・久米宏
小宮悦子　高成田享
スポーツキャスター・坪井直樹　天気・内藤聡子 911547

11.20ザ・ホテル 8022653

25 龍の金印「上岡流最後の京都バスツアー」[新]
▽大桃美代子、岩井由紀子も感激 163214

55 トゥナイトII石川次郎
斉藤陽子ほか 9097491

0. 50 CNNヘッドライン
小笠原陽子 6160073

1. 00Ⓢ桃かん　飯島直子
鈴木蘭々ほか 5003509

1. 10Ⓢ快楽通信「エンジョイ！サマーバケーション」限定版Gショック▽ワンダーブラ・スイムウエアほか　永島敏行
[FAX]03−5544−9999 3872561

2. 10ⓈCLUB紳助
ゲスト・鳥羽一郎
島田紳助ほか 3802702
[解説] 海の男から絶大な人気を誇る演歌歌手の鳥羽一郎がマグロ船で遠洋漁業に出ていた頃の思い出や、大好きな競馬、競艇の話題を。

3. 10テレ・ボン・マルシェ
ピーター・フランクル
（3. 35） 2585122

12 テレビ東京

00Ⓢアニメ・水色時代
「学年末テスト」
[声]鈴木真仁 4769

30 スーパーマリオ　ダビスタ'96・ポケットモンスター大会 91905

00Ⓢバーチャファイター
「怒れジェフリー！非情の罠」 6740
[解説] 晶たちは、鬼丸にだまされてばらばらに

30★TVチャンピオン
「一流料亭対抗！板前選手権」第1R…釣った魚が勝負のカギに！釣り船・海釣り対決▽決勝R…店の看板かけ真剣勝負！創作㊙懐石
磯野貴理子 164112
[解説] 都内一流料亭の料理人（料理長・中堅・追い回し）チーム3組が技を競い合う。店の名誉と看板がかかった大勝負だけに、料理人たちの目つきも真剣。

8. 54くらし　子供のためのパーティー 97214

00 みどころ 657189

02[二]木曜洋画劇場
「ペンタグラム　悪魔の烙印」（1990年米）
ロバート・レズニコフ監督　ルー・ダイヤモンド・フィリップス　トレーシー・グリフィス　ジェフ・コーバー　M・T・ウィリアムソン　解説・木村奈保子
▶P47. 61 36714011
[解説] ロスで起きた連続殺人事件を追う、刑事ラッセル（フィリップス）は、女性霊能者から悪霊が事件に関与していると告げられる。しかし、その霊とは刑事が死刑台に送り込んだ男のものだった…。

10.54 MY夢 88566

00 ワールドビジネスサテライト　三極・経済政治[N]▽海外円株速報ほか
野中ともよ 573363

50Ⓢ情報IN 345818

55 スポーツTODAY
速報‼ヤ×巨、中×広神×横▽女子バレー五輪最終予選詳報！▽大久保企画ほか 2858837

0. 35平成女学園 7327431

0. 45 パチンコスタジアム視聴者大会 8256764

1. 00ⓈEARTH「ボディボード」③ 8470870

1. 15ⓈMEN喰　デビ・健吾・健太DJに挑戦▽女子大生が選ぶ街の男子ベスト1 2285219

1. 45買物タウン 4642967

2. 15Ⓢ映画「ヘルハザード禁断の黙示録」
クリス・サランドンほか
字幕▶P47 59241141
[解説] 精神病院からひとりの患者が脱走。その病室には、看護人の惨殺死体が残されていた

4. 15Ⓢ歌謡 8332126

4. 20 テレ・コンワールド
（5. 15） 4108615

よる 6 7 8 9 10 11 深夜 0 1 2 3 4

1996年5月30日木曜日

① NHK総合

00 [N] 4146437
07 NHKネットワークニュース 列島リレー ▽30ローカルニュース ▽53全国の天気 杉浦圭子ほか 90666363

00[二]NHKニュース7 ▽きょうの[N][天]▽内外の話題▽スポーツほか 森田美由紀 723276
40[字][多]京都発・ぼくの旅立ち 茂山宗彦 岸部一徳ほか 600634
[解説]受験のため上京する新吉だが、頭の中は町子のことでいっぱい
58 テレマップ 641301

00★[字]Ⓢコメディーお江戸でござる「礼儀が通れば道理が引っ込む」 伊東四朗 西田ひかる 川野太郎ほか 97108
[解説]礼儀作法の小原沢流指南役・徳兵衛の娘お重は作法を身につけているはず。が実はガサツ。そんなある日…
45 各地の[N][天] 62547

00[二]NHKニュース9 今日の[N][天]▽スポーツ キャスター・藤沢秀敏 566
30 クローズアップ現代「政治・経済・文化・スポーツ・風俗など、今、話題の事象を深く鋭くえぐり出す」 キャスター・国谷裕子 50160

00Ⓢ作法の極意 親しみ増す中国料理 547
[解説]円卓での席順や大皿料理の取り方を紹介
30Ⓢアジア発見国を動かすダイエット・南太平洋トンガ王国 912547
[解説]外国から流入した食物は成人病を増やし暮らしも変えつつある
55 各地の[N][天] 19566

00 NHKニュース11 きょうの[N]▽スポーツ▽経済情報▽気象情報 キャスター・松平定知 久保純子ほか 4994566
35 あすを読む 4652818
45[二]ドラマ・大西部の女医〝ドクター・クイン〟「森の怪物」 ジェーン・シーモア ジョー・ランドー バーバラ・バブコック [声]范文雀 谷口節ほか ▶P40 464301
[解説]ハロウィーンが近づく町で〝森に怪物がいる〟との噂が立つ。ブライアンが見つけた怪物の正体は人間。クインのもとへ連れて帰るが、その男の顔は…
0.30 男の食彩[再]「イワナのカルパッチョ」 図師礼三 1186948
0.55 [N][天] 9966257
1.00Ⓢハイビジョンセレクション「どきどきウオッチング・生きものたちのビックリ繁殖大作戦」(2.02) 9141783

③ NHK教育

00Ⓢてれびくん「ダビンチの迷宮」⑦ 198634
25[二]アルフ[再]「おかしな賞金稼ぎ」[後] 7162030
50 中学生日記[再]「遠い日の記憶」[後] 土門広ほか 7428672
7.20 共に生きる明日「芸人仲間で〝老老介護〟・大阪・〝てんのじ村〟」 3129585
[解説]老いつつあっても自分の芸に骨を埋めようという芸人魂、困ったときは助け合おうという仲間意識は健在だ
50[手]手話[N] 428634
00 メディアは今アメリカ・トークラジオショー 柏倉康夫 88450
[解説]アメリカでは聴取者が司会者と本音で議論を行うラジオ番組の人気が過熱している。〝言論の自由〟はどこまで許されるのか。
45 健康[再]尿で見つける神経芽細胞腫 60189
00Ⓢ料理[再]ブロッコリーとエビサラダ 119127
25Ⓢスポーツエアロビック ▽リズミカルに回ろう 知念かおる 218112
[解説]ハーフターンに挑戦。まずは腰からひねって上体を向ける練習をし、次に90度、最後に180度回る練習を。
55Ⓢ現代短歌選 18837
00Ⓢおしゃれ工房 ウッドクラフトで部屋を飾る・よせ木の壁掛け時計 稲本正 118498
25 ミニ英会話 946978
30 視点・論点 445566
40 NHK人間大学「かたち誕生・道の地図・人生の地図」 8363301
[解説]大地の状況を描いた地図と、こころの浄化の過程を物語化した地図を紹介。チベット仏教寺院には、迷いを脱し、悟りの世界へと上昇して行く修行の過程を示す地図がある。
11.10[多]英会話上級[再]「幽玄の世界に魅かれて」▽能面技師 4550189
11.30 スペイン語[再] 料理しましょう 835295
11.50 教育セミナー・おとことおんなの生活学「〝性〟を考える」▽青年期(およそ12〜25歳)の特徴▽青年期の健康管理▽青年期の愛と性 岩田澄江 (0.22) 7739301

④ 日本テレビ

00 ニュースプラス1 ▽きょうのニュース ▽特集▽30スポーツ ▽あすの天気予報ほか キャスター・真山勇一 木村優子 2498
00★嗚呼!バラ色の珍生!! ▽24歳のトラック野郎が歯科医の娘に告白!! ▽10年前に別れた父に会いたいほか 61635
[解説]借金を抱えた父は妻子の元を去る。会わない方が家族も幸せと考えていた時娘が会いたがっていると知り…
54★マジカル頭脳パワー!! ▽マジカルバナナ〝忘れ物〟▽大爆笑!!アクション伝言バトルほか 三宅健 森田剛 岡田准一ほか 51190566
[解説]〝伝言バトル〟では、所ジョージの〝思い出し笑い〟が三宅のところで〝レッゴー三匹〟になってしまう。
8.54 [N][天] 19924
00 輝け!噂のテンベストSHOW 安くてオシャレなビニール家具▽1時間人間ドッグほか (予定) 61699
[解説]この夏涼しげな家具が流行しそう。カラフルな色のビニール製のソファーなどを紹介
54Ⓢ世界の橋「米・カリフォルニア」 49455
00★ダウンタウンDX ▽ホモっぽいタレントと言えば?▽抱かれてみたいアニメヒーロー 高橋由美子 95740
[解説]芸能人発想辞典には元横浜銀蝿の翔が登場。〝シンナー〟〝特攻服〟と不良言葉の連発にゲスト陣は大混乱
54 [N]きょうの出来事 ▽今日の[N]▽特集▽[天] 井田由美 37130818
11.25Ⓢ鉄腕!DASH!! ▽TOKIOVSセスナ機500メートル競走▽音の正体ほか 418950
55ⓈTVじゃん!! ヤ×巨、中×広、神×横、オ×西、日×ロ、ダ×近ほか 山本浩二▽ここにシャチあり…超過激!大竹まこと禁断の快楽探し 宮前真樹ほか 5324634
1.15ⓈM-STAGE4 ゲスト・KIX・S ▶P122 2301899
1.30は〜い朝刊 浜崎紘一 原元美紀 6364948
1.40グルービー 8976180
1.45Ⓢ三行広告探偵社「ゲイボーイ養成講座」 キャイ〜ン 4653677
2.15Ⓢミュージックパーク EAST END×YURI イエローモンキーほか 5387493
3.15Ⓢ木曜決定版!「寝ドキッ!!」 酒井麻友子 三井ゆり 河内淳貴 森若香織ほか (4.10) 8223509

よる 6 7 8 9 10 11 深夜 0 1 2 3 4

⑥ TBSテレビ

00[二]ニュースの森 ▽きょうのニュース ▽スポーツ▽森田さんのお天気ですかァ?ほか 杉尾秀哉 門脇利枝 福島弓子ほか 3740
00★上岡龍太郎がズバリ!「バツイチの子供達」▽親の離婚はショックだった?▽別れた親に会いたい? 61617
[解説]親が再婚している子供も登場。彼らは親の再婚についてどう考えているのだろうか?
54 ニュース&ウエザー 鈴木利衣 18295
00 情報エンターテインメント・グラフィティ'96「競馬学校・花の12期生、それぞれのゴールへ」親子二代▽女性騎手トリオほか 11158
[解説]この春競馬学校を卒業し早くも活躍している、福永祐一ら新人ジョッキーたちの姿を
54 [N] 17566
00Ⓢ橋田寿賀子ドラマ 渡る世間は鬼ばかり 泉ピン子 山岡久乃 藤岡琢也 赤木春恵 角野卓造 植草克秀ほか ▶P39 94011
[解説]五月は長子夫婦や邦子母子を心配し、力になろうとするが…。
54Ⓢあすの天気 [声]中島美年子 49437
00Ⓢ結婚しようよ 江口洋介 石田ひかり 松方弘樹 草彅剛 麻生祐未 馬渕英里何 益田圭太 金田明夫ほか ▶P39 93382
[解説]圭太郎は蓮に渚とのことを包み隠さず話し、会わせようと決意
54Ⓢスポーツホット語りマイケル富岡 99978
00 筑紫哲也ニュース23 ▽きょうのニュース ▽きょうのスポーツ ▽きょうの特集▽[天]ほか キャスター・浜尾朱美 池田裕行 香川恵美子 有村かおり 154030
0.30 TICOS「いま注目の資格」 6363219
0.40Ⓢフェイス 西岡徳馬ほか 1103649
0.50 川柳役者 安岡力也 林家こぶ平 ヒロミ 松岡昌宏ほか 4664783
1.20 大笑福亭鶴びん「出川くんと遊ぼう!」 塩田丸男 水野晴郎 出川哲朗ほか 8146054
1.50 映画に乾杯「新作映画〝白い嵐〟の魅力に迫る!」 7277967
2.10Ⓢポップテン「おすすめアーチスト特集!」トップ20ほか 1235696
2.40[二]CBSイブニングニュース 6288257
3.10ⓈBLITZ INDEX 4206580
3.15Ⓢおしえてア・ゲ・ル 秋沢淳子 1002306 (3.20終了)

平成8年

1996年

5月30日 木曜日

高視聴率番組『マジカル頭脳パワー!!』「マジカルバナナ」みんなやってましたね

日本で初めてのCS多チャンネルテレビ「パーフェクTV!」が本放送を開始した1996年。このころはちょうど長い間視聴率トップの座に君臨してきたフジテレビが日本テレビに首位を明け渡した直後の時期に当たります。そして日テレが視聴率を伸ばす大きな原動力となった番組が、木曜夜8時『マジカル頭脳パワー!!』でした。平均でも常に20%を超えるお化け番組でした。知識ではなく、ひらめきや頭の柔らかさ、注意力や推理力を問う問題が多いのが特徴で、初期は「あるなしクイズ」や「マジカルミステリー劇場」などが人気を集めましたが、次第にゲーム性の強い企画が増え、そこからさらに視聴率を伸ばします。この日の番組表にもある「マジカルバナナ」がその代表でしょう。司会は板東英二と永井美奈子アナ。解答者として出演していた所ジョージが終始圧倒的強さを誇っていたのが印象に残ります。

同じく日テレ夜10時の『ダウンタウンDX』。読売テレビの制作で、1993年のスタートから30年近く、現在も好調を続ける長寿番組ですが、数年ごとに内容がコロッコロ変わることで有名な番組です。今は10人程のゲストによる集団トーク番組ですが、このころはクイズ番組の要素が強く、その後大掛かりなセットを組んだゲーム番組になったこともありました。その自由さが長寿の秘訣なんでしょう。変わらなさが長寿の秘訣、という番組はよくありますが、逆は珍しいです。続いて日テレ夜11時25分。『鉄腕!DASH!!』がこの時間に放送されていたことを覚えている人も少ないかもしれません。98年の4月に『ザ!鉄腕!DASH!!』として日曜7時に進出以来、こちらも高視聴率をキープしている人気番組です。てゆーか、7時台の紳助の『嗚呼!バラ色の珍生!!』から『鉄腕!DASH!!』まで5時間全く隙がない。木曜日は日テレ好調の象徴的な曜日となったのでした。

1996年5月31日号
表紙・江口洋介、石田ひかり
ドラマ『結婚しようよ』(TBS)に出演の2人が表紙。江口が父親役を熱演した。共演は松方弘樹、麻生祐未、草彅剛、益田圭太ほか。

そしてテレビ東京7時半『TVチャンピオン』。テレビの歴史を語る上で欠かせない番組がいくつか存在しますが、この番組は間違いなくそのひとつだと思います。それも、記録ではなく記憶に残る番組。選ぶテーマは限りなく些細で（見方によっては）くだらないのに、出場者の姿勢は限りなく真剣。〝フードファイター〟や〝ラーメン評論家〟など、この番組がなければ誕生しなかった職業がいくつもあります。この日は『料理の鉄人』みたいなテーマで、ちょっとあれだけど。

フジテレビ夜7時54分は『木曜の怪談』。はじめは90分枠でしたが、このころは60分枠でした。2つのドラマが2階建てになっていて、滝沢秀明主演の『怪奇倶楽部』が人気でした。NHK夜7時40分は『ドラマ新銀河　京都発・ぼくの旅立ち』。この時期は7時台だったんですね。主演はのちに『ちりとてちん』や『おちょやん』で強い印象を残す狂言師・茂山宗彦。これがドラマ初主演じゃないでしょうか。

午後9時台に並ぶ2つの金字塔『渡る世間は鬼ばかり』（TBS）と『とんねるずのみなさんのおかげです』（フジテレビ）。10年以上この両雄が並び立っていたというそのこと自体が、客層がかぶっていなかったということの証明でしょう。番組編成の鑑です。そしてこちらはかぶっていたんだろうなと思わせられるのが10時台のドラマ枠。TBSは江口洋介と石田ひかりの『結婚しようよ』、フジは中井貴一主演、柴門ふみ原作の『Age,35　恋しくて』。えーとね、見てたのは『Age,35　恋しくて』のほうかな。

『結婚しようよ』にSMAPの草彅くんが出てますが、この4月クールは、木村くんが『ロングバケーション』、中居くんが『勝利の女神』、香取くんが『透明人間』にそれぞれ主演、しかもあの『SMAP×SMAP』もスタートと、SMAPの黄金時代が始まろうとしていました。そしてSMAPが5人になったのも、この年の5月のことでした。

8 フジテレビ

00　Nスーパータイム
▽今日焦点のN▽情報満載の特報企画▽視聴者の特ダネ情報▽スポーツ▽天ほか　露木茂
松山香織ほか　8772

00★金曜メガTV「離婚！借金！鬼姑！私の幸せナゼ来ない？上沼恵美子の元祖毒舌オンナの人生相談スペシャル」
片平なぎさ　京唄子
西川峰子　浅香光代
林寛子　畠山みどり
天地真理　梅宮クラウディア　大鶴義丹
上沼恵美子　514975
(解説) ゲストはそれぞれある種の達人として登場する。２時間ドラマの女王の片平、離婚のことなら天地、娘の心配なら梅宮、普通の主婦の林、そして〝元祖・人生相談〟の京唄子といずれもその道の達人が集結している。

8.54　N◇天　80555

00Ⓢ金曜エンタテイメント
「美味しんぼ３・究極VS至高　生命の対決」
雁屋哲原作　土居斗紀雄脚本　藤田明二演出
唐沢寿明　石田ゆり子
江守徹　伊東四朗
鈴木瑞穂　田村高廣
益岡徹　宮崎彩子
村井国夫　阿南健治ほか
▶P47　827555
(解説) 新聞社に勤める山岡（唐沢）と美食家・海原（江守）親子の料理対決のテーマが〝長寿料理〟と決まった。さっそく、長寿日本一の県・沖縄へ飛んだ山岡は、すでに沖縄に来ていた海原とバッタリ

10.52　DO！DO！DO！　797081

00　料理の鉄人
▽鉄人シェフと一流シェフがテーマ素材を使って料理対決!!
鹿賀丈史　服部幸応
福井謙二ほか　83062

45　ニュースJAPAN
▽きょうのN▽FNN特集▽リバーウオッチング▽コラム▽明日天▽詳報プロ野球Nほか
安藤優子ほか　1242994

1.05さんまのまんま
「総集編」　7661145
(解説) 過去の放送から爆笑シーンを一挙公開!!

1.35Ⓢ猛烈アジア太郎
今田耕司ほか　2939685

1.45一人ごっつ　7950192

1.55ⓈP－STOCK
鈴木蘭々　知念里奈
及川光博　神田うの
梅宮アンナ　2398395

2.35Ⓢ愛の風
鶴見辰吾　さとう珠緒
伏石康宏ほか　7335685

3.05　流行(再)　2509173

3.10ⓈBEAT　UK
▽英国最新ヒットチャートを紹介　8655640

4.10Ⓢ天　4.15　7568444

10 テレビ朝日

5.58　ステーションEYE
▽きょうのニュース
▽きょうのスポーツ
▽今夜の天気ほか
蟹瀬誠一　大下容子
坪井直樹　田崎滋子ほか

00(字)ドラえもん「カードテレビ電話」ほか
▶P65　4081
(解説) 立体映像が現れるカードテレビ電話でのび太が呼び出した人は

30　しんちゃん「おねいさんとピクニックだゾ」
▶P65　98449
(解説) しんちゃんは、ななこのデートに同行。

00Ⓢミュージックステーション　CDランキング
中山美穂　高橋克典
知念里奈　ラズマタズ
カーディガンズ　V6
▶P121　35401
(解説) 高橋克典は、本人出演のCM曲でもある〝君を愛してる〟を。

54ⓈNO◇Ⓢ京都が好き京のすき焼き　88197

00★驚きももの木20世紀
「炎の系譜、人見絹江有森裕子」（仮題）重圧に苦しむ有森が心の支えにした人見の〝死の激走〟ほか　65642
(解説) 日本女子陸上界に初めてメダルをもたらした人見の栄光の軌跡

54Ⓢ世界の車窓から「イラン編・12」　70178

00Ⓢニュースステーション
▽きょうのニュース
▽きょうのスポーツ
▽きょうの特集
▽きょうのCNN
▽きょうの円相場
▽あすの天気
キャスター・久米宏
小宮悦子　スポーツキャスター・朝岡聡　天気キャスター・河合薫
952420

11.20Ⓢ自遊人へ　1900352

25Ⓢトレ・ボン
ブラザーコーン
雛形あきこ　研ナオコ
越前屋俵太　180517

55ⓈWOMAN　81888

0.00　タモリ倶楽部
「決戦！日本シリーズ野球盤で!!」糸井重里
なぎら健壱　伊集院光
辻義就ほか　6701647
(解説) 野球版ゲームを使い日本シリーズを再現する!?通称〝バ・リーグ〟の熱戦の模様を。

0.30Ⓢフィーチャー・エンターテインメントAXEL　高橋幸宏
フラックス　7325208

1.00　田原総一朗の〝異議あり〟　小林よしのり
西部邁ほか　3099753

1.55　週刊地球TV「現代テクノ事情」石野卓球・テクノを語る▽テクノの歴史と変遷▽可能性と未来は　9006666

3.20トヨタワールドマッチプレーゴルフ（録画）
（4.45）　9863111

12 テレビ東京

よる 6

00Ⓢこどものおもちゃ
「へびが土足でズーカズカ」　9536

30Ⓢ魔法少女プリティサミー今世紀最後のアイドルデビュー　86604

7

00★ようこそ！ペットの国
「動物たちの夜」大阪海遊館のジンベイザメの夜▽キリン・ゾウの寝姿公開！　63284
(解説) 普段見ることのできない夜の動物たちの生態を紹介。閉館後の動物園や水族館に潜入し、その実態に迫る。

54Ⓢお父さん　76352

8

00　クイズところ変れば!?
「行列！売り切れ！人気の店」１日3000個売れる洋菓子▽高級ホテルのランチ　62555
(解説) 食べ放題ランチからおにぎり１個3000円の店まで、並んでも納得できる店を特集！

54　くらし「明治洋画の新風」①　75623

9

00　決戦！クイズの帝王
狙うは賞金１00万円！帝王目指し頭脳が激突
司会・辰巳琢郎　ラサール石井　69468
(解説) ８組の家族カップルが登場。第１ステージでは「国名・都市名あてクイズ」や「教科書クイズ」に挑戦する

54Ⓢ週末旅発見　67604

10

00Ⓢザ・BINGOスター
▽興奮の生放送！(秘)超豪華賞品がアナタに!?
司会・ヒロミ　鈴木紗理奈ほか　68739
(解説) 分割画面の裏側にある人物の顔を当てるゲームでは、ゲストが何問クイズに正解できるかで難易度が変わる

54ⓈFドリーム　66975

11

00　ワールドビジネスサテライト　三極・経済政治N▽産業企業情報ほか
田口恵美子　523994

50Ⓢ情報IN　379401

55　スポーツTODAY
▽競馬・菊花賞展望▽Jリーグ前日情報▽女子ゴルフほか　4484739

深夜 0

0.35平成女学園　2927840

0.45Ⓢ風タッチ　5659579

1.00ⓈBIKINI　モデルにしてみたい女の子▽シンガー　6797444

1

1.30(二)美女と野獣「恐怖のシルク団」リンダ・ハミルトンほか　2590956

2

2.25買物タウン　3337753

2.55Ⓢ遊惑星(再)　5805078

3

3.10(二)映画「新・世にも不思議なアメージング・ストーリー５」（1988年米）スタン・フレバーグ▶P53　3224111
(解説) 飼い主に見放された犬、祖父の身代わりをする青年、スランプの作曲家の不思議体験

4

4.40Ⓢ歌謡　4546109

4.45　テレ・コンワールド
（5.40）　6466686

1996年11月1日金曜日

1 NHK総合

00 [N] 2009555
07 ＮＨＫネットワークニュース 列島リレー
▽30ローカルニュース
▽53全国の天気
杉浦圭子ほか 62132130

00[二]ＮＨＫニュース７
▽きょうの[N]
▽内外の話題
▽スポーツ▽[天]ほか
森田美由紀 764159

40★Ⓢ食卓の王様「レンコン」 667555
[解説]佐賀県・有明海沿いの干潟で、〝泥〟にこだわり続けるレンコン生産農家を訪ねる。

00[字]Ⓢ天晴れ夜十郎
「花の吉原嵐の道行」
阿部寛 黒木瞳
石坂浩二 蟹江敬三
早勢美里 范文雀ほか
▶P 46 82807
[解説]三千歳が永井に身請けされる。直次郎は夜十郎と組み、三千歳を遊郭から逃がす。

45 各地の[N][天] 57246

00[二]ＮＨＫニュース９
▽きょうのニュース
▽国際情報ほか
藤沢秀敏 46

30 クローズアップ現代
「政治・経済・文化・スポーツ・風俗など、今、話題の事象を深く鋭くえぐりだす」
キャスター・国谷裕子 828833

10.15Ⓢ生中継・にっぽんの夜「伝統・阿波の人形浄瑠璃・徳島県犬飼農村舞台」ゲスト・涼風真世 6279284
[解説]伝統ある秋の祭礼の人形芝居。江戸時代当時の原形を残す八多町・五王神社の舞台から練習風景などを中継

55 各地の[N][天] 81915

00 ニュース11 7115623
35 あすを読む 8303230
45★Ⓢ青春ドギィ＆マギィ「実演販売で自分売ります」仮題 6391420
[解説]実演販売の世界に飛び込んで１年。商売の世界は厳しいが〝いつかビッグになる〟と奮闘する青年を追う。

0.10[二]ビバリーヒルズ高校白書「お別れダンス・パーティー」ジェーソン・プリーストリー シャナン・ドハーティ
▶P 46 6027869
[解説]卒業お別れパーティーを迎えドナとデビッドはホテルを予約！

0.55 [N][天] 2243802
1.00ＮＨＫ特集[再] エディ 終りなき挑戦・老トレーナーと19歳の世界チャンピオン 4306598
1.45大リーグ野茂登板ハイライト「対ロッキーズ・ノーヒットノーラン達成試合」 7811802
3.06松本◇山梨 8940531
4.06Ⓢオーディオグラフィック 5.00 9051294

3 NHK教育

00Ⓢてれびくん 131975
25[二]ミステリアスアイランド「過去」[後]
[声]瑳川哲朗 7546352
50Ⓢ熱中ホビー百科
「発進！ラジオコントロール」① 6590197

7.20 週刊ボランティア
「この人とボランティア・自分のあり方が国のあり方」 5224197
[解説]憲政の神様といわれた尾崎行雄氏の三女相馬雪香さんは、世界的視野で精力的に難民救済活動を続けている

50[手]手話[N] 485555

00[二]海外ドキュメンタリー
「ユーゴスラビアの崩壊⑤ 安全地帯」 80449
[解説]国連の合意によりスレブレニツァはモスレム側の武装解除を条件に安全地帯になるが

45 健康[再]「健康を作る歩き方・血圧を下げる」
川久保清 55888

00 料理[再]「富山の食彩弁当〝マスのすし〟・富山市」 152468
[解説]見事な色合いと上品なおいしさで評判のマスのすし。職人たちの細かい配慮にみちた技があってこその逸品

25 ＮＨＫ俳壇
稲畑汀子 613523
55Ⓢ現代短歌選 31456

00[二]日本舞踊鑑賞入門Ⅶ[再]
「鏡獅子① 少女のあどけなさ、遊女の仇っぽさ」中村勘九郎
渡辺保ほか 7
30 視点・論点 479159
40 金曜フォーラム
「都市交通ルネッサンス」（仮題）
▽公共交通機関の見直し▽マイカーを減らすために▽各自治体の取り組みほか
太田勝敏 福井康子
山出保 国友正道
山下邦勝 5486468
[解説]交通渋滞や大気汚染など、クルマ社会の弊害の解決策として公共交通機関が果たせる役割を検証する。

11.50 教育セミナー・世界くらしの旅
「都市圏の形成と村落」第２次・第３次産業に基礎をおく都市と第１次産業に従事する村落▽都市圏の拡大と村落の変化 高橋宏
（0.22） 6301536

4 日本テレビ

5.30 ニュースプラス１
▽特集▽スポーツ▽[天]
真山勇一 木村優子ほか

6.30Ⓢ日米野球'96スーパーメジャーシリーズ
～東京ドーム
日本×米大リーグ
解説・山本浩二
実況・村山喜彦
▶P21．118
69789913
[解説]ＭＬＢといえばパワフルな打撃が代名詞だが、その代表といえるのがガララーガとベルの２人。野茂との対戦でおなじみのガララーガは今季本塁打、打点の２冠に、ベルも本塁打を量産し、インディアンズを２年連続の地区優勝に導いた。そのベル、大の写真嫌いのためマスコミとの騒動が絶えなかった問題児。日本で問題を起こさなければ良いが…⁉

8.54 [N][天] 49933

00 今夜のロードショー
水野晴郎 820604
03 金曜ロードショー
「時代屋の女房」
（1983年松竹）
森崎東監督
渡瀬恒彦 夏目雅子
大坂志郎 津川雅彦
藤木悠 藤田弓子ほか
解説・水野晴郎
▶P53．63 674807
[解説]村松友視の同名小説の映画化。東京・大井町にある古道具屋の主人と、ふらりと店に現れ、そのまま居着いてしまった不思議な娘との愛を、２人を取り巻くさまざまな人々の人生模様の中に描く。

10.54Ⓢアートグレートチキンパワーズ 95975

00ⓈＦＡＮ
ＡＬＦＥＥ 酒井法子
▶P 120 94
30 [N]きょうの出来事
▽今日の[N]▽特集▽[天]
井田由美ほか 970197
55ⓈＷＩＮ 矢沢永吉の新曲プロモーション▽ＷＩＮちゃん里子情報▽稲垣吾郎のリーディング▽亜矢子のマニア誌▽スポーツ＆週末占い
リサ・ステッグマイヤー 小倉淳 8920555

1.15ⓈＭ－ＳＴＡＧＥ５
酒井法子ほか 2942753
1.30は～い朝刊 1075096
1.40Ⓢいま人 4414482
1.45 所のジオ玉
チュパチャップス
へびいちご 7354734
2.15鶴瓶・上岡パペポＴＶ
笑福亭鶴瓶
上岡龍太郎 9346821
3.10[二]アース２「終わりなき未来への旅」デボラ・ファレンティーノ
クランシー・ブラウン
サリバン・ウォーカー
[声]土井美加 大塚明夫
（4.10） 4017598

6 TBSテレビ

00[二]ニュースの森
▽きょうのニュース
▽スポーツ▽森田さんのお天気ですかァ？ほか
杉尾秀哉 門脇利枝
福島弓子ほか 2333

00★金曜テレビの星！
「芸能人１００人白書」
▽世間の評価は間違っている⁉芸能人１００アンケートによるランキング▽ケチNo.１は誰▽化粧で顔が変わるのは▽初キス平均年齢▽浮気してそうな人は▽一緒に飲みたくないのはコイツ！ほか 892371
[解説]芸能人１００人にアンケート調査、そのランキングを発表。「一度でいいからＨしてみたい芸能人」に西村知美が書いた答は〝ルパン三世〟。「そんなこと言ってたら10年経ってもだめよ」と周囲からツッこまれてしまう

8.54 [N] 49915

00Ⓢひとり暮らし
「愛の確認」常盤貴子
高橋克典 永作博美
高橋和也 高樹沙耶
清水圭 矢田亜希子ほか
▶P８．45 89710
[解説]美歩が高広に思いを打ち明けたと聞いて恭子は複雑な気持ち。
54Ⓢあすの天気
[声]真壁京子 94246

00Ⓢ協奏曲
田村正和 木村拓哉
宮沢りえ 石倉三郎
久本雅美 余貴美子ほか
▶P61 88081
[解説]翔の承諾も得て、耕介と花が結婚。何でも手に入る生活…、花には夢のような毎日だ
54Ⓢスポーツホットライン 93517

00Ⓢウンナンの気分は上々
「出川哲朗ドラマの監督になる」初めての脚本＆監督に挑戦‼
井上晴美ほか 36
30 筑紫哲也ニュース23
▽[N]▽スポーツ▽[天]ほか
池田裕行 浜尾朱美
香川恵美子 6783642
0.35 ＴＩＣＯＳ「イベント情報」 3970622
0.45ⓈＰＯＰＦＩＬＥ
司会・川平慈英
中山エミリ 1448173
1.30 ねないで×××
「完全保存版！林由郎のゴルフ神業打法のすべて」② 31607463
[解説]今回は、バンカー及びバンカー回り。バンカーのアゴや、フチぎりぎりなどにボールを置き、林プロが解説＆スペシャルテクニックを披露。ほとんど限界という設定に挑む。
3.20[二]ＣＢＳイブニングニュース 1724937
3.50ＢＬＩＴＺ 2245260
3.55Ⓢおしえてア・ゲ・ル
（4.00） 2498647

平成8年

1996年

11月1日 金曜日

田村正和＋木村拓哉＋宮沢りえの豪華共演『協奏曲』は大人のラブストーリーでした

〝金曜日のドラマ〟と言われたらあなたは何を思い出すでしょう。『太陽にほえろ！』？『北の国から』？『3年B組金八先生』？山口百恵の『赤いシリーズ』や、11時台の『TRICK』や『只野仁』という方もいるでしょう。とにかく金曜日はどの時代にも名作ドラマが必ず複数存在した、まさに「ドラマの金曜日」でした（このコラムでも金曜日に最初に取り上げているのは、まずほとんどがドラマです）。

なかでもあまたの名作ドラマを生み出し、日本のテレビドラマの歴史を作ってきたといっても過言ではないのがTBS夜10時のいわゆる「金曜ドラマ」枠です（キリがないのでいちいちタイトルは挙げません）。この日放送されていたのは、田村正和＋木村拓哉＋宮沢りえという、金曜ドラマ史上でも稀に見る豪華な顔合わせによる『協奏曲』。八木康夫プロデュース・池端俊策脚本の大人のラブストーリーで、見た目の派手さはありませんでしたがしっとりしたタッチのいいドラマでした。ただ時期が良かったというか悪かったというか、1月には田村正和の第2期『古畑任三郎』があり、4月には木村拓哉の『ロングバケーション』がありましたからね（『古畑』では対決もしてたし）。見る側が一種のイベントドラマを期待しすぎた感はありましたから、その点ちょっと損をしたかもしれません。

日本テレビ夜6時半は『1996日米野球第1戦』。近年すっかり当たり前になった日本人のメジャーリーグ進出ですが、1995年に野茂英雄投手がドジャーズに入団するまでは、そして彼がトルネード投法で大旋風を巻き起こすまでは、ほとんど夢

1996年11月1日号
表紙・常盤貴子、高橋克典
ドラマ『ひとり暮らし』（TBS）で共演。生活にストレスを感じ始めた社会人たちの恋愛模様を等身大で描いた。共演は永作博美、清水圭ほか。

のような話でした。2年目のこの年は16勝を上げ、9月21日にはロッキーズを相手にノーヒットノーランを記録しました（この日のNHK総合深夜1時45分から、その試合の模様が放送されています）。

この年の日米野球はまさにその野茂の凱旋シリーズとなりました。野茂が登板したのは翌日の第2戦。この年パ・リーグで優勝し日本シリーズも制したオリックスのイチローやセ・リーグを制した巨人の松井秀喜（共に各リーグのMVPも獲得）、この年西武でFAを宣言して巨人に移籍することになる清原らとの対決でファンを楽しませました。ちなみにこの日の第1戦は、6対5で全日本が勝ちました。

深夜も充実してますねー。『タモリ倶楽部』『さんまのまんま』は別格として、『料理の鉄人』や『パペポTV』など、長く続く人気番組に交じってこの年始まった新番組が、まずTBS夜11時の『ウンナンの気分は上々。』。〝ウンナンファミリー〟と呼べそうな、決まったメンバーを中心とした緩やかなロケ企画がメインで、あまり作りこんだことはしていない印象がありましたが、実は結構手が込んでいました。そして特筆すべきは、バカルディと海砂利水魚を、「さまぁ～ず」と「くりぃむしちゅー」に改名させたことでしょう。ウソかホントかわからないようなゆるーい対決企画の中でことが決まり、なんとなく進んでいくうちにそれが双方のブレイクに結びついてしまったという、テレビ史の中でもたいへん稀有な例です。

続いてフジテレビ深夜1時45分『一人ごっつ』。月～金の帯番組で、松本人志がひとりお題に答える〝ひとり大喜利〟番組。松っちゃんはこの形式が好きで、のちの『IPPONグランプリ』なんかも基本これの延長です。日本テレビ深夜1時45分『所のジオ玉』は、所ジョージとナインティナイン以外の吉本印天然素材がレギュラー。番組表に名前があるチュパチャップスとへびいちごのほかに、雨上がり決死隊とバッファロー吾郎が出てました。なお、NHK総合深夜0時10分『ビバリーヒルズ高校白書』は第3シーズンです。

8 フジテレビ

00 [N]スーパータイム
▽今日焦点の[N]▽情報満載の特報企画▽視聴者の特ダネ情報▽スポーツ▽[天]ほか 露木茂 松山香織ほか 9565

00★火曜ワイドスペシャル
「超マジックのカラクリ大公開2」(仮題)
▽カラクリ解明に挑戦
▽1カ月後に結果報告
マジシャンにまいったを言わせる事ができるのは…? 大槻義彦 栗本慎一郎 山田邦子 加納典明 神津善行 板東英二ほか 477995
[解説]山田邦子は「カード予言」に挑戦。2つのカードの束の一方から1枚選んでもらい、その絵柄を当てる。更に封筒には「選んだカードは上から○枚目」との予言が。もう一方の束を調べるとその場所に選んだカードが!?

8.54 [N]◇[天] 58957

00Ⓢ踊る大捜査線
織田裕二 柳葉敏郎 深津絵里 いかりや長介ほか(③/11回連続)
▶P39 28112
[解説]息子が犯したひったくりの罪をもみ消そうとする官僚に従う警察に青島はあきれる。

54 くいしん坊!万才
▽ちりむし 73256

00Ⓢ彼 篠ひろ子
稲垣吾郎 伊武雅刀 野際陽子 沢口靖子ほか
(③/11回連続)
▶P39 50711
[解説]俊矢にカットしてもらって以来、彼に夢中の涼子。小夜子も切ない思いを秘めていた

54Ⓢ私のストリートボート
ボストマン 72537

00 ニュースJAPAN
▽きょうの[N]▽FNN特集▽コラム▽明日[天]
▽プロ野球[N]・大相撲初場所10日目・'97全豪オープンテニスほか
安藤優子ほか 368082

0.20Ⓢ中山秀征の写せっ!「岡本夏生を激写!!」
近藤サトほか 6202613

0.50Ⓢアジア 9500006

1.00一人ごっつ 3546803

1.10ⓈP－STOCK
レイクマンパレード
梅宮アンナ 8644990

1.25 NONFIX
「僕の好きな秋の色」(仮題) 1063990
[解説]大学の入試規制などを始めとする〝色覚異常者〟に対する差別撤廃運動に取り組み続け、自身も色覚異常者である永田凱彦医師らの懸命な活動を追う。

2.20Ⓢパジャ[天] 3280342

2.25[二]NYPDブルー「さすらいの愛」デビッド・カルーソ 1062261

3.20Ⓢサウンドウエザー
(3.25) 3289613

10 テレビ朝日

5.58 ステーションEYE
▽きょうのニュース
▽きょうのスポーツ
▽今夜の天気ほか
渡瀬誠一 大下容子 坪井直樹 田崎滋子ほか

00★炎のチャレンジャーこれができたら100万円
▽彼女のこと答えられたら▽有名人100人の顔連続正解できたらほか
志村けん 岡江久美子 松雪泰子ほか 3266
[解説]〝ドラマ名場面〟は映画〝Wの悲劇〟。薬師丸ひろ子の記者会見のシーンに挑戦する

00★Ⓢたけしの万物創世紀
「からだの大黒柱!骨の不思議」腰痛は骨の進化の副産物▽カルシウムが筋肉を動かすほか
鈴木紗理奈 29841
[解説]骨の源、カルシウムの生死にかかわる驚くべき秘密を解明する

54 ⓈNO◇京都が好き
▽京都案内 56599

00 大発見!恐怖の法則
▽日本語だけでアメリカ旅行が楽々できるほか
トミーズ雅 三井ゆり デーブ・スペクターほか
(予定) 59082
[解説]英語が大の苦手という飯島愛がニューヨークに行き実験を慣行

54Ⓢ世界の車窓 オーストリア編・9 71808

00Ⓢニュースステーション
▽きょうのニュース
▽きょうのスポーツ
▽きょうの特集
▽きょうの円相場
▽きょうのCNN
▽あすの天気
キャスター・久米宏 小宮悦子 高成田享
スポーツキャスター・角沢照治 天気・乾貴美子 367353

20 大相撲ダイジェスト
「初場所10日目」
井筒 飯村真一～両国国技館 8322402

Ⓢ自遊人へ 776860

トゥナイト2 石川次郎 下平さやか 8371605

50 CNNヘッドライン
服部絢子 9508648

00Ⓢギャラリー我聞
我聞&蘭々 3544445

10ⓈBREAK OUT
レディースバンド特集▽ラクリマ 寺田恵子 中山加奈子 8156984

40Ⓢ真夜中人魚
河相我聞 今井恵里 坪井一雄 4823532

10Ⓢ金髪先生 ドリアン助川の英語 8259025

40Ⓢインフォ・ソナー 羅針盤 1881990

55Ⓢ我蘭堂 河相我聞 鈴木蘭々ほか 9211087

00ⓈMEW「ヒップホップ特集!」 9650613

30 A姉妹通信 木下優 森えいみ 7043551

00Ⓢ歴史街道 名所案内
(4.06) 3565938

12 テレビ東京

00ⓈセイバーマリオネットJ「いきものってなぁに?」 5266

30Ⓢ機動戦艦ナデシコ
「それは〝遅すぎた再会〟」 44179

00 火曜ゴールデンワイド
「それでも欲しい夢のマイホーム」査定はいくら?母娘のマンション買い替え計画▽家だけでなく大工まで!?輸入住宅の購入に密着▽新婚カップルのマイホーム獲得作戦▽奥さんが設計したマイホーム堂々完成!? 462063
[解説]下町にある両親宅の庭に輸入住宅を建てることを決意した大西さん夫婦。アメリカからは資材とともに、大工さんも来日し、準備は万端。しかし、いざ作業が始まると予想もしなかった問題が…。

8.54 くらし「入園前に親の心得」② 76353

00 開運!なんでも鑑定団
▽にしきのあきら秘蔵の日本画▽出張鑑定・第4回〝石〟大会ほか
▶P111 53808
[解説]〝幻の逸品〟ではシャンソン歌手・芦野宏が探していた本人のレコードを発見!

54Ⓢ愛する人へ「シェフの愛情料理」 68334

00 情報!ソースが決め手
「わが家の生活全部見せます」[前] 5402
[解説]「新築の家の壁にもたれない」など〝夫婦のルール〟を紹介。

30 ナビゲーター97「定住決意す・日系ブラジル人」堀紘一 66315
[解説]出稼ぎから定住に変化する彼らの胸の内

00 ワールドビジネスサテライト 経済政治[N]▽経済特集▽企業情報ほか
田口恵美子 912889

50Ⓢ情報IN 770686

55 スポーツTODAY
▽大相撲初場所10日目
▽全豪オープンテニス
キャスター・島田弘久 川原みなみ 8383995

0.35平成女学園 2982984

0.45Ⓢ少年バッド田中フミヤCD紹介 4830822

1.15'97全豪オープンテニス
「女子準々決勝」
解説・坂井利郎～メルボルン 11809803
[解説]今年は3年ぶりに出場するグラフと連覇狙うセレシュがV候補

3.00[二]C/NET「最新デジタル情報」リチャード・ハート 9750667

3.30脳みそフォークダンスDE成子坂 4434938

3.45 淀川長治の部屋 新作映画〝エビータ〟の魅力に迫る 1894464

4.00Ⓢ遊惑星[再] 3552464

4.10Ⓢミュージックブレイク(4.15) 7465280

よる 6 7 8 9 10 11 深夜 0 1 2 3 4

▶1997年 1月21日 火曜日

① NHK総合

00 [N] 5528860
07 NHKネットワークニュース 列島リレー ▽30ローカルニュース ▽53全国の天気 杉浦圭子ほか 89100570

00[二]NHKニュース7 ▽きょうの[N][天]▽内外の話題▽スポーツほか 森田美由紀 165334
40[字][多]木綿のハンカチ・ライトウィンズ物語 緒川たまきほか（⑩／20回連続） 585402
[解説]海子たちの告訴の勧めを被害者の恵はかたくなに拒み続ける。

00Ⓢ NHK歌謡コンサート ▽冬・北国旅情名曲集 森進一 山川豊 坂本冬美 鶴岡雅義と東京ロマンチカ 三船和子 小金沢昇司 長山洋子 [曲目]冬の旅▽おんなの海峡▽流氷子守歌▽小樽のひとよ▽たてがみ▽来不彼雨 71792
45 各地の[N][天] 12624

00[二]NHKニュース9 きょうの[N]▽国際情報 キャスター・藤沢秀敏 228
30 クローズアップ現代「政治・経済・文化・スポーツ・風俗など、今、話題の事象を深く鋭くえぐりだす」キャスター・国谷裕子 29119

00★Ⓢ堂々日本史「戊辰戦争①幕末・河井継之助 小藩生き残りの誤算」 半藤一利ほか 20082
[解説]越後長岡藩家老・河井継之助の描いた理想と誤算を追い小藩の悲劇を浮き彫りにする
45 竹工芸館・大分県・別府市 529650
55 各地の[N][天] 86860

00 NHKニュース11 キャスター・松平定知 久保純子 6956518
35 あすを読む 2791808
45 にんげんマップ「妖艶（ようえん）！人形に込めた〝女〟人形作家 緋月真歩」聞き手・小倉久寛 8817044
[解説]生み出す作品が〝生命と意志を持っている…〟と評される緋月さん。専業主婦から出発、これまで個人的また作家としてさまざまな経験をしながら創作を続けてきた。現在は国際的に活躍する緋月さんに、人形に込め続けてきた思いを聞く
0.10 ETV特集[再]「大震災・学ぶ② 安藤衣子さんの２年間」 大林宣彦 1521990
0.55 [N][天] 1356483
1.00Ⓢ日本つり紀行・大物格闘編「ホンマグロ！日本海・山口見島沖」 長谷川和彦 4522396
1.51Ⓢ名曲アルバム選（2.08） 5481087

③ NHK教育

00Ⓢ天才てれびくん「アリス探偵局」 537150
25[二]オーシャンガール「だまされたウィンストン」 1210266
50 ユメディア号こども塾[再]「二刀流をマスターしよう」 6568353
7.20 こどもの療育相談「ＬＤ（学習障害）③学校生活を豊かに」 牟田悦子ほか 9835957
[解説]ＬＤ児の優れた個性を伸ばすため、子どもを取り巻く環境整備について考える。
50[手]手話[N] 396112

00 ＥＴＶ特集「スイングする日本の魂・ジャズピアニスト・秋吉敏子の帰郷」 79334
[解説]秋吉さんは〝内なる日本〟を見つめ音楽表現の中にぶつけていく。異邦に生きた〝日本人〟魂の軌跡を描く
45 健康[再] 骨粗しょう症最新情報㊦ 10266

00Ⓢ料理[再]「20分で晩ごはん・豚ヒレ肉のトマトソース煮」 525315
[メモ]粒マスタードが隠し味のイタリア風ソース。パスタにかけてもおいしい！
25 植物画を描く「スイセンを描く」㊦ 小柳吉次 973860
55Ⓢ現代短歌選 85131

00Ⓢおしゃれ工房「新・文房具物語㊦小さくともスグレモノ」 高垣千尋 524686
[解説]ペンケースやクリップ、テープカッターなどニーズに合わせて生まれた実用的な小物
25 ミニ英会話 483841
30 視点・論点 882179
40 NHK人間大学「死を看取（みと）る医学・生命の質と末期医療」▽人生の中身▽質を重視する必要性▽魂の苦悩の救済ほか 9000781
11.10Ⓢやさしい英会話[再]「母を紹介します」 Ｎ・タトル 9278570
11.30 イタリア語[再]「いっしょに遊ぼう」①Ｇ・パンツェッタ 253228
11.50 教育セミナー・歴史でみる日本「日中戦争と国民生活・銃後の民衆」国民総動員運動の開始▽戦時統制経済の実施▽戦時下の国民生活▽国民生活の窮乏 森武麿0.22 4387624

④ 日本テレビ

5.30 ニュースプラス１ ▽全国ニュース▽プラス１特集▽プラス１スポーツ▽あすの天気ほか 真山勇一 木村優子 羽鳥慎一 木原実ほか

00★みのもんた爆裂77「行列特集」全国各地の行列の真相を連続公開!!▽年末ジャンボ宝くじ▽行列攻略法ほか（予定） 4247
[解説]新春恒例のデパート福袋。昨年オープンした東京・新宿の高島屋に客が殺到。開店前の行列から密着取材。

00[字]さむらい探偵事件簿「私は一番不幸な女」 高橋英樹 萬田久子 及川麻衣 石橋蓮司ほか ▶Ｐ42 57112
[解説]フラリと岡場所に現れた女郎志願のおようと、彼女を捜す不審な男…。五月は彼らがスリの一味だと気づく
54 [N][天] 48268

00 今夜のサスペンス 森富美 771889
03[多]火曜サスペンス劇場「テレホンママ・男はみんなマザコン、母親捜しの青年が信じ込んだ代理母のウソ芝居」 岩間芳樹脚本 出目昌伸監督 市原悦子 山本耕史 河原崎建三 左時枝 佐藤Ｂ作ほか ▶Ｐ43 518792
[解説]テレクラで働く主婦・弘子（市原）は、客の敏彦（山本）に関心を抱く。彼は失踪した母親に会いたいと願っていた。一方、弘子の夫は、会社をクビになったことを弘子に明かせずに悩んでいた。
10.54 [N]きょうの出来事 ▽今日の[N]▽特集▽[天] 井田由美ほか 34501247
11.25Ⓢ ＴＶじゃん!! ▽大相撲初場所10日目▽中畑清と山田雅人のスポーツ情報エンターテインメント▽紳助のサルでもわかるニュース…サル軍団が時事問題に挑戦！ 4417711
0.45 今田・東野ＣＭコウジ園 '97新年祝賀会▽美女対談ほか 1394735
1.15ⓈＭ－Ｓ２フェイバリットブルー 8037919
1.30 は～い朝刊 6758498
1.40Ⓢいま人 5264025
1.45Ⓢ NEO HYPER「マッキントッシュの歴史」② 7081532
2.15Ⓢ映画「美しき獲物」（1992年米・独）カール・シュンケル監督 クリストファー・ランバート Ｄ・レインほか 字幕▶Ｐ48 73262700
[解説]チェスの世界選手権ゲームが行われている島で、チェスに見立てた連続殺人事件が起こる。（4.32終了）

⑥ TBSテレビ

00[二]ニュースの森 ▽きょうのニュース▽スポーツ▽森田さんのお天気ですかァ？ほか 杉尾秀哉 門脇利枝 福島弓子ほか 8268

00★ウェディングベル ▽体に自信あり！ヌード写真も▽実家の所有地2000坪▽25年間恋愛歴なし男性 89711
[解説]25歳の美容研究家女性は写真集にヌードで登場したこともあるナイスバディの持ち主
54 ニュース＆ウエザー 鈴木利衣 98709

00 そこが知りたい「今年こそ！貴女に幸運を呼ぶ〝占い〟」占いで特許？▽女子高生人気占い 88082
[解説]女子高生の間でブームの〝ラッキー恋ベル〟や奥秩父に伝わる悠久の〝かゆ占い〟など新旧占いの数々を。
54 [N] 91150

00Ⓢうたばん ＴＯＫＩＯ スペシャルメドレー▽ジュディマリ英国で熱唱▽Ｘ ＪＡＰＡＮ新曲▶Ｐ116 85995
[解説]ＴＯＫＩＯはスタジオトークで結成裏話を。メドレーは新曲も合わせ全６曲の豪華版
54 少年時代「消しゴム」 東幹久 83131

00Ⓢジャングル ＴＶタモリの法則 超かわいい！Ｖ６幼少時の写真▽森田ハゲヅラで綱引きほか ▶Ｐ13 84266
[解説]ハゲ頭吸盤綱引き選手権というユニークな競技のチャンピオンに岡田と森田が挑戦！
54Ⓢスポーツホットライン 82402

00 筑紫哲也ニュース23 ▽きょうのニュース▽きょうのスポーツ▽きょうの特集▽[天]ほか キャスター・浜尾朱美 佐古忠彦 香川恵美子 渡辺真理ほか 568860
0.30 ＴＩＣＯＳ「インターネットの通になる」 7108939
0.40Ⓢフェイス 1374532
0.50Ⓢよゐこのわるぢえ よゐこほか 7009938
1.20 なに・コレ 6356358
1.25[二]火曜ドラマシアター ▽新・アンタッチャブル「美女と毛皮」
[解説]ベッキーはカポネに接近し、毛皮の輸送トラックの警備を頼む
▽タイムマシーンにお願い「花嫁はヤマトナデシコ」 Ｓ・バクラほか
[解説]サムは日本からの帰還兵・チャーリーに日本人の妻を連れ故郷へ戻ったが 16303990
3.15[二]ＣＢＳ[N] 9250648
3.45 ＢＬＩＴＺ 8377349
3.50Ⓢおしえてア・ゲ・ル（3.55） 1252613

平成9年

1997年

1月21日 火曜日

新世代の刑事ドラマ『踊る大捜査線』はフジテレビのお台場移転がきっかけで始まった

まずはフジテレビ夜9時『踊る大捜査線』を取り上げないわけにはいかないでしょう。湾岸署を舞台に青島刑事やすみれさんの活躍を描いたテレビドラマ史に残る刑事ドラマであり、翌年の『踊る大捜査線 THE MOVIE』の大ヒットにより劇場映画もシリーズ化されそのすべてが大ヒット、映画史にも名を残す一大タイトルとなりました。この作品をきっかけに、テレビ局の映画製作というものが内容の面でも製作本数の面でも大きな変化を遂げたことは間違いがなく、メディアミックス戦略やスピンアウトのやり方、グッズ展開、WEBの活用、「踊るレジェンド」というネーミングなど、番組のブランディングという点で後世に与えた影響は計りしれません。もともと湾岸署の設定自体がこの年の3月にフジテレビが台場に移転することを念頭に置いてのものであり、このアイデアがなにより秀逸でしたね。最初のテレビシリーズを見ると、今のお台場からは想像もできないほどの空き地っぷりです。さぞやロケもしやすかったことでしょう。とはいえすべての成功はやっぱりドラマの面白さがあってこそ。この日は、本店からの事件もみ消しの圧力に、すみれさんが留置所に立てこもって抵抗する第3話。青島と室井さんの絆も、だんだん生まれ始める回です。織田裕二もギバちゃんもかっこよかった。何度見ても溜飲が下がります。

続いてテレビ東京行きましょう。夜6時半に放送されているのが、これまた知る人ぞ知る伝説のアニメ『機動戦艦ナデシコ』。一応ロボットアニメなんですが、表面上はラブコメを装っており、そのくせSFとして結構深い。あの『新世紀エヴァンゲリオン』終了から半年後に始まったということもあり、正直ねらいは正反対のような気がするんですが、表面上は同様のカルト人気を誇りました。中でも作中に登場するアニメ『ゲキ・ガンガー3』が後々意味を持ってくるあたりがマニア心をくすぐるわけですが、で

1997年1月24日号
表紙・松岡昌宏
ドラマ『サイコメトラーEIJI』（日本テレビ）で、他人の記憶を読み取ることができる超能力を持った主人公を演じた。共演は大塚寧々、井ノ原快彦ほか。

もまぁ結局のところ、さっきの『踊る大捜査線』とおんなじで、人気が出るのはやっぱり面白いからなんですよね〜。それがなければ何にも始まりません。同じくテレビ東京深夜1時15分に『全豪オープンテニス』の女子準々決勝が放送されています。この年の全豪は、あのマルチナ・ヒンギスが初優勝。当時なんと16歳3ヵ月で、4大大会最年少優勝の記録を打ちたてました。日本でもCMなどに出演し人気を博しましたね。

テレビ朝日夜7時は『ウッチャンナンチャンの炎のチャレンジャー　これができたら100万円‼』。100万円をかけて数々の競技に挑戦する参加型バラエティーで、現在好調を続けるテレビ朝日バラエティーの源泉となった番組です。ここから育っていった企画やスタッフは数知れないと思います。さまざまな企画がありましたが、番組表内の解説にあるのはドラマ名場面を完璧に演じ切ったら100万円という企画で、薬師丸ひろ子主演の映画「Wの悲劇」の記者会見のシーンに挑戦したようです。うーん、面白そう。

フジテレビ夜10時は関西テレビ制作のドラマ「彼」。原作・脚本は竹山洋。主演の篠ひろ子は、この作品を最後に芸能活動を休止しています。共演は稲垣吾郎、沢口靖子、野際陽子、伊武雅刀、ヒロミとなかなかユニークな顔ぶれでした。

そして、NHK教育の夜8時『ETV特集』には、いち早く海外に進出した女性ジャズピアニストの第一人者・秋吉敏子さんが登場。前年に自らのオーケストラを率いて、ジャズ生活50年を記念したアルバム『フォーシーズンズ』を発表、来日ツアーも行いました。このあと1997年の紫綬褒章を受章します。

テレビ朝日深夜2時10分は、これまた伝説の深夜番組『金髪先生』。叫ぶ詩人の会のボーカル・ドリアン助川が英語のロック毎回1曲取り上げ、歌詞の意味や楽曲のテーマを掘り下げるという番組。出演者も無名だし見た目はチープでしたけど、実に大真面目な番組でした。

⑧ フジテレビ

5.55[N] 5 55ザ・ヒューマン ▽注目情報を多角速報 ▽今どきの社会学▽追跡検証特集▽スポーツ ▽体感天気　笠井信輔 笹栗実根　植草一秀ほか

00　スターどっきり大作戦 ▽光一の逆襲！剛がお風呂で⁉▽藤原紀香の寝起きほか　シェイプUPガールズ　1651
[解説]極楽の山本が女優とのスキャンダル写真を撮られた。相談された相方の加藤は親身になって話を聞くが…。

56Ⓢたまごっち　50017903

00ⓈHEY！HEY！HEY！ MY LITTLE LOVER 鈴木雅之　ブルームオブユース　鈴木紗理奈 ▶P116　71670
[解説]95年にデビューしたブルームオブユースは、中学時代の同級生という22歳の2人組。

54　[N]◇[天]　95800

00Ⓢビーチボーイズ 反町隆史　竹野内豊 広末涼子　マイク真木 稲森いずみほか（⑥／12回）▶P57　78583
[解説]夏の終わりと共に広海と海都がいなくなってしまうのではないかと心配する真琴。

54　くいしん坊！万才　カラコーレス　90309

00ⓈSMAP×SMAP ▽ビストロ・吉行和子 ▽沙粧慎子▽スマッピーズ▽計算マコちゃん 予定▶P28　77854
[解説]ビストロでは栄養満点の中華料理が大好きという吉行が〝おこげ料理〟をオーダー。

54Ⓢ鳥になる日「マレーシア」⑬　82380

00　ニュースJAPAN ▽きょうの[N]▽FNN特集▽コラム▽明日[天] ▽詳報プロ野球[N]ほか キャスター・安藤優子 宮川俊二　木村太郎 福井謙二ほか　672651

0.20デジタルZ　5413268

0.30大人の遊び方「スカイダイビングに挑戦」① 細川ふみえ　1492794

1.00　来来圏　6415404

1.10ⓈDの遺伝子インターンシップ・就職戦線未だ異常あり　5890201
[解説]学生が一定期間を企業で働く「インターンシップ制度」が本格的に導入され始めた。

1.40Ⓢ気らくに行こう ゲスト・稲森いずみ 藤原紀香　9487581

2.10Ⓢフリップ・クリップ 富永美樹ほか　5820442

2.40　アジアバグース ジフ・アリ　9479572

3.10Ⓢ英国生活　5829713

3.40　ニカ国語　6970046

3.50Ⓢ直行便ニューヨーク 小牧ユカ　8158930

4.20Ⓢ[天]　4.25　5329442

⑩ テレビ朝日

5.00Ⓢ[N]スーパーJチャン ▽きょうのニュース ▽スポーツ▽特集▽天気▽アニメ・あずみアンマミーア「暑い！」 渡辺興二郎　荒木大輔

00★感動あなたに逢いたい ▽間寛平・下積み時代お世話になったおじさんを捜す▽三沢あけみ大ヒットの裏に母の策略（予定）　70941
[解説]用もないのにスタジオ前であいさつさせた三沢の母の策略とは

54Ⓢプレビュールーム ▽ガラス　87629

00Ⓢガラスの仮面「未来の紅天女を脅す暗い影」 安達祐実　野際陽子 田辺誠一　松本恵ほか （⑧／11回連続） ▶P39　79212
[解説]舞台は無事終了。打ち上げ会場で月影は紅天女役の候補を発表

54ⓈNO◇Ⓢ京都が好き「夏の茶」　99670

00　たけしのTVタックル ▽イサムちゃんの都会の青春ルポ▽一答両断 ▽北野博学館　俵万智 野坂昭如ほか　76125
[解説]同時に複数の男性と交際する短大生に、高橋健而老が正しい男女交際を手ほどき！

54Ⓢ世界の車窓から「チェコ編・1」　81651

00Ⓢニュースステーション ▽きょうのニュース ▽きょうのスポーツ ▽きょうの特集 ▽きょうの円相場 ▽きょうのCNN ▽あすの天気 キャスター・小宮悦子 渡辺宜嗣　高成田享 スポーツキャスター・角沢照治　天気・乾貴美子　671922

11.20Ⓢ自遊人へ　2422361

25　所さんのこれアリ⁉ シェイプUPガールズ EAST END 石倉三郎ほか　802651

55　トゥナイト2　辻義就 下平さやか　2460651

0.50　CNNヘッドライン 海老原由佳　5107930

1.00Ⓢギャラリー我蘭 ゲスト・D&D 鈴木蘭々ほか　6413046

1.10　あなあきロンドンブーツ「ガサ入れ」ほか ロンドンブーツ1号2号ほか　5821171

1.40Ⓢ真夜中人魚 司会・磯野貴理子 風見しんご　9485133

2.10　東京の上海人 風間杜夫　陳道明 （字幕）　5828084

2.40Ⓢインフォ・ソナー・羅針盤　8597065

2.55Ⓢ我蘭堂　2330930

3.00　アメリカ買い物天国 雪野智世ほか　2123404

3.30[二]CLICK　JPN ロブ成田ほか　1488591

4.00Ⓢ歴史4.06　6434539

⑫ テレビ東京

00Ⓢ爆走兄弟レッツ&ゴー 死闘タワーサーキット [声]池沢春菜　4903

30Ⓢ愛LOVEジュニア「キンキコンサート[秘]舞台裏」　63670

00Ⓢ昭和歌謡大全集第13弾「心に残る不滅の歌手ビッグヒットが再び」 美空ひばり、鶴田浩二 勝新太郎、今も人気のビッグスター勢ぞろい ▽戦前から昭和40年代まで懐かしの青春歌謡 ▽村田英雄&高田浩吉 任きょうものを熱唱！ ▽吉田正作曲生活50年吉田メロディー代表曲 ▽3人娘ヒット曲披露 藤山一郎　灰田勝彦 春日八郎　松尾和子 フランク永井　橋幸夫 西郷輝彦　舟木一夫 山口百恵　桜田淳子 森昌子　司会・玉置宏 水前寺清子　82652038
[解説]戦前から昭和40年代まで時代を経ても歌い継がれ、誰もが口ずさんだ名曲を「演歌の花道」「年忘れにっぽんの歌」などの秘蔵VTRから紹介。スタジオには並木路子や山本リンダ、マヒナスターズらを迎え玉置らと思い出話に花を咲かせる

9.48[N]ブレイク　989767

54Ⓢ菜の花流儀　85477

00★Ⓢファッションヴェルサーチ追悼21世紀へ官能美の遺言　4767
[解説]過去のVTRから故人の業績を振り返る

30Ⓢフィッシング「フライ紀行・台湾の腰曲魚を狙え！」　92106
[解説]台湾に生息する奇妙な魚〝腰曲魚〟に西山徹キャスターが挑む

00　ワールドビジネスサテライト　経済政治[N]▽経済特集▽企業情報ほか 田口恵美子　233748

50Ⓢ情報IN　373093

55　スポーツTODAY ▽プロ野球大討論会ほか キャスター・佐々木明子　山田くらのすけ 小島秀公ほか　5605380

0.35Ⓢ女学園　4497794

0.45Ⓢ恋、した。「シンデレラは2度ベルを鳴らす」ちはる 井筒森介ほか　9492423
[解説]恋人同士だった優香と俊之。優香が別の人と結婚した事で終わっていたはずだったが

1.15ⓈハレルヤⅡBOY「丸鬼戸零二Ⅲ」[声]三木真一郎ほか　7250978

1.45買物タウン　8175607

2.15Ⓢ遊惑星[再]　5410171

2.25Ⓢ音楽的流行 サイドワン　レーモングラス　クライベイビー スピークほか　8978510

2.55Ⓢブレイク　2367084

3.00　テレ・コンワールド（3.55）　4004046

よる 6 7 8 9 10 11 深夜 0 ▼ 1 ▼ 2 ▼ 3 ▼ 4

1997年 8月25日 月曜日

① NHK総合

00 [N] 1553629
10 首都圏ネットワーク 各局リレー[N]▽中継▽生活情報ほか 8022019 【山梨】まるまる山梨
53 [天]◇案内 73160212

00[二]NHKニュース7 ▽きょうの[N]▽スポーツ▽内外の話題▽[天]ほか 森田美由紀 479903
40[字][多]ママだって夏休み 竹下景子（⑨／12回連続）▶P45 822309 [解説]入院した友子は、夫・春男が会社を辞めた真の理由を知り…。
58 テレマップ 741800

00★[字]Ⓢ生きもの地球紀行「オーストラリア大湿地・カササギガンの奇妙な子育て」語り手・宮崎淑子 81545 [解説]豪だけに生息するカササギガンは、オス1羽とメス2羽で繁殖する。美しい湿地にその姿を追い、謎に迫る
45 各地の[N][天] 13729

00[二]NHKニュース9 きょうの[N]▽国際情報 キャスター・藤沢秀敏 583
30 クローズアップ現代「政治・経済・文化・スポーツ・風俗など、今、話題の事象を深く鋭くえぐりだす」キャスター・国谷裕子 27380

00[字]Ⓢふたりのビッグショー「南こうせつ&白鳥英美子」フォーク名曲選▶P116 47125 [解説]'60年代後半から'70年代前半にヒットした名曲を中心に送る、フォークソング決定版！

45Ⓢあの人あの芸「松尾和子」 385309
55 各地の[N][天] 29941

00 NHKニュース11 松平定知ほか 4755922
35 あすを読む 9114699
45[二]ドラマ・大西部の女医〝ドクター・クイン〟「イザベルという画家」ジェーン・シーモア ジョー・ランドー ▶P42 103293 [解説]町に来たイザベルという美しい画家。男達は夢中になるが、彼女は恐ろしい病気に…
0.30 料理[再]「ソーセージ・帯広」 3315572
0.55 [N][天] 1779602
1.00ふるさとの旅・中国デー「ふるさとの海に生きる・最後の沖売り船・水島港」 8710220
1.30 西日本の旅「隠岐・西の島町」 1419775
1.40にっぽん点描[再]「御所の浜の小路では・広島県尾道市」 7949997
2.25 工場街の一本釣り師・広島市 4934152
2.40 海から恵みがわいて出て・島根 7830442
3.13英国鉄道旅 3146959
3.43映像 5.00 5004171

③ NHK教育

00Ⓢ天才てれびアリス探偵局・総集編 872699
25[二]おまかせアレックス ラリサ・オレイニク D・ラブほか 6785187
50 やってみようなんでも実験「電気をあやつりおもしろ工作」1枚のカーボン紙で電気楽器▽光でさえずる〝目覚まし小鳥〟 6293629

7.20英語◇名曲 755545
30 こどもの療育相談「自閉症④ 社会の中で生活する」自閉症者の将来について考える 石井哲夫ほか 76632

00★Ⓢ趣味悠々・千葉麗子の親子で入門インターネット[終]「インターネット最新情報」進歩を続けるインターネットの世界▽転換期を迎えた社会構造 854
30 きょうの健康[再]「思春期の悩み[新] 肥満」衣笠昭彦 820767
45[字]手話[N]8 45 44699

00Ⓢきょうの料理[再]「陳建民のマーボ豆腐」陳建一 853564
25Ⓢおしゃれ工房 瀬戸内寂聴の〝古典〟現在に生かす①紙 6706670 [解説]平安時代、紙をぜいたくに使ったものの一つが手紙。紙の選び方でセンスが問われた
50 視点・論点 620545

00 ETV特集[再]「大震災に学ぶ①都市の明かりが消えた時」大林宣彦 45767 [解説]大地震の瞬間から24時間をどうしのぐかに生き残りがかかっている。阪神大震災やサンフランシスコ地震を参考に震災の対策法を
45 NHK人間大学「子どもに教わったこと⑧ 子どもは小さな巨人」可能性は予測できない▽教師と子どもの学び合う関係▽本来の教育のあるべき姿ほか 灰谷健次郎 1817941
11.15 3か月英会話[再]「イエスと言わせる⑧セクハラはご法度」藤井正嗣 1031274
11.35 フランス語会話[再]「夏期特集」③ 中井珠子 5241926
11.55 教育セミナー・ハワイ地学の旅[再]「列島誕生のなぞ」平朝彦 6436800
（0.27終了）

④ 日本テレビ

5.30 ニュースプラス1 ▽全国ニュース▽プラス1特集▽プラス1スポーツ▽あすの天気ほか キャスター・真山勇一 羽鳥慎一 木原実ほか

00Ⓢ金田一少年の事件簿「オペラ座殺人事件・ファイル1」[声]松野太紀▶P60 767 [解説]演劇部の合宿でオペラ座館を訪れると…
30Ⓢ名探偵コナン「少年探偵団遭難事件」▶P60 70458 [解説]海に遊びにきたコナンらは輝彦と出会う

00★世界まる見え！テレビ特捜部 君はこんなアイデアを思いつくか？▽君は本当の決闘を知っているか 90293 [解説]〝決闘〟。その始まりは欧州。その昔、日常生活に退屈していた人々によって考えられたその歴史の裏側を紹介
54 [N][天] 10651

00★Ⓢスーパーテレビ「総勢50トンが大移動爆笑！大相撲夏巡業」（仮題）北海道・東北巡業に密着 97106 [解説]毎年恒例の大相撲夏巡業。青森の巡業で里帰りした舞の海。土俵の上では見られない力士たちの素顔に迫る
54Ⓢ花ごころ 91372

00Ⓢ失楽園「妊娠」古谷一行 川島なお美 十朱幸代 加賀まりこ 菅野美穂（⑧／12回連続）▶P39 96477 [解説]祥一郎は凛子のために借りたマンションで愛欲にひたる。残されたそれぞれの家族のいらだちがつのる。
54 [N]きょうの出来事 ▽今日の[N]▽特集▽[天] 井田由美ほか 59949748

11.25ⓈTVじゃん!! ▽中畑清と山田雅人・二宮コラム▽感動のスポーツ企画▽ブレイク…〝ギャンブルゲームV〟④ ガダルカナル・タカ ハイヒールモモコ（予定） 6911583
0.45 明石家出版 ▽一億円の借金3カ条 中田ボタン 8009510
1.15ⓈM−STAGE1 ▶P116 2485539
1.30は〜い朝刊 1437171
1.40Ⓢ新譜堂 9522249
1.45 超アジア流 ▽アジア各国のアルバイト▽アクション監督 菊池万理江 4295317
2.25Ⓢ映画「荒鷲の要塞」（1968年米）ブライアン・G・ハットン監督 リチャード・バートン 字幕▶P48 42156220 [解説]第2次世界大戦中難攻不落のドイツ軍要さいから米の将軍を救出する米・英両国の精鋭部隊の活躍（4.55）

⑥ TBSテレビ

5.55[二]ニュースの森 ▽きょうのニュース▽スポーツ▽森田さんのお天気ですかァ？ほか 杉尾秀哉 門脇利枝 福島弓子ほか 1845545

00★関口宏の東京フレンドパークII 島田紳助&掛布雅之が来園！▽白熱ゲーム▽興奮ハイパーホッケー 99564 [解説]「ボディ&ブレイン」で紳助はデンバーサミットに出席した5人の首脳の名前に挑戦
54 ニュース&ウエザー 久保恵子 19922

00[字]水戸黄門「武士道を捨てた男・石巻」佐野浅夫 あおい輝彦 伊吹吾朗 由美かおる 中谷一郎 市川左団次 ▶P42 98835 [解説]石巻で黄門一行は仇討ち現場に出くわす 十右衛門は小一郎を10年間、探し続けていた
54 [N] 18293

00Ⓢ月曜ドラマスペシャル 夏休み特選サスペンス「冠婚葬祭殺人事件・資産50億の美人家元が狙われた！連続殺人のアリバイを崩せるか？赤川次郎の超人気作！爆笑！史上最強の大貫警部補テレビ初登場」西村和彦 岩崎ひろみ ▶P43 820903 [解説]ばく大な資産をもつ家元の娘・美貴（高橋かおり）に殺人予告が。襲名パーティーで暴漢に襲われた美貴を助けた井上（西村）は彼女に求婚される。それを知った婚約者・直子（岩崎）は激怒！
10.54Ⓢスポーツホットライン 41895

00 筑紫哲也ニュース23 ▽きょうのニュース▽きょうのスポーツ▽きょうの特集▽[天]ほか キャスター・浜尾朱美 佐古忠彦 香川恵美子 渡辺真理ほか 805767 [メモ]エンディングテーマ曲は今井美樹のアルバム「PRIDE」に収録された〝私はあなたの空になりたい〟。
0.30ⓈF−EEL 最新雑貨集 1436442
0.40Ⓢフェイス2 川井郁子 浜家優子 9821404
0.50 ドキュメントD・D ▽現代日本の人間模様を徹底取材 7262572
1.20Ⓢ落語特選会「髪結新三」[後] 桂歌丸、解説・榎本滋民 聞き手・山本文郎 9292423
2.20[二]CBSイブニングニュース 6034775
2.50BLITZ 4024779
2.55Ⓢおしえて 5579864
3.00Ⓢ亜米利加的買物「お買得情報満載！」（4.00） 4500152

平成9年
1997年
8月25日 月曜日

恋愛よりも男2人の友情物語を軸にすえた『ビーチボーイズ』のさわやかさ

夏真っ盛りの月曜日ですが、この日はドラマが充実しています。月9だけでなく、このクールの話題作が集中していたという感じ。こういう月曜日も珍しいです。まずはおなじみフジテレビ夜9時。この年の初めに織田裕二主演の『踊る大捜査線』をヒットさせた（ちなみにこの年は織田裕二が初めて『世界陸上』のキャスターを担当した年でもあります）亀山千広プロデュース、岡田惠和脚本、反町隆史・竹野内豊主演の『ビーチボーイズ』です。イケメン2人を前面に押し出し、歌手デビューも果たし当時乗りに乗っていた広末涼子を隣に配し、いわゆる勢いのあるキャスト陣を背景に、視聴率が低くなる傾向の強い夏の月9の中で、全話視聴率20％を超えるという異例のヒット作となりました。ほとんどのシーンが太陽さんさん照りつけるビーチサイドで展開、当然ながら主演の2人は何かというと上半身裸になるし、まあとにかく夏らしいドラマでありました。恋愛の要素は抑えて、男2人の友情物語を軸にすえたのが成功の要因でしょう。いつ見てもさわやかな気持ちになれる不思議なドラマ。反町隆史とボン・ジョヴィのリッチー・サンボラが歌う主題歌『ＦＯＲＥＶＥＲ』もヒットしました。

続いて日本テレビ夜10時。古谷一行・川島なお美主演の『失楽園』です。不倫をテーマに過激な描写で話題となった渡辺淳一原作のドラマ化で、当時無敵の強さを誇った『ＳＭＡＰ×ＳＭＡＰ』を向こうにまわして平均視聴率20％を超える大健闘を見せ、読売テレビ制作のドラマとしては最大のヒットとなりました。何しろ毎回バストトップが登場、臨場感あふれるラブシーンは息を呑む迫力でしたね。まあ原作がそういう話ですから普通にドラマ化すればそういうことになるわけですが、川島なお美の覚悟とそれに応えたスタッフの真摯なスタンスは評価に値すると思います。主題歌はＺＡＲＤの『永遠』。古谷演じる主人公・久木の友人役

1997年8月29日号
表紙・加藤紀子、KinKi Kids、飯島直子
20回目となった毎年恒例『24時間テレビ20　愛は地球を救う』（日本テレビ）のメインパーソナリティーを務めた４人の表紙。

でみのもんたが出演していたのも話題でした。あと久木の妻役の十朱幸代や娘役の菅野美穂もいい味出してました。

さらにもう1本、テレビ朝日夜8時。美内すずえ原作の『ガラスの仮面』。不朽の名作少女マンガの決定版ともいえるドラマ化で、当時楽しみに見てました。主演の安達祐実はじめ、月影先生役の野際陽子や亜弓さん役の松本恵（現・松本莉緒）などキャストがみな素晴らしく、原作の物語るエネルギーを見事に映像化していました。主題歌はB'zの『Calling』。翌年第2シリーズも作られました。

毛色の変わったところではフジテレビ深夜1時10分の『Dの遺伝子』。未来のドキュメンタリーという触れ込みで、今は架空の話だけどいつか現実になるかもしれないよ、という設定のドラマです。いわゆるフェイク・ドキュメントとして企画されたものだと思いますが、比較的穏便な形で収まりました。でもフジテレビはこの手法が好きみたいで、この後何度も同趣向の番組が出てきます。ちなみに「D」とはドラマとドキュメンタリーそれぞれの頭文字。両方の遺伝子を受け継いだ新種ということでしょう。

日本テレビ7時台は『金田一少年の事件簿』&『名探偵コナン』の鉄壁コンビ。これから数年この体制が続きます。NHK教育夜8時は『趣味悠々・千葉麗子の親子で入門インターネット』の最終回。インターネットの黎明期に電脳アイドルとして活躍した千葉麗子を講師に迎えた趣味講座です。時代を感じますね。テレビ朝日深夜1時10分は、ロンドンブーツ1号2号の初の冠番組『あなあきロンドンブーツ』。この日も〝ガサ入れ〟やってますねー。

最後にTBSの夜7時54分、『ニュース&ウェザー』に久保恵子の名前があります。90年代にお天気キャスターとして人気を博し、グラビアなどでも活躍しました。通称クボケー。その時期にもこうした天気予報に出ていたんだなと驚きましたが、こういう5分番組にもきちんと名前が入れられるのが超番組表のいいところだったんです。手前味噌ですいません。

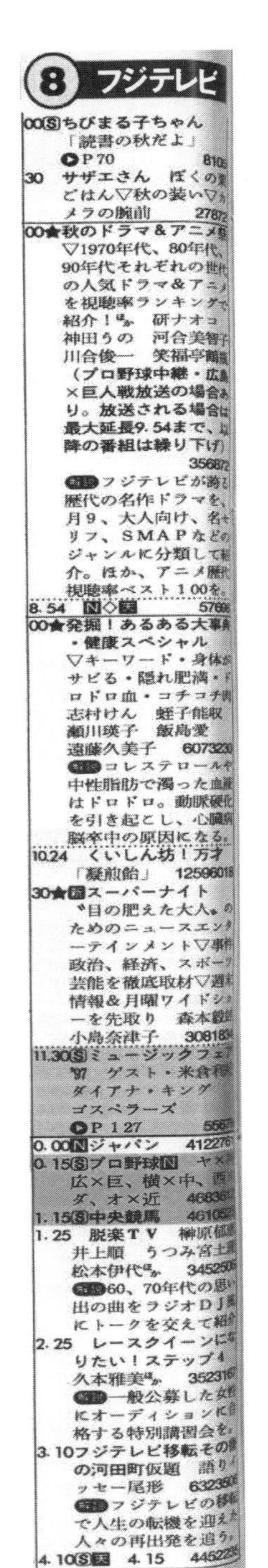

8 フジテレビ

00Ⓢちびまる子ちゃん「読書の秋だよ」 ▶P70 810

30 サザエさん ぼくの楽 ごはん▽秋の装い▽カメラの腕前 27872

00★秋のドラマ&アニメ総 ▽1970年代、80年代、90年代それぞれの世代の人気ドラマ&アニメを視聴率ランキングで紹介！ほか 研ナオコ 神田うの 河合美智子 川合俊一 笑福亭鶴瓶 （プロ野球中継・広島×巨人戦放送の場合あり。放送される場合は最大延長9.54まで、以降の番組は繰り下げ） 356872

解説 フジテレビが誇る歴代の名作ドラマを、月9、大人向け、名セリフ、SMAPなどのジャンルに分類して紹介。ほか、アニメ歴代視聴率ベスト100を。

8.54 Ⓝ◇天 5769

00★発掘！あるある大事典・健康スペシャル ▽キーワード・身体がサビる・隠れ肥満・ドロドロ血・コチコチ 志村けん 蛭子能収 瀬川瑛子 飯島愛 遠藤久美子 607323

解説 コレステロールや中性脂肪で濁った血液はドロドロ。動脈硬化を引き起こし、心臓病や脳卒中の原因になる。

10.24 くいしん坊！万才「凝煎餡」 12596018

30★新スーパーナイト "目の肥えた大人"のためのニュースエンターテインメント▽事件 政治、経済、スポーツ 芸能を徹底取材▽週末情報&月曜ワイドショーを先取り 森本毅郎 小島奈津子 308183

11.30Ⓢミュージックフェア'97 ゲスト・米倉利紀 ダイアナ・キング ゴスペラーズ ▶P127 5667

0.00Ⓝジャパン 412276

0.15Ⓢプロ野球Ⓝ ヤ×西 広×巨、横×中、西ダ、オ×近 468363

1.15Ⓢ中央競馬 461052

1.25 脱楽TV 榊原郁恵 井上順 うつみ宮土理 松本伊代ほか 345250

解説 60、70年代の思い出の曲をラジオDJ風にトークを交えて紹介

2.25 レースクイーンになりたい！ステップ4 久本雅美ほか 352316

解説 一般公募した女性にオーディションに合格する特別講習会を。

3.10 フジテレビ移転その後の河田町仮題 語り ッセー尾形 632350

解説 フジテレビの移転で人生の転機を迎えた人々の再出発を追う。

4.10Ⓢ天 4.15 445223

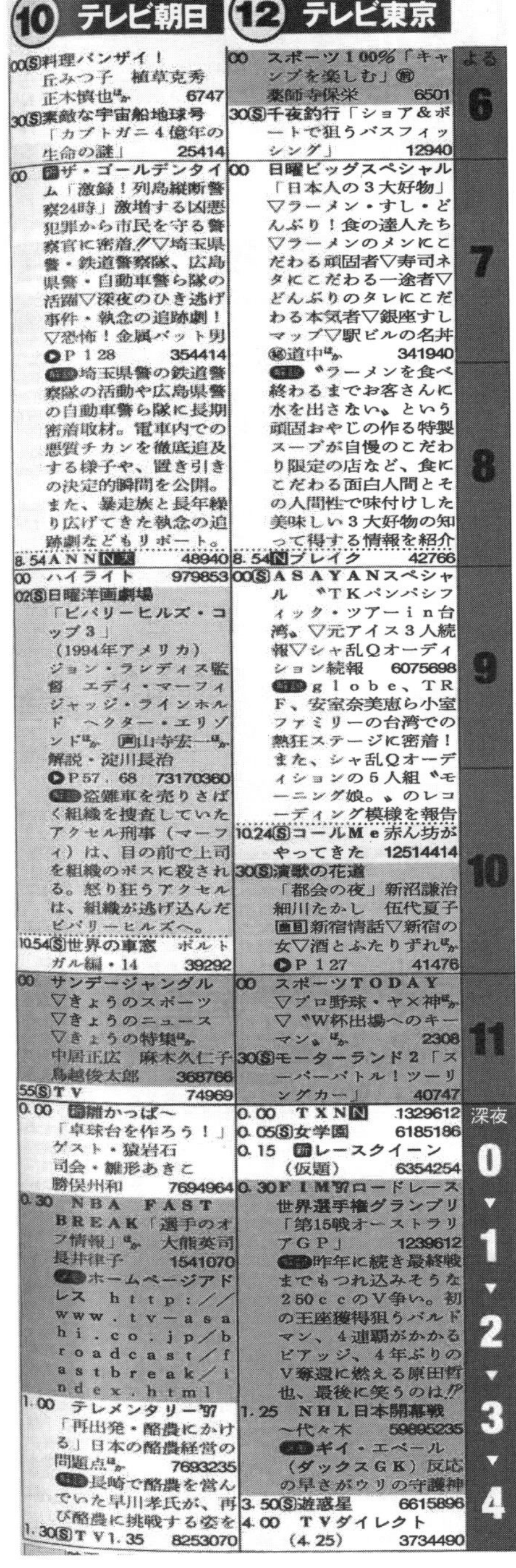

10 テレビ朝日

00Ⓢ料理バンザイ！ 丘みつ子 植草克秀 正木慎也ほか 6747

30Ⓢ素敵な宇宙船地球号「カブトガニ4億年の生命の謎」 25414

00 字ザ・ゴールデンタイム「激録！列島縦断警察24時」激増する凶悪犯罪から市民を守る警察官に密着!!▽埼玉県警・鉄道警察隊、広島県警・自動車警ら隊の活躍▽深夜のひき逃げ事件・執念の追跡劇！▽恐怖！金属バット男 ▶P128 354414

解説 埼玉県警の鉄道警察隊の活動や広島県警の自動車警ら隊に長期密着取材。電車内での悪質チカンを徹底追及する様子や、置き引きの決定的瞬間を公開。また、暴走族と長年繰り広げてきた執念の追跡劇などもリポート。

8.54 ANNⓃ天 48940

00 ハイライト 979853

02Ⓢ日曜洋画劇場「ビバリーヒルズ・コップ3」（1994年アメリカ） ジョン・ランディス監督 エディ・マーフィ ジャッジ・ラインホルド ヘクター・エリゾンドほか 声山寺宏一ほか 解説・淀川長治 ▶P57、68 73170360

解説 盗難車を売りさばく組織を捜査していたアクセル刑事（マーフィ）は、目の前で上司を組織のボスに殺される。怒り狂うアクセルは、組織が逃げ込んだビバリーヒルズへ。

10.54Ⓢ世界の車窓 ポルトガル編・14 39292

00 サンデージャングル ▽きょうのスポーツ ▽きょうのニュース ▽きょうの特集ほか 中居正広 麻木久仁子 鳥越俊太郎 368766

55ⓈTV 74969

0.00 新雛かっぱ～「卓球台を作ろう！」ゲスト・猿岩石 司会・雛形あきこ 勝俣州和 7694964

0.30 NBA FAST BREAK「選手のオフ情報」ほか 大熊英司 長井律子 1541070

解説 ホームページアドレス http://www.tv-asahi.co.jp/broadcast/fastbreak/index.html

1.00 テレメンタリー'97「再出発・酪農にかける」日本の酪農経営の問題点ほか 7693235

解説 長崎で酪農を営んでいた早川孝氏が、再び酪農に挑戦する姿を

1.30ⓈTV1.35 8253070

12 テレビ東京

00 スポーツ100%「キャンプを楽しむ」新 薬師寺保栄 6501

30Ⓢ千夜釣行「ショア&ボートで狙うバスフィッシング」 12940

00 日曜ビッグスペシャル「日本人の3大好物」▽ラーメン・すし・どんぶり！食の達人たち▽ラーメンのメンにこだわる頑固者▽寿司ネタにこだわる一途者▽どんぶりのタレにこだわる本気者▽銀座すしマップ▽駅ビルの名丼秘道中ほか 341940

解説 "ラーメンを食べ終わるまでお客さんに水を出さない"という頑固おやじの作る特製スープが自慢のこだわり限定の店など、食にこだわる面白人間とその人間性で味付けした美味しい3大好物の知って得する情報を紹介

8.54Ⓝブレイク 42766

00ⓈASAYANスペシャル "TKパンパシフィック・ツアーin台湾"▽元アイス3人続報▽シャ乱Qオーディション続報 6075698

解説 globe、TRF、安室奈美恵ら小室ファミリーの台湾での熱狂ステージに密着！また、シャ乱Qオーディションの5人組"モーニング娘。"のレコーディング模様を報告

10.24Ⓢコール Me 赤ん坊がやってきた 12514414

30Ⓢ演歌の花道「都会の夜」新沼謙治 細川たかし 伍代夏子 曲目 新宿情話▽新宿の女▽酒とふたりずれほか ▶P127 41476

00 スポーツTODAY ▽プロ野球・ヤ×神ほか ▽"W杯出場へのキーマン"ほか 2308

30Ⓢモーターランド2「スーパーバトル！ツーリングカー」 40747

0.00 TXNⓃ 1329612

0.05Ⓢ女学園 6185186

0.15 新レースクイーン（仮題） 6354254

0.30 FIM'97ロードレース世界選手権グランプリ「第15戦オーストラリアGP」 1239612

解説 昨年に続き最終戦までもつれ込みそうな250ccのV争い。初の王座獲得狙うバルドマン、4連覇がかかるビアッジ、4年ぶりのV奪還に燃える原田哲也、最後に笑うのは!?

1.25 NHL日本開幕戦～代々木 59895235

解説 ギイ・エベール（ダックスGK）反応の早さがウリの守護神

3.50Ⓢ遊惑星 6615896

4.00 TVダイレクト （4.25） 3734490

よる 6 7 8 9 10 11 深夜 0 1 2 3 4

1997年10月5日日曜日

① NHK総合

00 [N]◇10特報首都圏 マイホームはローンに…住宅ローン破たん1万件の裏事情 2763149
40Ⓢみんなの歌 725834
45 [N][天] 99143

00[二]ニュース7 855360
20Ⓢクイズ日本人の質問 春風亭小朝 森末慎二 萩尾みどり 斉藤慶子 宮川大助・花子 布川敏和 大東めぐみ 古舘伊知郎 900969
[解説]問題「〝ガリバー旅行記〟でガリバーが来日時に将軍に接見して願ったこととは？」

00[字]Ⓢ毛利元就「嵐こそ好機」中村橋之助 上川隆也 陣内孝則 的場浩司 葉月里緒菜 原田芳雄（㊵／50回連続）▶P66 63143
[解説]厳島が決戦の舞台となった。陶、毛利両陣営はそれぞれ村上水軍に援軍を要請する。
45 [N][天] 95327

00 NHKスペシャル「調査報告・ダイオキシン汚染」人類最悪の毒物 ▶P128 495766
[解説]ゴミ処分時に発生するダイオキシン。世界一のゴミ焼却国・日本の汚染数値は生殖障害やがんを引き起こしかねない。実態を報告
50 サンデースポーツ ▽陸上・日本選手権、女子1万㍍・世界陸上銅メダル千葉真子・日本選手権初制覇なるかライバル対決の行方は▽ゴルフ・日本オープンほかツアー結果▽NHLアイスホッケー開幕第2戦マイティダックス×カナックス結果◇10.50[N][天] 4777476

00Ⓢ新日本探訪「娘へ贈る母の記録・長野・安曇野」家庭の味、季節行事、子育て…数百枚のメモ▽私も母から習いたかったほか 400476
[解説]長野の農家の主婦が愛知県で暮らす娘にあてたメモには、母から娘へ語っておきたいさまざまな事項が記されている。早くに亡くした母に〝自分も多くのことを聞いておきたかった〟との思いが、メモを書いた理由。安曇野の風景の中に母と娘の心のきずなを描く
11.25Ⓢときめき夢サウンド「オネスティ・都会の叙情、ビリー・ジョエルの世界」堀内孝雄 八神純子 美木良介 イブ 川井郁子ほか ▶P126 869037
[解説]〝都会の哀愁〟を歌い続けるB・ジョエルの代表曲を集めて、彼の魅力を歌いつづる
11.55[N][天] 0.02 6251389

③ NHK教育

00[多]セサミストリート「モノマネの天才登場」▽竹馬に乗れるかな？▽レゲエほか 585563
55Ⓢ名曲アルバム「皇帝円舞曲」 63389

00 ふるさとの伝承「長崎華僑の信仰・崇福寺の年中行事」小正月から中国盆まで 175853
[解説]長崎市内には現在中国籍をもつ華僑およそ700人が暮らし、独自の風習を守っている
40[手]聴覚障害者のみなさんへ[再] 438308
55[手]手話[N] 88698

00Ⓢ新日曜美術館[再]「鳥の群れ飛ぶ麦畑・ゴッホ最後の謎」▽アートシーン・日の出の森の一角献 ▽展覧会ピックアップ「茶わんと茶入れ」西村由紀江 1389
[解説]ゴッホ最後の作品の1枚から、さまよえる魂の境遇に迫る。

00Ⓢステージドア「俳優・仲代達矢」▽切れば血の出るような迫力ある芝居▽無名塾、時代劇に初挑戦ほか 495
[解説]仲代は、俳優歴46年。演劇集団・無名塾を主宰して22年になる
30 芸術劇場「バイオリニスト・ダビート・オイストラフの芸術」▽シベリウス「バイオリン協奏曲ニ短調」▽ラロ「スペイン交響曲ニ短調」▽ベートーベン「ロマンス第1番ト長調」▽クライスラー「愛の悲しみ」▽ロカテルリ「奇想曲〝迷宮〟」▽チャイコフスキー「バイオリン協奏曲ニ長調」 634143
[解説]往年の名バイオリニスト・オイストラフのステージとリハーサル演奏の映像を紹介！
11.20Ⓢ芸術劇場「マヌエル・バルエコギター・リサイタル」▽アングロ「キューバに生きるヨルバの歌」▽ファリヤ「バレエ音楽〝三角帽子〟から」▽ロドリーゴ「その昔イタリカが音に聴こえ」～東京・紀尾井ホール（録画） 3791143
（0.02終了）

④ 日本テレビ

00 [N]プラス1・サンデー 石田昭彦ほか 418495
25 天気予報 834143
30Ⓢ独占スポーツ「セ・パ両リーグ優勝チームを徹底分析」 53785

00★徳光＆所の第6回スポーツえらい人グランプリ 長嶋監督の若き日の乱闘シーン▽舞の海・またまた新ワザを発明！▽世界一の豪速球投手VS世界一遅い球を投げる投手▽100万円争奪‼バッティング競争ほか 渡辺満里奈 掛布雅之ほか 610143
[解説]長嶋監督の㊙映像は宮沢りえとの爆笑バルセロナリポート、若き日の乱闘シーン、そしてヌーディスト・ビーチでのリポート模様を送る。また舞の海が〝くるくる舞の海〟を越える新必殺技〝ボキボキ舞の海〟を披露。
8.54 [N][天] 69921

00★知ってるつもり⁉スペシャル（仮題）「美空ひばり」国民的大歌手の52年の生涯‼▽母に見出された才能▽10歳にしてプロデビュー▽人気の裏の重圧▽弟たちの逮捕・母親の死▽忍び寄る病の影▽人生を賭けたラストステージ 泉谷しげる 関口宏ほか 411259
[解説]「川の流れのように」「悲しい酒」「リンゴ追分」など生涯に歌った曲は約2000曲。栄光と引き換えにつきまとった数々の困難を〝一卵性母子〟とまで言われた母親との強いきずなで乗り切った。
10.54Ⓢ世界の橋 83501

00Ⓢおしゃれカンケイ「総集編」古舘伊知郎 渡辺満里奈 501
30 [N]きょうの出来事 鷹西美佳 487056
45Ⓢスポーツうるぐす ▽陸上日本選手権▽世界ハーフマラソン▽ゴルフ▽競馬・凱旋門賞 江川卓ほか 9587476
0.15 ドキュメント'97「ゼロに戻ったダム予算・木頭村25年の闘い」▽徳島県・木頭村でのダム計画ほか 4907438
[解説]1972年に木頭村で始まったダム計画にストップがかかった。村が一貫してダム反対の姿勢を崩さないためだしかしダム反対の道程は平たんではない。今まさに正念場を迎えた木頭村の闘いを伝える
0.45Ⓢプロレス30「川田 井上雅×ハンセン ダンカン」～後楽園ホール 5164167
1.15Ⓢ美の世界「日本画家伊藤深游木」鷹西美佳（1.45） 4997051

⑥ TBSテレビ

00 報道特集「ファミリー・クライシス」キャスター田丸美寿々（予定） 87327
54Ⓢいのちの響 ライアル・ワトソン 78679

00★ⓈさんまのスーパーからくりTV超特大号‼▽玉緒が行く・私立探偵の巻▽関根勤がひいおじいちゃんに変身⁉▽西村知美がファンの男性と1日デート‼▽英語・ハワイ編▽ビデオレターは全国から‼▽ご長寿早押しクイズ名人戦‼ほか 618785
[解説]海外㊙VTRは、アニマルワールド＆からくりウオッチング。ファニエスト・イングリッシュはハワイ編。お題は〝実は私○○なんです〟。関根勤の新クイズも登場。老人のふん装をした関根が、一般家庭を訪問し…。
8.54 [N] 67563

00Ⓢ犯人は誰だ！夏樹静子ミステリードラマスペシャル「そして誰かいなくなった・海上の密室⁉豪華クルーザーに閉じ込められた七人の恐怖の一週間‼ひとりひとり殺されていく」中村雅俊 水野真紀 加賀まりこ 山城新伍 ▶P54 402501
[解説]遥（水野）は豪華クルーザーの旅に招待される。乗船者は船長の竜崎（中村）、客の元子（加賀）ら7人。全員がそれぞれ他人を死に追いやった過去を持つ。まもなく、密室の船上で連続殺人が…
10.54Ⓢ英雄伝説 丸山茂樹 81143

00★Ⓢ1×1「草野満代×徳光和夫」アナウンサーの心得＆失敗談▽早起きの工夫 143
30Ⓢ世界遺産ウラジーミルとスズダリの白壁建築群・ロシア 98872
0.00 スポーツ＆ニュース 木場弘子ほか 5521148
0.20[二]CBSドキュメント ▽修道女といじめ▽是か非か？女子校▽ハーバードの説教師 P・バラカンほか 8025235
[解説]アイルランドでは未婚の母から生まれた子供は孤児院で育てられることが多い。ダブリンの慈悲の聖母会が経営する孤児院では、長年にわたり孤児に対する虐待が続いていた
1.15 世界かれいどすこうぷ ▽ストンプ▽手巻き式ラジオ▽おもしろ映像
[メモ]10月からオープニングテーマ曲とスタジオセットが一新。オープニングはムーンストラックの〝deep〟（1.45） 4995693

平成9年

1997年

10月5日 日曜日

急な番組変更には対応できないわけですがこれも貴重な歴史の1ページということで

この日の番組表のフジテレビ夜7時の番組は、実際には放送されていません。実際に放送されたのは『ダウンタウンのごっつええ感じスペシャル』。エレクトリック少年ボウイオールスターズ・CD発売記念イベントの模様がメインの回です。本来9月28日に放送される予定だったものが急遽1週延期になったのですが、すでに印刷済みだった『TVガイド』にはその変更が反映できなかったのです。

なぜ放送が延期になったのかというと、ヤクルトの優勝マジックが1となり『ヤクルト×阪神』の放送が急遽決まったためでした。28日当日の朝刊でも『ごっつええ感じスペシャル』が放送されることになっており、確かに急な番組変更ではありましたが、優勝決定試合への番組変更はよくあるケースではありました。特に巨人では（フジテレビ、しかもヤクルト戦でのケースは確かに珍しいけど）。結果、この日もヤクルトは大勝し、2年ぶり5度目のリーグ制覇を成し遂げました。

しかしこの番組変更は、大きな波紋を呼びました。事前の連絡なしに変更が行われたことに松本人志が激怒し、ダウンタウンがフジテレビの全出演番組をボイコットするという大きな事態に発展、最終的に『ごっつええ感じ』は打ち切りとなりました。以前からスタッフへの不満がたまっていて、番組変更はきっかけに過ぎないなどとも言われています。その後松本はテレビでのコントはほとんど作らなくなったし、番組自体への興味が薄れていたことは確かでしょう。ちなみに覚えてるかなあ、このころ松っちゃんまだ髪の毛あったんですよ。

1997年10月10日号
表紙・KinKi Kids
ドラマ『ぼくらの勇気　未満都市』（日本テレビ）でW主演。2017年にはスペシャルドラマ『ぼくらの勇気　未満都市2017』が放送された。

もうひとつ、この日の大ニュースは「加茂周監督更迭」です。このころはサッカーフランスワールドカップ・アジア最終予選の真っ最中。W杯初出場を前に続くギリギリの戦いに、胃の痛い日々が続いた方も多かったことでしょう。そして前日の10月4日、勝たなきゃいけないカザフスタン戦がドローとなり、当時の日本代表加茂監督は解任され、ヘッドコーチだった岡田武史が監督に就任します。いやあホントにがけっぷちでしたね。岡田監督になってからも苦しい戦いが続きましたが、最後の2試合勝ってB組2位に入り、11月16日、マレーシア・ジョホールバルでのイランとの3位決定戦に勝って、悲願のW杯初出場を決めます。岡野のゴールデンゴールでした。

テレビ東京夜9時は『ASAYANスペシャル』。シャ乱Qオーディションの落選組から選抜されたモーニング娘。が話題になり始めたころ。この日はデビューをかけた5日間5万枚手売りシングル『愛の種』のタイトルが発表されました。なお、番組表にある「元アイス3人」というのは、河村隆一プロデュースで10月1日に『小さな星』でデビューしたSAY A LITTLE PRAYERのことです。

この年のテレビ界におけるもうひとつのトピックは、3月のフジテレビお台場移転です。社屋自体を集客装置として使うというコンセプトはあっという間に各局に広がりましたが、お台場=フジテレビというイメージの徹底ぶりは一頭図抜けていました。逆に旧社屋があった新宿区河田町への郷愁がまったく感じられないのも特徴ですが、この日の深夜3時10分からその河田町のフジテレビ通り商店街を描いたドキュメンタリーが放送されています。かつての社屋跡地は、現在は高層マンションです。

フジテレビ夜10時半は新番組『スーパーナイト』。現在の『Mr.サンデー』まで連なる日曜夜の報道番組です。司会の森本毅郎&小島奈津子コンビは、あれっ『噂の!東京マガジン』のコンビじゃん！　とお思いでしょうが、この頃の『噂の!東京マガジン』はまだ森本毅郎&中村あずさが司会の時代でした。

8 フジテレビ

5.55 Ⓝスーパーニュース ▽全国ニュース▽スポーツ▽夕暮れ探検隊▽お得情報▽ポップ天ほか 宮川俊二 八木亜希子 八木沼純子 福原直英

00 ときめき2泊3日㊇ ▽うつみ宮土理が西村知美・森口博子・岡本夏生と日替わり軽井沢珍道中!! 1334
解説 2日目の夜、お酒も入ってイイ気持ちになり、「大カラオケ大会」を。うつみは新曲〝カレンダー〟を熱唱

56Ⓢピンカ㊇ 83448860

00Ⓢ HEY!HEY!HEY! ARB 内田有紀 華原朋美 ラクリマクリスティー ▶P137 63529
解説 12/4には初の武道館ワンマン・ライブを控えるラクリマクリスティーが、ヒット中の新曲「未来航路」を

54 Ⓝ◇天 69727

00Ⓢボーイハント㊇ 観月ありさ 瀬戸朝香 華原朋美 酒井美紀 いしだ壱成ほか ▶P43 90112
解説 りりと千里の心が離れる中、エリカの結婚披露パーティーの準備が着々と進められる

54 くいしん坊!万才「飛騨牛」 94518

00Ⓢ SMAP×SMAP特別編「稲垣吾郎ソムリエになる!」フランスボルドーで真剣修行! P32.161 22711
解説 10月から始まるドラマでソムリエの役を演じる稲垣が、役作りも兼ねて修業をする。

54Ⓢ鳥になる日「シャンパーニュ」 93889

00 ニュースJAPAN きょうのⓃさらに深く▽あのⓃのウラFNN特集▽詳報プロ野球Ⓝ▽太郎のコラム▽天ほか 安藤優子 川端健嗣 木村太郎ほか 744841

0.20Ⓢテクノ 7777754

0.30 超人サトル㊇ ココリコ つぶやきシローほか 1356939

1.00Ⓢ Flyer TV あんじほか 1232087

1.10Ⓢ美少女H「特集・素顔の美少女たち」美少女Hのメンバーたちはどのようにして選ばれたのか?▽オーディション風景ほか 9103071

1.40Ⓢロケットパンチ! ソフィアほか 1471919

2.10Ⓢことたま カオルコ 永作博美ほか 9100984

2.40Ⓢアジアバグース ナジフ・アリ 1383700

3.10 二か国語 1805629

3.20Ⓢジュピター音楽祭 in KIJIMA 米倉利紀 ムーンチャイルド〜別府・城島後楽園 4.14 1074025

10 テレビ朝日

5.00ⓈⓃスーパーJチャン ▽きょうのニュース ▽きょうのスポーツ ▽事件ファイル▽天ほか キャスター・小宮悦子 坪井直樹 高橋真紀子

00★Ⓢ潜入!24時間㊇「サンマ、サケ、カニ イカ大豊漁!全国有名市場・ピチピチ激ウマ大特集」 92570
解説 サケ漁獲量が日本一の北海道・標津からはキモチュウというサケの内臓料理を紹介。

54Ⓢ NO◇Ⓢ京都が好き ▽京都案内 19268

00Ⓢドラマスペシャル「学校の挑戦・不登校中退者受け入れます!その時、女教師と生徒の壮絶な闘いが始まった!涙と感動の実話」桜井幸子 佐藤夕美子 小橋賢児 李麗仙 金田明夫 橋龍吾 朝加真由美 仲谷昇 高林由紀子 蟹江敬三 ▶P10.48 873112
解説 廃校を免れるため中退者や登校拒否児を受け入れる北新学園余市高校。夏休み明け、明日美(桜井)の担任クラスに転入してきた尚基(小橋)の反抗的態度に、明日美は悩む

9.54Ⓢ世界の車窓から「カナダ編」⑮ 85860

00Ⓢニュースステーション ▽きょうのニュース ▽きょうのスポーツ・プロ野球、サッカー、ゴルフ情報ほか ▽きょうの特集 ▽あすの天気ほか キャスター・久米宏 乾貴美子 白木清か 菅沼栄一郎 スポーツキャスター・角沢照治 743112

11.20 大相撲ダイジェスト「秋場所9日目」解説・出羽海 実況・松苗慎一郎 4261860

50Ⓢ自遊人へ 560599

55 トゥナイト2 司会・石川次郎 下平さやか 5042860

0.50Ⓢ少年少女 3065342

1.00 お笑い向上委員会・笑わせろ!㊇ Uターンほか 8317648

1.30Ⓢしぶや区 2953716

1.40 CNNヘッドライン 栗原由佳 8644006

1.50Ⓢ真夜中人魚 司会・風見しんご 8077280

2.20Ⓢカーグラ TV「IRL特集!」田辺憲一ほか 1257754

2.50 E! 密着!ユマ・サーマン主演〝アベンジャーズ〟の舞台裏▽布施あい子思い出のE−Wire▽特集〝リプレイスメント・キラーズ〟ほか 8074193

3.20Ⓢ特選ネタショップ ▽通販情報 1256025

3.50Ⓢ歴史3.56 3166025

12 テレビ東京

よる 6

00Ⓢレッツ&ゴーMAX「一文字兄弟の秘密」再鈴木琢磨 3063

30Ⓢ愛ラブジュニア スポーツ吹き矢▽帰ってきた浮輪相撲 48605

7

00 徳光和夫の情報スピリッツ秋の感謝大放出!「にっぽんの家族スペシャル」2度の別れを乗り越えて…3児のシングルパパ涙と感動の子育て奮闘記▽自分の店を持つことを夢見て女51歳最初で最後の一大決心 うつみ宮土理 トミーズ雅 267247

8

解説 東京・赤羽に住む勝村美美子さんの夢は自分の店を持つこと。素人でもできる客商売はないかと悩んだ彼女は、だんご屋を開くことを決意。一緒に働く長男と研修を受けながら、他店のだんごを食べて研究に励んでいる

8.54Ⓝブレイク 97605

9

00★愛の貧乏脱出大作戦「あの店はいま…第2弾」超最悪カレーにみのもんた激怒▽睡眠時間が半分に 25808
解説 司会のみのは視聴者の苦情が相次いだ中目黒のカレー店へ。内装や接客のひどさに、変装して訪ねた彼は…

54Ⓢ菜の花流儀 89686

10

00Ⓢファッション通信「秋冬オン・シーズントレンド特集」 3529
解説 世界の都市の秋冬の流行を分析。新しく開店した店も紹介!!

30Ⓢフィッシング「長崎県五島列島で狙うグレ」鵜沢政則ほか 73315
解説 本流釣りの専門家鵜沢プロがグレを爆釣

11

00 ワールドビジネスサテライト 54334

45 スポーツ10 186605

55 Gパラ・乙女のザンゲ キャミギャルコンテスト▽美女・中原恵美のナイスバディ㊙話▽乙女の相談室 2058063

深夜 0

0.35Ⓢワンシーン 永作博美 2960006

0.45Ⓦつげ義春ワールド「紅い花」田辺誠一 邑野未亜ほか 1479551
解説 死刑囚が逃げ込んだらしいという知らせで、村は大騒ぎに。

1

1.15Ⓢ lain「ランドスケープ」再清水香里 3881358

1.45Ⓢいたずら「ギャンブル」競艇場で他力本願な金儲け! 8989071

2

2.15Ⓢ遊惑星 7758629

2.25Ⓢ音楽通信 ピチカートファイブ 1230087

2.55 淀川長治の部屋「新作映画〝従妹ベット〟紹介」 5934667

3

3.10Ⓢブレイク 4914700

3.15 テレ・コンワールド(4.10) 1057358

4

1998年9月21日月曜日

1 NHK総合

00 首都圏ネットワーク ▽N▽各局リレー▽東京情報▽きょうの特集 桜井洋子ほか 913976
【山梨】まるまる山梨
53 天◇案内 10313792
00㊁NHKニュース7 ▽きょうのニュース ▽スポーツコーナー ▽内外の話題 ▽為替・株情報 ▽気象情報ほか キャスター・森田美由紀 竹林宏 8976
57 テレマップ 44265570
00★字S生きもの地球紀行「インド・ギルの森・アジア最後のライオンがほえる」語り手・柳生博 46889
解説 インド・ギルの森を訪ね、その豊かな自然と、アジア最後のライオン・インドライオンの生態を見つめる。
45 各地のN天 99082
00㊁NHKニュース9 ▽今日のN▽国際情報 キャスター・川端義明 860
30 クローズアップ現代「政治・経済・文化・スポーツ・風俗など、今、話題の事象を深く鋭くえぐりだす」キャスター・国谷裕子 17247
00字Sふたりのビッグショー「鳥羽一郎&香西かおり」私が出合ったこの歌P137 99995
解説 作曲家に弟子入りした時（鳥羽）、演歌歌手となろうとした時（香西）…人生の転機での思い出の曲を披露
45Sあの人と再び 手塚治虫◇55N天 80334
00 ニュース11 5750247
35 あすを読む 2810624
45S未来派宣言「スギを牛が育てます・宮崎大学教授・杉本安寛」林業と畜産業のメリット 7384060
解説 杉本教授は、スギの植林地に肉牛を放牧する研究をしている。林業側は、肉牛が下草を食べることで草刈りの重労働が省け、畜産業側も飼料代が節約できるなど利点が多い。林業と畜産業を融合させた取り組みを紹介。
0.10字Sおじさん改造講座 再 大竹しのぶ 中村梅雀 野際陽子 戸川京子ほか 1015990
0.55 N天 4797754
1.00字S四国八十八か所再 ▽一番・霊山寺▽23二番・極楽寺▽46三番・金泉寺▽2.09四番・大日寺 立松和平 語り 加藤登紀子 79726377
2.35地球ロマン再奥地の旅・ブラジル 8572358
3.00映像 5.00 97375532

3 NHK教育

00S天才てれびくん アリスSOSほか 928841
25㊁おまかせアレックス「ダニエルの野心」 2479599
50 やってみよう何でも実験「ビックリパワー！台風の正体」台風のメカニズムを解明！▽つむじ風はミニ台風？ほか 新野宏ほか 5541624
7.20ミニ英会話・とっさのひとこと 3947150
25字ミニ手話 222518
30 列島福祉リポート 司会・井筒屋勝己 79063
00S趣味・中高年のための登山学・日本百名山をめざすII「石鎚山」▽リーダーシップのあり方ほか 岩崎元郎 司会・山内賢 131
30多きょうの健康「高齢者の心① うつ状態」▽環境の変化によるストレスほか 199112
45字手話N 8 45 97624
00Sきょうの料理再「松居直美のきほんのクッキング・青じそご飯・米をとぐ」 949334
25Sおしゃれ工房「邦子の生活上手・お茶をたしなむ① 日本茶」お茶の良き伴りょ▽おいしい茶葉の選び方ほか 小川後楽 2490082
50 視点・論点 234841
00 ETV特集「白夜に北洋の鯨を追う・ノルウェー・ロフォーテン諸島の夏」 97537
解説 近代捕鯨発祥の地の漁師たちは、国際世論の強い逆風の中、今年も捕鯨を続けている
45多NHK人間大学・万葉の女性歌人たち㊙「万葉の男と女」万葉の時代の女心、男心を見る▽万葉人は恋を歌うほか 杉本苑子 1888599
11.15 教育セミナー・歴史でみる世界「ラテンアメリカ・古代文明と植民地化」ヨーロッパ移民とアフリカからの黒人奴隷流入 586686
11.45 3か月英会話「イギリス文学への旅⑫ ルイス・キャロル」 小林章夫ほか 8929727
0.05 フランス語会話「復習編」③ 大木充 ファビエンヌ・アベールほか 4584174
（0.37終了）

4 日本テレビ

5.30 ニュースプラス1 ▽全国ニュース▽プラス1特集▽プラス1スポーツ▽あすの天気ほか 真山勇一 木村優子 蛯原哲 木原実ほか
00S名探偵コナンスペシャル「浪花の連続殺人事件」声高山みなみ 山崎和佳奈 神谷明 堀川亮 小山武宏ほか ▶P64 3044
解説 高校生探偵・平次の招待で大阪へ遊びに来たコナンらは連続殺人事件に遭遇。被害者たちの関係を探るが…
00★世界まる見え！テレビ特捜部 超人万国博覧会▽動物レスキュー隊▽砂漠でのサバイバル 東山紀之ほか 55537
解説 米のシーワールドにひん死のコクジラが運び込まれた。スタッフの努力で元気になり、体重が3トンに‼
54 N天 24247
00★スーパーバラエティー秋のオールスター芸能界の厳しさ教えまスペシャル 番組参加への関門！中継クイズわたしはだあれ⁉▽クイズ有名人のまちがい探し▽一人しか言いませんでしたほか 江守徹 三田村邦彦 鈴木蘭々 西村知美ほか 151173
解説 〝有名人のまちがいさがし〟では、1カ所イタズラされた有名人の写真を見て、本物と違う点を当てる。演歌歌手や、個性派俳優の写真が登場。司会・島田紳助の言う「ン千万」の賞金を目指す激しい争いが展開される
10.54 Nきょうの出来事 ▽今日のN▽特集▽天 井田由美ほか 22084976
11.25SZZZ ▽SPORTS MAX．中畑清のスポーツ▽45★ロンブー荘「ロンブー画廊」痛みを書道で表現しようほか ▽0.15 i・z 相川七瀬 ▽20爆笑大問題「広島米の名前発表！」ミサイル事件ほか 9837686
0.50刑事プリ夫 まりやの㊙元気の素 2755367
1.20S日刊！ひっと ▶P136 9351377
1.30は〜い朝刊 3949261
1.40S新諸営 7151377
1.45超アジア流 台北・お酒の歴史▽トニー・レオン特集ほか 8613087
2.25◪映画「灰とダイヤモンド」（58年ポーランド）アンジェイ・ワイダ監督 ズビグニエフ・チブルスキーほか字幕 ▶P52 34052445
解説 1945年のワルシャワ反乱で生き残り、反ソ連派テロリストとなった青年の悲劇。4.28

6 TBSテレビ

5.55㊁ニュースの森 ▽きょうのニュース ▽スポーツ▽森田さんのお天気ですかァ？ほか 松原耕二 門脇利枝 福島弓子ほか 8375044
00 関口宏の東京フレンドパークII ボディ&ブレイン▽賞品ダーツほか ゲスト・西城秀樹 橋本さとし 54808
解説 ロックミュージカルで度々、共演している2人が夢のグランドスラムを目指し大奮闘
54 ニュース&ウエザー 八代有子 23518
00字S大岡越前「奥医師の娘・名家を狙う凶悪な影・容疑者は二人・忠相が打った巧妙な芝居は」加藤剛 左とん平 ▶P45 53179
解説 公儀の奥医師・宗仙が、船宿で見つかった毒殺死体の事件にかかわっている疑いが…
54 N 22889
00S月曜ドラマスペシャル 痛快！バツイチ・トリオ「女だけの便利屋事件簿2」上岡一美脚本 合月勇監督 萬田久子 斎藤陽子 中山麻理 安達哲朗 大林丈史 藤木悠 八木小織 内山理名 大土井裕二 田中健 赤木春恵ほか ▶P48 951155
解説 京子（萬田）の便利屋に仕事を依頼した女子高生・亜美が襲われ、意識不明に。病院に駆けつけた京子は患者の盛岡老人（藤木）からも依頼を受ける。ところが、亜美と盛岡が相次いで殺された…
10.54 筑紫哲也NEWS23 ▽トップニュースほか 佐古忠彦ほか 92545150
11.50Sすぽ CAN 池沢郁恵 工藤光一郎 882179
55Sワンダフル あの街の㊙情報を激撮で9連発 裏名店から口コミ美女まで全部見せます▽セクシー心理 1460624
メモ 松井香 ワンダフルガールズのメンバー 1976年10月8日岡山県生まれ。天秤座。趣味は食べ歩き、散歩ほか
0.50 日本決戦！世界バレー'98 4778629
0.55 ドキュメントD・D ▽現代日本の人間模様を徹底取材 7749087
1.25Sプロボクシング 日本ライト級タイトルマッチ「リック吉村×山口康晴」解説・白井義男 具志堅用高 実況・中村秀昭 4397209
2.25㊁CBSイブニングニュース 8731280
2.55BLITZ 4786648
3.00Sおしえて 7602261
3.05S地球的買物◇ラブリー6 4.08 4588445

平成10年

1998年

9月21日 月曜日

〝ヤンキー先生〟が先生になる前にすでにドラマになっていました

この年の9月6日に黒澤明監督が死去。約2ヵ月後の11月11日、あとを追うように映画評論家の淀川長治さんが亡くなりました。この日もテレビ東京深夜2時55分『淀川長治映画の部屋』で、ジェシカ・ラングの「従妹ベット」を紹介しています。ちなみに淀川さんは亡くなる前日まで『日曜洋画劇場』の解説を収録していました。最後の解説作品は11月15日に放送されたウォルター・ヒル監督の『ラストマン・スタンディング』。往年の黒沢作品「用心棒」のリメイクでした。

まずはテレビ朝日夜8時ドラマスペシャル『学校の挑戦』(ABC制作)。主演は桜井幸子。中途退学者や不登校の生徒を積極的に受け入れた、北海道の北星学園余市高校を舞台にしたスペシャルドラマです(ドラマでは「北新学園」となっていました)。ヤンキー先生と呼ばれ、のちに国会議員になった義家弘介(ひろゆきと読むそうです)さんの母校として一躍有名になった学校です。義家さんがこの学校を卒業後一念発起教師を目指し、教師としてこの母校に戻ってきたのは1999年。のちにドラマ化もされるHBC制作のドキュメンタリー『ヤンキー母校に帰る』が放送されたのが2003年ですから、〝ヤンキー先生〟がまだ先生になる前にすでにドラマになっていたんですね。正直おどろきました。

続いて日本テレビ夜7時は『名探偵コナンスペシャル』(読売テレビ制作)。タイトル通り大阪が舞台の回で、西の高校生探偵・服部平次が大活躍します。ちなみに名コンビの平次の幼なじみ、遠山和葉(声・宮村優子)はこの回が初登場でした。アニメスタートが開始から3年近くが経過し、すでに大人気を博し始めていたころ。最高視聴率はここからさらに半年後、1999年3月1日

1998年9月25日号
表紙・カミングセンチュリー
V6の森田剛、三宅健、岡田准一の年少組3人のユニット。〝カミセン〟の愛称で人気を集め、音楽、バラエティーなどでグループ活動をしていた。

の24・3％でした。

改編期ということで、最終回マークも目立ちます。フジテレビ月9『ボーイハント』もこの日が最終回。観月ありさと瀬戸朝香の友情ドラマ。観月ありさ的には『ナースのお仕事』が好調を維持する中での久々の月9ということで期待されてました。華原朋美のドラマ初出演なんていう話題もあったんですが、視聴率的には厳しかったですね。初回は20％取ったんだけど、だんだん落ちてきて、最終回は同クールトップだった『GTO』の3分の1くらいでした（まあ『GTO』が良すぎたってのもあるんですが）。さてその朋ちゃん、このころ特にリリースはなかったんですが、8時の『HEY！HEY！HEY！』にも出演しています。CDセールス的には一段落付いていた時期で、レコード会社も移籍。このころもっとも目立っていた活動は「桃の天然水」のCM出演でした（ヒューヒューってやつね）。

日本テレビ夜9時は『芸能界の厳しさ教えまスペシャル』。読売テレビ制作の期末期首特番としてずいぶん長い間放送されていたので覚えている方も多いと思います。これも元々は『EXテレビ』発のゲームを組み合わせたもので、「ここまで出てるのに」とか、「1人しか答えませんでした」とか、「抱かれたいのはどっち」とか、さまざまな番組に派生していく企画がここから出ています。良くも悪くも島田紳助司会番組特有のアクの強さがポイントでした。

もうひとつ、テレビ東京夜9時はみのもんた司会の『愛の貧乏脱出大作戦』。この年の4月にスタート、フジの月9を向こうに回して大健闘し、4年半続いた人気番組です。不人気にあえぐ飲食店に、人気シェフを派遣して店を再生させようという番組で、ダメ店主に対する達人たちの修業シーンがハイライトでした。このころ流行した日本的ドキュメントバラエティーの成功例の一つといっていいでしょう。この番組の特徴は再生した店をカメラが再度訪れるところで、この日はその抜き打ちチェックの2回目。ほとんどの店がダメになっていて、みのもんたが怒るのが定番でした。

8 フジテレビ

5.55 [N]スーパーニュース ▽[N]▽スポーツ▽夕暮れ探検隊…荒川線沿線商店街▽お得情報▽ポップ[天]ほか 宮川俊二 八木亜希子 福原直英

00[字][S]ドクタースランプ「究極の愛と正義…アラレ大ピンチ！」[声]屋良有作 川田妙子 ▶P60 9247

30[字][S][新]どっきりドクター「美人看護婦でドッキリ!!」[声]山寺宏一ほか ▶P61 44889 [解説]開発中のやせ薬を飲んだ雪乃丞が巨大化

00[字][S]剣客商売「井関道場四天王」藤田まこと 渡部篤郎 大路恵美 小林綾子 梨本謙次郎 鷲生功ほか（②／10回連続）▶P42 25808 [解説]井関道場の四天王の一人が殺された。背後に三冬もからむ道場の後継者争いがあった

54 [N]◇[天] 94518

00[S]タブロイド 常盤貴子 佐藤浩市 ともさかりえ 真田広之（②／10回連続）▶P40 15421 [解説]くるみと咲は中学で起きたイジメ殺人を追う。咲は独自の取材で新たな事実をつかむ

54 くいしん坊！万才 ▽おぼろ汁 86599

00[S]板橋マダムス 桜井淳子 高樹沙耶 辺見えみり 涼風真世 寺脇康文（②／10回連続）▶P40 14792 [解説]ディズニーランドの親子招待券を目指してマダムスは「いいこと奨励週間」に熱中！

54[S]ミニガイド・街の灯り ミュンヘン 78570

00 笑う犬の生活・YARANEVA!! 内村光良ほか 774995

20 ニュースJAPAN [N]▽特集▽プロ野球[N]・日本シリーズ情報ほか 安藤優子ほか 4133792

0.30[S]テクノ 4019377

0.40 ShimuraX天国 消えた50万円▽トーク・永作博美 3904716

1.10[S]ラドルヤ 8456700

1.20 オン＆オフ・LUCi's Style 東京恋人ほか 4847754

1.50[S]セリエAダイジェスト・世界最強サッカーリーグ 8780280

2.20 FNSドキュメンタリー大賞「〝告知〟の向こうに・がん治療の現場から」 3485984 [解説]患者に大きな衝撃を与える〝告知〟の問題に取り組む医師たちを追い、より良い〝告知〟について考える。

3.15[二]新スター・トレック「亡霊反逆者」[声]麦人ほか 3578648

4.10[S][天] 4.15 1007754

10 テレビ朝日

5.00[S][N]スーパーJチャン ▽きょうのニュース ▽節約の達人▽ザ・激戦区▽あすの天気ほか（日本シリーズ放送の場合あり）

00★目撃！ドキュン 前夫の子供を妊娠した私！▽父を求めて孤独な旅路！21年ぶり再会（日本シリーズ放送の場合あり） 1957 [解説]22歳の新妻は夫の稼ぎのほとんどをディズニーグッズ購入に費やしている。怒り心頭の夫が今立ち上がる。

00★[S]8時だJ 秋山純挑戦企画!!DJになってみよう▽ポケバイ対決（日本シリーズ放送の場合あり） 16150 [解説]ポケットバイクの特訓に滝沢秀明、浜田一男、長谷川純らが挑戦。レースに出場も!?

54[S]NO◇[S]都のかほり ▽古都案内 85860

00[字][S]はみだし刑事情熱系「愛と復讐の逃亡者！生れくる命のために」柴田恭兵 風間トオル 樹木希林 風吹ジュン ▶P40 13063 [解説]覚せい剤使用容疑で本庁に追われる兵吾は、連絡もせず暴走!?

54[S]世界の車窓から「カナダ編」㊺ 77841

00[S]ニュースステーション ▽きょうのニュース ▽きょうのスポーツ・プロ野球日本シリーズ結果詳報、サッカーJリーグ結果詳報ほか▽[天] キャスター・久米宏 渡辺真理 白木清か 菅沼栄一郎 スポーツキャスター・角沢照治 天気キャスター・乾貴美子 768421

11.20[S]あしたま 7027518

25[S]パパパパPUFFY ▽久本雅美が卓球の鬼に!?▽バイク便ライダーに挑戦！ 567860

55 トゥナイト 司会・石川次郎 下平さやか 4012131

0.50[S]ラスチャン 上島竜兵（予定） 6872209

1.00[S]カーグラTV「パリサロン100周年」田辺憲一ほか 7104087

1.30 CNNヘッドライン 羽根知子 4009990

1.40[S]真夜中人魚 司会・風見しんご 2348174

2.20[二]映画「追想」（1956年アメリカ）イングリッド・バーグマン ユル・ブリナー ヘレン・ヘイズほか ▶P49 59973377 [解説]ロマノフ王朝の生き残り、アナスタシア王女をめぐる謎と陰謀を、王女に仕立てられた記憶喪失の女性の運命を通して描く。

4.09[S]歴史4.15 8536990

12 テレビ東京

00[S]かいけつ蒸気探偵団「機械男爵の異常な愛情!?」 5044

30[S]ビーストウォーズII「メガストームの裏切り」 30686

00[S]いい旅・夢気分「青森最北の紅葉スケッチ・下北半島の旅」かっぱの湯▽太鼓橋と三途の川▽願掛岩 11605 [解説]旅人は森川正太と杉田かおる。イカスミラーメンやホタテ料理を賞味し、地獄巡りやヒバの木彫りを体験。

54[S]夢空間 80315

00[字][S]食卓から愛をこめて 賀来千香子 内藤剛志 佐久間良子 谷啓 羽野晶紀 及川麻衣 北原雅樹（②／10回連続）▶P40 10976 [解説]遥香が家出した雄平探しで奔走する間、純に呼び出された周一は、意外な話を聞く。

54 [N]ブレイク 89686

00 クイズ赤恥青恥 今夜判明！招かれざる客の正体▽神様が神無月に行くところは？▽アバンギャルドを日本語で言うと？ほか 17889 [解説]渋谷のコギャル、トンカツ店主人、酪農一家らが問題に挑戦。ゲストは梅宮辰夫ほか

54[S]商品◇[天] 69745

00[字][S]ドキュメンタリー人間劇場「ママ、アメリカにはいつくの？」▽保奈美ちゃんの心臓移植手術 13060 [解説]娘の心臓移植手術のため渡米を試みた山木田一家。手術を決意してから退院までの一家の心の揺れを追う。

54 お天気工房 19286

00 ワールドビジネスサテライト 経済政治[N]ほか 小谷真生子 46315

45 スポーツ10 178686

55[S]Gパラダイス・爆裂遊戯団 東京タワー周辺の銭湯を探そう▽パイレーツ乱入 7176334 [解説]テイク2とはしのえみは銭湯を探しに東京・港区を徒歩で散策

0.35[S]アット！ サウンドトラックから生まれたヒット曲② 4016280

0.45[S]ゲームWave「ゲーム会社に就職したい男性」 3918919

1.15[S]バブルガムクライシス キープ・ミー・ハンギン・オン 4820087

1.45[S]EAT－MAN'98「ボディーガード」[声]江原正士 8690613

2.15[S]遊惑星 8348700

2.25 買物タウン 7763209

2.55[S]クリエイターズエレメンツ 4682716

3.25[S]比叡の光 9536700

3.40[S]ブレイク 9174087

3.45 テレ・コンワールド（4.40） 2027957

よる 6 7 8 9 10 11 深夜 0 1 2 3 4

1998年 10月21日 水曜日

① NHK総合

00　首都圏ネットワーク　▽[N]▽各局リレー▽東京情報▽きょうの特集　桜井洋子ほか　905957
　【山梨】まるまる山梨
53　[天]◇案内　62621179

00㊁NHKニュース7　▽きょうのニュース　▽スポーツコーナー　▽内外の話題　▽為替・株情報　▽気象情報ほか　キャスター・森田美由紀　竹林宏　1547
57　テレマップ　95968976

00★[字]Ⓢためしてガッテン「目からウロコのオーブン活用術」　山口果林　堀内孝雄　山瀬まみほか　21570
[解説]〝焼く〟だけじゃないオーブンの活用法を紹介。毎日の食卓でも気軽に使えるようになること間違いなし!!
45　各地の[N][天]　81063

00㊁NHKニュース9　▽今日の[N]▽国際情報　キャスター・川端義明　841
30　クローズアップ現代「政治・経済・文化・スポーツ・風俗など、今、話題の事象を深く鋭くえぐりだす」　キャスター・国谷裕子　71088

00[字]Ⓢ必要のない人「かほるの恋」森光子　風間杜夫　高橋恵子　南野陽子（③／12回連続）▶P40　81976
[解説]小粋にピアノを弾くジョーカーの姿にかほるは、さらに思いを募らせる。一方、彰は仕事を辞めたいと告白
45Ⓢ試験◇[N][天]　72315

00　ニュース11　8812150
35　あすを読む　2439222
45　時の記録・NHKスペシャル選「革命に消えた名画・追跡・ムソルグスキー・〝展覧会の絵〟」モチーフとなった10枚の絵▽芸術家たちの交流ほか　5151624
[解説]革命前夜の動乱のロシアで生まれた名曲〝展覧会の絵〟には、モチーフとなった10枚の絵があった。クーデター直後のロシアで、いまだ半数は埋もれているという絵を調査。名曲の陰にある芸術家たちの心の交流を描く（'91年12月1日放送）
0.50秘宝◇[N][天]　6829629
1.00Ⓢ田崎真也とみつける自己流ワインの楽しみ[再]　柔らかでコクのある・メルロー▽30豊かな果実味・シャルドネ▽2.00濃縮感のある味　シラー▽30エレガントな味・カベルネ・ソーヴィニョン　44773735
3.00映像　5.00　44779919

③ NHK教育

00Ⓢ天才てれびくん　アリスSOSほか　943150
25㊁愉快なシーバー家「マイクの独立戦争」[前]　A・シック　6206773
50　地球ロマン「何でもビジュアル図鑑②　山のすべて」山に生きる人や動物ほか　5029711
7.15　縄文　1615711
20　ミニ英会話　4042957
25Ⓢ名曲　214599
30　すこやかシルバー介護「福祉のまちづくり③自助具と住宅改修で自立支援・滋賀・八日市市」　61044

00Ⓢ趣味悠々・これであなたもマイスター・手作りパン工房「あこがれのフランスパン」　島津睦子ほか　112
30[多]きょうの健康「手足や頭のふるえ」生理的なふるえと病的なふるえ▽異なる治療法ほか　作田学　114421
45[手]手話[N]8.45　89605

00Ⓢきょうの料理[再]「一人前の元気レシピ・一つ鍋クッキング」　大原照子　931315
25Ⓢおしゃれ工房「エンジョイ！自転車ライフ①　家族でLet's　go！」乗る前にこれをチェック！ほか　中村博司　6201228
50　視点・論点　259150

00　ETV特集「ドキュメント・講演・逆境のあなたへ③夫婦円満のコツ教えます・弁護士・渥美雅子」　89518
[解説]〝徹底したプラス思考〟が渥美さんの人生哲学。転機を迎える熟年夫婦にエールを。

45[多]NHK人間大学・建築探偵・近代日本の洋館をさぐる「タバコ王・赤煉瓦の館」行商人から製造業への転身▽日本のタバコの近代化ほか　藤森照信　2672686
11.15　教養セミナー・古典への招待「歴史と文学・中国編①管鮑之交」▽力や利が大きな価値を持つ下克上の世界　吉崎一衛　501995
11.45　英会話・ウィリアムにご用心！[再]「商談成立！」　杉本豊久ほか　1478624
0.05　中国語会話「電話番号は何番？」　榎本英雄ほか　6191358
（0.37終了）

④ 日本テレビ

5.30　ニュースプラス1　▽全国ニュース▽プラス1特集▽プラス1スポーツ▽あすの天気ほか　真山勇一　木村優子　蛯原哲　木原実ほか

00★1億人の大質問!?笑ってコラえて！　明治生まれのエラい人▽埼玉県の幼稚園▽京都府・伊根町へほか　479605
[解説]目隠しした園児たちが「お母さん当てクイズ」を。みんな前に並んだ人の中から自分の母親を探そうと必死
58Ⓢ速報！歌の大辞テン!!　▽現在と昭和55年のヒットランキングベスト10▽懐かしのVTRほか　及川光博　渡辺満里奈　渡辺正行ほか　44513247
[解説]昭和55年（'80年）のベスト10には長渕剛の「順子」や、山口百恵の「さよならの向う側」などがランクイン
8.54　[N][天]　16228

00Ⓢとんねるずの生でダラダラいかせて!!　貴明が北海道で真剣サケ釣り対決！　河相我聞　吉野公佳ほか　37131
[解説]みんなが現地に到着すると、有名俳優Nの姿が。また意外な人が75チセンの大物を釣る。
54ⓈPARTYしようよ　松本玲子　31537

00Ⓢ世紀末の詩　竹野内豊　坂井真紀　遠山景織子　木村佳乃　吉川ひなの　山崎努ほか（②／11回連続）▶P12．57　36402
[解説]亘は盲目の美女・鏡子と知り合う。鏡子は風さいの上がらない中年男と同棲していた
54　[N]きょうの出来事　▽今日の[N]▽特集▽[天]　井田由美ほか　77605421
11.25ⓈZZZ　▽SPORTS　MAX．中畑清のスポーツ▽45ろみひー「街に溢れるちいさな犯罪」ほか　田代まさし　川合俊一▽0.15i・z酒井美紀▽20マチャミ「メーク専門学校でいただき大変身！」　7288402
0.50Ⓢピンクパパラッチ「マリスミゼルが素顔で登場!!」　1821280
1.20Ⓢ日刊！ひっとSES　1637803
1.30は〜い朝刊　8940754
1.40Ⓢ新譜堂　1440261
1.45Ⓢポケットミュージック「IZAMが登場」DA　PUMPほか　▶P116　1818716
2.15Ⓢ映画「オズ」（1985年米）ウォルター・マーチ監督　ニコル・ウィリアムソンほか　字幕　▶P49　65999803
[解説]ドロシーは悪の王に支配されたオズを救うため活躍する。4.23

よる 6 / 7 / 8 / 9 / 10 / 11 / 深夜 0 ▼ 1 ▼ 2 ▼ 3 ▼ 4

⑥ TBSテレビ

00Ⓢプロ野球日本シリーズ　[西武]×[横浜]　〜西武ドーム　実況・石川顕（試合終了まで放送、以降の番組繰り下げ）　53492957
[メモ]西武の戦力分析・打撃編　チームで唯一打率3割を超えている松井の出来が勝負のカギとなりそう。一時スランプに陥ったマルティネスのバッティングも楽しみ。大塚、田辺金村らベテラン代打陣の活躍にも注目したい
【中止のとき】
5.00Ⓢ青い鳥[再]　豊川悦司　夏川結衣ほか
5.55㊁ニュースの森　松原耕二　門脇利枝ほか
7.00特捜！芸能ポリスくん　司会・島田紳助
8.00しあわせ家族計画　司会・古舘伊知郎　和田アキ子
8.54　[N]　73470

00★[新]ウンナンのホントの⬇トコロ　携帯電話の圏外はどうすれば解消する？▽泥棒対策法ほか　原千晶ほか　35773
[解説]「世論のシッポ」では東野幸治が街頭に出て、気になった情報の真偽を確かめる。
54　[新]世界の海岸「北仏編⬇エトルタ」　39179

00★[新]ここがヘンだよ日本⬇人「日本の常識!?世界の非常識!?を解明！」▽日本人への怒りがついに爆発ほか　34044
[解説]トークバトル・日本VS世界連合では、外国人の疑問と怒りをビートたけしが鋭く斬る
54　筑紫哲也ニュース23⬇草野満代ほか　59649421
11.50Ⓢラフィーネ「自分流⬇の生き方」　867860
55Ⓢワンダフル　話題爆発⬇テンダフル…ちまたで話題の流行ものをどこよりも早く番組でランキング紹介　5606044
0.50世界バレー　2634071
0.55　まぶだち3「女子高⬇園を作ろう！」渋谷でゲットした50人の現役女子高生がよみうりランドに集結▽テーマに見合った女子高生を探せ▽超大物アーティストが登場!!　6955990
1.25　くえない奴「DA⬇PUMP VSボクシング部員」なわとび対決ほか　畑山隆則ほか　6605735
1.55㊁弁護士ロージー・オ⬇ニール「コンコン！誰ですか？」　8032613
[解説]10歳の少女が絞殺され、知的障害者のシンガーに容疑がかかる
2.55㊁CBS[N]　6951174
3.25BLITZ　3432754
3.30Ⓢおしえて　3411261
3.35Ⓢ地球的買物◇ラブリ⬇ー6　3.58　9031385

平成10年

1998年

10月21日 水曜日

注目ドラマ・バラエティーが目白押し 西武ドームの日本シリーズは雨天中止

京都に本社を置く任天堂が携帯型ゲーム機・ゲームボーイカラーを発売した日。同じく、京都出身のロックバンド・くるりがシングル『東京』でメジャーデビューした日。そんなこの日の番組表は、注目のドラマやバラエティーが目白押しです。

まず、ドラマで注目したいのがフジテレビ夜9時の『タブロイド』。DVD化されていない傑作ドラマとして必ず名前が挙がる一作。全国紙から夕刊タブロイド紙に異動させられた女性新聞記者・咲(常盤貴子)と同僚たちとの日々の奮闘を一話完結で追いながら、次第に殺人犯・真鍋(真田広之)の冤罪疑惑に焦点が絞られていきます。真犯人は誰か? というサスペンスに、咲と真鍋の恋愛も絡んで、最終回まで全く目が離せない展開。タフな編集局長・桐野を演じた佐藤浩市とミステリアスな真田の2人がほんとにカッコいいんですが、なんといっても終盤の常盤ちゃんの女性としての強さ、脆さ、切なさの表現は絶品でした。主題歌はGLAYの『Be With You』。脚本家・井上由美子の代表作の一つと言っていいでしょう。

日本テレビ夜10時『世紀末の詩』は、野島伸司脚本、竹野内豊主演。それぞれのイメージを覆す意欲的な内容が注目を集めました。視聴率的には大成功とはいきませんでしたが、一部に支持されている異色作です。主題歌としてジョン・レノンの『LOVE』が使用され、それもあってかこちらもDVD化はされていません。裏のフジテレビ10時『板橋マダムス』は、この年の4月に放送された『ショムニ』で名を上げた櫻井淳子主演の幼稚園ママコメディー。主題歌は福山雅治『Peach!!』。こちらも未DVD化。同じく夜10時NHK総合『必要のない人』は、内館牧子脚本、森光子主演の銀座が舞台のホームコメディーですが、今となっては

1998年10月23日号
表紙・内田有紀、藤原紀香
大石静が脚本を手がけたコミカルなホームドラマ『あきまへんで!』(TBS)に長女と次女役として共演した。主演は中村玉緒が務めた。

嵐の松本潤が出演していたことが最大のポイントでしょう。こちらはDVD化されています。

この秋スタートの新バラエティーも印象的なものがそろっています。フジテレビ夜11時『笑う犬の生活・YARANEVA!!』はこの日が第2回。ウッチャンこと内村光良とネプチューン、元オセロの中島知子に遠山景織子がレギュラーの正統派コント番組で、以後タイトルや時間枠を変えて長く続くシリーズとなります。次の番組『ニュースJAPAN』の安藤優子キャスターのものまねがおかしかった。TBS夜9時はこの日スタートの『ウンナンのホントのトコロ』。のちに『未来日記』のコーナーで大ブレイクします。ウッチャン、ダブルヘッダーだ。そしてTBS夜10時がビートたけしの『ここがヘンだよ日本人』。さまざまなトラブルを抱えながらも、ここから3年半続く人気番組となります。多国籍多人数討論という形式的な点でも、シリアスなテーマをカジュアルに扱うという切り口的な点でも、外国人タレントを多数輩出したという点でも、その後のテレビにさまざまな影響を与えた番組でした。

TBS夕方6時に『プロ野球日本シリーズ　西武×横浜～西武ドーム』が組まれていますが、結果的にこの日は雨で日本シリーズは行われていません。このシリーズ2度目の雨天順延でした。話は複雑になりますが、まず17日土曜日の横浜スタジアムでの初戦が雨で延期、この時点でこの日の試合は第3戦となり、中継権はテレビ朝日に移ります（〝日本シリーズ放送の場合あり〟の断り書きがありますね）。で、舞台を西武ドームに移しての第3戦ですが、この日も雨。西武ドームは97年のシーズンオフに観客席の上に屋根をつけて、名前を〝西武ドーム〟と改称しましたが、グラウンド部分にはまだ屋根がなくドームを名乗っていながら雨だと試合ができなかったのです。この年は雨が多く、西武ドームでの雨天中止がとても多かったそうです。皮肉ですね（この年のシーズンオフに無事グラウンド部分にも屋根がつきました）。ですので、結果TBSでもテレビ朝日でも野球は放送されていません。シリーズは横浜ベイスターズが4勝2敗で勝利、38年ぶり2度目の日本一となりました。

⑧ フジテレビ

5.55 Ⓝスーパーニュース Ⓝ▽スポーツ▽夕暮れ探検隊…食こそ命！いよいよ鍋の季節！▽天 宮川俊二 八木亜希子 福原直英 松尾紀子ほか

00Ⓢ'98ＦＮＳ歌謡祭 ▽全25組の人気アーティストが超豪華に競演 ＳＭＡＰ globe ＪＵＤＹ ＡＮＤ ＭＡＲＹ ＳＰＥＥＤ ＫｉｎＫｉ Ｋｉｄｓ ラルクアンシエル ＴＭレボリューション ＧＬＡＹ 野猿 エブリリトルシング 観月ありさ 華原朋美 ＴＵＢＥ ＭＡＸ 篠原ともえ 工藤静香 モーニング娘。 知念里奈 ＴＯＫＩＯ ＰＵＦＦＹ キロロ 鈴木あみ 香西かおり ＬＵＮＡ ＳＥＡ 川中美幸 司会・神田正輝 枝里子ほか 4192295 曲目ＢＥ ＷＩＴＨ ＹＯＵ▽Ｔｉｍｅ ｇｏｅｓ ｂｙ▽長い間 ▽夜空ノムコウ▽ＡＬＬ ＭＹ ＴＲＵＥ ＬＯＶＥ▽Ｂｕｒｎｉｎ'Ｘｍａｓ▽散歩道 ▽ｓｎｏｗ ｄｒｏｐ ▽Ｉ ｆｏｒ Ｙｏｕ ▽抱いてＨＯＬＤ ＯＮ ＭＥほか（予定）

9.54 Ⓝ◇天 64135

00Ⓢ眠れる森 中山美穂 木村拓哉 仲村トオル 陣内孝則 （⑨／12回連続） ▶Ｐ11．61 92336 解説15年前の事件を担当した元刑事の話を聞くうち直季は国府犯人説に疑問を抱き始める

54Ⓢふたりでハイウエイ 63405

00Ⓢ恋愛の科学「なぜ人は食事に誘うのか？」 袴田吉彦ほか 4923191

20 ニュースＪＡＰＡＮ ▽最新の注目Ⓝ▽ＦＮＮ特集▽プロ野球Ⓝほか 安藤優子ほか 1195203

0.30Ⓢテクノ 4901079

0.40Ⓢ足立区のたけし、世界の北野「男心と女心は違うのか？を検証する」ほか 5797636

1.10Ⓢアニメ・ラ・ドルチェ 印南俊貴ほか 8112520

1.20Ⓢ格闘ＳＲＳ「Ｋ－１ ＧＰ'98決勝特集」⑧ 田代まさし 1825946

1.50Ⓢプロモマニア ゲスト・ホフディラン ▶Ｐ１36 9265487

2.20 映画「コールド・ブラッド 殺しの紋章」（1991年アメリカ） ウィリアム・ライリー監督 ジョン・タトゥーロほか（字幕）▶Ｐ53 解説ギャング組織が縄張りを争うＮＹの暗黒街で、トップに上り詰めていく青年の運命。 ◇Ⓢ天 （終了未定）

⑩ テレビ朝日

5.00ⓈⓃスーパーＪチャンネル ▽きょうのニュース ▽身近な危険▽我が家のニュース▽天ほか キャスター・小宮悦子 坪井直樹 和田俊ほか

00☆ＰＡＫＵ² グルメんぼ ▽仲本工事と山田まりやが高木ブーの好きな町・山形へ▽米沢牛＆ハワイアンにうっとり ▽ソバ打ち 1113 解説高木ブーを喜ばせようと企画した山形旅行。絶品米沢牛に喜びを隠し切れない高木はウクレレを弾き始め…

00Ⓢ新選組血風録 「近藤勇を狙った女」 渡哲也 村上弘明 中村俊介 酒井美紀 田中美奈子 峰岸徹ほか ▶Ｐ46 94796 解説新選組の参謀・伊東に、薩摩藩と通じている疑いが出てくる。

54ⓈＮＯ◇Ⓢ都のかほり ▽古都案内 70796

00Ⓢ外科医・夏目三四郎 「母を切れますか」 内藤剛志 山田邦子 井上晴美 山本未来ほか （⑦／８回連続） ▶Ｐ45 91609 解説母親代わりの菊に悪性の胃がんが見つかり、三四郎は動揺…。

54Ⓢ世界の車窓「南アフリカ編」㉕ 62777

00Ⓢニュースステーション ▽きょうのニュース ▽きょうのスポーツ ▽きょうの特集 ▽きょうのＣＮＮ ▽あすの天気ほか キャスター・久米宏 渡辺真理 白木清かほか 菅沼栄一郎 スポーツキャスター・角沢照治 天気キャスター・河合薫 166067

11.20Ⓢあしたま 9085574

25 ぶらちなロンドンブーツ ロンブーVS極楽!! オリジナルアイスホッケー対決ほか 965406

55 トゥナイト２ 司会・石川次郎 下平さやか 3748932

0.50Ⓢラスチャン ゲスト・工藤静香 2150029

1.00ⓈＴｅａｒｓ「隣人」 中嶋朋子 中原早苗 宮川一朗太 2361278

1.30 ＣＮＮヘッドライン 都山逢 1656902

1.40Ⓢ真夜中人魚 司会・風見しんご 磯野貴理子 7182181

2.20 ボスキャラ王 声優オーディション経過報告▽お料理神経衰弱ほか 爆笑問題ほか 6591181

2.50 Ｅ！ 大特集！〝Ｘ－ファイル〟のすべて 司会・セイン・カミュ 吉元潤子 9180742

3.20 純情学園男組「大阪市内を川からみよう」 今田耕司ほか 6590452

3.50Ⓢ歴史3.56 2075384

⑫ テレビ東京

よる

00Ⓢ時空探偵ゲンシクン 「ラブラブラプソディー」 3319

30 64マリオ 最新ポケモンゲーム情報▽渡辺徹VSグレチキ 49715

00字Ⓢポケットモンスター ▽ガラガラのほねこんぼう▶Ｐ65 5390 解説サトシが手持ちバッジを賭けて勝負を!?

30 ＴＶチャンピオン「もうすぐＸマス！ペーパークラフト王選手権」 不況に打ち勝て！アイデア満載の開運能手▽クリスマスをテーマに高原で感動作品を創作 ▶Ｐ１39 432690 解説決勝Ｒはクリスマスの風景をペーパークラフトで表現。ツリーの飾り付けを楽しむ森の動物たちや、スカイダイビングをする40人のサンタなど、夢いっぱいの風景が完成する

8.54Ⓝブレイク 67222

00 今夜のみどころ 解説 木村奈保子 888609

02 木曜洋画劇場特別企画 「男はつらいよ」 （1969年松竹） 山田洋次監督 渥美清 倍賞千恵子 光本幸子 前田吟 森川信 三崎千恵子 志村喬 太宰久雄 佐藤蛾次郎 笠智衆ほか ▶Ｐ53．63 74655852 解説露天商として全国を渡り歩いていた寅次郎は妹・さくらが柴又のおいちゃんに世話になっていると聞き故郷へ。が、さくらの縁談をぶち壊してしまい、いたたまれずにまた家出。奈良へ向かうが…

10.54Ⓢ五輪 58574

00 ⓃＷＢＳ 17661

45 スポーツ10 569932

55 今夜も千両箱 番組史上最強個性派タッグに名人タジタジ▽吉本流㊙必勝法!? 6423241 解説ゲストは山田花子と島田珠代。〝加トちゃんファミリー〟で自腹１万円パチンコ勝負

0.35Ⓢ東京デイズ＠「写真・造形家」 7151592

0.45 えびたい ▽ビーランドによるダンスレッスン・応用編 小倉久寛ほか 5701839

1.15ⓈＳＨＡＤＯＷ ＳＫＩＬＬ 「覚悟を決めろ」声林原めぐみ 松岡章夫ほか 8770079

1.45Ⓢ遊惑星 2054891

1.55 映画「沈黙の裁き」 Ｇ・ホブリット監督 ホリー・ハンターほか 字幕▶Ｐ53 22775452 解説テキサス州を舞台に、妊娠中絶の是非をめぐって女性弁護士が起こした裁判を描く。

3.40Ⓢブレイク 7495920

3.45買い物4.40 6832013

6 7 8 9 10 11 深夜 0 ▼ 1 ▼ 2 ▼ 3 ▼ 4

1998年12月3日木曜日

① NHK総合

00 首都圏ネットワーク ▽[N]▽各局リレー▽東京情報▽きょうの特集 桜井洋子ほか 303593
【山梨】まるまる山梨
53 [天]◇案内 46278116

00[二]NHKニュース7 ▽きょうのニュース ▽スポーツコーナー ▽内外の話題 ▽為替・株情報 ▽気象情報ほか キャスター・森田美由紀 竹林宏 9203
57 テレマップ 73736002

00[字][S]コメディーお江戸でござる「玄翁（げんのう）は身を助ける」 伊東四朗 由紀さおり 伍代夏子ほか 53636
[解説]大工の徳兵衛は死に別れた妻に似た二つの女・お由紀に会い…
【山梨】8.00山梨スペシャル・富士◇49[N][天]
45 各地の[N][天] 69609

00[二]NHKニュース9 きょうの[N]▽国際情報 キャスター・川端義明 45
30 クローズアップ現代「政治・経済・文化・スポーツ・風俗など、今、話題の事象を深く鋭くえぐりだす」 キャスター・国谷裕子 17628

00★[字][S]課外授業・ようこそ先輩「音で遊ぼう！・打楽器奏者・吉原すみれ」仮題 52222
[解説]〝打てるモノ〟なら何でも演奏する吉原さん。子供達にも〝心地よい音〟を出すモノを探すことを宿題に…
45[S]NHKガイド週刊たまご◇55[N][天] 43661

00 ニュース11 5697999
35 あすを読む 8608154
45[S]青春探検「僕とオジイと南の島・沖縄・鳩間島・漁師18歳」15歳で一家の主になった！ ▶P139 1213048
[解説]沖縄・鳩間島の里親制度を利用した本間智俊さん。両親の死を経て、今は一家の主として祖父とともに暮らす。決して島を離れないという彼の決意を。

0.05[字][二]アリー・myラブ「婚約」C・フロックハートほか [声]若村麻由美ほか ▶P46 7786365
[解説]アリーは高級売春婦のサンドラを弁護することに。が、彼女の考え方に納得できない
0.50生命◇[N][天] 4290549
1.00[S]地球に好奇心「巨大恐竜の化石をさがせ・化石ハンター・スーの冒険」ティラノサウルスほか 9653907
2.30湖畔美術館 3906758
2.55週刊たまご 2278520
3.05映像 5.00 67611094

③ NHK教育

00[S]天才てれびくん アリスSOSほか 341796
25[二]ロビンソン一家漂流記「人質」リチャード・トーマスほか 3093970
50[多]中学生日記[再]「私が男の子になったら」いとうまい子ほか 4652609
7.20 ミニ英会話・とっさのひとこと 9662116
25[S]名曲 605845
30 共に生きる明日「自由へのゴール・〝在日〟元Jリーガーの挑戦」▽選手として終わりたい気持ち▽迷える在日挑戦蹴球団 48574

00[S]趣味悠々・いろはに学ぶ書の心・かなの美「俳句を書く」 講師・桑田三舟 司会・三田寛子 16
30[多]きょうの健康「子どもの髄膜炎」▽化のう性髄膜炎とは▽検査と治療方法ほか 大沢真木子 240864
45[手]手話[N]8.45 50951

00[S]きょうの料理[再]「スピードおやつ・リンゴのタルト・カントリー風」 322661
25[S]おしゃれ工房「アイデア一杯！手作り年賀状④ 切り絵」▽モダンな雰囲気を楽しむ▽紙の選び方ほか 日達れんげ 3098425
50 視点・論点 657796

00 ETV特集「シャンソンの女神にささげた詩・脚本家カリエール・グレコとの出会い」（仮題） 50864
[解説]カリエールの追い求める〝人間と他者との境界線〟をグレコが感情豊かに歌い上げる…
45[多]人間大学・百花繚乱・女たちの中国史「潘金蓮・悪女の系譜」▽語り物の世界で描かれるさまざまな悪女ほか 井波律子 1359715

11.15 教育セミナー・おとことおんなの生活学「衣生活と環境問題」▽繊維資源とリサイクル▽洗剤の種類と特徴▽洗濯と環境問題ほか 仲田郁子 976203
11.45 英語ビジネスワールド「適度の厳しさこそ肝心」 1204390
0.05 アンニョンハシムニカ・ハングル講座「復習」③ 兼若逸之ほか 3192365
（0.37終了）

④ 日本テレビ

5.30 ニュースプラス1 ▽全国ニュース▽プラス1特集▽プラス1スポーツ▽あすの天気ほか 真山勇一 木村優子 蛯原哲 木原実ほか

00★嗚呼！バラ色の珍生!! ▽45年前に家族を捨て突然駆け落ちした父は今…51歳男性の願いはかなうか!? 19593
[解説]前回「公開捜査」に登場した父親を捜す男性が登場。ある看護婦からの父親に関する有力な情報が入り…。
54 マジカル頭脳パワー!! ▽新クイズ〝迷ってまっぷたつ〟が登場!!▽萩原流行が爆笑アクション披露ほか 長野博 藤谷美和子 34980131
[解説]「可能不可能」で萩原流行が「10キロの米袋を高い台に投げてのせる」に挑戦。やる気まんまんの萩原だが…
8.54 [N][天] 94864

00 どっちの料理ショー「イクラ丼VSウニ丼」▽北海道産生イクラ▽高級エゾバフンウニほか 川島なお美 15777
[解説]川島は「究極のイクラは以前、三宅さんにごちそうになった」と1回目ウニ丼を選ぶ
54[S]酔夢紀行 アブドゥル&アリスン 86845

00★ダウンタウンDX ▽歌舞伎界のプリンス・市川染五郎が初登場 柴田理恵 菅野美穂 中尾彬ほか 14048
[解説]中尾の「アダルトビデオはどれも同じ」発言に、TIMのレッドが猛反発。スタジオが一気に盛り上がる。
54 [N]きょうの出来事 ▽今日の[N]▽特集▽[天] 井田由美ほか 26484574

11.25[S]ZZZ ▽SPORTS MAX. 掛布雅之ほか ▽45キスだけじゃイヤ「恋愛の達人・紳助VSユニークカップル！」▽0.15iz 7033048
0.20 U・S改 キャンプに似合う車[秘]▽荻原次晴の台湾自転車旅行ほか 長野博ほか 9657568
0.50 いろもん2「藤井隆が吉本に入ったワケとは!?」ほか 5665568
1.20[S]日刊！ひっとソフィア 8025758
1.30はーい朝刊 2076452
1.40[S]新譜堂 1738723
1.45倶楽部T「スティーラーズのJ・ベティス」ランに注目 5645704
2.15[二]エイリアン・ウオーズ「恐怖のメロディ」[声]大塚芳忠 7301013
3.10 山田花子主演ドラマ「ナニワ借金道・新喜劇番外編」今井雅之 新山千春ほか 7980487
4.35通販 4.50 4068094

⑥ TBSテレビ

5.55[二]ニュースの森 ▽きょうのニュース▽スポーツ▽森田さんのお天気ですかァ？ほか 松原耕二 門脇利枝 福島弓子ほか 7784777

00★学校へ行こう！ ▽ハードボイルド教師・GO森田のフリースロー対決▽恋の個人授業ほか 予定 17135
[解説]GO森田と三宅健の2人はカラオケボックスへ行き、悪そうな男子高校生をGET!!
54 ニュース&ウエザー 藤井千佳子 93135

00★全国制覇バラエティージパング大決戦！「スーパームカデ競走に挑戦!!」テイク2 香田晋ほか 16406
[解説]福岡県大川市で開催された「大川木工祭り」に参加。香田らは片足10キロのゲタをはいてムカデ競走の練習を
54 [N] 92406

00[S]橋田寿賀子ドラマ 渡る世間は鬼ばかり 泉ピン子 中田喜子 京唄子 藤田朋子 小林綾子 藤岡琢也ほか ▶P45 13319
[解説]五月は邦子に立ち直って欲しい。邦子は仕事を見つけるが…。
54[S]あすの天気 藤井千佳子 17715

00[S]仮面の女「罠にはめられて！」雛形あきこ 石田純一 斉藤慶子 斉藤洋介 小林稔侍（⑧／10回連続）▶P45 53690
[解説]奈保子の画策で、ひろ子が実は男性とマスコミが大騒ぎする。
54 筑紫哲也NEWS23 草野満代ほか 11930816

11.50[S]ラフィーネ「蘭・舞台女優」 265406
55[S]ワンダフル 今夜も使える新情報▽新アニメ夢であえたら 東幹久 原千晶 ワンダフルガールズほか 8646319
0.50 未来ナース「エビ&カニアレルギーの高知東生が登場！」[秘] 遠藤久美子 5656810
1.20 ワン・ナイト・ラヴ バーテンダーに恋した女性 予定 9647181
1.50[S]アイドル王「田嶋洋子を直撃」 5655181
2.20[S]映画に乾杯 ジョー・ブラックをよろしく▽グラム・ロックの魅力!!〝ベルベット・ゴールドマイン〟&トッド・ヘインズ監督インタビュー▽映画館大好きVol10〝ラピュタ阿佐谷〟ほか 7253033
2.40[二]CBS[N] 5551384
3.10BLITZ 3369075
3.15[S]おしえて 7970461
3.20買物大図鑑 9720549
4.20 ラブリー6（4.23） 7170669

平成10年

1998年

12月3日 木曜日

犯人が誰かで世間がこれだけ盛り上がったミステリードラマも珍しい『眠れる森』

この年は各ジャンルで節目となる出来事が多かった年。スポーツでは、サッカーフランスW杯への初出場と松阪の横浜高校春夏連覇があり、映画では正月映画『タイタニック』の超メガヒットと『踊る大捜査線 THE MOVIE』の第1作のヒットがあり、そして音楽ではこの日の6日後、12月9日に『Automatic／Time Will Tell』で、宇多田ヒカルがメジャー・デビュー。21世紀へ向けての胎動を感じさせる、そんな世紀末の1日。

このころテレビ界では連続ドラマが隆盛を極めていました。特にフジテレビの攻勢がすごくて、8時台、9時台、10時台だけで、1週間に8本の連続ドラマが放送されていたのでした。今ではとても考えられません。その分ヒットドラマも多く生まれました。

そしてこのクール最も話題になったドラマが、この日のフジテレビ夜10時から放送されていたサスペンス・ミステリー・ドラマ『眠れる森』でした。中山美穂と木村拓哉という、当時考えうる最高の顔合わせが話題を呼んだのはもちろんですが、何より物語の展開に注目が集まりました。恋の行方に夢中にさせるドラマは数あれど、犯人は誰だ？　という話題で世間がこれだけ盛り上がる連続ドラマというのは珍しかったと思います。当時まだまだ新進気鋭だったユースケ・サンタマリアと本上まなみも大きな魅力を発揮しました。大きな期待を乗せてクリスマスイヴに放送された最終回には、人それぞれ意見があったと思いますが、当時の一視聴者としてとても満足しましたね。なお、脚本の野沢尚は、この作品で第17回向田邦子賞を受賞しています。

1998年12月4日号
表紙・TOKIO
ゴールデン進出の人気バラエティー『ザ！鉄腕！DASH !!』。誌面では今まで挑戦してきた企画をメンバーそれぞれが自己評価している。

テレビ朝日夜8時は司馬遼太郎の原作を全10回でドラマ化した『新選組血風録』。開局40周年記念ドラマということで、近藤勇が渡哲也、土方歳三が村上弘明、沖田総司が中村俊介など、豪華な配役が組まれました。なお主題歌を歌った松山千春がなんと芹沢鴨を演じています（ちなみにこのドラマ、前項で触れた日本シリーズ順延の影響で10月22日の放送が休止となり、レギュラー枠内で最終回を放送することができませんでした。そのため最終回は、異例の措置として、これまでの総集編を交えた2時間半のスペシャルとして12月30日の昼に放送されました）。ＴＢＳ夜10時の『仮面の女』は、雛形あきこ、石田純一主演の大映ドラマ。いわゆるインターセクシャルテーマを扱った寺内大吉の小説『すぷりんたあ』を原作とした異色ドラマでした。

そしてこの日夜7時からフジテレビで3時間放送されていたのが、年末恒例『'98ＦＮＳ歌謡祭』。実は１９９８年というのはＣＤの総売り上げが歴代最高だった年。シングル、アルバムともメガヒットが続出。特にアルバムはB'zの『Pleasure』『Treasure』、ユーミンの『Neue Musik』、サザンの『海のYeah!!』と、大物たちのベストアルバムが続々発売されて、どれもベストセラーを記録しました。シングルもＳＭＡＰの『夜空ノムコウ』とか、ラルク・アン・シエルの『ＨＯＮＥＹ』とか、ＳＰＥＥＤの『My Graduation』とか、印象的なヒット曲が多かったですね。なお、この日のオープニングはモーニング娘。の『抱いてＨＯＬＤ ＯＮ ＭＥ』、トリは野猿でした。

テレビ東京夜9時2分は『木曜洋画劇場特別企画・男はつらいよ』。渥美清さんが亡くなってお正月に寅さんに会えなくなったのはこの2年前の１９９６年です。なおこの年１９９８年には、9月に黒澤明監督、11月に淀川長治さん、そして押し迫った12月30日に木下惠介監督が亡くなっています。

映画がらみでもうひとつ。お昼の時間帯になりますが、ＮＨＫ総合昼1時5分の『スタジオパークからこんにちは』に、この年の年末に『あ、春』が公開された相米慎二監督がゲスト出演しています。珍しいですね。『あ、春』はキネマ旬報で１９９９年度の日本映画第1位を獲得。相米監督作品としては初のキネ旬1位でした。２００１年9月に肺がんのため死去。53歳でした。

8 フジテレビ

5.25 Nスーパーニュース 今日のN▽事件のウラを暴く！▽電脳ホンネ白書▽スポーツ▽天ほか 黒岩祐治 八木亜希子 野島卓 島田彩夏ほか

00★火・曜・特・番!!「春一番！爆笑ものまね王座決定戦スペシャル瞬間視聴率どこまで!!」▽ものまね名珍場面総決算▽100位までの視聴率ランキング▽45%を超す瞬間視聴率記録保持者を発表！▽怒り心頭!?ものまねされる人たちの反応は？▽素人名人ほか 清水アキラ 栗田貫一 松居直美 ビジーフォー 堺正章 IZAMほか 110246
解説 笑福亭笑瓶が得意とする「人面魚」のものまね。笑瓶は実物に会いに行こうと、山形まで出向く。果たして人面魚は健在なのか？

8.54 N◇天 92129

00Ⓢお見合い結婚 ⑨／11 松たか子 ユースケサンタマリア 窪塚洋介 さとう珠緒 川原亜矢子 今井雅之 ジュディ・オング いしだあゆみ▶P45 15804
解説 ワタルと劇的な再会をした節子。ワタルが恋のアタックを開始

54 ワイン 40610

00Ⓢイマジン（⑨／11回）深田恭子 黒木瞳 中村俊介 阿部寛 鈴木一真 高峰陽 蒼和歌子 牛尾田恭代 戸川京子 筒井康隆ほか ▶P46 10303
解説 有羽は仙台の洋平と遠距離恋愛を続けるが次第に不安が募る。

54Ⓢトモコさん 90151

00 これがキャイ〜ンだろ!? 毒舌ピーコが0学占いに登場 684823

20 ニュースJAPAN ▽注目N▽FNN特集▽コラム▽天▽プロ野球N・オープン戦・中×ロ、近×西、広×巨ダ×横ほか 安藤優子 木村太郎ほか 8632026

0.30Ⓢu－k＠ 深夜の情報発信基地 8118663

0.45Ⓢ少年隊夢「ロマンチックタイム熱唱！」ほか 田村亮子① 4915750

1.15Ⓢシザーズリーグ2001「トーナメント・セミファイナル②…卒業」石井竜也ほか 1830040

1.45 映画「獄門島」（1977年東宝）市川崑監督 石坂浩二 大原麗子 草笛光子 太地喜和子 加藤武ほか ▶P59 97859885
解説 終戦直後の瀬戸内海。対立する網元の憎悪が引き起こした連続殺人のなぞに挑む名探偵・金田一耕助の活躍を描く。（4.15終了）

10 テレビ朝日

5.00ⓈNスーパーJチャンネル ▽きょうのニュース▽怒りの導火線▽下平さやかのものもの大事典▽あすの天気ほか 小宮悦子 坪井直樹ほか

00 炎のチャレンジャーこれができたら100万円 ▽ひとりでおつかいできたら▽名曲虫食いほか 加藤茶 柳沢慎吾 飯島愛ほか 9668
解説 ヒット曲や名曲の歌詞を穴埋めで当てる〝名曲虫食い歌詞100問〟に安西ひろこ、吉井怜らゲストが挑戦！

00★Ⓢたけしの万物創世紀「酒・ウマイ酒を飲む方法」味の決め手!!ビールの泡▽赤ワインが病気を防ぐほか 江川卓 大神いずみ 16533
解説 ワインの効果で、心臓疾患の症例が少ないと言われるフランスのワイン事情を紹介。

54Ⓢ M'S◇Ⓢ都 10571

00★人気者でいこう！ ▽衝撃発表!?格付けチェック！La料理ほか 宝田明 大石恵 まことほか 19674
解説「将来、料理屋さんを出したい」という大石は自慢料理でプロ顔負けの腕前を披露。審査員をうならせる。

54Ⓢ世界の車窓 40692

00Ⓢニュースステーション ▽きょうのニュース・国内、海外の動きほか▽きょうのスポーツ・野球、サッカー情報ほか▽きょうの特集▽あすの天気ほか キャスター・久米宏 渡辺真理ほか スポーツキャスター・角沢照治 天気キャスター・増田雅昭 382620

11.20Ⓢあしたま 5078668

25★『ぷっ』すま「江頭がついに司会者に！」草彅とテレビ朝日を訪問ほか 355571

55 トゥナイト2 司会・石川次郎ほか 5747620

0.50 おまねき猫 ゲスト・カイヤ 3671088

1.00ⓈBREAK OUT「大阪・ビッグキャットでのインディーズライブイベントをリポート！」 2827682

1.30Ⓢ真夜中人魚 司会・風見しんご 2355458

2.10Ⓢ未来者「ミラノ」② ▽目指せ一流ソムリエ 前川友香▽高級レストランで修業中▽ミラノの街を案内 4303243

2.40Ⓢアイム 単身ニューヨークのハーレムへ!! 歌手目指す女の子・ヤヨイ▽ナオミへの応援メール紹介 4925137

3.10 POP 1394779

3.50Ⓢ歴史街道 6473224

3.55 BUY² 通販情報（4.26） 1047040

12 テレビ東京

00Ⓢ地球防衛企業ダイガード「守りたいもの、なんですか」 9200

30Ⓢジパクくん「夢のかたりべ・ジバク王」 62397

00字二ポケモンアンコール ▽ゆうれいポケモンとなつまつり 462397

28Ⓢレレレの天才バカボン ▽おそうじ対決！レレレとそうじ鬼▽おくさんこわいエントツこわい▶P119 62485769

55 火曜イチバン！「快適！憧れのこだわり住宅」森の中のガラス屋敷▽陶芸の町で見つけた土間のある家▽都心の別荘 7064200
解説 埼玉県の高橋壽昭さん宅は築130年。何度も取り壊そうとしたが、後生まで残してやりたいと考え、外見はそのままに中身だけを最新設備に作り変えた

8.54Nブレイク 14397

00★開運！なんでも鑑定団 騒然1000万円4度目の正直で巨匠本物を発見▽バカ亭主にブチ切れ妻の大逆襲ほか 雨上がり決死隊ほか 33200
解説 家計も顧みず夫が買い集めたお宝を持参した妻。夫の目を覚ましたいと願っているが

54ⓈBoard 40638

00★Ⓢスキヤキ!!ロンブー大作戦〝とにかく男が大好物なのは？〟仲良しタレント5人の本性 清水アキラ 32571
解説 顔を見れば血液型がわかる、と清水。さっそくヤミスキ出場の5人で試すと、4人の型を一発で言い当てる

54字Ⓢうらら 90179

00 NWBS 79026

45 スポーツ10 709755

55 Gパラダイス・対爆笑問題 篠原涼子が登場 ▽男性に魅力を感じるのは納豆をかきこむ時▽民衆の声 2158397
解説 篠原は、中学時代好きだった男の子を女子トイレの個室に監禁し、気持ちを伝えたと告白。ファーストキスもその子だというが

0.35Ⓢチョイス 5427601

0.45ⓈBEAT BANG ゲスト・加藤紀子 SRスムージー 司会・イマヤス 4940446

1.15Ⓢアイドルをさがせ！ ▽娘たちの最新情報！司会・飯田圭織 りんね 1832408

1.45 夜の名店街 ㊕商品情報 3293866

2.15Ⓢ遊惑星 6046156

2.25Ⓢ音楽通信 ゲスト・吉田直樹 司会羽野晶紀 9053243

2.55Ⓢブレイク 6480514

3.00 テレ・コンワールド（3.55） 8465840

よる 6 7 8 9 10 11 深夜 0 1 2 3 4

2000年3月7日火曜日

1 NHK総合

00　首都圏ネットワーク
▽[N]▽東京情報▽きょうの特集ほか　桜井洋子　岡野暁　898823
【山梨】まるまる山梨
53　[天]◇案内　45477216

00[二]ＮＨＫニュース７
▽きょうのニュース
▽スポーツコーナー
▽内外の話題
▽為替・株情報
▽気象情報ほか
キャスター−森田美由紀
富坂和男
1755
57[S]テレマップ
92071620

00[S]ＮＨＫ歌謡コンサート
「人生の旅立ちに贈る歌」島倉千代子
谷村新司　天童よしみ
石川さゆり　鳥羽一郎
長山洋子　牧村三枝子
氷川きよし　宮本隆治
[演目]からたち日記▽いい日旅立ち▽出世街道
▶Ｐ１１５　57378
45　各地の[N][天]　49552

00[二]ＮＨＫニュース９
▽今日の[N]▽国際情報
キャスター・道伝愛子
842
30　クローズアップ現代
「政治・経済・文化・スポーツ・風俗など、今、話題の事象を深く鋭くえぐりだす」
キャスター・国谷裕子
37113

00★[字][S]ニッポンときめき歴史館「東海道を旅してみれば・体験！　江戸時代の旅行ブーム」
白井貴子　原田大二郎
神崎宣武　86804
[解説]一年に５００万人が出掛けた伊勢参りなど江戸時代の旅ブームを
45[字][S]川紀行香川・財田川
◇55[N][天]　30804

00　ＮＨＫニュース11
松平定知ほか　7362939
35　あすを読む　1135533
45[字][S]ＮＨＫスペシャル[再]
「世紀を越えて・クライシス・突然の恐怖④未知なるウイルスの襲撃」ウイルスが人間に与えた脅威　6145741
[解説]エイズやインフルエンザなど、地球上の最小動物のウイルスと人間との１世紀にわたる攻防の最前線を紹介
0.35　ニューヨーカーズ
「ピエロ・ドクターの特効薬」　2724576
0.55　[N][天]　2723514
1.00[S]百年前に見た夢・20世紀はどう予測されたか[再]　文明の行く末・人類の未来　3050175
1.55　知への旅「サルトル・生涯をかけた自由への道」　4164359
2.40大百科◇匠　4606311
2.55プレマップ　2729798
3.00[S]映像名曲・ショパン
▽地球ウオッチ▽大阪なにわ探訪　81829224
4.54[字]体操5.00　4233427

3 NHK教育

00[S]天才てれびくんワイド
[再]「天てれ総集編」㉑
山崎邦正　Ｌ・ステッグマイヤー　59736
45[二]緑の丘のブルーノ
ジェイミー・クロフト
[声]進藤一宏　6957129

7.10[字]すこやかシルバー介護「介護保険のここが知りたい」①
▽介護サービス事業者を選ぶコツ　7544571
40[手]ミニ手話　296858
45[字][多]きょうの健康「耳の病気②　慢性中耳炎」
▽慢性中耳炎の症状ほか
新川秀一　40281

00[字][S]今夜もあなたのパートナーⅠ　きょうの料理「特集・山本麗子の春のお菓子・いよかんのレアチーズケーキ」
▽スタジオコーナー・料理研究家のこだわり・栗原はるみ編ほか
中村有志　司会・目加田頼子　48620
45[手]手話[N]８45　47194

00[S]今夜もあなたのパートナーⅡ・おしゃれ工房
「パッチワーク大好き！②　ビクトリア調をリボンで楽しむ」
園部美知子　5498397
▽9.35趣味悠々アンコール・お菓子まるごと大全集「洋梨のパイ」
加藤千恵　布川敏和
2335991

00　ＥＴＶ特集「〝隣人〟の素顔・報告・沖縄米軍基地①　アジア・太平洋の要石Ｏｋｉｎａｗａ」対ゲリラ特殊部隊の訓練ほか　80674
[解説]特殊部隊の訓練などの映像を交え、在沖縄米軍の軍事力と戦略的な位置づけを探る。
45　視点◇英語　34674

00[多]ＮＨＫ人間講座・宮本常一が見た日本
「地域芸能への思い」
佐野真一　736
30　おとことおんなの生活学[再]「住宅問題を考える」　31939

0.00始めよう英会話[再]「きっと、ここよ」Ｓ・ソレーシーほか　9848514
0.20　イタリア語会話[再]
「復習」④　Ｐ・ジローラモほか　3311514
0.50[S]ＥＴＶ深夜館・トゥトゥアンサンブル[再]
▽心に響く歌[声]▽フルートは歌う　2762175
1.50プチアニメ　2701392
1.55[S]案内2.02　4220953

4 日本テレビ

5.30　ニュースプラス１
▽全国ニュース▽プラス１特集▽プラス１スポーツ▽あすの天気ほか
真山勇一　木村優子
蛯原哲　木原実ほか

00★伊東家の食卓　片手で卵が割れる裏ワザ▽ダンボール箱を一度にたくさん運べる裏ワザほか
森光子ほか　472397
[解説]森は世間一般タイプか、ちょっとはずれた人かが分かる「ある人気キャラクターに関する大発見」にも挑戦
58★踊る！さんま御殿‼
▽うっかりしていてビックリしたこと▽すごく気になる人の行動
野口五郎　梅宮辰夫
河相我聞ほか　51714465
[解説]黒沢年男は、動物が出没するというゴルフ場で撮ったシカの写真を持参するが、スタジオで大反論を浴びる
8.54　[N][天]　35378

00[多]火曜サスペンスクイズ
犯人は誰？　149484
03[多]火曜サスペンス劇場
「保護観察・少年Ａ―凶器を手に少年院帰りの男が自首…保護司と両親の疑心暗鬼24時」
広井由美子脚本　高坂勉監督　かたせ梨乃
佐藤Ｂ作　川崎麻世
友里千賀子　仁藤優子
宮下順子　有川博ほか
▶Ｐ53　240587
[解説]保護司の亮子（かたせ）は少年院から仮退院した大樹（大川征義）を担当。大樹はいとこの工場で働くことに。まもなく工場内で盗難事件が発生。大樹は犯行を自供する…
10.54　[N]きょうの出来事
▽今日の[N]▽特集▽[天]
井田由美　45083939
11.25[S]ＺＺＺ
▽ＳＰＯＲＴＳ　ＭＡＸ．　中畑清ほか
▽37ろみひー「元女流棋士Ｈ・Ｎが登場‼」不倫＆ヌード[秘]話告白
▽0.12★所的蛇足講座
「楠田枝里子のチョコ[秘]話」ほか　5824378
0.47　女子アナ　4612934
0.50[S]コムロ式！女性新人アーティストが今夜ついに決定」　8472717
1.20[S]ｍ．ｍ．ｍ！
鬼束ちひろ　2989798
1.30は〜い朝刊　1138663
1.40[S]チェキラ　6163446
1.45ばかな「裏ワザを学ぼう！伊東家の食卓に乱入」Ｐ１１０　8452953
2.15[S]映画「３人のエンジェル」（1995年米）Ｂ・キドロン監督　ウェズリー・スナイプスほか
字幕▶Ｐ59　70376069
[解説]ドラッグ・クイーンの男たち３人が、田舎町を旅する姿を追う
4.24[N]（4.50）　1204330

6 TBSテレビ

5.55[二]ニュースの森
▽きょうのニュース
▽スポーツ▽森田さんのお天気ですかァ？ほか
松原耕二　進藤晶子
新夕悦男ほか　6210378

00★快傑熟女！心配ご無用
▽新婚家庭の大事件！発覚した両家の秘密ほか
アグネス・チャン
落合信子　今陽子
山田まりや　65397
[解説]ほか大槻義彦や若林正人を迎え「疲れ果てた夫婦生活、心をいやすのは彼女だけ」を
54　始まるよ‼　34649

00　学校へ行こう！
未成年の主張▽ハードボイルド外泊刑事ＧＯ森田▽森田剛ドッキリ企画‼予定　64668
[解説]ドッキリ企画では２月20日に21歳の誕生日を迎えた森田を祝うためメンバーたちが素敵なプレゼントを計画
54　[N]　26620

00★ガチンコ！
ファイトクラブ・クラブ生に緊急事態発生‼
▽ガチンコ晩さん会ほか
（予定）　54281
[解説]ファイトクラブでは、網野泰寛さんが肉離れ、藤川ケイくんは手を痛めてしまい…。
54[S]ｗｉｔｈ　Ｂ
徳永英明　21129

00★[S]ジャングルＴＶタモリの法則　超激安レストラン岡村亭に真中瞳が登場▽見た目には鈴木紗理奈が　53552
[解説]〝見た目〟では、オリンピックの元金メダリストを捜す。オリンピック通と豪語していた関根勧だったが…
54　筑紫哲也ＮＥＷＳ23
▽トップニュースほか
草野満代ほか　44733129
11.50[S]ワンダフル　どこよりも早いシングル＆アルバム超最新ＣＤランキング▽新曲ラッシュラッシュ　1253823
0.50　2001年未来ナース
「江頭２：50と桜庭あつこの熱愛再燃‼」[後]
辺見えみり　8470359
1.20　ＴＵＮＡガール
▽ストーカーに大激怒テイク２ほか　3305953
1.50なに・コレ　2736088
1.55　しあわせ家族計画[再]
和田アキ子　5696088
2.50[二]ＣＢＳ[N]　8469243
3.20世界かれいどすこうぷ
▽ハイテク自動車▽女性初のアクロバット飛行士▽おもしろ映像集
▶Ｐ１１０　1212359
[解説]音声認識によるラジオのオン・オフや、ビデオＥメールなどの装置が付いた近未来型の自動車を紹介する。
3.50音楽◇案内　3421069
4.00[S]地球的買物◇ラブリー６　4.23　1873750

平成12年

2000年

3月7日 火曜日

タモリ・たけし・さんま・ウンナン・浜ちゃん・紳助・ナイナイ・ロンブー、全部見られる火曜日

ミレニアムに沸いた2000年。改めて番組表を見てみると、とにかくプライムタイムのバラエティー率が高い！ それまでのプライムタイムがいかにドラマ中心の編成だったかを、改めて思い知らされます。ということで今回はバラエティースペシャルで参ります。

まずはテレビ朝日夜7時、『ウッチャンナンチャンの炎のチャレンジャー これができたら100万円』。以前にも紹介しましたが、現在に連なる〝テレビ朝日的バラエティー〟の原型となった番組。日本テレビにとっての『クイズ世界はSHOW・byショーバイ!!』、フジテレビにとっての『なるほど！ザ・ワールド』と同様、テレビ朝日にとって特別な意味を持つバラエティーです。スタートは1995年秋。残念ながら番組はこの3月で終了となります。

そして、その『炎チャレ』を終了に追い込んだのが、これまた一世を風靡した日本テレビ7時の『伊東家の食卓』。もともと伊東四朗を父親役、五月みどりを母親役に、RIKACO、V6の三宅健らからなる〝伊東家〟を舞台にしたトーク番組だったのですが、生活に役立つ便利な裏ワザを紹介するある種の情報番組として生まれ変わり大ヒット番組となりました。これ以降、料理や掃除、洗濯など家事にまつわる〝裏ワザ〟紹介は、情報番組の定番になりました。それにしても、てんぷくトリオをふりだしに、小松政夫や三宅裕司とのコントでも活躍、俳優としての代表作も多く持ち、加えて自身の名前をつけたバラエティーでのヒット作も持つという、伊東四朗のキャパシティーの広さには驚きます。

2000年3月10日号
表紙・木村拓哉
カリスマ美容師と車椅子生活を送る女性とのラブストーリー『ビューティフルライフ』（TBS）に出演。B'zによる主題歌『今夜月の見える丘に』も大ヒット。

TBS夜7時『怪傑熟女！心配ご無用』はサッチーがすでに降板したあと。司会は和田アキ子と高田純次。この4月から再び『火曜ワイドスペシャル』と改題されるフジテレビの『火・曜・特・番!!』は、十八番企画「ものまね王座決定戦」の総集編でした。

続いて8時。日本テレビは97年スタート（『伊東家の食卓』と同じ日）以来、現在も続く伝説のお笑いスタジアム『踊る！さんま御殿!!』。ほとんどスタイルが変わっていないというところが素晴らしいです。TBSはV6とみのもんたの『学校へ行こう！』。「未成年の主張」や「ビーラップハイスクール」など人気企画がたくさんありました。テレビ朝日はこれも長寿番組となった『たけしの万物創世記』（ABC制作）。たけしの理科系好きを生かしたまじめな科学番組でした。

9時に行きましょう。こちらは島田紳助。テレビ東京の金字塔『開運！なんでも鑑定団』。テレ朝はこれもABC制作で、現在は元日特番の『格付けチェック』として名を残す浜ちゃんの『人気者でいこう！』。そしてTBSがこれまたいろいろ物議をかもしたTOKIOの『ガチンコ！』。

そして10時。TBSはナインティナインがレギュラーだった『ジャングルTVタモリの法則』（MBS制作）。テレ東は仲良しグループの黒い素顔を暴く〝ヤミスキ〟が人気だった『スキヤキ!!ロンドンブーツ大作戦』。強制的に手を上げさせる仕組みが面白かったですね。

ということで4時間でタモリ・たけし・さんま・ウンナン・浜ちゃん・紳助・ナイナイ・ロンブー・みのもんた・伊東四朗・高田純次・TOKIO・V6が全部見られるという豪華さには驚きます。同時にこのころはいわゆるネタ番組があまりなかった時期でもあるのですが、この翌年にあの『M-1グランプリ』が始まって、時代は再び動き出すことになります。

⑧ フジテレビ

5.00 スーパーニュース
注目Ⓝを多角的に検証
安藤優子 木佐彩子
木村太郎 須田哲夫
境鶴丸 野島卓
菊間千乃 荻原次晴ほか

00Ⓢ慎吾ママドラマスペシャル〝おっはー〟は世界を救う！ 鈴木おさむ脚本 片岡K演出
香取慎吾 田中美佐子
西村雅彦 陣内孝則
稲垣吾郎 松たか子
森公美子 伊集院光
爆笑問題 篠原涼子
柴田理恵 浅野ゆう子
コロッケ 坂下千里子
池脇千鶴 鷲尾真知子
小橋賢児 星野真里
いかりや長介ほか
▶P34．64 703088
解説 家族がバラバラの長嶋家に慎吾ママがやって来た。母・小百合の悩みを聞いた慎吾ママは、長嶋家に笑顔を取り戻させようとする

8.54 Ⓝ◇天 21427

00Ⓢ新HERO（全11回）
木村拓哉 松たか子
大塚寧々 阿部寛
勝村政信 小日向文世
八嶋智人 角野卓造
児玉清ほか ▶P5．20 P61 6793750
解説 東京地検城西支部に青森地検から検事・公平がやって来た。事務官の舞子は、公平の担当を申し出るが…。

10.09 くいしん坊 ヨットDeランチ 15036137

15Ⓢ SMAP×SMAP'01 新春S1生グランプリ
▽生ビストロに超豪華ゲスト▽玉様ビリヤード▽指スマGP▽中居企画▽NGほか（予定）
▶P144 3056601
解説 ビストロでポイントのつかない中居正広のために㊙企画を用意 ゲストも一緒に参加!?

11.24Ⓢ君いる街 79700021

30★あいのり「新たな恋に走るゴウの行方は？」
久本雅美ほか 66953

0.00 ニュースJAPAN
▽Ⓝ▽特集▽プロ野球Ⓝ▽天気ほか 田代尚子
大林宏ほか 5145286

1.10Ⓢチノパン ゲスト・水野晴郎 5991441

1.25 平成日本のよふけ
「正月スペシャルのこぼれ話」早坂茂三
佐々淳行 黒木靖夫ほか
（予定） 7681606

1.55Ⓢエブナイ ビビる ポプラ並木 3390880

2.25 うまいもの好き
▽高田道場のまかない
加藤茶 仲本工事
高木ブーほか 7680977

2.55Ⓢ秘密倶楽部 o－d aiba.com
栗山千明 須藤温子
宮崎あおい 3399151

3.25 プロボクシング
「鈴木誠×新井田豊」
（4.14） 4946489

⑩ テレビ朝日

4.55ⓈⓃスーパーJチャン
▽きょうのニュース
▽怒りの事件簿からお買得情報まで…生活情報局▽あすの天気ほか
小宮悦子 坪井直樹ほか

00★そんなに私が悪いのか
▽セクハラ過剰反応!?
▽暴露本を徹底検証ほか
ピーコ 山田まりやほか
（予定） 51088
解説 岐阜県で起きた、あるセクハラ騒動を検証しながら、セクハラに対する最近の過剰反応を徹底討論する。

54Ⓢ街角◇Ⓢ都 20798

00 タイムショック21
クイズにチャレンジ！1000万円獲得の最大の敵は時間!?それとも…
中山秀征ほか 50359
解説 クイズはすべて時間制限つき。早押し&映像クイズをクリアしたチームが1000万円をかけた最終ステージへ

54★たけしのTVタックル
「2010年タックル近未来予想図！」10年後の人間社会▽美輪明宏の考える未来 28442205
解説 10年後の日本を、江戸末期の状況と照らし合わせた話を紹介。パラパラが日本を崩壊させる、との意見が!?

9.48Ⓢ車窓から 739935

54Ⓢニュースステーション
▽きょうのニュース・国内、海外の動き
▽きょうのスポーツ・野球、サッカー情報
▽きょうの特集
▽円相場、株の動き
▽あすの天気ほか
キャスター・久米宏
渡辺真理 上山千穂
スポーツキャスター・角沢照治 7969779

11.09★おネプ！
▽小学生とすしクイズ
▽イクラ大好き小学生が大奮闘ほか 菊川怜
野崎恵ほか 13205408

39Ⓢあしたま 38861040

44 大相撲ダイジェスト
「初場所２日目」
～両国 15568750

14 トゥナイト２ 司会・石川次郎 2109731

09Ⓢ諭吉が泣いているみどころ紹介 8893083

14 極楽とんぼのとび蹴りゴッデス「大原かおり初告白！」山本はどうでもいい!?▽アノ人が…好き？ 3442915

44ⓈSTAY GOLD
安室奈美恵 9592335

54Ⓢ真夜中人魚 司会・風見しんご 1644199

34ⓈFUTURE TRACKS「FTクラブミュージックアウォード2000」グランプリ発表!!ほか 7339538

59映画「隊長ブーリバ」
ユル・ブリナー 字幕
▶P114 71417731

58Ⓢ歴史5.05 7197847

⑫ テレビ東京

00Ⓢ新爆転シュート・ベイブレード「ゴー・シュート！」 6232

30Ⓢビックリマン2000
「激突！凶栄神ノクスのウワサ」 36798

00Ⓢ名曲ベストヒット歌謡・昭和30年代ヒットパレード 昭和30年から39年まで年間ベスト３をそれぞれ発表!!▽美空ひばり・フランク永井・石原裕次郎…あの名曲が再びよみがえる
島倉千代子 平尾昌晃
高橋英樹ほか 司会・竹下景子ほか 798156
解説 鶴田浩二の〝赤と黒のブルース〟や坂本九の〝上を向いて歩こう〟などのヒット曲と当時の世相をVTRで振り返る。スタジオでは菅原都々子やペギー葉山が、昭和30年代に大ヒットした懐かしの名曲を歌い上げる。

8.54★愛の貧乏脱出大作戦
「貧乏店のその後…」
▽包丁も握れないイワシ料理店の主人は？▽はんぺんチーズケーキのご主人ほか 50348361
解説 厳しい修業で茶碗蒸しを習得した六本木の居酒屋〝文二郎〟の菅原さん。が、３カ月後売り上げが降下し…

9.54Ⓢ菜の花 48296

00Ⓢファッション 2001春夏東京コレクションダイジェスト 6476
解説 アンダーカバーやナショナルスタンダードを日程を追って紹介

30Ⓢフィッシング「並木敏成アドベンチャーフィッシング」 52750
解説 ルイジアナでレッドフィッシュを狙う!!

00 ⓃWBS 66934

45 スポーツ10 875040

55Ⓢ天の恵・愛の社会科見学「体内時計は正確なのか？対決！」ゲスト・島崎俊郎 3958156
解説 まず島崎と恵俊彰は回転ずし店へ。皿がどれくらいの時間で１周するかを体で覚え、トロを注文。目隠しして皿を取れるかに挑戦する。が、皿の前後にはみかん入り稲荷ずしなどが配置されて…。

0.35Ⓢ少女日記 7988441

0.45Ⓢ新蔵出し 注目の新人アーティストを紹介
井手功二ほか 8138286

1.15新すてき！布施明と美女が新たなライフスタイルを提案 3478354

1.45Ⓢ新グラップラー刃牙
「宿命への鼓動」
声菊池正美 3515606

2.15Ⓢ新Cafe Le Psyence イベントの模様 3477625

2.45Ⓢミミヨリ 8874170

2.55Ⓢブレイク 2270828

3.00買い物3.55 5058335

よる 6 7 8 9 10 11 深夜 0 1 2 3 4

2001年1月8日月曜日

① NHK総合

00 [N] 4786525
10 ありがとうが言いたい・阪神淡路大震災から6年・神戸からの感謝の手紙 支えあった仲間への感謝 1556446
00[二]ニュース7 682
30★[S]21世紀・あなたの人生・激突100人トークバトル
▽21世紀の日本を予想▽結婚、仕事、子育て老後…若者たちの選択とは？ ジョーダンズ 山本太郎 膳場貴子 国井雅比古 224773
[解説]学校を廃止、授業はインターネットで…未来に起こるかもしれない仮想状況の数々を若者100人が〝あり〟派と〝なし〟派に分かれて大激論。これからの人生で彼らはどのような選択を迫られるのか。21世紀の日本像を浮き彫りにしていく。
8. 45各地の[N][天] 75717
00[字][S][新]藤沢周平の人情しぐれ町「鼬（いたち）の道」萩原健一 石田ひかり 戸田恵子
▶P65 38309
[解説]呉服店を営む新蔵の前に、行方不明だった弟・半次が現れる。が、半次は家を出た理由を話そうとせず…。
45 ミニ◇[天] 74088
00[二]NHKニュース10
▽きょうのニュース
▽国際情報
▽経済情報
▽内外の話題
▽きょうのスポーツ
▽気象情報
キャスター・堀尾正明 榎原美樹 藤井彩子 森本健成 960717
55 [N][天] 28682
00[字][S]青春のポップス
▽ポップス名曲物語
▽わたしのビートルズ
ミッキーカーチス 露崎春女 中尾ミエ 柳ジョージ rua
▶P121 156682
11.40地球は歌う 937311
11.45案内◇あす 58040
0. 00 [N][天] 8772335
0. 05[S]NHKスペシャル[再]「ロシア・小さき人々の記録」愛と悲しみの大地から 3056373
[解説]犯罪者となった元兵士や汚染地帯に住む子どもたちなど、ソ連邦下ではタブーとされていた人々の現在を。
1. 20[S]21の〝いのち〟の物語 にんげんドキュメント「畳の上で死にたい」（1. 40〜2. 40世界ゴルフ選手権の場合あり） 9053731
2. 10[S]ニューヨーカーズ 6786977
2. 30ミニ◇案内 6495083
3. 00[S]映像散歩 台湾▽地球▽伊豆点描▽阿武隈川（5. 00） 31397441

③ NHK教育

00[S]天才てれびくんワイド ▽へろへろくんほか 山崎邦正 L・ステッグマイヤー 55392
45[二]サブリナ「危険な夢盗人」メリッサ・ジョーン・ハート 1585798
7. 10[字][多]きょうの健康「アトピー性皮膚炎最新事情① これがアトピーの正体だ」宮地良樹ほか 1871069
25[S]ミニ介護 911408
30[S]にんげんゆうゆう「いのちと向き合う① 誕生の現場で見つめたもの」 56040
00[字][S]今夜もあなたのパートナーⅠ
▽きょうの料理「特集・ぜひ伝えたい21世紀の和食・クッキングレッスン・厚焼き卵」鈴木登紀子
▽スタジオコーナー・Q＆A 中村有志 目加田頼子 51576
45[手]手話◇ミニ 73359
00★[S]今夜もあなたのパートナーⅡ・おしゃれ工房「和布で遊ぶお正月① 押し絵のバッグ」▽上品な華やぎほか 弓岡勝美ほか 4081048
▽9. 35趣味悠々・[新]中国茶の愉しみ「青茶で基本のいれ方をマスターする」脇屋友詞 水野真紀 3254707
00 ETV2001「〝いのち〟をめぐる対話① 病から生まれるもの」誰でもおとずれる死ほか 柳原和子 鶴見俊輔 97392
[解説]自らの命を豊かにすることができるのか柳原さんと鶴見さんの二人が語りあう。
45 視点◇英語 57311
00[多]人間講座・[新]女歌の百年・愛のうたの系譜「〝サラダ記念日〟の登場」 208
30 歴史でみる世界「アインシュタインの苦悩」油井大三郎 96682
0. 00 3か月英会話[再]「お父さんのビジネス英語」① 7872538
0. 20 フランス語会話[再]「〜が痛い」大木充ほか 8624489
0. 50[二]フルハウス[再]「スリラー・ナイト」[声]堀内賢雄 2563441
1. 15 ETV2000[再]「太平洋戦争と日本人⑤ 一兵士の従軍日記・祖父の戦争」 8129489
2. 00[S]おはなしのくに[再]山なしもぎ▽いらない王様▽おこったつき▽ものいうなべ 5432286
3. 00プレマップ 2323170
3. 05[S]名曲選 3009118
3. 2040億年物語 3614557
3. 30 教育セミナーライブラリー 1722809
4. 30[S]にんげんゆうゆう[再]（5. 00） 6484977

④ 日本テレビ

5. 30 ニュースプラス1 ▽全国ニュース▽プラス1特集▽プラス1スポーツ▽あすの天気ほか 真山勇一 木村優子 寺島淳司 木原実ほか
00[字][S]名探偵コナンスペシャル「集められた名探偵！工藤新一VS怪盗キッド」

[声]コナン…高山みなみ 小五郎…神谷明 蘭…山崎和佳奈 新一・怪盗キッド…山口勝平 紅子…林原めぐみほか
▶P128 349205
[解説]小五郎をはじめ、世界の名探偵5人が一堂に集められた謎の洋館で殺人事件が発生する。コナンのライバルであり、魔術師で大泥棒の怪盗キッド。コナンが工藤新一のときにも対決したことのある二人が再び事件に挑む
8. 54 [N][天] 31392
00★[S]スーパーテレビ「未解決事件を追え！警察特捜最前線24時」▽多発する凶悪犯罪と闘う人々ほか 69595
[解説]時効が迫る未解決事件、謎の迷宮入り事件を徹底取材。地道な捜査を続ける捜査員たちの日々に密着する。
54[S]発想自由人 56601
00[S][新]別れさせ屋（全10回）村上里佳子 奥菜恵 中村俊介 石黒賢 峰竜太 内藤剛志 野際陽子ほか
▶P31．61 68866
[解説]夫と別居中の美郷はバツイチ男と不倫中二人を別れさせようと何者かが妨害工作を…
54 [N]きょうの出来事 ▽今日の[N]▽特集▽[天] 井田由美ほか 26992069
11.25[S]ZZZ
▽SPORTS MAX． 松岡修造ほか
▽37ヤミツキ「新世紀CDまつり大開催!!」売れないCD（予定）
▽0. 12★テレビ「20世紀テレビのすべて」爆笑トーク集 6510175
0. 45[S]所さん 4943064
0. 50全国高校サッカー決勝ハイライト 2180793
1. 05[S]アートZ「団鬼六の遺伝子はブラックジャックに!?」 1086538
1. 35[S]AX MUSIC「つんくライブ!!」
▶P121 6400915
2. 05[S]チェキラ 2330460
2. 10 超K－1宣言「K－1松山大会情報!!」ほか 関根勤ほか 1095286
2. 40ウラ日テレ 6359147
2. 50映画「ウィンチェスター銃73」アンソニー・マン監督 ジェームズ・スチュアートほか 字幕P114 61306828
4. 35[N]（4. 55） 6567098

よる 6 7 8 9 10 11 深夜 0 1 2 3 4

⑥ TBSテレビ

5. 54[二]ニュースの森 ▽きょうのニュース▽スポーツ▽森田さんのお天気ですかァ？ほか 松原耕二 進藤晶子 新夕悦男ほか 8310243
00★関口宏の東京フレンドパークⅡ 坂本冬美＆本田美奈子が超気合の衣装でボンブに挑戦▽連続ジャンプにイイ声で大悲鳴!! 9779
[解説]ハイパーホッケーで、坂本のねらいすましたスマッシュにホンジャマカはタジタジ!? 果たして勝負の行方は
00[字][S]大江戸を駈ける！「身勝手な欲望・柳島」原田龍二 夏八木勲 野川由美子 ルー大柴 野村真美 持田真樹 田村高廣ほか
▶P65 60224
[解説]若輩者への裁きが軽かったため、江戸で若者の犯罪が急増する
54 [N] 39934
00[字][S]月曜ドラマスペシャル西村京太郎サスペンス十津川警部シリーズ㉑「西伊豆・美しき殺意・東京湾に浮かんだ盲目の画家の死体…5発の銃弾が意味するものとは？残された妻の執念が犯人を追いつめる」渡瀬恒彦 麻生祐未ほか ▶P64 233595
[解説]盲目の画家が殺され、5点組みの絵画が奪われた。数日後、その中の1点を持っていた公益法人の理事が殺害される。十津川警部（渡瀬）は、行方をくらました画家の恋人・えり子（麻生）を追って西伊豆へと向かう。
10.54 筑紫哲也NEWS23 ▽トップニュースほか 草野満代 佐古忠彦 小倉弘子 61282601
11.50[S]ワンダフルスト写グランプリ・街で見かけたかわいい女の子たちが登場！▽カップルマッサージほか 5303175
0. 50 （株）城島産業「総集編」放送開始から今までの未公開シーン大特集！▽人気企画をダイジェストで紹介 城島茂ほか 5315828
1. 20 ドキュメントD・D ▽人間模様 8618828
1. 50なに・コレ 2066646
1. 55 夜のエクスプレス ▽ニュースなギモン▽サイコエクスプレス▽小川知子アナと小島慶子アナが〝女子アナ新婚対決！〟 4999199
[解説]小島慶子アナをゲストに迎え、アナウンサーのあるべき姿についてトークを展開する
2. 50[二]CBS[N] 5304712
3. 20音楽◇案内 9261199
3. 35[S]地球的買物◇ラブリー6 3. 58 6472083

平成13年

2001年

1月8日 月曜日

『HERO』『慎吾ママ』『スマスマ』……SMAPづくしだったフジテレビでした

まずは、この超人気ドラマから紹介しましょう。フジテレビ夜9時、21世紀最初の月9は、前年2000年秋に結婚を発表したばかりの木村拓哉主演の『HERO』です。初回から最終回まで、全話30%を超えるというとんでもない高視聴率を記録した伝説のドラマ。木村扮する異色の若手検事・久利生公平が抜群の洞察力と捜査権限を生かして、事件を解決していく王道のクライムものので、どこから見ても、何度見ても面白いという文句なしの名作です。しかし、茶色のダウンジャケットに身を包んだ通販好きの主人公・久利生のキャラクターもさることながら、このドラマの大きな見どころはその脇役陣の魅力です。相棒の事務官役・松たか子はもちろん、阿部寛、小日向文世、八嶋智人、角野卓造ら東京地検城西支部の仲間たちから、バーのマスターで「あるよ」のセリフでお馴染みの田中要次まで、その後のTVドラマに欠かせない顔ぶれが揃い、ここからメジャーになっていった人も数多いです。脚本は福田靖。主題歌は宇多田ヒカルでした。

そしてこの日のフジテレビは、まさにSMAPづくしです。夜7時は『慎吾ママドラマスペシャル〝おっはー〟は世界を救う！』。SMAPの中居正広と香取慎吾がレギュラーを務めていた『サタ☆スマ』の人気キャラクター、慎吾ママが依頼人の家庭にやって来て、皆を幸せにしていくというストーリー。8月には第2弾も放送されています。10時15分は『SMAP×SMAP』の新春恒例企画「S1グランプリ」。SMAPのメンバーが生放送でさまざまな企画で争い、点数の低かった2人が体力勝負の罰ゲームに挑戦するという人気企画でこの日が6回目。この時の敗者は中居・香取の『サタ☆スマ』コンビでした。

2001年1月12日号
表紙・松たか子、木村拓哉『HERO』（フジテレビ）に出演の2人が表紙を飾る。その後、ドラマは高視聴率となりシリーズ化された。さらに映画化もされ、こちらも大ヒットとなった。

そのほか昼の3時半から番宣番組が1時間半あって、さらに香取くんは正午の『笑っていいとも！』と深夜1時25分の『平成日本のよふけ』にもレギュラー出演していますから、全部合わせて7時間半。この日のフジテレビ全放送時間の約3分の1がSMAP関連だったということになります。いやぁ……ご苦労さまでした。（ちなみに同じクールでTBS日曜9時に中居正広主演の伝説の名作『白い影』が放送されています。木村・中居の主演作が同クールに放送されたのは、ほかに1996年4月の『ロングバケーション』＆『勝利の女神』、2004年1月の『プライド』＆『砂の器』があります）。

その他も見て行きましょう。TBS夜8時『大江戸を駈ける！』は、『水戸黄門第28部』と『第29部』にはさまれた『ナショナル劇場』枠の時代劇で、原田龍二主演の『怒れ！求馬』シリーズの第3弾です。テレビ朝日夜8時『タイムショック21』は、今も断続的に続くクイズ枠。レギュラーシリーズとしては約10年ぶりの復活で第3期に当たります。鹿賀丈史が『料理の鉄人』風に登場するのがポイントでした。司会進行は中山秀征。

NHK夜9時は『時代劇ロマン』枠の新ドラマ『藤沢周平の人情しぐれ町』。江戸の下町の舞台にしたオムニバス形式の人情時代劇で、第1話は萩原健一がメインです。最近では、第3話に10歳の三浦春馬が出演していることでも話題になっています。日本テレビ夜10時は、読売テレビ制作の新ドラマ『別れさせ屋』。村上里佳子（RIKACO）の初主演ドラマでした。

フジテレビ夜11時半は『あいのり』。1999年スタートで相当長く続いた日本的恋愛リアリティーショーの代表作です。そしてフジ深夜1時10分は『チノパン』。なんといったらいいのかわかりませんが、当時の新人アナウンサー・千野志麻の冠トークバラエティー。単なる語呂合わせの思いつき番組と言っていい気もしますが、これがこの後『アヤパン』『ショーパン』『カトパン』……と（断続的にではありますが）延々と続くことになったところがいかにも、ではあります。良くも悪くもフジテレビらしい番組です。

⑧ フジテレビ

4.25Ⓢバトル 6717274
4.30Ⓢめざ天 7879564
5.55めざましテレビ [N][天]
▽芸能！見たもん勝ち
▽グルメほか 63473941
00 とくダネ！ 衝撃事件
事故・芸能を徹底取材
▽INSIDE WA
TCH▽生活完全マニ
ュアルほか 178293
9.55Ⓢこたえてちょーだい
▽疑惑の夫を鑑識調査
▽デリ×デリ…サバの
ゴマみそチーズ風味・
松本吉正ほか 8840274
11.25Ⓢペット 783125
30 [N]スピーク 20038
00 笑っていいとも！
笑福亭鶴瓶 ココリコ
ピーコほか 43380
00 ごきげん ベッキー
中山エミリ 4922
30Ⓢ[字]レッド 24854
00Ⓢ開運◇α[N] 3200729
08 チャンネルα
▽Ⓢ白線流し[再]
▽3.00アンビリバボー
[再]「我が子を惨殺され
た男が涙の出演」ほか
▽4.00Ⓢ彼女たちの時
代[再] 77755903
4.55親子クラブ 46670
00 スーパーニュース
▽[N]を多角的に検証！
▽石原良純のお天気ほか
安藤優子 西山喜久恵
木村太郎ほか 6709877
6.15Ⓢプロ野球日本シリーズ ヤクルト×近鉄
～神宮
（試合終了まで放送、
以降の番組繰り下げ、
番組変更・休止の場合
あり） 91214274
【中止および優勝決定
のとき】
5.00スーパーニュース
7.00Ⓢクイズ＄ミリオ
ネア◇57奇跡体験！ア
ンビリバボー
8.54 [N]◇[天] 65125
00★Ⓢとんねるずのみなさ
⬇んのおかげでした
▽食わず…瀬戸朝香VS
石原良純▽OTTOプ
レゼントほか 86038
54Ⓢシティ 57106
00Ⓢスタアの恋（③／11）
⬇藤原紀香 草彅剛
勝村政信 古田新太
戸田恵子 寛利夫ほか
▶P41 85309
54Ⓢピロッポ 56477
00ⓈVVV6屋台対決・原
⬇宿編▽井ノ原・坂本VS
長野・岡田 4767
30 [N]ジャパン 5936941
0.40Ⓢ第13回世界文化賞授
⬇賞式 仮題 7161084
1.10 ワンナイ 合コン・
⬇美容師編ほか 4517404
1.40Ⓢたけし「運動会」
⬇（予定） 7160355
2.10 東京天使「伝説的存
⬇在！」 4514317
2.40[二]映画「シベールの
⬇日曜日」（1962年仏）
セルジュ・ブールギニ
ョン監督 ハーディ・
クリューガーほか▶P95
◇Ⓢ[天] （終了未定）

⑩ テレビ朝日

5.00 おめざめ 153212
5.15Ⓢトップ！ 2416458
5.50 やじうまワイド
▽新聞批評▽[天]▽運勢
吉沢一彦ほか 54686670
00 スーパーモーニング
▽ニュース＆芸能情報
▽スクープ最新情報ほか
鰐瀬誠一 下平さやか
おすぎほか 176835
9.55 朝の買物 77125
00 テレメン 奪われた夢
池田小事件 2187
30 三匹が斬る！[再]
高橋英樹ほか 1956354
11.25お昼の買物 781767
30 ワイド！スクランブル
▽芸能界24時▽夕刊キ
ャッチUP 大和田獏
大下容子ほか 81097361
1.05上沼の料理 6239670
20Ⓢ徹子「父親の引退式・
坂口憲二」 2729019
1.55 はぐれ刑事純情派[再]
藤田まこと 6294670
2.50夢情報◇[N] 836552
00 木曜サスペンス「瀬戸
内、潮騒の女・夜霧の
フェリー激突事故」[再]
高橋英樹ほか 801941
4.50東京サイト 570477
55Ⓢ[N]スーパーJチャン
▽きょうのニュース
▽きょうのスポーツ
▽生活に役立つ暮らし
の裏技・お得激安情報
小宮悦子ほか（プロ野球
日本シリーズ放送の場
合あり） 32813767
00★いきなり！黄金伝説。
▽中嶋ミチヨ再登場！
キノコだけで1週間ほか
（日本シリーズ放送の
場合あり） 88496
54Ⓢ素顔◇Ⓢ都 64496
00Ⓢ11月1日にスタート！
科捜研の女のすべて＆
あの名作をもう一度‼
（日本シリーズ放送の
場合あり） 87767
54Ⓢ待てない！ 63767
00Ⓢ村上龍ドラマ・最後の
家族「私、寂しそうに
見える？」②／全9回
樋口可南子 赤井英和
▶P41 77380
54Ⓢニュースステーション
▽ニュース▽スポーツ
▽特集▽円相場
▽あすの天気ほか
キャスター・久米宏
渡辺真理 角沢照治
上山千穂ほか 5226962
11.10Ⓢ[字]車窓 4930854
15★ぷらちなロンブー
人生相談・3またかけ
ている女性が登場▽ガ
サ入れ仙台 836800
0.00Ⓢあしたま 2182591
0.06トゥナイト2 司会・
石川次郎ほか 4946442
1.01ⓈT×2 川村ひかる
吉田拓郎ほか 2189626
1.31Ⓢ秋新番組 3196607
1.36ⓈSTAY 4770143
1.46マーメイド 2648997
2.21Ⓢ未来者 7511572
2.51ファンキー 5222404
3.21Ⓢ渋谷系女子プロレス
最悪の結末 7543171
3.51Ⓢ歴史3.58 4751572

⑫ テレビ東京

4.55買物◇ⓈJ 3001293
5.35買物◇夕食 4851699
5.45[N]◇アミー 1332583
6.45Ⓢおはスタ 724477
7.30ディズニー 28670
00 かしましや◇Ⓢ歌仲間
北島三郎ほか 950816
55 株式ワイド オープニ
ングベル 最新金融・
株式情報ほか 八塩圭子
◇ミミヨリ 3919496
00Ⓢ裸の大将放浪記
「尾道坂道春の雪」
◇54HOT 61748
00 [N]◇株式[N] 3670
30 育児ナビ 270583
35 新・松平右近[再]「涙に
濡れた花嫁衣装」
里見浩太朗 608583
0.30Ⓢ洋子演歌 18293
00 ぜっぴん 754187
20 視聴者の声 486191
30[二]映画「警部マクロード
市警本部大攻防戦」
（1975年アメリカ）
デニス・ウィーバーほか
▶P95 162354
3.30株式クロージングベル
◇キッチン 16212
00 レディス4 高崎一郎
岩崎美智子 523106
55[字]トキオくん 48038
00 TXNニュースアイ
佐々木明子 524835
55Ⓢカラオケ 41125
00Ⓢフルーツバスケット
[声]堀江由衣 7800
30ⓈMrマリック☆魔法の
時間 70496
00Ⓢ[字]ポケットモンスター
「とらわれのルギア」
▶P107 9699
30★TVチャンピオン「プ
ラトニックスウィーツ
・甘味女王選手権」2
Rは池田貴公子が出題
！▽見た目はまったく
同じケーキの微妙な違
いを答えさせる難問が
次々登場ほか 129106
8.54[N]ブレイク 50293
00Ⓢみどころ 489835
02[二][字]木曜洋画劇場
「スティング」
（1973年アメリカ）
ジョージ・ロイ・ヒル
監督 ポール・ニュー
マン ロバート・レッ
ドフォード ロバート
・ショー チャールズ
・ダーニングほか [声]津
嘉山正種 山寺宏一ほか
▶P99 24552670
11.14 あの人に聞け！
20 [N]WBS 4868670
0.05スポーツ10 2198152
0.15★今夜も千両箱 出川
哲朗VS名人▽温泉旅行
を獲得したのは？▽激
辛タコヤキ 6768336
0.55Ⓢ新美少女 9754133
1.05Ⓢ三軒茶屋 4523065
1.35Ⓢココロ図書館内緒の
きりん先生 5183268
2.05Ⓢミミヨリ 3388775
2.15Ⓦ映画「走らなあか
ん、夜明けまで」萩庭
貞明監督 萩原聖人ほか
▶P95 12441688
4.00Ⓢブレイク 2413775
4.05買い物4.33 4511220

5▼7 8 9 10 11 0 1 2 3 4 5 6 7 8 9 10 11 0▼▼▼4

2001年 10月25日木曜日

① NHK総合

5.00 おはよう日本 N天 ▽スポーツ▽NY円株▽列島N▽気象歳時記▽アジア&ワールドほか 三宅民夫ほか 38544816
8.15多字ほんまもん 池脇千鶴ほか 810458
30 N◇35生活ほっとモーニング 3719458
9.25囲◇Ⓢ字料理再ロールケーキ◇歌 3756293
00 N天◇05Ⓢ工房再手作りカード① 4151877
30Ⓢ字四国◇曲 44106
00 N◇05いっと6けん 埼玉・茨城情報▽NHK案内◇天 133361
00 N◇20昼時日本列島 お達者自慢 5049309
45多ほんまもん 15944
00 N◇05Ⓢスタジオパーク この人に会いたい 上田早苗ほか 144477
00 N◇05Ⓢテント2001 ロザンナ K・ギルバート◇体操 815106
00 N天◇自然 6303699
10Ⓢ字青春のポップス再 雪村いづみ 1464816
00 N◇05視点 6452309
15Ⓢ字ためしてガッテン再 頭痛の悩み 741748
00 N◇05首都圏いきいきワイド 810651 【山梨】いいじゃん
00 首都圏ネットワーク ▽N▽東京情報▽特集▽中継ほか 1598 【山梨】フレッシュ
00二NHKニュース7 ▽N▽スポーツ▽内外の動き▽天 293
30Ⓢクローズアップ現代 国谷裕子 161212
55Ⓢ案内◇天 67699
00Ⓢ字コメディーお江戸でござる「人情千住物語その弐 駆落万来」 前田吟 えなりかずき 伍代夏子ほか 13670
45 首都圏N天 86187
00 ニュース9 613835
15★Ⓢにんげんドキュメント「ダンスよ心を語れ・振付家・香瑠鼓」▽初の海外公演に密着◇58天 307019
00二NHKニュース10 ▽今日のN▽スポーツ▽きょうの世界▽天ほか 堀尾正明 森田美由紀 藤井彩子ほか 791632
55 N天 55854
00★Ⓢ字トップランナー「ギタリスト・大萩康司」ギターにかける熱い思いほか 47651
45Ⓢ案内◇あす 64258
0.00 N天 9390268
0.15Ⓢ字少年たち2再「児童虐待」上川隆也 中本奈奈 有森也実 北村有起哉 山崎努ほか ◇1.30案内 5761249
1.35Ⓢ弥次喜多道中出会い旅 鈴鹿越え・京であがりの親子旅 3440572
2.55Ⓢ小旅再天竜浜名湖鉄道▽賀茂村 6924930
3.50案内◇海中 7648539
4.00映像 5.00 5984930

③ NHK教育

5.00二漢詩紀行◇大人試験
5.20健康◇25歌壇◇55案内
6.00地学◇体操◇フランス
7.10英会話◇忍たま◇メイシー◇おじゃる◇英語
8.11ぱあ◇プチ 2450274
31Ⓢおかあさんといっしょ ▽歌と体操 53800
00多森のがんこ 977699
15 人形劇場 826019
30字とびだそう◇こども隊
00Ⓢおこめ◇いってみよう
30Ⓢ自然と遊ぼ 878125
45 一つの地球 95458
00字なぜなぜ日本◇ABC
30字ふしぎ卵 871212
45字人間日本史 96187
00Ⓢ趣味悠々再 393564
25Ⓢ名曲◇英会話◇ミニ英語◇Ⓢうた 8216729
00字手話N◇Ⓢゆうゆう◇介護◇健康 51800
45多今日の健康 65485
00 ティーンズTV・ドキュ再◇10分 7748
30 古典招待再 43854
00 ドイツ語再 8477
30 教育トゥデイ再 自治体の挑戦③ 44583
00Ⓢぱあ◇プチ 200800
21Ⓢお母さん◇二メイシー◇つくって 66574767
00Ⓢ英語で遊ぼ 625670
15Ⓢ一人◇おじゃる◇ハッチ◇忍たま 740019
00Ⓢ天才てれびくんワイド 角田信朗ほか 19800
45二どこかでなにかがミステリー 3764212
7.10多字きょうの健康「気になるのどの調子」④◇25暮らし 3301090
30Ⓢにんげんゆうゆう「摂食障害を乗り越える」④ 17800
00Ⓢ字今夜もあなたのパートナーI きょうの料理・ミートソース 門倉多仁亜▽食ごよみ 柳原一成 11212
45字手話N 8 45 84729
00Ⓢ今夜もあなたのパートナーIIおしゃれ工房・手作りカードでハートにタッチ!②▽35趣味悠々・ダンス!ダンス!ダンス! 9545
00 ETV2001「盗まれた美の行方」盗難美術品大国・日本▽日本の美術品保護の現在と論争点を探るほか 48380
45 視点◇英語 50039
00 教育トゥデイ「月刊トピックス」 早川信夫ほか 699
30 おとことおんなの生活学 食生活と環境問題 酒井やよい 23090
0.00英ビジネス 5908046
0.20ハングル再 2345959
0.50ETV再 白洲正子が愛した世界 8470713
2.20プレマップ 5869510
2.25Ⓢ那須連山 3872539
2.50 ワールドドキュメント再 6290959
3.50高校生物再 3432713
4.20古典招待再 3494978
4.50Ⓢ人類月に立つ(5.00) 9372862

④ 日本テレビ

4.30 ニュース朝いち430 ▽最新Nほか 8540767
5.30ズームインSUPER ▽ニュース現場ライブ&エンターほか 福沢朗 大桃美代子 50176516
8.30レッツ! 衝撃㊙映像満載!最新芸能&事件の真相▽ご意見番軍団芸能界メッタ斬り▽爆笑㊙ゲスト 431038
10.25ららら日記 368922
30 峰竜太のホンの昼メシ前「食欲の秋!得グルメSP!」 2496458
11.25字ご存じ 378309
30字N◇料理 30903
00 おもいッきりテレビ ▽体に有害な毒を入れない・作らない・出す 島田祐子 叶和貴子ほか(予定) 325903
1.55 ザ・ワイド ▽スクープ連発!事件の真実に鋭く切りこむ▽秘話発掘!総力取材で注目人物に深く迫る 草野仁ほか 27262922
3.50素敵ごはん 702090
00Ⓢ愛犬ロシナンテの災難 再堂本剛 安倍なつみ 根津甚八ほか 64361
00 ニュースプラス1 ▽最新N▽ここ5時ニッポン▽一点突破▽プラス1特派員▽いちなな情報▽お天気ラボほか 真山勇一 木村優子 木原実ほか 605039
00★Ⓢモー。たいへんでした 13人モー娘。見参▽七五三の記念写真を撮影しよう▽妊婦さん(予定) 935767
58★ウルトラショップ ▽世界の珍品をゲットせよ!3組のゲストがバトル!!ほか コロッケ 菊川怜 坂本ちゃん 堺正章ほか 55282835
8.54 N天 82380
00★どっちの料理ショー「石焼きビビンバVSクッパ」昔ながらのコチュジャンほか 山崎邦正 辺見えみり 96903
54Ⓢ酔夢紀行 74361
00★ダウンタウンDX ▽小野ヤスシ㊙報告!?▽加藤茶&真矢の幸せ私生活▽仮面ライダーの素顔!?ほか 95274
54 N出来事 33918309
11.25ⓈZZZ ▽スポーツMAX.▽37Kissだけじゃイヤッ! 1226496
0.12BOON CART第20戦予想ほか 9211161
0.45いろもん ルート33の爆笑トーク 4363152
1.15ⓈAX 2352249
1.45Ⓢチェキラ 3773442
1.50 倶楽部T 3430355
2.20ブラウンさん 志生野温夫登場!! 3485220
2.50Ⓢ刺激体験 7634336
3.00二シークエスト再R・シャイダー 2709220
3.55 通販 5906688
4.10N(4.30) 2340775

⑥ TBSテレビ

4.30ⓈNバード 1039496
5.00いちばんエクスプレス ▽N&天ほか 68552
6.00Ⓢエクスプレス N天 ▽ニュース&芸能情報▽最新ファッション術▽スポーツ 47621699
8.30 はなまるマーケット ▽スグ使える生活情報▽旬の気になるゲスト▽週末お遊びスポット▽流行モノ 422380
10.20特選名品館 140816
30Ⓢ昔の男再「愛するなりの代償」藤原紀香 大沢たかお 2314800
11.25ベストタイム 事件・芸能情報…最大関心事をキャッチ▽豪邸拝見生中継▽N 44070106
00Ⓢ字ラブ&ファイト「恋か仕事か」 9729
30Ⓢ字ひとり 32361
00 ジャスト 芸能情報▽脱ギャルママ迷料理▽スターの㊙豪邸訪問▽悩み相談…私の一大事▽夫大改造 950926
3.55 倶楽部6 77038
00Ⓢ字水戸黄門再「暴君を斬る!男の剣・矢掛」佐野浅夫ほか 62903
00Ⓢ渡る世間は鬼ばかり再 泉ピン子ほか 713854
54二ニュースの森 ▽きょうのニュース▽スポーツ▽天気予報ほか 杉尾秀哉 小川知子 豊田綾乃ほか 2201477
00★回復!スパスパ人間学「空気の読めない人」自意識過剰青年の暴走▽引っ込み思案を改善する方法ほか 98361
54Ⓢ寸前 81651
00Ⓢうたばん石川梨華ニワトリ挑戦▽カントリー娘。が語る牧場の夢と現実▽リップスライムの暴露話ほか 97632
54 N 80922
00Ⓢ字3年B組金八先生「ガン告知の時…」小山内美江子脚本 武田鉄矢 星野真里ほか ▶P45 94545
54Ⓢ天 72903
00★ここがヘンだよ日本人 ▽NY出身外国人3人による里帰りリポート▽トンガでダイエット続編ほか予定 93816
54 NEWS23 18923922
11.50ワンダフル 5804361
0.50オトセン!カッコイイバーテンダーを目指す▽女性をオトすカクテル(予定) 3439626
1.20帰ってきた!ウラまるカフェ野村義男アイドル時代㊙話 2362626
1.50格闘王 高田企画ほか渡辺いっけい 3438997
2.20二クロウ・天国への階段 呪いの地からの扉 再坪井智浩 8869201
3.20二CBSN 3482133
3.50音楽◇案内 7631249
4.00買物大図鑑 5913978
4.20ⓈMコール◇Ⓢビデオガイド4.28 4055201

平成13年

2001年

10月25日 木曜日

テレビ界を席巻したハロー!プロジェクト今見ても、その勢いはすごいものでした

『TVガイド』の番組表がリニューアルされ、1日中見渡せるようになっていますね。

この年の9月11日、米・ニューヨークで同時多発テロが発生、世界中に大きな衝撃を与えました。すでに1ヵ月半が経っており、番組表への大きな影響は感じられませんが、TBS夜10時の『ここがヘンだよ日本人』に〝NY出身3人による里帰りリポート〟の文字が。あっさり書いてはあるもののかなり重みのあるリポートであったと思われます。ちゃんと放送されたのかな?

さてこの頃絶大な人気を博し、テレビを席巻していたのが、モーニング娘。をはじめとするハロー!プロジェクトのメンバーたちでした。日本テレビ夜7時はそんなモーニング娘。の冠番組『モー。たいへんでした』。〝13人モー娘。見参〟とありますから、第5期メンバーに当たる高橋愛、新垣理沙、小川真琴、紺野あさ美が加わった13人の新体制がお披露目となった回のようです。13人による最初の楽曲は10月31日発売の『Mr.MOONLIGHT ~愛のビッグバンド』でした。そのほか日テレ午後4時には安倍なつみの初出演ドラマ『愛犬ロシナンテの災難』の再放送、TBS夜8時『うたばん』にはカントリー娘。と行動を共にしていた石川梨華が出演、そしてテレビ朝日夜9時にはデビューしたての15歳、バリバリの超絶アイドルだった〝あやや〟こと松浦亜弥が、村上龍が脚本・監督を手がけたドラマ『最後の家族』に出演しています(どういうわけか、あややはこういうしかめっ面路線のドラマが多かったですよね)。

2001年10月26日号
表紙・飯島直子、小泉今日子、黒木瞳
普通の主婦たちが繰り広げる恋物語を描いたドラマ『恋を何年休んでますか』(TBS)に出演した3人が表紙を飾った。

テレ朝夜7時『いきなり!黄金伝説。』はこの秋火曜日から木曜日に移ってきたところ。中嶋ミチヨは、『パラダイスＧｏＧｏ!』の乙女塾出身で当時すでにデビュー10年目の立派な〝元アイドル〟でしたが、この番組の「1ヶ月1万円生活」で名を上げ節約レシピの本まで出しました。このときは｢キノコだけ生活｣に挑戦していたようですね。ロッテのサブロー選手の奥さんでもあります。

ＴＢＳ夜9時『3年Ｂ組金八先生』は第6シリーズ。上戸彩が性同一性障害に苦しむ少女を演じて大きな衝撃を与えたシリーズ。ほかにもＮＥＷＳの2人や本仮屋ユイカ、中尾明慶、平愛梨など多くの出身者が今も活躍しています。金八の息子・幸作の病気の行方もストーリーの大きな柱でした。この日の第3話は金八が幸作に病名を告げる重要な回。

あと、この日は深夜枠が面白いんだ。テレ朝11時15分は『ぷらちなロンドンブーツ』。『あなあきロンドンブーツ』の後継番組です。日本テレビ11時37分は読売制作・島田紳助司会の『Ｋｉｓｓだけじゃイヤッ!』。基本素人カップルのトーク番組なんですが、スタジオトークのあとに楽屋での会話がくっついているのがミソで、結局は『ぷらちな～』同様浮気や不倫が暴かれていく過程を見る番組でした。まあノリの軽さがある分、ロンブーのほうが罪が軽い感じがしましたね。フジテレビ深夜1時10分は雨上がり決死隊、ＤｏｎＤｏｋｏＤｏｎ、ガレッジセールの『ワンナイＲ&Ｒ』。くずが『ムーンライト』でデビューしたのは約2週間後の11月7日です。みんなプライムタイムに上がっていきました。ＴＢＳ深夜1時20分は『はなまるマーケット』の人気コーナー〝はなまるカフェ〟のスタイルを借りて、薬丸裕英が暴走するトーク番組『ウラまるカフェ』の第2弾『帰ってきた!ウラまるカフェ』。この日のゲストはヨッちゃんこと野村義男と元ＣＣＢの渡辺秀樹。あるＣＣＢファンの方がホームページに内容を上げてくれていたので読みましたが、大変面白かったです。テレ朝深夜1時1分の『Ｔ×2』は、この年の春終わった『ＬＯＶＥＬＯＶＥあいしてる』なきあと、唯一吉田拓郎のトークが見られた番組。もうひとりの〝Ｔ〟はＴＨＥ　ＡＬＦＥＥの高見沢俊彦です。

ちなみにこの日の日本シリーズ第5戦は、若松勉監督率いるヤクルトスワローズが3対2で快勝、4勝1敗で2年ぶり4度目の日本一に輝きました。

⑧ フジテレビ

4.55親子◇洋上 8215286
5.30美◇英◇Ⓝ 7158606
6.30皇室◇茨城 52606
7.00旬◇Ⓢ紀行 5118
7.30 報道２００１
日本の未来へ重大提言
竹村健一ほか 854422
8.55Ⓢ構造改革 91248
00Ⓢ字デジモンフロンティア▶Ｐ１１０ 6644
30Ⓢおそ朝 57151
00 笑っていいとも！増刊号 ハイライト▽リクエスト▽放送終了後ほか
中居正広ほか 47582373
11.45Ⓢ遊食気分 930118
50 産経テレⓃ 856977
00 ウチくる!?「関根勤が白金を案内！」モノマネほか▶Ｐ96 19880
00 さんま先生 6880
30 新平成日本のよふけ
瀬島龍三㊦ 77915
00字ザ・ノンフィクション
▽女たちのばん曳競馬
◇55Ⓢ企業 20996
00Ⓢスーパー競馬〜東京「エプソムＣ」ほか
さとう珠緒 36915
00 ガイド 604441
05 ＪＣＢクラシック仙台ゴルフ2002「最終日」
大町昭義ほか 4168267
5.35案内◇ⓈW 4579267
45 スーパーⓃ 53880
00Ⓢ字ちびまる子ちゃん
▶Ｐ１１０ 6248
30字サザエさん
▶Ｐ１１１ 55644
00Ⓢ字こち亀「本田ショック！イブの結婚」
▶Ｐ１１１ 8847
30Ⓢ字ワンピース「決闘モグラ塚４番街」
▶Ｐ１１１ 54915
00Ⓢワールドカップサッカー日韓大会・１次リーグＨ組
「日本×ロシア」
解説・風間八宏
清水秀彦
実況・長坂哲夫
スタジオ解説・アーセン・ベンゲル
キャスター・ジョン・カビラ 中井美穂
〜横浜国際総合競技場
（最大延長11.09まで、以降の番組繰り下げ）
▶Ｐ６ 41530489
10.54Ⓢヒーロー 55070
00 ＥＺ！ＴＶ「W杯大特集」日本VSロシア戦徹底分析▽選手たちのインタビュー▽イングランドVSアルゼンチン戦の舞台裏ほか 17101286
1.15ⓈWの蹴劇「1998年フランス大会」ジダンVSリバウド 8164229
1.20Ⓢ中央競馬「エプソムＣ結果」ほか 1730403
1.30Ⓢまもなく（短縮・休止あり） 5438565
1.55Ⓢ2002Ｆ１世界選手権第８戦カナダＧＰ決勝
鈴木亜久里 竹下陽平
（最大延長4.30まで）
（3.50） 38487671

⑩ テレビ朝日

5.00漫画◇秘湯 56373
6.00 買い物◇Ⓝ◇セーラームーン再 57002
7.00Ⓢ字ギアＴ 6460
7.30Ⓢ忍風戦隊 51977
00Ⓢ龍騎 3557
30Ⓢ字どれみドッカ〜ン！
▶Ｐ１１０ 54064
00Ⓢ題名21 4286
30★得するＴＶ 栄養満点トマト特集 55793
00 サンデープロジェクト
▽田原総一朗が迫る！
▽世界が見える大特集
島田紳助ほか 47580915
11.45 首都圏Ⓝ 921460
50 ＡＮＮⓃ 887847
00Ⓢ〝Ｓｗｉｎｇ〟みどころ 634286
55 新婚さん 制限だらけの新婚生活 9587118
1.25アタック25 2371083
55ⓈＴＶ 12644
00 日本全国ぐるぐるグルマン巡業 大関栃東が函館へＰ96 3143793
3.25全米黄金伝説！ウッズVSココリコ遠藤！Ｐ96
◇ＡＮＮⓃ 2342354
00 リゾートトラストレディスゴルフ「最終日」
小林法子 遠藤行洋ほか
〜徳島 3152441
5.25ⓈＴＶ 916731
30ⓈⓃＪチャン 75422
00Ⓢワールドカップサッカー−ＴＨＩＳ ＷＥＥＫ
▽日本VSロシア戦のみどころを紹介！▽日本VSベルギー戦に学ぶ今後の課題▽注目選手を徹底分析▽試合結果ほか
川平慈英 小宮悦子
矢部浩之ほか 202977
7.56★Ⓢ大改造!!劇的ビフォーアフター「匠スペシャル」奇跡のリフォームの名シーン一挙公開▽成功の裏に隠された感動秘話 20877170
8.54ＡＮＮⓃ天 14460
00二字日曜洋画劇場
「十戒 デジタル・リマスター版」
（1956年アメリカ）セシル・Ｂ・デミル監督
チャールトン・ヘストン ユル・ブリナー
エドワード・Ｇ・ロビンソン アン・バクスター ジョン・キャラダイン イボンヌ・デカーロ ニナ・フォック ジョン・デレク
ビンセント・プライス
Ｃ・ハードウィック
Ｈ・Ｂ・ワーナーほか
声磯部勉 小川真司ほか
▶Ｐ１０２ 62956731
0.24Ⓢ字車窓 1739774
30ⓈやべっちＦＣ ナイナイ矢部の日本サッカー応援宣言！▽W杯日本戦結果ほか 4757403
00ⓈＧｅｔＳｐｏｒｔｓ
▽ＡＮＮⓃ＆スポーツ
▽W杯〝ロシア×ベルギー〟戦を検証！▽巨人・河原＆清水にインタビュー 南原清隆ほか
（2.57） 57273855

⑫ テレビ東京

5.00医学◇比叡 9170
5.30将棋◇囲碁王銘琬×趙善津◇買物 280538
7.00Ⓢ勇気メダル◇リフォーム夢家族 69847
00Ⓢ字医食同源 1593
30Ⓢヒカリアン着任ヒカリアン刑事ほか 81118
00ⓈＣＵＰ 1712
30Ⓢぴたテン「上手な仲直りの仕方」 82847
00ⓈＢ−ＷＡＶＥ．ｔｖ
◇30Ⓢ字刑事ナッシュ再「炎の悪魔」
◇11.25Ⓝ 517847
11.30Ⓢハロモニ「秘密の女子寮物語」 161644
0.15千両箱再デビット伊東◇ツインズ 1742644
55Ⓢ字なんでも鑑定団再
小沢昭一が炎の挑戦状
鑑定士軍団大ピンチ!?
▽謎の夢二 4677151
00二映画「ミシェル・ファイファーの愛されちゃって、マフィア」
（1988年米）ジョナサン・デミ監督 ▶Ｐ98
◇3.56全仏 997712
00Ⓢ釣り・ロマンを求めてスペシャル 南伊豆で尾長メジナ▽マダイほか
◇Ⓢ超野球 955441
5.20Ⓢキャプテン翼ロザリオ輝き◇Ⓝ 683880
00 ドライブ 中村勘太郎
中島啓江 4644
30Ⓢサイボーグ００９
▽結晶時間 40712
00★Ⓢ日曜ビッグバラエティ「演歌こそ我が命」▽〝おもいで酒〟を初めて歌ったホテルで小林幸子涙のステージ▽中村美律子は盲導犬育成の支援を▽故郷に恩返し…山本譲二の夢▽氷川きよしが亡き祖父に贈る〝箱根八里の半次郎〟ほか 221002
8.54Ⓝブレイク 18286
00★Ⓢハマラジャ 恋するラーメン・ディレクターズカット▽ロードオブメジャー・初ライブに苦言が… 19373
54Ⓢボード 58147
00★Ⓢガイアの夜明け「地域経済を救え！信金マンの闘い」（仮題）北海道・釧路でチーズ産業を育てろ 18644
54Ⓢワールドカップサッカー−ＴＯＤＡＹ 日本×ロシア戦試合結果詳報▽メキシコ×エクアドル▽コスタリカ×トルコほか解説・レオナルド
青島健太ほか 20368170
0.24 激生！スポーツＴＯＤＡＹ 8725565
0.55 ＴＸＮⓃ 2643478
1.00多2002全仏オープンテニス「男子シングルス決勝」解説・坂井利郎
松岡修造 実況・植草朋樹〜パリ 86287652
3.30ⓈスタメンＢＡＮＤ美少年バンド 4676584
4.00Ⓢミミヨリ 7954942
4.10Ⓢ買物4.40 8960923

5▼7
8
9
10
11
0
1
2
3
4
5
6
7
8
9
10
11
0▼▼▼4

2002年6月9日 日曜日

① NHK総合

5.00 N天◇話芸◇温泉◇天
6.00 N天◇Ⓢ字食山の恵み・佐賀◇天 75996
7.00 おはよう 69915
7.45Ⓢ自然百景 13809
00Ⓢ字小旅東京 110538
25多字中学生 敗北クラブ◇童謡◇天 3430286
00 日曜討論「日本が現在直面する問題を徹底討論する」 87731
00 N天◇05ⓈMLB「カブス×マリナーズ」（録画） 2399731
11.30Ⓢ人間街道「阮さんのベトナム商店・台湾・台北」◇天 97267
00二N◇ⓈNHKのど自慢 山本譲二 伍代夏子 〜山口 66286
00Ⓢ字愉快家族 八代亜紀 〜長野 63606
45Ⓢ字笑いが一番 大木こだま・ひびき 7705462
2.15Ⓢ野性発見の旅再「ガラパゴス」 918793
00 N 722538
05二ワールドカップサッカー日韓大会・1次リーグG組「メキシコ×エクアドル」植木繁晴 実況・町田右 〜宮城スタジアム 延長あり 60167539
5.30謎解き◇城 26644
00 N◇10★Ⓢ字ようこそ先輩 フランス料理シェフ・吉野建 3626538
45 N天 91538
00字ニュース7 239538
20Ⓢ字新・クイズ日本人の質問 パラダイス山元 富田隆 愛華みれ 磯野貴理子 細川直美 松崎しげる 572557
00Ⓢ字利家とまつ 加賀百万石物語「豪姫の母」 唐沢寿明 松嶋菜々子 反町隆史 及川光博ほか ▶P51 50118
45 N天 80422
00ⓈNHKスペシャル「イグネ・仙台平野に浮かぶ緑の島」強風から家を守る工夫▽地域のきずなほか 648606
50Ⓢコメディー決定版！Mrビーン 9375170
10.15 サンデー 横浜から日本×ロシア戦速報ほか 早野宏史ほか 292034
30 ワールドカップサッカー日韓大会ハイライト▽H組・日本×ロシア戦徹底分析▽G組・メキシコ×エクアドル戦 長谷川健太 577202
0.00 N天 1397300
0.10二字ロズウェル星の恋人たち「プロポーズ」シリ・アップルビーほか ▶P47 8205687
0.55 MLBハイライト▽カブス×マリナーズ▽好ゲーム 7290229
1.45N天◇案内 7253958
1.55Ⓢ海に渡ったアイヌを求めて 6050923
2.40Ⓢテント2002 平野文◇3.24案内 1880652
3.29映像 5.00 80818687

③ NHK教育

5.00Ⓢ心の時代 72809
6.00化学◇物◇40ドイツ語
7.10聴覚障害者の皆さん再◇25Ⓢ案内 3042489
7.30NHK歌壇 87183
00 NHK俳壇 9083
30Ⓢ趣味の園芸 日本のユリ▽食虫植物 37660
00Ⓢ新日曜美術館「同時代を生きた天才たち①北斎と広重」 85373
00 将棋講座 木村一基の急戦の極意 817625
20 NHK杯将棋トーナメント1回戦・第10局▽土佐浩司×久保利明 小林健二ほか 74251644
00 囲碁講座 林海峰の実戦に学ぼう 176996
20 NHK杯囲碁トーナメント1回戦・第10局▽宮沢吾朗×石田篤司 石井邦生ほか 40944793
00Ⓢこころの時代再「いのちの不思議・餓鬼道からの脱出」 68644
00Ⓢ第86回日本陸上競技選手権 解説・尾縣貢 実況・刈屋富士雄 広坂安伸（延長の時以降の番組に休止、変更場合あり） 104267
00Ⓢみんなの広場だ！わんパーク 622793
55Ⓢみんなの歌 41644
00Ⓢだぁ！ 133267
25多字中学生日記再「本音VS建て前」 492644
55Ⓢ皆の童謡 15426
00 すくすくネットワーク▽ことばはこう育つ② 中川信子ほか 731
30字ミニ手話 150539
40字聴覚障害者の皆さんへ◇55字N 544064
00Ⓢ新日曜美術館再「同時代を生きた天才たち①北斎と広重」両者の相違点と共通点を徹底比較▽45アートシーン・西村伊作展 5083
00ⓈN響アワー ムソルグスキー「歌劇〝ボリス・ゴドノフ〟から序奏とポロネーズ」ほか 指揮＝エフゲーニ・スベトラーノフ 2996
00Ⓢ芸術劇場「情報コーナー・アーティストインタビュー・蜷川幸雄」ゲスト・村井健▽10.43公演コーナー「ラ・ヴィータ・愛と死をみつめて」高泉淳子作 白井晃演出 白井晃 高泉淳子 山下容莉枝 秋山奈津子 小林隆 平沢智 瀧山雪絵 陰山泰ほか 〜東京・世田谷パブリックシアター（録画） 56132557
0.45Ⓢ芸能花舞台再「今輝く若手たち」▽箏曲「楽」市川慎▽地唄「狸」菊央雄司 菊聖公一▽箏曲「さらし幻想曲」清野さおり 高田和子 善養寺恵介 ゲスト・小島美子（1.32） 1883749

④ 日本テレビ

5.25 24H◇日テレ◇Ⓢ皇室◇6.00通販 1407070
6.30日本◇字N 94170
7.00目がテン！ 3002
7.30Ⓢ字遠くへ 87129
00 THE・サンデー▽1週間のニュースをまとめてトーク▽プロ野球バトルほか 島朗 香山リカほか 180002
9.55字いつみても波瀾万丈 酒井ゆきえ 3886083
10.55 どろぬま仲裁人 ▶P96 3167170
11.25企業◇字N 5096083
40Ⓢ世代密林「女って得ですか!?」風間俊介 堂本光一ほか 1665118
0.30パワーバンク ケイン・コスギほか 85422
00Ⓢ巨人中毒G選手の出没場所とは!? 7002
30 研ナオコ・志村けんの癒し！美味しい！痛い㊙若返り台湾の旅P96◇2.55N 622538
00 徳光＆紗理奈の地元で遊ぼうpart6 カート対決ほか 4204731
4.25天声慎吾「温泉でおもてなし」㊙ 404489
55 ロンブー龍すごろくリストランテ 8713064
5.30Ⓢ字美点マジック ナポレオンズ 11712
00 The独占サンデー▽ニュース▽スポーツ▽裏巨人ほか 118170
55★Ⓢザ！鉄腕！DASH▽DASH村の食卓・韓国野菜料理に挑戦!!▽未来の車は完成できるか!?ソーラーカーが車検に臨む 2015002
7.58★特命！世界超危険映像㊙リサーチ!!放送ギリギリ禁断映像今夜限り特別解禁スペシャル 生死分けた3000カット▽ホワイトハウス前で銃乱射事件が発生！▽見事なゴールシーンが一転！悲劇の瞬間に▽飼育員がワニにかまれた！飼育員の命は!?▽レスキュー隊員はどう対処したか 26746793
10.14Ⓢオススメ 77660278
20Ⓢおしゃれカンケイ▽爆笑トーク＆未公開映像紹介ほか 6529083
50 進ぬ！電波少年 ペナントレース 6514977
11.16 ガキの使いやあらへんで!! 45296373
46 サッカー 92906896
50Ⓢうるぐす 今週のジャイアンツ愛▽ワールドカップサッカー・日本VSロシアほか 8431118
0.30 N出来事 3564132
0.45 ドキュメント'02「帰らない娘の遺品…検証・桶川事件」仮題▽両親の思い▽警察捜査の実態ほか 1609836
1.15 CART第4戦ミルウォーキーGP 解説・石見周 3001590
2.15Ⓢプロレス 5643923
2.45通販 3.15 8983584

⑥ TBSテレビ

4.45歩行◇西武 8083538
5.15全米女子ゴルフ選手権◇JNN N 31430977
7.00Ⓢ笑顔 1644
7.30Ⓢ道浪漫 93441
00 サンデーモーニング 中西哲生がW杯サッカーを斬る▽一週間N▽風をよむほか 田部井淳子 岸井成格ほか 188644
9.54 倶楽部6 514267
00 サンデー・ジャポン 爆笑問題が仰天ニュースを斬る！ 9424557
11.24 達人◇N 233557
40 ボール物語 203625
45 アッコにおまかせ！ 芸能・スポーツランク 松村邦洋ほか 8342170
0.54 倶楽部6 35436996
00 東京マガジン PCB処理施設問題 637625
54 TBSN 35437625
00Ⓢヨイショの男総集編＆驚くべき今夜の展開!! 稲垣吾郎ほか 53712
00Ⓢ世界が驚く！完全実録日本の仰天三面記事⑮本当にあったスゴイ話再恋の暴走 849083
4.30Ⓢ昼ドラ一獲千金夢家族スタート 18625
00字Nの森◇6 248
30 報道特集 現代社会の問題に迫る 7919712
6.24 天 79391996
30 ZONE W杯日本戦もうひとつの戦い密着（予定） 97118
00★ⓈさんまのスーパーからくりTV 知識の泉・長嶋一茂の信じてほしいこと▽外語学院・なんでだろうと思うこと▽ご長寿ほか 1880
00★どうぶつ奇想天外！▽チンパンジーのモモちゃんVS人間の子供・頭脳対決▽動物に学ぶ地震予知ほか 27880
54 N 49644
00Ⓢ日曜劇場・ヨイショの男（⑧／全11回） 稲垣吾郎 市川染五郎 矢田亜希子 浅野ゆう子ほか ▶P49 24793
54 デュカフェ 31625
00★Ⓢ世界ウルルン滞在記「ヒルマが俊足のタラウマラ族に出会った」メキシコで長距離レースに挑戦ほか 23064
54Ⓢいのちの響 30996
00★Ⓢ情熱大陸「女優・藤山直美」偉大な父・藤山寛美から受け継いだものとは？ 335
30★Ⓢ字W世界遺産「ビッラロマーナ・デルカサーレ・伊」 27373
0.00 JNN N 1380010
0.10 Jスポーツ W杯日本戦結果ほか 2476855
0.50 濃縮サバイバー ハイライト 5127958
1.10 デジ屋台 デジモ・森下千里ほか 1557213
1.40二NBAファイナル 塚本清彦ほか 22246126
3.40音楽◇案内 9663045
3.50 6 3.55 2332720

平成14年
2002年
6月9日 日曜日

確実に日本がひとつになっていたこの日 サッカー日韓ワールドカップ・日本×ロシア

この日、まさに日本はひとつになっていました。

2002年日韓ワールドカップ。初戦のベルギーと引き分けて迎えた日本のグループリーグ第2戦が行われたのがこの日でした。日本戦の放送権をどの局が獲得するかもずいぶん前から話題になっていましたね。グループHの日本戦は3試合。第1戦のベルギー戦がNHKで、民放が中継できる試合は第2戦のロシア戦と第3戦のチュニジア戦。特に日曜ゴールデンでの放送となるロシア戦が最大の目玉でした。そして、見事フジテレビが放送権を獲得しました。

ということで、この日の番組表はワールドカップ『日本×ロシア』戦で埋め尽くされています。フジテレビ夜8時からの実況中継を中心に、夜6時のテレビ朝日『ワールドカップサッカーTHIS WEEK』が直前情報を伝え、試合終了後はNHK教育以外すべての局が速報態勢に入っていました。試合の結果はみなさんご存知の通りです。後半開始早々に2試合連続得点の稲本潤一が決めた値千金の1点を守り抜き、ついにワールドカップ初勝利をつかみ取りました。ただでさえ、日曜のゴールデンという好条件に加え、1点差で引っ張って最終的に日本が悲願のワールドカップ初勝利！ というこれ以上ない展開。〝バットマン〟といわれたマスク姿の宮本恒靖の先発復帰や長坂哲夫アナの不敗神話継続など、フィールド内外で話題満載、視聴率はぐんぐん伸びてなんと平均視聴率66・3%、瞬間最高視聴率では80%を超えるという驚異の数字を記録しました。これは紅白歌合戦、1964年東京オリンピック女子バレー決勝、に次ぐ高い世帯視聴率。サッカー界同様、日本のテレビの歴史にとっても記念すべき1日となっ

2002年6月14日号
表紙・中居正広
宮部みゆき原作の人気小説『模倣犯』を映画化。中居正広が冷酷な殺人鬼を演じ話題を集めた。本誌の特集は「FIFAワールドカップ」で「がんばれ！JAPAN」号であった。

たのでした。

さて、あるひとつの番組が事前に50%クラスの視聴率を確実視されるということはそんなによくあることではありません。たまらないのは裏番組です。何をやっても勝ち目は薄そうですからねー。できればそんなに手間をかけたくないというのが人情のようで、テレ朝7時56分『大改造!!劇的ビフォーアフター』や日本テレビ10時20分『おしゃれカンケイ』などは、総集編で大人の対応。一方逃げられないのは連続ドラマで、NHK総合夜8時大河ドラマ『利家とまつ～加賀百万石物語～』は、スタートからずっと20%を超えていたのに、この日の視聴率は13・3%。まあ、逆にいえばよく13%取ったなというところでしょう。大会期間中はじっと我慢の日々でしたが、ワールドカップ終了後1発目の7月7日に「本能寺の変」を持ってくるあたり、これまた大人の対応といえそうです。特筆すべきはテレ朝9時の日曜洋画劇場『十戒　デジタル・リマスター版』でしょう。こんなことでもなければなかなかできない編成です。前と後がサッカー一色ですからね。ほんとに中継したかったんだろーなー（ちなみにテレ朝のくじは2番目。14日のチュニジア戦をゲットしています）。

さて、他の番組を駆け足で。サッカーの陰に隠れてますが、テレビ東京深夜1時に『全仏オープンテニス』の男子シングルス決勝もやってます。アルベルト・コスタとフアン・カルロス・フェローロのスペイン同士の対決となりましたが、コスタが勝って初優勝を飾ります。フジの深夜では『F1カナダグランプリ』もやってますね。シューマッハがものすごく強かったころで、この日も勝ってます。

最後にもう一本、テレ朝朝8時『仮面ライダー龍騎』。『クウガ』から始まる「平成仮面ライダーシリーズ」の第3作で、悪者と戦う正義の味方=ライダーという枠組みを外し、自らの望みのためにライダー同士が殺し合うという衝撃的な展開でシリーズに大きな転機をもたらした傑作です。バトルロワイヤルスタイルとタイムループの手法、および希望のためにモンスターと戦うというヒーローの設定は、『魔法少女まどか☆マギカ』など、後世の作品に大きな影響を与えています。

⑧ フジテレビ

5.00 めざ新聞 210708
5.25めざましテレビ [N][天]
▽NEWS！早分かり
▽ワールドキャラバン
▽グルメほか 83781050

00 とくダネ！ 分かりやすい政治・経済＆事件芸能▽タイムズ拡充▽最新トレンド＆ライフスタイル術 823760
9.55Ⓢこたえてちょーだい ▽リフォーム事件簿▽デリ…イカとルッコラのパスタ・片岡譲ほか 川合俊一ほか 4315050
11.25[字]子育て 123296
30 [N]スピーク 63437

00 笑っていいとも！ 中居正広 久本雅美 ココリコほか 15741

00[字]ごきげん 笑福亭笑瓶 金子貴俊ほか 4321
30Ⓢ[字]幸せ 34925

00Ⓢ開運のツキ 757470
05 F2 エンタメ情報ほか 福井謙二ほか 901302

00Ⓢ[字]Ch－α 怪談百物語[再]「牡丹燈籠」 竹中直人 瀬戸朝香ほか ▽4.00恋愛偏差値[再] 常盤貴子ほか 267505
4.59 スーパーニュース ▽[N]を多角的に検証！▽事件事故の真相解明▽スーパーリポート・健康、グルメ、生活…情報が満載 安藤優子 木村太郎 西山喜久恵 須田哲夫ほか 66490692

00 とくダネ！発"GO-ガイ！"「ホットニュースの裏側に迫る!!」 小倉智昭ほか 49465
54Ⓢらんくる 58780895
59Ⓢ[字]剣客商売「赤い糸」（④／全11回）藤田まこと 山口馬木也 寺島しのぶ 波乃久里子 平泉成 芦屋小雁 ▶P44 70101012
8.54 [N]◇[天] 75296

00Ⓢお義母さんといっしょ（⑦／11回）水野美紀 海東健 小栗旬 宇津井健 水前寺清子 ▶P40 49429
54Ⓢサイクル 90505

00Ⓢ[字]僕の生きる道⑦／11 草彅剛 矢田亜希子 谷原章介 森下愛子 小日向文世 大杉漣ほか ▶P16．40 95470
54Ⓢ出会い 99876

00★ⓈジャンクSPORTS パートナーシップ 田中隼磨ほか 8128
30 ニュースJAPAN ▽最新の注目[N]を追跡▽フラッシュジャパン▽一撮入魂FNN特集▽すぽると・プロ野球キャンプほか 2257596
0.40 昔の恋・愛した記憶 ▽今だから語れる別れの理由ほか 5565258
0.58Ⓢ演技者。「14歳の国」②三宅健 原金太郎 浜口優 光石研 モロ師岡 原田知世ほか 4505068
1.28Ⓢ[天] 1.33 3354426

⑩ テレビ朝日

4.50Ⓢ歴史街道 9327654
4.55 朝いち！やじうま 小松靖ほか 9783383
5.50 やじうまプラス 飯村真一ほか 25675505

00 スーパーモーニング ▽ニュース＆芸能情報▽話題の現象大激論ほか 渡辺宜嗣 徳永有美 鳥越俊太郎 821302
9.55 うるおい宣言！ 岡田洋子ほか 2461031
10.30[字]暴れん坊将軍[再] 八百八町を狙う公家剣法 松平健ほか 3450215
11.25ワイド！スクランブル ▽芸能情報▽[N]▽特集▽夕刊キャッチ▽[天]ほか 大和田獏 大下容子 佐々木正洋 90295895
1.05[字]上沼料理 8697166
20Ⓢ[字]徹子怖いものとは？ 山咲トオル 8696741
1.55Ⓢ[字]家政婦は見た！[再] 市原悦子ほか 2312296
2.50夢情報◇[N] 463128

00 火曜サスペンス「真珠半島殺人事件・別荘夫人が犯された」[再] 丘みつ子ほか 265147
4.50東京サイト 889166
55Ⓢ[N]スーパーJチャン ▽きょうのニュース▽きょうのスポーツ▽生活に役立つ暮らしの裏技・お得激安情報▽あすの天気▽市況・経済情報ほか 小宮悦子 坪井直樹ほか 66498234

00★Ⓢ[字]旅の香り時の遊び 多岐川裕美が秋田県乳頭温泉を訪問▽かんじきをはいての雪歩きほか 氷川きよし 49447
54Ⓢおいひぃ 45645

00 イマジン！「おふくろの味に迫れ！お総菜アラカルト」（仮題）新メニュー開発の裏側▽活用術ほか 99988
54Ⓢ東京◇Ⓢ都 95186

00★ロンドンハーツ 好きだと言い切る言葉が怪しい…ザ・トライアングル▽カミングアウト温泉 予定 94741
54Ⓢニュースステーション ▽ニュース▽スポーツ▽特集▽円相場▽あすの天気ほか キャスター・久米宏 渡辺真理 角沢照治 上山千穂ほか 8333942
11.10Ⓢ[字]車窓 3711437
15★『ぷっ』すま「ホールinゾーン」ガードレールの値段はいくら!? 石田純一ほか 6909031
0.10Ⓢあしたま 8897513
0.16怪しい×× 2438838
0.46Ⓢういっち 5464819
0.51ⓈMの黙示録 ミュージカル音楽 4680703
1.21Ⓢ注目番組 6159068
1.26マーメイド 4482513
2.01Ⓢ1984 8425987
2.31ⓈBIG AIRみところ 7502884
2.37キャンバウ 7098819
3.07特選◇宅配 8292093
4.09Ⓢ水泳4.48 5192161

⑫ テレビ東京

5.00ⓈJ◇買物 650383
5.40Ⓢ買物◇[N] 2219789
6.40 ぽんこん 612609
6.45Ⓢおはスタ 642321
7.30Ⓢキティズ 38741

00[二]エンジェル 死のローラーゲーム 885050
55 株式ワイド オープニングベル 最新金融・株式情報ほか 八塩圭子 ◇たまて箱 2358505

00 モーニングテレショップ「お買得商品情報」◇55まにあ 66437

00 [N]◇株式[N] 8881
30 育児ナビ 639789
35 新五捕物帳[再]「胸に灯す母の顔」杉良太郎 園田祐介ほか 512234
0.30Ⓢ[字]アド街[再]「遊べる街に大変身！丸の内」◇1.25まに 6503234
1.30[二]映画「フレンジー」（1972年米）アルフレッド・ヒチコック監督 ジョン・フィンチほか ▶P94 924673
3.30 株式ワイドC・ベル ◇55まにあ 88673

00 レディス4 高崎一郎 岩崎美智子 441050
55 異文化生活 97234

00 TXNニュースアイ 斉藤一也ほか 459079
55Ⓢキッズ 90321

00Ⓢスパイラル～推理の絆 ささやく影 4789
30Ⓢアソボット戦記五九 ▽伝説の扉 42857

00Ⓢ[字]週刊ポケモン放送局 ポケモン衝撃映像▽プリン名場面 6760
30Ⓢ[字]遊戯王「新たなる闇の鼓動」[声]風間俊介 斉藤真紀ほか 41128

00[二]吸血キラー／聖少女バフィー「今夜、初めて想いを遂げる二人」 サラ・M・ゲラーほか [声]水谷優子 91654
54★Ⓢ開運！なんでも鑑定団 野々村真が大魔神・佐々木のユニホーム2点を鑑定依頼▽ダンヒルのライター▽戦後の芸能グッズ 19079857
9.54Ⓢタウン 85673

00ⓈMUSIX！ポルノグラフィティが憧れのレーサーと対面▽音楽クイズにテツandトモ登場P101 20166
54 オレの台所 84944

00 [N]WBS 593789
50 スポパラ・激スポ！ ▽0.04きらきらアフロ▽話題のネタで爆笑トーク!!ほか 笑福亭鶴瓶 松嶋尚美 6667944
0.45Ⓢ美少女Ⅲ 5451345
0.55Ⓢプラっと・ピーポー 飯島愛ほか 4223616
1.25Ⓢ新・出動！ミニスカポリス 5917180
1.55買物◇Ⓢ箱 8951987
2.35Ⓢ格闘×パンクラス「後楽園特集」的確な？解説で見所を語る伊藤崇文選手 4249364
3.05Ⓢブレイク 9215548
3.10買い物4.05 3592155

5▼7 | 8 | 9 | 10 | 11 | 0 | 1 | 2 | 3 | 4 | 5 | 6 | 7 | 8 | 9 | 10 | 11 | 0▼▼▼4

2003年2月18日火曜日

1 NHK総合

5.00 おはよう日本 N天
▽スポーツ▽NY円株
▽列島N▽気象歳時記
▽アジア&ワールドほか
三宅民夫ほか 28174128
8.15多字まんてん宮地真緒
藤井隆ほか 745147
30 N◇35生活ほっとモーニング 9929128
9.25体操◇S字料理再かきライス◇歌 3240147
00 N天◇工房 1586
30S字親の顔ゲスト・コシノヒロコほか 82050
00 N◇05いっと6けん
▽神奈川・群馬情報▽魚情報◇天 178875
00 N◇歴時 春を待ちわびて・福島 20741
45多まんてん再 68234
00 N◇05Sスタジオパーク ゲストトークほか
上田早苗ほか 578811
00 N◇05二シャーロックホームズの冒険再
◇50S体操 288050
00 N天◇10Sテント2003
森口博子 石井一孝ほか
◇55Sうた 7585470
00 N◇05視点 5696876
15S字日本映像の20世紀再「千葉県」 643654
00 N◇05首都圏いきいきワイド 290895
【山梨】いいじゃん
00 N◇首都圏ネットワーク N▽東京情報▽特集▽中継ほか 2050
【山梨】フレッシュ
00二字NHKニュース7
▽ニュース▽スポーツ
▽気象情報 876
30Sクローズアップ現代
国谷裕子 903398
55S案内◇天 89019
00SNHK歌謡コンサート
「都会の大人の恋物語」（仮題）小林幸子 林あさ美 布施明 氷川きよし 42876
45 首都圏N天 62741
00字ニュース9 510296
15★S字プロジェクトX
太平洋横断・光のハイウェイを結べ・海底ケーブル・男たち洋上の闘い◇58天 775418
00二NHKニュース10
▽ニュース▽スポーツ
▽きょうの世界▽天ほか
森田美由紀 今井環
有働由美子 169031
55 N天 93944
00S字赤ちゃんをさがせ
高野志穂 麻生祐未
岸田今日子 549708
15S字味わいパスポート
「おいしい旅をもう一度・探検・路地裏B級グルメ」 954031
11.45プレマップ 910944
11.50あす◇N天 5843234
0.15SNHKスペシャル再
内容は未定 5164161
1.05プレマップ 5766068
1.10 ウォルト・ディズニー再 夢の王国を作った男の軌跡 7697093
2.40S番組案内 8209249
2.55S嵯峨野 8548068
3.00映像 5.00 62004819

3 NHK教育

5.00二漢詩紀行◇10字温泉
5.20邦楽◇二能狂言◇案内
6.00英I◇体◇40ロシア語
7.10英会話◇ひとりでできるもん◇おじゃる丸◇英語で遊ぼ
8.11ぱあ◇プチ 9206437
31Sおかあさんといっしょ
▽歌と体操 71944
00Sお話のくに◇ピタゴラ
30多あつまれ 236692
45Sリコーダー 47741
00多字いっぱい 868944
15 ストレッチ◇つくって
45S字おこめ 57128
00Sスーパーえいごリアン
15字くらし探偵団◇多虹色
45S伝えよう 58857
00S趣味悠々再 766963
25S名曲◇英会話◇ミニ英語◇Sうた 9865166
00字N◇S人間ゆうゆう◇介護◇健康 79944
45多今日の健康 67505
00字GOGOボランティア
◇10min 2692
30 歴史世界再 10760
00 中国語会話再 相原茂
北川えりほか 3321
30多人間講座再 28789
00Sぱあ◇プチ 753499
21Sお母さん◇ケチャップ◇ぴりっと 94801470
00S英語で遊ぼ 522031
15S二人◇おじゃる◇ハッチ◇忍たま 642925
00S天才てれびくん アリス探偵局ほか 44234
45二GO！GO！ジェット
再佐藤貴広 3258166
7.10多字健康「胸焼け・つかえ 食道の病気」② ◇スクスク 1772760
30Sにんげんゆうゆう「重度障害児施設〝明〟と歩む」② 74944
00S今夜もあなたのパートナーI字今日の料理・まぐろとカマンベールチーズのポンスあんほか
高嶋泰子ほか 40418
45字手話N845 60383
00S今夜もあなたのパートナーII 字おしゃれ工房・らくらくカンフー体操②ほか 8779692
35★S趣味・自然派志向のパンづくり 2090321
00 ETV2003「幻の石窟寺院・楡林窟② 孫悟空と水墨画」仮題 西遊記の原型▽楡林窟の壁画の魅力 60296
45 視点◇健康 84963
00多NHK人間講座・新・香辺のすすめ日本留学
藤井省三 654
30 歴史でみる日本「経済成長の時代① 貿易の自由化」 62316
0.00 英会話再 1106426
0.20ミニ英会話 4764187
0.25イタリア語 4283154
0.55ETV2003再マエストロの肖像ほか 4609074
2.25 長崎散歩 8555600
2.50それゆけこどもたい再
今日は先生 2201819
3.50高校英語I 6456838
4.20歴史世界再 3833613
4.50 冬の箱根再
（5.00） 8081703

4 日本テレビ

4.30 N天朝いち430
▽最新Nほか 2890505
5.30ズームインSUPER
▽ニュース現場ライブ&エンターほか羽鳥慎一
大桃美代子 67949234
8.30ザ！情報ツウ ⑯ネタ最新芸能&事件の真相▽感動告白！涙の半生女の⑯ワケあり写真館
峰竜太ほか 892692
10.25ららら日記 736321
30字美味しんぼ再
声井上和彦 1048499
11.25字ご存じ 746708
30字Nダッシュ 298302
50字3分料理 179215
00 おもいッきりテレビ
▽知ってて得する特集
▽何の日ほか 芳村真理
服部真湖 さとう宗幸
山口崇ほか 705692
1.55ザ・ワイド 情報満載激論！混迷政局の行方▽芸能界〝泣き笑い〟ウワサの真相▽追跡！事件の闇と真実▽発掘感動秘話ほか 22485963
3.50 アナ劇場 199079
00S字愛犬ロシナンテの災難再 堂本剛
根津甚八ほか 64505
00字ニュースプラス1
▽最新N▽プラス1特集▽撮れたて！エンタメ5▽特撮▽今日のスポーツ▽お天気ラボほか
笛吹雅子 藤井貴彦
木原実ほか 450215
00★伊東家の食卓 走るのが早くなる裏ワザ▽きつくなったスカートがはける裏ワザほかメグミ
▶P73 820383
58★踊る！さんま御殿!!
▽私が言われた露骨な嫌み▽私だけが妙に興奮してしまうこと
清水ミチコ 飯島愛
石原良純ほか 58981234
8.54字N◇天 20234
00多火サスQ 180645
03多字火曜サスペンス劇場
「弁護士朝日岳之助⑱逃亡・よさこい祭りを血で染めた無実の叫び四国八十八ケ所巡りに隠された心の闇」峯尾基三脚本 田中登監督
小林桂樹 榎木孝明
宮崎美子 東根作寿英
▶P46 462050
10.54★おすピー金持ち×貧乏 古着店を徹底検証
吉岡美穂ほか 24484166
11.24NNNきょうの出来事&MAX. 43090741
0.20SZZZ・新型テレビ
▽和田アキ子&久本雅美がゲストの悩みに珍回答を!!ほか 8841345
0.50S花田少年史「クリスマスプレゼント」再くまいもとこ 6455109
1.20Sチェキラ 6760762
1.25 アナ劇場 6742277
1.35S映画「バーティカル・クライシス」マリエル・ヘミングウェーほか
字幕▶P94 86289600
3.40N（4.30） 8386432

6 TBSテレビ

5.00 いちばん！
▽N&天▽芸能&朝刊
▽スポーツ 70128
6.00Sおはよう！グッデイ
▽一押し最新ニュース
▽スポーツ&芸能情報
▽常識調査 80601031
8.30 はなまるマーケット
▽はみ出しセレクション▽今日の目玉▽はなまるカフェ▽アイアムレシピほか 890234
10.20特選名品館 537895
30S新・天までとどけ3再
「孤独な子」「行方不明」 1039741
11.25ベストタイム 事件・芸能…最大関心事！▽平野寿将の参上お助け料理人▽N 96382654
00S字またのお越しを
原千晶ほか 4673
30S字ハート 87505
00 ジャスト 最新芸能&オシャレ▽ゴージャスマダム▽芸能界これが知りたいほか 446012
3.50 倶楽部6 222741
55 水戸黄門再 佐野浅夫
あおい輝彦 伊吹吾郎
中谷一郎ほか 8074470
4.55 3年B組金八先生再
武田鉄矢ほか 6356055
5.50二字ニュースの森
▽きょうのニュース▽スポーツ▽天気予報ほか
杉尾秀哉 小川知子
豊田綾乃ほか 4964857
6.55サバイバー 追放免除チャレンジ・千本やしビーチでの飛び石バスケット▽ソムナックチーム&マングルチーム合流ほか予定 9222741
7.54始まるよ!! 29505
00★学校へ行こう！ロマンスの神様・スキー合宿▽ガッツ石松&おさると友達母娘探し▽B-RAPほか 59166
54 N 28876
00★ガチンコ！ ファイトクラブVファイナル・畑山隆則らがプロテスト直前に激励！運命の結果は？ほか 56079
54Sステイタス 10857
00★タモリのグッジョブ！胸張ってこの仕事声優・野沢雅子&古谷徹&たてかべ和也登場!!▽雪卓早打ち 48050
54 筑紫哲也NEWS23
草野満代ほか 13222418
11.50 サイボーグ魂
▽松本人志&水野裕子&魔裟斗ほか 8399012
0.30SPooh！ 大人の女性情報！ 1843242
0.50 名門！アサ⑯ジャーナル 野田聖子が政界を斬る!!ほか 6446451
1.20 ドキュメントD・D
人間模様ほか 8848258
1.50Sヒートガイジェイ
「友」 6445722
2.20音楽◇案内 1316203
2.35買物大図鑑 2508068
3.30SMコール◇Sビデオガイド◇6 6714074
3.45SN 5.00 2632161

平成15年
2003年
2月18日 火曜日

SMAPの名曲『世界に一つだけの花』はドラマ『僕の生きる道』の主題歌でしたね

この日のゴールデンタイムには今も絶賛放送中の人気バラエティーが並んでいて壮観です。日本テレビ夜8時『踊る！さんま御殿!!』は1997年10月スタートで2021年で丸24年、テレビ朝日夜9時『ロンドンハーツ』は1999年4月に日曜放送でスタートして、2001年10月に火曜日に移って、現在は11時台で放送中、テレビ東京夜9時の『開運！なんでも鑑定団』に至っては、1994年4月スタートですから現在28年目に入っています。どの番組も個性的で、他の追随を許さないオリジナリティーを持っていたということでしょう。というより、ほかの番組にパクられまくってもびくともしない強さを持っていたというべきかもしれませんね、いろんな意味で。

さて、ここでSMAPファンに問題です。『セロリ』『らいおんハート』『世界に一つだけの花』の3曲に共通することは何でしょう？　答えは、草彅剛くん主演ドラマの主題歌。まあ、もともとSMAP本体が主題歌を担当するのは草彅くんのドラマが多いんですが、どの曲もなんとな～くドラマの雰囲気と合ってるんですよね。『セロリ』は1997年の『いいひと。』、『らいおんハート』は2000年の『フードファイト』、そして21世紀の全シングル売り上げ第1位を誇り『青い山脈』や『上を向いて歩こう』などと並ぶ国民栄誉楽曲のひとつといっても過言ではない名曲『世界に一つだけの花』は、この日の夜10時から放送している『僕の生きる道』の主題歌でした。限りある命を生きる主人公を草彅剛が見事に演じ、その演技力を満天下に知らしめた傑作。矢田亜希子扮する奥さんとの静かな夫婦愛が感動を呼び、記憶に残るドラマになりました。脚本は橋部敦子。以降「僕」シリーズとして、草彅剛主演作が何度か放送されました。

2003年2月21日号
表紙・モーニング娘。
17枚目のシングル『モーニング娘。のひょっこりひょうたん島』をリリース。懐かしの人形劇のテーマソングをカバーして話題を集めた。

そして『僕の生きる道』で感動したあと、間髪容れずに始まるのがテレビ朝日夜11時15分の長寿バラエティー『「ぷっ」すま』。剛くんのギャップがすごい。実は『僕の生きる道』の前のクールに同じフジテレビの火曜10時枠で放送してたのが、ユースケ・サンタマリア主演の『アルジャーノンに花束を』で、その時も違和感ありありだったけど、まさかの2クール連続の違和感。『「ぷっ」すま』は、とにかく企画の柔らかさと〝彅スケ〟コンビのへなちょこさに定評のある番組でしたからね。ドラマの感動が薄まるのがちょっと怖かった。でも結果的にその違和感は、とりもなおさず2人のタレント力の幅広さと演技力の確かさを証明することになりました。

そのあと、伝説の帯番組『あしたまにあーな』（通称あしたま）を挟んで深夜0時16分から放送されているのが『優香・さまぁ～ずの怪しい××貸しちゃうのかよ!!』。これ毎回どこかの怪しいスペースを舞台に開催されるアイドルの撮影会とか、妙なイベントを隠しカメラでリポートする、という見るからに怪しい番組で、それを優香とさまぁ～ずが本気で怪しがるという実に深夜らしい番組だったんですが、結果的に今につながるさまぁ～ずのゆるさが存分に発揮され、優香が本気で嫌がるのと相まって、意外な人気番組となったのでした。やがてこれが怪しいクイズを募集する形式にかわり、11時台に昇格するときに『クイズプレゼンバラエティー・Qさま』となって、〝ビビリ橋〟や〝高飛び込み〟、〝全員鬼ごっこ〟、〝潜水選手権〟などの企画で人気を集めます。やがてゴールデンに進出した後、『プレッシャーSTUDY』で安定した人気を得、現在おなじみの『Qさま』となるわけです。てなことで、これも意外な長寿番組と言えるかもしれません。中身は全然変わっちゃってるけど。

最後にNHK総合夜9時15分の『プロジェクトX』。一世を風靡したドキュメント番組で、NHKにとってもいろいろな意味で重要な番組です。中島みゆきが歌う主題歌『地上の星』も大ヒットを記録、田口トモロヲのナレーションも随分モノマネされました。

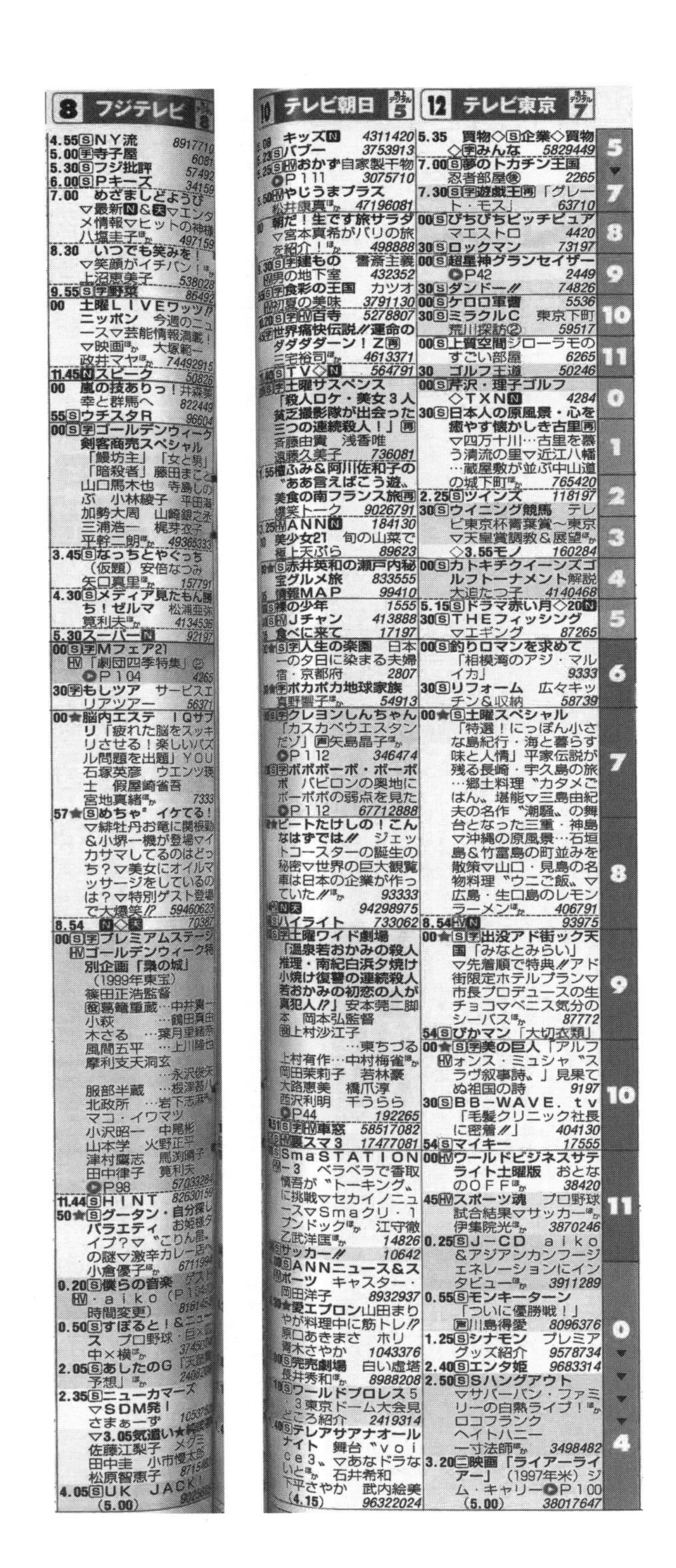
8 フジテレビ

4.55Ⓢ NY流 8917710
5.00字 寺子屋 6081
5.30Ⓢ フジ批評 57492
6.00Ⓢ Pキーズ 34159
7.00 めざましどようび ▽最新N&天▽エンタメ情報▽ヒットの神様 八塩圭子ほか 497159
8.30 いつでも笑みを！ ▽笑顔がイチバン！ 上沼恵美子 538028
9.55Ⓢ字 野菜 86492
00 土曜LIVEワッツ!? ニッポン 今週のニュース▽芸能情報満載！▽映画ほか 大塚範一 政井マヤほか 74492915
11.45N スピーク 50826
00 嵐の技ありっ！井森美幸と群馬へ 822449
55Ⓢ ウチスタR 96604
00Ⓢ字 ゴールデンウィーク剣客商売スペシャル 「鰻坊主」「女と男」「暗殺者」藤田まこと 山口馬木也 寺島しのぶ 小林綾子 平田満 加勢大周 山崎銀之丞 三浦浩一 梶芽衣子 平幹二朗ほか 49368333
3.45Ⓢ なっちとやぐっち（仮題）安倍なつみ 矢口真里ほか 157791
4.30Ⓢ メディア見たもん勝ち！ゼルマ 松浦亜弥 篦利夫ほか 4134536
5.30 スーパーN 92197
00Ⓢ字 Mフェア2） HV「劇団四季特集」② ◎P104 4265
30字 もしツア サービスエリアツアー 56371
00★ 脳内エステ IQサプリ 「疲れた脳をスッキリさせる！楽しいパズル問題を出題」YOU 石塚英彦 ウエンツ瑛士 假屋崎省吾 宮地真緒ほか 7333
57★Ⓢ めちゃ²イケてる！ ▽緋牡丹お竜に関根勤&小堺一機が登場▽イカサマしてるのはどっち？▽美女にオイルマッサージをしているのは？▽特別ゲスト登場で大爆笑!? 59460623
8.54 N◇天 70387
00Ⓢ字 プレミアムステージ HVゴールデンウィーク特別企画「梟の城」（1999年東宝） 篠田正浩監督 役葛篭重蔵…中井貴一 小萩…鶴田真由 木さる…葉月里緒奈 風間五平…上川隆也 摩利支天洞玄…永沢俊矢 服部半蔵…根津甚八 北政所…岩下志麻 マコ・イワマツ 小沢昭一 中尾彬 山本学 火野正平 津村鷹志 馬渕晴子 田中律子 篦利夫 ◎P98 57033284
11.44Ⓢ HINT 82630159
50★Ⓢ グータン・自分探しバラエティ お姫様タイプ？▽〝こりん星〟の謎▽激辛カレー店への… 小倉優子ほか 6711994
0.20Ⓢ 僕らの音楽 ゲスト HV・aiko（P1… 時間変更） 8161453
0.50Ⓢ すぽると！&ニュース プロ野球・巨×広 中×横ほか 3745…
2.05Ⓢ あしたのG「天皇賞予想」ほか 2408…
2.35Ⓢ ニューカマーズ ▽SDM発！ さまぁ～ず 10537… ▽3.05気遣い★純喫茶 佐藤江梨子 メグミ 田中圭 小市慢太郎 松原智恵子 8715…
4.05Ⓢ UK JACK！ （5.00） 9028…

10 テレビ朝日 地上デジタル5

5.00 キッズN 4311420
5.23 バブー 3753913
5.25Ⓢ HV おかず自家製干物 ◎P111 3075710
5.50HV やじうまプラス 松井康真ほか 47196081
00 朝だ！生です旅サラダ ▽宮本真希がパリの旅を紹介！ほか 498888
9.30Ⓢ字 建もの 書斎主義 男の地下室 432352
55Ⓢ字 食彩の王国 カツオ 初夏の美味 3791130
10.20Ⓢ字HV 百寺 5278807
…Ⓢ 世界痛快伝説!!運命のダダダダーン！Z再 三宅裕司ほか 4613371
11.50Ⓢ TV◇N 564791
00Ⓢ字 土曜サスペンス「殺人ロケ・美女3人貧乏撮影隊が出会った三つの連続殺人！」再 斉藤由貴 浅香唯 遠藤久美子 736081
1.55 檀ふみ&阿川佐和子の〝ああ言えばこう遊〟 美食の南フランス旅再 爆笑トーク 9026791
3.25 ANN N 184130
30 美少女21 旬の山菜で極上天ぷら 89623
00★Ⓢ 赤井英和の瀬戸内秘宝グルメ旅 833555 情報MAP 99410
… 裸の少年 1555
…Ⓢ HV Jチャン 413888
… 食べに来て 17197
00★Ⓢ字 人生の楽園 日本一の夕日に染まる夫婦宿・京都府 2807
30★字 ポカポカ地球家族 真野響子ほか 54913
00Ⓢ字 クレヨンしんちゃん 「カスカベウエスタンだゾ」声矢島晶子ほか ◎P112 346474
30Ⓢ字 ポポポーポ・ポーポポ バビロンの奥地にポーポポの弱点を見た ◎P112 67712888
00★ ビートたけしの！こんなはずでは!! ジェットコースターの誕生の秘密▽世界の巨大観覧車は日本の企業が作っていた!!ほか 93333
… N天 94298975
…Ⓢ ハイライト 733062
00Ⓢ字 土曜ワイド劇場 「温泉若おかみの殺人推理・南紀白浜夕焼け小焼け復讐の連続殺人若おかみの初恋の人が真犯人!?」安本莞二脚本 岡本弘監督 役上村沙江子…東ちづる 上村有作…中村梅雀ほか 岡田茉莉子 若林豪 大路恵美 橋爪淳 西沢利明 千うらら ◎P44 192265
…Ⓢ字HV 車窓 58517082
… HV 裏スマ3 17477081
…Ⓢ SmaSTATION-3 ベラベラで香取慎吾が〝トーキング〟に挑戦▽セカイノニュース▽Smaクリ・1ブンドックほか 江守徹 乙武洋匡ほか 14826
… サッカー!! 10642
…Ⓢ ANNニュース&スポーツ キャスター・岡田洋子 8932937
…★ 愛エプロン山田まりやが料理中に筋トレ!? 原口あきまさ ホリ 青木さやか 1043376
…Ⓢ 完売劇場 白い虚塔 長井秀和ほか 8988208
…Ⓢ ワールドプロレス 5・3東京ドーム大会見どころ紹介 2419314
…Ⓢ テレアサアナオールナイト 舞台〝voice3〟▽あなドラないとほか 石井希和 下平さやか 武内絵美 （4.15） 96322024

12 テレビ東京 地上デジタル7

5.35 買物◇Ⓢ企業◇買物◇字みんな 5829449
7.00Ⓢ 夢のトカチン王国 忍者部屋㊧ 2265
7.30Ⓢ字 遊戯王再「グレート・モス」 63710
00Ⓢ ぴちぴちピッチピュア マエストロ 4420
30Ⓢ ロックマン 73197
00Ⓢ 超星神グランセイザー ◎P42 2449
30Ⓢ ダンドー!! 74826
00Ⓢ ケロロ軍曹 5536
30Ⓢ ミラクルC 東京下町荒川探訪② 59517
00Ⓢ 上質空間 ジローラモのすごい部屋 6265
30 ゴルフ王道 50246
00Ⓢ 芹沢・理子ゴルフ ◇TXN N 4284
30Ⓢ 日本人の原風景・心を癒やす懐かしき古里再 ▽四万十川…古里を慕う清流の里▽近江八幡…蔵屋敷が並ぶ中山道の城下町ほか 765420
2.25Ⓢ ツインズ 118197
30Ⓢ ウイニング競馬 テレビ東京杯青葉賞～東京▽天皇賞調教&展望ほか ◇3.55モノ 160284
00Ⓢ カトキチクイーンズゴルフトーナメント解説 大迫たつ子 4140468
5.15Ⓢ ドラマ赤い月◇20N
30Ⓢ THEフィッシング ▽エギング 87265
00Ⓢ 釣りロマンを求めて「相模湾のアジ・マルイカ」 9333
30Ⓢ リフォーム 広々キッチン&収納 58739
00★Ⓢ 土曜スペシャル 「特選！にっぽん小さな島紀行・海と暮らす味と人情」平家伝説が残る長崎・宇久島の旅…郷土料理〝カタメごはん〟堪能▽三島由紀夫の名作〝潮騒〟の舞台となった三重・神島▽沖縄の原風景…石垣島&竹富島の町並みを散策▽山口・見島の名物料理〝ウニご飯〟▽広島・生口島のレモンラーメンほか 406791
8.54 HV N 93975
00★Ⓢ字 出没アド街ック天国「みなとみらい」▽先着順で特典!!アド街限定ホテルプラン▽市長プロデュースの生チョコ▽ベニス気分のシーバスほか 87772
54Ⓢ ぴかマン「大切衣類」
00★Ⓢ字 美の巨人「アルフ HVォンス・ミュシャ〝スラヴ叙事詩〟」見果てぬ祖国の詩 9197
30Ⓢ BB-WAVE.tv 「毛髪クリニック社長に密着!!」 404130
54Ⓢ マイキー 17555
00HV ワールドビジネスサテライト土曜版 おとなのOFFほか 38420
45HV スポーツ魂 プロ野球試合結果▽サッカーほか 伊集院光ほか 3870246
0.25Ⓢ J-CD aiko&アジアンカンフージェネレーションにインタビューほか 3911289
0.55Ⓢ モンキーターン 「ついに優勝戦！」 声川島得愛 8096376
1.25Ⓢ シナモン プレミアグッズ紹介 9578734
2.40Ⓢ エンタ姫 9683314
2.50Ⓢ Sハングアウト ▽サバーバン・ファミリーの白熱ライブ！ほか ロコフランク ヘイトハニー 一寸法師ほか 3498482
3.20二 映画「ライアーライアー」（1997年米）ジム・キャリー◎P100 （5.00） 38017647

2004年5月1日 土曜日

1 NHK総合 地上デジタル1

4.30風景◇案内 6020371
5.00N天◇S字世界美術再 HV◇百歳◇天 75994
6.00 おはよう日本 N天 HV▽スポーツ▽各地のN 島津有理子 931604
8.15多字天花 藤沢恵麻 HV片平なぎさ 553081
30HV週刊N 481772
9.15Sくらしと経済「歩く HV旅を満喫」 6641352
55Sふれあい 28888
00HVN天◇土曜インタビュー山本昌邦 47791
45Sふれあい広場へようこそ HV BS新キャラクタ一お披露目 665159
11.30いっと6県 98994
00字N◇字笑百科「私が育てた夫」ほか 58807
45多字天花再 68333
00HVN◇05S字新選組!再 デ「一筆啓上、つね様」 香取慎吾ほか 461081
50S土曜スタジオパーク・HVあなたの声に答えます「特集・デジタルふれあい広場」 9652710
00HVN◇S字究極のサーカスアートシルク・ドゥ・ソレイユ 46420
00S字驚き!ふるさと新遺産再 83468
45S熊野◇案内 84246
00S字特集・小さな旅 HV「山の歌」(内容は未定です) 57536
00HVN 4934159
10Sプロ野球〜東京ドーム HV巨人×広島 解説 SS・大野豊ほか 8874915
45HVN天 34505
00二字NHKニュース7 HV▽日本と世界のきょう ▽ニュースの背景 末田正雄 88
30Sプロ野球〜東京ドーム HV巨人×広島 SS解説・大野豊 小早川毅彦 実況・石川洋 (プロ野球延長の時、9.00以降の番組に変更・休止の場合あり) 244994
00HVN天 295178
15★S字NHKスペシャル HV「足尾銅山・よみがえる森」鉱毒と亜硫酸ガスによるはげ山化からの復活▽ツキノワグマの親子を長期間にわたって観察▽四季折々の足尾の森ほか 8518401
10.05HVサタデースポーツ ▽プロ野球▽サッカー ▽MLB・米大リーグ ▽PGAゴルフほか 堀尾正明ほか 7400710
35S字美しき日本百の風景 再甲府盆地 8873468
00HVN天 4031710
10二字冬のソナタ「罠」 チェ・ジウ ペ・ヨンジュンほか 声田中美里 ◎P3、43 1768739
0.10★S字オンエアバトル HV「爆笑編」司会・藤崎弘士 5534376
0.40HVN天 6641753
0.45S字冬のソナタ・ときめきのセリフたち・ハングル講座特集 ▽ユジンやチュンサンの心に残る名セリフをハングルで紹介!▽名シーン集ほか 江川有未 小倉紀蔵ほか 2165734
1.10多字熱中時間・忙中趣味あり 仕事中は決して見せない著名人たちのオフの顔を紹介する ▽無線操縦・山本昌広 ▽ジオラマの小宇宙・森博嗣 31115043
3.10Sサバンナ 6755802
4.00S音楽4.30 1255314

3 NHK教育 地上デジタル2

5.00S名曲選 192826
5.15S花舞台再 525536
6.00Sロシア語◇30字体操
6.40日本語講座 861352
7.00S趣味の園芸◇まる得
7.30NHK歌壇 76772
00 NHK俳壇 2410
30Sおかあさんといっしょ ▽歌と体操 86159
00Sおどろんぱ 811159
15S科学大好き土よう塾 ▽クレーン 505772
00多字中学生再 1826
30Sあしたをつかめ再 ◇55ミクロ 95807
00 親と子のTVスクール 山口ともほか 48420
45字週間手話N 81284
00多食彩浪漫再 377623
20S字大del林再 984642
30 スポーツ再 99623
00二日本舞踊鑑賞入門「鏡獅子」 8975
30S芸能花舞台 歌舞伎舞踊「雅菊」 400807
2.15多日本話芸 704739
45Sまる得マガジンSP 掃除のコツ 1132284
3.15BS◇童謡 8783975
20S第45回科学技術映像祭入賞作品 1047130
4.20 10min 944246
30二ライオンたちと英語再 ◇55動く絵 88866
00Sニャンちゅうと一緒 清水ゆみほか 860826
50Sおじゃる再 376062
00S字カスミン 312772
25Sプチアニメ 852604
30S字カードキャプターさくら再 639333
55Sみんなの歌 17623
00★サイエンスZERO「"光触媒"で環境を浄化せよ」仮題 耐久性やコストの課題▽開発最前線ほか 27888
45Sミクロ世界 738265
55S地球は歌う 715371
55手話N 17884
00字きらっといきる「地域で失語症の人を支えたい」 1
30字ろうを生きる 難聴を生きる再手話で利用できる医療を 180081
45S字百歳万歳 546333
55S字リハビリ 67325
00字すくすく子育て「いざという時の救急・アウトドア」セイン・カミュほか 2
30字NHKみんなの手話 すみません 用事がありますので 634888
55S字ミニ手話 17848
00S ETV特集「バグダッド・占領下に生きる」(仮題)混乱の続くイラク情勢▽庶民の目線からイラクの現状に迫る▽イラク警察・治安最前線▽バグダッドに住む子どもたちの暮らしの変化▽治安回復への切実な願い▽今を生きるイラクの人々▽多角的に"イラクの今"を検証ほか 920555
11.30 土曜フォーラム「トラック事故を防ぐ・安全で適切な物流環境の構築」仮題 運転者・車・走行環境から事故分析▽安全輸送ほか 竹内健蔵ほか 8217130
0.40二字アボンリーへの道 再愛犬ディガーの危機 6268265
▽1.25亡き親友の妻
▽2.09町の消防団
▽53それぞれのデート 声鳳八千代 30055260
3.38SBSナビ 6643111
3.40プレマップ 5406173
3.50 高校地学再「熱のバランス」 3360173
4.20高校生物再 筋肉や発光器の働き 3509918
4.50 新緑の木曽路再 (5.00) 3888482

4 日本テレビ 地上デジタル4

5.00HVあさ天サタデー ▽天気予報 60062
5.59HVズームインサタデー ▽朝一番ヘッドライン ▽アニマールニッポン ▽プロ野球 96704371
00HVSウェークアップ! ▽1週間のNEWSが3分でわかるほか桂文珍 ◇オススメ 757975
9.30字途中下車都営浅草線 舞の海秀平 39082
00字素顔が一番 8352
30Sスーパーテレビ再 新幹線100のヒミツ・日本縦断の旅 6498604
11.25S企業◇字N◇チャンプ◇字料理 6758826
00Sメレンゲの気持ち ▽ブラザートムのつらい仕事話ほか紺野美沙子 若槻千夏ほか 115831
1.30 "徳光&所のスポーツえらい人グランプリ"芸能界No.1打者決定戦 再 メジャーの魔球投手緊急来日▽真剣勝負 江川VS武蔵 578284
3.25HVN 557284
30S世界が認めた仮装大賞 笑いの新時代到来SP ▽仮装大賞が海外進出 香取慎吾ほか 370739
4.55S企業G 10772
00HVマンボウ「はじめてのおつかい&サバコンを特集!!」ほか 42604
00HV字Nプラス1サタデー ▽全国Nほか 3
30S冒険!CHEERS ▽ミニ料理を作ろうほか(予定) 67975
00★THEスペシャル!「はじめてのおつかい爆笑傑作スペシャル」 ▽お金を握りしめた子供たちの大冒険に密着 ▽これまでに登場した140組の中から名場面を紹介▽突然のハプニングから名セリフまで一挙に振り返る▽最年長は19歳▽その後の成長ぶりに迫るほか 優香 長嶋一茂 五月みどり 糸井重里 所ジョージ 森口博子ほか 247536
8.54HV字N◇天 33081
00多字仔犬のワルツ (3/全11回)吉野万理子脚本 安倍なつみ 西島秀俊 岡本健一 杉浦幸 塚地武雅 風間トオル 竜雷太ほか ◎P38 34178
54Sソノリティ 25062
00★エンタの神様 インパルス 陣内智則 スピードワゴン 友近 アメリカザリガニ ドランクドラゴン 細川茂樹 森下千里ほか 予定◎P16 33449
54S京都心の都 24333
00★恋のから騒ぎ「同性として絶対に許せない女の言動」 寺脇康文ほか 20
30S99サイズ ナインティナインVSキャイーン! 爆笑トーク▽意外な共通点判明!? 129569
11.55Sスポーツうるぐす HV▽海外情報満載!サタデーナイトサッカー▽競馬学園・天皇賞予想 ▽プロ野球結果&江川な人発表ほか 6268265
0.35NNNきょうの出来事 HV櫻井美佳 7946821
0.50★Sカミングダウト フローラン・ダバディ 小倉優子 はなわ 名倉潤ほか 1086666
1.50ボクシング 本望信人×中川知則 1085937
2.50Sスノーボードアークティックチャレンジ'04「最終戦」 1075550
3.50N (5.25) 32996111

6 TBSテレビ 地上デジタル6

5.00S音楽堂 392130
5.25散歩◇皇室 7890888
5.45 みのもんたのサタデーずばっと 99640492
7.30S字セーラームーン ◎P42 39028
00S知っとこ!今週のコレ HV知っとこ!▽最新エンタメ▽世界の朝ごはんオセロほか 4081604
9.25Sレシピ 228975
30S王様のブランチ丹沢でピクニック▽アテネ五輪バレーボール特集でNEWS生登場▽映画"スクール・オブ・ロック"▽GW限定メニュー▽姫さま埼玉ステラタウンで買物▽斉藤祥太&慶太"スヌーピー"攻略▽TDS"ザッツ・ディズニーテイメント"特集▽DVDは最新VFXをひも解くほか中断N 47635975
00 第45回中日クラウンズゴルフ解説・川田太三 実況・水分貴雅 〜名古屋ゴルフ倶楽部和合コース 306623
3.54 TBSN 70453081
00S K-1MMA!直前情報(予定) 840197
54S五輪バレー 15503826
00S"世界の中心で愛をさけぶ"ナビ 75
30Sチャンネル 27371
00S字鋼の錬金術師 ◎P112 5
30字ニュースの森柴田秀一 長峰由紀ほか 624401
55 天 67361
00★爆笑問題のバク天! ▽愛犬に"ブーブークッション"を仕掛けてみる!▽バク天ペット・オウムがめでたい芸披露▽若者言葉のテスト解答用紙 6197
56S字サウンド 78737246
00★字脳力探険クイズ!ホムクルいとうせいこう&杉田かおる&小倉優子がクイズ挑戦▽早口言葉で脳年齢を測定▽双子はどこまで似ているのか?ほか 35807
54 N 31623
00★字世界・ふしぎ発見!「裸足で行こう蒼いモルディブの謎」約1200の島々が連なる国▽謎の巨大遺跡▽漁師の島の暮らし▽サンゴの白化現象ほか 25420
54 名作の風景 23604
00 ブロードキャスター HV▽どこまでも徹底的!最新情報のウラを探る▽軽妙かつ鮮烈!注目点を複眼的おもしろ分析▽秘情報満載!お父さんのためのワイドショー講座▽最新スポーツ情報ほか 福留功男 三雲孝江ほか 2173517
11.24ドリームズ 47268371
30★字チューボーですよ!「ロールケーキ」 ゲスト・内山理名 堺正章ほか 88802
0.00 Jスポーツスーパー HVサッカーPLUS ▽日本代表欧州遠征チェコ戦結果分析▽SSザワールド▽EURO2004特集ほか 6499111
0.45 JNN N 5420753
0.55S COUNTDOWN TV「シングル50」ほか ゲスト・奥田民生 フロウ予定 7753395
1.40ランク王国母親にしたい有名人ほか 5183869
2.10二映画「キング・オブ・デストロイヤー コナンPART2」A・シュワルツェネッガー ◎P100 31107024
4.03S買物5.30 9289376

平成16年
2004年
5月1日 土曜日

韓流ブームすべてのきっかけは『冬のソナタ』とヨン様にあり

10年ほど前の子役ブームの時に大人気だった、芦田愛菜ちゃん、鈴木福くん、本田望結ちゃん、谷花音ちゃん、小林星蘭ちゃんがみ～んな生まれた2004年。彼らの活躍ぶりを見ると、時間の流れの重さをいやでも実感させられますね……。

今世紀に入って日本のショービジネス界を席巻した最大のムーブメントのひとつ「韓流ブーム」を象徴する番組が、この日放送されています。NHK総合夜10時10分のドラマ『冬のソナタ』です（深夜0時45分からは「ときめきのセリフたち」と題した『ハングル講座』の特番まで放送されています）。

『冬のソナタ』は前年の2003年にNHK衛星第2（当時）で放送されて大きな人気を獲得。その年のうちに再放送され、ついに2004年4月から地上波での放送が開始されるに至って爆発的なブームとなりました。特に主演のペ・ヨンジュンの人気はすさまじく、ここから始まった韓流ムーブメントは、やがて音楽界でのK-POPの大攻勢へと広がりを見せていきます。あれから20年近く、とにかくおびただしい数の韓国ドラマや映画、音楽が日本に紹介され、多くの作品や俳優・女優、アーティストが人気を得てきました。そして、グルメ、スイーツ、コスメ、ファッションなど、カルチャー全般で韓国の影響力が増して行きます。すべてのきっかけはこの『冬のソナタ』であったわけです。（この日の番組表が掲載されていた2004年5月7日号の『TVガイド』の表紙を飾っていたのもペ・ヨンジュンでした）。

2004年5月7日号
表紙・ペ・ヨンジュン
ドラマ『冬のソナタ』の大ヒットで多くの女性たちを魅了し空前のヨン様ブームとなった。5月には主演映画『スキャンダル』も公開された。

韓流ドラマ全体に関しては出来不出来にばらつきもあり、一概には言えませんが、とりあえず『冬のソナタ』に限って言えば、やっぱりすごく面白いです。特に往年の少女マンガテイストが横溢する8話くらいまでの胸キュン度合いはハンパなく、かつて女子だった方々の熱中っぷりも十分にうなずけます。ヨンさま扮するミニョンさんの王子様キャラっぷり、チェ・ジウが演じたユジンの切なさ満点の泣き芝居に加え、パク・ヨンハ演じるサンヒョクのやさしさと情けなさや、パク・ソルミのチェリンの意地悪さがまたいいんだ。この日の第5話は「罠」のサブタイトルのとおり、チェリンの悪女っぷりが炸裂。いいですよ〜。ぜひ見てください。できれば第6話も続けて。6話がいいので（！）。

この春始まった番組にも印象的なものが多いです。フジテレビ正午『嵐の技ありっ！』は『なまあらし』に続く嵐の冠番組。このあと『まごまご嵐』『GRA』をはさんで、のちにゴールデンで放送されることになる『VS嵐』へとつながります。フジ夜11時50分『グータン〜自分探しバラエティ〜』は、関西テレビ制作。後に水曜に移って『空飛ぶグータン』『グータンヌーボ』とタイトルを変えながら、最終的に2012年まで続いた人気トーク番組です（2019年に『グータンヌーボ²』として復活しました。フジテレビでは見られないんだけど）。女性MCによる独特のトーク回しとタイトルの響きの不思議さで印象に残る番組でした。この日のゲストはまだ〝ごりん星人〟だったゆうこりん（小倉優子）。日テレ深夜0時50分の『カミングダウト』にも出てますが、これ、所持カードによって真実を話さなければいけない番組だからなあ。よく出たなあ。フジ深夜0時20分の『僕らの音楽』もこの春スタート。当初は鳥越俊太郎がインタビュアーを務めていました。

最後にもうひとつ。フジテレビ夜6時の『ミュージックフェア21』は2週連続劇団四季特集の第2夜。当時のオールスターに近い配役で四季の代表的なミュージカルナンバーを披露しました。こういう趣向はこのとき以外にはあまり例がなく、ファンには貴重な番組でした。

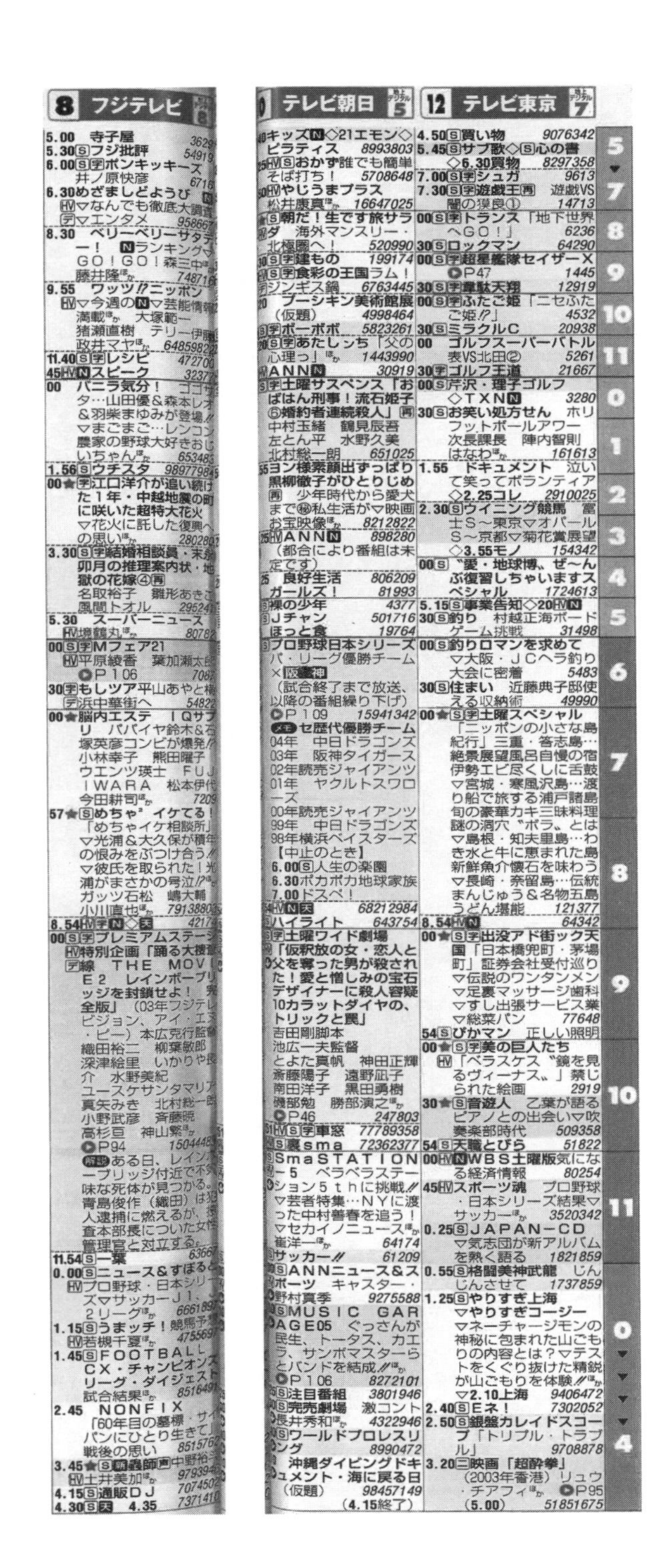

8 フジテレビ

5.00　寺子屋　3629
5.30Ⓢフジ批評　54919
6.00Ⓢ[字]ポンキッキーズ
井ノ原快彦　6716
6.30めざましどようび [N]
[HV]▽なんでも徹底大調査
[デ]▽エンタメ　958667
8.30　ベリーベリーサタデー！　[N]ランキング▽GO！GO！森三中ほか
藤井隆ほか　748716
9.55　ワッツ!?ニッポン
[HV]▽今週の[N]▽芸能情報
満載ほか　大塚範一
猪瀬直樹　テリー伊藤
政井マヤほか　6485982
11.40Ⓢ[字]レシピ　472700
45[HV][N]スピーク　32377
00　バニラ気分！　ゴゴサタ…山田優＆森本レオ＆羽柴まゆみが登場!!
▽まごまご…レンコン農家の野球大好きおじいちゃんほか　653483
1.56Ⓢウチスタ　9897798
00★[字]江口洋介が追い続けた1年・中越地震の町に咲いた超特大花火
▽花火に託した復興への思いほか　280280
3.30Ⓢ[字]結婚相談員・末永卯月の推理案内状・地獄の花嫁④[再]
名取裕子　雛形あきこ
風間トオル　295241
5.30　スーパーニュース
[HV]蟾鶴丸ほか　80782
00Ⓢ[字]Mフェア21
[HV]平原綾香　葉加瀬太郎
▶P106　708
30[字]もしツア平山あやと横浜中華街へ　54822
[デ]
00★脳内エステ　IQサプリ　パパイヤ鈴木＆石塚英彦コンビが爆発!?
小林幸子　熊田曜子
ウエンツ瑛士　FUJIWARA　松本伊代
今田耕司ほか　7209
57★Ⓢめちゃ²イケてる！
「めちゃイケ相談所」
▽光浦＆大久保が積年の恨みをぶつけ合う!!
▽彼氏を取られた！光浦がまさかの号泣!?ほか
ガッツ石松　嶋大輔
小川直也ほか　7913880
8.54[HV][字][N]◇[天]　4217
00Ⓢ[字]プレミアムステージ
[HV]特別企画「踊る大捜査
[デ]線　THE　MOVIE2　レインボーブリッジを封鎖せよ！　完全版」（03年フジテレビジョン、アイ・エックス・ピー）本広克行監督
織田裕二　柳葉敏郎
深津絵里　いかりや長介　水野美紀
ユースケサンタマリア
真矢みき　北村総一朗
小野武彦　斉藤暁
高杉亘　神山繁ほか
▶P94　1504448
[解説]ある日、レインボーブリッジ付近で不気味な死体が見つかる。青島俊作（織田）は犯人逮捕に燃えるが、捜査本部長についた女性管理官と対立する。
11.54Ⓢ一葉　63667
0.00Ⓢニュース＆すぽると
[HV]プロ野球・日本シリーズ▽サッカーJ1、J2リーグほか　666189
1.15Ⓢうまッチ！競馬予想
[HV]若槻千夏ほか　475569
1.45ⓈFOOTBALL
CX・チャンピオンズリーグ・ダイジェスト
試合結果ほか　851649
2.45　NONFIX
「60年目の墓標・サイパンにひとり生きて」
戦後の思い　8515762
3.45★Ⓢ[新]蟲師[再]中野裕之
[HV]土井美加ほか　979394
4.15Ⓢ通販DJ　707450
4.30Ⓢ[天]　4.35　737141

テレビ朝日　地上デジタル5

40キッズ[N]◇21エモン◇ピラティス　8993803
25[HV]Ⓢおかず誰でも簡単そば打ち！　5708648
50[HV]やじうまプラス
松井康真ほか　16647025
Ⓢ朝だ！生です旅サラダ　海外マンスリー・北極圏へ！　520990
30Ⓢ[字]建もの　199174
Ⓢ[字]食彩の王国ラム！
[デ]ジンギス鍋　6763445
20　プーシキン美術館展（仮題）　4998464
Ⓢ[字]ポーボボ　5823261
20Ⓢ[字]あたしンち「父の心理っ」ほか　1443990
ANN[N]　30919
Ⓢ[字]土曜サスペンス「おばはん刑事！流石姫子⑥婚約者連続殺人」[再]
中村玉緒　鶴見辰吾
左とん平　水野久美
北村総一朗　651025
55ヨン様素顔出ずっぱり黒柳徹子がひとりじめ
[再]　少年時代から愛犬まで㊙私生活が▽映画お宝映像ほか　8212822
25[HV]ANN[N]　898280
（都合により番組は未定です）
25　良好生活　806209
ガールズ！　81993
Ⓢ裸の少年　4377
ⓈJチャン　501716
ほっと食　19764
Ⓢプロ野球日本シリーズ
パ・リーグ優勝チーム×阪神
（試合終了まで放送、以降の番組繰り下げ）
▶P109　15941342
[メモ]セ歴代優勝チーム
04年　中日ドラゴンズ
03年　阪神タイガース
02年読売ジャイアンツ
01年　ヤクルトスワローズ
00年読売ジャイアンツ
99年　中日ドラゴンズ
98年横浜ベイスターズ
【中止のとき】
6.00Ⓢ人生の楽園
6.30ポカポカ地球家族
7.00ドスペ！
54[HV][N][天]　68212984
Ⓢハイライト　643754
Ⓢ[字]土曜ワイド劇場
「仮釈放の女・恋人と父を奪った男が殺された！愛と憎しみの宝石デザイナーに殺人容疑10カラットダイヤの、トリックと罠」
吉田剛脚本
池広一夫監督
とよた真帆　神田正輝
斎藤陽子　遠野凪子
南田洋子　黒田勇樹
磯部勉　勝部演之ほか
▶P46　247803
51[HV]Ⓢ[字]車窓　77789358
Ⓢ裏sma　72362377
ⓈSmaSTATION－5　ベラベラステーション5thに挑戦!!
▽芸者特集…NYに渡った中村善春を追う！
▽セカイノニュースほか
崔洋一ほか　64174
Ⓢサッカー!!　61209
ⓈANNニュース＆スポーツ　キャスター・野村真季　9275588
ⓈMUSIC　GARAGE05　ぐっさんが民生、トータス、カエラ、サンボマスターらとバンドを結成!!ほか
▶P106　8272101
Ⓢ注目番組　3801946
Ⓢ完売劇場　激コント
長井秀和ほか　4322946
Ⓢワールドプロレスリング　8990472
沖縄ダイビングドキュメント・海に戻る日（仮題）　98457149
（4.15終了）

12 テレビ東京　地上デジタル7

4.50Ⓢ買い物　9076342
5.45Ⓢサブ歌◇Ⓢ心の書
◇6.30買物　8297358
7.00Ⓢ[字]シュガ　9613
7.30Ⓢ[字]遊戯王[再]　遊戯VS闇の獏良①　14713
00Ⓢ[字]トランス「地下世界へGO！」　6236
30Ⓢロックマン　64290
00Ⓢ[字]超星艦隊セイザーX
▶P47　1445
30Ⓢ[字]韋駄天翔　12919
00Ⓢ[字]ふたご姫「ニセふたご姫!?」　4532
30ⓈミラクルC　20938
00　ゴルフスーパーバトル
表VS北田②　5261
30[字]ゴルフ王道　21667
00Ⓢ芹沢・理子ゴルフ
◇TXN[N]　3280
30Ⓢお笑い処方せん　ホリ
フットボールアワー
次長課長　陣内智則
はなわほか　161613
1.55　ドキュメント　泣いて笑ってボランティア
◇2.25コレ　2910025
2.30Ⓢウイニング競馬　富士S～東京▽オパールS～京都▽菊花賞展望
◇3.55モノ　154342
00Ⓢ〝愛・地球博〟ぜ～んぶ復習しちゃいますスペシャル　1724613
5.15Ⓢ事業告知◇20[HV][N]
30Ⓢ釣り　村越正海ボードゲーム挑戦　31498
00Ⓢ釣りロマンを求めて
▽大阪・JCヘラ釣り大会に密着　5483
30Ⓢ住まい　近藤典子邸使える収納術　49990
00★Ⓢ[字]土曜スペシャル
「ニッポンの小さな島紀行」三重・答志島…絶景展望風呂自慢の宿伊勢エビ尽くしに舌鼓
▽宮城・寒風沢島…渡り船で旅する浦戸諸島旬の豪華カキ三昧料理謎の洞穴〝ボラ〟とは
▽島根・知夫里島…わき水と牛に恵まれた島新鮮魚介懐石を味わう
▽長崎・奈留島…伝統まんじゅう＆名物五島うどん堪能　121377
8.54[HV][N]　64342
00★Ⓢ[字]出没アド街ック天国「日本橋兜町・茅場町」証券会社受付巡り
▽伝説のワンタンメン
▽足裏マッサージ歯科
▽すし出張サービス業
▽総菜パン　77648
54Ⓢぴかマン　正しい照明
00★Ⓢ[字]美の巨人たち
[HV]「ベラスケス〝鏡を見るヴィーナス〟」禁じられた絵画　2919
30★Ⓢ音遊人　乙葉が語るピアノとの出会い▽吹奏楽部時代　509358
54Ⓢ天職とびら　51822
00[HV][N]WBS土曜版気になる経済情報　80254
45[HV]スポーツ魂　プロ野球・日本シリーズ結果▽サッカーほか　3520342
0.25ⓈJAPAN－CD
▽気志團が新アルバムを熱く語る　1821859
0.55Ⓢ格闘美神武龍　じんじんさせて　1737859
1.25Ⓢやりすぎ上海
▽やりすぎコージー
▽ネーチャージモンの神秘に包まれた山ごもりの内容とは？▽テストをくぐり抜けた精鋭が山ごもりを体験!!ほか
▽2.10上海　9406472
2.40ⓈEネ！　7302052
2.50Ⓢ銀盤カレイドスコープ「トリプル・トラブル」　9708878
3.20[三]映画「超酔拳」
（2003年香港）リュウ・チアフィほか　▶P95
（5.00）　51851675

5 7 8 9 10 11 0 1 2 3 4 5 6 7 8 9 10 11 0 4

2005年10月22日土曜日

1 NHK総合 地上デジタル1

4.30風景◇案内 9509984
5.00N天◇S字世界美術再
HV◇百歳◇天 99483
6.00HVおはよう日本 N天
▽スポーツ▽気象情報
星野豊ほか 483716
8.15多字風のハルカ
HV村川絵梨ほか 793993
30HV週刊N 585445
9.15Sくらしと経済「人間
HVドック」 2531434
55Sみんなの歌 75613
00HVN天◇05★S字にっぽ
ん再発見 富士山頂・
天空の街で 749700
00S字地球大好深泥池・奇
HV跡の生態系 5377
30HVいっと6県 54483
00字N◇15字生活笑百科叔
HV母との約束 573445
45多字ハルカ再 68280
00HVN◇05S字義経再
デ「兄弟絶縁」滝沢秀明
松平健ほか 988667
50S国民体育大会
HV「開会式」永松隆太朗
延長あり 4900261
2.50地球◇案内 855445
00HVN◇05S強く打ちぬけ
・福原愛 2717342
55Sサッカー J1リーグ
HV新潟×横浜
解説・宮沢ミシェル
実況・野地俊二
リポーター・増田卓
鈴木聡彦ほか～新潟スタ
ジアム 18303358
00HVN◇S週刊こどもニュ
ース お待たせ！ナット
ク定食ほか 鎌田靖
中島奏ほか 17700
42S童謡◇N天 77732735
00二字NHKニュース7
HV▽日本と世界のきょう
▽ニュースの背景
末田正雄 648
30★S日本の、これから
HV「若者たちよ・このま
まではニッポンがもた
ない」（仮題）
▽フリーターやニート
など学び・働く意欲の
ない若者▽選挙離れや
年金不払いなど社会へ
の参画意欲のない若者
▽社会常識のない若者
▽世代間のギャップ▽
税金＆年金財政への影
響の大きさ▽少子化の
問題▽政府が策定した
〝若者自立・挑戦プラ
ン〟▽将来が不透明な
経済社会▽さまざまな
年代や立場の市民や有
識者が集まりVTRを
交えながら生放送で徹
底的に討論をほか（中断
N天あり） 96256667
10.30 サタデースポーツ
HV▽プロ野球日本シリー
ズ▽サッカーJリーグ
▽フィギュアスケート
グランプリシリーズほか
堀尾正明ほか 16174
00HVN天 7248667
10二字宮廷女官・チャング
ムの誓い「夢の宮中」
チョ・ジョンウン
パク・チャンファン
キム・ヘソン
ヤン・ミギョン イ・
ヒドほか 画黒葛原未有
◎P16、48 5150377
0.10★S字爆笑オンエアバ
HVトル塚原愛 7389694
0.40HVN天 6396439
0.45二字ER Ⅸ・緊急救命
HV室「反乱」ノア・ワイ
リー ローラ・イネス
◎P48 7590743
1.35プレマップ 6376675
1.40S鉄道乗りつくしの旅
HV関口知宏ほか 4501656
2.05S字風のハルカスペシ
HVャル再見所 4825168
3.00S生物彗星 5352033
3.05四万十川再 7365014
3.35オキナワ再 8349385
4.20S字世界遺産◇みんな
HVのうた4.30 7400120

3 NHK教育 地上デジタル2

5.00S自然百景◇花舞台再
6.00アラビア語 9342
6.30体操◇S得 995532
6.45S住まい自分流・DI
HVY入門再 513803
7.30NHK短歌 32261
00 俳句◇うた 9108445
35Sおかあさんといっしょ
HV遊び大好き 9949648
00Sおどろんぱ 386396
15S科学大好き土よう塾
「タイヤ」 200754
00S親子のTVスクール
S310.00～6.00将棋対局
45字多中学生再 6274919
11.15明日つかめ 6776483
40Sミクロ再 374261
45字週間手話N 58803
00 スポーツ 1938
30二日本の伝統芸能「日本
舞踊入門」 59984
00S芸能花舞台 地唄「八
島」ほか 46280
45多字日本の話芸 落語
「鮑のし」 9524209
2.15多字食彩再 6755990
40S字日本賞とNHK
▽ETVカルチャーS
P・最後の晩餐NYを
ゆく▽NHKスペシャ
ル・ことばを覚えたチ
ンパンジー 40117700
4.30二ライオン達と英語再
◇55皆の歌 37667
00Sお母さんと 125822
25S人形劇場◇ぴり◇童謡
50S字忍たま再 866174
00S字メジャー再◇ななみ
S26.00～10.00S字地球
S36.00～7.00S字屋久島
30S字ツバサ再 965209
45Sみんなの歌 13754
00★SサイエンスZERO
「ZEROからまなべ
SP 宇宙研究編」
▽第2の地球を探せ▽
土星探査ほか 18483
S37.00～10.00B歌劇
45Sミクロ世界 253483
50S邦楽◇字N 889025
00字きらっといきる
「紙芝居はみんなの
〝ドリーム〟」
小林紀子ほか 803
30字ろうを生きる 難聴を
生きる再 605629
45S字百歳再 914613
55Sミニ介護 88826
00字すくすく子育て「どう
乗り越える〝赤ちゃ
ん返り〟」年齢差でこ
んなに違う▽赤ちゃん
返り七変化 174
30字みんなの手話再
加藤夏希ほか 953464
55 ミニ手話 38349
00★SETV特集
HV第1部「気になる数」
（仮題）
▽数字が示す現実と隠
された実態に迫る
野口美佳 ソニン
ルー大柴 江川達也ほか
▽第2部「北朝鮮へ送
られたシベリア抑留兵
たち・追跡・2万7千
人の名簿」（仮題）抑
留者の北朝鮮移送の真
相に迫る！ 522551
11.30 土曜フォーラム
「生涯現役・地方から
〝働く〟を考える」
▽団塊世代700万人が
定年を迎える〝07年問
題〟▽地方での高齢者
労働力活用の取り組み
▽超高齢社会での〝働
くかたち〟 2240714
0.40 わくわく授業再
「ホンネでぶつかりみ
んな納得」 4533255
1.05S字おしゃれ工房再
「今から始める手作り
の秋」天使のメルヘン
人形ほか 48506168
3.10S名曲再 6172410
3.50S高校地学再「地学へ
の招待」 8362410
4.20高校生物再 3746694
4.50山梨再5.00 2308507

4 日本テレビ 地上デジタル4

5.00HVあさ天サタデー
▽天気予報 84551
5.59HVズームインサタデー
▽朝一番ヘッドライン
▽アニマールニッポン
▽プロ野球 12598822
00HVSウェークアップ！ぷ
らす 1週間のニュー
スが3分でわかる！ほか
◇オススメ 816551
9.30字ぶらり途中下車の旅
▽丸ノ内線 30803
00字素顔イイね 9716
30 テレビをよく知るテレ
ビ メディア・マガジ
ン13 7063025
11.25S＆◇字N◇Sチャン
プ◇字料理 9621735
00Sメレンゲ 小池百合子
★キャスター時代秘映像
▽不破万作デビュー話
前田健ほか 184667
1.30 ひらめ筋GOLDつ
いに開幕！！スーパード
ッジボールDリーグ未
公開ゲーム丸ごとSP
雨上がり決死隊
IZAMほか 144209
00S日曜8時は歌笑HOT
ヒット10！！
▽みどころ 66193
00 ブリヂストンオープン
ゴルフ 334025
55S＆日テレ 21735
00HVマンボウ「あいのうた
＆ミラクルシェイプ」
榊原郁恵ほか 77209
00HV字Nプラス1サタデー
▽全国N 445
30★字マンマ！「松茸」ブ
ラザートム 小野真弓
清水圭ほか 81464
00字ひらめ筋GOLD
▽Dリーグ・ひらめ筋
チームがホリプロチー
ムと対決！！▽白熱の展
開に和田アキ子興奮ほか
嶋大輔 ボブ・サップ
井森美幸ほか 1731
57★字世界一受けたい授業
▽HIROSHI先生
が〝絶対音階〟を解説
▽食品表示のカラクリ
＆正しい食生活を講義
木原実 麻木久仁子
星井七瀬 レギュラー
内藤剛志ほか 49501629
8.54HV字N◇天 95754
00S字野ブタ。をプロデュ
HVース（2）／回数未定）
亀梨和也 山下智久
堀北真希 戸田恵梨香
岡田義徳 木村祐一
忌野清志郎 夏木マリ
◎P13、42 92445
54Sソノリティ 87735
00★字エンタの神様
HV「大爆笑傑作ネタスペ
シャル」アンガールズ
アンジャッシュ
ドランクドラゴン
オリエンタルラジオ
陣内智則ほか 91716
54S京都心の都 86006
00★字恋のから騒ぎ
「昔の男とどうしても
比べてしまう事」
武田真治ほか 280
30★Sナイナイサイズ！
▽矢部が最高級のゴマ
だれで若返りを目指す
為末大ほか 390025
11.55Sスポーツうるぐす
HV▽プロ野球日本シリー
ズ開幕特集▽中村俊輔
がファンと交流▽競馬
菊花賞予想 6075551
0.35HVN出来事 3416859
0.50 太田光の私が総理大
臣になったら…秘書田
中。 6721897
1.50★KAT－TUNだ！
グラチャン応援プロジ
ェクト 8360052
2.20 IRL第17戦カリフォ
ルニアGP 4316491
3.20サッカーJ1 東京V
×F東京 66358304
5.05S三丁目の夕日の世界
（5.25） 4988588

6 TBSテレビ 地上デジタル6

5.00HVS音楽堂 353700
5.25散歩◇皇室 5349358
5.45HVみのもんたのサタデ
ーずばッと 48611822
7.30S字ウルトラマンマッ
クス◎P47 34629
00S知っとこ！今週のコレ
HV知っとこ！▽最新エン
タメ▽世界の朝ごはん
オセロほか 3692629
9.25Sレシピ 856071
30 王様のブランチ
▽本の総合ランキング
▽福島の旅▽新ドラマ
〝恋の時間〟黒木瞳＆
宮迫博之が登場▽エン
タメ▽新スタイル鍋▽
姫様のお買い物は激安
から高級セレブまで▽
斉藤祥太物件探し▽ブ
ランニュー▽ディズニ
ーはチップ＆デール特
集▽人気DVD▽温水
洋一と夜遊び！ほか予定
（中断N） 61844174
00S美空ひばり誕生物語
HV「おでことおでこがぶ
つかって」再泉ピン子
中村雅俊 上戸彩
岸本加世子 植草克秀
森光子ほか 66567025
4.24HVTBSN 36842984
30Sマスターズ GCレディ
ースゴルフ 岡本綾子
岩田禎夫ほか 7363803
5.30Sチャンネル☆ロック
HV！松本潤ほか 23464
00S字BLOOD＋
◎P112 777
30HV字イブニング・ニュー
ス今日のN 950377
55HV天 88862
00★新島田検定SUPER
HV！！新装開店！！秋の夜長
のPQ祭り！！あなたな
らどうするスペシャル
！！（仮題）井ノ原快彦
＆金子貴俊＆高木美保
＆薬丸裕英＆山口もえ
＆ユンソナが実際の生
活に役立つ脳力PQを
鍛えるクイズ＆ゲーム
に挑戦！！▽歯痛の人が
皮膚科に通っている理
由を推測▽有名人が帽
子なしで町を歩ける理
由ほか 予定 739006
8.54HVN 93396
00★字世界・ふしぎ発見！
「ネイチャー＆ミステ
リー カナダ神秘の法
則！」島の伝説に迫る
▽国民的アイドルはカ
エル！？▽光る海に潜む
悪魔の正体 90087
54S字チャイナ 85377
00HVブロードキャスター
▽どこまでも徹底的！
最新情報のウラを探る
▽軽妙かつ鮮烈！注目
点を複眼おもしろ分析
▽秘情報満載！お父さ
んのためのワイドショ
ー講座▽最新スポーツ
情報ほか 4089025
11.24元気の源泉 36846700
30★字チューボーですよ！
「回鍋肉」
ゲスト・片瀬那奈
堺正章ほか 31483
0.00S JスポーツスーパーHVサッカーPLUS
▽サッカーJ1第28節
J2第37節試合詳報ほか
加藤浩次ほか 5197878
0.45HV JNNN 8157236
0.55S COUNTDOWN
TV 鈴木亜美 ウー
パーワールドほか 予定
◎P106 7334965
1.40ランク王国 3624255
2.10Sエンタメ V6登場
（予定） 7378588
2.40Sサッカー J1リーグ
HV大宮×浦和
解説・福田正博
実況・清原正博～埼玉
（録画） 7624052
4.10買物大図鑑 5131830
4.30SN 5.15 8352859

平成17年
2005年
10月22日 土曜日

新球団誕生にわいた2005年のプロ野球 亀梨&山Pの『野ブタ。をプロデュース』も

小泉純一郎首相（当時）が郵政民営化の是非を問い解散総選挙を決行、自民党が歴史的な勝利を収めた2005年。この年の放送界最大の話題は、ライブドアによるニッポン放送買収問題でした（買収は失敗に終わりました）。そしてこの騒動の主役であったライブドアが一躍名を上げたのがその前年、2004年のオリックスと近鉄の合併に端を発するいわゆるプロ野球再編問題でした。1リーグ構想や選手会によるストライキなど、すったもんだの末、オリックス・バファローズと東北楽天ゴールデンイーグルスの2つの新球団が誕生。新規参入を巡って、楽天と最後まで激しく争ったのがライブドアでした。

そんなあれやこれやを経た大注目の中、新体制で始まった2005年のプロ野球の掉尾を飾る第56回プロ野球日本シリーズの初戦がこの日行われています。『TVガイド』の番組表には『パ・リーグ優勝チーム×阪神』と表記されていますが、パ・リーグの優勝チームは千葉ロッテマリーンズ。対戦チームが決まったのはこの日のわずか5日前の10月17日で、プレーオフの末シーズンでは2位の成績だった千葉ロッテが日本シリーズへと駒を進めたのでした（この年は現在と違い、日本シリーズ進出チームを優勝チームとしていました）。千葉ロッテはプレーオフの勢いそのまま阪神を4連勝で退け、金田正一監督時代の1974年以来31年ぶりの日本一に輝きました。この年始まった初めてのセ・パ交流戦でも優勝していて、初の2冠達成となりました。

9時台にはまさに2000年代中期を代表するドラマが放送されています。『ごくせん（第2シリーズ）』で人気を博した亀梨和也と、『ドラゴン桜』終了直後の山下智久が共演した『野ブタ。をプロデュース』。白岩玄の同名小説が原作ですが、オリジナル要

2005年10月28日号
表紙・V6
デビュー10周年を迎えたV6。SABU監督による主演映画『ホールドアップダウン』も公開され、全国ツアーとともに6大都市で握手会を行った。

素が大きく加わり、見るものを独特の世界観に引きこみました。そのポップな語り口は同時代のドラマの中で明らかに異彩を放ち、10代の視聴者の心にダイレクトに刺さりました。脚本は2003年度向田邦子賞受賞の木皿泉。まさに歴史に残る青春ドラマの名作でした。

ゴールデンタイムはフジテレビの安定感が目立ちます。午後7時の『脳内エステ IQサプリ』は、伊東四朗が総合司会を務めた知識ではなくひらめきを競うタイプのクイズ番組で、家族で楽しめました。8時の『めちゃイケ』は、1995年の『めちゃモテ』スタートからちょうど10年。人気企画が目白押しで、高視聴率を連発していたまさに絶頂期でした。

従って他局のラインナップはいわばフジテレビに対する挑戦の形をとっていました。日本テレビ7時の『ひらめ筋GOLD』は、深夜から上がってきた雨上がり決死隊のスポーツバラエティー。ドッジボールを推していて、いろいろ企画も立ち上げましたが半年で番組終了しました。8時の『世界一受けたい授業』は、まさに『めちゃイケ』への逆張りとも言える良心的な知的教養バラエティーで、2021年現在も続く人気番組になっています。TBSの『島田検定SUPER!!』は通常は8時からのレギュラー放送。司会は島田紳助。サブタイトルにもある『PQ（＝潜在能力指数）』がキーワードとして使われており、『IQサプリ』が念頭にあったことは明らかです。

テレビ朝日夜11時『SmaSTATION-5』は01年から17年9月まで丸16年続いた香取慎吾司会の人気情報バラエティー。当初は1年ごとにタイトルの後に数字がついていて、この日は5年目『SmaSTATION-5』の3回目です。NHK総合の夜11時10分は『宮廷女官・チャングムの誓い』地上波放送の第3話。『冬のソナタ』に続いて日本で大きな人気を得た韓国時代劇の傑作です。日テレ深夜の『太田光の私が総理大臣になったら…秘書田中。』はのちにレギュラー番組となり、ゴールデンで放送されることになる番組の一番最初のパイロット版です。

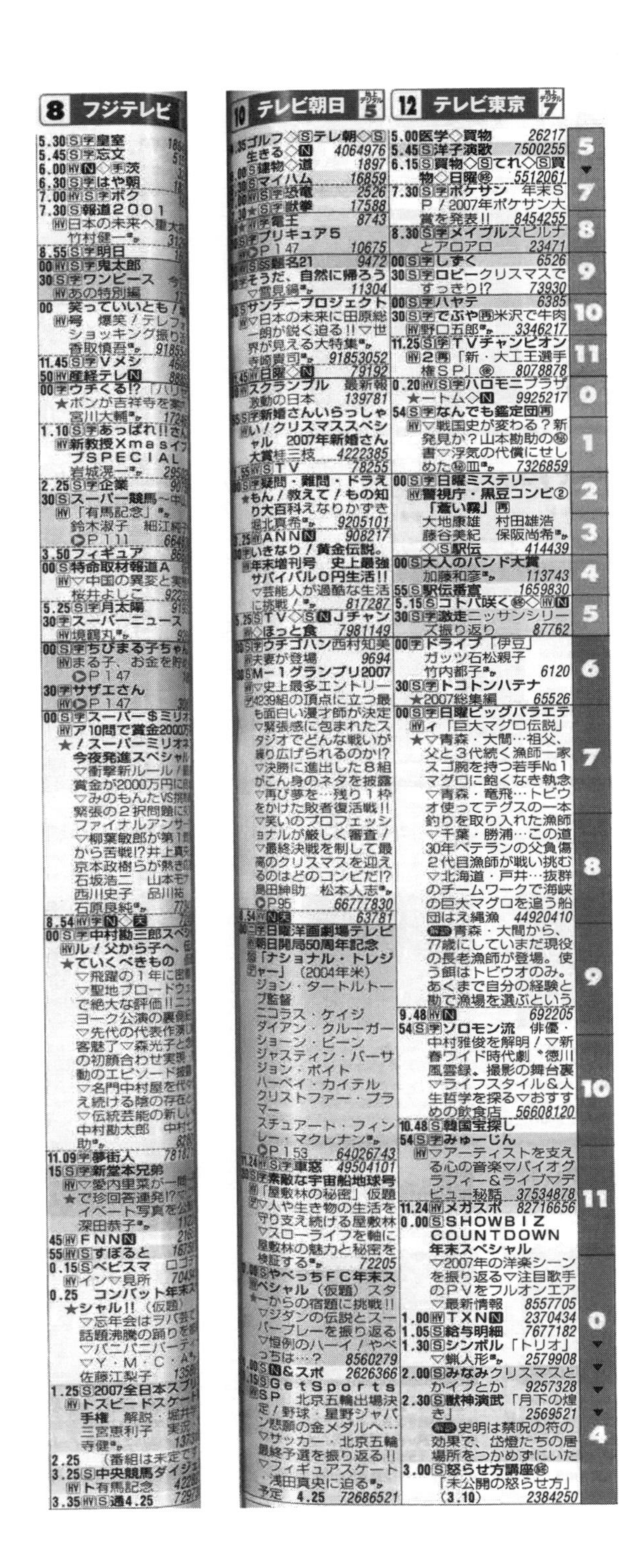

8 フジテレビ

5.30Ⓢ字皇室
5.45Ⓢ字忘文
6.00HVN◇手淡
6.30Ⓢ字はや朝
7.00HVⓈ字ボク
7.30Ⓢ報道2001
HV日本の未来へ重大
竹村健一
8.55Ⓢ字明日
00HVⓈ字鬼太郎
30Ⓢ字ワンピース 今
HVあの特別編
00 笑っていいとも！
HV号 爆笑！テレフ
ショッキング振り
香取慎吾 9185
11.45Ⓢ字Vメシ
50HV産経テレN
00字ウチくる!?「ハリ
★ポンが吉祥寺を案
宮川大輔 172
1.10Ⓢ字あっぱれ!!さん
HV新教授Xmasイ
ブSPECIAL
岩城滉一 295
2.25Ⓢ字企業
30Ⓢスーパー競馬～中
HV「有馬記念」
鈴木淑子 細江純
◇P111 664
3.50フィギュア
00Ⓢ特命取材報道A
HV▽中国の異変と実
桜井よしこ 922
5.25Ⓢ字月太陽
30字スーパーニュース
HV境鶴丸
00Ⓢ字ちびまる子ちゃん
HVまる子、お金を貯
◇P147
30字サザエさん
HV◇P147
00Ⓢ字スーパー$ミリオ
HVア10問で賞金2000万
★！スーパーミリオネ
今夜発進スペシャル
▽衝撃新ルール／
賞金が2000万円に
▽みのもんたVS
緊張の2択問題に
ファイナルアンサー
▽柳葉敏郎が第1
から苦戦!?井上
京本政樹らが熱き
石坂浩二 山本モ
西川史子 品川祐
石原良純
8.54HV字N◇天
00Ⓢ字中村勘三郎スペシ
HVル！父から子へ、
★ていくべきもの
▽飛躍の1年に密
▽聖地ブロードウェ
で絶大な評価!!ニュ
ヨーク公演の裏側
▽先代の代表作演
客魅了▽森光子と
の初顔合わせ実現
動のエピソード披露
▽名門中村屋を代々
え続ける陰の存在
▽伝統芸能の新し
中村勘太郎 中村七
助
11.09字夢街人 7818
15Ⓢ字新堂本兄弟
HV▽愛内里菜が一
★で珍回答連発!?
イベート写真を公
深田恭子 112
45HV FNNN 216
55HVⓈすぼると 1675
0.15Ⓢベビスマ ロゴ
HVイン▽見所 704
0.25 コンバット年末ス
★シャル!!（仮題）
▽忘年会はヲバ
話題沸騰の踊りを
▽バニバニパーティ
▽Y・M・C・A
佐藤江梨子 135
1.25Ⓢ2007全日本スプ
HVトスピードスケー
手権 解説・堀井
三宮恵利子 実況
寺健 137
2.25 （番組は未定で
3.25Ⓢ中央競馬ダイジ
HVト有馬記念 422
3.35HVⓈ通4.25 729

10 テレビ朝日 地上デジタル5

.35ゴルフ◇Ⓢテレ朝◇Ⓢ
生きる◇N 4064976
.00Ⓢ建物◇道 1897
.30Ⓢマイハム 16859
.00HVⓈ字恐竜 2526
.30★Ⓢ字獣拳 17588
★HV字電王 8743
Ⓢ字プリキュア5
HV◇P147 10675
HVⓈSS題名21 9472
字そうだ、自然に帰ろう
▽雪見鍋 11304
Ⓢサンデープロジェクト
HV▽日本の未来に田原総
一朗が鋭く迫る!!▽世
界が見える大特集
寺崎貴司 91853052
.45HV日曜◇N 79192
HVスクランブル 最新報
激動の日本 139781
.55Ⓢ字新婚さんいらっしゃ
HVい！クリスマススペシ
ャル 2007年新婚さん
大賞桂三枝 4222385
.55HVⓈTV 78255
Ⓢ字疑問・難問・ドラえ
★もん！教えて！もの知
り大百科えなりかずき
堀北真希 9205101
.25HV ANNN 908217
字いきなり！黄金伝説。
HV年末増刊号 史上最強
サバイバル0円生活!!
▽芸能人が過酷な生活
に挑戦！ 817287
5.25ⓈTV◇ⓈNJチャン
HV◇ほっと食 7981149
Ⓢ字ウチゴハン西村知美
HV夫妻が登場 9694
ⓈM－1グランプリ2007
HV▽史上最多エントリー
字4239組の頂点に立つ最
も面白い漫才師が決定
▽緊張感に包まれたス
タジオでどんな戦いが
繰り広げられるのか!?
▽決勝に進出した8組
がこん身のネタを披露
▽再び夢を…残り1枠
をかけた敗者復活戦!!
▽笑いのプロフェッシ
ョナルが厳しく審査！
▽最終決戦を制して最
高のクリスマスを迎え
るのはどのコンビだ!?
島田紳助 松本人志
◇P95 66777830
8.54HVN天 63781
二字日曜洋画劇場テレビ
HV朝日開局50周年記念
「ナショナル・トレジ
ャー」（2004年米）
ジョン・タートルトー
ブ監督
ニコラス・ケイジ
ダイアン・クルーガー
ショーン・ビーン
ジャスティン・バーサ
ジョン・ボイト
ハーベイ・カイテル
クリストファー・プラ
マー
スチュアート・フィン
レー・マクレナン
◇P153 64026743
11.24HVⓈ字車窓 49504101
Ⓢ字素敵な宇宙船地球号
HV「屋敷林の秘密」仮題
▽人や生き物の生活を
守り支え続ける屋敷林
▽スローライフを軸に
屋敷林の魅力と秘密を
検証する 72205
ⓈやべっちFC年末ス
HVペシャル（仮題）スタ
★ーからの宿題に挑戦!!
▽ジダンの伝説とスー
パープレーを振り返る
▽恒例のハーイ！やべ
っちは…？ 8560279
.00ⓈN&スポ 2626366
.15ⓈGetSports
HVSP 北京五輪出場決
定／野球・星野ジャパ
ン悲願の金メダルへ…
▽サッカー・北京五輪
最終予選を振り返る!!
▽フィギュアスケート
・浅田真央に迫る
予定 4.25 72686521

12 テレビ東京 地上デジタル7

5.00医学◇買物 26217
5.45Ⓢ洋子演歌 7500255
6.15Ⓢ買物◇Ⓢてれ◇Ⓢ買
物◇日曜㊙ 5511061
7.30Ⓢ字ポケサン 年末S
P／2007年ポケサン大
賞を発表!! 8454255
8.30Ⓢ字メイプルスピルナ
とアロアロ 23471
00Ⓢ字しずく 6526
30Ⓢ字ロビークリスマスで
すっきり!? 73930
00Ⓢ字ハヤテ 6385
30Ⓢ字でぶや再米沢で牛肉
HV野口五郎 3346217
11.25Ⓢ字TVチャンピオン
HV2再「新・大工王選手
権SP」㊦ 8078878
0.20HVⓈ字ハロモニプラザ
★ートム◇N 9925217
54Ⓢ字なんでも鑑定団再
HV▽戦国史が変わる？新
発見か？山本勘助の㊙
書▽浮気の代償にせし
めた㊙皿 7326859
00Ⓢ字日曜ミステリー
HV警視庁・黒豆コンビ②
「蒼い鴉」再
大地康雄 村田雄浩
藤谷美紀 保阪尚希
◇Ⓢ駅伝 414439
00Ⓢ大人のバンド大賞
加藤和彦 113743
55Ⓢ駅伝番宣 1659830
5.15Ⓢコトバ咲く㊙◇HVN
30Ⓢ字激走ニッサンシリー
ズ振り返り 87762
00字ドライブ「伊豆」
ガッツ石松親子
竹内都子 6120
30Ⓢ字トコトンハテナ
★2007総集編 65526
00Ⓢ字日曜ビッグバラエテ
HVィ「巨大マグロ伝説」
★▽青森・大間…祖父、
父と3代続く漁師一家
スゴ腕を持つ若手No.1
マグロに飽くなき執念
▽青森・竜飛…トビウ
オ使ってテグスの一本
釣りを取り入れた漁師
▽千葉・勝浦…この道
30年ベテランの父負傷
2代目漁師が戦い挑む
▽北海道・戸井…抜群
のチームワークで海峡
の巨大マグロを追う船
団はえ縄漁 44920410
解説青森・大間から、
77歳にしていまだ現役
の長老漁師が登場。使
う餌はトビウオのみ。
あくまで自分の経験と
勘で漁場を選ぶという
9.48HVN 692205
54Ⓢ字ソロモン流 俳優・
中村雅俊を解明！▽新
春ワイド時代劇「徳川
風雲録」撮影の舞台裏
▽ライフスタイル&人
生哲学を探る▽おすす
めの飲食店 56608120
10.48Ⓢ韓国宝探し
54Ⓢ字みゅーじん
HV▽アーティストを支え
る心の音楽▽バイオグ
ラフィー&ライブ▽デ
ビュー秘話 37534878
11.24HVメガスポ 82716656
0.00ⓈSHOWBIZ
COUNTDOWN
年末スペシャル
▽2007年の洋楽シーン
を振り返る▽注目歌手
のPVをフルオンエア
▽最新情報 8557705
1.00HV TXNN 2370434
1.05Ⓢ給与明細 7677182
1.30Ⓢシンボル「トリオ」
▽蝋人形 2579908
2.00Ⓢみなみクリスマスと
かイブとか 9257328
2.30Ⓢ獣神演武「月下の煌
き」 2569521
解説史明は禁呪の符の
効果で、岱燈たちの居
場所をつかめずにいた
3.00Ⓢ怒らせ方講座㊙
「未公開の怒らせ方」
（3.10） 2384250

5 7 8 9 10 11 0 1 2 3 4 5 6 7 8 9 10 11 0 4

2007年12月23日日曜日

1 NHK総合 (地上デジタル1)

4.20紀行◇名峰 9532304
5.00[N][天]◇話芸◇名曲◇[天]
6.00[N][天]◇[S][字]産地発！[HV]「総集編」 95255
7.00[字]おはよう 56946
7.45[S]自然百景 74965
00[S][字]小さな旅 664859
25[S][字]天皇誕生日～皇室こ[HV]の一年◇[天] 8269217
00[HV]日曜討論 日本のいま政治経済の重要課題の核心に迫る 74762
00[HV][N][天] 740439
05[S]女子第19回全国高校駅[HV]伝～京都・西京極陸上[SS]競技場⇄室町小学校前[デ]◎P143 32205507
11.54[HV][天] 538897
00[字][N] 180781
15[S]男子第58回全国高校駅[HV]伝 解説・宗茂[SS]実況・野地俊二[デ]～京都・西京極陸上競技場⇄京都国際会館前（延長の場合あり）◎P143 86002656
2.55[S]競馬中継～中山[HV]「有馬記念」[SS]（延長の場合あり）◎P111 7290878
3.45[HV][N]◇ミニ 49255
00[S][字]ハゲタカ[再][HV]「終わりなき入札」「激震！株主総会」大森南朋 松田龍平 栗山千明 中尾彬 柴田恭兵他 641743
00[HV][N] 4440385
10[HV]NHK海外ネットワーク キャスター・長尾香里 7259168
45[HV]首都圏[N][天] 32679
00[二][字]NHKニュース7[HV]末田正雄 217
30[S][字]こんにちは！動物の[HV]赤ちゃん育児上手な母★パンダの双子育児日記▽コアラの親子に密着▽アフリカゾウの貴重な出産・成長の記録を▽高齢出産の母から生まれたオランウータン ゲスト・杉良太郎 山口もえ 7998101
8.30[S]20周年ロボコンPR[HV]▽直接対決 105089
40[S]プレマップ 331526
45[HV][N][天] 91033
00[S][字]NHKスペシャル[HV]「自民VS民主・二大政党はどこに向かうのか」（仮題）参院選での民主党の躍進はその後の政治にどう影響しているのか 668965
50[HV]サンデースポーツ▽国内外スポーツ情報▽有馬記念の結果詳報▽天皇杯全日本サッカー・準々決勝▽男子高校駅伝▽女子高校駅伝 キャスター・鳥海貴樹 與芝由三栄 2889236
10.50[HV][N][天] 620830
00[S]未来観測・つながるテ[HV]レビ＠ヒューマン今週どうなる？サキヨミ！▽超ハヤミミ情報局これは来る！他 土田晃之 勝村政信他 117946
40[S][字]スイートXmas[HV]▽高橋克典が妻のため★にクリスマスケーキ作りに挑戦▽妻との思い出とは？他 9246897
0.10[HV][N][天] 6465279
0.15[S][字]NHKスペシャル[HV][再]「にっぽん家族の肖像・明日へのいのち・12年目の震災遺児」▽「アキおばあから尚子へ」 23880569
1.55法律旅行社 4346279
2.25[S]英語でしゃべらナイ[HV]ト[再] 字幕 6885298
2.55新ショー[再] 4338250
3.25ダーウィン 6875811
3.55[二]Japanology京の町家 4320231
4.25[S]うた4.30 7402163

3 NHK教育 (地上デジタル2)

5.00[S]心の時代 92168
6.00ハングル[再] 651385
6.25名曲◇[字]保 7478453
6.40[S]住まい自分流・DI[HV]Y[再]◇邦楽 2584120
7.30NHK短歌 45859
00 NHK俳句 6014
30[S]園芸 オンシジウム[HV]◇中国語[再] 48946
00[S]新日曜美術館「日本画[HV]家・高山辰雄」仮題 深遠な世界 72304
00[S]将棋講座 387439
[S3]10.00～11.40[多]知る楽
20[S]NHK杯将棋トーナメント3回戦・第4局「藤井猛×郷田真隆」中川大輔他 40651946
00[S]囲碁講座 646255
[S3]11.40～5.00語学番組
20[S]NHK杯囲碁トーナメント3回戦・第4局「趙治勲×王銘琬」解説・小林光一 司会 中島美絵子 39206439
00[S]こころの時代[再]「パウロの手紙を語る⑨信仰の深まり」 62965
00[S][字]美の壺[再][HV]「奈良・大和路」「京の雅」司会・谷啓 60381052
4.40[S][字]おしりかじり虫[再][HV]南流石他 644548
00[HV][S]体の力[再] 647410
25[S][字]少年ユート◎P147◇ミニ◇歌 1298743
00 日曜フォーラム「次世代自動車燃料・日本の戦略」仮題 8052
[S3]6.00～8.00[S][字]福祉ネットワーク[再]
00[S]わくわく授業 食べる[HV]ことから学び取ろう～学校ゴハンスペシャル（仮題） 859
30[S][字]ビジネス「再生の達人④ネットワークが企業を守る」 988101
55[手]手話[N] 52743
00[S]新日曜美術館[再]「宇宙[HV]に触れたかった人～日本画家・高山辰雄～」（仮題）絵筆で"いのち"の根源を探る▽生命のありようとは？求道者▽宇宙にまで迫る▽45アート 9304
00[S][N]響アワー「もっと知[HV]りたい！人も楽器もム[B]ードメーカー トロン★ボーン 新田幹男」ハチャトゥリヤン「バレエ組曲"ガイーヌ"から"剣の舞"」他◎P150 6217
00[S]ETV特集「熊井啓[HV]戦後日本の闇に挑む」（仮題）最後の社会派と呼ばれた映画監督▽戦後の日本を問いつづけた男▽自分のスタイルにこだわり▽終戦による価値観の崩壊▽スクリーンから日本人のありようを投げかける 渡辺謙 加藤剛 奥田瑛二他 200743
11.30[S]芸能花舞台[再][HV]▽舞踊・大和楽"春信すがた" 西川扇千代 藤間恵都子▽うた沢「柳屋お藤」哥沢芝虎 哥沢芝緒他 ゲスト・森田りえ子 司会中川緑 647781
0.15[S]舞台「ハムレット」W・シェークスピア作 蜷川幸雄演出 市村正親 篠原涼子 湯浅実 瑳川哲朗 夏木マリ 大森博 橋本さとし 大川浩樹 成宮寛貴他 25719908 [解説]客席わずか266席の濃密な劇空間で繰り広げられる舞台。
3.12[S]プレマップ◇ミニ[HV]（3.22） 1211989

4 日本テレビ (地上デジタル4)

5.25 24TV◇[HV][S][字]日テレ◇[HV][S]皇室 8277236
6.00通販◇[字]ニッポン探検隊◇[HV][手][N] 80323
7.00[S][字]目テン 7323
7.30[HV][S][字]遠く 32385
00[HV]The・サンデー▽1週間のニュース！▽今週のヒロイン▽江川VS元木下克上バトル▽珍事件他 177588
9.55[字]いつみても波瀾万丈[HV]「総集編」 2378052
10.55[S][字]ミニキテ！[HV]バナナマン 7314269
11.25[S]モノコレ 595694
30[HV][字][N] 410385
45[S]爆笑100分テレビ！[HV]平成ファミリーズ▽中山麻理が息子と一緒に登場他 小堺一機 真矢みき他 56078156
1.25はじめてのおつかい！傑作選SP（仮題）◇[S]日テレ 5090743
2.25[S]箱根駅伝 新たなる一歩 選手たちの真の姿に迫る他 5091472
3.25[S]レスリング天皇杯全[HV]日本選手権～代々木第二体育館 2265236
4.25[字]天声慎吾 社会科見学ツアー他 946965
55★[字]ロンQハリセンボン[HV]友近他 7115255
5.30[S][字]笑点博多華丸・大吉（予定） 15033
00[字]真相報道バンキシャ！[HV]▽旬なニュース厳選・真相に迫る他 福沢朗 菊川怜他 662491
55[HV][S]直前情報 64588
00[S][字]世界の果てまでイッ[HV]テQ！スペシャル仮題★▽山田優＆桂亜沙美がベネズエラ・エンジェルフォールからダイブ▽出川哲朗＆北川弘美がグアテマラへ！水を入れたやかんに溶岩を入れるとお湯が沸く？▽統計学で探し出せ！ミスUSA…福田沙紀がNYで美女探しを！▽世界の果てで働くお父さんに"メリークリスマス"他 595675
8.54[HV][字][N]◇[天] 19728
00[S]HAPPY Xmas[HV]SHOW！日本＆世[SS]界を代表する大物ミュージシャンが続々登場▽名曲＆最新のヒット曲＆クリスマス曲披露▽エンヤがアイルランドから！▽ケルティック・ウーマンは京都の東福寺で熱唱！他 Mr Children 桑田佳祐 浜崎あゆみ 松田聖子他ナビゲーター・藤原紀香 谷原章介◎P104 656675
10.54[S]エンゼル 86120
00[字]おしゃれイズム[HV]▽森山未來が登場！▽★Pファイル 149
30[字]黒バラ 素人が作ったロボット㊥ 23052
56[字]ガキの使いやあらへんで!! 71182439
0.26[S]夢通り道 6040750
0.30[S]Music Lov[HV]ers「コブクロスペシャルライブ」城彰二他 8309727
0.55[S]スポーツうるぐす[HV]▽競馬・有馬記念結果▽プロ野球 8429786
1.35[HV]NNN[N] 3391618
1.50[S][字]NNNドキュメン★ト'07「続・奪われた夢C型肝炎・隠されたリスト」仮題 3586811
2.20[S]プロレス・NOAH中継「三沢光晴組×丸藤正道組」～札幌（予定） 6851231
2.50[HV][字]通販 4821521
3.50[HV][N] 4.00 9654095

6 TBSテレビ (地上デジタル6)

5.15[字]東京散策 894830
5.30[S]ぜひモノ 69205
6.00[HV]時事◇[N] 88965
7.00[S][字]カラダのキモチ 山口良一他 5965
7.30[字]がっちり 63255
00[HV]サンデーモーニング▽一週間のニュース▽スポーツに喝!!週刊御意見番▽風をよむ他 岸井成格他 168830
9.54[HV]もうすぐ 510491
00[HV]サンデー・ジャポン 爆笑問題が仰天ニュースを斬る！ 4032656
11.24ガイド◇[N] 782323
40 Xマス企画 791830
45[HV]アッコにおまかせ！芸能・スポーツランク 熊田曜子他 9441033
0.54[S][字]and 60814101
00[字]東京マガジン▽やって！TRY▽噂の現場他 190149
54[HV]TBS[N] 60815830
00[S]1万人の第九中島美嘉[HV]◎P150 193236
54[S]ガイド 60825217
00[S]吉村作治ミイラ新発見[HV]！～世界初公開！親子★ミイラ発掘の瞬間～ 真鍋かをり 5190694
4.24レコ＆格闘 62589897
30[HV][S]からくり 12946
00[HV][字]イブ[N] 649878
25 Xマス企画 348033
30[HV]報道特集 現代社会の問題に迫る 2149897
6.24[HV][S]そら色 62571878
30[字]夢の扉24時間体制で診[HV]療に臨む西表島の医師★（予定） 84149
00[S][字]2007総決算！さんま[HV]のからくりTV超特大★号 からくりゴルフ対決！小倉優子が新パートナー・佐々木主浩と登場!!王座に輝くか!?▽からくり空手同好会に試練が…!?あの恩人を相手に組手の試合！▽からくり熱中少年物語…ボクサー少年がタイへ武者修行に出発！▽サビウタ選手権…工藤静香赤面の罰ゲームを決行!!他 593217
8.54[HV][N] 93410
00[S]冬の映画スペシャル[HV]「手紙」（2006年2006「手紙」製作委員会）生野慈朗監督 山田孝之 玉山鉄二 沢尻エリカ 吹石一恵 尾上寛之 吹越満 風間杜夫 杉浦直樹 田中要次 山下徹大他◎P153 654217 [解説]殺人犯の兄を持ち絶望していた青年が、心優しい女性と出会い前向きに生きる姿描く
10.48[S][字]夢路 25223643
54[S][字]名作誕生 84762
00[S][字]情熱大陸"女性の品[HV]格"著者・坂東眞理子★に密着！女性のお手本とくと拝見 491
30[S][字]世界遺産「サンティ[HV]アゴ・デ・コンポステ★ーラ～スペイン～」巡礼地の謎 21694
0.00[HV]JNN[N] 8894415
0.10[S]Jスポ[HV]▽日米ストーブリーグ▽プロ野球 8097927
0.50ダイナマイト＆フレパナビ 見所 4239279
0.55サスケマニア"スポーツマンNo.1決定戦"の情報を紹介 4332076
1.25[字]デジ＠缶 BS-iの"こんな凄い奴がいた"見所他 6879637
1.55買物大図鑑 9534250
2.50祝25周年！あのマクロスが帰ってくるぞSP!! 4829163
3.50大晦日はDynamite!!4.00 9652637

平成19年

2007年

12月23日 日曜日

『M-1グランプリ』の歴史を変えた サンドウィッチマンのドラマティックな下克上

年も押し迫った2007年の天皇誕生日（当時）。この日は、21世紀のお笑いを語る上で欠かせない一夜になりました。テレビ朝日夜6時半『M-1グランプリ2007』。吉本興業が主催、ABCが制作して2001年に始まった『M-1グランプリ』は、大げさでなく21世紀のテレビバラエティーを変えた番組です。

『M-1』と他のコンテストの何がそんなに違うのかといえば、島田紳助や松本人志らが審査員を務めることで審査に忖度なしの〝面白さ絶対主義〟を担保したり、賞金を1000万円にするなどの仕掛けで芸人たちに本気を出させたことでしょう。紳助が企画した理由を「漫才師に辞めるきっかけを与えるため」と言ったのは、逆説的にですが、おそらくそういうことです。本気を出すことで、自分の実力がわかる。そういう本気のシステムを作ったことが『M-1』の最大の功績です。このステージから一夜にしてスターダムにのし上がるシンデレラストーリーがいくつも生まれ、フットボールアワー、アンタッチャブル、麒麟、南海キャンディーズ、ブラックマヨネーズ、チュートリアル、NON STYLE、オードリーなど、ここからテレビバラエティーの常連へと駆け上がったコンビは数知れません（2010年に一度終了しますが、2015年に復活。以降も霜降り明星やミルクボーイ、かまいたち、メイプル超合金など、多くの人気者を輩出しています）。

そしてそんな『M-1』伝説を、最も象徴的に体現したのがこの2007年の『M-1』でした。敗者復活で勝ち上がったサンドウィッチマンが優勝し、史上最大の下克上を果たしたのです。この日を境にコンビの知名度が一気に上がり、今や好感度ナンバーワン芸

2007年12月28日・2008年1月4日号
表紙・SMAP
『NHK紅白歌合戦』紅組司会はSMAPの中居正広、白組司会は笑福亭鶴瓶が務めた。初出場はAKB48、中川翔子ほか。

人の名をほしいままにしていることはご承知の通りです。吉本出身の芸人がグランプリを取ることが多かったこともあり、なんとなく斜めに見ていた視聴者もこの年以降「M-1はガチなんだ」と再認識しました。そしてそのことこそが、依然レジェンドたちが輝き続けるテレビバラエティー界に新風を吹き込むきっかけともなったのです。

日本テレビ夜7時は『世界の果てまでイッテQ!スペシャル』。この年の2月にゴールデン昇格以来、日曜8時という難しい枠ですぐに結果を出しました。イモトアヤコやみやぞんなど、多くのニュースターを生み出したほか、出川哲朗、宮川大輔、森三中、ロッチ中岡らが新たな魅力を発信しました。平成後期を代表するバラエティーです。

日テレ9時は『HAPPY XmasSHOW!』。P132で紹介した往年の名プログラム『Merry XmasSHOW!』の流れを汲むクリスマス音楽バラエティー。2003年から6回放送されていました。パナソニックの一社提供枠で、『Merry XmasSHOW!』に比べるとバラエティー感が強かったです。この年は生放送でした。司会は藤原紀香と谷原章介。テーマ曲を山下達郎が手がけていたのも楽しかった。

日テレ夜11時半に『黒バラ』とあるのは『中井正広のブラックバラエティ』のこと。10年近く続いた中居正広の冠番組ですが、タイトルからもわかるように積極的に記名性をなくしていた不思議な番組でした。野球モチーフが多かったりと、中居くんの趣味全開でしたね。個人的には〝ごはんベースボール〟が好きでした。僕も酢めしは美味しいと思います。

NHK教育深夜0時15分は『舞台「ハムレット」』。詳細はわからないのですが、演出と配役、そして「客席わずか266席」という記述から見ると、2001年の「彩の国シェイクスピアシリーズ」の「ハムレット」だと思います(なぜ6年前の舞台が放送されていたのかわかりませんが)。もしそうだとすれば、これはオフィーリア役・篠原涼子の初舞台。ハムレット役の市村正親と結婚するきっかけとなった舞台です。2人が結婚を発表したのはこの日の約2年前の2005年でした。

8 フジテレビ 8

4.00 めざにゅ～ [N]▽[天]
[HV]▽スポーツ 8644053
5.25めざましテレビ [N][天]
[HV]▽最新ニュース＆芸能
▽わんこほか 84966324

00 とくダネ！ スクープ
[HV]▽政治経済＆事件事故
▽天達予報士の役立つ
気象情報▽話題を検証
小倉智昭ほか 484850

9.55[S]知りたがり！朝の情
[HV]報番組イッキ見せ▽納
得！なるほどニュース
大解説▽淳のもてなし
ゴハン…もっちり中華
風サンドほか 56382343

11.30[HV][字][N] 47188

00 笑っていいとも！
[HV]▽楽しくなければお昼
じゃない！ 48695

00[S][字]ごきげん U字工事
[HV]ピースほか 2817

30[S]さくら心中 41904

00[HV]記念日◇[N] 7754091

07[二]韓流α タルジャの春
[HV][再] チェリム
[S]イ・ミンギ イ・ヒョ
[デ]ヌ（字幕） 52381492
▽3.57テロワール[終]
ハン・ヘジンほか
（字幕） 12543904

4.53[字]スーパーニュース
[HV]事件＆政治＆スポーツ
[デ]知りたい〝今〟を直撃
▽必撮！スーパー特報
▽超速報！文化芸能部
▽石原良純の天気予報
安藤優子 山本周
長野翼ほか 71334071

00[字]ペケポン〝旬モノはど
[HV]れだ〟に岡田准一＆真
[◀]木よう子が登場！▽新
企画〝ペケポン就活〟
を敢行!!ほか 8817

57[S][字]金曜日のキセキ
[HV]▽悩める人々の人生を
〝奇跡の鑑定士軍団〟
が導く▽全国各地のう
わさ検証ほか船越英一郎
今田耕司ほか 93684188

8.54[HV][字][N]◇[天] 82275

00[S][字]金曜プレステージ
★[HV]「さだまさしドラマス
★ ペシャル〝故郷～娘の
★ 旅立ち～〟」
★ [原]佐伯ちづる
★ …堀北真希
★ 佐伯實夫 …松平健ほか
★ 風吹ジュン 高岡蒼甫
★ 中越典子 温水洋一
★ 山崎樹範 美山加恋
★ ▶P83 687362

10.52[S]CINE 228614

00[S][字]人志松本の○○な話
[HV]「決めてほしい話」
[◀]月亭八光ほか 4362

30[S][字]僕らの音楽「ミワ×
[HV]南明奈」 18430

11.58[HV][字][N] 26419594

0.23[HV][S]すぽ 4667299

1.05[S]1924 今の若者は何
[HV]を考える？ 6224299

1.35[S]潜入！リアルスコー
[HV]プ[再] 7703638

2.25[S]修理屋工房 壊れて
[HV]しまった宝物を修復ほか
佐野瑞樹ほか 2468812

3.25ミューサタ 9068928

3.40[S]スピンオフ!! 人気
[HV]番組特別編 6018198

3.55[S]DJ4.50 5446102

10 テレビ朝日 5

4.25[S]おはよう5ch◇[S]
[HV]建もの探訪 8543904
4.55 やじうまテレビ！
[HV]マルごと生活情報局
[デ]わかる天気 96937072

00[HV]スーパーモーニング
朝からオキテやぶりの
本格ニュースショー!!
圧倒的取材力で毎日が
総力大特集 482492

9.55[字]ちい散歩 特選ちい
[HV]散歩▽昭和散歩▽情報
地井武男 生稲晃子
矢島悠子ほか 4354904

00[S][字]おかず「豆乳鍋」ほか
[HV]▶P79 525409
25 スクランブル 政治＆
[HV]芸能ニュースの[秘]真相
追跡▽注目アノ出来事
に完全密着 38722985

1.05[S]上沼料理◇[多][字]徹子
[◀]高田純次 2581898

55[S][字]東京サイト◇59[S][字]
[HV]おみやさん[再]渡瀬恒彦
桜井淳子ほか 87684053

2.55[字]ANN[N] 69904

00[S][字]炎の警備隊長五十嵐
[HV]杜夫3 私の部屋に見
知らぬ男の死体が！[再]
小林稔侍 小泉孝太郎
床嶋佳子ほか 662053

4.53[S][N]スーパーJチャン
[HV]▽トップニュース▽注
目＆全国のニュース…
事件・事故を徹底検証
▽スポーツコーナー▽
市況・経済情報▽天気
キャスター・渡辺宜嗣
上山千穂 73134053

00[S][字]ドラえもん のび太
[HV]のハチャメチャ入学式
▶P78 2140

30[S][字]クレヨンしんちゃん
[HV][声]矢島晶子 132966

54[S]ミニステ 81546

00[S]ミュージックステーシ
[HV]ョン 豪華アーティス
トが新曲を披露する！
▽最新ヒットチャート
NYCほか 88879

54[HV][S][字]世界の街道をゆく

00[S][字]悪党～重犯罪捜査班
[HV]（⑦／全8回）
高橋克典 小泉孝太郎
内山理名 村上弘明ほか
▶P82 78492

54[S]報道ステーション
[HV]▽ニュース▽スポーツ
[デ]▽特集▽円相場
▽あすの天気
古舘伊知郎 市川寛子
武内絵美 宇賀なつみ
8903140

11.10[HV][S][字]車窓 1601817

15[S][字]バーテンダー（⑥／
[HV]未定）相葉雅紀 貫地
谷しほり 津川雅彦ほか
▶P82 2834817

0.15[S]オンタマ 3598909
0.20 タモリ倶楽部 かる
た会▶P74 5490164
0.50 お願い！ランキング
[HV]▽占いほか 4638367
1.45[S]テレ朝V 8692947
1.50[S]BeauTV
[HV]平子理沙ほか 8662980

2.20[二]クリミナル・マイン
[HV]ドII 7287744

3.15[二][映]「ティアーズ・オ
[HV]ブ・ザ・サン」▶P76
（5.10） 50032541

12 テレビ東京 7

5.05[HV]J◇買物 7685879
5.40買物◇[HV][N] 3980324
6.40最上の命医 923237
6.45[S]おはスタ 155904

7.30ディズニー 12492

00[S]ありえへん 165492
04[S]ものスタM 75701
56[S]E morning
[HV]▽オープニング
▽9.00経済ニュース
「最新経済情報満載」
▽9.27生活情報
▽11.00経済ニュース
「最新[N]」 37193985

11.25知らないとこわい世界
30[S][字]だいすけ君が行く!!
[HV]▽静岡・富士宮を訪問
▽イベント 6811695

0.25最上の命医 805017
30[S]フスタ パトリック・
ハーランほか 6814782

1.25[S]ガイド 609053
30[S][字]一万円で大満足！大
[HV]人の休日[再] 石田純一
＆東尾理子夫妻が御殿
場＆箱根でドライブほか
野々村真ほか 340614

3.30 FINE！
[HV]▽[S]オープニング
▽35[N]FINE！
▽4.00レディス4
▽52[字][N] 344430

5.20 太陽と緑 383527
30[S][字]週刊AKB スピー
[HV]ドワゴンほか 10409

00[S][字]ジャンBANG！
[HV]100回記念 7695
30[S][字]ピラメキーノG
[HV]▽嫌いな食べ物をタレ
だけで克服！夢のタレ
をエキスパートが調理
▽コンビニの食べ物で
おいしい料理を作れ！
（予定） 431492

7.54[字]この日本人がスゴイ
[HV]らしい。Brand
[◀]New Japan
▽チリのリハビリテー
ション施設で働く日本
人女性ほか 48144256

8.54そこんトコロみどころ

00[字]所さんのそこんトコロ
[HV]▽玉ネギのある部分を
[◀]使った料理▽スーツケ
ースの耐久性ほかローラ
・チャンほか 66166
54[S]地球VOCE

00[S][字]たけしのニッポンの
[HV]ミカタ！「第一印象は
[◀]自分で作れ!?」かづき
れいこ 江木園貴
板谷由夏ほか 16607
54[HV][N]WBS 8870091

11.58[HV]V7・ネオスポーツ
▽0.12[S][デ]ドラマ24
「URAKARA」
（⑨／回数未定）カラ
▶P83 65879546

0.53[S]シロウト名鑑クドカ
ン＆細川徹が魅力ある
素人を探す 8227763

1.23[S]GOSICK「風邪
ひきは頑固な友人の夢
をみる」 8861386

1.53大橋未歩シューカツ魂
2.00[S]流派－R 7444102
2.30ダンスTV 2548893
3.00[S]A×A 7618541
3.15[S]音流 5421034
3.45[S]買い物 4089305
4.40[S]音楽4.45 8665893

2011年 3月11日 金曜日

1 NHK総合 1

4.30[HV]おはよう日本 [N][天]
▽まちかど情報室▽とれたてマイビデオ▽経済▽スポーツ▽特集ほか
阿部渉ほか 18418140

00[HV][多][字]てっぱん瀧本美織
[デ]富司純子ほか 722695

15[S]あさイチ [N][天]ほか
[HV]周防正行 草刈民代
井ノ原快彦 17360324

9.55[HV][多][字]体操 40492

00[HV][N][天]◇05[S][字]歌うコンシェルジュ
秦万里子ほか 485275

00[HV][N][天]◇05いっと6けん
築地情報ほか 486904
【山梨】美窓[再]◇お昼

00[字][N]◇[S]金曜バラエティ
[HV]一加山雄三 16237

45[多]てっぱん[再] 54891

00[HV][字][N]◇[S]スタジオパーク ゲスト・舘ひろし
住吉美紀ほか 82527

00[HV][N][天] 850807

05[字]お元気ですか 日本列
[HV]島◇55体操 683508

00[HV][N][天]◇[S]Q 939324

15[S][字]ろーかる直送便Q
[HV]ダフル東北 933184

00[HV][N][天]◇[S][字]蒼穹の昴[再]
流血の政変 320072

50[S]ゆうどきネットワーク
[HV]▽ニュース▽気象情報▽生活に役立つ情報をお届け！ほか 7342879

00[HV][N]◇10首都圏ネットワーク [N][天]▽特集ほか
池田達郎ほか 9163508
【山梨】まるごと山梨

00[二][字]NHKニュース7
[HV]▽[N][天]▽スポーツ
武田真一ほか 782

30[S][字]特報首都圏キャスタ
[HV]一中野純一 92071

58[HV][天] 620817

00[S][字]キッチンが走る「梅
[HV]咲く小田原 春の香りを満喫！」 33817
【山梨】金曜[再]15000の動物画◇33ミニ番組

45[HV][N][天] 65527

00[二][字]ニュースウオッチ9
[HV]▽きょうのニュース▽記者解説▽スポーツ▽インタビュー▽[天]ほか
大越健介 青山祐子
一柳亜矢子 4343

00[S][字]必ずヒーローになっ
★[HV]てやる～李忠成の800
★[◀]日～（仮題）帰化をめ
★ぐる葛藤ほか 53695

45[S]楽園◇[N][天] 450966

55[S]Bizスポ・ワイド[終]
[HV]▽注目の経営者が登場▽激論ニュースの深層▽新ビジネスの舞台裏▽スポーツ 5294169

11.50[HV]時論公論 664922
0.00[HV][N][天] 1624386
0.15[S][字]オンバト＋
[HV]斉藤孝信ほか 2810198
0.45[S][字]ドラクロワ[終][再]
[HV]ユナク 5489893
1.15ドラッカー 9565021
1.45 （番組は未定です）
1.55[S][字]ワースト脱出大作
[HV]戦[再] 5913560
3.10[S]おひさま 7337473
3.20[HV][S]案内◇工芸◇地球
4.10案内◇遺産 1243611
4.20視点[再]4.30 9131454

3 NHK教育 2

5.00時◇日本語◇言い違い
5.35Sオペラ◇アラビア語
6.25[休]◇中国語 7305850
7.00シャキ◇[S]はなかっぱ
7.25日本語◇35チロ◇みい

00[S]お母さんと 238782
25[S]ぱあ◇ピタ 3737530
45[S]英語◇絵本 20527
00[S]できた[再]◇15人形劇[再]
30[S]お話の国[再] 195898
45[S][字]コトバ[再] 21256
00[S]時々迷々[再] 739985
15[S]英語Jr◇30自然と[再]
45[S]大科学実験◇55ミクロ
00[S]隣子育て[再] 1053
30[S]すくすく[再]「どうす
[HV]る預け先」 65072
00[S]きらっと[再] 9072
30[S]健康Q&A 190343
45[S]ろう生きる 33091
00[HV][手]手話[N] 539922
05[S][字]名医にQ[再]「ロコモ
[HV]徹底対策」 488362
00[S]情報A[再] メディアを
[HV]学ぼう①② 81898
[S3]2.00～3.15[S]健康[再]
00[S]理科総合[再]電気エネルギーの一生 99817
[S3]3.15～4.00きらっほか
00[S]ぱあ◇プチ 418508
20[S]お母さんと 1367275
45[S]つくって◇みいつけた
5.05日本語◇英語◇ピタゴ
30[S]はなかっぱ 300508
40[S]まいん◇Q 603986
00[S]おじゃる丸 3860891
10[S][字]忍たま[再] 9123188
20[HV][S]ビット 3118256
55[S]サイエンスゼロ[再]噴火
[HV]を予測せよ！～火山研究最前線～ 5953256
7.30[S][字]あしたをつかめ
[HV]「私は港の司令塔～港湾通信士」 920411
55[HV][S]皆のうた 45850
00[S][字]きらっと[再] ただ
[HV]いるだけで、意味はある～ALS 237
30[S]健康Q&A「歩くとき
[HV]の痛み」 432879
45[HV][手][N]845 63169
00[S][字]趣味の園芸[再]
[HV]「家庭で育てる果樹」◇園芸ビギ 508
30[S][字]趣味の園芸 やさい
[HV]の時間[再] 926695
55[HV][S]TJミニ 74362
00[S][字]美の壺「梅」人をひ
[HV]きつけた花びら・枝ぶ
[◀]り・梅林ほか 732091
25[S]Sオペラ「ジャンニ・
[HV]スキッキ」 4358527
50[HV]視点・論点 557573
00[S]芸術劇場
[HV]▽劇場中継「浮標（ぶ
[◀]い）」三好十郎作
長塚圭史演出
田中哲司 藤谷美紀
佐藤直子 大森南朋
安藤聖 峯村リエ
江口のりこ 遠山悠介
長塚圭史 中村ゆりほか
（2.57） 90998817

【ワンセグ独自】
後0.00ランチ（1.00）
後11.00[双]Deep A
深0.00青山開発◇地デジ芸人◇ガッチャン◇アメージングボイス◇1.00野田◇英会話◇ランチ◇音楽散歩 2.57

4 日本テレビ 4

4.00Oha!4 NEWS
[HV]LIVE 9250430
5.20ズームインSUPER
[HV]▽最新ニュース▽特集
[デ]羽鳥慎一ほか 34826430

00[S]スッキリ!!
[HV]▽気になるニュースを紹介▽わかりやすくためになりしかも笑える▽エンタメ・トレンド情報も満載 34563072

10.25[S]PON！
[HV]司会・岡田圭右
杉上佐智枝 5543614

11.30[HV][字][N] 186140
45[HV][字]3分料理 279701
55[S]DON！ 毎日楽しく
[HV]自分にプラス！知ってお得な情報が毎日満載▽キニナル今日の特集▽Yahooランキング▽何の日 99948418

1.55情報ライブ ミヤネ屋
[HV]▽最新ニュースを鋭く明快に▽[秘]最新芸能ここだけの話▽生活情報
宮根誠司ほか 52311546

3.50[HV]女神のマルシェ
柴田理恵ほか 1058256
4.20[HV][S]アナどきっ！
30[HV][多][字]それいけ！アンパ
[S]ンマン 39411

00[HV][字]news every. きょう知りたい関心のど真ん中を紹介▽ニュースの背景や裏側をわかりやすく紹介▽スポーツ▽生活情報
藤井貴彦ほか 864411

00[字]金曜スーパープライム
★[HV]「こんないい人見たこ
★[◀]とない 史上最強の億
★万長者SP」
★▽資産5000億円！自慢
★大好きロシアの大富豪
★▽おしどり火鍋大富豪
★テリー伊藤 鈴木杏樹
★土田晃之 ライセンス
★司会・ウッチャンナン
★チャンほか 906091

8.54[HV][S][字]まもなく！

00[S][字]金曜ロードショー
[HV]映画って本当にいいも
[デ]のですねシリーズ
「なくもんか」（2009年「なくもんか」製作委員会）水田伸生監督
阿部サダヲ 瑛太 竹内結子 塚本高史 いしだあゆみ 陣内孝則 伊原剛志 皆川猿時ほか
▶P76 883546

10.54[HV][S][字]ゆっくり私時間
00[S][字]アナザースカイ
[HV]中川翔子ほか 614
30[字]恋のから騒ぎご卒業ス
[HV]ペシャル2011春[終]仮題
[◀]マツコデラックス
滝沢秀明ほか 2942430
0.28[HV]NEWS ZERO
村尾信尚ほか 6906218
1.28[S]ハピM ヒロコ
[HV]ねごと 4ミニッツほか
（予定） 1109560
2.23[HV][S]ガイド 9137638
2.28[S]シネマガ 7837947
2.43[S]漱石の犬 3650218
2.58[HV]ウケウリ 9550893
3.28[HV][デ]通販 92361980
4.58[HV][S]停波 9140947
5.00[HV][N] 5.30 3589

6 TBSテレビ 6

4.30[S]世陸ナビ 9171807
4.35ミルク◇[N] 1578121
5.15[S]早ズバッ 613091
5.30[S]みのもんた朝ズバッ
[HV]！ ニュース最新情報
[デ]みのもんた 30054898

8.30[字]はなまるマーケット
[HV]生活情報満載とくまる▽旬のゲストとトーク
素顔に迫る 669508

9.55買いテキ！ 6395898

10.05[二]韓流セレクト
[HV]パスタ コン・ヒョジンほか 字幕 478985

00[字]ひるおび！
[HV]▽いま起きている事に最大限こだわる生放送▽斉藤哲也のひるトク▽最新ニュース&天気予報ほか 恵俊彰
小倉弘子ほか 87921072

1.50キラ☆TV 345695
55 3年B組金八先生[再]
武田鉄矢ほか 4319850
2.55 3年B組金八先生[再]
武田鉄矢ほか 5297256
3.50 買っトク！&TBS
[HV]ニュース 648782
55[S][字]大岡越前[再]
加藤剛 平淑恵
左とん平ほか 4320966

4.53[S][字]Nスタ
[HV]▽最新のニュース▽スポーツ&芸能ニュース情報が満載！▽あすの天気予報ほか
キャスター・堀尾正明
長峰由紀 佐古忠彦
森田正光ほか 72684508

00[字]がっちりアカデミー!!
[HV]～お金と暮らし解明バ
[◀]ラエティー！ 新企画"がっちりスロット"
（予定） 8169

56[字]ぴったんこカン・カン
[HV]▽ミッツマングローブ
[◀]&楽しんごの珍道中！▽二人の行動に安住紳一郎アナもタジタジ!?
（予定） 42915782

8.54[HV][N] 19817

00[字]中居正広の金曜日のス
[HV]マたちへ 吉川晃司が
[◀]サバイバル生活に挑戦▽ケニアを舞台に奮闘
（予定） 20332

54[HV][S][天] 26558

00[S][字]LADY～最後の犯
★[HV]罪プロファイル～[終]
★北川景子 木村多江
★ユースケサンタマリア
★▶P27、82 39091

54[S]30スタイル 76099

00[S][字]Aスタジオ笑福亭鶴
[HV]瓶と藤原紀香がトーク
[◀]▽爆笑秘話 256

30[S]NEWS23クロス
[HV]▽[N]&[天]ほか 松原耕二
膳場貴子ほか 289169

0.15[S]もうすぐ 1319015
0.20[HV][S]ヘブンズ・フラワー ▶P74 9660675
0.50[S]ビジネス 9356522
0.55[S]スパサカ 2982096
1.25[HV]あいまいナ！
山崎弘也ほか 3703386
1.55[HV][S][字]魔法少女まどか
★マギカ 2989909
2.25アカデミー 3702657
2.55BLITZ 1629831
3.04[S]買物4.25 9279657

平成23年

2011年

3月11日 金曜日

忘れられないこの日。実際には放送されなかった番組表

この日の番組表は、ほかの掲載日とは少し意味合いが異なります。ここに掲載されている番組の大部分が実際には放送されていないからです。『TVガイド』に掲載されている番組が別番組に変更されることはよくあります（例えばこの日も参議院の決算委員会の質疑があり、NHKでは番組を変更して『国会中継』を放送していました）。でもこの日は放送局の事情による番組変更ではありませんでした。

この日午後2時46分、東北沖を震源にのちに東日本大震災と呼ばれる大地震が発生、各地に大きな被害をもたらしました。関東でも大きな揺れを感じ、在京各局も速報から報道特別番組に切り替え、終日特別番組が放送されました。

この時、NHK総合が国会中継をしていたほかは、東京のスタジオで生放送をしている局はありませんでした。日本テレビの『情報ライブ ミヤネ屋』は大阪のスタジオからの生放送、NHK教育は『高校講座・情報A』で、他の局はすべて再放送でした。中でもTBSでは『3年B組金八先生』の第1シリーズ、それも「十五歳の母」の回が再放送されていました。約2週間後の3月27日に『3年B組金八先生ファイナル』が放送されることになっており、そこに向けた再放送が編成されていたのでした。第1シリーズから32年続いたドラマの最終作ということで、それまでの全シリーズの出演者が揃っての4時間スペシャルでした（ちなみに放送日は、沖田浩之の13回忌の命日でした）。

2011年3月11日号
表紙・戸田恵梨香、三浦春馬
月9ドラマ『大切なことはすべて君が教えてくれた』（フジテレビ）で共演。スリリングな展開が話題を集めた。武井咲、菅田将暉、剛力彩芽ほかが出演。

この時間まではもちろん通常通りの番組が放送されていました。各ワイドショーでは前日の10日に亡くなった坂上二郎さんを偲んでいました。しかしこれ以降、翌々日13日の日曜日まではほとんど特別番組が編成され、14日月曜くらいから少しずつ通常の番組が戻ってきましたが、それでも本格復旧には時間がかかりました。連続テレビ小説『てっぱん』は翌土曜日から1週間放送を休止し、19日（土）から放送が再開（4月スタートの次の朝ドラ『おひさま』は1週間繰り下げとなりました）。フジテレビの『笑っていいとも!』『ごきげんよう』『さくら心中』の帯番組は21日（月）再開でした。また改編期ということでこの日は最終回や特番が多く編成されていましたが、これも影響を受けました。まず日本テレビ夜11時半、17年続いた人気番組『恋のから騒ぎ』がこの日最終回スペシャルの放送予定でしたが翌々週の25日に延期となりました。TBS夜10時、北川景子主演の『LADY～最後の犯罪プロファイル～』もこの日が最終回予定でしたが25日に延期になっています。フジテレビ夜9時『さだまさしドラマスペシャル“故郷～娘の旅立ち～”』は、さだまさしの楽曲『案山子』をモチーフとしたヒューマンドラマ。こちらは7月5日に放送延期。そしてこの日ではありませんが、翌日、翌々日の2夜に渡って放送予定だったテレビ朝日の『松本清張ドラマスペシャル　砂の器』（玉木宏主演）も報道特番のため放送休止となり、9月10日、11日の放送となりました。

そして後年その影響が最も大きく語られることとなったのは、TBS深夜1時55分放送予定だった『魔法少女まどか☆マギカ』かもしれません。『魔法少女まどか☆マギカ』はMBS制作で、MBSの放送は木曜深夜、関東は1日遅れの金曜深夜放送でした。この日放送の第10話は構成上極めて重大な仕掛けが明かされる重要な回だったんですが、これが関西でだけ放送されて、関東では見られないという状況になりました。視聴者の期待と混乱は推して知るべしでしょう。結局レギュラー枠での放送再開は果たされず、4月21日木曜深夜に関西では11～12話、関東では10～12話が同日集中放送されるという異例の展開となりました。当日は「完結編本日放送」というこれまた異例の全面広告が読売新聞に出されるなど大きな話題を集め、『まどか☆マギカ』伝説の一端を担うこととなりました。

ちなみにこの年の7月24日、岩手・宮城・福島の3県を除き地上波アナログ放送が停波、デジタル放送に移行しました。

6 TBSテレビ

4.45 [N]バード◇駅伝ナビ
5.15早ズバッ！ナマたまご
5.30みのもんた朝ズバッ！
[デ]▽ニュース最新情報ほか
総合司会・みのもんた
加藤シルビアほか
8.30[字]はなまるマーケット
[デ]生活情報満載とくまる
▽旬のゲストの素顔に迫る！はなまるカフェ
9.55 買いテキ！通販ツウ
10.05[二]韓流セレクト
僕の彼女は九尾狐[再]
イ・スンギほか（字幕）
00[字]ひるおび！
▽いま起きている事に最大限こだわる生放送
▽飛び出す新聞バン！
▽丁寧なボードで解説
ひるトク！＆世の中の疑問に答えるハテナほか
1.50ごごネタ！雪月花ＴＶ
55 （都合により番組は未定です）
2.55 （都合により番組は未定です）
3.50[字]買っトク！＆[N]
55[二]メリは外泊中[再]
ムン・グニョン チャン・グンソクほか 字幕
4.53[字]Ｎスタ
▽最新のニュース
▽政治・経済・国際[N]
▽スポーツ＆芸能ニュース情報が満載！
▽特集▽天気予報ほか
キャスター・堀尾正明
長峰由紀 森田正光ほか
00[字]海老名さん家の茶ぶ台
▽心温まるひと時を届ける下町バラエティー
林家三平 国分佐智子
海老名香葉子ほか
55[字]もうすぐヒストリー
00[字]世紀のワイドショー！
★[◀]ザ・今夜はヒストリー
★ ▽〝忠臣蔵〟を特集！
★ ▽敵討ちの行方をえな
★ りかずきらが見守る
54 フラッシュニュース
00[字]伊東＆所の！あの人の
[◀]ゴハンが見てみたい！
▽各界の著名人がこだわりの〝飯〟を紹介!!
▽旬の有名人たちの生き方＆価値観を学ぶ!!
▽ＥＸＩＬＥを支えるお弁当の秘密とは？ほか
所ジョージ 伊東四朗
柳原可奈子ほか（予定）
10.48[字]エンタメコロシアム
54 ＮＥＷＳ23クロス
▽[N]＆スポーツ＆天気
キャスター・松原耕二
膳場貴子 青木裕子ほか
11.45 実業団女子駅伝ナビ
50[字]世界のみんなに聞いてみた 世界中のさまざまな国でアンケート調査を実施ほか 国分太一
0.50 ビジネス・クリック
▽最新の経済情報ほか
0.55 パワー☆プリン
▽爆笑コント連発!!ほか
1.25 ニッポン！いじるＺ
東野幸治 藤井隆ほか
1.55 ロケみつ～ロケ×ロケ×ロケ～
2.55 ツボ娘◇Ｂｏｏｔ！
3.32カイモノラボ（4.45）

7 テレビ東京

5.05 Ｊ◇10買物◇40買物
5.45 [N]朝サテライト
6.40 ハロー毎日かあさん
6.45 おはスタ 山寺宏一
7.30[字]のりのり♪のりスタ
00 ものスタＭＯＶＥ
52 Ｅネ！ おすすめ情報
56 Ｍプラス ９
▽株式情報を詳しく!!
▽専門家が相場分析ほか
9.27 ７スタＬＩＶＥ
▽身近なスポット散策＆[得]情報ほか パトリック・ハーラン 兵藤ゆき
00 マイ・ライク！
10 Ｍプラス 11
35[字]大人の極上ゆるり旅
▽いざ○○を訪ねて…
0.30[二]アテナ
[字]「運命の再会」
チョン・ウソン
チャ・スンウォンほか
1.25[二][映]「デトネーター」
[字]（2006年アメリカ）
レオン・ポーチ監督
ウェズリー・スナイプス Ｓ・コロカ▶P84
3.25太陽と緑健やかタイム
35 Ｍプラス Ｅｘｐ
00 レディス４
大島さと子 板垣龍佑
52[字]ＮＥＷＳ アンサー
5.20 いい旅・夢気分ＰＲ
30[字]ＮＡＲＵＴＯ～少年篇～ 新人９人全員集合
00[字]ウルトラマン列伝
▽ウルトラマンゼロ④
30[字]ピラメキーノはんにゃ
フルーツポンチほか
00[字]イナズマイレブンＧＯ
[デ]▽革命（カゼ）の軌跡
27[字]ダンボール戦機
[デ]「悪魔 飛び立つ時」
[声]久保田恵ほか
55 すなっぷ 写真を紹介
00[字]いい旅・夢気分
[◀]「日本海の旬の幸と名湯めぐり」里見浩太朗＆林家三平が新潟へ！
▽地元の新鮮な魚介類
54 Ｂｅｅミュージアム
00[字]水曜ミステリー９
密会の宿
「北鎌倉心中！死ねなかった女～最愛の人の命日に新たな悲劇が！罠にはまった殺人者」
岡江久美子 東幹久
魔裟斗 高橋かおり
田中美奈子 西岡徳馬
▶P91
10.48 とんとんみーの冒険
54 ＴＸビジネスレポート
00 [N]ＷＢＳ 政治経済[N]
58 ネオスポーツ
0.12 ＫＯＺＹ'Ｓ ＮＩＧＨＴ 負け犬勝ち犬
▽今田耕司＆東野幸治らが〝負け犬〟に!?ほか
0.43 きらきらアフロ
笑福亭鶴瓶 松嶋尚美
1.13 ＵＦＣ ワールド仮
1.20さまぁ～ＺＯＯ▶P82
1.50 テニスの王子様 ベストマッチ 全国大会
2.20 おねだりマスカットＳＰ！ おぎやはぎほか
2.50 もえ×こん
3.05 トラブルマン[再]
3.40ミュージックブレイク
3.45 てれとｓｈｏｐ4.25

8 フジテレビ

4.00 めざにゅ～ [N]▽[天]
▽スポーツ▽エンタメ
5.25めざましテレビ [N][天]
▽ニュース分析＆解説
▽超スポーツ旬エンタ
00 とくダネ！ スクープ
▽政治経済＆事件事故
▽お得情報＆話題検証
▽厳選世界の衝撃映像
小倉智昭 笠井信輔ほか
9.55 知りたがり！
▽朝の情報番組イッキ見せ▽納得！なるほどニュース大解説▽主婦力向上計画▽いいものプレミアムほか 伊藤利尋
11.30[字]ＦＮＮスピーク [N]
00 笑っていいとも！
▽楽しくなければお昼じゃない！▽人気企画
00[字]ごきげんよう サイコロトークほか 小堺一機ほか
30[字][デ]花嫁のれん
00[字]はじめて記念日◇05[N]
07[二][デ]韓流α パラダイス牧場（字幕）（予定）
00[字]Ｃｈ－α ＢＯＳＳ
[デ]２ｎｄシーズン[再]
▽57（都合により内容は未定です）
4.53[字]スーパーニュース
[デ]今を伝える〝新鮮力〟心に響く〝情熱報道〟トク選〝旬を大追跡〟
▽必撮！スーパー特報
▽ズバリ！文化芸能部
▽石原良純の天気予報
▽事件＆事故総力取材
安藤優子 木村太郎ほか
00[字]はねるのトびらＳＰ仮
[◀]▽〝ほぼ１００円ショップ〟チーム対抗戦を！
▽上戸彩＆ベッキーなどの仲良しチームが次々に登場！▽１００円商品を当てられるのか!?
▽〝ギリギリッス〟に岡村隆史率いる〝めちゃイケ〟チーム登場で波乱の展開に！ほか予定
8.54[字]ＦＮＮ[N]◇天気
00[字]ホンマでっか!?ＴＶ
[◀]「女性評論家ＳＰ～男は何も分かってない」
▽ダイエットが成功する曜日はほか 磯野貴理子
54[字]ベイビーＳｔｙｌｅ
00[字]ザ・ベストハウス１２３「驚異の動物セラピーＳＰ」ホースセラピーを受け驚異的な回復を見せた少女を紹介ほか
54[字]おふくろ、もう一杯
00[字]グータンヌーボ ローラ
[◀]藤森慎吾 五十嵐隼士
片瀬那奈 浅見れいな
30[字]ニュースＪＡＰＡＮ
▽最新の注目[N]▽[天]ほか
11.55すぽると！ 西岡孝洋
0.35 おかっちＭ．Ｃ．ＴＨＥ ＭＡＮＺＡＩ応援宣言！ 岡村隆史
0.45[字]なかよしテレビ 日本を含む３カ国がお互いの国の良い所を発見
1.10 志村軒 志村けんほか
1.40 魁！音楽番付Ｅｉｇｈｔ ティアラほか
2.10 ＮＯＮＦＩＸ
3.10 ＤＪモノフェスタ◇天気 （4.00終了）

2011年 12月14日 水曜日

1 NHK総合

4.30 おはよう日本 ▽[N][天]▽まちかど情報室▽とれたてマイビデオ▽経済▽スポーツ▽特集ほか 阿部渉ほか
00[多][字]カーネーション [デ]尾野真千子ほか
15 あさイチ あさイチごはん▽[N][天]ほか 井ノ原快彦 有働由美子ほか
9.55[多][字]みんなの体操
00 [N][天]◇05[字]歌うコンシェルジュとっておきの番組を秦万里子が紹介
00 [N][天]◇05いっと6けん ▽千葉・栃木情報ほか 【山梨】自然◇40お昼
00[字][N]◇20ひるブラ 高橋ジョージ コロッケほか
45[多][字][デ]カーネーション[再]
00[字][N]◇05[字]スタジオパーク ゲスト・鷹赤児 青山祐子ほか◇55うた
00 [N][天]
05[字]お元気ですか 日本列島◇55[字]テレビ体操
00 [N][天]◇12おしらせ
15[字]ろーかる直送便 各地の人気番組を紹介！
00 [N][天]◇05[字]歴史秘話ヒストリア[再] 源氏物語
50 ゆうどきネットワーク ▽ニュース▽気象情報▽生活に役立つ情報をお届けほか 山本哲也ほか
00 [N]◇10首都圏ネットワーク [N][天]▽特集ほか 池田達郎 上条倫子ほか 【山梨】まるごと山梨
00[二]NHKニュース7 [字]▽[N][天]▽スポーツ キャスター・武田真一
30[字]クローズアップ現代 キャスター・国谷裕子
58 [天]
00[多]ためしてガッテン [字]「腸の不調を退治せよ[デ]！しつこい下痢の真犯[解]人」過敏性腸症候群の真犯人▽下痢の元凶ほか
45 [N][天]
00[二]ニュースウオッチ9 [字]▽きょうのニュース▽記者解説▽スポーツ▽インタビュー▽[天]ほか 大越健介 井上あさひ 広瀬智美ほか
00[字]ヒストリアああ、討ち[解]入りさえなかったら…巻き込まれた人たち3つの〝裏忠臣蔵〟仮
45[字]坂の上の雲◇50[N][天]
55[字]SONGS
★「福山雅治」宮城で行★われたライブに訪れた★観客の思いほか ▷P27
11.25 Bizスポ 堀潤ほか
50 時論公論
0.00 NHKニュース24
0.15[字]NHKスペシャル[再]「東日本大震災 震災遺児を救え」（仮題）
1.05[字]麻里子さまのおりこうさま！[再]「お歳暮」
1.10[字]ブラタモリ[再]「地下鉄[前]」（仮題）
2.00 ミッドナイトチャンネル
4.10 NHKプレマップ
4.15[字]世界遺産 モロッコ
4.20 視点・論点（4.30）

2 NHK Eテレ

5.00 10分◇仕事学◇35名著
6.00 英会話◇20文学◇25[体]
6.35 フック◇まいん◇0655
7.00 ジャキ◇かっぱ◇ピタ
7.30 日本語◇マノン◇みい
8.01 お母さん◇24パッコロ
25 ばあっ◇40プチアニメ
45 英語であそぼ◇55絵本
00[多][字]がんこ◇15ニッポン
30[多][字]地図帳◇こどもふどき
50[多][字]社会のトビラ[再]
00[多][字]見える歴史[再]
15[デ]チャロ2[再]◇25万葉集
30[デ]アーティスト[再]◇毎日
00[字]きょうの料理[再]
25[字]料理ビギナーズ[再]
30[多][字]100分名著[再]◇55得
00[字]福祉ネットワーク[再]
30[多][字]きょうの健康[再]
45 うた◇50視点・論点[再]
00[字][N]◇05[多][字]仕事学[再]
30 テレビでフランス語[再]
55 名曲[再]「もみの木」
00 高校講座 理科総合[再]
[S3]2.00～3.00[字]園芸ほか
30 高校講座 物理[再]
00[字]NHK俳句[再]◇25案内
30 スクスク◇35あにまる
45 つくってあそぼ[再]
00 プチアニメ◇えいごで
15 作って◇ゾーン◇ばあ
36 お母さんと◇パッコロ
00 みいつけた◇にほんご
25 ピタゴ◇30はなかっぱ
40 まいん◇フックブック
00[字]おじゃる丸[再]
10[字]忍たま[再]バケモノ屋敷
20 大！天才てれびくん
55[解]Rの法則「全国学校自慢SP R's学園祭～魅せる編～」（仮題）
7.25 デジスタ 大河ドラ[解]マ〝平清盛〟PR映像▽とびだせ！土管くん
50 皆のうた◇55スクスク
00[字]福祉ネットワーク「震災を詠む」②
30[多][字]きょうの健康「最新骨粗しょう症対策③骨折を防ぐ生活術」
45[字]手話ニュース845
00[字]きょうの料理3時間でお見事おせち◇25ビギ
30[字]あなたもアーティスト[解]増山修のアニメ流風景スケッチ術②海を描く
55[字]まる得[再] 韓流食材⑦
00[多][字]100分de名著宮沢[解]賢治〝銀河鉄道の夜〟②悲しみから希望へ
25[多]仕事学のすすめ競争[解]ない中小企業経営術②
50[デ]チャロ[再]記憶のない島
00 英会話 オール・ザ・シングス・ユー・アー
20 TJミニ[再]「鉄道」
25 テレビでフランス語[再]「誘う」知花くらら
11.50 Jブンガク◇55E2355
0.00 資格☆はばたく[解]「中小企業診断士」③
0.25[字]あしたをつかめ[再]「鉄道客室乗務員」仮
0.50[字]ダーウィンが来た！
0.55 楽ごはん◇1.00英会話
1.05 日本史[再]◇理科総合[再]
2.05 地学[再]惑星の素顔2.37
【ワンセグ独自】
後0.00ランチ◇30ごはん◇35麻里子◇40ランチ◇55ダーウィン1.00

4 日本テレビ

4.00[デ]Oha！4 NEWS LIVE
5.50[デ]ZIP！ ▽日本の朝にエールを 桝太一 関根麻里ほか
00 スッキリ!! 気になるニュースがコレで納得とことん深く真相取材▽芸能界とっておき情報▽本音聞きたい…話題の人物毎日直撃！ほか
10.25 PON！ 司会・ビビる大木 佐藤良子
11.25 まもなく！◇30[字][N]
45[字]3分クッキング▷P87
55 ヒルナンデス！ ▽日本のお昼に〝楽しい！〟をお届け▽見ていて楽しいことを追求▽グルメほか つるの剛士 司会・南原清隆
1.55 情報ライブ ミヤネ屋 ▽最新ニュースの裏側 政治…事件を鋭く斬る▽スターの[秘]最新芸能▽タメになる生活情報
3.50 donna
55 ガイド
00[字][デ]まもなく（仮題）
20[二]FIFAクラブワール[字]ドカップジャパン2011[デ]「5位決定戦」 解説・都並敏史 城彰二 北沢豪 実況・寺島淳司～愛知・豊田スタジアム
6.50[字]NNNニュース
00[字]まもなくキックオフ[デ]（仮題）みどころ紹介
20[二]FIFAクラブワール[字]ドカップジャパン2011[デ]「第2戦の勝者×サントス（ブラジル）」 解説・都並敏史 城彰二 北沢豪 実況・中野謙吾～愛知・豊田スタジアム （最大延長10.39まで、以降の番組繰り下げ）
9.29 ZEROMINUTE
35[字]ザ！世界仰天ニュース[解]「不思議＆ミステリー[解]スペシャル」河西智美 クリス松村 土田晃之 前田知洋 安めぐみほか
10.29[字]心に刻む風景
35[字]家政婦のミタ
★[デ]（⑩／全11回）
★[解]松嶋菜々子
★ 長谷川博己 相武紗季
★ 忽那汐里 平泉成
★ 白川由美ほか ▷P90
11.44 NEWS ZERO ▽ニュース▽スポーツ
0.58[デ]CWCハイライト
1.28 5MEN旅 ミッシ[解]ョンに基づいた旅へ！山崎弘也 劇団ひとり 後藤輝基 河本準一ほか
1.59 AKBINGO！[解]AKB48ほか
2.29 なにわなでしこ[解]NMB48 ピースほか
2.59 にけつッ!![解]▽出待ちの話▽後輩の壮絶な恋愛体験を紹介
3.29[デ]通販◇映画ナビ4.00

5 テレビ朝日

4.55[デ]やじうまテレビ！ ▽役立つ情報が満載！政治経済から芸能までエンターテインメント性豊かに独自切り口で
00 モーニングバード！ 羽鳥慎一と赤江珠緒が今気になるニュースを〝なるほど！〟満載で爽やかにお届けします
9.55[字]ちい散歩 おすすめ散歩コースほか 地井武男
10.30 （都合により番組は未定です）
11.25 スクランブル きょうの最新ニュース▽活字ナビ・新聞記事の裏側▽政治・事件を追跡▽注目事象に密着▽[N]
1.05[字]上沼「鍋を囲んで」
20[解][字]徹子 追悼特集①
55[字]東京サイト◇59 （都合により番組は未定です）
2.55[字]ANNニュース
00 （都合により番組は未定です）
4.53 [N]スーパーJチャン ▽トップニュース▽注目＆全国のニュース…事件・事故を徹底検証▽スポーツ…試合結果▽市況・経済情報▽あすの天気ほか 渡辺宜嗣 上山千穂ほか
00[字]ナニコレ珍百景 ▽日本全国から寄せられた驚きの光景を紹介▽スタジオあ然の衝撃映像？ほか ネプチューン
54[字]おまけ珍百景＆学べる
00[字]そうだったのか！学べるニュース 国内や海外の気になるニュースを分かりやすく解説！劇団ひとり 土田晃之
54[字]世界の街道をゆく
00[字]相棒（⑨／回数未定）
★ 水谷豊 及川光博
★ 利重剛 川原和久
★ 大谷亮介 山中崇史
★ 六角精児ほか ▷P90
54[デ]報道ステーション ▽全国の主なニュース▽スポーツコーナー▽特集▽円相場▽あすの天気ほか 古舘伊知郎 小川彩佳 三浦俊章ほか
11.10[字]世界の車窓から
15[字]マツコ＆有吉の怒り新党 日々の怒りに白黒をつける政党を結成!!▽爆笑怒りトーク展開
0.15 オンタマ 音楽情報
0.20 お願い！ランキング ▽世の中のあらゆることをリサーチ▽占いほか
1.15 全力坂 疾走する美女
1.21 QSK 10秒が1万円 時間争奪！白熱クイズ
1.51 学生HEROES！ ▽学生の才能を発掘ほか
2.06 すっぽんの女たち 笑福亭笑瓶 SDN48
2.31 よふかしゴーちゃん。
2.45 買物モール（4.55）

平成23年

2011年

12月14日 水曜日

オリジナリティー溢れる奇跡のホームドラマ『家政婦のミタ』は大きな人気を集めました

激動の1年となった2011年も押し迫った12月の番組表です。地デジ移行が済んだということで、局の並びも現在のチャンネル順になっています。

この日も歴史に残るドラマが放送されています。日本テレビ夜10時35分（『FIFAクラブワールドカップ』のおかげでハンパなスタート時間になってますね。普段は10時スタートです）の『家政婦のミタ』。翌週12月21日最終回の視聴率が40%を記録、これは21世紀に入ってからのドラマの、当時の最高視聴率です。「いまや視聴者の興味は多様化してしまっていて、もうかつてのような高視聴率番組なんて生まれるはずがない」と半ば諦めていたテレビ関係者たちに、大きな驚きと希望を与えたドラマでした。『岸辺のアルバム』や『北の国から』同様、家族の再生がテーマになっているところも特筆すべき点です。

そもそもタイトルが『家政婦は見た！』のもじりになっているというあたりから、すでに作者たちのミスディレクションは始まっています。タッチとしてのコミカルさは遊川和彦作品の持ち味ではありますが、結果的にこれほどシリアスかつ破天荒なホームドラマは類を見ません。今現在に至っても似たようなドラマが思いつかないオリジナリティーの高さには脱帽するしかありません。特に家族とミタさんの距離が縮まりそうになった第8話で、彼女が笑わなくなった理由が語られた衝撃はすごかった。この緩急。松嶋菜々子の鬼気迫る演技はもちろん、物語の力のようなものを感じました。役者もみんな良かったし。長谷川博己も忽那汐里も中川大志も本田望結ちゃんも、ここから大きく存在感を増していきました（あと、しょっちゅう時間枠を拡大してたのが印象的で

2011年12月16日号
表紙・TOKIO、嵐
『ザ！鉄腕！Dash!!』と『嵐にしやがれ』がタッグを組み2012年1月1日に日本テレビで『今年もやります!!恒例元日はTOKIO×嵐』が放送された。

した。言いたいことが溢れてくる感じだったんでしょうね)。

そして同じ日本テレビが夕方から夜にかけて放送していたのが『FIFAクラブワールドカップジャパン2011』。この年はなでしこジャパンがワールドカップを制して、サッカー人気が盛り返した年ですが、この『クラブワールドカップ』は、『トヨタカップ』の時代から日本テレビが大切に中継してきたコンテンツです。ゴールデンのカードは「第2戦の勝者×サントス(ブラジル)」と書いてありますが、無事柏レイソルが勝ち上がってサントスと対戦しました。ちなみに優勝したのは、メッシを擁するバルセロナでした。

TBS夜8時は、4月スタートの関口宏司会の歴史バラエティー『世紀のワイドショー! ザ・今夜はヒストリー』(当初は月曜7時の『フレンドパークⅡ』の後番組だったんですが、10月からこの枠に来ました)。「本能寺の変」や「池田屋事件」など、歴史上の事件が起きた日にワイドショーが放送されていたら、という設定で、TBSアナウンサー総出演で中継や現地リポートを敢行、ワイドショー仕立てで事件を解説する教養番組。結構いい目の付け所だったと思うんですが、いかんせん有名な事件ってそんなにないですから、毎週放送するのは大変だったかもしれません。この日の事件は忠臣蔵。正直こんな歴史上一、二を争う有名な事件がよくここまで残ってたなという感じですが、あえて残してたんでしょうね。この日は12月14日、討ち入り当日ですから。

NHK夜10時55分は、福山雅治出演の『SONGS』。もともと4月に行うはずだったものが11月に延期して行われた宮城公演のライブの模様を中心に、『家族になろうよ』ほかの楽曲を披露しました。テレビ朝日夜9時は『相棒 season 10』。この日放送された第9話「あすなろの唄」は、よく再放送もされる人気作。相棒役は及川光博です。フジテレビ7時は『はねるのトびら400回SP』。番組開始からは約10年、ゴールデンに上がってからも6年以上が経過してピークを過ぎていたころですが、〝ほぼ100円ショップ〟のコーナーは相変わらず人気がありました。翌年9月に番組は終了します。

6 TBSテレビ

4.30[字]開運音楽堂◇モノ
5.30　皇室アルバム
5.45　サタデーずばっと
7.30[字]サワコ　青木さやか
00　知っとこ！行列のパン店▽韓国・済州島朝食
9.25[字]暮らしのレシピ
30[字]王様のブランチ　▽ブック▽エンタメデミダス▽テレビ▽最新の映画情報▽グルメコーナー▽買い物達人▽ジャックと豆知識▽DVDブラボー!!▽トレンド@ちゃんねる ほか（中断[N]あり）
00　歴史の源流出雲▶P29
54　TBSニュース
00[字]ATARUスペシャル～ニューヨークからの挑戦状!!～[再]中居正広
4.54　ミニ番組
00[字]バース・デイ
30[字]報道特集　現代社会の問題に迫る▽最新の[N]▽天気予報
6.50天気予報◇55もうすぐ
00[字]炎の体育会TVSP　◀▽本田望結が登場！フィギュアスケートに挑む姿を中継でつなぐ!!▽春日俊彰が体育会テニス部に加入！元プロテニスプレーヤーのマイケル・チャンと真剣勝負を繰り広げる▽桑田真澄らがストラックアウトに挑戦!! ほか予定
8.54　フラッシュニュース
00[字][デ]世界ふしぎ発見！　◀「美しき愛と勇気のハートフル・クロアチア」（仮題）新たなクロアチアの魅力に迫る
54[字]スッピン！
00　情報7days ニュースキャスター　生放送！ビートたけし&安住紳一郎アナが…〝ニッポンの7日間〟その最大関心事を斬る▽[N]芸能&スポーツ ほか
11.24[字]未来の起源
30[字]チューボーですよ！　◀「焼き餃子」泉ピン子　堺正章 ほか ▶P89
0.00[字]7つの海を楽しもう　世界さまぁ～リゾート
0.30　S☆1　Jリーグ▽プロ野球の試合結果 ほか
0.58　大久保じゃあナイト
1.28　COUNTDOWN TV　最新のシングル
2.13　ランク王国
2.48[字]世界遺産[再]◇S☆1
3.48カイモノラボ◇[N]5.00

7 テレビ東京

4.50ものスタ◇5.45イナズマGOギャラクシー[再]
6.15Eネ◇30買◇7.24くま
7.30[字]遊戯王5D's[再]
00[字]ヴァンガ道
30[字]デュエル・マスターズ
00[字]おはコロ◇15ロボカー
30[字]ジュエル　ハッピネス
00[字]プリティーリズムR
30[字]探検ドリランド
00[字]ゴルフの真髄
30　週刊ニュース新書
0.05　羅針盤◇25地球元気
30[字]ローカル路線バスの旅14弾　名古屋～能登ふれあい珍道中[再]　▽トラブル続出の旅 ほか
2.25夢叶える◇55中国遺産
00　ウイニング競馬　▽札幌2歳S▽長岡S
00[デ]ニトリレディスゴルフ　樋口久子 ほか～北海道
5.15[字]未来の主役◇20[N]
30[字]釣り　球磨川で鮎釣り
00[字]釣りロマンを求めて　▽各地の釣り場へ!! ほか
30[字]土曜スペシャル「ローカル路線バス乗り継ぎ人情ふれあい旅第15弾　山形県・米沢～青森県・下北半島大間崎」太川陽介&蛭子能収が旅する第15弾▽さとう珠緒と3泊4日で山形・米沢から青森・大間崎を目指す!!▽ハプニング続出！真剣勝負の珍道中▶P84
8.54[字]生きるを伝える
00[字]出没！アド街ック天国　◀「東武動物公園」朝の動物探検ツアーや動物アトラクションを紹介▽直売の巨峰に舌鼓 ほか
54[字]ぴかぴかマンボ
00[字]美の巨人たち「丹下健三〝東京カテドラル聖マリア大聖堂〟」作者の驚きの仕掛けとは!?
30　ネオスポーツ　▽最新のスポーツ[N] ほか
11.05[字]FOOT×BRAIN「アスレチックトレーナーの世界」仮題
30[字]君のいる町「再会の夜に」[声]細谷佳正 ほか
55　バカソウル
0.25　ブラック$ミリオン
0.50　密室美少女 ▶P84
1.15　ざっくり ▶P84
1.45　そうだ旅に行こう。
2.10　ゴッドタン
2.35尺うまTV◇一夜づけ
3.15[三]サタ☆シネ「モンスター」シャーリーズ・セロン▶P86（5.00）

8 フジテレビ

6.00めざましどようび [N]　わかりやすいニュース　再発見ニッポンの魅力　ちなみ世界のTOP旅
8.30にじいろジーンぐっさん…溝端淳平▽見聞録
9.55[字]おでかけ日和　女優2人が気ままに街歩き
10.45[字]Σ　世界法廷ミステリー　暴かれた仮面[再]
11.40[字]ふくしまてくてく
45[字]FNNスピーク [N][天]
00[字]ぶらぶらサタデー「タカトシ温水の明日行ける！小さな旅」仮
1.30[字]ヒントもピンチもあなた次第（都合により内容は未定です）
00[字]水木しげるのゲゲゲの怪談　リリコ　林遣都　浜田岳　又吉直樹　倉科カナ ほか ▶P84
00[字]まんま　オレンジレンジ　K▶P84◇30[字][N]
00[字]Mフェア篠原ともえ ほか
30[字]もしツア要潤と鎌倉へ　藤ケ谷太輔 ほか ▶P84
00[字]女子バレーボール　[デ]ワールドグランプリ2013・決勝ラウンド「日本×中国」スペシャルサポーター・SexyZone　解説・川合俊一　大林素子　吉原知子　大山加奈～北海道（最大延長9.49まで、以降の番組繰り下げ）
8.54[字]FNN[N]◇天気
00[字]土曜プレミアム　◀「堕ちたセレブたちの逆襲　世界法廷ミステリー」マイケル・ジャクソンの死の真相に迫る!!…映画〝THIS IS IT〟に新事実▽〝義足のランナー〟に殺人容疑が…犯行を裏付ける4枚の写真！▽レディー・ガガがブラック企業とは…!? ほか
11.10[字]山田くんと7人の魔女（④／全8回）吉河美希原作　西内まりや　山本裕典▶P91
55[字]LOVE×LIVE
0.00　ニュース&すぽると
1.05　うまズキッ！
1.35　ゆるテレ◇43アジアショッピングキング
2.43テラスハウスSP仮題
3.43DJモノフェスタ◇[天]
3.55　世界柔道選手権2013　▽男子100キロ級▽女子78キロ超級 ほか～ブラジル（最大延長6.15）6.00

2013年8月31日土曜日

1 NHK総合

4.30解字日本の話芸再
5.00N天◇15字小さな旅再
5.40あの人に会いたい◇天
6.00字おはよう日本 N天
00解字デあまちゃん
15字ニュース 深読み
9.30字アニメ 団地ともお
55 Nスペ5min
00 N天◇05字首都圏スペシャル再
11.20 未来◇25字世界遺産
30字マイビデオ◇54天
00字N◇15字生活笑百科
45解字デあまちゃん再
00字N◇解字デ八重の桜再
50字土曜スタジオパーク 八神純子 小沢征悦ほか
2.50 プレマップ◇55うた
00 N◇字オダサクさんこんにちは◇未来◇復興
00字宮崎局発地域ドラマ「命のあしあと」
00字団地ともお再◇25案内
30字クイズ100人力「水族館対決」さかなクンほか（中断N6.00～10）
6.42週末プレマップ◇N天
00二字NHKニュース7 ▽N天▽スポーツ
30字NHKスペシャル MEGAQUAKEⅢ 巨大地震「よみがえる関東大震災～首都壊滅・90年目の警告～」▽日本の首都の地下に潜む〝プレート境界型地震〟の脅威に迫る！▽関東大震災を再現ほか
8.45 N天
00解字夫婦善哉「親の愛でも手切れ金でも 切れぬ心が仇（あだ）となる」（②／全4回）森山未來 尾野真千子 火野正平ほか ▶P91
00 サタデースポーツ
30字ヒーローたちの名勝負「奇跡の最終試技～重量挙げ兄弟メダル秘話」夢をかなえた兄弟
50 N天
00字SONGS「ザ・ベンチャーズ」▶P87
30字モノゴコロ首都高速を擬人化！◇プレマップ
0.00 N天
0.05 ザ旬芸人グランプリ ニコジャッジ設楽統ほか
0.55字島耕作のアジア立志伝 人事改革で世界競争を勝ち抜け～張瑞敏
1.45シンサイミライ学校再
2.48 案内◇支援◇慶良間
3.55鉄道◇音紀行◇字八重
4.20 名曲◇25字世界遺産
4.30字イッピン （5.00）

2 NHK Eテレ

5.00英会話再◇オト基礎再
6.00ハングル◇体◇いじめ
6.45自然と◇あ◇モリゾー
7.30ノージー◇45ピタゴラ
00字お母さんと◇パッコロ
25字ムジカ◇35ジョージ再
00字ショーン◇はなかっぱ
30字すイエんサー◇チャロ
00字テストの花道再
30字Eダンスアカデミー再
00 テレビで基礎英語再
20解字未来塾再◇40手話N
00字ガールズ再◇25Nスペ
30字サイエンスZERO再
00 こころの時代再「生きる意味を求めて」
00 TVシンポジウム「認知症と地域社会」
00字すイエんサー 知力の格闘技スペシャル！再
00字学ぼうBOSAIスペシャル マギー審司ほか
00字母さん◇パッ◇父さん
30字デバクマン3再◇55フレ☆フレ 飛行機製作
6.25二字アイ・カーリー
50解プレキソ英語再
00二字地球ドラマチック「ヘラクレイオン 海に沈んだ古代エジプト都市」発掘調査に密着
45字大科学実験再 放物面
55手NHK手話ニュース
00字チョイス＠病気になったとき「まとめスペシャル〝動脈りゅうに要注意〟」破裂への対処
45字ワンポイント介護再
50 モタさん再◇皆のうた
00字すくすく子育て「子育てアイデア大集合」
30字ららら♪クラシック「おもいで編～人生を彩った名曲たち～」ゲスト・ルー大柴
00字SWITCHインタビュー 達人達「総集編 達人の理由」名言・名場面の数々を一挙にお届けする▽達人が達人たる理由が見えてくる
00字ETV特集「摩文仁 沖縄戦 それぞれの慰霊」20万人の命が奪われた激戦地の慰霊を追う▽〝戦争と死〟とどう向き合うかを考える
0.00字新世代が解く！ニッポンのジレンマ「田原×古市～2013真夏のダイアローグ～」田原総一朗と本音で語り合う
1.00 Eテレ選 （1.37）
【ワンセグ独自】
後1.00ふぁんみ◇45字青山ワンセグ開発2.00

4 日本テレビ

4.38 茨城県知事選挙政見放送◇52デ通販◇PR
5.30ズームイン!!サタデー ▽最新ニュース解説ほか
00字ウェークアップ！ぷらす 1週間のニュース
9.25 おうちサプライズ
30字途中下車 都営浅草線
10.30ブラマヨ自転車部 俺らの地元京都ブラり旅
11.25字N◇天才カンパニー
45字3分料理◇7days
00字メレンゲ 福士蒼汰 高畑淳子 中村昌也ほか
1.30 家族の夢を叶えるおねがいホームズ
2.30まだ間に合う！斉藤さん後半戦見所徹底紹介
00字プロ野球 デ～東京ドーム 巨人×中日
4.55 番組ナビ
00字Neveryサタデー
30字デ宇宙兄弟声平田広明
00字名探偵コナン「はめられた名探偵」▶P88
30字青空ゲスト・IKKO
00字世界一受けたい授業 夏休み最後の日だからこそ学びたい2時間スペシャル 江川卓がミスタープロ野球を徹底分析！数字で解明！長嶋の魅力▽絵が上手くなるテクニック▽脳涼アハSP▽夏太り解消 北乃きい 瀬戸康史 武田久美子 長州力ほか
8.54 ワーズハウスへ
00字斉藤さん2（⑦／全10デ回）観月ありさ 桐谷美玲 田辺誠一 瀬戸康史 勝村政信 南果歩ほか ▶P91
54 ニッポンプライド
00字嵐にしやがれ デ▽24時間テレビの裏側密着SP▽それぞれの企画にカメラが密着！▽5人の素顔を紹介ほか
54 Knock
00字ROCK YOU「メガネSP」ビビる大木
30字ウーマン・オン・ザ・プラネット 有吉弘行
55 Going！Sports&News
0.50 仮面ティーチャー 藤ケ谷太輔ほか ▶P84
1.20 サッカーアース 手越祐也 城彰二ほか
2.20アイドルの穴2013～日テレジェニックを探せ
2.50 NexT 司会・ピース
3.20デ通販 （5.10終了）

5 テレビ朝日

4.55 買い物モール
5.25字おかず◇50ANNN
6.00 大人の山歩き
6.30 あさナビ 城島茂ほか
00 朝だ！生です旅サラダ ▽角田信朗が山形へほか
9.30字食彩の王国 オコゼ
55字美味しい百景
00字超タイムショック 特別編芸能人最強クイズ王トーナメント開催!!
11.45字ANNニュース
00字ドクターズ最強の名医 衝撃の最終回直前SP
1.55字ANNニュース
59 良好生活研究所
2.01字無人島0円生活 特デ別編 ▽土屋アンナ＆冨永愛VS元祖サバイバル芸人のよゐこが無人島で自給自足生活を競い合う
5.25字水彩物語
30字Nスーパーjチャン
00字人生の楽園 幻ワサビ
30字ミラクルレシピ！
56字お願い！ランキング GOLD 2時間SP「第2回 ファミレス総選挙」全10チェーン店が自慢の商品をエントリー！国民1万人が選ぶNo.1メニューは!?▽〝メーンメニュー部門〟〝ごはん部門〟など4部門でおいしさと人気の高さを競い合う
8.54字ANNニュース＆天
58字今夜の土曜ワイド
00解土曜ワイド劇場 字ホゴカン～熱血保護司 デ村雨晃司の事件簿「23年後に動き出した殺人連鎖！赤く染まった花嫁衣裳!?闇に消えた男の謎…」井上直哉脚本 山下智彦監督 寺脇康文 田畑智子 遠藤雄弥 星野真里 加藤貴子 竜雷太 佐野史郎ほか ▶P93
11.06字ドリーム◇裏Sma
15 SmaSTATION!!「超最新100円便利グッズ」土屋アンナ 冨永愛ほか（予定）
0.09 AMAZING
0.15ポータルN&スポーツ
0.45字あっちマニア
1.15バナH杯KBCオーガスタゴルフ2013～福岡
2.10 さまぁ～ず×さまぁ～ず 爆笑トーク！ほか
2.40ブラマヨのアツアツ！
3.10 ワールドプロレス
3.40333◇イベ検 4.35

平成25年
2013年
8月31日 土曜日

特別な朝ドラ『あまちゃん』が描くたった2年前のあの日

この日の前日、対ソフトバンク戦で勝利を飾った東北楽天イーグルスの田中将大投手は開幕から19連勝というとてつもない記録を達成。最終的なシーズン成績は24勝0敗の勝率10割。チームも初の日本一に輝きました。巨人との日本シリーズ第7戦での力投を覚えている人も多いでしょう。地元での胴上げが東北の人たちにどれほどの勇気を与えたか、計り知れません。そんな年の夏の終わりの番組表です。

NHK総合朝8時、連続テレビ小説『あまちゃん』。60年以上の歴史を誇る連続テレビ小説の中でも、ひときわ大きな存在感を放つ特別な作品です。朝ドラに限らず、これほど一人一人が自分のものとしてドラマに寄り添っている作品は、全テレビ番組の中でも珍しいと思います。

『あまちゃん』は、引きこもりがちだった少女が母親の故郷の岩手県北三陸市で海女となり、やがて地方アイドルとして活動することになるという物語。脚本を手がけた宮藤官九郎は、21世紀のテレビドラマを支える脚本家の中心的な一人です。80年代アイドルなどに関する小ネタをちりばめつつ自在に展開するストーリーと、主演ののんをはじめ、小泉今日子や薬師丸ひろ子、松田龍平や古田新太など、個性的なキャストの魅力が、若い層も含め多くの視聴者を魅了しました。あと、ドラマの劇中に流れる音楽の数々。弾むようなメインテーマをはじめとするサウンドトラックはもちろん、80年代のアイドルソングもたくさん流れたし、『潮騒のメモリー』や『暦の上ではディセンバー』など、番組オリジナルの楽曲も楽しかった。

2013年9月6日号
表紙・堂本剛
福田雄一脚本・演出のドラマ『天魔さんがゆく』(TBS)で主演を務め、主題歌『瞬き』をリリース。共演は川口春奈、皆川猿時、芹那、佐藤二朗ほか。

そしてもうひとつ。このドラマでは、２０１１年の東日本大震災が真正面から描かれました。アキちゃんが北三陸に帰ってきたのが２００８年の夏ですから、ドラマが始まった時点で３・11が描かれることは予想されていました。でもめくるめく物語の中でなんとなく忘れていた。いや無意識に忘れようとしていたのかもしれません。それでも次第にその影は近づいてきます。この日８月31日放送の第132話は、３月11日の午後２時過ぎ、映画『潮騒のメモリー』の成功でＧＭＴ５とステージに立つことになったアキの元へ向かうユイちゃんの列車が駅を出るところで終わります。『あまちゃん』は、夏ばっぱとアキちゃんと春子さんがリレーでナレーターを務めたのですが、この回までがアキちゃんの語り、次回133話冒頭の「それは突然やってきました」からが春子さんの語りで、この構成もすごかったです。作る側としてもこの２回は相当な覚悟で作ったでしょうし、事実見どころは数限りない『あまちゃん』の中でも全編のハイライトになっています。特に震災直前、希望と期待に満ちたこの132話の美しさは忘れることができません。

ＮＨＫ総合夜９時は、ＮＨＫ大阪制作のドラマ『夫婦善哉』。織田作之助原作の同名小説の連続ドラマ化で、脚本は藤本有紀。新たに発見された続編を含めてのドラマ化は初めてということで注目されましたが、主人公夫婦を演じた森山未來と尾野真千子の演技の新鮮さや火野正平、田畑智子、草刈正雄ら配役の妙も相まって、粋で楽しい人情喜劇となりました。同じ時間の日本テレビ９時では、観月ありさ主演の『斉藤さん２』。前作から５年半ぶりの続編で、前作では幼稚園が舞台でしたが、今作では小学校が舞台。正義の味方・斉藤さんのまっすぐぶりは相変わらずでした。フジテレビ夜11時10分は、吉河美希原作コミックのドラマ化『山田くんと７人の魔女』。とにかくやたらと人格が入れ替わるので目まぐるしいことこの上ないのですが、見ていて楽しいドラマでした。

日本テレビ夜10時『嵐にしやがれ』は、８月24～25日に行われた『24時間テレビ36　愛は地球を救う』で嵐がメインパーソナリティーを務めたということで、24時間テレビの裏側を特集しました。嵐は２年連続４回目のメインパーソナリティー。２０１９年にはグループとして５回目のメインパーソナリティーを務めることになります。

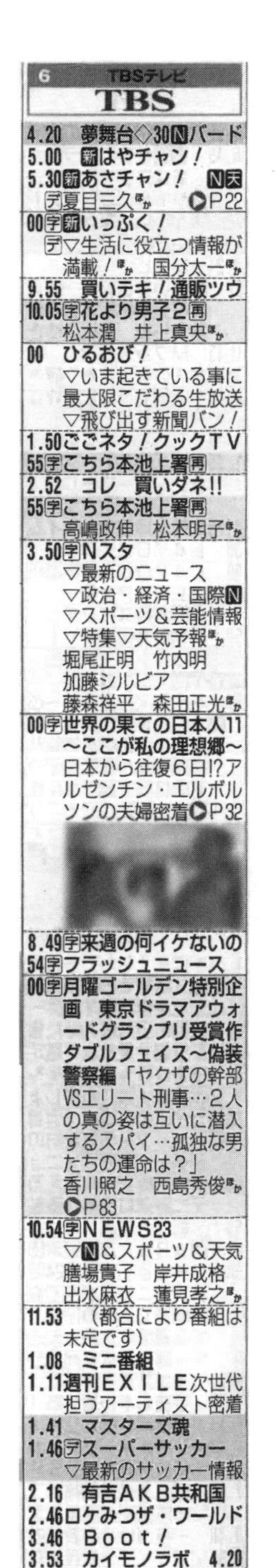

6 TBSテレビ
TBS

4.20 夢舞台◇30N バード
5.00 新はやチャン！
5.30新あさチャン！ N天
デ夏目三久ほか ▶P22
00字新いっぷく！
デ▽生活に役立つ情報が満載！ほか 国分太一ほか
9.55 買いテキ！通販ツウ
10.05字花より男子2再
松本潤 井上真央ほか
00 ひるおび！
▽いま起きている事に最大限こだわる生放送
▽飛び出す新聞バン！
1.50ごごネタ！クックTV
55字こちら本池上署再
2.52 コレ 買いダネ!!
55字こちら本池上署再
高嶋政伸 松本明子ほか
3.50字Nスタ
▽最新のニュース
▽政治・経済・国際N
▽スポーツ＆芸能情報
▽特集▽天気予報ほか
堀尾正明 竹内明
加藤シルビア
藤森祥平 森田正光ほか
00字世界の果ての日本人11～ここが私の理想郷～
日本から往復6日!?アルゼンチン・エルボルソンの夫婦密着▶P32
8.49字来週の何イケないの
54字フラッシュニュース
00字月曜ゴールデン特別企画 東京ドラマアウォードグランプリ受賞作 ダブルフェイス～偽装警察編「ヤクザの幹部VSエリート刑事…2人の真の姿は互いに潜入するスパイ…孤独な男たちの運命は？」
香川照之 西島秀俊ほか
▶P83
10.54字NEWS23
▽N＆スポーツ＆天気
膳場貴子 岸井成格
出水麻衣 蓮見孝之ほか
11.53 （都合により番組は未定です）
1.08 ミニ番組
1.11週刊EXILE次世代担うアーティスト密着
1.41 マスターズ魂
1.46デスーパーサッカー
▽最新のサッカー情報
2.16 有吉AKB共和国
2.46ロケみつザ・ワールド
3.46 Boot！
3.53 カイモノラボ 4.20

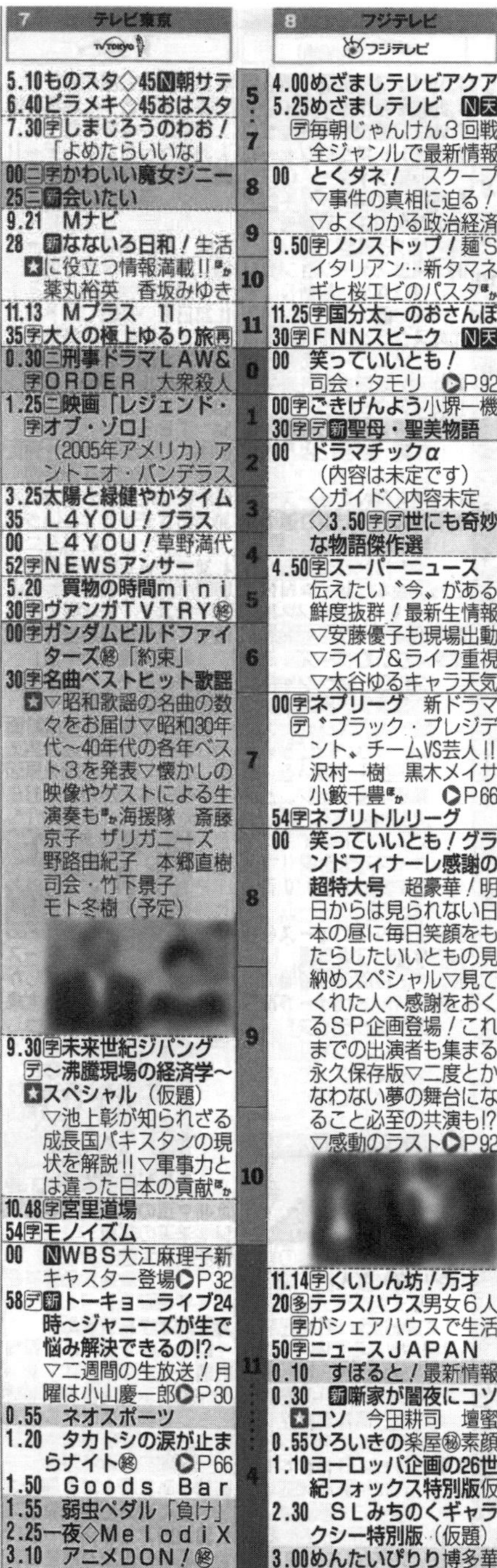

7 テレビ東京

5.10ものスタ◇45N朝サテ
6.40ピラメキ◇45おはスタ
7.30字しまじろうのわお！「よめたらいいな」
00二字かわいい魔女ジニー
25二新会いたい
9.21 Mナビ
28 新なないろ日和！生活☆に役立つ情報満載!!ほか
薬丸裕英 香坂みゆき
11.13 Mプラス 11
35字大人の極上ゆるり旅再
0.30二刑事ドラマLAW＆字ORDER 大衆殺人
1.25二映画「レジェンド・字オブ・ゾロ」
（2005年アメリカ）アントニオ・バンデラス
3.25太陽と緑健やかタイム
35 L4YOU！プラス
00 L4YOU！草野満代
52字NEWSアンサー
5.20 買物の時間mini
30字ヴァンガTVTRY終
00字ガンダムビルドファイターズ終「約束」
30字名曲ベストヒット歌謡
☆▽昭和歌謡の名曲の数々をお届け▽昭和30年代～40年代の各年ベスト3を発表▽懐かしの映像やゲストによる生演奏もほか 海援隊 斎藤京子 ザリガニーズ 野路由紀子 本郷直樹 司会・竹下景子 モト冬樹（予定）
9.30字未来世紀ジパング
デ～沸騰現場の経済学～
☆スペシャル（仮題）
▽池上彰が知られざる成長国パキスタンの現状を解説!!▽軍事力とは違った日本の貢献ほか
10.48字宮里道場
54字モノイズム
00 NWBS大江麻理子新キャスター登場▶P32
58デ新トーキョーライブ24時～ジャニーズが生で悩み解決できるの!?～
▽二週間の生放送！月曜は小山慶一郎▶P30
0.55 ネオスポーツ
1.20 タカトシの涙が止まらナイト終 ▶P66
1.50 Goods Bar
1.55 弱虫ペダル「負け」
2.25一夜◇MelodiX
3.10 アニメDON！終
3.40Mブレイク◇45買4.15

8 フジテレビ

4.00めざましテレビアクア
5.25めざましテレビ N天
デ毎朝じゃんけん3回戦
全ジャンルで最新情報
00 とくダネ！スクープ
▽事件の真相に迫る！
▽よくわかる政治経済
9.50字ノンストップ！麺'Sイタリアン…新タマネギと桜エビのパスタほか
11.25字国分太一のおさんぽ
30字FNNスピーク N天
00 笑っていいとも！
司会・タモリ ▶P92
00字ごきげんよう小堺一機
30字デ新聖母・聖美物語
00 ドラマチックα
（内容は未定です）
◇ガイド◇内容未定
◇3.50字デ世にも奇妙な物語傑作選
4.50字スーパーニュース
伝えたい〝今〟がある
鮮度抜群！最新生情報
▽安藤優子も現場出動
▽ライブ＆ライフ重視
▽太谷ゆるキャラ天気
00字ネプリーグ 新ドラマ
デ〝ブラック・プレジデント〟チームVS芸人!!
沢村一樹 黒木メイサ
小籔千豊ほか ▶P66
54字ネプリトルリーグ
00 笑っていいとも！グランドフィナーレ感謝の超特大号 超豪華！明日からは見られない日本の昼に毎日笑顔をもたらしたいいともの見納めスペシャル▽見てくれた人へ感謝をおくるSP企画登場！これまでの出演者も集まる永久保存版▽二度とかなわない夢の舞台になること必至の共演も!?▽感動のラスト▶P92
11.14字くいしん坊！万才
20多テラスハウス男女6人
字がシェアハウスで生活
50字ニュースJAPAN
0.10 すぽると！最新情報
0.30 新噺家が闇夜にコソ
☆コソ 今田耕司 壇蜜
0.55ひろいきの楽屋秘素顔
1.10ヨーロッパ企画の26世紀フォックス特別版仮
2.30 SLみちのくギャラクシー特別版（仮題）
3.00めんたいぴりり博多華
字丸 富田靖子◇天4.00

2014年3月31日月曜日

1 NHK総合

4.30[字]おはよう日本
▽[N][天]▽まちかど情報室▽とれたてマイビデオ▽経済ほか 阿部渉ほか
00[解][字][新]花子とアン ▶P83
15[字]あさイチ 井ノ原快彦
[デ]有働由美子ほか
9.55[解][字]みんなの体操
00 [N][天]◇05（番組未定）
50[字]あの日わたしは◇[N][天]
00[SS]選抜高校野球・準決勝
54 [天]
00[字][N]◇20[★][字]ひるブラ
45[解][字][デ]花子とアン[再]
00[字][N]
05[SS]選抜高校野球・準決勝
[字]～甲子園（中断[字][N][天]あり）（延長あり）
【中止】地方発ドキュ選◇銀二貫◇[字][N][天]ほか
00[字][N][天]◇0572時間◇未定
55[字]ゆうどきニュース▽気象情報▽特集▽中継ほか
山本哲也 合原明子ほか
00[字][N]◇10[字]首都圏ネットワーク [N][天]▽特集ほか
【山梨】まるごと山梨
00[二]NHKニュース7
[字]▽[N][天]▽スポーツ
キャスター・武田真一
30[字]クローズアップ現代
キャスター・国谷裕子
58 [天]
00[解]鶴瓶の家族に乾杯
[字]桜井翔と行く長野前編
▶P114◇45[N][天]
00[二]ニュースウオッチ9
[字]▽きょうのニュース
▽記者解説▽スポーツ
▽インタビュー▽[天]ほか
大越健介 井上あさひ
広瀬智美ほか
00[解][字]プロフェッショナル
[★]仕事の流儀「四季を感じ、命を食す 料理人・中東久雄」
50 [N][天]
55[字]サラメシ
▽新潟・菓子メーカーの社食に潜入！ほか
11.20 Sportsプラス
30 NEWS WEB
鎌倉千秋 西東大ほか
0.00 時論公論
0.10クローズアップ現代[再]
0.36 NHKプレマップ
0.40 （番組は未定です）
2.15 ミッドナイトチャンネル
4.05 みんなのうた
4.10 NHKプレマップ
4.15[字]シリーズ世界遺産
4.20 視点・論点（4.30）

2 NHK Eテレ

5.30英◇名作[終]◇日本◇[体]
6.35日本語◇クック◇0655
7.00シャキーン◇はな◇あ
7.30ピタ◇フック◇みいつ
00[字]おかあさんと◇25ばあ
40 えいごで◇プチ◇絵本
00 春のテレビクラブPR
▽できた▽スマイルほか
10.15 おとなの基礎英語[再]
25[字]ららら♪[再]◇スクスク
00[字]料理◇料理ビギ◇趣味
54[SS]選抜高校野球・準決勝
[字]【中止】得◇伊語◇手話◇チャロ◇歌◇案内
1.05[字][N]◇10[字]ハート[再]
40[解][字]健康[再]◇55まる得[再]
00 オリエンテーション[再]
25 ベーシック国語◇PR
00[解][字]話芸[再]◇30メディア
40 プチアニメ◇ピタゴ[再]
00 うた◇英語で◇ニャン
21[字]ばあ◇母さんと◇パッ
00[字]みい◇日本語で◇ミニ
30[字]はな◇クック◇フック
00[字]おじゃる丸◇10忍たま
20[★][新]レッツ◇[★][新]許可局
55 Rの法則
[★]「クイズ★ニュースWEBティーンズ」
7.25[字]人生デザイン U-
[★]29「オンライン動画クリエーター」動画投稿
50 ゆうき◇案内◇55毎日
00[字]ハートネットTV 弱い自分をノックアウト
30[解][字]きょうの健康「病気を予防したい！① がん予防 5つの鉄則」
45[手]手話ニュース845
00[字]料理シャキシャキもやしのチャーハン風▶50
25[字]料理ビギナーズ
30[解][字]趣味 仲宗根梨乃の
[★]美楽クールダンス！①
55[字]まる得「一筆箋」①
00[デ]ハングル講座ようこそ
[★]！ハングルワールドへ
25[デ]テレビでイタリア語
[★]自分の情報を伝えよう
50[デ]おとなの基礎英語
[★]「薬指の輝き」①
00[解][字]未来塾「東北発未来
[★]塾って何？是枝監督が出るって本当？」仮題
20[字]あの日 わたしは
25[字]あしたをつかめ[再]声優
50[字]ギリシャ伸也◇E2355
0.00[字]趣味実用番組紹介
0.24 ゆうきを歌おう
0.25[字]オトナへのトビラTV[再]◇55達人達PR
1.00[字]会社の星[終][再]
1.25仕事の基礎英語[再]2.07
【ワンセグ独自】
後7.55[字]ギリシャ8.00
後9.55プレマップ10.00

4 日本テレビ

4.00[デ]Oha！4 NEWS LIVE
5.50[デ]ZIP！
▽日本の朝にエールを
00 スッキリ!! 気になるニュースがコレで納得とことん深く真相取材
▽芸能とっておき情報
10.25[デ]PON！
司会・ビビる大木ほか
11.25モコモ[終]◇[N]◇45料理
55 ヒルナンデス！
▽日本のお昼に〝楽しい！〟をお届け▽見ていて楽しいことを追求
1.55情報ライブ ミヤネ屋
▽政治から芸能あらゆるニュースにツッコミココだけの最新[秘]情報
3.50[字]news every. きょう知りたい関心のど真ん中を紹介
▽ニュースの背景や裏側をわかりやすく紹介
▽スポーツ▽エンタメ
▽気象情報充実！そらジロー登場▽特集企画
00[字]全国警察追跡24時
[★]▽北海道中央警察署の頭脳捜査▽警視庁鉄道警察隊▽福岡県警航空隊▽女性警察官の目線で見る日本の犯罪！ほか
8.54ZEROMINUTE
00[字]有吉反省会2時間スペ
[★]シャル（仮題）
木根尚登 梅宮辰夫
新田恵利 浅香唯
吉沢ひとみ 原幹恵
ちはる 泰葉（予定）
10.54 ぎゃっぷ人
00[字]NEWS ZERO
59 月曜から夜ふかし
[★]あべのハルカスがついにオープン▽上京してきた人に密着（予定）
0.54 まもなく！芸人報道
0.59 芸人報道
1.29 なりすまし芸能人を探し出せ！怪盗100面相 傑作選[再]
1.59[映]「K-20 怪人二十面相・伝」（08年）
佐藤嗣麻子監督
金城武 松たか子
仲村トオルほか（4.00）

5 テレビ朝日

4.50おはようゴーちゃん。
4.55[デ]グッド！モーニング
▽テレビ・新聞に加えネットの情報も満載！
00 モーニングバード！
羽鳥慎一と赤江珠緒が爽やかにお届けします
9.55[字]若大将のゆうゆう散歩 加山雄三が大冒険
10.30[字]徹子の部屋 傑作選
黒柳徹子ほか
11.25 スクランブル政治&芸能ニュース真相追跡
▽注目の出来事に密着
1.05[字][デ]上沼◇20[★][字]徹子
舟木一夫ほか◇東京◇[N]
2.04[字]おとり捜査官北見志穂「右手を挙げた美女連続殺人」[再]松下由樹
3.57[字]相棒セレクション
水谷豊 及川光博ほか
4.53[字][N]スーパーJチャン
▽トップニュース▽注目&全国のニュース…事件・事故を徹底検証
▽スポーツ…試合結果
▽市況・経済情報▽[天]
00[字]路線バスで寄り道の旅×若大将のゆうゆう散歩SP
▽〝素敵な思い出〟を路線バスで辿る感動旅
▽知っているようで知らない東京の下町&湘南の穴場が続々登場!!途中下車&予定変更で珍道中に!?ほか加山雄三
徳光和夫ほか ▶P32
9.48[字]世界の街道をゆく
54[字]報道ステーション
[デ]▽全国の主なニュース
▽スポーツコーナー
▽特集▽円相場
▽あすの天気ほか
古舘伊知郎 小川彩佳
恵村順一郎ほか
11.10[字]世界の車窓から
15[字]ビートたけしのTVタックル 気になる話題や社会問題を徹底調査
▽辛口トークバトルほか
0.15[字][新]言いにくいことをハッキリ言うTV
0.45 [新]プールdeブログ
0.50 お願い！ランキング
1.20全力坂 疾走する美女
1.26 musicるTV
1.56 お願い！ランキング
2.21テレメン ビキニ60年
2.51よふかしゴーちゃん。
3.05 買い物モール 4.55

平成26年
2014年
3月31日 月曜日

テレビのひとつの時代の終わり『笑っていいとも!グランドフィナーレ』

この号から数年間、番組表内に写真を掲載しました。カラーで見るとそれなりに楽しいです。

こうしてテレビ番組表の歴史を振り返っていると、その影響力の大きさとともに一回性の不思議さのようなものを感じます。その日その時、たった1回だけ放送されたことを日本中、世界中の人が見ている。記憶している。そういう瞬間がいくつもある。テレビというメディアのユニークなところだと思います。

1982年にスタートして31年半、8054回続いたフジテレビ午後0時の帯番組『森田一義アワー　笑っていいとも!』が、この日最終回を迎えました。司会はタモリこと森田一義。とまあ、説明するまでもないでしょう。最終回のテレフォンショッキングのゲストはビートたけし。たけしらしくツッコミどころ満載の表彰状を読み上げて爆笑を誘いましたが、それはまた同時代をともに走ったタモリに対する労いが十分に感じられるものでした。番組のラスト、最後のタモリの一言はいつもと同じ「明日も見てくれるかな?」でした。もちろんお客さんも「いいとも!」と答えました（お昼はまだ客席に一般のお客さんを入れていました。というか日本の人々は30年かけて、「〇〇してくれるかな?」と聞かれると自動的に「いいとも!」と答えるようになっちゃったんです）。

そして夜8時は『笑っていいとも!グランドフィナーレ感謝の超特大号』。実質的にこれが本当の最終回となりました。会場には過去のレギュラー出演者総勢200人近くが勢ぞろいしました。『グランドフィナーレ』でのいわゆる〝奇跡の共演〟については、

2014年4月4日号
表紙・福山雅治
5年ぶりのオリジナル・アルバム『HUMAN』をリリース。全国ドームツアー「WE'RE BROS.TOUR 2014 HUMAN」の開催も決定した。

いろいろなところで語られていますし、当事者もそれぞれに語っていますので多くは書きません。そして皆が異口同音に語るのは、タモリが中心にいたということの重要さです。「タモリさんのためだからこれだけの人が集まった」という事実はおそらく間違いがなく、それこそが『笑っていいとも!』という番組の最も肝心要な部分だったのでしょう。この日、テレビのひとつの時代が終わったというのは、決して大げさな表現ではありません。

そしてこの日は新年度スタート前日ということで、特に帯の新番組が多く始まっています。NHK朝8時は、連続テレビ小説『花子とアン』。吉高由里子主演、中園ミホ脚本。『赤毛のアン』の翻訳家として有名な村岡花子の生涯を原案とした人気作でした。TBSの朝の情報番組もこの日から大幅刷新されました。朝5時55分の『あさチャン!』は、約9年間続いた『朝ズバッ!』終了を受けてのスタート。MCには夏目三久が起用されました。7年半続きましたが、2021年秋に終了します。8時の『いっぷく!』は、17年半続いた看板番組『はなまるマーケット』の後を受けた番組で、MCは国分太一。こちらは1年で終了となりました(裏番組のNHK『あさイチ』を井ノ原快彦が担当していましたから、時ならぬジャニーズ対決となりました)。また前週金曜日まで『はなまるマーケット』を担当していた薬丸裕英は、間髪を容れずテレビ東京朝9時28分の新番組『なないろ日和!』のMCに就任。現在も放送中です。そのほか新番組ではありませんが、テレビ東京夜11時の『ワールドビジネスサテライト』のキャスターにこの日から大江麻理子アナが起用され、話題になりました(特集は翌日から8%になる消費税UPのことだったのでしょうか)。

そしてテレビ朝日とフジテレビは翌日4月1日に帯の改編をしました。1日ずれてたんですね。テレビ朝日の『ワイドスクランブル』は新キャスターに橋本大二郎を起用、『徹子の部屋』を正午から、『上沼恵美子のおしゃべりクッキング』を0時30分からにして、『ワイドスクランブル』内に取り込みます。そしてフジテレビでは『バイキング』がスタートします。

最後に『笑っていいとも!グランドフィナーレ』の裏で頑張っていた番組を2つ。ひとつはNHK総合8時の『鶴瓶の家族に乾杯』。ゲストは嵐の櫻井翔。日テレ9時の『有吉反省会2時間スペシャル』には、有吉因縁のT部長こと土屋敏男氏が出演しました。

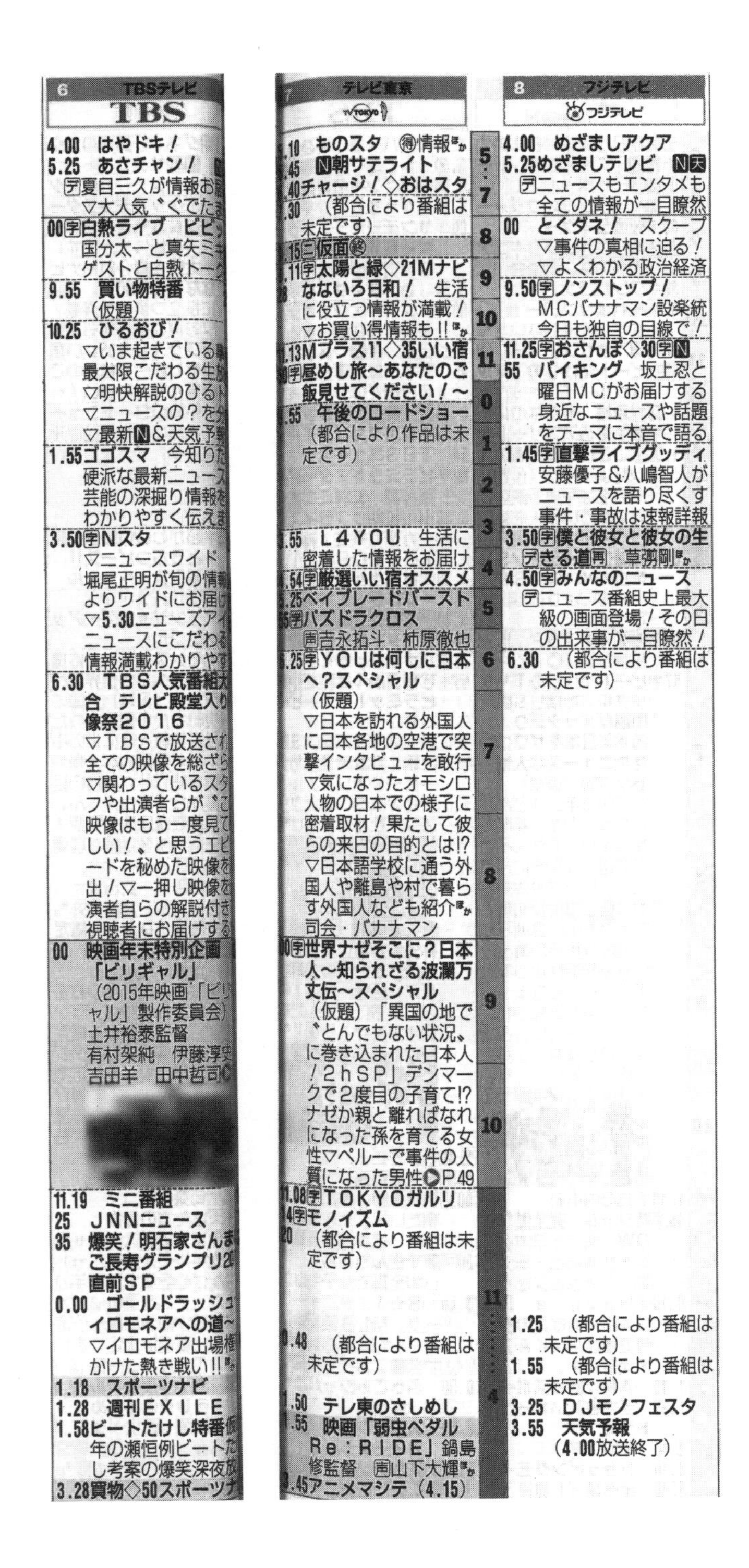

6 TBSテレビ
TBS

4.00 はやドキ！
5.25 あさチャン！
デ夏目三久が情報お届
▽大人気"ぐでたま
00字白熱ライブ ビビッ
国分太一と真矢ミキ
ゲストと白熱トーク
9.55 買い物特番
（仮題）
10.25 ひるおび！
▽いま起きている
最大限こだわる生放
▽明快解説のひる
▽ニュースの？を分
▽最新N＆天気予報
1.55ゴゴスマ 今知りた
硬派な最新ニュース
芸能の深掘り情報を
わかりやすく伝えま
3.50字Nスタ
▽ニュースワイド
堀尾正明が旬の情報
よりワイドにお届け
▽5.30ニューズアイ
ニュースにこだわる
情報満載わかりやす
6.30 ＴＢＳ人気番組大
合 テレビ殿堂入り
像祭２０１６
▽ＴＢＳで放送され
全ての映像を総ざら
▽関わっているスタ
フや出演者らが"こ
映像はもう一度見て
しい！"と思うエピ
ードを秘めた映像を
出！▽一押し映像を
演者自らの解説付き
視聴者にお届けする
00 映画年末特別企画
「ビリギャル」
（2015年映画「ビリ
ャル」製作委員会）
土井裕泰監督
有村架純 伊藤淳史
吉田羊 田中哲司
11.19 ミニ番組
25 ＪＮＮニュース
35 爆笑！明石家さんま
ご長寿グランプリ20
直前ＳＰ
0.00 ゴールドラッシュ
イロモネアへの道〜
▽イロモネア出場権
かけた熱き戦い!!ほか
1.18 スポーツナビ
1.28 週刊ＥＸＩＬＥ
1.58ビートたけし特番
年の瀬恒例ビートた
し考案の爆笑深夜放
3.28買物◇50スポーツナ

7 テレビ東京
TV TOKYO

.10 ものスタ 得情報ほか
.45 N朝サテライト
.40チャージ！◇おはスタ
.30 （都合により番組は未定です）
.15二仮面終
.11字太陽と緑◇21Mナビ
なないろ日和！ 生活に役立つ情報が満載！▽お買い得情報も!!ほか
11.13Mプラス11◇35いい旅
30字昼めし旅〜あなたのご飯見せてください！〜
.55 午後のロードショー （都合により作品は未定です）
.55 Ｌ４ＹＯＵ 生活に密着した情報をお届け
.54字厳選いい宿オススメ
.25ベイブレードバースト
55字パズドラクロス
声吉永拓斗 柿原徹也
.25字ＹＯＵは何しに日本へ？スペシャル
（仮題）
▽日本を訪れる外国人に日本各地の空港で突撃インタビューを敢行▽気になったオモシロ人物の日本での様子に密着取材！果たして彼らの来日の目的とは!?▽日本語学校に通う外国人や離島や村で暮らす外国人なども紹介ほか
司会・バナナマン
00字世界ナゼそこに？日本人〜知られざる波瀾万丈伝〜スペシャル
（仮題）「異国の地で"とんでもない状況"に巻き込まれた日本人！2ｈSP」デンマークで2度目の子育て!?ナゼか親と離ればなれになった孫を育てる女性▽ペルーで事件の人質になった男性◎P49
11.08字ＴＯＫＹＯガルリ
34字モノイズム
20 （都合により番組は未定です）
0.48 （都合により番組は未定です）
1.50 テレ東のさしめし
1.55 映画「弱虫ペダル Ｒｅ：ＲＩＤＥ」鍋島修監督 声山下大輝ほか
3.45アニメマシテ（4.15）

8 フジテレビ
フジテレビ

4.00 めざましアクア
5.25めざましテレビ N天
デニュースもエンタメも全ての情報が一目瞭然
00 とくダネ！ スクープ
▽事件の真相に迫る！
▽よくわかる政治経済
9.50字ノンストップ！
MCバナナマン設楽統
今日も独自の目線で！
11.25字おさんぽ◇30字N
55 バイキング 坂上忍と曜日MCがお届けする身近なニュースや話題をテーマに本音で語る
1.45字直撃ライブグッディ
安藤優子＆八嶋智人がニュースを語り尽くす
事件・事故は速報詳報
3.50字僕と彼女と彼女の生きる道再 草彅剛ほか
4.50字みんなのニュース
デニュース番組史上最大級の画面登場！その日の出来事が一目瞭然！
6.30 （都合により番組は未定です）
1.25 （都合により番組は未定です）
1.55 （都合により番組は未定です）
3.25 ＤＪモノフェスタ
3.55 天気予報
（4.00放送終了）

2016年12月26日月曜日

1 NHK総合 NHKG

4.30字おはよう日本
▽N天▽まちかど情報室▽スポーツ情報▽経済ほか 阿部渉ほか
00解字デべっぴんさん
15字あさイチ 井ノ原快彦
デ有働由美子ほか
9.55解字みんなの体操
00字N天◇05ワールドTV
15字やさい◇料理◇あの日
00字N天◇昼まえ【山梨】小旅◇体◇45かいなび
00字N◇20字ひるブラ
45解字デべっぴんさん再
00字N◇05字双スタジオパーク◇55みんなのうた
00字N天◇05（番組未定）
55字テレビ体操
00字N天
10字プロフェッショナル再
00字N◇自然◇忠臣蔵の恋
50字デニュース シブ5時
最新ニュースが一目でわかる▽気になる話題
6.10字首都圏ネットワーク
▽N天▽特集ほか
【山梨】まるごと山梨
00二字NHKニュース7
▽N天▽スポーツ
30字よみがえる黄金の太刀～春日大社 平安の名宝の秘密～（仮題）
▽平安の工芸技術に込められた奥深い世界ほか
8.15字紅白メシ～サラメシ紅白歌合戦スペシャル～（仮題）
43 ROAD TO 紅白
45 N天
00二字ニュースウオッチ9
▽きょうのニュース
▽関心の高いテーマを特集▽スポーツ▽気象情報ほか 河野憲治
鈴木奈穂子 佐々木彩
00字となりのシムラ
▽〝普通のおじさん〟の悲哀ほか
志村けんほか
48 年末年始PR◇49案内
50字ROAD TO 紅白
（都合により内容は未定です）
11.15字ニュースチェック11
有馬嘉男 桑子真帆
大成安代 三宅惇子ほか
55字時論公論
0.05 NHKプレマップ
0.10 （都合により番組は未定です）
4.10 明日へ1min
4.11 NHKプレマップ
4.15 みんなのうた
4.20 視点・論点
（4.30放送終了）

2 NHK Eテレ Eテレ

5.30エイGO◇日本◇仏語
6.25体◇歌◇日本語◇0655
7.00シャキーン◇はな◇あ
7.30ピタゴ◇商会◇みいつ
00字おかあさんと◇25ばあ
40 えいごで◇プチ◇絵本
00字冬のテレビクラブ なわとびかっとび王選手権2016再▽昔話法廷再
10.15仕事基礎英語再◇毎日
00字料理再◇25料理ビギ再
30解字趣味・温活再◇55得
00 にっぽんの芸能再
55 みんなのうた
00手N◇05ハートネット再
35解字健康再◇50視点論点
00字高校講座芸術／美術Ⅰ
20字社会と情報◇化学基礎
00解字話芸再◇10min再
40 プチ◇チャロ再◇55あ
00 うた◇英語で◇15ばあ
30字母さん◇パッ◇55みい
5.10日本語◇ミニ◇25はな
35字ミミ◇クック◇ニャン
00字わしも再◇10忍たま再
20字天てれ再◇45どちゃ再
55双字Rの法則「生放送ニュースWEBティーンズSP 2016」仮題
▽この1年のニュースの中から高校生が気になったニュースをランキング！ほか◇7.55毎日
00字ハートネット再「僕だけの音を奏でる～ピアニスト・西川悟平～」
30解きょうの健康再肩こり字・肩の痛みを解消！①
45手手話ニュース845
00字きょうの料理 王道の黒豆・田作り・数の子
25字料理ビギナーズ
30解字趣味どきっ！
「あったかボディーでリラックス」④◇55得
00字グレーテル 〝精霊の守り人〟のファンタジースイーツ〝チャズ〟
25解字名著 レビ・ストロース〝野生の思考〟④
50 しごとの基礎英語
00字福島をずっと見ているTV「vol.64〝忘れない〟を引き継ぐ」（仮題）演劇部の奮闘
20字あの日 わたしは
25 旅するドイツ語
▽別所哲也が行く極上のウィーン音楽旅
50 ごちそんぐDJ◇2355
0.00 旅するイタリア語
東儀秀樹ほか
0.25字オトナヘノベル再
0.55 ミニ番組
1.00 しごとの基礎英語再
篠山輝信ほか（1.42終）

4 日本テレビ 日テレ

4.00デOha！4 NEWS LIVE
5.50デZIP！
▽日本の朝にエールを
00デスッキリ!! 気になるニュースがコレで納得とことん深く真相取材▽芸能とっておき情報
10.25 PON！ エンタメ秘ウラ情報まとめTV
11.30字N◇45解字3分料理
55 ヒルナンデス！
▽日本のお昼に〝楽しい！〟をお届け▽見ていて楽しいことを追求
1.55情報ライブ ミヤネ屋
字▽政治から芸能あらゆるニュースにツッコミココだけの最新秘情報
3.50字news every. 夕方3時間生放送
▽注目ニュースを速報
気になるあのニュースわかりやすく徹底解説
▽激闘スポーツ詳しく
▽カルチャー芸能情報
▽暮らしに役立つ特集
00字有吉ゼミ 年末SP（仮題）今年の総決算
▽ヒロミ×八王子リフォーム超特別編！八王子の幼稚園をリフォームしよう!!▽そうだ！漁師になろう！田中美佐子が弟子入り年末総決算SP▽はなわ家の柔道3兄弟！長男の団体戦密着＆年末総決算SP▽あの超大物女性歌手が参戦！海外最安値ツアー▽ギャル曽根チャレンジグルメに豪華ゲストが続々参戦SP▽ついに完成！〝古民家カフェ〟！現地に林家たい平が駆けつけお祝いSPほか 坂上忍
ヒロミ 田中美佐子
林家たい平 はなわ
博多華丸・大吉
矢作兼 おかずクラブ
あばれる君ほか（予定）
11.24字まだまだ有吉ゼミ仮
30字月曜から夜ふかし年末SP（仮題）
▽夜ふかしMVP2016
司会・村上信五ほか
0.35字ニュース＆スポーツ
1.00 （番組は未定です）
1.30 NOGIBINGO／7終 乃木坂46ほか
2.00 映画「もしも昨日が選べたら」フランク・コラチ監督 アダム・サンドラーほか（字幕）
3.59 通販◇4.59みどころ

5 テレビ朝日 tv asahi

4.00字暴れん坊将軍再
4.55デグッド！モーニング
▽テレビ・新聞に加えネットの情報も満載！
00 羽鳥モーニングショー
毎日様々なニュースを見やすく分かりやすく
9.55字じゅん散歩
▽高田純次が街歩き!!
10.25字ワイド！スクランブル午前の最新ニュースを専門家が生解説▽N
00解字徹子の部屋黒柳徹子
30字スクランブル 日本の今と未来がわかる特集
1.45字デ上沼 お酒に合う
00字東京サイト
04解西村京太郎サスペンス
字鉄道捜査官再
3.55字相棒セレクション
役杉下右京…水谷豊ほか
4.50字デNJチャンネル
▽トップニュース▽注目＆全国のニュース…事件・事故を徹底検証▽スポーツ…試合結果▽市況・経済情報▽天
00字列島警察捜査網 THE追跡（仮題）
（都合により内容は未定です）
11.10字ANNニュース
20字あいつ今何してる？特別編（仮題）
新井恵理那＆中尾明慶の学生時代の同級生…今は何をしているのか
0.20 あるある議事堂 傑作選（仮題）ある共通の特徴をもつ人だけが共感できるあるある!!
2.30 テレメンタリー2016スペシャル 災害列島を生き抜く～被災地復興への希望～
（4.00放送終了）

平成28年

2016年

12月26日 月曜日

空白の番組表が無言で語る不在の戸惑い『SMAP×SMAP』最終回の日

年も押し迫った時期の番組表です。『TVガイド』では例年年末年始は特大号という形で、2〜3週間分の番組を一気に掲載します。そのため締め切りが早まるということもあって、番組表に空白が出てしまうこともあります。この日もいくつか番組表に空白があります。特にテレビ朝日とフジテレビのプライムタイムが内容未定になっています。テレビ朝日の方は一応『列島警察捜査網 THE 追跡』とタイトルが入っていますが、フジテレビの方は完全に番組未定になっています。

この時間にどんな番組が放送されるのかはおおよそわかっていました。でも、時間枠含め詳細はギリギリになるまで決まらなかったのでしょう。局からの正式な発表はなく、残念な形の掲載になりました。

この日、フジテレビの夜6時半から11時18分まで4時間48分にわたって放送されたのは、『SMAP×SMAP』の最終回でした。2016年12月31日にSMAPの解散が決定したことを受けた、今のところ5人のSMAPの最後の出演番組です。SMAPというグループのすごさについてはすでに多くが語られ尽くしています。およそ日本の芸能の歴史の中で、SMAPほどのピークの高さと絶頂期の長さ、そして活動ジャンルの幅広さを兼ね備えたエンターテインメントグループは他にいません。メンバーの1人はMCとして幾多の国民的番組を抜群の安定感で操り、メンバーの1人は自らの主演ドラマを歴代高視聴率ランキングの上位に何本も送り込む。その他のメンバーも全員がドラマもバラエティーも自在にこなし、トップレベルの発信力を誇る。その全員が一つのグループにいる。その唯一無二の在りように匹敵するのは、個人的にはビートルズくらいしか思いつきませんが、そのビートルズ

2016年12月23日・30日
2017年1月6日号
表紙・嵐
嵐の相葉雅紀が『NHK紅白歌合戦』白組の司会を務めた。今号には「SMAPメモリアル5SHOT写真集」が掲載された。

の活動期間も10年に足りません。20年以上もピークを続けていたというのは本当に奇跡的です。個人としての活動も存分にこなしていた各メンバーが帰ってくる場所、そして再び飛び立って行く場所がこの『SMAP×SMAP』という番組でした。

もうひとつ。ゲストを迎えてメンバーが料理対決をする〝ビストロSMAP〟、コントやゲームのコーナー、そして歌、という基本の3部構成は、創世記から受け継がれてきたテレビバラエティーの伝統的なフォーマットでした。2020年代の現在はもちろん、平成の時代でもこうした王道バラエティーはほとんどなく、この『SMAP×SMAP』が唯一の存在でした。その一方でこの番組から新しいテレビの文化も数多く生まれました。その影響は計り知れず、SMAP以前以後と言っていいほどテレビの芸能は変わったのです。それほどの大きな存在が突然解散し、番組も終了する。そのことに僕たちはなかなか追いついていけませんでした。この日の番組表の大きな空白にはそんな世間の戸惑いが集約されています。

年末ということで『紅白歌合戦』関係の番組も多いですね。この年はヒットコンテンツが多くて、映画では『君の名は。』『シン・ゴジラ』などがヒット、楽曲でも星野源の『恋』や欅坂46の『サイレントマジョリティー』などがヒット、ピコ太郎の『PPAP』とかRADIO FISHの『PERFECT HUMAN』とかユニークなヒット曲も生まれました。宇多田ヒカル8年ぶりのアルバム『Fantôme』も話題となりました。映画2本も含め、これらのコンテンツはすべて『紅白』に登場しています。そのほかに、タモリとマツコデラックスが番組の間中、ずっとNHKホールをウロウロしてました。司会は紅組が（翌年の朝ドラ『ひよっこ』に主演する）有村架純、白組が相葉雅紀でした（TBS9時には有村架純主演の映画『ビリギャル』も放送されていますね）。

NHK総合夜10時は『となりのシムラ』。志村けんが座長で、NHKが『サラリーマンNEO』などで得意とする俳優らを主体としたコント番組でした。コントというより芝居ですよね。不定期で6回放送されましたが、これはその6回目でした。この番組の演出家が朝ドラ『エール』の演出家でしたから、志村けんさんの『エール』への起用はこの番組がきっかけでしょう。遺作となったこと、本当に悔やまれます。

6 TBSテレビ
TBS
3.35リレー◇[N]◇はやドキ
5.25 あさチャン！ [N][天]
[デ]毎朝の最新情報お届け
▽大人気〝ぐでたま〟
00[字]ビビット 国分太一と真矢ミキが今知りたい情報をあなたにお届け
9.55 （放送する番組は未定です）
11.30 ひるおび！ ▽いま起きている事に最大限こだわる生放送 ▽最新[N]＆天気予報〟
1.55[字]報道特別番組〝Nスタスペシャル〟仮題 （放送する番組内容は未定です）
3.49[字]Nスタ 「トクするNEWS」
4.50 （番組は未定です）
5.20[字]Nスタ 役に立つ情報が満載！国会論戦から事件まで今の関心事を徹底取材ナットクニュース解説
00[字]生放送！平成最後の日 [★]生中継！改元前日に平成の時代を振り返る▽〝新時代〟幕開け前夜世の中では何が起きているのか!?話題になったあの人、あの場所の今をお届けします！ 司会・安住紳一郎 古舘伊知郎 （中断ニュースあり）
8.57マツコの知らない世界 [字]日常に潜むさまざまな世界をその世界に精通したゲストがマツコにプレゼン！ゲスト独自の世界観…マツコとゲストの本音ガチバトル
00[字]わたし、定時で帰ります。[デ] （③／放送回数未定）吉高由里子 向井理 ユースケサンタマリア〟 ▶P69
57[解][字]勇気のシルシ
00[字]NEWS23 ニュースを深く詳しく
0.25 令和初日SP！王様の夜ブランチ （放送する番組は未定です）
1.25 ビジネスクリック
1.28[解][字]賭ケグルイ season2[終] 浜辺美波 高杉真宙〟
1.58 PLAYLIST
3.08 アカデミーナイトG
3.48 イベントGO！
3.55 ミニ番組 （4.00放送終了）

7 テレビ東京
TV TOKYO
4.20 ものスタ [終]情報〟
6.10ワタシが日本住む理由
7.00[字]大食い◇05おはスタ
7.30きんだー◇35さんぽ道
00[字]旅スルおつかれ様
15[二]黄金の私の人生[終]
9.11 なないろ日和！スペシャル （放送する番組内容は未定です）
11.30[字][N]◇35[字]ひるソン！
40[字]昼めし旅～あなたのご飯見せてください！～スペシャル
1.20[解][字]堂場瞬一サスペンス〝検証捜査〟[再] 仲村トオル 栗山千明 和田正人 角野卓造 滝藤賢一 市村正親〟
3.40 よじごじDays 生活に根ざした情報！
4.54[字]ゆうがたサテライト
5.45[字]買物の時間
55[字]ダイヤのA actII [声]逢坂良太 島崎信長
6.25[字]ブラッククローバー
55[解][字]開運！なんでも鑑定団[デ] 平成最後のお宝鑑定スペシャル[★] 過去2回登場した大の骨董コレクターが物々交換で手に入れた一番のお気に入りの掛け軸を持って登場！柳の下に3匹目のドジョウはいるのか？▽入場者数の減少に悩むテーマパークのお宝…鑑定団のお墨付きをもらい宣伝材料にしたい▽平成史と共に振り返る！番組新発見の名品▽爆笑！おもしろ依頼人〟
9.48[字]東京交差点
54[字]風景の足跡
00[字]池上彰の改元ライブ [★]平成から令和…新時代を見に行く！ ▽平成最後の日…天皇退位のニュースを詳しく伝えながら〝池上解説〟で平成を振り返る▽バブルの象徴など平成経済の現場・新時代注目の現場を訪ね平成・令和の経済を解説〟 宮崎美子 峰竜太〟
1.00 激！今夜もドル箱
1.30 四月一日ダンス
1.35 ワンパンマン
2.05 吉本坂46の全記録
2.35 Goods Bar
3.05 一夜づけ
3.20ミュージックブレイク
3.25[二]NCIS：ネイビー犯罪捜査班7 （4.18）

8 フジテレビ
フジテレビ
4.00クイズ脳ベルSHOW
4.55めざましテレビ全見せ
5.25めざましテレビ [N][天]
[デ]全ての情報が一目瞭然
00 とくダネ！ ▽気になるニュースを独自取材＆プレゼン！
9.50[字][デ]ノンストップ！ ▽芸能エンタメ＆海外セレブ＆ザワつき事件
11.25[字]おさんぽ◇30[字][N]
55 バイキング 坂上忍と曜日MCがお届けする身近なニュースや話題をテーマに本音で語る
1.45[字]直撃ライブグッディ 今知りたい情報に徹底的にこだわる情報番組午後の〝今〟をお届け
3.50[字][デ]ライブ[N]it！拡大SP（仮題） 「誰かに話したくなるニュース」加藤綾子が最新情報を届けます▽それ、見たかった！！それ、知りたかった！
6.30 FNN報道スペシャル [字]平成の〝大晦日〟令和につなぐテレビ～知られざる皇室10の物語～ ▽平成という時代が終わる大きな節目に〝新しい皇室のあり方〟を模索されてきた天皇皇后両陛下のこれまでの歩みを独自映像と関係者から得た秘蔵エピソードで振り返る▽美智子さまの知られざるお気持ちがつづられた貴重な資料を独自入手…初めて民間から皇室に入られ前例のない子育てやファッションが注目され〝ミッチーブーム〟に世の中が熱狂した一方伝統の壁や批判にさらされた美智子さま…その時何を思いどのように逆風に立ち向かってこられたのか…当時美智子さまは苦しい胸の内をつづられていた…番組ではそれを書き写した貴重なノートをもとに美智子さまが歩まれてきた道のりを東宮女官長の目線からドラマ化する▶P70
0.55 おかべろ 純烈 岡村隆史 田村亮
1.25 志村でナイト 志村けん〟
1.55恋神アプリVer.4 新しい恋物語が始まる
2.25カバネリ（4.00終了）

2019年 4月30日 火曜日

1 NHK総合

4.30 （番組は未定です）
5.00 N天◇10未定◇50天
6.00N◇10番組未定◇53天
7.00おはよう日本◇55N天
00解字デなつぞら広瀬すず
15字ゆく時代くる時代～平★成最後の日スペシャル ～「平成まるごと大年表」懐かしのヒト・モノ・出来事を振り返る（中断字N天あり）
11.54 天
00字N
45解字デなつぞら再
00字N
05字ゆく時代くる時代～平★成最後の日スペシャル ～「大年表&平成最後のきょうの料理」（中断字Nあり）
00字N「退位関連」〝退位礼正殿の儀〟を中心に映像や国内外での取材・中継を交え、象徴天皇の歩みや人々の退位への受け止めを伝える
6.45字N天
00二字NHKニュース7 ▽夜7時、あなたと一緒に見つめたい…きょうの日本、世界の今▽速報！スポーツ情報▽全国各地の気象情報
00字NHKスペシャル ★「日本人と天皇～憲法と伝統の調和をどうはかるのか～」（仮題）皇室関連の儀式を取材
55字N天
00二字ニュースウオッチ9 ▽きょうのニュースを詳しく、わかりやすく発信▽関心の高いテーマを特集▽速報！スポーツ▽気象情報》
00字NHKスペシャル ★「平成 最後の晩餐～〝食卓〟から見る日本の未来～」（仮題）▽〝食卓〟を軸にこの30年間を振り返る》
11.20字N天
25字ゆく時代くる時代～平★成最後の日スペシャル ～「ついに〝時代越し〟！」爆笑問題 指原莉乃 大越健介》
0.30公共放送キャンペーン
0.35字NHKスペシャル再「平成史スクープドキュメント 第8回」
1.25解字ミストレス～女たちの秘密～再
2.15日本の山々◇音めぐり
3.43うた◇50視点◇明日へ
4.07字農家メシ再（4.30）

2 NHK Eテレ

5.30ロシアゴ◇スペイン語
6.25体◇日本◇英語◇0655
7.00シャキーン◇はな◇あ
7.30ピタゴ◇商会◇みいつ
00字おかあさんと◇25ばあ
40 オトッペ◇プチ◇絵本
00字おばけ再◇10字ふしぎ
50字考えるカラス◇Why
10.10ミクロ◇もてなし英語
25字園芸再◇献立◇55毎日
00字料理再◇25料理ビギ再
30解字趣味・浮世絵再◇得
00解字知恵泉再 源義経㊥
45 ボキャ◇案内◇55うた
00手N◇05ハートネット再
35解字健康再◇50視点論点
00字国語◇30サイエ◇生物
S3 2.00～3.00高校講座
00字短歌◇介護◇おんがく
40 プチ◇しぜんと◇うた
4.05いないばあ◇お母さん
45字みいつ◇日本語◇英語
5.20ミニ◇25はな◇35商会
45字デクック◇55オトッペ
00字わしも再◇10忍たま再
20デ天てれ再◇45ゴマ再
55字沼にハマってきいてみた選 中川翔子も感激！特撮ヒーロー大集合
7.25字すイエんサー「じゃんけん&あっち向いてホイ必勝法」
50 ボキャブラ◇55字毎日
00解字ハート再一緒に歌おう！～聞こえない子と見えない子の合唱団(前)
30解字きょうの健康体感しよう！先端医療の世界
45手手話N◇52手話◇禅語
00字きょうの料理 ▽梅チーズタッカルビ
25字料理ビギナーズ
30解字趣味どきっ再旅したい！おいしい浮世絵⑤江戸のおやつ◇ストレ
00解字先人たちの底力 知★恵泉 廃藩置県 藩（クニ）をつぶして国家（クニ）をつくれ！
45字365日の献立日記
50二字デザイン トークス＋（プラス）「再構築」新たなデザインを加えて新製品を生み出す》 吉泉聡》
11.20おもてなし基礎英語再
30 テレビで中国語再「〝吃〟（実践編）」佐野ひなこ 王陽》
55 Eテレ2355
0.00 旅するスペイン語再「今月の復習～カナリアでホームステイ～」
0.25 ロシアゴスキー再「地下鉄を乗りこなそう」（0.52放送終了）

4 日本テレビ

4.00 Oha！4 NEWS LIVE
5.50デZIP！ ▽日本の朝にエールを
00字スッキリ 朝を元気にデ▽事件も政治も経済も納得！ニュースの疑問▽今に触れる大特集》
10.25バゲット 気分上がるデアナウンサー情報番組
11.30字N◇45解字3分料理
55デヒルナンデス！ ▽日本のお昼に楽しいをお届け▽生放送で情報と笑いをおくる》
1.55情報ライブ ミヤネ屋字▽政治から芸能あらゆるニュースにツッコミココだけの最新㊙情報
3.50字news every.夕方3時間生放送▽注目ニュースを速報 気になるあのニュースわかりやすく徹底解説▽激闘スポーツ詳しく▽カルチャー芸能情報▽暮らしに役立つ特集
00字デザ！世界仰天ニュ★ース 平成最後の仰天ニュースは生放送4時間SP！ 豪華ゲストが〝平成の笑える衝撃事件〟の再現ドラマに次々登場！バブル期の日本人が起こしたある事件を中居正広とヒロミが再現▽平成を彩った事件とその陰に隠れてしまった〝知られざる事件〟に迫る▽驚きの場所から生中継も！》 司会・笑福亭鶴瓶 中居正広（予定）（中断9.40～43）
00字news zero拡★大版 歴史的「改元」生中継SP～zeroから考える新時代～ 有働由美子 桜井翔》
0.59字ウチのガヤがすみま★せん！ 松岡茉優を迎えて、平成の心残り清算しましょう（予定）
1.54 まなびウィーク！
1.59日THE FLASH／フラッシュ セカンド・シーズン グラント・ガスティン
2.54通販◇PR◇みどころ

5 テレビ朝日

4.00字暴れん坊将軍再
4.55デグッド！モーニング ▽テレビ・新聞に加えネットの情報も満載！
00字羽鳥モーニングショー 毎日様々なニュースを見やすく分かりやすく 気になる現場を直撃!! 話題が満載です!!
10.25字大下容子ワイド！スクランブルニュースを徹底的に論じ合う▽N
00解字徹子の部屋森英恵》
30字やすらぎの刻◇ワイド
1.40字デ上沼 牛肉大好き
55字東京サイト◇59（放送する番組は未定です）
3.53（放送する番組は未定です）
4.30字デNJチャンネル ▽トップニュース▽注目&全国のニュース…事件・事故を徹底検証▽スポーツ…試合結果
6.30字羽鳥慎一モーニングデショー夜の特大版★今夜決定！平成ニッポンのヒーロー総選挙 ▽平成30年の間世間を驚かせた様々な出来事で皆さんの心に残っているのは▽〝ニュース・文化〟〝スポーツ〟〝芸能〟の3ジャンルで候補者をリストアップし視聴者投票でランキングを決定!!▽感動を与えたヒーローは？シーンは？VTRとトークで鮮やかによみがえる!!夜のモーニングショーを盛り上げます
9.54字報道ステーション デ平成最後の報道ステーション…〝象徴〟のあるべき姿を模索し続けた両陛下の〝戦いと功績〟をしっかりお伝えする▽全国各地の〝改元の瞬間〟にぎやかにお伝えしつつ新しい時代の皇室を展望▽退位関連のニュース▽〝象徴〟をめぐる攻防》
0.20字バナナマンのドライブスリー バカリズム
0.50 お願い！ランキング ホットな企画をお届け
1.23全力坂 疾走する美女
1.29 フリースタイルD
1.59 川柳居酒屋なつみ
2.24 ももクロChan
2.54よふかしゴーちゃん。
3.00 買い物（4.00終了）

平成31年

2019年

4月30日 火曜日

「平成最後」の文字が躍る テレビが初めて体験する〝天皇陛下退位の日〟

この日も歴史的な一日です。翌日の0時から新たな元号「令和」がスタートします。改元日があらかじめ決まっているというのも異例なら、新元号が事前に発表されていたというのも異例のことでした。ひとつ確認しておきますが、菅義偉官房長官（当時）が「令和」と書かれた額を掲げたのはこの日ではなく、1ヵ月前の4月1日のことでした。この時もいろいろな予想が入り乱れて大騒ぎでしたね。頭文字が明治・大正・昭和・平成と重ならないはず、という声は多かったですが「R」になるとは思わなかったな。

この日以前、テレビはたった一度しか改元を経験していません。1989年1月7日、昭和天皇崩御に伴う昭和から平成への改元です。自粛と悲しみの中で新しい元号への移行が行われたため関係者や皇族の負担は大きかったのでしょう。現在の上皇陛下が生前退位を決断したのもこの時の経験が大きかったと言われています。結果的にテレビが体験する2度目の改元は、概ね祝福ムードで進むことになります。そしてこの日は、テレビが初めて体験する「天皇陛下退位の日」となりました。元号最後の日が事前にわかっているというのも初めてのことでした。

新天皇即位の日となる5月1日がこの年限りの祝日となったため（祝日に挟まれた日は休日になるので）この年は4月27日（土）から5月6日（月）まで10連休となりました。もちろん10連休のゴールデンウイークというのも史上初めて。番組表もお祭りムードです。各局ともプライムタイムに、そして元号が変わる午前0時をまたいだ時間帯に、特別番組を組んでいます。NHKなんか1日中特番という感じ。朝8時の連続テレビ小説『なつぞら』が残ってるくらいです（第100作目の記念作。主演は広瀬すず。

2019年5月3日号
表紙・ジャニーズWEST
デビュー5周年で、ニューシングル『アメノチハレ』をリリースしたジャニーズWEST。彼らが記念すべき平成最後の発売号の表紙となった。

歴代朝ドラヒロインが大挙出演して話題になりました)。

と言いつつも内容は局によって差があります。日本テレビ夜7時は、平成最後と銘打ち生放送で臨んでいるものの『ザ!世界仰天ニュース!』の拡大版。テレビ東京も前MCの石坂浩二を登場させるという特別バージョンで夜6時55分から『開運!なんでも鑑定団』を放送しています。一方テレビ朝日は、夜6時半の『羽鳥慎一モーニングショー夜の特大版』と、9時54分『報道ステーション』の両番組の拡大版で対応。TBSは安住紳一郎と古舘伊知郎をメインに、夏目三久、国分太一、恵俊彰、ホラン千秋と、報道情報系番組のキャスター総出演で『生放送!平成最後の日』を。そして最も大きな時間を割いているのがフジテレビ。6時半から深夜0時55分までぶち抜きで『平成の〝大晦日〟令和につなぐテレビ』を編成。総合司会にタモリを立てて、スペシャルドラマ『プリンセス美智子さま物語』を交えた大型番組を放送しました。

結局このフジテレビの特番タイトルにある「平成の〝大晦日〟」というのが、この日のテレビに共通した気分だったように思います。NHK総合の朝8時15分には『ゆく時代くる時代』という番組もあります。この日の番組全体に平成の30年を振り返るムードが漂っていたことも含めて、今回の改元を年末年始になぞらえる感覚は国民全体になんとなく共有されていました。午前0時に元号が「令和」に変わった時は、まさにあけましておめでとうございます! という感じ。翌日朝の剣璽等承継の儀および即位後朝見の儀も、平成の時の独特の重厚な空気とは少し異なる、期待に満ちたものでした。

まあ10連休のど真ん中だったということもあります。10連休の前半、関東近郊は雨模様だったので、令和スタートの勢いに乗り後半に期待! という空気もありました。結果、連休の末には帰国ラッシュに沸く成田空港の入国者が開港以来最多となるなどの盛り上がりを見せました。翌年開催予定の東京オリンピックに向けた準備が本格化し、期待に浮き足立った中で迎えた「令和」の新時代。ほんの数年前なのに、はるか昔の話のような…。

60年間ありがとう！ ～編集後記にかえて～

「TVガイド」が創刊されたのは１９６２年の8月のことです。テレビの受信契約数が１０００万台を超えて、いよいよテレビがひとりひとりの生活に寄り添うものになってきたころ。人々とテレビを結ぶ架け橋として愛され続け、２０２２年には創刊60年を迎えます。

本書は、かつてスカパーＪＳＡＴが運営していた、地上／ＢＳ／ＣＳメディア横断型テレビ番組情報サービス「テレコ！」内で連載していた「プレイバック！TVガイド」をもとに、掲載コラムを取捨選択、新規加筆等を行った上、時代順に並べたものです。「TVガイド」の番組表とともにあの頃の時代とテレビを思い返してみよう、というのは簡単なようで、なかなか骨の折れる作業でした。ですが、そんな作業の中で最も実感したのは「TVガイド」のバックナンバーが持つ圧倒的な情報量です。テレビ番組についての情報はもちろんですが、世間一般ではあまり取り上げられることのない浮世のうたかたが、実に詳細かつ情熱的に語られていました。60年の歴史の重さを感じるとともに、先輩たちの仕事に改めて感謝し、尊敬の念を抱きました。

本文中「この日もテレビ史に残る番組が放送されています」といった表記が、何度も出て来ます。そんな大げさなとお思いになった方もいると思いますが、本書を作り終えて、本当に魅力的な素晴らしい番組がたくさんあることを再確認しました。極端なことを言えばどんな1日にも語るべき番組、伝えるべき歴史があるのです。そしてまた、テレビがいかに多くの歴史的な瞬間に立ちあって来たのかということにも、改めて思いを馳せました。

最後に本書を手に取ってくれた皆さん、テレビを、「TVガイド」を愛してくださったすべての皆さんに御礼申し上げます。テレビを取り巻く環境は急激に変わっています。どんな未来が待っているか、一言では言い表せませんが「TVガイド」は今後もテレビを見守っていきたいと思います。また会いましょう。

2021年秋　TVガイドアーカイブチーム

TVガイドアーカイブチーム　武内　朗
平松恵一郎

アートディレクション&デザイン　花岡　樹
小見山紗織
角田彩奈
（シンプルコミュニケーション）

参考文献
「TVガイド」
「テレビ60年」
「表紙で振り返るTVガイド50年」
「平成TVクロニクル Vol.Ⅰ〜Ⅲ」
「テレビドラマオールタイムベスト100」
（以上、東京ニュース通信社）

プレイバックTVガイド
その時、テレビは動いた

第1刷　2021年9月27日

編者　TVガイドアーカイブチーム

発行者　田中賢一

発行　株式会社東京ニュース通信社
〒104-8415　東京都中央区銀座7-16-3
☎ 03-6367-8004

発売　株式会社講談社
〒112-8001　東京都文京区音羽2-12-21
☎ 03-5395-3606

印刷・製本　株式会社シナノ

ISBN978-4-06-524872-0